核青春　核智慧

——中核陕铀青年科技论文集

中核陕西铀浓缩有限公司　编

中国原子能出版社

图书在版编目（CIP）数据

核青春　核智慧：中核陕铀青年科技论文集 / 中核陕西铀浓缩有限公司编. —北京：中国原子能出版社，2020.9

ISBN 978-7-5221-0859-9

Ⅰ. ①核…　Ⅱ. ①中…　Ⅲ. ①铀浓缩物–金属提取–文集　Ⅳ. ①TL212.3-53

中国版本图书馆 CIP 数据核字（2020）第 169898 号

核青春　核智慧——中核陕铀青年科技论文集

出版发行　中国原子能出版社（北京市海淀区阜成路 43 号　100048）
责任编辑　王　青　田镇瑜
装帧设计　赵　杰
责任校对　冯莲凤
责任印制　赵　明
印　　刷　保定市中画美凯印刷有限公司
经　　销　全国新华书店
开　　本　787 mm×1092 mm　1/16
印　　张　37.75
字　　数　680 千字
版　　次　2020 年 9 月第 1 版　2020 年 9 月第 1 次印刷
书　　号　ISBN 978-7-5221-0859-9　　　　**定　价**　**78.00** 元

发行电话：**010-68452845**

前　　言

青年是民族的未来，科技创新是国运的保障，二者相结合必将产生伟大的希望和前进的动量。改革开放40多年来，中国青年在各个领域都取得了骄人的成绩，为祖国的繁荣和昌盛贡献力量。5G领域的领跑，航空航天的超越，中国高铁的驰骋，“华龙一号”的建成……无不见证着中国速度和中国力量。今天，在中国核工业领域核燃料铀浓缩企业也同样活跃着这样一群年轻人。他们有理想、有才华、有激情、有干劲，从一线起步，脚踏实地，在铀浓缩事业上努力耕耘，持续创新，终于建成了新一代铀浓缩离心机大型商用示范工程，在铀浓缩领域取得了从跟跑到并跑再到局部领跑的崭新业绩！

长期以来，中核陕铀在公司党委的坚强领导下，以人为本，科技领先，以项目为平台，以实践为抓手，鼓励年轻人勤奋学习，持续奋斗，不断在岗位上多出成果。公司引导和激励年轻人，理论与实践相结合，成果与应用相促进，广泛在各个专业创新发展。中核陕铀青年技术人员不断在专业领域拓展视野，广开思路，多元碰撞，依托公司实力，搞好“创新创效”“五小攻关”“QC 活动”“科研创新”，在技术和管理上取得了靓丽的成绩。三年来，中核陕铀在各个领域的创新成果已逐步积累，卓有成效。来自公司各个领域的人才贡献了60多份优秀的论文，其成果包括和涉及：工程工艺、分析检验、机械加工、电气仪表、企业管理、质量评估等。这些论文汇聚了在工厂建设、文化建设、企业管理各个领域的先进经验和成果，有力促进了公司的良好发展。

青年科技论文汇编，是对科技文化的宣扬，是对创新创造者的一种肯定，是对科技成果的一种珍视，有利于成果的进一步宣传、学习、交流、转化，为使其能量的最大化，继续服务于企业和国家各行各业，有着现实的重大意义。

今天中核陕铀已规划好“两大基地，六大中心”，公司在持续改进、降本增效、同心多元化发展之路上高歌猛进！如何加快推进智能化工厂建设，如何实现“世界一流的铀浓缩基地”，青年的科技创新尤为重要！中核陕铀青年当不负重托，以梦为马，快马加鞭，不断奔向强企强国之路！

编委会

2020 年 9 月

目　　录

第一篇　工　艺

第二篇　电气与自控

第三篇　机械检修与辅助运行

第四篇　化工成品与取样分析

第五篇　综合管理

第一篇　工　艺

03D厂房供料净化自动化的探究

万玥莹

摘要：供料系统是整个工艺系统的重要组成部分，供料净化系统也是保证整个系统安全稳定运行的重要操作之一。目前，供料净化系统经过一系列的改造基本能够满足现行供料系统运行的技术要求，但是在405－2A工程启动后，405－2与405－2A两套系统的同时运行，使得每日供料净化工作骤然增多，且操作繁琐，占用较多的人工时间，而净化过程中因为每日净化工作量大，净化冷风箱的使用频率增多，从而导致因净化冷风箱未净化干净影响到净化合格的判定，极大增加了人工劳动量。本文通过对03D厂房供料净化系统自动化分析，提出了几点自己的想法及建议。

关键词：供料净化；自动化

1　引言

405－2A工程已经投入运行半年多，各系统安全、稳定、有效地工作，其中供取料厂房（03D厂房）扮演着重要角色。03D厂房可以细分为供料系统、精料系统、贫料系统，以及真空净化系统、吹洗系统、冷却水系统等几大辅助部分。各个系统相互依赖，共同合作。

供料系统：将固态 UF_6 原料通过自然蒸发或者加热蒸发的方式，以规定的压力和流量稳定而连续不断地向离心级联供料；收集来自离心级联大厅的卸料系统的物料。

精料系统：将离心级联连续生产的精料收取到贮运容器中。

贫料系统：将离心级联连续生产的贫料收取到贮运容器中。

真空净化系统：去除供给离心级联原料中的轻杂质，确保 UF_6 原料的轻杂质含量符合技术标准要求；去除精料容器中的轻杂质，使精料轻杂质含量达到出厂标准。

吹洗系统：对即将进行拆装的容器连接管等进行吹洗操作，使之达到剂量合格的标准；对即将进行大漏检测或者真空测量的部件进行抽空。

冷却水系统：对厂房中的冷（热）风箱的制冷系统进行冷却。

以上各个系统的协调运作共同推动着供取料厂房的安全稳定运行。而在03D 厂房供料系统的主要任务是将净化合格的原料以稳定的压力、流量供给离心级联，因此供料净化必然是供取料厂房的核心工作之一。而现在双系统同时运行给每日的供料净化带来了大量且繁重的操作量，因而 03D 厂房供料净化自动化的实施势在必行。

2 03D 供取料净化系统现状

2.1 供料净化系统构成

03D 厂房供料分为两期，一期加热箱为 FRX01～12、一期保温箱 FBX01～06、一期净化冷风箱 RLX03/04、一期 50 L 中间容器 FLG01～03、一期储气罐 VB03、一期吸附塔 FND01～03；二期加热箱为 FRX13～24、二期保温箱FBX07～12、二期净化冷风箱 RLX01/02、二期 50 L 中间容器 FLG04～06、二期储气罐 VB04、二期吸附塔 FND04～06、真空泵共用 VB01～03。

正常情况下，一、二期系统加热箱两组供料，一组一备状态；净化冷风箱一台工作，一台备用；50 L 中间容器两台分一、二级串联工作，一台备用；吸附塔两台分一、二级串联工作，一台备用。

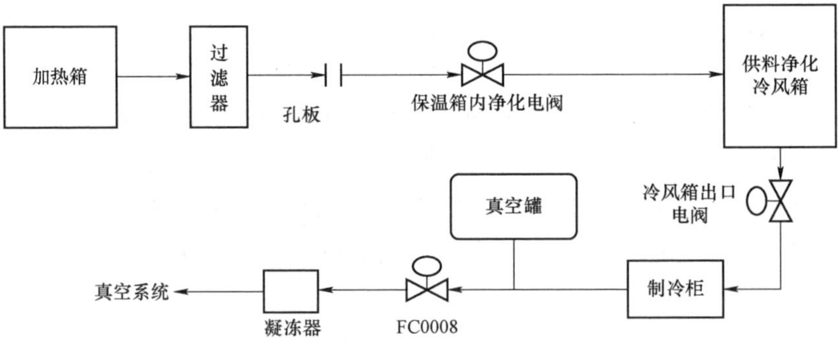

图 1 03D 厂房供料净化简图

2.2 供料净化方式

03D 厂房室温净化基本流程：供料加热箱向净化冷风箱放料，净化冷风箱收残料充分冷凝后向 50 L 容器及储气罐平衡压力，根据供料容器压力变化情况判断净化合格，若不合格重复净化。

03D 厂房供料加热及一备净化基本流程：供料加热箱向净化冷风箱放料，净化冷风箱收残料充分冷凝后向 50 L 容器及储气罐平衡压力，根据储气罐 VZG03（或 VZG04）压力上涨情况判断净化合格，若不合格重复净化。

2.3 供料净化的不足

通过净化经验统计，各项净化直至合格，室温净化大致需要 2～3 次，加热净化约 4～5 次，一备净化 2～3 次。而每次净化耗时约 1 小时，耗时较长。随着 405-2A 系统的投入运行，若遇多罐物料需净化，则长时间的净化将直接影响系统运行，极大地增加了人工工作量。

3 03D 厂房供料自动净化

3.1 净化自动化线路

室温净化流程：加热箱 FRX**/**（FRX01～24）→保温箱 FBX**（FBX01～12）→净化冷风箱 RLX**（RLX01～04）→净化电调阀 RA00**（RA0028/0029）→50 L 容器 FZJ**/**（FZJ01～06）→储气罐 VZG**（VZG03/04）→24 L 容器（中科制冷柜）→2 级吸附塔→真空泵 VB**（VB01～03）。

供料保温箱至供料净化冷风箱有 2 条净化线路，分别是倒料线和净化线：

倒料线：从供料保温箱 FA**13 阀→净化冷风箱 RLX03/04。

净化线：从供料保温箱 FA**14 阀→净化冷风箱 RLX01/02。

净化冷风箱至储气罐有 2 条供料真空净化线路，分别是供料真空净化线路一线和二线：

供料真空净化一线：净化冷风箱电阀 RA**08→净化电调阀 RA0029→50 L 容器→储气罐 VZG03；

供料真空净化二线：净化冷风箱电阀 RA**08→净化电调阀 RA0028→50 L 容器→储气罐 VZG04。

其中净化冷风箱至 50 L 容器之间的净化电调阀 RA0028/0029，在自动净化中不参与控制。

3.2 净化时控制电阀、仪表和设备

（1）净化时记录仪表

加热箱地上衡仪表 WI-101/**（其中**表示加热箱位号：1～24），kg；

保温箱减压前仪表 PIRSA-103/**（其中**表示保温箱位号：1～12），torr；

净化冷风箱入口仪表 PIA-107/**（其中**表示净化冷风箱位号：1～4），

torr；

储气罐 VZG03/04 压力表 PISA－406/1 和 PISA－406/2，torr。

（2）保温箱电阀

倒料线控制：FA**11、FA**12、FA**13（其中**＝2*n*－1，*n* 表示加热箱号）。

净化线控制：FA**11、FA**12、FA**14（其中**＝2*n*－1，*n* 表示加热箱号）。

（3）供料净化冷风箱电阀

室温净化时净化冷风箱电阀：RA**03、RA**08（其中**冷风箱位号）。

（4）供料真空净化线路电阀

供料真空净化一线：FC0008；

供料真空净化二线：FC0017。

（5）供料净化真空泵

真空泵：VB0*（VB01～03）、和 VA4*01（其中*表示净化泵位号）。

3.3 室温净化

03D 厂房室温净化合格判断标准：加热箱放料前、后保温箱减压前压力差值ΔP≯8 torr。为实现自动室温净化设置以下参数（以 FRX01/02，RLX01，VZG03，VB01 为例，其他类似）。

（1）参数设置

W01、W02—净化前 FRX01、FRX02 内容器称重，WI－101/1，WI－101/2，kg；

W01′、W02′—净化合格后 FRX01、FRX02 内容器称重，WI－101/1，WI－101/1，kg；

ΔW01＝W01－W01′，ΔW02＝W02－W02′，kg；

ΔWSV—单台减重要求值，暂定 10 kg，kg；

PB1、PB2—加热箱向冷风箱放料前、后 FBX01 减压前压力，PIRSA103/1，torr；

ΔPB—ΔPB＝PB1－PB2，torr；

ΔPSV1—室温净化判断合格标准，暂定为 8 torr，torr；

PL—冷风箱入口实时压力，PIA－107/1，torr；

PLF—净化前冷风箱入口压力，PIA－107/01，torr；

ΔPSVL1—净化判断不合格后，再次净化前是否先将净化 RLX01 冷风箱净化干净的判断标准，暂定为ΔPSVL1＝PLF＋10 torr，torr；

ΔPSVL2—净化判断合格后，是否彻底将 RLX01 冷风箱净化干净的判断标准，暂定为ΔPSVL2＝PLF＋2 torr，torr；

ΔPSV2—是否抽空储气罐和净化线路的判断，暂定为 1 torr，torr；

ΔPSV3—储气罐压力高，暂停冷风箱释放压力，抽空储气罐的判断，暂定为 8 torr，torr；

PC—储气罐实时压力，PISA－406/1，torr；

t_1—每次净化加热箱放料时间，暂定 30 min，min；

t_2—净化冷风箱收残料及平衡时间，暂定 20 min，min；

t_3—净化冷风箱向中间容器及储气罐冲压平衡时间，暂定 10 min，min；

t_t—净化冷风箱向中间容器及储气罐冲压平衡计时，min；

（2）室温净化基本功能

要求每个供料单元界面增设一个小界面：室温净化。期内有两个按键：参数设置、开始/结束。

左击参数设置按键，弹出参数设置对话框。运管员级别下可对ΔWSV、ΔPSV1、ΔPSVL1、ΔPSVL2、ΔPSV2、ΔPSV3、t_1、t_2、t_3 等参数进行设置，并选择净化冷风箱（RLX01～04）、判断罐（VZG03/04）和真空泵（VB01～03）。在操作员级别下，可查看参数设置，并选择使用净化冷风箱（RLX01～04）、判断罐（VZG03/04）和真空泵（VB01～03）。

对于参数设置，每次修改后下次进入时默认选项为上次确认项。

开始/结束按钮在未启动是为红色，执行期间为绿色。左击开始/结束按钮，并确认后开始执行自动净化程序，如需人工中断，可在执行期间再次点击并确认，并关闭所有相关的阀门。

在室温净化执行期间，除真空泵（VB01～03）及其入口电阀（VA4*01，*表示 VB 泵位号）外，其他涉及自动净化的电阀均不能手动或自动操作。

（3）室温净化自动操作流程图

自动净化流程图如图 2 所示（以 FRX01/02、RLX01、VZG03、VB01 为例，其他类似）。

3.4 加热及一备净化

03D 厂房加热及一备净化合格判断标准：冷风箱向中间容器及储气罐冲压前、后储气罐 VZG03 压力差值$\Delta P \not> 0.1$ torr。为实现加热及一备净化自动净化设置以下参数（以 FRX01/02，RLX01，VZG03，VB01 为例，其他类似）：

（1）参数设置

W01、W02—净化前 FRX01、FRX02 内容器称重，WI－101/1，WI－101/2，kg；

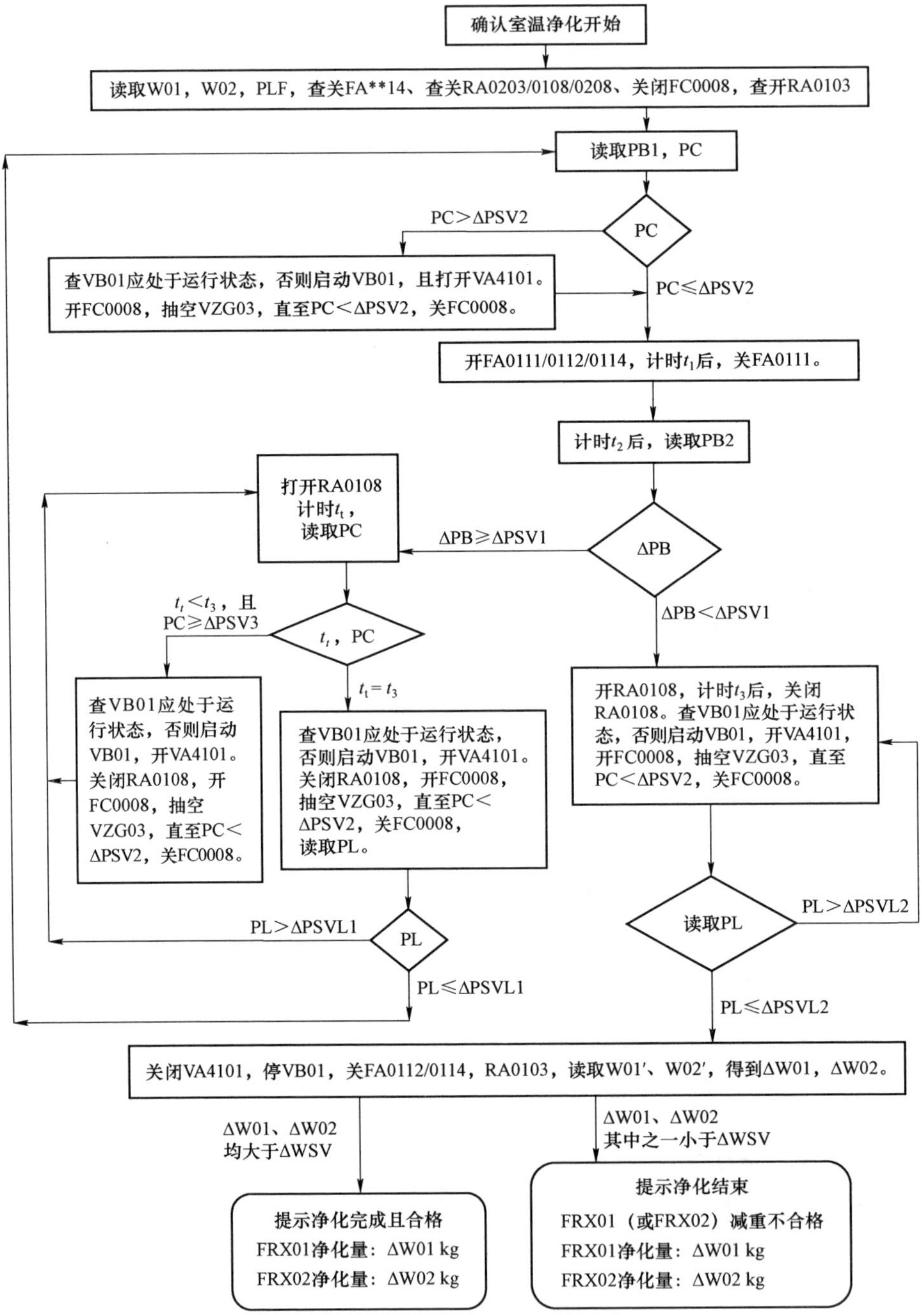

图 2　室温净化自动化流程图

W01′、W02′—净化合格后 FRX01、FRX02 内容器称重，WI－101/1，WI－101/1，kg；

ΔW01＝W01－W01′，ΔW02＝W02－W02′，kg

ΔWSV—单台减重要求值，暂定 10 kg，kg；

PL—冷风箱入口实时压力，PIA－107/1，torr；

PLF—净化前冷风箱入口压力，PIA－107/01，torr；

ΔPSVL1—净化判断不合格后，再次净化前是否先将净化 RLX01 冷风箱净化干净的判断标准，暂定为ΔPSVL1＝PLF＋4 torr，torr；

ΔPSVL2—净化判断合格后，彻底将 RLX01 冷风箱净化干净的判断标准，暂定为ΔPSVL2＝PLF＋1 torr，torr；

PC—储气罐实时压力，PISA－406/1，torr；

PC1、PC2—净化冷风箱向中间容器及储气罐冲压前、后储气罐 VZG03 压力，PISA－406/1，torr；

ΔPC—ΔPC＝PC2－PC1，torr；

ΔPSV1—加热及一备净化判断合格标准，暂定为 0.1 torr，torr；

ΔPSV2—是否抽空净化线路和储气罐的判断标准，暂定为 0.5 torr，torr；

t_1—每次净化加热箱放料时间，暂定 20 min，min；

t_2—净化冷风箱收残料及平衡时间，暂定 20 min，min；

t_3—净化冷风箱向中间容器及储气罐冲压平衡时间，暂定 10 min，min；

t_4—中间容器及储气罐平衡压力时间，暂定 5 min，min；

（2）加热及一备净化基本功能

1）要求每个供料单元界面增设一个小界面：加热净化。期内有两个按键：参数设置、开始/结束。

2）左击参数设置按键，弹出参数设置对话框。运管员级别下可对ΔWSV、ΔPSVL1、ΔPSVL2、ΔPSV1、ΔPSV2、t_1、t_2、t_3、t_4 等参数进行设置，并选择净化冷风箱（RLX01～04）、判断罐（VZG03/04）和真空泵（VB01～03）。在操作员级别下，可查看参数设置，并选择使用净化冷风箱（RLX01～04）、判断罐（VZG03/04）和真空泵（VB01～03）。

3）对于参数设置，每次修改后下次进入时默认选项为上次确认项。

4）开始/结束按钮在未启动是为红色，执行期间为绿色。左击开始/结束按钮，并确认后开始执行自动净化程序，如需人工中断，可在执行期间再次点击并确认，并关闭所有相关的阀门。

5）在加热及一备净化执行期间，除真空泵（VB01～03）及其入口电阀（VA4*01，其中*表示 VB 泵位号）外，其他涉及自动净化的电阀均不能手动或自动操作。

（3）加热及一备净化自动操作流程图

自动净化流程图如图 3 所示（以 FRX01/02、RLX01、VZG03、VB01 为例，其他类似）。

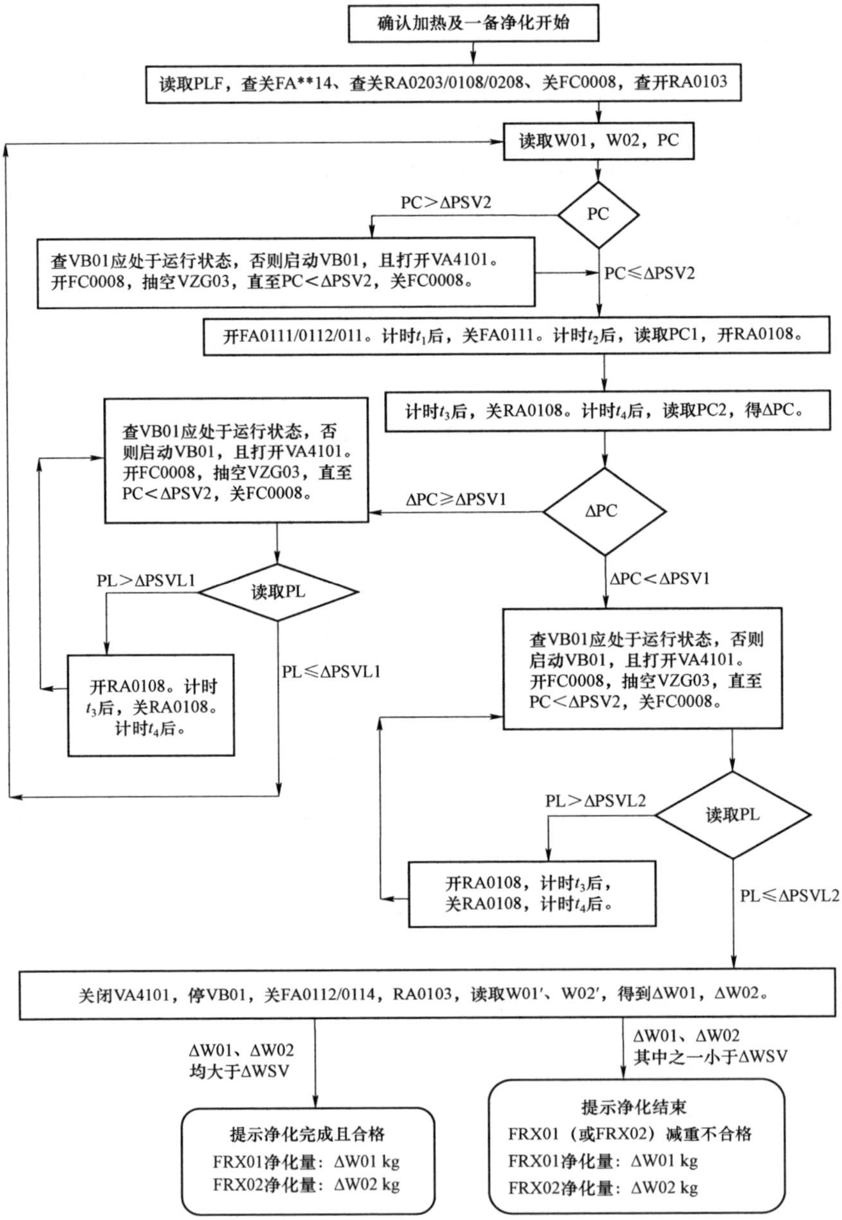

图 3　加热净化自动化流程图

4 分析

2017年6月20日03C无人值守项目供料室温、加热自动净化调试完成，投入考核应用，通过对03D、03C供料净化时净化冷风箱入口压力数据采集如图4、图5所示。

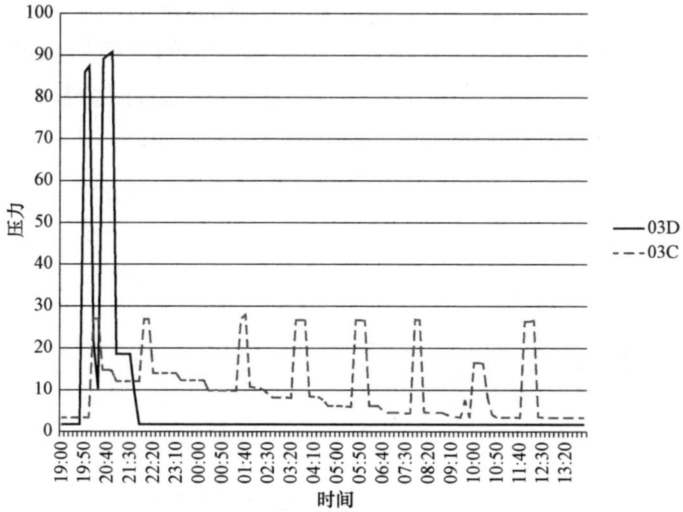

图4 室温净化冷风箱入口压力比较

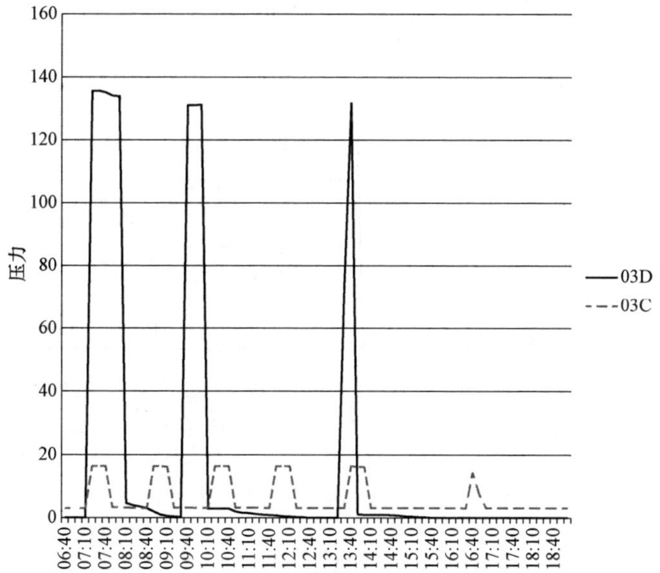

图5 加热净化冷风箱入口压力比较

通过图中数据可以看出，自动净化使得整个净化时间拉长，净化次数明显增多，但是净化有规律，时间间隔固定，压力涨幅固定；人工净化时间间隔不定，有很大的随机性，依赖于人工判定，虽然净化次数少，但是对人工的依赖程度高，而自动净化则极大地解放了人工劳动。

通过对储气罐压力变化比较（图 6、图 7），自动净化次数更多，而每一次净化储气罐判断合格时长为 30 min，无形中极大地加长了净化的时间，为容器正常周转带来困难，03D 自动净化将室温净化的合格标准定为通过减压前压差不大于 8 torr 为合格标准，从而极大缩减了室温净化时间，故建议 03C 系统将室温净化的合格标准改为减压前压差不大于 8 torr。

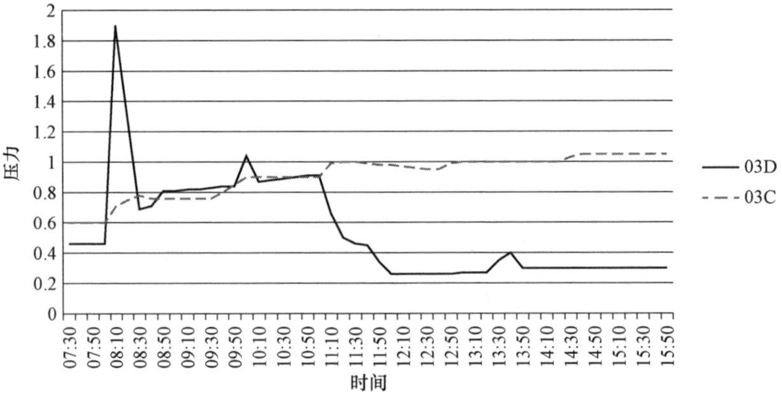

图 6　加热净化储气罐压力比较

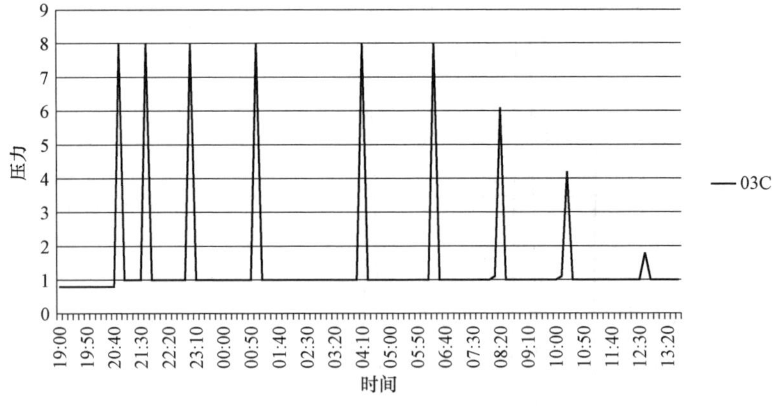

图 7　03C 室温净化储气罐压力变化

通过对自动净化和人工净化的时长与次数对比（图 8～图 11）发现，自动净化时长与次数普遍比人工净化时间长，其中尤其室温净化的时

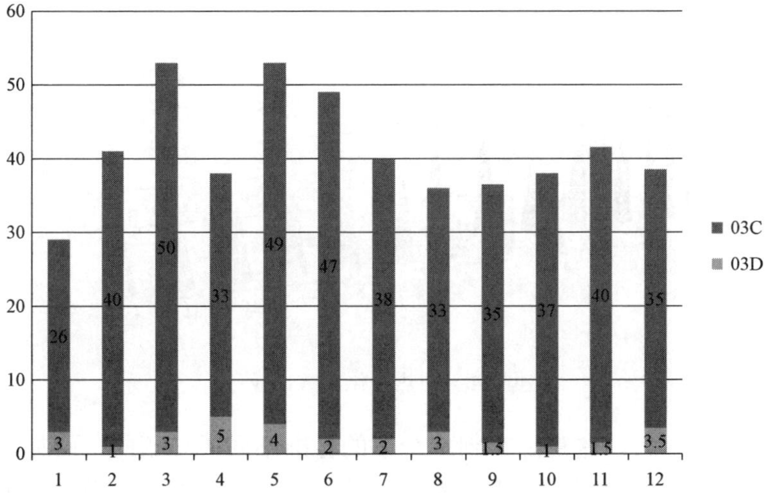

图 8 室温净化时长比较

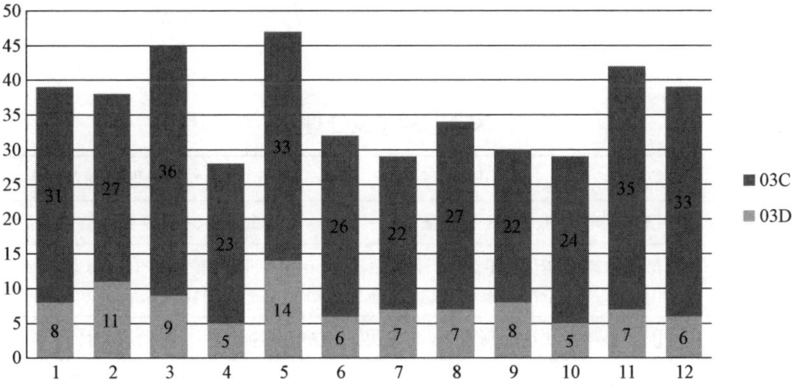

图 9 加热净化时长比较

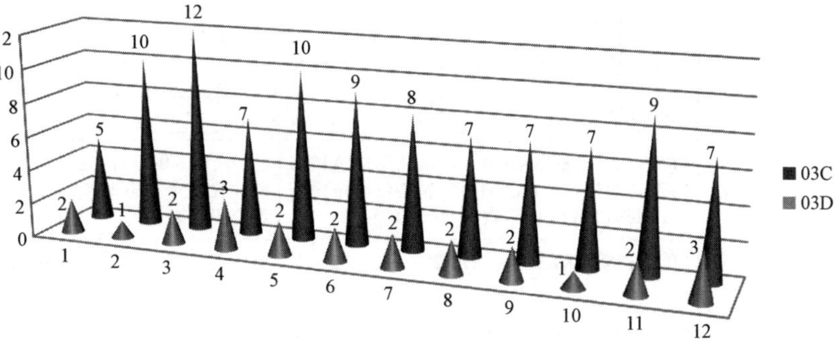

图 10 室温净化次数比较

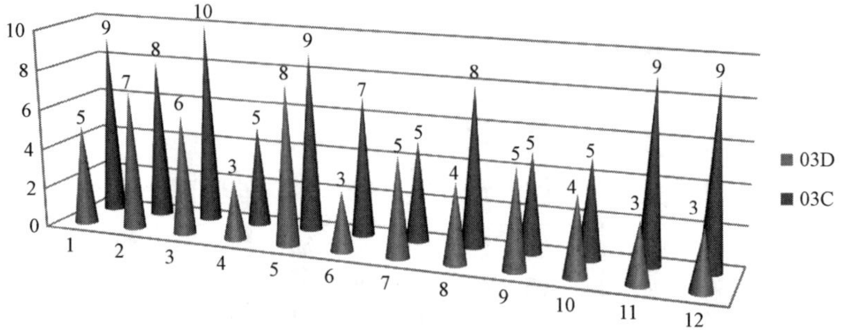

图 11　加热净化次数比较

长与次数差距更大，这是因为判断合格的标准不同所导致的，而加热净化自动净化与人工净化的次数差距不大，时长差距略大，原因是净化途中对净化冷风箱的自动净化占据的时间更长。

03C 供料自动化投入应用后也出现了很多故障，将各故障及程序调整整理如表 1 所示。

表 1　故障及处理

序号	日期	内容	处理日期及结果
1	2017－06－28	净化调节阀 RA0008 气缸漏气	2017－06－29 更换气动头后正常
2	2017－07－03	把储气罐基本值由 0.5 torr 上调至 1.0 torr，把 t_3 时间参数由 10 min 调整至 30 min（因出现未净化干净现象），且自动净化合格后由手动净化验证一次	
3	2017－07－10	因放料量多次达不到要求，将室温、加热自动净化 t1 参数（放料时间）调整为 30 min	
4	2017－07－30	RA0008 气缸漏气	2017－08－01 检修正常
5	2017－08－10	室温净化期间判断 RA1006 阀通道有漏	2017－08－15 检修更换正常，同时对 RA1004 阀通道漏处理正常
6	2017－08－17	RA0008 阀气缸漏气	2017－08－18 检修正常
7	2017－08－30	修正供料自动净化两项设定：① 可分别设定加热和室温净化的重量，现加热净化重量设定仍为 4 kg，室温净化重量设定由 4 kg 调整为 2 kg；② 将 RA0008 调节阀的开度输出限定为 50%，即无论自动还是手动状态，RA0008 最大开度为 50%开度	
8	2017－09－02	FRX05/06 一备自动净化 3 次，期间 RA1004 均未自动打开，FRX01/02 加热自动净化一次，期间 RA1004 未自动打开	2017－09－04 自控处理 RA1004 阀自动净化时未打开故障，已正常（自控点位引用有误）
9	2017－09－26	FRX03/04 自动净化时 RA0202 未自动开（手动开关均正常）	自控已处理，待供料结束重新装容器后再进行复查
10	2017－12－29	FRX05/06 自动加热净化净化点击流程开始后不执行操作，转手动净化	2018－01－03 处理正常
11	2018－01－05	自动净化 RLX 时 VB 泵抽了好久不停	将ΔPSV6 的值由 0.05 torr 改为 0.2 torr

由 03C 自动化调试应用过程中发现，故障分别出现在以下几个方面：设备故障、自控系统故障、阀门通道故障。其中设备故障主要集中在净化调节阀气缸漏气故障出现频繁，但在 03D 净化调节阀已改为电调阀，故不会存在该故障发生。自控系统故障主要集中在供料净化冷风箱 RA1004 未自动打开，经调试后在供料净化线上 50 L 制冷柜入口增设压力报警装置以监控过程是否顺利进行，因此建议 03D 自动净化系统中可在相应管线增设压力、开度监控报警装置。阀门通道故障则主要集中在阀门通道有漏，而 03D 供料系统存在阀门有漏的较多，故建议更换有漏阀门。在 03C 供料自动净化运行过程中，净化合格后需要运行人员手动停止，否则在下一组供料容器开始净化时会出现重复净化的现象，因而建议在程序结束，判断合格后自动结束净化。

03C 供料自动化经过一系列调试现已基本实现 0 故障运行，03D 厂房供料净化自动化势在必行，自动净化的成功实施离不开设备的安全可靠，现在所设定的标准在正式开始应用后还应根据 03D 厂房实际情况进行调整，而 03D 系统庞大，每日净化量本就多，自动净化使得阀门启动频繁，对阀门损耗加大，所以还需实际实验来进行改进，但是实现供料净化自动化是完全可行的。

3#厂房吹洗工艺优化改进及应用

解　宽

摘要：容器拆装及设备检修是供取料厂房必要的开放性工作。为保护环境和人员健康，须在开放性操作前，对开放性操作相应空间进行吹洗，以尽可能减少含铀物质及 HF 向环境的直接排放，保障操作人员健康。目前 3#厂房利用反复破空、抽空原理，采用移动式吹洗装置完成吹洗工作，吹洗工作量较大，导致人员负担较重。该文通过研究，提出了新的吹洗工艺，并根据 3#厂房实际情况设计了独立的吹洗系统。优化吹洗方式，在增设独立吹洗系统后，吹洗操作大幅简化，有效降低了工作量。另外，对新吹洗工艺的评估，也证明其在安全环保方面是可靠的。

关键词：吹洗；抽空；优化

1　前言

405－1A 工程供料系统和精料系统布置在 3#厂房，其需要连续不断地向级联大厅供入轻杂质合格、压力稳定的供原料，收集级联精料和卸料系统物料。为此，3#厂房需进行较为频繁的容器周转拆装工作。为保护环境和人员身体健康，采用吹洗的方式尽可能降低拆卸点位释放到环境中的铀和氟元素量。

目前 3#厂房没有独立的吹洗线，所以主要采用吹洗小车（由真空泵、迪瓦瓶、24 L 或 20 L 容器及管道、阀门、电源等组成）进行吹洗，使用不够便利。这里使用液氮冷冻收集 HF 及 UF_6，能耗较高。实际吹洗时，需要反复破空、抽空，操作量较大。综上，目前 3#厂房吹洗工艺和吹洗操作存在较多缺点和不足，应对其进行优化改进。

本文结合公司近年来涡旋泵、NaF 吸附等科研成果及 03C、03D 厂房现状，提出 3#厂房吹洗工艺优化改进措施，并对效果进行评估。

2 3#厂房现行吹洗工艺

目前 3#厂房没有独立的吹洗线路，拆装前的破空吹洗操作主要是使用吹洗小车进行。通过对拆卸点反复破空、抽空，尽可能较少 UF_6 和 HF 量，达到内腔样合格的要求。具体操作如下：拆下拆装点破空阀盲板（堵头），使用金属软管将移动式吹洗小车与破空阀相连，利用吹洗小车上的破空阀对拆装点空间破空至大气状态，启动吹洗小车真空泵组对连接管深抽（0.2 torr 以下），再次破空至大气状态，然后再抽空（2 torr 以下），如此反复 5 次以上再深抽。

吹洗小车在使用过程中存在以下缺点或不足。

（1）工序繁琐，工作效率低

在吹洗系统进行安装、拆卸小车时工序繁琐，工作效率低。反复破空、抽空吹洗方法，导致了较大工作量。同时吹洗小车尾气，通过临时管线接至局排系统进风口，存在尾气直接排入厂房环境的风险。

（2）吹洗小车故障率高

由于没有金属陶瓷过滤器等的保护，同时需要经常转运，吹洗小车经过频繁使用后，故障率高，时有设备不够用的情况发生。

（3）能耗大，成本高

每次测量需液氮约 150 L，全年供料容器拆装 120 次以上，液氮消耗约 18 000 L。

针对以上使用移动吹洗小车存在的缺点和不足，迫切地需要提出一种新的吹洗工艺，既能够简化工序，降低操作难度，又能节省时间、提高工作效率、降低生产成本。

3 新吹洗工艺的提出

俄方级联吹洗系统设计中考虑了喷射泵（可以连续抽空大气，在拆装中连续抽空即可省去之前的反复破空、抽空操作），但其消耗的压空量较大，需要独立的压空系统提供动力，使用成本较高。为此，公司已经开展了涡旋泵替代喷射泵的相关研究，并取得了一定成果：国产涡旋泵替代喷射泵用于拆装过程的抽空，但须为其加装变频器，使其在低于工频的条件下使用。故可以考虑，基于涡旋泵使用，提出新的吹洗工艺。

考虑国产涡旋泵的抽空能力、连续工作时间，对于常规的容器拆装相关吹洗采用如下所述的新吹洗工艺：① 用可深抽的真空泵（如 2H－15 泵）经凝冻器（或制冷柜+NaF 吸附塔）深抽（0.2 torr 以下）待拆装点，拆装前抽空时间累计不少于 6 h；② 拆装前可深抽的真空泵（如 2H–15 泵）转涡旋泵（如 LH–WX22）工作，旁联凝冻器（或制冷柜），松开连接点抽空不少于 1 min 后，开始拆装工作。注意，这里涡旋泵工作在工频以下，如 30 Hz。

这种新的吹洗工艺采用“真空泵深抽+涡旋泵连续抽空”方式替代了“深抽+反复破空、抽空”方式，不但简化了操作，减轻了运行人员的劳动强度，还提高了工作效率。但是，吹洗工艺涉及环境及人员身体健康，工艺的变更应进行安全环保评估。

4 新吹洗工艺评估

采用新工艺后，常规拆装（沾污设备开放性检修工作除外）前，不再进行 5 次以上的破空吹洗工作。拆装时，涡旋泵能保证连接管等与吹洗抽空线路连接的位置都被抽到，从而使得偶然可能发生的冒烟问题得到解决或缓解。唯一存在的疑问点便是 1 英寸阀腔内（空间极小）的沾污水平可能会较高，为此要求在拆装前先松开连接点利用涡旋泵连续抽空不少于 1 min 后，再进行后续拆装工作。

目前可能存在问题的点为容器 1 英寸阀腔等（以 1 英寸阀腔最为突出）位置，需要证明此处风险可以接受。考虑到系统实际情况，直接证明目前无法实现，于是考虑采用取连接管内腔样的方法间接进行证明（需要说明的是，即使连接管样不合格，也不能直接说明拆装时释放的 U 含量是超标的）。考虑了解基础数据的因素，分别对“深抽 6 h 后”和“深抽 6 h+涡旋泵抽空（破空）1 min 后”两种情况下的连接管进行随机取样，取样的具体结果如表 1 所示。另外，涡旋泵使用期间，拆装时未发生明显冒烟现象。

表 1 部分连接管内腔样分析结果列表

深抽 6 h				深抽 6 h+涡旋泵抽空 1 min 后			
序号	点位	结果	是否合格	序号	点位	结果	是否合格
1	A1	13	合格	1	B1	5.3	合格
2	A2	——	不合格	2	B2	14	合格
3	A3	——	不合格	3	B3	0.91	合格
—	——	——	——	4	B4	0.76	合格

注：① 分析结果单位为 μg/m³；② 内腔样合格标准为不大于 40 μg/m³。

由表 1 可以看出：① 严格按照要求进行深抽和涡旋泵抽空后取的 4 个连接管内腔样全部合格；② 只进行深抽的连接管内腔样数据总体偏高。考虑到后续拆装过程中，连接管等绝大多数位置都会被涡旋泵连续抽空，故可以初步得到结论：采用涡旋泵后的新工艺在安全环保方面不存在问题。由于新工艺在安全环保方面是可靠的，而且可以避免运行人员频繁的吹洗操作，能够有效降低劳动符合提高效率。所以新吹洗工艺是可行的。

5 新增吹洗线

考虑到 03C、03D 厂房均设置了独立的吹洗系统，在常规吹洗中使用效果良好，故可以在 3#厂房增设独立吹洗线，以避免吹洗小车的频繁使用。另外，NaF 吸附工艺研究已经成熟，所以应在新增设的吹洗系统中使用 NaF 吸附塔替代原凝冻器收集 HF；系统中难免存在少量固体粉末，而粉末对涡旋泵的影响是致命的，故可在涡旋泵前加装金属陶瓷过滤器；3#厂房设备摆放位置以及考虑到成本因素，深抽时的泵使用供料净化真空泵。

考虑到 3#厂房的空间位置情况，按供料容器、精料容器的走向架设直径为 DN 25 mm 的吹洗线路总管。在 B3 系列压热罐的上部按南北走向，架设吹洗管线至厂房南墙，在南墙沿着 B3 系列供料管线下方延伸到 B2 系列压热罐处，吹洗管线在 B2 系列压热罐上方按南北走向，从厂房南墙延伸至供料净化制冷柜。新线路总体设计如图 1 所示。在吹洗干管上安装 3 torr 的压力表，用

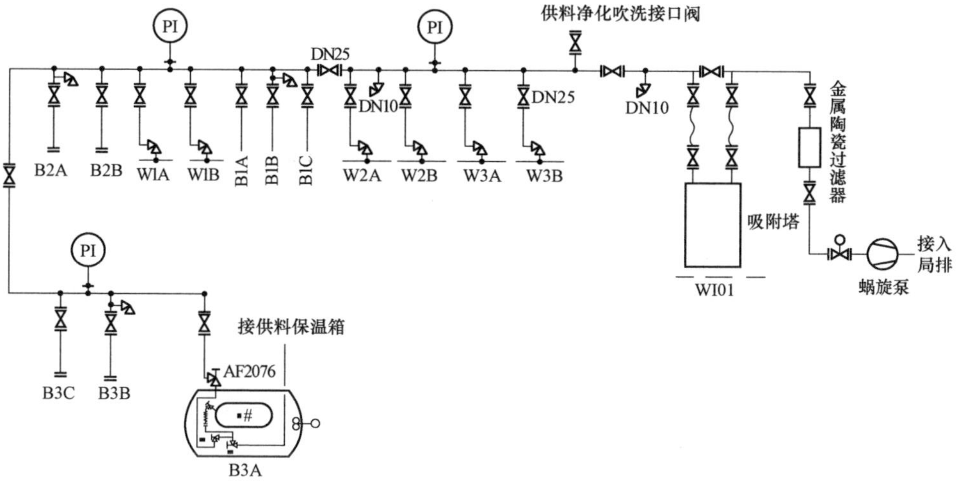

图 1 新增吹洗线路图

于对供料、精料连接管进行真空测量。在吹洗干管上增加一个供料净化吹洗接口阀，接到二级制冷柜后与 NaF 吸附塔相连最终连接到供料净化真空泵。这样在供料容器拆装前的零班可以通过吹洗线、二级制冷柜、吸附塔、真空泵进行深抽。值得说明的是，精料容器连接管深抽还是需要用精料净化线。

6 总结与展望

本文对 3#厂房现行吹洗工艺进行了分析，针对存在的缺点和不足提出了“真空泵深抽+涡旋泵连续抽空”的新吹洗工艺，对新工艺的评估表明其安全可靠，并结合 3#厂房实际情况设计了采用新吹洗方式的吹洗线路，目前该吹洗线路已经建成投入使用，应用效果良好：① 对于常规吹洗，使用新工艺后，不再需要反复破空吹洗，使操作变得简单，工作效率大大提高；② 减少了液氮损耗量，降低了生产成本，达到了降本增效的目的；③ 新工艺应用后，未发生冒烟等事件，在安全环保方面是可靠的。

目前涡旋泵的启、停只能现场操作。为提高远程监控水平，可以考虑实现涡旋泵的远控，这样既能方便操作，又能便于对涡旋泵进行监控，一旦发生故障能够及时处理。另外，本文提出的吹洗工艺推广至 3A 厂房，有利于后续 1A 供取料系统整合优化和自动化升级。

机组电动调节阀对压力调节的分析

杨　晨

摘要：405-1A 级联将电动调节阀接入系统已有半年时间，在电动调节阀接入系统之初，机组间产生压力波动时，压力波动向贫料端机组传递呈扩散的趋势，导致压力波动逐渐增大。在对电动调节阀控制算法的研究基础上，参考压力调节器的调节模式对电动调节阀 PID 参数进行优化后，压力波动向贫料端机组传递是明显的收敛趋势，增强了系统的稳定性。本文主要对机组电动调节阀参数优化前后对机组压力的调节能力进行分析，并对日常运作提出了几点建议，希望能对电动调节阀的日常操作提供参考意义。

关键词：电动调节阀；PID 参数；调节能力；优化

1　引言

在原 405－1A 级联工艺系统中，机组压力的调节主要是靠机组压力调节器调节机组贫料干管压力，以此来保证级联系统压力稳定。压力调节器是一种弹簧杠杆结构的气动式机械调节器，其正常运行必须以压力稳定的压缩空气为动力。这使得级联系统的稳定运行受到了压空系统的制约。而电动调节阀是一种机械与电子技术相结合的机电一体化产品，当 DCS 系统设置完成后，只需要供电系统稳定就可以正常运行。

用电动调节阀替代压力调节器，可以有效地降低级联系统对压缩空气的依赖，提高系统运行的可靠性；降低系统对压空系统维护的额外支出，提高工艺系统运行的经济性。在经济运行，能源消耗等方面有重要意义。

2　电动调节阀的基本介绍

2.1　机组电动调节阀的分布情况

在 405－1A 工艺级联系统中，机组电动调节阀安装在压力调节器的上方。

其中 8、24、34 机组有两个电动调节阀，其余每个机组一个电动调节阀。机组压力仪表取自相应机组供、贫料 MD3 仪表。

2.2 机组电动调节阀的操作简介

2.2.1 DCS 系统上电动调节阀的界面显示

在 405－1A 级联 DCS 电脑上，可调出所有机组的电动调节阀界面如图 1 所示。其中 1、34 机组以机组贫料干管压力的目标值为设定值 SV，2～33 机组以机组贫料干管压力的目标值与供料干管的差值为设定值 SV。机组电动调节阀操作界面中系数一般为 0 或 1；系数为 0 时，电动调节阀控制机组贫料压力；系数为 1 时，电动调节阀控制机组贫料压力与本机组供料压力的差值，所以 1 机组和 34 机组系数取 0，其他机组系数取 1。

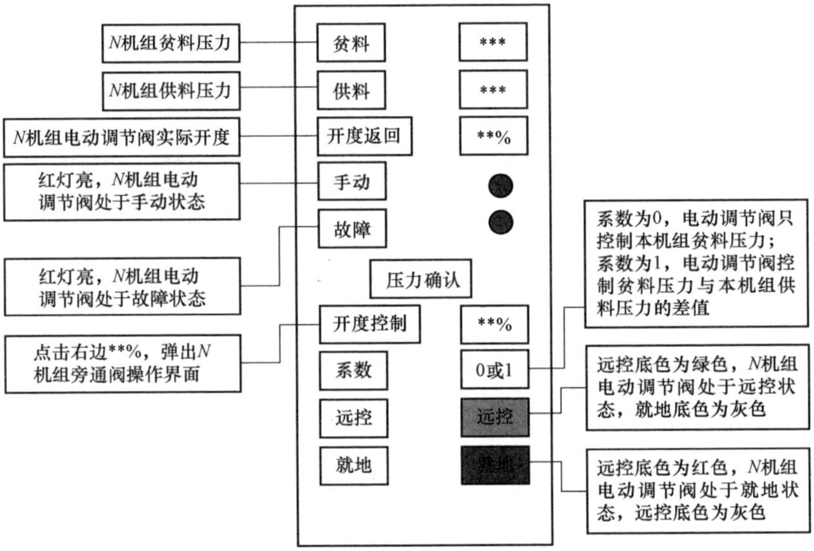

图 1　机组电动调节阀界面

2.2.2 DCS 系统上的操作简介

在 DSC 系统上机组电动调节阀操作窗口如图 2 所示。该窗口主要通过内部仪表的方式显示各个位号以及回路的各种信息。包括位号名、位号当前值、报警状态、当前值柱状显示、位号类型以及位号注释等信息。在图中可以看到机组电动调节阀在实际的运行中有两种工作模式，分别是手动控制和自动控制。当处于手动控制模式时，MV 值（开度控制）可通过键盘输入或鼠标点击增加/减少（单箭头），快增/快减（双箭头）按钮进行修改，此时 SV 值（设定值）跟踪 PV 值（测量值）。当处于自动控制模式时，SV 值（压力）可通过键盘输入或鼠标点击增加/减少（单箭头），快增/快减（双箭头）按钮进行修改。

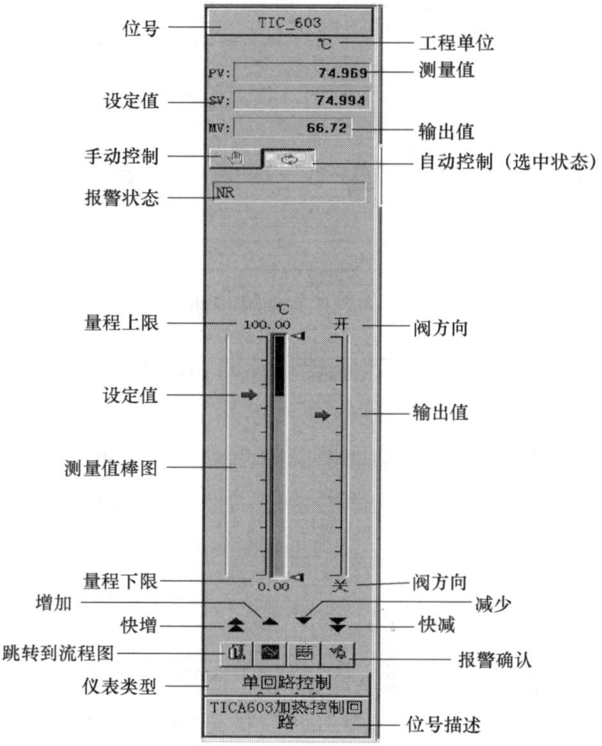

图 2　机组电动调节阀在 DCS 系统的操作界面

2.2.3　电动调节阀的现场操作

电动调节阀的现场操作是靠阀门伺服控制器进行实现的。阀门伺服控制器用于调节阀的开度控制、操作、显示和控制伺服驱动阀门机械系统，具体显示如图 3 所示。

图 3 中，PV1 显示的是阀位传感器检测的阀门实际开度值，是阀位测量值；PV2 显示的是通过运算后给出的阀门开度值，是阀位目标值。

操作面板下方是伺服控制器的操作键和指示灯。

按键有 4 个：“SET”“▼”“▲”“○”。

“▼”为阀门开度减小按键；

“▲”为阀门开度增加按键；

“SET”＋“▼”为就地/远控（A/M）切换；

“○”为“复位”，用于控制器重启复位。

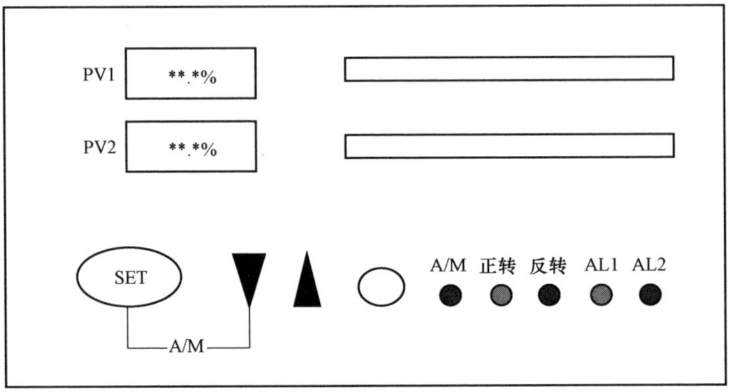

图 3　伺服控制器操作面板

指示灯有 5 个："A/M（红）""正转（绿）""反转（红）""AL1（绿）""AL2（红）"：

"A/M"—红色指示灯，电动调节阀处于远控状态时熄灭；此状态下接受 DCS 输出的阀位开度信号并自动跟随，电动调节阀处于就地状态时常亮，此时可点动"▼""▲"按键现场开关阀门；

"正转"—绿色指示灯，阀门在开启过程中；

"反转"—红色指示灯，阀门在关闭过程中；

"AL1"—绿色报警灯，超过阀门开度上限或下限时亮；

"AL2"—红色报警灯，电调阀由远控状态切换为就地状态后亮。

2.2.4　电动调节阀的控制原理

机组电动调节阀 PID 控制原理如图 4 所示。SV 是人工给定的设定值，PV 是实时采集的测量值。偏差为 SV 和 PV 间的差值，调节器为普通 PID 功能块。PID 调节器根据现场测量变送单元采集的实时测量值 PV 和设定值 SV 之间的偏差值，进行 PID 运算调节后直接送给执行机构——伺服放大器，执行机构根据得到的数据输出执行结果控制被控对象——电动调节阀。再通过测量变送器——绝对压力计将实时测量值反馈给 PID 调节模块。当实测压力大于设定

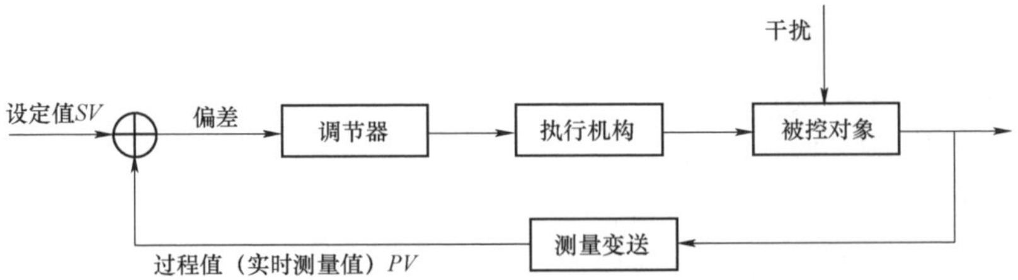

图 4　机组电动调节阀 PID 控制原理

值时，开阀；实测压力小于设定值时，关阀。

2.3 电动调节阀自动调节能力分析

在电动调节阀 DCS 系统中，1、34 机组以机组贫料干管压力的目标值为设定值 SV，2～33 机组以机组贫料干管压力的目标值与供料干管的差值为设定值 SV。以实时测量的机组贫料干管压力与供料干管的差值为过程值 PV。而机组贫料干管压力值与供料干管压力值则采集自 MD3 数显仪表。在 MD3 数显仪表将实时采集到的机组贫料、供料干管压力值传输给 DCS 系统这个过程中，因为压力是实时传输，所以 PV 值也是在实时变化，这导致电动调节阀根据计算结果一直在开关阀门，从机组压力来看，就是压力值一直在目标值上下波动。这就形成了电动调节阀不断地自动调节的过程。

3 电动调节阀对机组压力的调节能力的分析

3.1 电动调节阀与压力调节器的对比分析

电动调节阀与压力调节器虽然都是采用伺服机构去对机组压力进行调整，但二者的调节能力如图 5、图 6 所示。

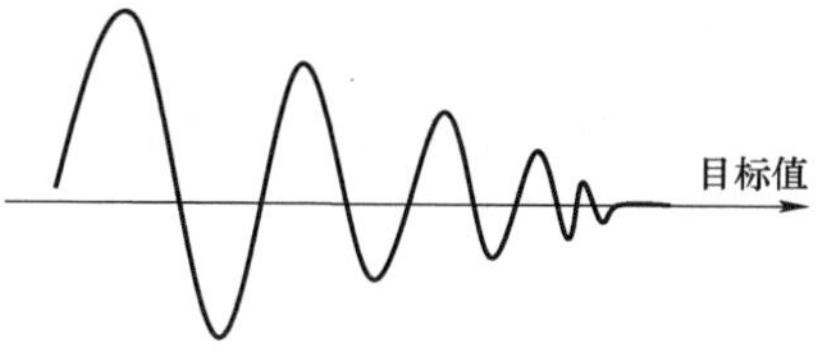

图 5 电动调节阀调节能力简图

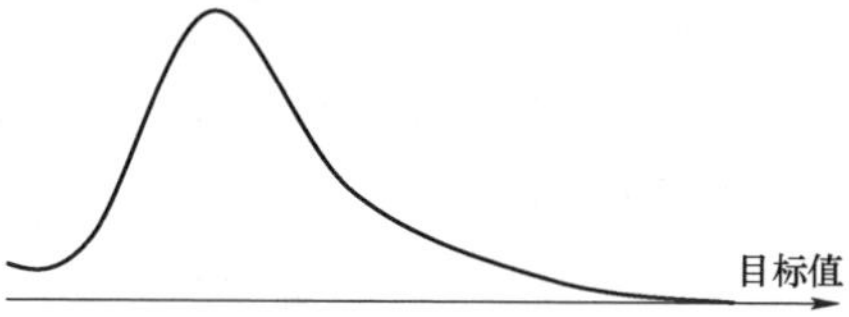

图 6 压力调节器调节能力简图

如图，我们可以看出当目标值一定时，压力调节器与电动调节阀对压力的调整都呈收敛趋势，电动调节阀是围绕目标值不断上下波动不断收敛直至压力达到目标值，压力调节器则是在目标值一侧不断收敛直至达到目标值，将两者调节能力进行比较，压力调节器的调节能力比电动调节阀更稳定，抗干扰能力更高。

而将两者进行整体的比较，我们能发现电动调节阀有以下优点：

（1）结构相对简单、体积小。传统的机组压力调节器，体积较大，须安装在地面上，而电动调节阀结构简单、体积小、重量轻，可直接安装在工艺管道上；

（2）正常运行不依赖压缩空气，仅需提供可靠的供电系统。传统压力调节器的正常工作需要压力稳定地压缩空气作为驱动，而压缩空气系统的建造费用和维护费用相对较高，用电动调节阀替代压力调节器则能有效降低级联系统对压缩空气系统的依赖，甚至在以后的改造和工程建设中可以将压缩空气系统省掉，提高工艺系统运行的经济性；

（3）对机组压力值的设定和调整更直观，操作更方便。相比于压力调节器，电动调节阀以机组实际的压力值为控制对象，可以直接对压力值进行设定，具有电动调节阀开度控制和实际开度返回的百分比显示。使得机组压力值的设定和调整更为直观，操作和控制也更加方便；

（4）电动调节阀可以实时对其控制方式进行调整。相比于压力调节器，电动调节阀是根据 DCS 系统上的编程进行控制，这使得可以就系统维护中产生的各种新问题对其进行实时的调整，这使得电动调节阀具有较强的适应性与可塑性；

（5）相比于压力调节器现场无法操作的局面，电动调节阀具有远控自动、远控手动、就地 3 种模式，且这 3 种模式都可以对机组压力进行调整。

在机组压力产生波动时，电动调节阀控制算法为：1、34 机组以机组贫料干管压力的目标值为设定值 SV，2～33 机组以机组贫料干管压力的目标值与供料干管的差值为设定值 SV。以实时测量的机组贫料干管压力与供料干管的差值为过程值 PV。开度控制的显示值为设定值 MV。然后根据实时测量到的 PV 值与 SV 值进行比较决定 MV 值的变化，以此达到自动调节的作用，调节过程如图 7 所示。

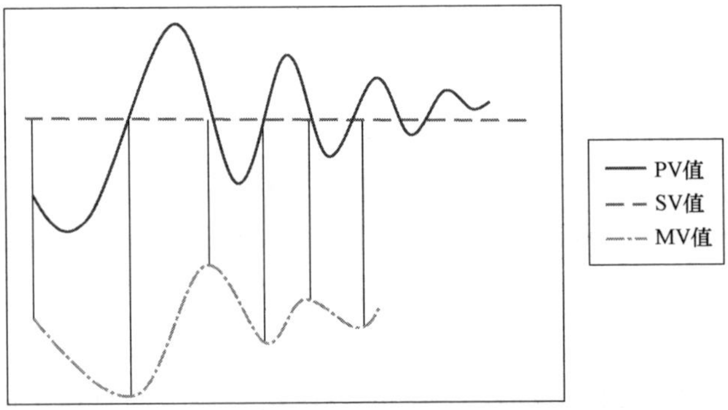

图 7　电动调节阀对压力波动的调节过程简图

如图 7 所示我们可以看出：当 *N* 机组压力产生变化时，采集到实际测量 PV 值与 SV 值进行比较，在 PV 值＜SV 值的整个过程中，MV 值都在减小，直到当 PV 值＞SV 值时，MV 值才会开始增大，以此调节方式不断调节至 PV 值＝SV 值达到预期目标，但这种调节的方式会使得调节的周期变长。

3.2 电动调节阀在参数优化前与优化后对机组压力的调节能力的分析

3.2.1 参数优化前

在 405–1A 级联工艺系统将电动调节阀投入运行初期某次工况转换操作时，8/Ⅱ–13 机组中，10 机组电动调节阀尚未投入运行，其余机组电动调节阀均已投入运行。图 8 就是在工况转换操作中调整 13 机组贫料压力至工况值时采集到的 8/Ⅱ–13 机组贫料压力波动部分曲线简图。

如图 8 所示，在此次工况转换之中，调整（降低）13 机组贫料压力后，8/Ⅱ–12 机组贫料压力皆有不同幅度的变化，其中除 10 机组因是压力调节器进行机组贫料压力调节，压力变化平缓、稳定之外，剩余几个机组贫料压力都有升高，相比之下，可以看出电动调节阀对机组压力的调节能力相对不稳定，压力波动向贫料端机组传递呈扩散的趋势，即当 N 机组贫料干管压力变化时，PV 值发生变化，电动调节阀为维持 PV 值≈SV 值的状态，开度控制 MV 值会随之变化，这将引起 $N-1$ 机组贫料压力变化，以此不断向层架贫料端传递。与之不同的压力调节器因为零位腔与机组供料干管相连，机组供料干管压力的变化会使机组压力调节器直接进行相应的调整。而电动调节阀则是在机组供料干管压力变化后将检测到的数据反馈至 DCS 系统进行计算后才能对开度控制 MV 值进行相应的调整，在这个调整时间内，电动调节阀会产生过度调整的结果，导致压力波动向贫料端机组不断增大。

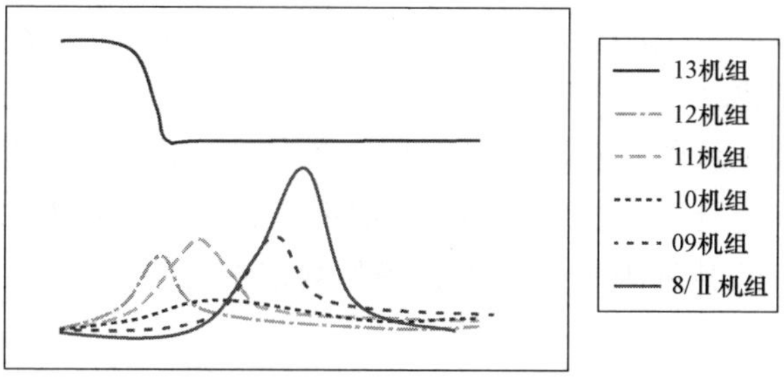

图 8 优化前 8/Ⅱ–13 机组贫料压力波动部分曲线简图

3.2.2 参数优化后

在电动调节阀全部投入系统运行一段时间之后，通过对电动调节阀运行情况统计分析之后得出，在此控制参数下当一些机组压力发生波动时，无法满足系统压力波动后对机组压力的控制要求。所以对电动调节阀的参数进行优化，使之对压力波动的调节能力尽可能接近压力调节器对压力的调节能力。图 9 是在对 13 机组进行参数优化时，当 13 机组贫料压力产生变化时，8/Ⅱ–12 机组的压力波动部分曲线。

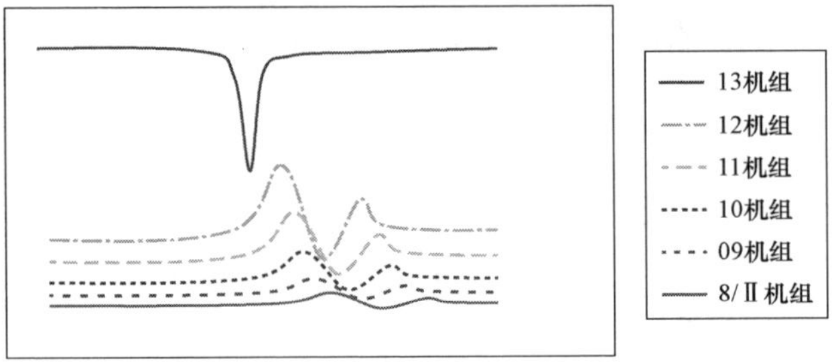

图 9　优化后 8/Ⅱ－13 机组贫料压力波动部分曲线简图

从图 9 可以看出，参数优化后当 13 机组产生压力波动时，8/Ⅱ－12 机组电动调节阀的调节能力相较于参数优化前稳定许多，压力波动向贫料端机组传递是明显的收敛趋势。

就优化之后的结果来看，电动调节阀对机组压力的调节能力能够满足级联系统的基本需求，已达到调节能力接近压力调节器的优化目标。

4　实际运行中发现的问题及建议

4.1　实际运行中发现的问题

4.1.1　机组电动调节阀自动调节中产生的开度的不稳定

在机组电动调节阀实际运行中发现，机组电动调节阀在将机组产生的压力波动进行调节后，电动调节阀的开度还是会不停地改变导致机组压力值在目标值周围上下波动。

4.1.2　DCS 系统中机组贫料、供料的压力突变引起的电动调节阀的动作

在电动调节阀投入系统运行的这段时间里，发现存在 DCS 系统上某机组贫料或供料压力因某种因素产生不正确的数值突变导致电动调节阀进行调节的误动作。

这种机组贫料或供料压力突变的可能原因不止一种，例如：MD3 仪表接线脱落；数据传输通道出错等。

针对这种情况，应迅速在 DCS 系统中将该机组电动调节阀转远控手动状态并进行压力的调整，直至消除故障后，确认各项状态参数均正常再将电动调节阀转为远控自动状态。

4.2　对日常出现的问题提出的几点建议

（1）每班经常性地对 DCS 系统上各机组的电动调节阀的状态进行检查。

（2）当系统中某机组产生压力波动时，在相邻机组状态、参数无明显异

常的状况下应尽可能的使机组的电动调节阀处于远控自动状态，利用电动调节阀的自动调节能力进行压力的传递。因为当电动调节阀处于远控自动的状态时，它才可以实时地对当前的压力波动产生自动调节。

5 总结

（1）在各机组参数优化后，电动调节阀对产生的压力波动已经可以较平稳地进行调节，明显改善了压力波动向贫料端机组放大的情况，已可以基本满足工艺需求。

（2）在个别状况下，电动调节阀产生的错误动作，需要人为介入对其的错误动作产生的影响进行修正。这需要运行人员对各机组电动调节阀在正常运行时的一些数据进行记忆。

随着电动调节阀的不断改进以及运行经验的不断积累，电动调节阀的压力调节功能已完全能够满足系统稳定运行。同时随着电动调节阀的投入运行，为原调节器提供动力的压缩空气系统已退出运行。用电动调节阀替代压力调节器，有效地降低了级联系统对压缩空气的依赖，提高系统运行的可靠性、经济性。另外，作为系统压力调节、控制的新运行方式，电动调节阀的应用将为铀浓缩行业的创新、优化提供一定的推动作用。

机组干管抽空方法优化

殷茂森

摘要：有关规程规定：两级运行机组关闭后若机组供料干管压力升高大于正常运行压力或超出仪表测量值，应通过本机组某一区段将机组干管连接至卸料系统进行抽空。而现有规程所示机组干管抽空方法存在着线路复杂、耗时较长、人力占用较大的缺点，因此针对上述问题，考虑从减少线路变化、减少现场阀门操作、优先考虑远控完成等方面优化现有机组干管抽空方法。结合改进方向，从实际出发提出：① 通过区段供料抽空机组供料干管；② 通过区段精料抽空机组供料干管；③ 打开机组平衡该机组干管压力。3 种改进方法，利用数据计算与理论分析的方法，从不同方面展开合理性分析及优缺点对比，最终提出不同情况下最优化的处理方法，以期为后续相关工作提供参考和借鉴。

关键词：异常处理；抽空；机组干管；压力

目前系统上两级运行机组异常关闭后，由于机组二级贫料压力与一级供料压力的平衡，导致机组一级供料干管压力异常升高。而要恢复机组运行必须先抽空机组干管压力至≯**Pa（*mmHg），目前规程所示方法较为复杂，需要操作大量手阀，投入大量人力去实现机组干管抽空。而系统异常状态下需要兼顾各个方面，如果投入大量人力操作手阀将会增加异常处理时间，有可能导致紧急情况下控制室人员短缺的问题。现以系统安全为前提，以保护主机为原则，就两级运行机组关闭后供料干管抽空耗时、耗力问题，提出不同改进方法进行合理性分析及计算，最终得出结论。

1 现状描述及改进方法概述

有关规程规定：两级运行机组关闭后，若机组供料干管压力升高大于正常运行压力或超出仪表测量值，应通过本机组某一区段将机组干管连接至卸料系统进行抽空，具体如下。

① 选择本机组某一区段并将其连接至卸料系统抽空至区段贫料压力≯** Pa（** mmHg），切断区段离心机及 RDB 传感器供电；② 关闭该区段所有截断组阀门，打开区段电、手阀；③ 联通机组供、精、贫料干管，抽空至机组干管压力≯** Pa（** mmHg）；④ 恢复运行线路。如图 1 所示。

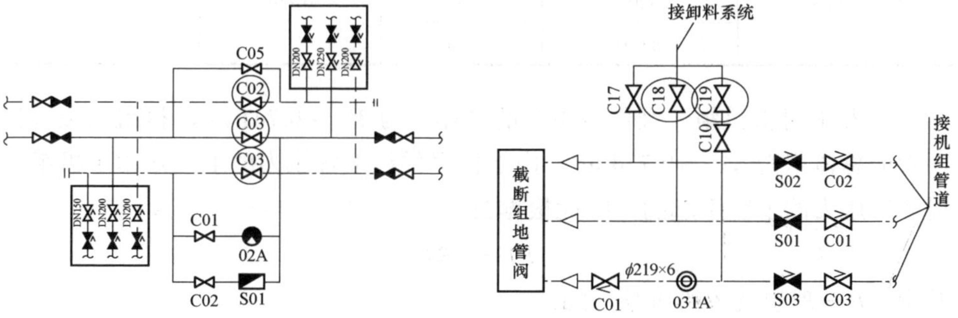

图 1　机组、区段图

上述操作方法，共需操作 40 多个手阀（区段按三列计算），不仅操作复杂，恢复时容易出现人为失误导致运行线路错误，而且需要投入大量人力到现场操作阀门，耗时较长。由于异常状态下人力分配及时间的限制，此方法有可能导致紧急情况下控制室人员短缺以及沟通不及时的问题，因此此方法存在一定的可改进性。现提出以下几种不同方法：

（1）通过区段供料抽空机组供料干管；

（2）通过区段精料抽空机组供料干管；

（3）打开机组平衡该机组干管压力。

2　不同方法合理性分析及优缺点对比

方法的合理性取决于物料到达机器里面时压力是否超出相应限制，若压力低于供料压力限值则此方法可行，若压力超出供料压力限值，则此方法不可行，一切都以保护主机为原则。方法的优缺点取决于实现同一个目的其操作量与人力资源占用的多少，能达到目的的前提下操作越简单则此方法越可取。

两级运行机组关闭一级供料干管压力增长情况计算（以下计算都以 4、5 机组为参照——体积最大、压力最高）：

表 1　机组供、贫料干管体积及压力表

	管径/mm	长度/cm	体积/m^3	初始压力/torr
机组供料干管	ϕ300	800	0.741	4
	ϕ250	300		
	ϕ200	200		
机组贫料干管	ϕ300	800	0.734	38
	ϕ200	200		
	ϕ150	600		

由表 1 可得机组一级供料干管的总体积为 $V_{供}=0.741\ m^3$，机组二级贫料干管的总体积为 $V_{贫}=0.734\ m^3$，由于机组供料干管压力的上涨是由于机组贫料干管压力的平衡引起的，因此根据公式：

$$PV = nRT \tag{1}$$

其中：P—理想气体的压强，Pa；

V—理想气体的体积，m^3；

n—理想气体的物质的量，mol；

R—气体常数 8.314，$Pa \cdot m^3/(K \cdot mol)$；

T—热力学温度，K。

可计算出平衡后干管压力 $P_0=20$ torr，因此得出两级运行机组关闭后，一级供料干管压力最高可增长至 20 torr。

2.1　通过区段供料抽空机组供料干管

方法 1：区段卸料完成且所有主机同步后，关闭该区段手阀 C02、C03、C17 及所有供料地管阀，打开区段 C18 手阀，打开区段 S01、S02、S03 用卸料系统抽空机组干管。如图 2 所示。

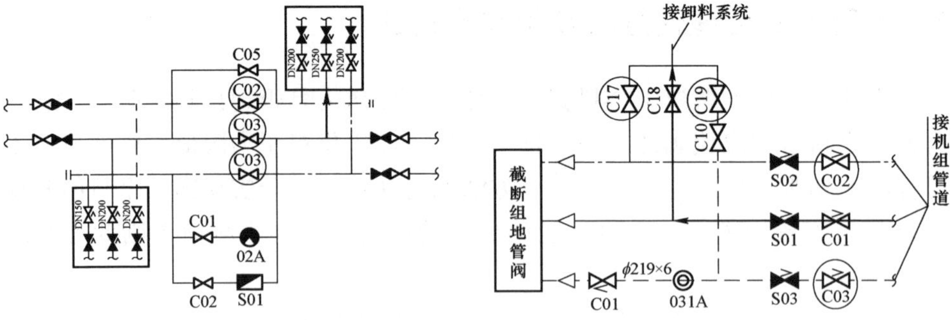

图 2　区段供料抽空流程图

合理性：此方法充分体现保护主机原则，由于事先已关闭该区段 C02、C03、C17 及所有供料地管阀，机组压力通过区段供料管道直接进入卸料抽空干管而不进入机器，从而做到对机器影响最小。

但此方法需改变区段原有线路，需现场手动操作 16 个阀门（按三列计算），操作量较大，耗时较长，异常状态下由于各种原因的限制，此方法实施难度较大。

2.2 通过区段精料抽空机组供料干管

方法 2：区段卸料完成且所有主机同步后，利用机组一、二级线路将机组供料和精料联通，关闭区段补压机前手阀，关闭 C17、打开 C19，打开区段精料电阀 S03 进行抽空。如图 3 所示。

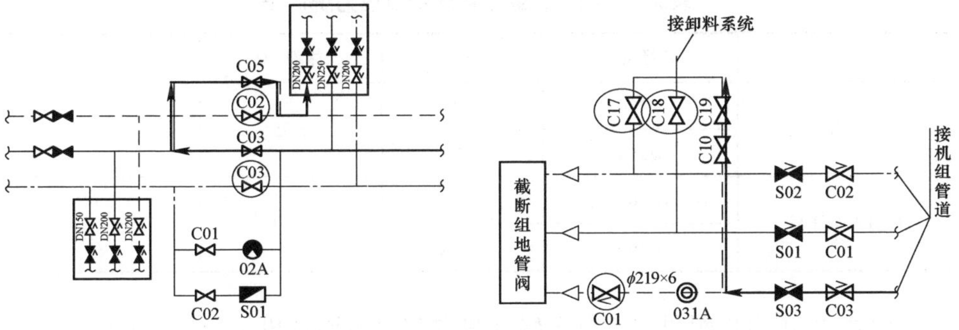

图 3 区段精料抽空流程图

合理性：此方法同样是抽空时物料通过区段精料干管直接进入卸料抽空干管，而不进入机器，对机器影响最小。

此方法相比于方法 1 操作量较小，但此方法需改变机组及区段原有线路，需现场手动操作 4 个手阀，恢复时需注意检查。

2.3 打开机组平衡该机组干管压力

前提：n 机组供料干管压力上涨是由正常的贫料干管压力平衡导致的，而不是由于轻杂质渗漏或因其他不明原因导致压力升高。

方法 3：直接打开机组，让该管道压力与 $n-1$ 机组精料管线、本机组旁通管线以及 $n+1$ 机组的供料管线压力平衡。如图 4 所示。

合理性分析：

（1）压力增长近似计算

假设 $n-1$ 机组精料管线、n 组旁通管线以及 $n+1$ 机组的供料管线为封闭状态，在静态下：

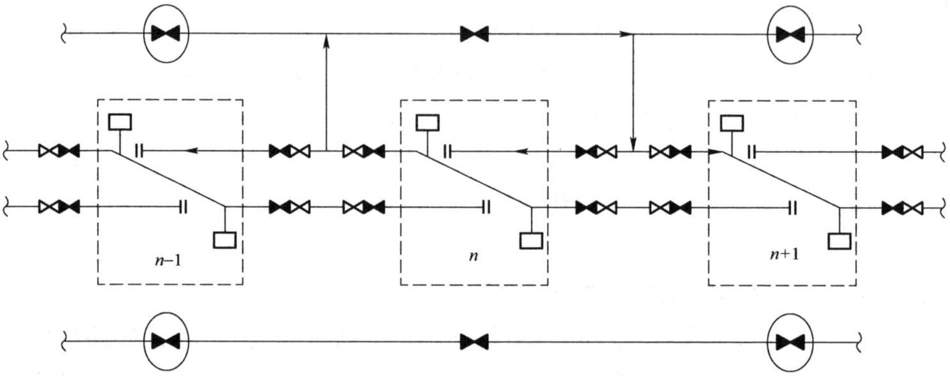

图 4　打开机组平衡压力流程图

表 2　机组、旁通干管体积及压力统计表

	管径/mm	长度/cm	体积/m³	初始压力/torr
供料部分干管	ϕ300	3200	2.95	4
	ϕ250	1200		
精料部分干管	ϕ300	3200	2.90	4
	ϕ200	1200		

由表 2 求得机组供料部分干管（包含部分旁通及机组间管道）的总体积为 $V_{供2}$=2.95 m³，机组精料部分干管（包含部分旁通及机组间管道）的总体积为 $V_{精2}$=2.90 m³，根据公式：

$$PV = nRT \tag{2}$$

得出打开机组平衡后压力

$$P_2 = \frac{P_{供} \times V_{供2} + P_0 \times V_0 + P_{精} \times V_{精2}}{V_{供2} + V_0 + V_{精2}} = 5.25 \text{ torr}$$

由于 P_2=5.25 torr 小于机组供料压力限值，再考虑到实际在动态情况下 n 机组和 $n+1$ 机组区段的平衡作用，实际压力因远小于上述理论计算值，此当两级运行机组关闭后，直接打开机组理论上是可行的。

（2）实际动态验证

如图 5 所示为某次异常处理时，直接打开机组后 $n-1$ 机组精料管线、n 组供料管线以及 $n+1$ 机组的供料管线压力变化曲线图。

由图 5 可以看出，直接打开 n 机组后 $n-1$ 机组精料、$n+1$ 机组的供料均有上涨，但都不超过 5 torr，远小于相应限值。

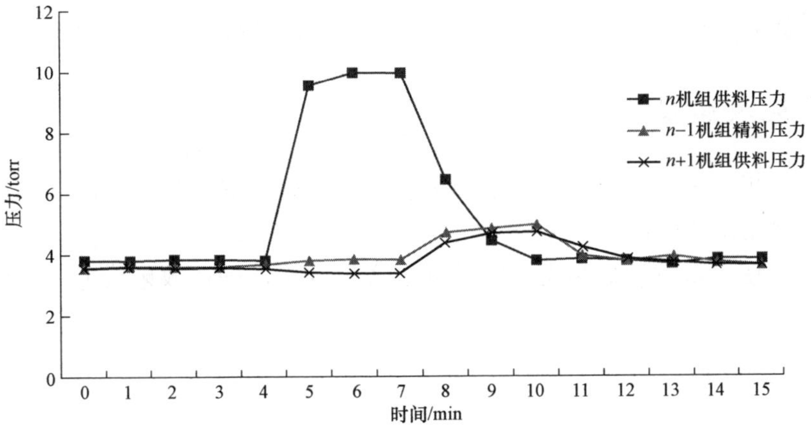

图 5 打开机组平衡压力曲线图

由以上（1）、（2）两方面分析可充分证明打开机组平衡压力是可行的。此方法操作简单，耗时较小，虽然会使部分物料进入相邻机组，但根据实际经验可得对相邻机组压力影响较小，甚至可忽略不计。

2.4 综合比较

根据上述各种方法的合理性分析、计算可得，以上 3 种方法均是可行的，现将不同方法的使用情况及优缺点结果统计为表 3。

表 3 各种方法优、缺点统计表

方法	优点	缺点
（1）通过区段供料抽空机组供料干管	保主机原则，对主机影响较小	① 现场操作量大；② 线路复杂、耗时较长
（2）通过区段精料抽空机组供料干管	相比于第一种方法操作量较小，对主机影响较小	① 需要现场操作；② 需要改变机组及区段原有线路
（3）打开机组平衡该机组干管压力	操作简单，耗时较小	部分物料进入相邻机组，但压力波动较小，对系统的影响较小，甚至可忽略不计

3 结论

两级运行机组关闭后供料干管抽空方法选择：

（1）若机组供料干管压力是由于正常的贫料干管压力平衡导致其增长，则抽空时选用方法 3——打开机组电阀向相邻机组平衡机组干管压力。

（2）若机组供料干管压力是由于轻杂质渗漏引起的升高或因其他不明原

因导致压力升高，则抽空时选用方法 2——通过区段精料抽空机组供料干管。

4 意见及建议

（1）机组关闭供料压力上涨原因明确时，择优选择恢复方法，尽量减少主机脱离工况时间；

（2）使用新方法后利用实际数据多方位分析，确认效果后考虑改进相关规程。

应用自限温伴热解决供料减压前仪表管堵料问题

李东珀　张进荣　唐　建

摘要：离心分离工厂中，伴热作为一种有效的管道及阀门保温方式一直被广泛应用，伴热是一种直接通过电阻将电能转化为热能的带状发热器，其工作原理是伴热带散发一定的热量，通过直接或间接的热交换补充被伴热管道的热量损失，以达到升温、保温的工艺要求。某供取料厂房供料保温箱加热方式在2018年由空气加热改造为恒功率伴热带加热，其中供料减压前仪表管伴热为保温箱内供料干管伴热的延伸段，其测温传感器安装在供料干管电调阀阀体上，与减压前仪表管有一定距离，因此减压前仪表管实际温度与设定温度存在差异，由此产生仪表管堵料问题，导致供料容器实际压力与显示压力不相符，可能带来一定的安全隐患。为彻底解决堵料问题，将该供取料厂房某保温箱减压前仪表管加热方式改为自限温伴热并取得了良好的试验效果，为现有供取料厂房伴热系统升级改造和后续自限温伴热在铀浓缩工厂的应用提供决策依据。

关键词：伴热；堵料；仪表管；自限温；试验

1　背景介绍

2018年针对某供取料厂房保温箱采用空气加热方式导致保温箱内长期维持较高温度，造成保温箱内电阀故障频繁出现的情况，将保温箱内空气加热方式替换为恒功率伴热加热方式，降低了保温箱内供料调节阀、电阀的电机和各种动力及信号线缆的工作环境温度，故障率也随之降低。

保温箱加热方式改造后供料干管伴热示意图如图1粗线部分所示。

该供取料厂房供料干管使用的恒功率伴热带需要外部温度控制且加热系统较为复杂，无论是测温环节还是控温环节出现异常，都有可能导致电伴加

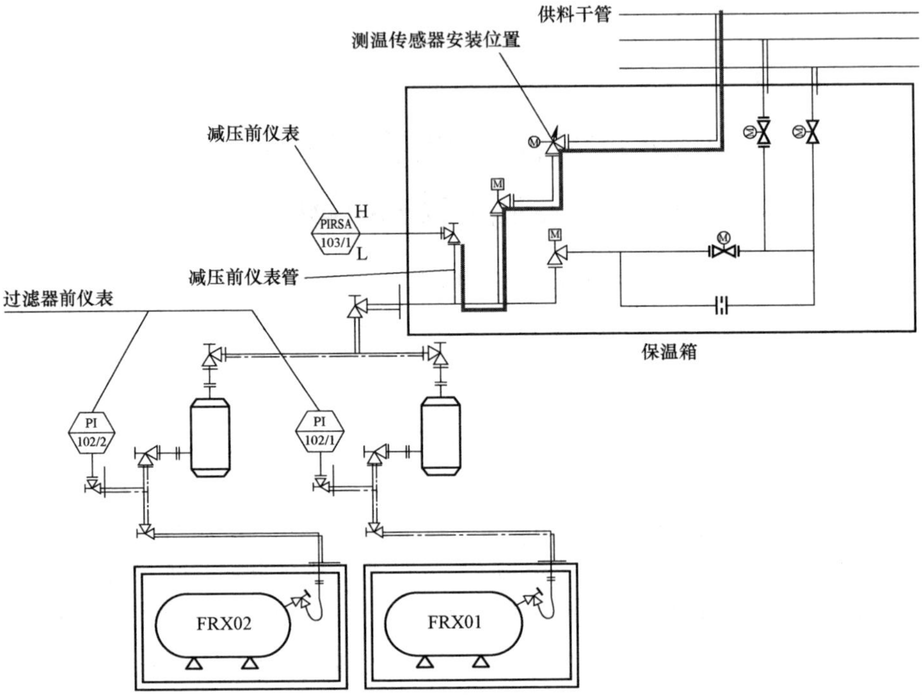

图 1　供料干管伴热示意图

热异常。其中，供料减压前仪表管伴热为保温箱内供料干管伴热的延伸段，其测温传感器安装在供料干管电调阀阀体上，与减压前仪表管有一定距离，因此减压前仪表管实际温度与设定温度存在温差，由于此温度差的存在，仪表管出现堵料问题，导致供料容器实际压力与减压前仪表显示压力不相符，可能带来一定的安全隐患。

随着材料技术进步，采用新型电阻正温度效应材料的自限温伴热已经在工业伴热系统中广泛应用，该种伴热不需要外加控温设备，即可实现伴热系统温度控制，使得伴热系统结构简化，而且可实现精准加热，可靠性和安全性较高。因此，选择某供料单元作为试验点，将自限温伴热应用到减压前仪表管上，进行运行试验，对其安全性、可靠性和经济性评估并检验是否还有堵料现象出现，试验证明此项改造效果非常好，减压前仪表管堵料问题得到彻底解决，为自限温伴热在该供取料厂房改造应用和后续工程建设中的应用提供依据。

2 主要技术创新内容

2.1 总体思路

本项目从该厂房现状出发，首先分析了减压前仪表管产生堵料现象的原因，然后从理论上论证该研究思路的可行性并得到技术方案，将技术方案作为试验方案并选取一个供料单元做试验，将自限温伴热带敷设在该供料单元保温箱内减压前仪表管道上，在带料容器常温、升温、恒温、备用和供料期间进行试验，观察对比保温箱内减压前压力与供料过滤器前压力是否同步来判断仪表管是否堵料并得到试验数据，最后对试验效果进行评估。

2.2 技术方案

2.2.1 减压前仪表管堵料现象统计

该厂房保温箱改造后开始运行日期统计如表 1 所示。

表 1 该厂房供料保温箱改造后开始运行日期统计表

保温箱（FBX）	12	11	08	09	03	04	05	10	06	01	02	07
运行日期	2017–06–17	2017–09–30	2018–04–13	2018–04–18	2018–06–09	2018–06–14	2018–06–21	2018–06–23	2018–06–27	2018–07–02	2018–07–06	2018–07–09

该供取料厂房保温箱改造后至 2019 年 5 月 10 日运行期间减压前仪表管堵料频次统计如表 2 所示。

表 2 该厂房保温箱改造后堵料频次统计表

保温箱（FBX）	01	02	03	04	05	06	07	08	09	10	11	12
堵料次数	10	3	0	8	7	10	8	10	14	11	16	9
供料次数	13	7	4	11	12	12	13	14	15	13	20	20

备注：2018 年 11 月 30 日自限温伴热试验开始后该保温箱再未出现堵料现象。

（1）保温箱未并入供料期间，减压前仪表压力和过滤器前仪表压力典型趋势如图 2 所示（以某保温箱 4 月 22 日—5 月 4 日并入供料前为例，其中该厂房过滤器前仪表本底较减压前仪表本底低 20 torr 左右）。

（2）保温箱供料期间减压前仪表压力和过滤器前仪表压力典型趋势如图 3 所示（以某保温箱 4 月 19 日—4 月 22 日供料期间为例）。

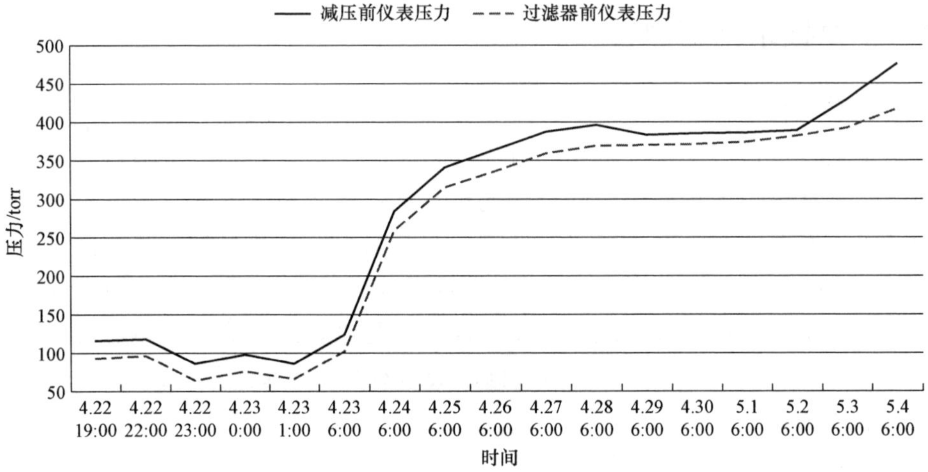

图 2　保温箱未并入供料期间减压前仪表和过滤器前仪表压力趋势图

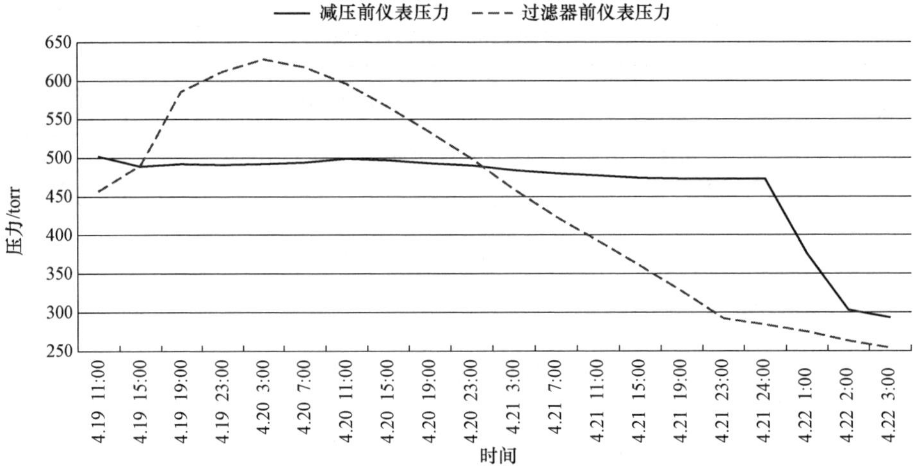

图 3　保温箱供料期间减压前仪表和过滤器前仪表压力趋势图

（3）保温箱供料前和供料期间，供料干管伴热输出功率典型趋势如图 4 所示（以某保温箱 4 月 22 日—5 月 12 日供料前和供料期间为例，5 月 4 日 6:00 并入供料）。

（4）保温箱供料前和供料期间减压前仪表管温度典型趋势如图 5 所示（以某保温箱 4 月 22 日—5 月 12 日供料前和供料期间为例，5 月 4 日 6:00 并入供料）。

2.2.2　减压前仪表管堵料原因分析

从上述统计数据分析减压前仪表管堵料的原因：

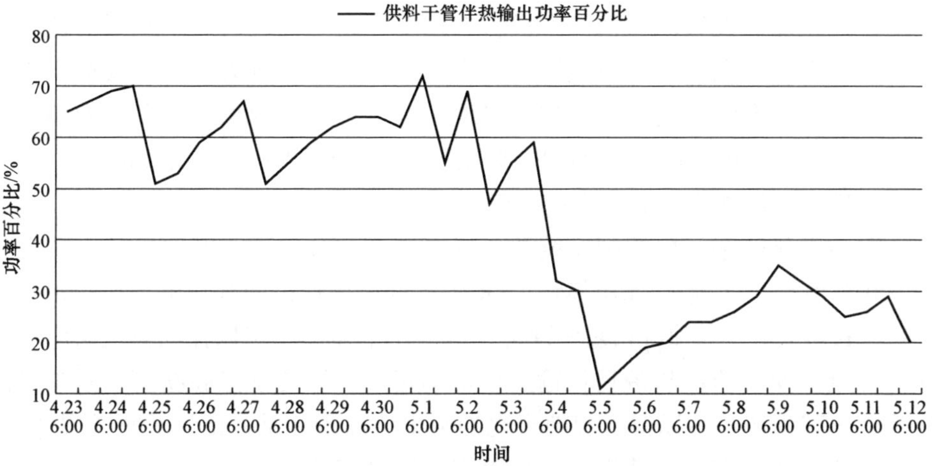

图 4 保温箱供料前和供料期间供料干管伴热输出功率百分比趋势图

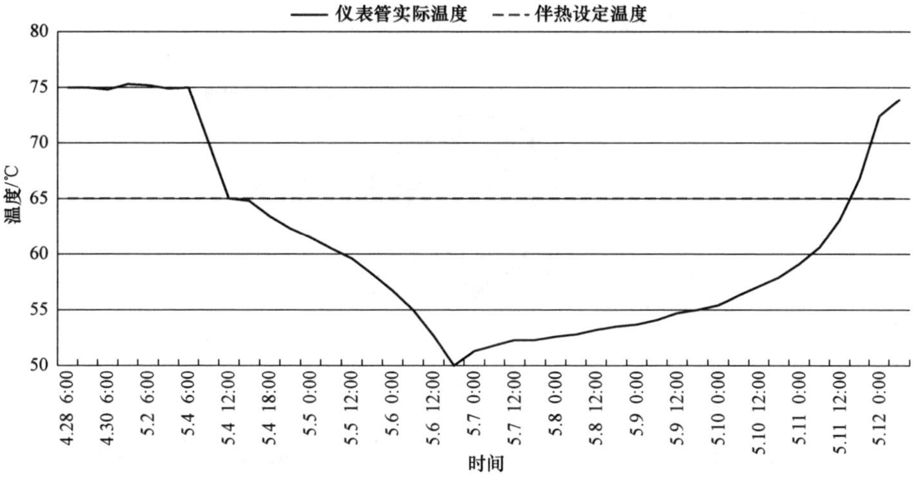

图 5 保温箱供料前和供料期间减压前仪表管温度趋势图

（1）供料单元未并入供料前，电调阀和仪表管内物料均处于静止状态，伴热带加热维持管道温度，输出功率在 50%～70%，此时仪表管一并加热，由于散热面积小等原因，仪表管温度比设定温度约高 10 ℃；

（2）供料单元供料期间，物料通过加热箱加热至约 70 ℃向级联供料，给供料干管带来额外热量，此时供料干管电伴加热带输出功率大幅降低至 10%～30%，从而仪表管加热效果明显变差，而仪表管道内物料仍基本处于静止状态，从而使得仪表管温度比设定温度低 10～18 ℃，导致仪表管内压力高于仪表管内温度所对应的饱和蒸汽压，因此出现仪表管堵料现象。

在减压前仪表管堵料期间，供料容器实际压力会逐渐高于减压前仪表显示压力，而运行人员往往以减压前压力作为容器实际压力，按照低温低压供料要求，可能会继续提升容器加热温度，由此可能导致供料容器压力超过运行压力限值 85 kPa（639 mmHg），对系统的安全稳定运行造成威胁。

2.2.3 恒功率伴热与自限温伴热对比分析

恒功率伴热系统由控制系统和电气系统两部分组成。其中自控系统包括 PT100 温度探头、输入/输出模块、DCS 设备和执行机构等，电气系统包括伴热带、接线盒、控制柜和 DCS 设备等。恒功率伴热带可以保证单位长度的发热量恒定，使用的伴热带越长输出总功率越大，管道维持温度高，同时局部伴热带出现损坏，可以很直观地表现为整个伴热带异常，便于及时发现故障。

恒功率伴热在具体使用中，先用铝箔胶带将伴热带直接固定在需加热的管道或设备表面，再用橡塑海绵直接包裹在管道或设备外部形成保温层，管道电伴加热带及保温层截面示意图如图 6 所示。

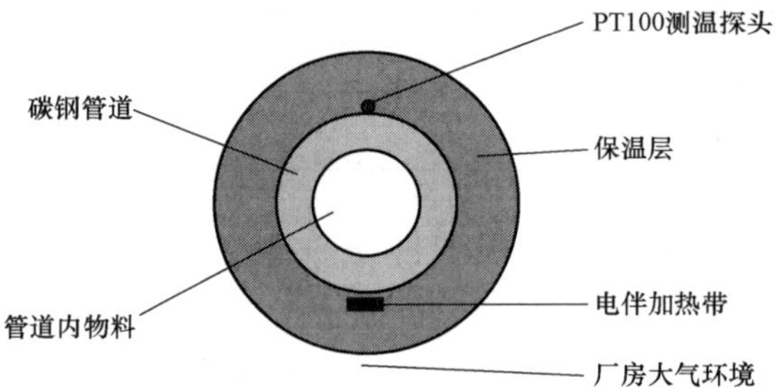

图 6 管道伴热敷设示意图

恒功率伴热系统较为复杂，无论是测温环节还是控温环节出现异常，都有可能导致伴热异常，由于测温点和控温点不同导致减压前仪表管堵料现象频繁出现，影响系统的安全稳定运行，可见恒功率伴热在减压前仪表管上的应用不合适，因此重新寻找适合减压前仪表管加热的伴热方式显得尤为重要。

自限温伴热具有 PTC 特性（电阻正温度效应），即使不使用温控器，伴热温度也会得到很好地控制，很好地解决了减压前仪表管测温点与控温点不同的问题。此伴热升温速率快，温度均匀，加热精准，具有防爆性能，伴热带随温度升高电阻变大功率变小，节约电能。由于启动电流较大，所以使用长度一般不超过 100 m，因无发热结，伴热带可随意剪切，无论多长，通上额定电压都能发热，并允许在管道或设备表面多次交叉重叠敷设而不会出现局部温度过高情况。从理论上来看，在减压前仪表管上应用此伴热是适合的。

目前市场所见的自限温伴热按照其工作温度分为低温型（≤85 ℃）、中温型（≤135 ℃）和高温型（≤150 ℃）3 种。根据 03D 供取料厂房实际工艺要求，考虑使用低温型自限温伴热，其结构示意图如图 7 所示。

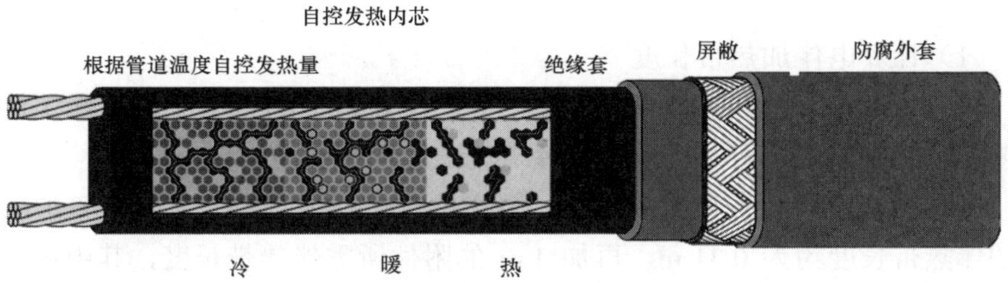

图 7　自限温伴热结构示意图

自限温伴热自动调节的原理：图 7 中黑点表示导电塑料内的加热元件，当环境温度低时，导电塑料微观收缩，电流通道增加，电阻体发热量增加；当环境温度中等时，导电塑料微观膨胀，部分电流通道断开，电阻体发热量减少；当环境温度高时，导电塑料有较大的热膨胀，几乎所有电流通道切断，电流几乎不通，故发热量近于零。

2.2.4　自限温伴热选型计算

从技术实力、产品质量、售后服务和市场价格等方面考虑，最终选定了美国艾默生公司旗下尼尔森品牌 LT25–J 型号自控温电伴带。

其主要技术指标如下：

（1）产品型号：LT25–J 型

（2）电压等级：230 V

（3）标称功率：9 W/m、15 W/m、25 W/m、32 W/m

（4）技术指标：

1）最高承受温度 85 ℃，最低施工温度–40 ℃；

2）导电塑料层：普通 PTC、阻燃 PTC、含氟 PTC；

3）绝缘层：改良性聚烯烃、阻燃聚烯烃、含氟聚烯烃、全氟材料；

4）屏蔽层：镀锡软圆铜线，覆盖密度 80%；

5）护套层：改良性聚烯烃、阻燃聚烯烃、含氟聚烯烃、全氟材料。

在进行自限温伴热试验前，首先应根据该保温箱减压前仪表管伴热的工艺要求，进行伴热选型，确定试验所需伴热型号、长度以及配件耗材等。试验计划对该保温箱减压前仪表管进行自限温伴热安装，并进行运行实验。基本数据如表 3 所示。

表 3　减压前仪表管伴热工艺要求

介质	仪表管温度/℃	环境温度/℃	仪表管规格/mm	保温材料	保温层厚度/mm
UF_6	60	40	$\phi 3\times 310$	橡塑海绵	20

（1）计算电伴加热带长度

一般情况下，电伴加热带长度为实际管道长度的 1.1 倍，如温度无法达到工艺要求时，采用多根并行敷设或缠绕敷设，进行补偿。

考虑到减压前仪表管施工情况，采用单根平行敷设方式，仪表管加热所需的伴热带长度约为 0.31 m，再加 1 m 的附件所需伴热带长度，其中该段伴热所需的 3 个附件分别是接线盒、防爆电源盒和终端接线盒，故伴热带总长度为 1.31 m。

（2）计算仪表管散热损失

根据《工业设备及管道绝热工程设计规范》，管道散热损失量按下式计算：

$$Q=\frac{T_0-T_a}{\frac{D_1}{2\varepsilon}\ln\frac{D_1}{D_0}+\frac{1}{\alpha}} \tag{1}$$

$$q=\pi D_1 Q \tag{2}$$

式中：Q ——以每平方米绝热层外表面积表示的热损失量，W/m^2；

q ——以每米管道长度表示的热损失量，W/m；

T_0 ——管道的外表面温度，60 ℃；

T_a ——环境温度，40 ℃；

D_0 ——管道外径，0.005 m；

D_1 ——绝热层外径，0.003 m；

ε ——平均温度下的导热系数，W/（m • ℃），取 $\varepsilon=0.031$；

α ——绝热层外表面向周围环境的放热系数，W/（m^2 • ℃），取 $\alpha=27.23$。

将数据代入公式（1）及（2）中得到：$Q=1665.27\ W/m^2$，$q=15.69$ W/m，取安全系数为 1.2，则 $q=1.2\times 15.69=18.83$ W/m。

由此确定使用标称功率为 25 W/m、LT25–J 型号自限温伴热。

2.2.5　试验方案

（1）安装改造要求

自限温伴热的供电盘柜与恒功率伴热的供电装置相同，因此本方案沿用现有供电工艺设备对自限温伴热供电，同时应使用与 LT25–J 型号自限温伴热匹配的专用接线盒、防爆电源盒和终端接线盒。

安装改造施工分为：

1）剥离该保温箱内内减压前仪表管原有保温及伴热带，做好防触碰保护；

2）确认已具备安装条件；

3）安装自限温伴热带、温度探头、接线盒及终端；

4）接临时电源插座；

5）测量绝缘电阻；

6）电源和温控系统接线；

7）伴热试通电试验；

8）对伴热带保温；

9）复测绝缘电阻；

10）试投伴热；

11）投入运行。

自限温伴热带敷设如图 8 加粗部分所示。

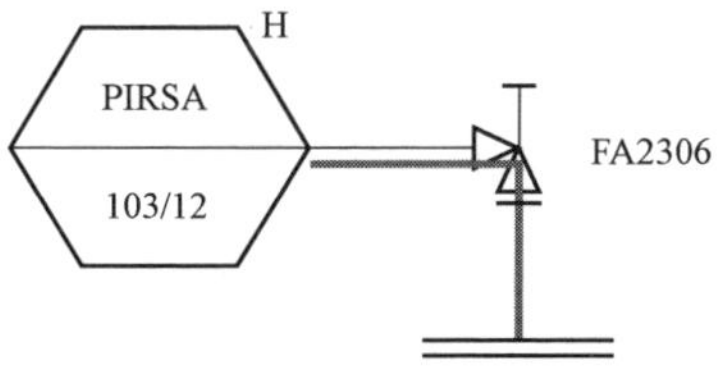

图 8 自限温伴热敷设示意图

自限温伴热施工要求：

1）伴热系统应使用可靠的电源为其供电；

2）检查对地绝缘电阻应不小于 20 MΩ；

3）敷设伴热带时，应尽量避免打结、扭曲，禁止在地面上拖拉；

4）安装前应检查伴热带护套层外观完好，安装时碰到锐利的边棱要先垫上铝箔胶带或将锐利处打磨光滑；

5）伴热带弯曲半径应不小于其规定弯曲半径；

6）伴热带应紧贴管道表面；

7）敷设前应清除管道表面的油污、水等，边敷设伴热带边使用铝箔带覆盖，使伴热带平整地粘贴在管道表面，每隔 30 cm，使用压敏胶带进行径向固定；

8）自限温伴热带发热芯为导电材料，电源铜线应加装套管，以免短路。

（2）试验数据记录

该保温箱减压前仪表管自限温伴热运行试验期间：① 通过保温箱内减压前仪表压力与加热箱过滤器前压力对比；② 通过保温箱内减压前仪表管实际温度与设定温度对比，以此判断检测仪表管是否堵料。

2.3 试验方案实施情况

2018 年 11 月 20 日起，保温箱减压前仪表管自限温伴热试验开始后，再未出现过减压前仪表管堵料现象。

统计自限温伴热投入使用至今，该保温箱减压前仪表压力与过滤器前压力对比典型趋势图如图 9 所示（以保温箱 4 月 19 日室温净化至 5 月 14 日退出供料为例，其中该厂房过滤器前仪表本底较减压前仪表本底低 20 torr 左右）。

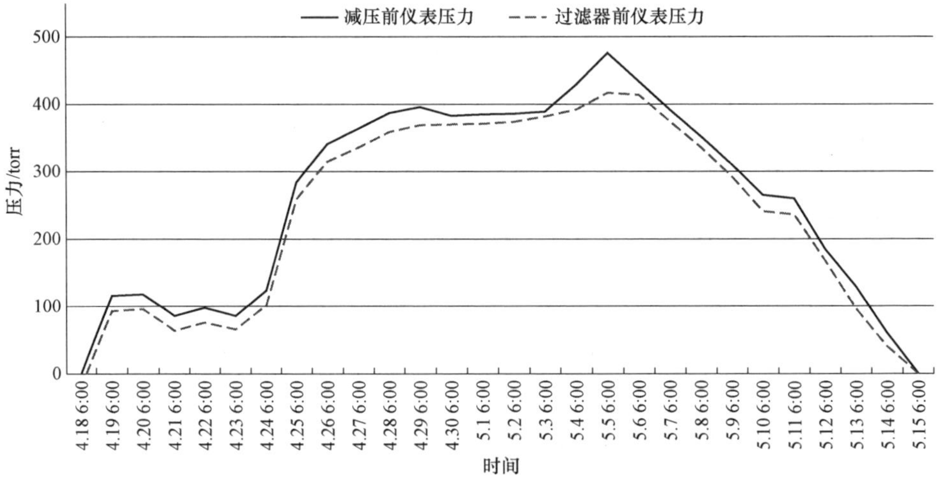

图 9　试验期间 FBX12 减压前仪表和过滤器前仪表压力趋势图

统计自限温伴热试验后，该保温箱减压前仪表管实际温度与设定温度对比典型趋势图如图 10 所示（以该保温箱 4 月 19 日室温净化至 5 月 14 日退出供料为例）。

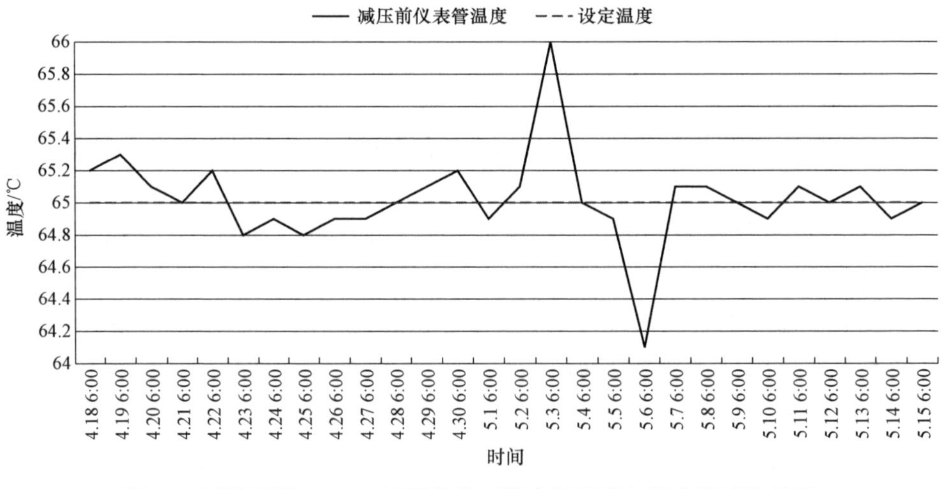

图 10　试验期间 FBX12 减压前仪表管实际温度与设定温度趋势图

从上图可以看出，自限温试验期间 FBX12 减压前压力和过滤器前压力趋势在供料前和供料期间均保持同步，仪表管实际温度与设定温度也基本一致，试验取得了预期效果，彻底解决了减压前仪表管堵料问题。

2.4　下一步计划

由于保温箱自限温伴热试验取得了预期效果，彻底解决了减压前仪表管堵料问题，为后续自限温伴热在其他供取料厂房的应用提供决策依据。

3　创新点及难点

3.1　创新点

本项目结合某供取料厂房实际运行现状和材料科学前沿发展技术，从维护系统安全稳定运行角度出发，发现问题、分析问题和解决问题。

首先统计了减压前仪表管堵料过程中的各种运行参数，根据这些参数的异常点分析了产生堵料现象的根本原因，并根据堵料原因确定了解决堵料问题的总体研究思路。

然后查阅相关资料，从理论上论证和计算自限温伴热的可行性及在减压前仪表管上的具体应用型号，得到技术方案，并选取一个供料单元做试验。将自限温伴热带敷设在该供料单元保温箱内减压前仪表管道上，在带料容器常温、升温、恒温、备用和供料期间进行试验，观察对比保温箱内减压前压力与供料过滤器前压力是否同步来判断仪表管是否堵料并得到试验数据。

最后对试验效果进行评估并确定是否对其他保温箱进行改造实施。

3.2　难点

（1）选取何种伴热能达到最好效果；

（2）结合实际情况对自限温伴热选型；

（3）编写试验方案和分析试验效果。

4　效益情况

（1）节能降耗：同样的工艺要求，自限温伴热运行时加热功率仅为恒功率伴热的四分之一。

（2）减少运行人员操作量：自限温伴热温度维持稳定，供料净化期间不再频繁产生温度低限报警信号，减少运行人员消警操作量及对其他报警信息的误判。

（3）提升安全性能：自限温伴热带在到达设定温度时基本不再发热，避免了恒功率伴热带因探头脱落导致的满功率加热运行产生火灾的风险，且由于其良好的自控温功能，在诸如法兰、仪表引压管等不易敷设恒功率伴热带的设备处，可以缠绕和叠加敷设，而不会导致局部温度过高，提高了系统安全性能。

5 推广应用前景

通过理论和试验研究，发现自限温伴热具有升温速率快，温度均匀，加热精准的优点，且随温度升高伴热带电阻变大、功率变小，节约电能。此外伴热带可随意剪切，无论多长，接通额定电压都能发热，并允许在管道或设备表面多次交叉重叠敷设而不会出现局部温度过高情况，安全性、可靠性和经济性较高。

结合未来供取料厂房改造建设及公司降本增效的大方向，可以考虑逐步用自限温伴热替代恒功率伴热，随着后续级联工程的建设，该工艺将能得到广泛的应用。

降低级联日均空气漏量

殷茂森

摘要：轻杂质含量高低是级联安全稳定运行的一项重要指标，轻杂质含量高会对主机正常运行产生影响，甚至造成损机。而导致轻杂质升高的主要原因就是系统中存在漏点，在日常系统运行维护中最重要的一项工作就是及时消除系统漏量，减少轻杂质渗入。本文对系统的找漏总结，优化了新的机组找漏方法，通过综合分析离心机损机分布及其摩功变化情况，将有漏范围缩小至某截断组内部，在不影响主机正常运行的状态下成功消除漏点，将系统空气漏量恢复到正常运行水平。为主机安全运行提供良好的真空环境。

关键词：空气漏量；密封性；摩擦功量；找漏

1　背景介绍

1.1　选题背景

（1）什么是空气漏量

密封系统，不漏是相对的，漏是绝对的。对于一个级联，在没有破空操作的情况下，级联的漏率基本是稳定的，轻杂质会向精料端富集，最终由精料流进入供取料厂房，从而统计物料中含有的轻杂质，即为空气漏量。精料净化就是为了将精料中的轻杂质剔除，以达到收集合格物料的目的。因此通过供取料厂房精料净化系统测量得到空气漏量，判断级联中轻杂质含量是否合格。

（2）空气漏量计算方法

技术文件规定了渗漏值 $\Delta P \leqslant 30$ μmHg/天为控制标准。由状态方程

$$P\,V=n\,R\,T$$

可得：

$$\Delta P=\frac{\Delta m}{M}\frac{RT}{V}$$

式中：Δm 为漏入级联的空气量；

V 为级联容积；

T=300 K；

R=8.31 J/mol·K；

ΔP 为漏率值：30×10^{-3} mmHg/天；

M 为空气平均分子量：29 g/mol；

则有：

$$\Delta m=\frac{\Delta P\cdot V\cdot M}{RT}$$

（3）空气漏量的重要性

级联中的轻杂质分子量相对工作气体 UF_6 分子量小很多，在离心机分离的过程中，会向精料端富集，部分分离功消耗于分离轻杂质气体，从而降低级联的分离效率。离心级联对供料流中轻杂质含量有严格要求，即轻杂质体积含量要求达到千分之二，这是离心机长期安全运行的前提。轻杂质含量增加时，会使离心机超载，使离心机摩擦功耗增大，从而引起离心机降周。此外腐蚀损耗产生的固态产物在离心机供料、精料孔板处沉积，造成有效孔径变小，致使离心机性能参数偏离初始值，如分流比变小、单机分离能力变小等，使得级联负载分布发生变化，从而造成级联的生产能力随运行时间增长而逐年降低。

而导致轻杂质升高的主要原因就是系统中存在漏点，在日常系统运行维护中最重要的一项工作就是及时消除系统漏点，减少轻杂质、降低级联空气漏量。

1.2 选题理由

生产需求 → 将级联日均空气漏量控制在6 g以内

2017年空气漏量统计情况

日期	1月	2月	3月	4月	5月	6月	7月	8月	9月	10月	11月	12月
空气漏量/g	8.3	8.4	8.5	8.5	8.6	8.3	8.1	8.0	8.6	8.5	8.4	8.3

目前水平 →

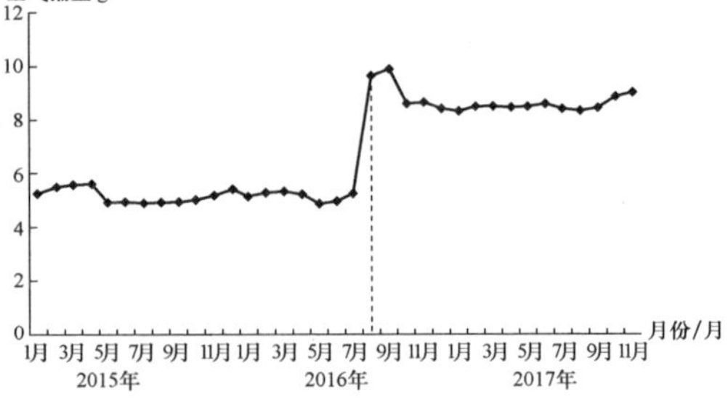

选择课题 → 降低级联日均空气漏量

2 现状调查

2.1 空气漏量现状

系统日均空气漏量直观的反映了其密封情况，级联正常运行时的空气漏量为5.5 g/天左右，自2016年8月开始系统空气漏量突然上升，由原本的5.5 g/天增长至8.5 g/天，超出系统正常运行时的空气漏量值。数据如表1所示。

表1 2015—2017年日均空气漏量统计表

月份 \ 空气漏量/g	2015	2016	2017
1	5.25	5.15	7.94
2	5.69	5.29	8.11
3	5.55	6.22	8.53
4	5.61	5.77	8.47
5	4.91	4.84	8.5
6	4.93	4.77	8.59
7	4.91	5.25	8.4
8	4.93	9.64	8.35
9	4.93	9.89	8.47
10	4.98	8.63	8.89
11	5.16	8.07	9.05
12	5.73	7.68	5.71

为了更直观地看出其差异，绘制图1。

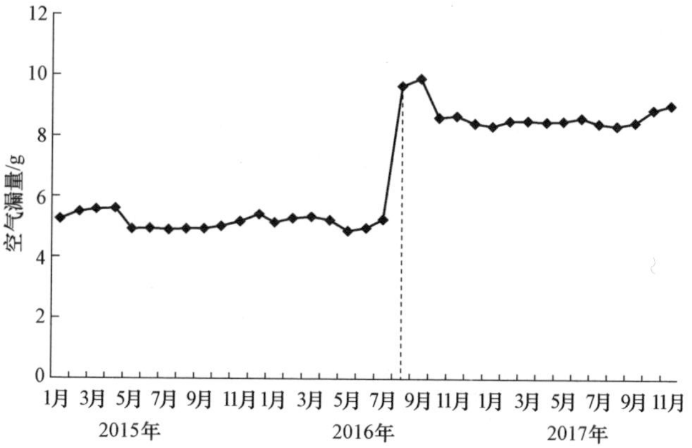

图1 2015—2017年日均空气漏量统计图

由图 1 可以看出日均空气漏量在 2016 年 8 月份出现了突变，在系统各项基本参数都没发生变化的情况下，初步推测系统内部可能存在微小漏点，需对整个系统进行封闭测量从而找到漏点并消除。

2.2 研究现状

2016—2017 年首先对供取料厂房精料收料容器连接管、供料容器连接管及精料增压装置等可疑点进行逐一排查，经反复排查确认后没有发现异常，排除供取料厂房存在漏点的可能性。供取料厂房排查完成后对大厅系统串级间管道及机组仪表连接处进行逐一排查，仍未发现异常，最终判断漏点应存在于机组里面。

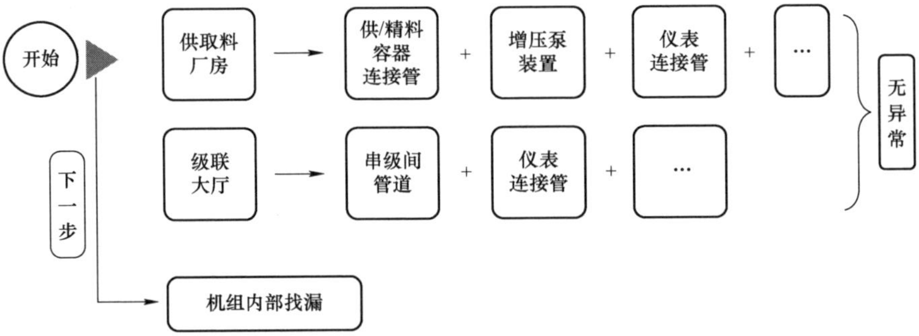

图 2　研究现状

3 原因分析

通过深入现场对问题进行调查和研究，并同管理人员、运行人员进行探讨和分析。利用现场测试、现场测量、调查分析等方法，对造成“机组内部存在漏点”的原因分析如下。

3.1 隔膜阀通道不合格

损机时会释放大量轻杂质，如果主机隔膜阀通道不合格，轻杂质会经机器料管进入级联，从而导致级联空气漏量上升。

通过对级联损机时级联部分机组的轻杂质变化情况进行进行检测，统计数据如表 2 所示。

表 2　损机时机组轻杂质变化表

时间/min	$N-1$ 机组/mv	N 机组/mv	$N+1$ 机组/mv
0	6.25	7.33	4.78
2	6.26	7.52	4.85

续表

时间/min	N－1 机组/mv	N 机组/mv	N＋1 机组/mv
4	11.58	13.68	12.35
6	9.66	10.85	8.86
8	7.18	7.56	5.35
10	6.25	7.45	4.76

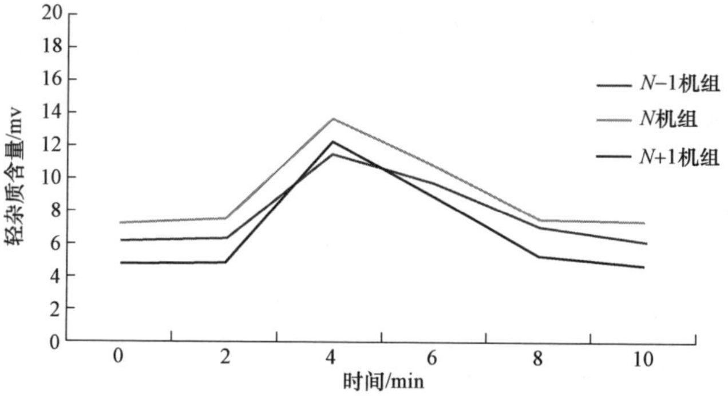

图 3　损机时机组轻杂质变化图

由图 3 可以看出，损机时本机组及其相邻机组的轻杂质变都会出现上涨，且超出正常范围，由此得出已损主机隔膜阀通道是否合格对级联空气漏量有一定影响。

3.2　管道连接处松动

系统区段内部存在外漏时，主机单位时间内的摩擦功耗，会随着时间的增加而增大，且≯1 W/h。

对区段内部部分机组主机进行空载摩擦功耗测量，结果如表 3 所示。

表 3　部分机组主机空载摩擦功耗变化表

区段	1	2	3	4	5
摩擦功耗 1	*	*	*	*	*
摩擦功耗 2	*	*	*	*	*
增长值	0.13	0.33	3.38	0.3	0.17

由图 4 可以看出部分机组主机空载摩擦功耗增长≯1 W/h，不符合规程要求，由此得出机组内部可能存在微小漏点。

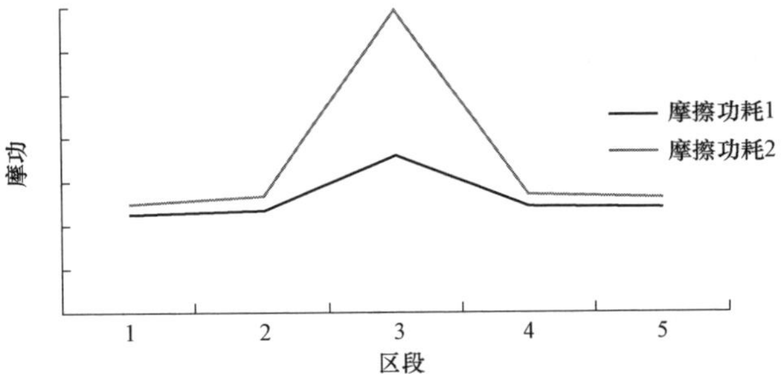

图 4　部分机组主机空载摩擦功耗变化图

4　制定对策

4.1　方案分析、评价和优选

小组成员对查找出的两条主要原因进行认真分析、充分讨论后，提出相应的解决方案，并对方案进行评价和优选，如表 4、表 5 所示。

表 4　隔膜阀通道不合格解决方案分析、评价优选表

要因	隔膜阀通道不合格	
方案	更换主机隔膜阀	对已损机器料管上夹具
可实施性	工艺操作复杂、难度较大	工艺简单可操作
可靠性	以旧换新，可靠性高	探漏检测合格，通道合格
安全性	破坏系统密封，存在开放性操作	物理隔离，不改变系统原有连接
综合	优点：可靠性高 缺点：实施难度较大，安全性差	优点：工艺操作简单，可实施性强，有效性好，可靠性高 缺点：单个料管截断，经济性差
选择方案	不选	选择此方案

表 5　管道连接处松动解决方案分析、评价优选表

要因	管道连接处松动	
方案	利用探漏仪对所有连接点找漏	测主机摩功判断漏点并消除
可实施性	连接点多，工艺操作复杂、难度较大	工艺简单，可操作强
可靠性	$\Delta P \ngtr 0.2$ torr/6 h	摩功增长$\ngtr$1 W/h
综合	优点：可靠性高 缺点：实施难度较大，经济性差	优点：工艺操作简单，可实施性强，有效性好，可靠性高 缺点：时间较长，经济性差
选择方案	不选	选择此方案

4.2 制定对策

根据上面的分析、评估，选择最优的方案制定对策表，如表 6 所示。

表 6 对策表

序号	主要原因	对策	目标	措施
1	隔膜阀通道不合格	对已损机器料管上夹具	阻断已损机器与系统之间的连接，即真空检漏 $\Delta P=0$ Pa	设计料管专用夹具，对主机料管通道进行密封
2	管道连接处松动	测主机摩功判断漏点并消除	摩功增长≯1 W/h	区段内部测主机摩功，利用轻杂质增加主机摩擦功耗会出现明显持续增长的原理

5 对策实施

小组按照对策表对对策进行逐一实施：

实施一：对已损机器料管上夹具

（1）夹具设计：对于料管夹具，既不能因其间隙太大而起不到阻断作用，也不能太小而夹断料管，因此检修人员经过多次试验、改进，最终设计出符合要求的夹具，如图 5 所示。

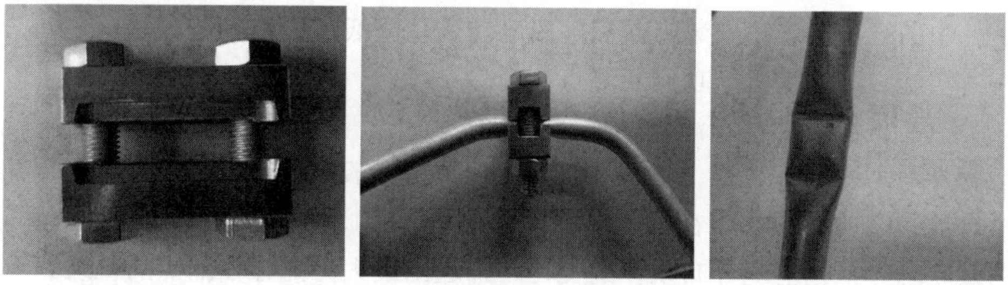

图 5 夹具图

（2）夹具合格性检查

随机抽取 5 个夹具，真空人员利用真空检漏仪，对专用夹具截断效果进行探漏检查，结果如表 7 所示。

表 7 专用夹具截断效果检查表

压力＼夹具	1	2	3	4	5
本底值	0.25	0.32	0.16	0.28	0.31
检漏后	0.25	0.32	0.16	0.28	0.31
ΔP	0	0	0	0	0

由上表可以看出所选 5 个夹具通道完全符合要求，达到了对主机料管通道密封的效果。

（3）筛选需上夹具的机器：机组内部存在隔膜阀通道有漏的已损机器时，会使得机组轻杂质含量上升，进而导致主机摩擦功耗升高，根据这一原理来筛选需要上夹具的已损机器。

首先对级联进行整体摩功测量，根据摩功分布情况，挑选摩功较高的区段，对里面已损坏机器料管上夹具，上完夹具后再次测量该区段主机摩擦功耗，数据如图 6 所示。

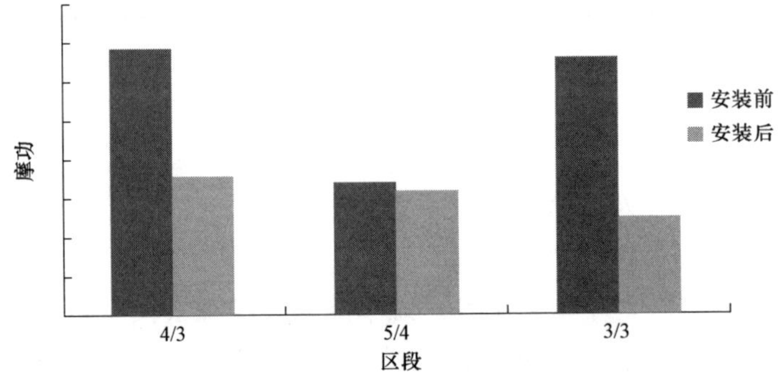

图 6　安装夹具前后区段摩功对比图

由图 6 可以看出安装夹具后区段摩功成功降低，措施有效。

实施二：测主机摩功判断漏点并消除

（1）机组内部存在漏点会导致机组轻杂质含量上升，进而使该机组机器运行寿命下降，损机数上升。由此推断，在空气漏量上升后这段时间里，损机台数最多的机组，存在漏点的可能性最大。因此首先通过空气漏量上升前后级联总体损机情况分布规律的变化，筛选出最大可能存在漏点的机组。

2017 年总损机数具体分布如图 7 所示。

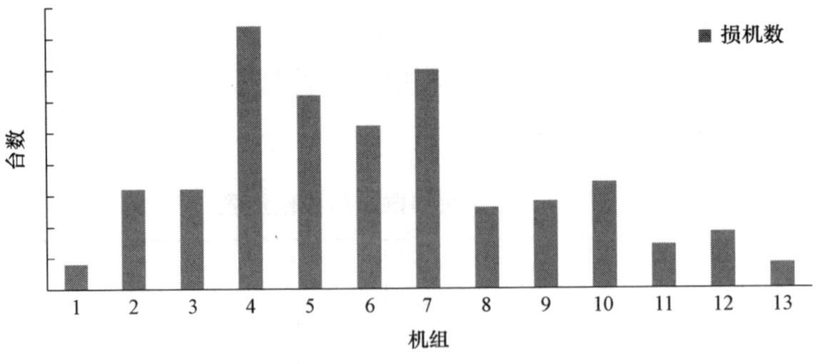

图 7　各机组损机情况分布图

由图 7 可以看出：级联各机组损机数的分布情况，4 机组损机数明显超过其他机组损机数，由此初步推断 4 机组可能存在漏点。

（2）对 4 机组进行了机组关闭状态下的摩擦功耗测量。总共测量 3 次，每次间隔 10 min，测量数据（区段平均摩擦功耗）如表 8 所示。

表 8　区段平均摩擦功耗数据表

区段	摩擦功耗 1	摩擦功耗 2	增长值 1	摩擦功耗 3	增长值 2
4/2	*	*	0.3	*	0.21
4/3	*	*	0.26	*	0.19
4/4	*	*	0.6	*	0.48
4/5	*	*	0.33	*	0.22

注：增长值 1 为第二次与第一次测量差值，增长值 2 为第三次与第二次测量差值。

由表 8 可以看出：4/4 区段主机平均摩擦功耗明显大于其他区段，摩擦功耗增长量显著高于其他区段，由此判断漏点在 4 机组 4 区段。

（3）根据上述结果，关闭 4/4 区段所有截断组阀门，将各截断组分开，并对 4/4 区段再次测量，总共测量 2 次，间隔时间为 10 min，测量数据如表 9 所示。

表 9　4/4 区段各截断组平均摩擦功耗数据表

截断组	1	2	3	4	5	6	7	8
摩擦功耗 1	*	*	*	*	*	*	*	*
摩擦功耗 2	*	*	*	*	*	*	*	*
增长值	0.29	0.23	0.33	3.38	0.3	0.27	0.31	0.26

由表 9 可以看出：4 机组 4 区段第 4 截断组主机摩擦功耗、摩擦功耗增长 3.38 W 明显高于其他截断组。

（4）检修人员对该截断组找漏，发现供料干管上一伸缩节处有漏。发现漏点后，检修人员立即开展了漏点消除工作。

实施效果：漏点消除后，再次对 4/4 区段所有截断组进行主机摩擦功耗测量工作，仍然测量 2 次，间隔时间为 10 min，测量数据如表 10 所示。

表 10　漏点消除后 4/4 区段各截断组平均摩擦功耗数据表

截断组	1	2	3	4	5	6	7	8
摩擦功耗 1	*	*	*	*	*	*	*	*
摩擦功耗 2	*	*	*	*	*	*	*	*
增长值	0.14	0.15	0.11	0.15	0.11	0.16	0.11	0.13

为了更直观地看出其差异，绘制图 8。

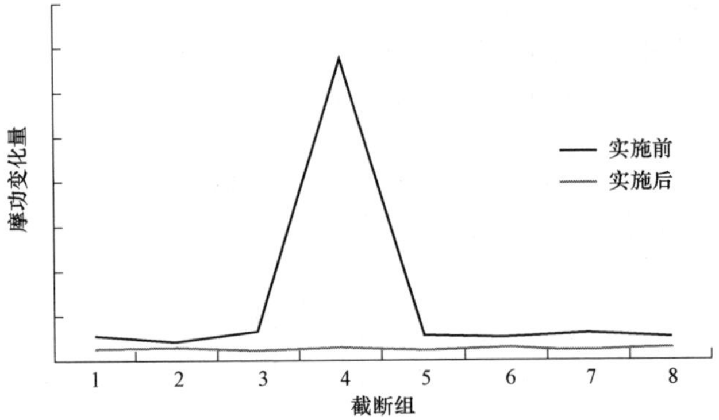

图 8　对策实施前后主机摩功变化图

从图 8 数据来看，漏点消除后，第 4 截断组主机摩擦功耗及其增长量与其他截断组基本一致，且≯1 W/h，达到生产要求，措施有效。

6　实施效果及效益

6.1　效果检查

活动改进实施后统计 2018 年 11 月的日均空气漏量，如表 11 所示。

表 11　改进后空气漏量统计表

日期	11 月 05 日	11 月 06 日	11 月 07 日	11 月 08 日	11 月 09 日	11 月 10 日	11 月 11 日
空气漏量/g	5.14	5.11	5.16	5.08	5.55	4.92	4.93
日期	11 月 12 日	11 月 13 日	11 月 14 日	11 月 15 日	11 月 16 日	11 月 17 日	11 月 18 日
空气漏量	5.50	5.21	5.10	5.49	5.16	5.11	5.48
日期	11 月 19 日	11 月 20 日	11 月 21 日	11 月 22 日	11 月 23 日	11 月 24 日	11 月 25 日
空气漏量	5.38	5.29	5.45	5.36	5.47	5.25	5.39

由表 11 可以看出：自 2018 年 11 月消除漏点后，系统日均空气漏量出现明显下降，由原平均 8.5 g/天降至 5.5 g/天，恢复至正常水平。

后续几月持续监测级联日均空气漏量，统计结果如表 12 所示。

表 12　实施后效果检查表

月份	11 月	12 月	1 月
空气漏量/g	5.48	5.45	5.36

通过数据收集，将活动前、活动后和巩固期级联的空气漏量进行对比，如图 9 所示。

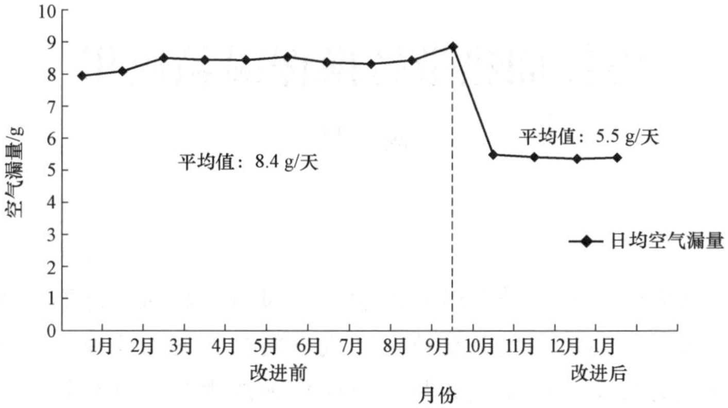

图 9 活动前后对比图

结论：由上图可见后续几月级联的空气漏量持续保持在 5.5 g/天以下，由此可得，已损机器的隔膜阀通道不合格以及管道连接处松动是导致级联轻杂质含量上升的主要原因，对其消除后级联空气漏量由原平均 8.5 g/天降至 5.5 g/天，达到正常水平。

6.2 活动效益

（1）经济效益

降低了级联轻杂质含量，减少了级联损机数；

减少了级联的腐蚀损耗。

（2）社会效益

1）该方法的有效实施，成功解决了级联日均空气漏量偏高的问题。

2）级联日均空气漏量由 8.5 g/天降至 5.5 g/天，恢复至运行初期水平，保证了系统的安全运行及级联分离效率。

3）本次活动的成功实施，得到各参与单位的认可，为后续工作积累了宝贵的经验。

电伴加热带替换保温箱应用

陶　峰

摘要：供取料厂房供料保温箱内管道、阀门、压强传感器的加热方式由空气加热，由于较高的环境温度使电动减压阀时常发生故障，通过对保温箱的内加热方式的改变，由空气加热变为电伴加热带对管道加热，不仅满足日常管道净化供料要求，同时改善保温箱内电动减压阀、电动阀的电机、各种动力及信号线缆的工作环境，降低故障率，为以后工程建设提供经验。

关键词：电伴加热带；供料保温箱；温度；故障

保温箱由保温板搭建而成，与加热箱组合起来使用的。保温箱工作温度设定为 60 ℃，是为了确保 UF_6 在其内管道与阀门中不会冷凝。在供料系统中，物料通过加热箱加热升华经过保温箱内减压阀供入级联系统。整个全过程在工艺管道中，物料不能发生凝华现象，否则就会造成管线堵塞，影响系统的安全稳定运行，但长期的高温运行致使箱体内阀门等设备故障率较高。

电伴加热技术是一种直接通过电阻转化热能的带状发热器，将它铺设与管道上，可以防止管道内物料结晶冷凝，根据热力学计算满足保温箱内现有工艺需求。将 03D 厂房供料保温箱内管道、阀门、压强传感器的加热方式由空气加热改为电伴加热，可降低阀门故障率。

1　保温箱加热弊端

2016 年 12 月，在 03D 厂房进行供料单元转换时，发现 FBX07 内 VAT 减压阀不能正常工作，同时发现 FBX11、02、03、05 减压阀控制器无显示。处理期间厂房 60%减压阀工作不正常，给供料系统的连续运行造成威胁。检查发现，箱内信号电缆因长期受热有表面渗油现象，7 台阀门在校准时有 3 台出现卡滞现象，经分析是丝杠上的润滑油蒸发变干，另外 DB65 电动阀的电机也出现塑料件老化问题，这一系列问题经过分析讨论认为长期过高的环境温度致使阀门部件老化加剧，增加了阀门故障率，1A 系统与 03D 减压阀加热方式类似，在多年的运行维护工作中，由于空气温度过高，致使阀门等设备经常进行检修，如图 1 所示。

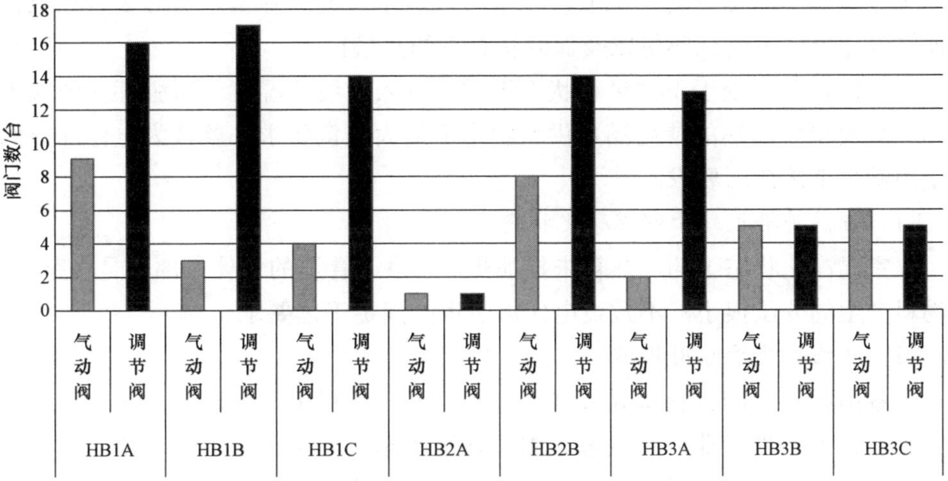

图 1　1A 系统保温箱阀门故障统计（2004—2017 年）

2　保温箱改造思路及理论分析

2.1　电伴加热带改造思路

针对阀门环境温度较高的实际情况，经过计算使用电伴加热带替换保温箱内空气加热，可以满足管道供料要求，改造后的效果不仅降低保温箱内阀体的环境温度，使阀门的阀芯在管道中保持设定温度，阀门故障率可降低，同时增加阀门使用寿命，减少了因保温箱内阀门故障对系统的影响。

2.2　电伴带的工作原理及工作特性

电伴加热带又称伴热电缆。它是一种电热功率随系统温度自调的带状限温伴热器。电伴加热带电缆的电热元件，是在两根平行金属母线之间均匀地挤包一层具有正温度系数的导电塑料。导电塑料跨接在两条平行母线上形成并联回路的电阻发热体，能随被加热体系的温度变化自动调节输出功率，调整放出的热量，以达到对管道加热目的，以保证物料管道始终稳定在设定的最佳操作温区正常运行。

电伴加热带的并联线路结构使它可以在现场随时剪短或在一定范围内接长使用，使施工非常便利。并允许交叉重叠而无过热及烧毁之虑。温度控制要求通过系统现有 PID 进行控制。

2.3　电伴加热方式的热工计算

对供料管线采用电伴热带加热并进行保温，目的是保证其内部物料压强达到其饱和温度的要求，防止物料在管道内部冷凝。因此电伴热带在供料管道工作状态下的加热功率，取决于供料管道本身的耗热量、内部物料在电伴加热设定温度下的耗热量以及保温状态下的热量损失。

当供料单元处于不同供料状态下时，供入管线的温度、压强存在较大差异，只要电伴加热的使用满足供料状态下最大流量要求，就认为电伴加热的使用满足工艺使用要求。

2.3.1　当供料单元处于室温净化状态

室温净化状态下的加热箱未投加热，且进入管道的气体大部分是轻杂质，物料产生的分压很小，不敷设电伴加热也能满足工艺要求。

2.3.2　当物料处于备用状态

备用状态下的供料单元容器英寸阀打开，供料电磁气动阀关闭，物料在容器及管道中处于非流动状态。由于备用状态下一备状态加热箱温度高于二备状态，为 55 ℃，且根据运行时数据统计，减压阀前压强约为 500 torr，压强对应的凝华温度为 49 ℃，因为处于非流动状态，在时间足够长时，认为系统处于稳态气体温度，认为等于加热箱温度，电伴加热设定温度为 70 ℃，这时对电伴加热功率没有要求，加热功率只是影响达到稳态的时间，由于过程中管壁对物料加热，管内气体压强也低，不会发生凝华现象。

2.3.3　当供料单元处于供料状态

当物料处于供料状态，物料在管道内流动，工艺运行要求电调阀前压强一般控制在 620 torr 以下，计算时我们取极限值 700 torr（根据运行经验取的极限值），压强对应的温度为 55 ℃，也就是说，只要保证该段管道内物料的温度不会低于 55 ℃就能保证物料不会在该段管道凝华。

假设供料期间物料从加热箱出来的温度为 60 ℃，在该段管道内，由于热交换被冷却到 55 ℃，经过调节阀减压后，流入供料干管。

保温箱内供料管道采用无缝钢管 $\phi 76\times 3.5$，电动调节阀前保温箱内管道长度 l 为 3.3 m，按供料管道电伴加热设定温度 70 ℃和厂房环境温度 20 ℃计算。

由保温箱内供料管道的体积以及此过程中物料的平均温度 $t=\frac{60+55}{2}=$ 57.5 ℃，以及理想气体状态方程 $PV=\frac{m}{M}RT$，计算出保温箱内供料管道的物料质量为：

$$m=\frac{PVM}{RT}=\frac{700\times133.3\times0.01\times352}{8.31\times330.5}\approx0.12\,\text{kg}$$

其中保温箱内供料管道型号为$\varphi 76\times3.3$，其体积 V 如下计算得到：

横截面积 $S=\pi r^2=3.14\times[(0.076-0.0035\times2)/2]^2=0.0037\ \text{m}^2$。因此，$V=S\cdot l=0.0037\times3.3=0.01\,\text{m}^3$。

基于假设，上述供料管道内物料温度从 60 ℃到 55 ℃所需的热量为：

$$Q_1=C\times m\times\Delta T=0.54\times0.12\times5=0.324\,\text{kJ}$$

两个容器供料流量 F 按 135 kg/h 计算，则上述供料管道内物料的吸热时间 $t=m/F=0.12/135\approx0.0009$ h，那么供料管道内物料在电伴加热设定温度下的耗热量为：

$$q_1=\frac{Q_1}{t}=\frac{0.324\times1000}{0.0009\times3600}=100\,\text{W}$$

上述供料管道保温状态下的热量损失，根据傅里叶定律计算如下：

$$q_2=\frac{2\pi\lambda(T_A-T_B)}{\ln\left(\dfrac{d+2\delta}{d}\right)}\approx196\,\text{W}$$

其中λ为保温材料导热系数，0.07 W/（m•k）；T_A 为工作温度，70 ℃；T_B 为最低环境温度，20 ℃；l 为管道长度，3.3 m；d 为管道外径，76 mm；δ为保温层厚度，15 mm。

而所需电伴热带加热功率的大小等于总耗热量。

$$P=196-100=96\,\text{W}$$

现在厂房所用的电伴加热带为 20 W/m，采取两边对称分布的方式，因此在此段管道上的总功率

$$P_{实际}=3.3\times2\times20=132\ \text{W}>96\ \text{W}$$

因此符合工艺温度要求。

3 改进方案

3.1 线路改造方案

利用保温箱出口管道电伴加热，保温箱出口原有三段电伴加热，可将这三段电伴加热延伸至保温箱内。延伸后，这三段管道最长基本在 25 m 左右。以 FBX11 保温箱出口电伴加热（TICA6064、TICA6065、TICA6066）为例，

如图 2、图 3 所示。

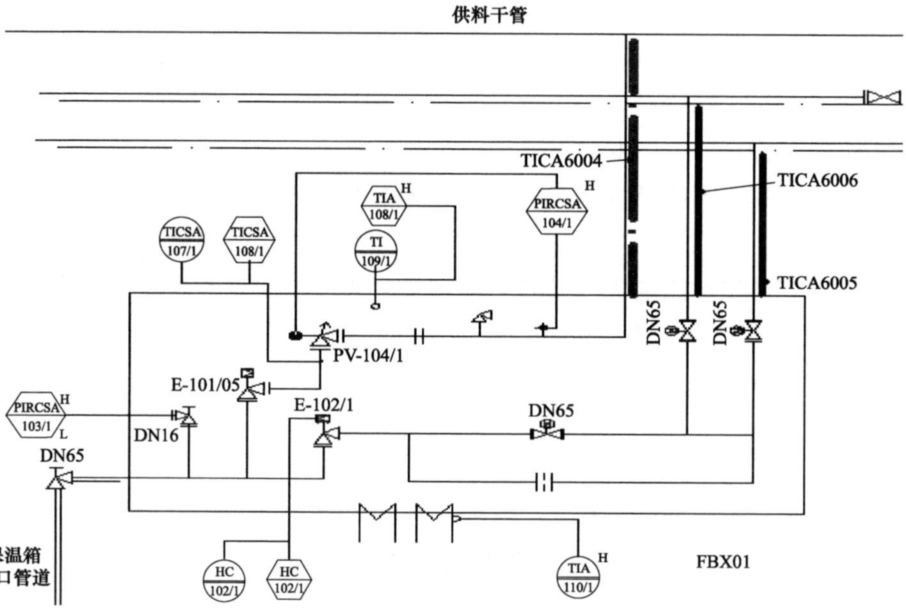

图 2　保温箱电伴加热改造前示意图

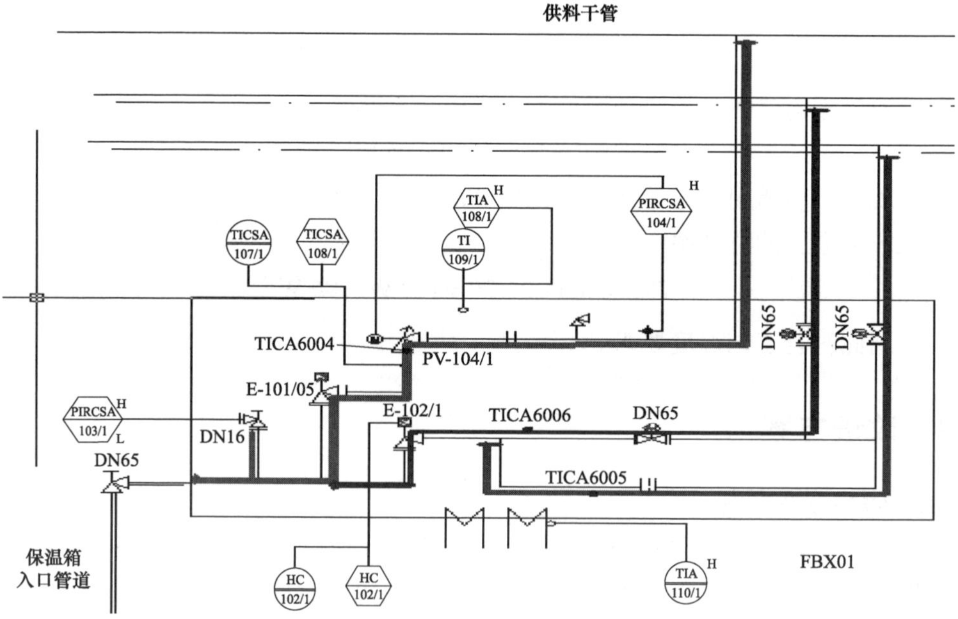

图 3　保温箱电伴加热改造后示意图

将该三段电伴加热拆除，重新敷设电伴加热带并延长至保温箱内，分别对保温箱内的减压阀管道（阀体部分加热带布设密度适当加大）、供料净化管道及电动阀、仪表管、孔板敷设电伴加热带并保温，电伴加热带敷设功率应不低于 70 ℃加热要求，调整电伴加热温度传感器位置，详见表 1。

表 1　FBX11 电伴加热改造位号

电伴加热编号	改造前测点位置	改造后测点位置	温度设定
TICA6064	保温箱出口供料干管	供料减压阀阀体	70 ℃
TICA6065	保温箱出口净化管道	供料净化线孔板前	70 ℃
TICA6066	保温箱出口净化管道	FA0111 与 FA0112 之间管道	70 ℃
减压前仪表管	原 TICSA106/11	减压前仪表管	不参与温度控制，只监控温度

3.2　改造方案实施

改造时电伴加热带与被伴热管道（或设备）贴紧并固定，以提高管道温度，如图 4 所示。针对阀门的保温只对执行机构进行铺设，阀门电机没有进行伴热敷设，如图 5 所示。同时在管外壁与电伴加热带之间贴一层铝胶带，用来增大接触传热面。

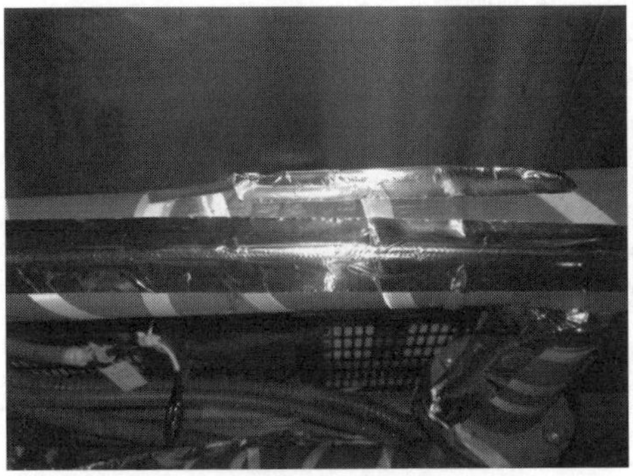

图 4　电伴加热带与管壁贴合

图 5　现场管道伴热布置

敷设伴热的管道外在用三元乙丙橡胶为原料生产的保温材料进行保温，选用的材料厚度为 1.5 cm，这一材料具有良好的化学稳定性、极好的抗老化和导热系数低等特点，图 6 就是现场保温材料包裹后的箱内实景图。

图 6　改造后箱体内

4　效果验证

4.1　箱体内阀门实测温度

在改造为电伴加热带后，保温箱大门没有全关，DCS 显示箱体内温度为 47.7 ℃，现场测量各个阀体无保温材料包裹的电机执行机构部分温度见表 2，可以看出现场实际温度均低于原先保温箱空气加热的 60 ℃，阀门电机温度低于设定值，而阀芯在管道内有电伴加热和保温，改造试验降低了阀门电机等材料的使用环境温度，达到了预期效果。

表 2　保温箱内阀体实测温度

序号	阀位	温度/℃
01	FA0106	42
02	PIRCSA104/1	49
03	FA0114	47.2
04	FA0108	40
05	FA0107	46
06	FA0113	41.8
07	FA0112	47.8

4.2　改造前后功率输出变化

根据改造后的使用情况，从 DCS 上收集了这组箱体在备用状态下室温净化、加热净化、供料，这几种状态下保温箱体内电伴加热带的功率数据（数据均为 DCS 电伴加热带输出功率百分比）。

从正常无工作的延长输出功率观察，三段电伴加热带 TICA6064、

TICA6065、TICA6066 输出功率输出分别为 45%～68%、37%～60%、50.6%～55%，运行无异常后进行正常供料流程。

在室温净化状态下，所用管线电伴加热带为 TICA6066，根据使用情况观察，功率输出波动不大，最大处为差值为 3%，如图 7 所示。

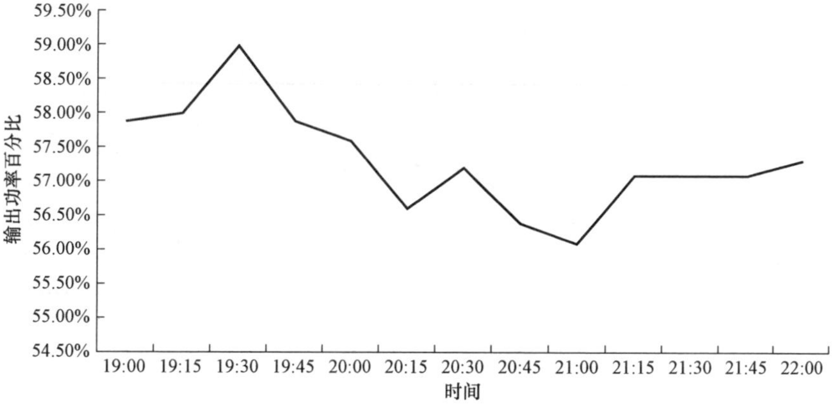

图 7 室温净化 TICA6066 输出功率

在 FRX21/22 加热净化时，通过保温箱内孔板和通道放料，孔板放料时对电伴加热带输出功率无明显变化，但是通过通道放料时，可以明显看出输出功率下降，分析其造成的原因可能是由于罐体内物料本身经过 50 ℃恒温 60 h 后，物料本身就已带有热量，在通过通道时，由于高压流速快，将物料本身的热量传递至管线，温度探头在管壁处受到物料热量的影响，对其输出功率下降，如图 8 所示。

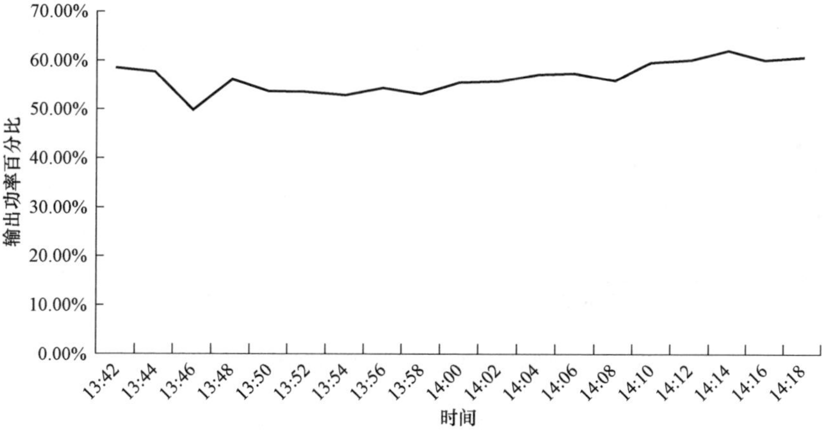

图 8 加热净化 TICA6066 输出功率

在 FRX21/22 供料时，TICA6064 改造前由于设定温度为 35 ℃，但物料所带热量明显高于其设定温度，通过图 9 与图 10 可以看出整个供料期间温度探头所收集到的最高温度为 54.5 ℃，远远高于设定的 35 ℃，整个供料期间此段电伴加热带输出功率为 0，而改造后电伴加热带温度一直维持在 70 ℃。

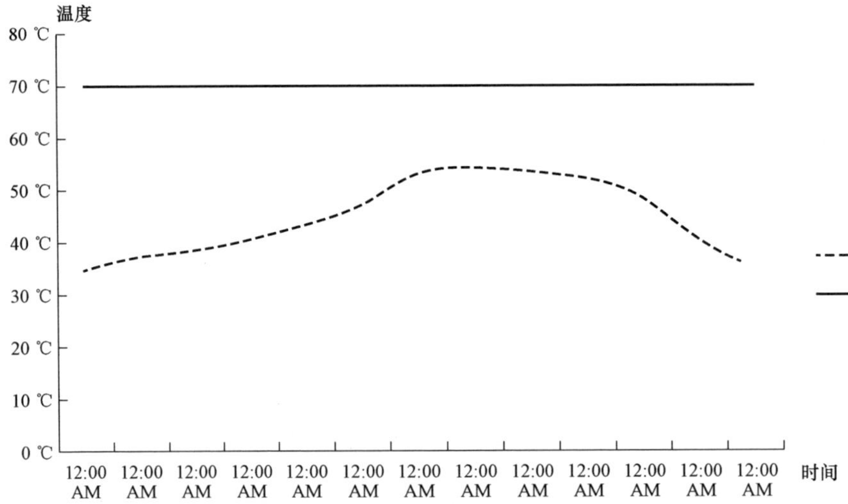

图 9　TICA6064 改造前后供料时温度变化

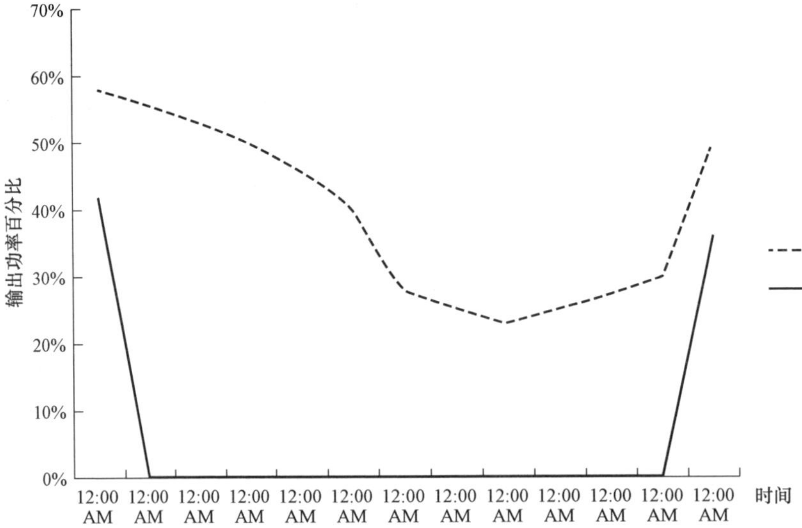

图 10　改造前后 TICA6064 电伴加热输出功率

通过图 10 与图 11 可以观察到，在一个罐体的供料周期内，物料通过改造后的保温箱输出，由于前期物料减重少，流量少，电伴加热带的输出功率相对整个周期较高，而供料中期随着物料流量的增大，物料本身的温度通过图 9 所知达到 54.5 ℃，所以改造后的伴热功率达到输出最低的 23%，后期随着物料减重幅度减少，流量降低，输出功率慢慢上升，达到供料初期的 50% 左右。

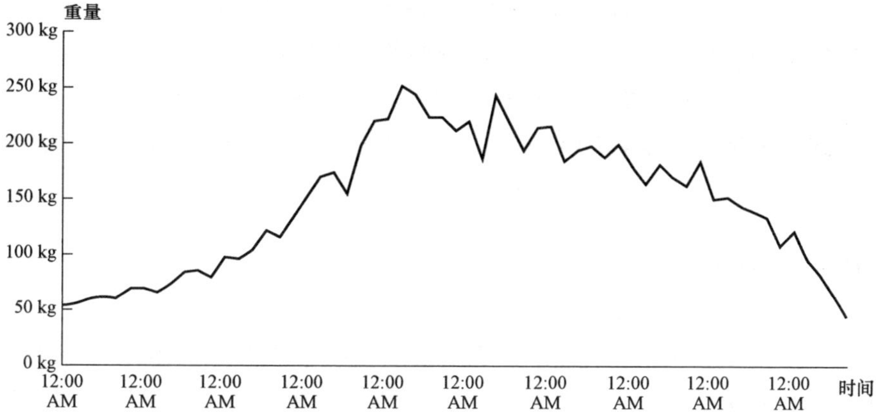

图 11　FRX21 供料周期减重

4.3　箱体内环境温度进一步降低

通过验证证明了电伴加热带包裹管道可以使其正常供料，但关门后箱体内温度依旧在 45 ℃以上，为了给箱体内的阀门所处的环境温度降温，拔除原先保温箱的大门密封条，让厂房温度用过缝隙与箱体内高温进行对流交换，同时还在保温箱的顶端管道进入处和下端管道出处将原先的密封进行拆除，形成对流，从而进一步降低箱体里的环境温度。通过以上两个举措，保温箱内部温度由 47.7 ℃下降到 42 ℃左右，平均下降 5 ℃（图 12）。

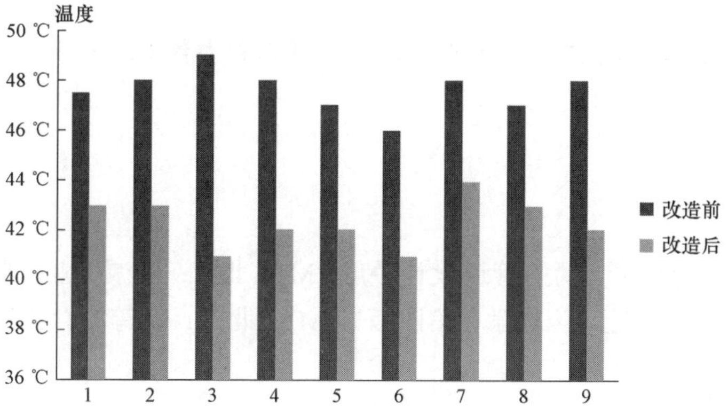

图 12　改造前后箱体内温度变化

5 经济效益

一个保温箱的全功率输出为 6 kW，按照 DCS 平时显示工作 60%的输出功率计算，12 个保温箱一年需要耗电为：

$$6\times12\times24\times365\times0.6=378\ 432\ \text{kW}\cdot\text{h}$$

使用电伴加热带后，通过图 8 的 60%输出功率计算，一年耗电为：

$$0.02\times25\times12\times365\times24\times0.6=31\ 536\ \text{kW}\cdot\text{h}$$

节约用电量为 378 432 kW·h－31 536 kW·h＝346 896 kW·h，节约用电量为 83%。

6 应用和推广

电伴加热带在供取料厂房替代保温箱的实际应用时间已近一年，其运行可靠性已得到了充分的验证，独有的优点可以在将来的工程改造建设中推广应用。

（1）采取电伴加热管道能够满足工况下供料要求，同时也满足加热净化与室温净化的要求，可以完全替代保温箱。

（2）改造后保温箱箱体和阀门执行机构所处的环境温度降低（阀芯温度维持 70 ℃），延长了阀门执行机构使用寿命，减少故障发生，自改造后未发生 VAT 减压阀工作异常和减压阀控制器无显示故障。

（3）使用电伴加热带技术，降低了厂房用电量。

致谢

本文在撰写过程中，得到了领导和同事的大力帮助，在此向他们表示诚挚的感谢。

参考文献

[1] 吕德齐，蒋有彩. 动力管道设计手册［M］. 北京：机械工业出版社，2006.
[2] 杨世铭，陶文铨. 传热学（第四版）［M］. 北京：高等教育出版社，2015.

关于减少 03C 系统原料净化次数的实验探究

仵艳萍

摘要：供料系统是供取料系统的重要组成部分，而原料净化则是其中一项重要的基本操作，但是，随着产能的提高，工作量越来越大，03C 系统净化次数远超于其他系统，因此，减少净化次数迫在眉睫。通过从多个方面进行原因分析最终确定两大主要影响因素，开展试验并实施试验方案，最终使得原料净化次数大大减少，从而达到减少 03C 系统原料净化次数的目的，使系统更安全稳定运行。

关键词：原料净化；室温净化；一备净化；影响因素

1　引言

原料由 UF_6 和轻杂质组成，原料净化的要求就是将容器中的原料净化至轻杂质体积含量小于 0.1%，才能供入离心级联。因此，这个过程中有大量的净化工作要做。目前，现行的系统虽能够满足运行的技术要求，但是，随着产能的提高，净化工作量会越来越大，岗位员工的压力也会越来越大。

2　原料净化基本流程

原料净化的流程如图 1 所示。

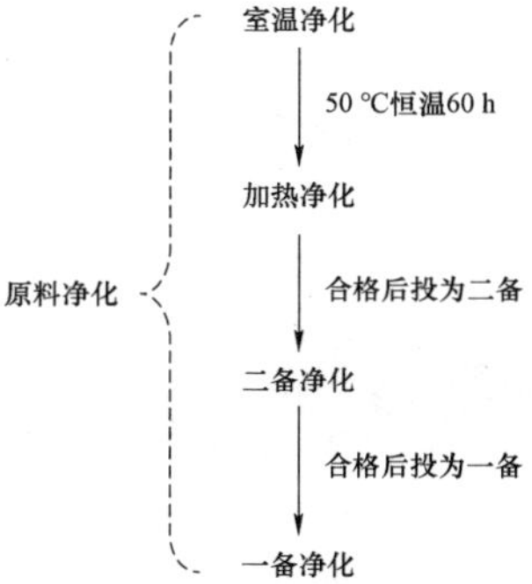

图 1　原料投入供料前的工艺过程

3 原料净化现状分析

表 1 各单元容器各类原料净化次数

项目 \ 容器	FRX01/02	FRX02/03	FRX05/06	FRX07/08	FRX09/10	平均
室温净化次数 A	16	16	16	17	16	16
	15	16	15	16	15	
	15	16	16	16	15	
	16	15	15	15	14	
	14	15	17	16	16	
加热净化次数 B	7	6	8	7	7	7
	7	6	7	7	7	
	6	6	7	7	6	
	8	7	6	8	7	
	6	7	7	7	8	
二备净化次数 C	2	2	3	2	2	2
	2	2	2	2	1	
	3	2	2	2	2	
	2	2	1	3	2	
	2	2	3	2	3	
一备净化次数 D	9	12	11	13	10	12
	9	9	10	14	11	
	10	10	10	12	13	
	9	10	13	11	13	
	8	10	14	12	14	
净化次数	A+B+C+D=37					

对应表 1 的排列如图 2 所示。

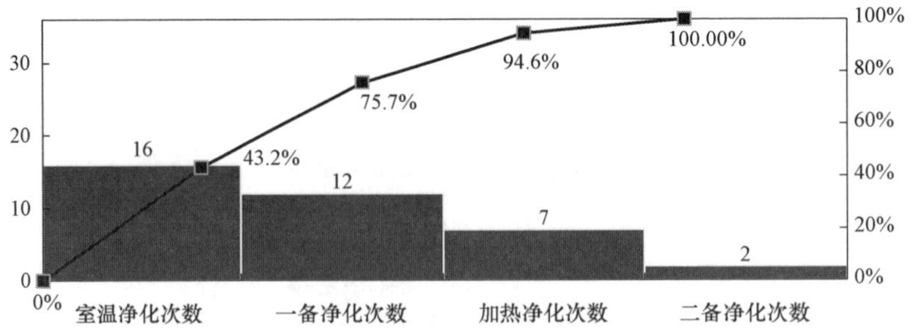

图 2 现状分析排列图

通过以上对目前原料净化次数的统计发现，原料总净化次数达 37 次，因此减少原料净化次数势在必行。在总净化次数中，室温净化和一备净化所占比例最大，为 75.7%，确定影响原料净化次数多的症结是室温净化和一备净化次数较多。

4 分析可能影响因素

针对这两大症结，通过多个方面分析出了以下 6 条可能影响室温净化和一备净化次数的因素，如表 2 所示。

表 2 原因分析

序号	可能原因
1	供料净化调节阀工作期间控制不稳定
2	物料堵塞原料容器 1″阀
3	原料纯净度不符合要求
4	室温净化合格判断标准存在可优化
5	一备净化时间安排频繁
6	厂房温度对物料流速的影响

对以上 6 条要因分别用现场验证、调查分析、查证记录等方法进行逐条确认判断，确定了两条主要影响因素：① 室温净化合格判断标准存在可优化；② 一备净化时间安排频繁。

5 制定相关试验

针对确认的两条影响因素，确定了以下试验：

5.1 因素①室温净化的合格判断标准存在可优化

供料净化冷风箱是原料净化环节中必不可少的重要设备，但又作为影响室温净化次数的一大重要因素，因此可将合格判断点位改至净化冷风箱前，这样既排除了影响因素，又确保了室温净化工艺过程的完整性。

为此，进行了统计与计算：

（1）以判断罐为判断点位时，$\Delta P \leqslant 0.1$ torr/30 min 即为合格；

根据理想气体方程式：$PV=nRT$，$n=m/M$

可得出：$m=\frac{PVM}{RT}$，$\frac{VM}{RT}\approx 2.51$

∴轻杂质计算公式为：$m=\Delta P\times 2.51$，单位：g

∴$\Delta m\leqslant 0.251$ g

（2）查询了旧标准室温净化合格时 MKS 表的压力，当质量$\Delta m=0.251$ g，对应的压力$\Delta P\approx 8$ torr。

所以当以净化冷风箱前的 MKS 表为判断点位时，$\Delta P\leqslant 8$ torr/30 min 可作为合格标准。

5.2 因素②一备净化时间安排频繁

根据每次一备净化所释放的轻杂质压力ΔP 平均为 0.02 torr，而净化合格标准为$\Delta P\leqslant 0.1$ torr/30 min，只达到其五分之一，因此认为每两日净化一次，也可大大满足净化合格要求，减少净化次数。综上，经过研究讨论，制定如下试验：

（1）室温净化合格标准改为：$\Delta P\leqslant 8$ torr/30 min（判断点位为：净化冷风箱前的 MKS 表）。

（2）一备净化由每日净化改为每两日净化一次。

具体试验方案实施表如表 3 所示。

表 3　实施表

序号	试验方案
A	1. 联系技术科人员讨论更改室温净化《操作规程》第 8 条为：室温净化判断合格标准为ΔP≤8 torr（MKS 表）； 2. 出具新的室温净化《技术通知单》； 3. 组织试验，进行室温净化； 4. 对对策目标进行检查。
B	1. 联系技术科人员讨论更改一备净化《操作规程》第 1 条为：每两日 09:00 进行一备净化； 2. 出具新的一备净化《技术通知单》； 3. 执行新《技术通知单》，进行一备净化； 4. 对对策目标进行检查。

6 试验过程

6.1 试验 A：室温净化合格判断标准：$\Delta P\leqslant 8$ torr（ΔP：净化冷风箱前的 MKS 表净化前后压差）

由运管员出具相应的《技术通知单》，具体实施如下：

（1）检查工作；

（2）连接净化线路；

（3）查容器压力；

（4）开始净化：开保温净化电、手阀，不控制压力向 RLX01 净化容器充料 30 min，对原料容器净化；

（5）放料结束后平衡 5～10 min 后，检查原料容器饱和蒸气压；

（6）合格标准：室温净化合格标准由ΔP≤0.1 torr/30 min（ΔP：判断罐的前后压差），改为ΔP≤8 torr/30 min（ΔP：MKS 表的净化前饱和压力－净化后饱和压力）。

6.2 试验 B：一备净化时间由每日一次改为每两日一次

一备净化时间由每天 09:00 净化一次改为每两日净化一次，并记录一备净化时的轻杂质含量。

7 试验方案实施后效果

试验 A 实施后进行记录，FRX01/02、FRX03/04、FRX05/06、FRX07/08、FRX09/10 这 5 个供料单元原料容器在试验 A 实施前后的室温净化次数（以容器装入到开始供料为一个周期）如下：

实施前如表 4 所示。

表 4 实施前室温净化次数

单元容器	FRX01/02	FRX03/04	FRX05/06	FRX07/08	FRX09/10
室温净化次数	15	16	16	17	16
	15	16	14	15	15
	16	17	15	16	16
	15	15	16	16	16
	16	15	15	16	16
平均	16				

实施后如表 5 所示。

表 5 实施后室温净化次数

单元容器	FRX01/02	FRX03/04	FRX05/06	FRX07/08	FRX09/10
室温净化次数	6	5	6	6	6
	5	6	5	5	5
	5	7	6	6	5
	6	5	5	6	6
	6	6	6	6	6
平均	6				

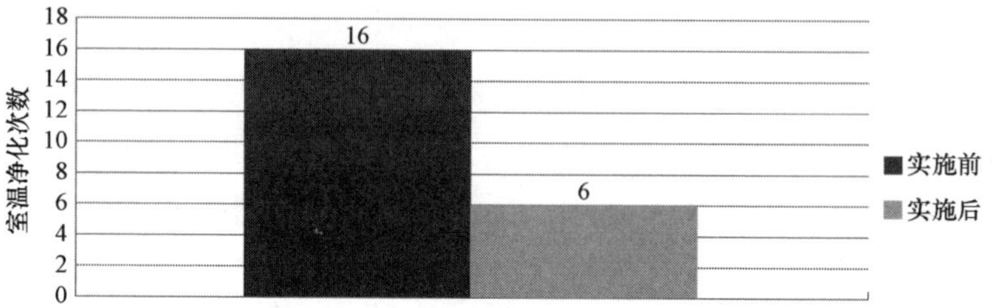

图 3　试验实施前后的室温净化次数

由图 3 可以看出，室温净化次数由实施前的平均 16 次降为平均 6 次，又统计了试验 B 实施前后的一个月内一备净化的次数。

实施前如表 6 所示。

表 6　实施前一备净化次数

单元容器	FRX01/02	FRX03/04	FRX05/06	FRX07/08	FRX09/10
一备净化次数	11 12 12 11 12	12 12 12 11 13	13 12 12 11 12	11 12 12 13 12	12 12 12 11 13
平均	12				

实施后如表 7 所示。

表 7　实施后一备净化次数

单元容器	FRX01/02	FRX03/04	FRX05/06	FRX07/08	FRX09/10
一备净化次数	5 5 6 6 6	6 5 6 6 6	6 5 6 6 7	6 5 5 6 7	5 6 6 5 6
平均	6				

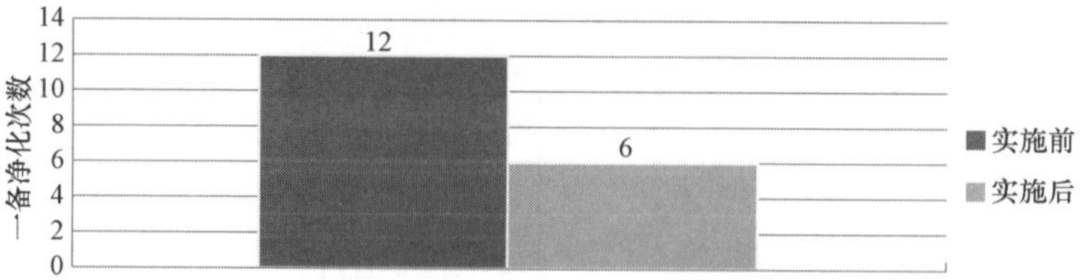

图 4　试验实施前后的一备净化次数

通过实施试验 A 和 B 方案，原料室温净化时间大幅度减少，室温净化时间缩减幅度达 83%；一备净化次数减少了平均 6 次（图 4），原料总净化次数减少为 21 次。以上两个试验方案实施后，对减少原料净化次数起了重大效果，对实现减少原料净化次数的目标起到了不容忽视的作用！

8　总结

通过对原料净化的现状分析，找出影响净化次数增多的因素，并制定相关试验方案进行试验整改，达到了减少 03C 系统原料净化次数的目的，延长了容器的周转时间，对系统的安全稳定运行提供了更好的基石，为以后解决其他系统难题创造了良好的环境。

离心级联清洗工质的分离和取样技术

姚浩田　张　涵　黄玉权

摘要：离心级联清洗工质的主要成分为 BrF_3、UF_6 和 Br_2。为了将各主要成分分离并分别回收，通过研究三种物质的物化性质和吸附特性，提出了将低温法和吸附法配合使用，从而实现分离的技术路线，并排除了离心法技术路线。为了掌握分离效果，通过研究气、液态取样的可行性，提出了液态取样的技术路线，排除了气态取样路线。研究表明，相比于离心法，低温－吸附法更适用于离心级联清洗工质的分离，相比于气态取样，液态取样更适用于工质成分的取样分析。

关键词：离心级联清洗；分离技术；低温分离法；吸附法；取样

20 世纪 90 年代，我国在中核陕铀建立起第一个用于生产低浓铀的离心级联。近年来，该级联出现了分离功率下降、部分离心机摩擦功耗异常上升等问题，且均有加速趋势。研究表明，上述现象均与级联中的沉积物有不同程度的联系。

针对该问题，公司和相关科研院所开展了采用化学方法清除沉积物，进而恢复级联分离性能的研究。核工业理化工程研究院（以下称理化院）对以 BrF_3 为工质清洗主机内沉积物的方法进行了深入研究，并依次完成了单台、装架、240 台架级的沉积物清洗试验，验证了清洗技术的可行性和安全性，掌握了关键参数和清洗工艺。

为进一步验证主机清洗技术在铀浓缩工程上应用的可行性，公司和理化院共同在 405－1A 工程的 26 机组上进行了清洗试验并取得了成功，之后将 26 机组接入级联正常运行，分离功率有明显的涨幅。

试验结束后，冷肼中收取的气体尾料是由反应生成的 UF_6、Br_2，以及未反应的 BrF_3 组成的混合物（下文称清洗工质）。其中 BrF_3 和 Br_2 都为有毒物质，UF_6 作为核材料需要回收。考虑到危化品管理问题和核材料管制问题，需要对上述清洗工质的不同组分进行有效分离。

就铀浓缩工厂而言，可能用于清洗工质分离的技术有低温分离法、吸附塔吸附法、气体离心法。此外，为了掌握分离的效果，还需对清洗工质中各组分的比例进行分析。由于清洗工质盛装在理化院专门设计的、用于清洗供取料的密闭容器中，如何取出能用于分析的样品，也需要专门的研究。

表 1 列出了 BrF_3、UF_6、Br_2 和 HF 的主要相关性质。本文将基于上述物质的理化性质，和不同分离方法的技术特点，并结合工厂实际，研究合适的分离和取样技术。

表 1 BrF_3、UF_6、Br_2 和 HF 的相关性质

	BrF_3	UF_6	Br_2	HF
颜色（常温常压）	无色或淡黄色液体	白色、斜方晶体	棕色液体	无色气体
气味	——	苹果香甜味	窒息感臭味	刺激性气味
熔点	8.8 ℃	64.1 ℃	−7.2 ℃	−83.7 ℃
沸点	125.7 ℃	56.5 ℃	58.7 ℃	19.4 ℃
分子量	137	352	160	20
密度	2.80 g/cm^3	5.09 g/cm^3	3.12 g/cm^3	0.96 g/cm^3
饱和蒸气压（20 ℃）	7.3 mbar	103.8 mbar	233.1 mbar	1030.8 mbar

1 离心法技术路线

在离心分离理论中，径向分离系数表达式为

$$q = \exp\left(\frac{\Delta M \omega^2 r^2}{2RT}\right) \tag{1}$$

其中ΔM 即两种组分的相对分子量之差，ω为离心机转速，r 为转子半径，R 为气体常数，T 为开尔文温度。由式（1）可知，不同组分的相对分子量差别越大，分离效果越好。

由表 1，清洗工质中的 3 种组分的相对分子量差别较大，且铀浓缩工厂具备现成的离心和供取料设备，理论上该技术路线具有优势。但具体分析可知，离心法用于清洗工质分离至少有 4 个难点：

（1）对分离效果进行理论计算的条件不具备

计算所需参数需通过单机分离实验确定，国内能够承担含铀、有毒介质分离实验任务的单位非常有限，且短期内都缺乏实验条件。缺乏单机实验数

据时，无法进行级联计算和设计。

（2）考虑滞留量因素，离心机能力的利用率过低

离心分离效果与单机滞留量关系密切。为降低损机风险，将清洗工质通入离心机时转子侧壁压强只有几 torr，滞留量非常小，分离效果预计较差。

（3）供取料问题难以解决

工质中各组分饱和蒸气压的差别天然地使供料分为几个阶段。若不区分对待，则产生混合损失。为避免该损失需使工质先完全气化再进行供料，或者实行分阶段收料，两种路线的实现均有难度，额外增加成本。

（4）公司目前不具备离心分离所需设备，专门制作或对现有系统改造，经济成本和时间成本都难以忽视。

2 低温—吸附法技术路线

2.1 低温法实现 Br_2 的分离

低温法全称低温分离法，是指利用物质在相同温度下饱和蒸气压的不同来达到分离目的的方法。饱和蒸气压是指在密闭的条件中，在一定温度下，与固体或液体处于相平衡的蒸汽所具有的压强。表 2 列出了 UF_6、BrF_3、Br_2 在不同温度下的饱和蒸气压。

表 2 饱和蒸气压表

温度/℃	饱和蒸气压/百帕（HPa）		
	BrF_3	UF_6	Br_2
−196	0	0	0
−110	0	0	0
−100	0	0	0.01
−80	0	0	0.15
−60	0	0.03	1.26
−40	0.03	0.45	6.93
−20	0.29	3.75	27.97
0	1.7	22.5	88.84

以 −80 ℃为例，此时 Br_2 的饱和蒸气压为 0.15 HPa，UF_6、BrF_3 为 0 HPa，差异相对较大。利用气相中的分压差别，将清洗工质通入 −80 ℃冷冻装置可

以实现 Br_2 的分离。

分离出的 Br_2 可通过中和反应处理掉。Br_2 在 0 ℃及以下低温碱溶液中的反应为式（2），在 50 ℃及以上高温碱溶液中的反应为式（3）

$$Br_2 + 2OH^- = BrO^- + Br^- + H_2O \tag{2}$$

$$3Br_2 + 6OH^- = BrO_3^- + 5Br^- + 3H_2O \tag{3}$$

2.2 吸附法实现 BrF_3 和 UF_6 分离

用低温法分离出 Br_2 之后，剩余的 UF_6 和 BrF_3 饱和蒸气压接近，继续用低温法的效率太低，考虑通过吸附法分离。吸附是指当流体与多孔固体接触时，流体中某一组分或多个组分在固体表面处产生积蓄的现象。

NaF 是常用的吸附材料。NaF 对 UF_6 的吸附能力极强，约 7 min 可吸附 1.8 kg。俄方在相关实验中，将 UF_6 和 BrF_3 混合气体按预定速率通过填充 NaF 的吸附塔，同时将 NaF 的温度保持在 70～120 ℃，使 UF_6 和 BrF_3 同时被吸附，形成 BrF_3 • nNaF 和 UF_6 • nNaF 络合物。由于二者在不同温度下解析率不同，借此实现 UF_6 和 BrF_3 的分离。图 1 为 BrF_3 • nNaF 和 UF_6 • nNaF 在不同温度的解析率。

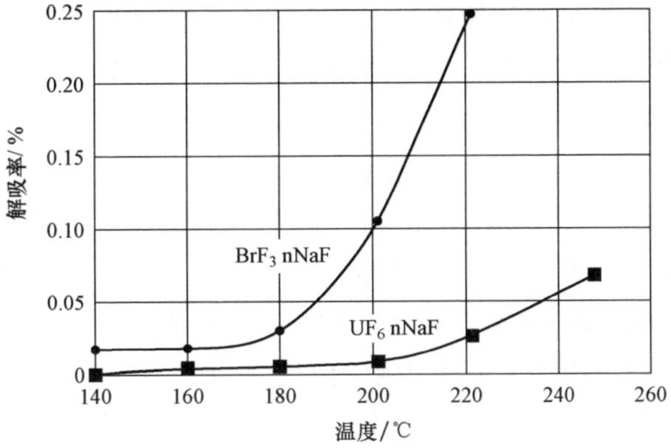

图 1 BrF_3 • nNaF 和 UF_6 • nNaF 络合物在不同温度的解吸率

在 UF_6 和 BrF_3 吸附后期，抽空吸附塔至 0.1～10 mmHg 压力，之后控制吸附塔温度在 190～220 ℃，解析的 BrF_3 将持续被抽出。到 BrF_3 完全解析时，吸附塔出口压力趋于 UF_6 的平衡压力，但仍超过 UF_6 • nNaF 的形成压力。下一步，通过加热吸附塔温度至 350～400 ℃，并抽空至吸附塔至 10～20 mmHg，则 UF_6 被解吸进而回收。

上述过程可实现 BrF_3 和 UF_6 的分离。

2.3 整体分离方案

将低温法和吸附法整合后，可以给出整体分离方案和装置，如图 2 所示：

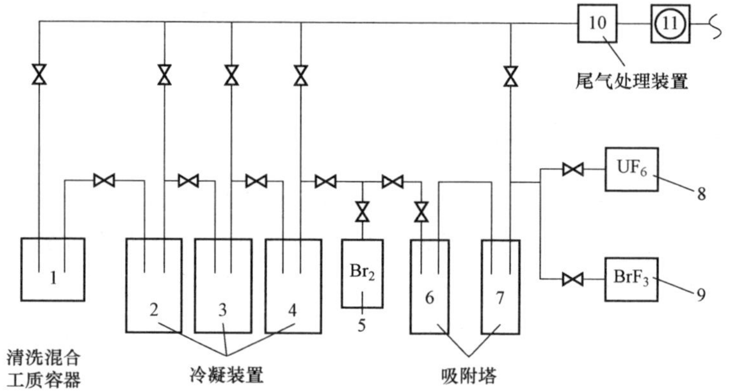

图 2 低温－吸附法分离清洗混合工质的结构示意图

第一步，控制清洗工质储存容器（1#容器）温度至－110 ℃以下，完全冷凝 UF_6、BrF_3 和 Br_2，再利用尾气装置缓慢抽空容器，对其中杂质（HF、O_2）净化。

第二步，对清洗工质容器加热升温，并控制压力在 6.5 mbar 左右，使工质依次通过 3 个串联的冷凝装置（2、3、4#容器）以及 Br_2 收集容器（5#容器）。冷凝装置温度均控制在－40 ℃（该温度、压力下 Br_2 不会液化）。三级冷凝保证了 UF_6 和 BrF_3 完全冷凝在容器中，而 Br_2 在 5#容器（－190 ℃）中收集，实现 Br_2 的分离。

第三步，通过压力判断清洗工质容器中完全无料后，截断 Br_2 收集容器，对冷凝装置解冻、升温，将 UF_6 和 BrF_3 导入到二级串联的 NaF 吸附塔（6、7#容器）中。控制吸附剂温度为 70～120 ℃以吸附 UF_6 和 BrF_3。同时连接尾气装置（10#容器），收集未完全吸附的 UF_6 和 BrF_3。

第四步，加热吸附塔到不同温度，依次解吸 BrF_3 和 UF_6 并收集到 8、9#容器，实现 UF_6 和 BrF_3 的分离。

公司现有设备可以满足上述过程的控制要求，将各过程所需具体设备、需控制参数汇总于表 3。

表 3 技术方案中所需的实际设备

设备编号	技术方案装置	公司具体设备	温度控制
1	清洗工质储存容器	清洗收料容器	—
2、3、4	冷凝装置	制冷柜	－120 ℃±50 ℃

续表

设备编号	技术方案装置	公司具体设备	温度控制
6、7	吸附塔	NaF 吸附塔、电伴加热带	电伴加热
5、8、9	Br_2、UF_6、BrF_3 收集容器	24 L 容器	−196 ℃
10	尾气处理装置	尾气系统、24 L 容器	−196 ℃
11	真空泵	20Д泵/2H−15 泵	—

该方案也可拆分在不同的场所分别进行，例如高温下吸附塔解析过程，可选择远离级联厂房处操作。

3　气、液态取样的可行性

3.1　气态取样的可行性

清洗工质的各组分在常温下均为液态（实际上 UF_6 为固态，但溶于 BrF_3），因此若选择气态取样，必须先保证容器中液体完全气化，才能使样品中各组分的比例与分析对象一致。因此需要计算容器中液态工质完全气化所需的温度。

以某工质储存容器为例，即 80 L 容器里液态混合物的质量为 0.8 kg，常温下（291 K）容器里的压力值为 11.16 torr（约为 1.49 kPa），使用“图像法”计算使液态混合物完全气化时的温度约 157 ℃。实际中将该容器加热到该温度较难实现，因此气态取样可行性较低。

3.2　液态取样的可行性

液态取样更为直接，装置见图 3。

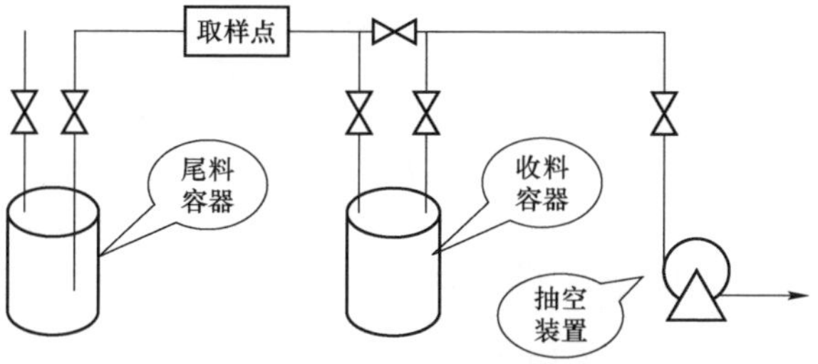

图 3　完全液化取样的系统流程图

先使用抽空装置将整个管线的压力抽低，为下一步液体样品的流动提供压差作为流动的动力。尾料容器加热到 64 ℃以上时，混合物料中最难液化的 UF_6 液化。收料容器与尾料容器相连，收料容器不断收取尾料容器中的液态物料，期间进行适时取样。

4 结论

综上所述，先使用“低温法”分离出清洗工质中的 Br_2，再利用“吸附法”将 BrF_3 和 UF_6 分离，理论上可以实现清洗工质中不同组分的分离回收。且该技术路线中的设备要求、过程控制要求，现有条件基本能够满足。而“离心法”用于分离清洗工质，技术难度较大。

取样分析方面，计算表明气态取样的难度较大，液态取样则具有较高的可行性。

参考文献

[1] 核工业理化工程研究院. 主机清洗单机实验报告［R］. 天津：核工业理化工程研究院.

[2] 中核陕西铀浓缩有限公司. 405－1A 工程 26 机组主机清洗试验总结报告［R］. 陕西汉中：中核陕西铀浓缩有限公司，2019.

[3] 周明胜，姜东君. 核燃料循环导论［M］. 北京：清华大学出版社，2016：72－74.

[4] 张进荣，熊彤炜. NaF 吸脱附工艺在铀浓缩工厂的应用研究［P］. 陕西汉中：中核陕西铀浓缩有限公司，2019.

[5] 俄罗斯专利. 分离组分为 BrF_3、UF_6 和五氟化碘的气体混合的方法［P］. 中核陕西铀浓缩有限公司，译，2019.

离心机运行情况评价方法研究

耿　境　张进荣　张　宏

摘要：离心工厂实现同位素分离的设备是离心机，其安全稳定运行是级联生产连续性最基本的条件。目前认为离心机损坏之后无法检修，离心机损机数目达到一定程度之后，会严重影响级联效率，造成巨大的经济损失。因此，有必要研究评价离心机运行情况的方法，实现对级联离心机运行情况的整体评估。文章针对国内某级联，测量了级联转速信号、反电势测量，并应用统计学方法对该级联离心机的整体运行情况进行了评估。

关键词：转速信号；反电势；运行情况

国内某级联目前年损机率已超出 1‰，并呈现出增长趋势，已严重威胁到系统的安全稳定。对于离心机，无法直接观察或测量其内部情况，因此，只能借助其他便于测量的参数对离心机整体运行情况进行分析和评估。在测量了部分参数后，对比发现转速信号和反电势值可能与主机运行情况有关。

1　转速信号测量

转速电信号输出数据为近似的正弦型函数，一个周期内包含 6 个近似的正弦函数周期，各自有其频率和峰值，如图 1 所示。

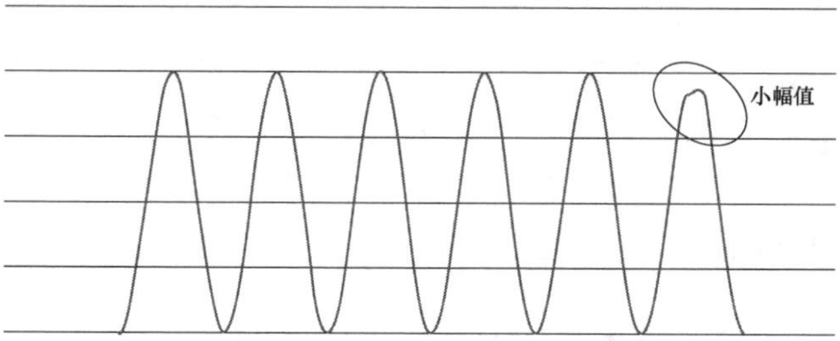

图 1　转速电信号波形示意图

1.1 频率分析

计算每台主机 6 个波形的频率的标准差，并按生产厂商将离心机分为两类，之后对该数据进行 K 检验。发现对于两类主机方差存在统计学差异。K 检验结果如表 1 所示。

表 1　频率标准差 F 检验结果

	K 厂数据	B 厂数据
平均	90.788 039 81	89.742 989 2
方差	1478.381	1125.112 152
观测值	594	519
df	593	518
F	1.313 985 453	
P（*F*≤f）单尾	0.000 705 17	
F 单尾临界	1.150 735 062	

注：$\alpha=0.05$

$F>F_{临界}$，样本方差存在统计学差异，$P_{较小}$，认为方差齐性假设不成立。

之后进行异方差均值 z 检验，结果发现均值无显著差异，检验结果如表 2 所示。

表 2　频率标准差异方差 Z 检验结果

	变量 1	变量 2
平均	90.788 039 81	89.742 989 2
已知协方差	1478.381	1125.112
观测值	594	519
假设平均差	0	
z	0.484 281 71	
P（*Z*≤*z*）单尾	0.314 092 977	
z 单尾临界	1.644 853 627	
P（*Z*≤*z*）双尾	0.628 185 955	
z 双尾临界	1.959 963 985	

注：$\alpha=0.05$

$P>0.05$，样本均值无统计学差异。

均值无差异意味着样本整体无差异，即可以认为对于大部分正常运行的主机，K 厂、B 厂主机震动情况无差异。方差的差异可能是部分异常个体导致的，为此对 K 厂、B 厂主机进行了频率标准差排布分析，将频率标准差绘制排布图，如图 2 所示。

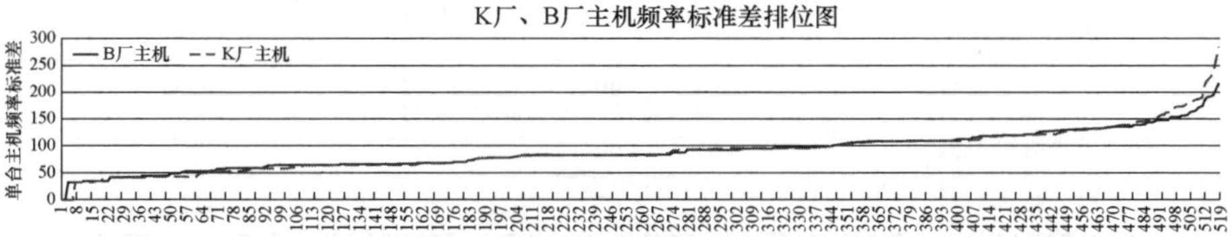

图 2 K 厂、B 厂主机频率标准差排位图

对于单台主机的频率标准差，因为所得波形为某一时刻的波形，未必能反应主机震动情况；但对于较大样本的主机，其频率标准差情况可以反应主机整体的震动情况，测量排位图中，可以看出：K 厂主机在约第 490 台主机之后，震动情况有加剧，在约 510 台主机之后，震动情况再次加剧。据此估算 K 厂*****台主机中，有约****台主机震动情况异常，约****台主机震动较大。B 厂在 512 台主机之后，震动加剧，据此估算 B 厂约****台主机震动情况异常。即共计约****台主机震动情况异常。

1.2 幅值分析

目前损机主要表现为快速降周，猜测可能是离心机内部间隙改变，转动部分与静止部分相接触，进而导致机器损坏。而离心机内部间隙情况可以由测频线圈输出电流的幅值大小反映出来。我们从所测主机中找出部分异常的主机，发现平均幅值明显低于平均水平，这验证了上面的猜想。具体如表 3 所示。

表 3 异常主机电信号情况

台号	6 个波形幅值的平均数	最小幅值
A	3.78	3.34
B（测量结束约 1 天后损机）	3.12	2.84
C	3.69	3.04

进而对 K 厂和 B 厂机器进行分析，虽然这两个厂机器损概率差异较大，但是大量正常主机的电信号测量结果使得 K、B 厂主机转速信号幅值均值结果无明显差异，具体如表 4 所示。

表4　幅值情况统计

样本范围	幅值均值/V	样本量/台
K厂主机	4.06	594
B厂主机	4.07	519
损机严重机组主机	3.99	288
损机较少机组主机	4.06	294
样本整体	4.07	1113

对K厂、B厂主机幅值数据做*K*检验，其方差存在统计学差异，如表5所示。

表5　K厂、B厂幅值均数F检验

	变量1	变量2
平均	4.060 457 912	4.068 039
方差	0.084 277 944	0.067 914
观测值	594	519
df	593	518
F	1.240 959 648	
P（*F*≤*f*）单尾	0.005 757 473	
*F*单尾临界	1.150 735 062	

对其进行异方差*t*检验，均值不存在统计学差异，结果如表6所示。

表6　K厂、B厂幅值均数异方差t检验

	变量 1	变量 2
平均	4.060 457 912	4.068 039 178
方差	0.084 277 944	0.067 913 525
观测值	594	519
假设平均差	0	
df	1110	
t Stat	−0.459 060 541	
P（*T*≤*t*）单尾	0.323 140 285	
*t*单尾临界	1.646 227 546	
P（*T*≤*t*）双尾	0.646 280 571	
*t*双尾临界	1.962 103 413	

K 厂和 B 厂转速信号幅值的方差有差异，K 厂幅值均值的方差为 0.0842，B 厂幅值均值的方差为 0.0679。在幅值均值相同时，K 厂有更多的幅值较小的主机，这可能与 K 厂主机现阶段运行情况更糟糕有关。结合之前主机检查情况，可以认为对于正常主机，K 厂、B 厂下支撑磨损情况基本一致，K 厂和 B 厂主机转速信号幅值分布直方如图 3、图 4 所示。

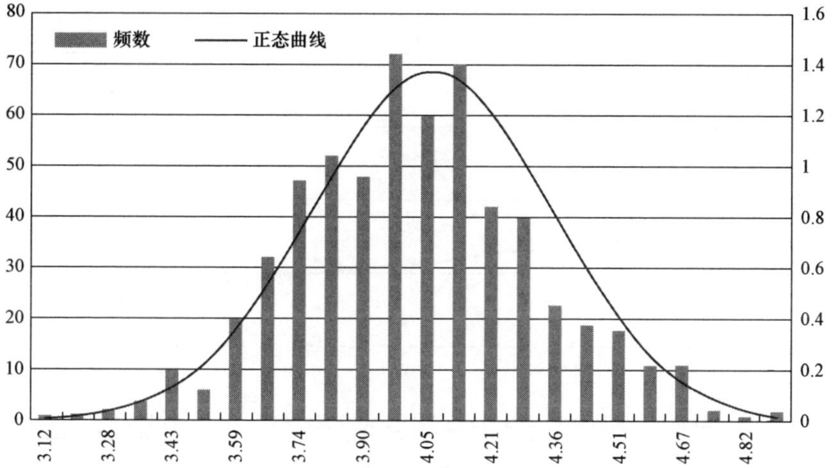

图 3 K 厂主机幅值分布直方图

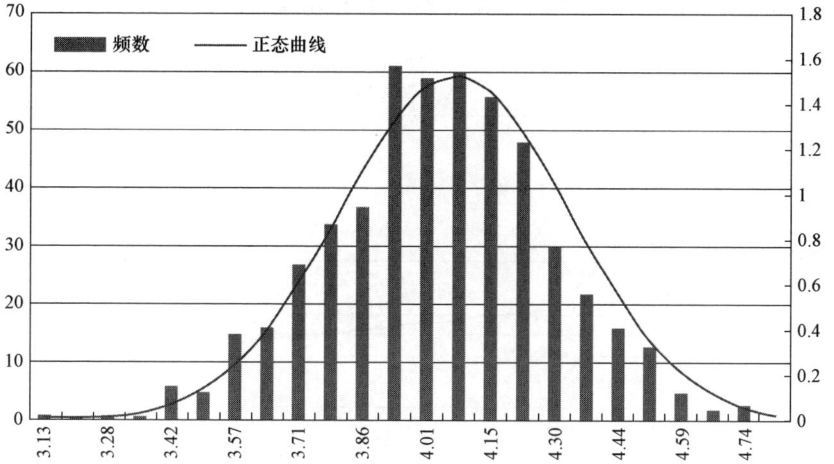

图 4 B 厂主机幅值分布直方图

对其做正态分析，K 厂主机幅值均值分布的偏态系数为 0.157，峰度为 0.118，B 厂主机幅值均值分布的偏态系数为 −0.139，峰度为 0.235。查表知 500 样本偏态系数临界值为 0.18，认为在 $\alpha=0.05$，满足正态分布。B 厂主机峰度值较 K 厂主机高，其幅值均值分布更为集中，其间隙值分布也更为集中。

为分析其峰度差异来源，对其做排列图，如图 5 所示，排列图中，曲线越平滑，说明分布越集中，右侧快速下降区说明存在少数间隙较小的机器。若假设这是离心机下支撑严重磨损导致的，则认为 K 厂、B 厂磨损情况基本一致。

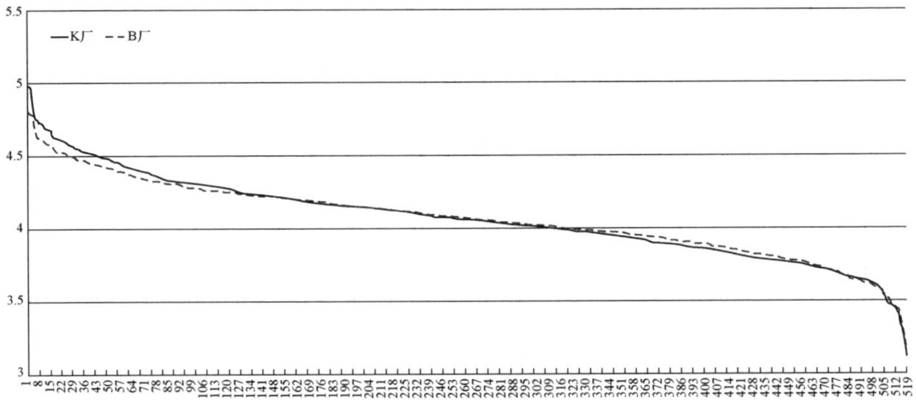

图 5　电信号幅值排位图

为使估计更准确，合并后做排布图，如图 6 所示。

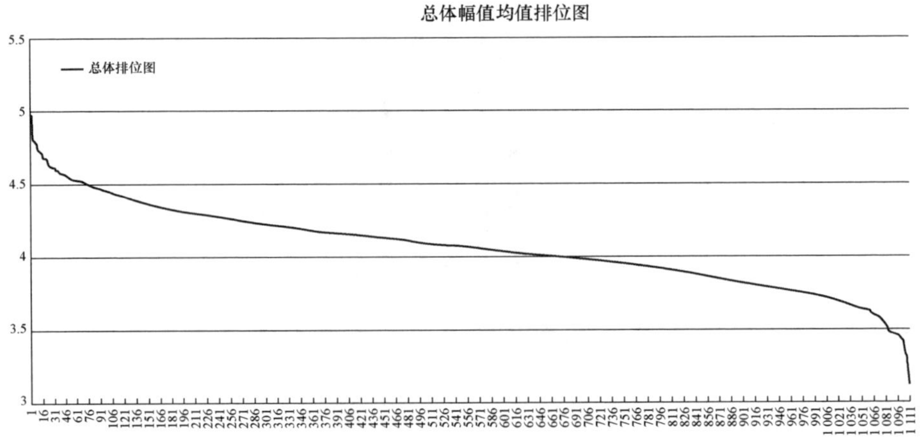

图 6　总体幅值排位图

假设最右侧的急速下跌区域为磨损较为严重机器，则借此估计磨损较为严重的主机约有****台。

2 反电势分析

就目前对降周主机反电势测量统计结果而言，正常主机反电势普遍小于异常主机，加装升压变压器的主机反电势更大。理论上，反电势应与幅值呈负相关，但从目前的主机反电势测量结果来看，并未发现反电势与转速电信号之间有明显关联。具体反电势情况如表 7、表 8 所示。

表 7 K 厂、B 厂反电势对比

离心机	平均反电势
K 厂	157
B 厂	156

表 8 电信号幅值与反电势对应关系

离心机	平均反电势
电信号幅值最大 40 台	161
电信号幅值最小 40 台	153

对反电势和电信号幅值之间相关性进行检验，相关性系数为 0.13，在 $\alpha=0.05$，样本量 80 下，认为反电势和电信号幅值之间无关。目前认为是在小样本容量下，反电势与平均幅值的关联被数据涨落掩盖，但也有可能与反电势测量本身的准确性、代表性相关。

3 下一步计划

电信号测量结果可以从一定程度上反应离心级联主机整体运行情况，因此可以作为级联运行条件改变后，主机运行情况的评价标准。计划测量不同供电设备、负载下的主机电信号，以评估改变主机运行条件后的主机运行状况是否得以改善。

4 结论

利用电信号测量数据可以反映离心机的震动情况、内部间隙分布情况，故可以使用电信号测量的方法对主机运行情况进行评估。

纤维吸附剂 PIDO NF 应用可行性分析

王　帆　封学智

摘要：目前，化工成品车间容器清洗工作工序复杂且通过树脂吸附剂富集铀后，废液中仍然含有大量的 U，通过石灰沉积的沉淀物无法回收利用，造成 U 的浪费，现考虑使用纤维吸附剂对容器清洗后的废液进行吸附—脱附处理，以达到简化废液处理过程及更大程度回收废液中的 U 的目的。本文通过对纤维吸附剂的各项吸附效应的调研，结合本厂容器清洗的实际对该吸附剂应用于本厂的可行性进行评估。

关键词：容器清洗；树脂吸附剂；纤维吸附剂

1　现有容器清洗及废水处理工艺简介

1.1　容器清洗工艺

铀沾污物主要主要指盛装过六氟化铀和氟化氢的容器，接触过六氟化铀及其衍生物的工艺管道、阀门等物件，这些容器或物件经化学清洗后，清除其内部和表面的放射性物质，达到重新使用或减低表面沾污的目的。主要工艺过程为：水解→碱洗→酸洗（50 L 以下小容器不酸洗）→水洗→压空吹干→烘干。

容器清洗过程中主要发生的化学反应如下：

水解：$UF_6 + 2H_2O = UO_2F_2 + 4HF$

$UF_4 + H_2O_2 = UO_2F_2 + 2HF$

碱洗：$UO_2F_2 + 3Na_2CO_3 = Na_4[UO_2(CO_3)_3] + 2NaF$

$2HF + Na_2CO_3 = 2NaF + H_2O + CO_2\uparrow$

酸洗：$Fe_2O_3 + 6H^+ = 2Fe^{3+} + 3H_2O$

$Fe^{3+} + H_2C_2O_4 = Fe^{2+} + 2H^+ + 2CO_2\uparrow$

$Fe^{3+} + 3C_2O_4^{2-} = [Fe(C_2O_4)_3]^{3-}$（络合离子）

容器清洗过程产生的废液有废水处理厂房接受并处理。

1.2 废水处理工艺

公司有关单位产生的铀含量大于 2 mg/L 的废水经接收、储存、转移、过滤后，清液调配至铀含量大于 2 mg/L、小于 400 mg/L，其他离子含量也符合要求后，进入离子交换树脂塔吸附，使废水中的铀得到富集，吸附尾液进行石灰沉淀反应处理；树脂吸附饱和后经淋洗再生继续使用，富集的铀再生液进行钠盐沉淀处理，沉淀后得到的重铀酸盐入库暂存，沉淀母液返回废液库重新处理；铀含量小于 2 mg/L 的废水及吸附尾液经石灰沉淀反应处理，处理合格后（铀含量小于等于 0.05 mg/L、氟含量小于等于 10 mg/L），适时排放，石灰渣入库存放。

2 现有工艺存在的问题及有待改进地方

从前两部分描述可知：现有容器清洗工艺、废液铀回收及废液排放整个流程中有以下问题：

（1）树脂吸附剂吸附条件苛刻：需要将容器处理后的清液调配至 U 含量 2～400 mg/L，对于低浓度铀废液吸附能力有限。

（2）树脂吸附剂淋洗脱附过程 U 的脱附率不高，且工艺复杂，不易控制。

3 纤维吸附剂 PIDO NF 的调研

为了寻找解决上述不足的替代方案，考虑使用对 U 吸附能力更为优秀，脱附率更高的吸附剂，替代现有工艺中的树脂吸附剂，在浏览大量资料后，发现海南大学南海海洋资源利用国家重点实验室研制的新型纤维吸附材料 PIDO NF 具有解决树脂吸附剂问题的潜质，后续从该纤维吸附剂的各项性能分析该吸附剂运用于本厂容器清洗的可能性。

3.1 纤维吸附剂 PIDO NF 的吸附原理

如图 1 所示，左图为实验时纤维吸附材料在吸附溶液中的铀酰离子（UO_2^{2+}），从图中可以看出：该吸附剂正在对 U 富集现象明显，吸附剂出现明显变色。右图为纤维吸附材料对 U 吸附的化学原理示意图，从中可以看出：该吸附剂是通过化学吸附的方式吸附溶液中的铀酰离子（UO_2^{2+}）。

该吸附材料（PIDO NF）拥有的酰胺肟基团对铀酰离子（UO_2^{2+}）具有较高的亲和力，另外，在机械结构上具有 3D 多孔结构，对水/离子渗透性良好。该材料另一项优势是具有纳米级纤维结构，平均纤维直径为（406.13±28.35）nm，为 UO_2^{2+} 和 PIDO NF 吸附剂提供了大量的螯合点，在吸附动力学上具有较好的吸附特性。

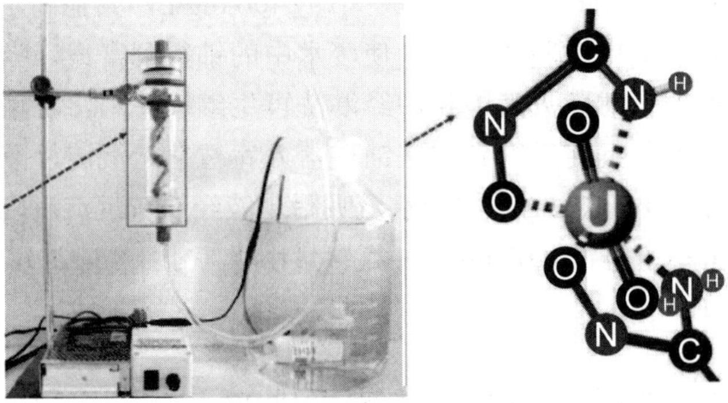

图 1　纤维吸附剂吸附溶液中的铀酰离子及吸附原理

3.2　纤维吸附剂 PIDO NF 的吸附本底

纤维吸附剂 PIDO NF 的具有极低的吸附本底，可以在天然海水中提取铀，在运用该吸附进行海水富集铀实验表明：实验进行到 2、4、6 和 8 周，吸附剂的铀吸收量分别达到（4.87±0.09）、（7.04±0.54）、（8.21±0.38）和（8.740±41） mg－U/g－Ads，证实了即使在天然的海水中其也可以表现出高容量和快速响应的特点，而天然海水中的 U 浓度约为 3.3×10^{-3} mg/L，比国家含铀废水排放标准（0.05 mg/L）低了一个数量级。

后续又对该吸附剂的吸收效率进行调研：在对 U 浓度为 8 mg/L 的加标海水吸附实验中，随着吸附的进行，溶液中铀的浓度迅速下降，即使在最小剂量的吸附剂中（15 mg），通过 6 h 的吸附 37%的铀从 5 L 加标海水中去除，随着吸附剂剂量增加 4 倍（60 mg），超过 56%的铀在 6 h 内被去除，然后铀提取在 24 h 内平衡为 74%。

从实验中我们初步得知，影响该吸附剂的吸附性能的指标与以下 3 个数据有关：溶液中铀的含量、吸附剂的含量、吸附时间。且随着三者任一者的增加，增强吸附效果。

因此，考虑将该吸附剂应用于本厂容器清洗废液处理时，可以初步得出结论：在吸附剂足量及吸附时间充足的时候，该吸附剂满足将废水中的铀吸附至满足排放标准（0.05 mg/L）的条件。

3.3　纤维吸附剂 PIDO NF 吸附量及 pH 对吸附效果的影响

pH 是影响铀酰离子化学性质和吸附剂性能的最关键参数之一。用 5 L 铀浓度为 8 mg/L 的水溶液中的 15 mg PIDO NF 吸附剂研究 pH 对吸附性能的影响，如图 2 所示。

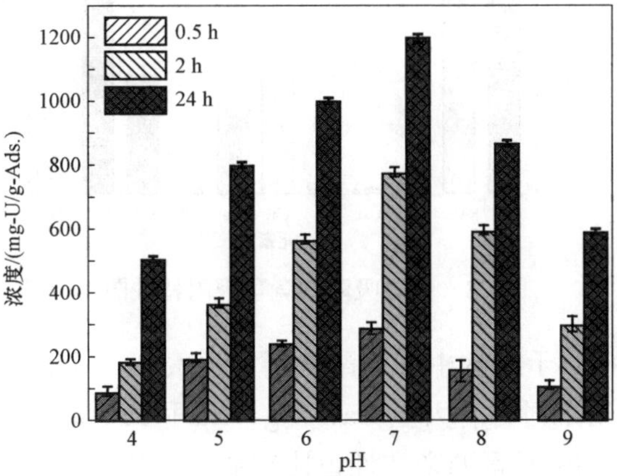

图 2 pH 对 PIDO NF 吸附剂吸附能力的影响

图反映了 15 mg PIDO NF 在 pH 分别为 4～9 的溶液中吸附 0.5 h、2 h、24 h 时每克吸附剂所能吸附的 U 的毫克数。从图中可以看出：PIDO NF 的铀吸附能力受溶液 pH 的强烈影响，尽管所有 PIDO NFs 在 pH＝0.4～0.9 范围内对铀吸收的反应速度都很快，铀吸收量从 pH＝4.0～7.0 显著增加，并随着 pH 的进一步增加而逐渐降低。

在本厂容器清洗工艺中，本身工艺可以调配液体，因此可以做到将废液的 pH 控制在 pH＝7，运用于本厂该吸附剂在 pH 这项条件中可以发挥出最大的吸附效果。

3.4 干扰离子对纤维吸附剂 PIDO NF 吸附效果的影响

除了容量和动力学外，在各种干扰离子（如 VO^{3-}，Fe^{3+}，Co^{2+}，Ni^{2+}，Cu^{2+}，Zn^{2+}，Pb^{2+}）以及主要离子（如 Na^{+}，Mg^{2+}，Ca^{2+}）对纤维吸附剂 PIDO NF 吸附效果的影响也是一项重要指标。

我们调研了纤维吸附剂 PIDO NF 的竞争吸附特性，实验中使用离子情况复杂的海水，将铀酰和其他 7 种干扰离子加入到天然海水中实际浓度的 100 倍以上，而 Na^{+}，Mg^{2+}，Ca^{2+}在海水中保持其天然浓度。试验结果如图 3 所示：

从图中可以看出：即使在存在各种干扰离子的情况下，PIDO NFs 纤维吸附剂仍然能够在 24 h 内从加入 100 倍共存离子的海水中保持 30.8 mg－U/g－Ads 的吸附容积。V、Cu 和 Zn 是吸附的 3 个主要竞争对手。

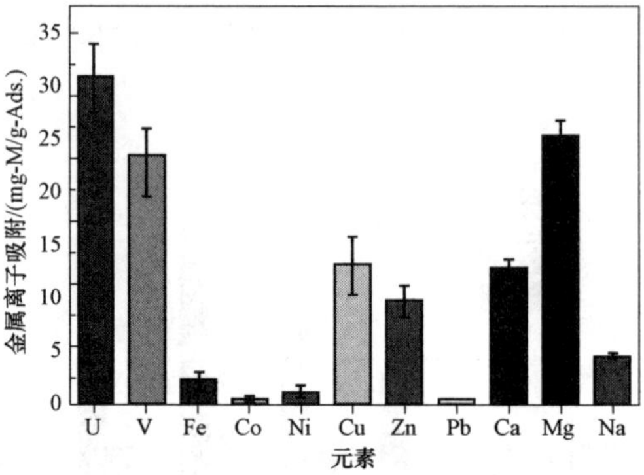

图 3　纤维吸附剂竞争吸附特性图

考虑到它们相对于海水中的铀酰离子浓度高出一千倍，我们可以得出结论：PIDO NF 吸附剂对含有大量 Ca、Mg、Na 和其他离子的溶液具有出色的铀选择性，其对于 Fe 元素的亲和性也比较弱。

结合前文容器清洗操作，可知在进行废液处理时，废液中，含有的主要阳离子有：Na^{+}、Fe^{3+}、Fe^{2+}、UO^{2+}，除了本身需要吸附的铀酰离子外，其余几种阳离子对纤维吸附剂 PIDO NF 对铀酰离子的吸收几乎没有干扰。

3.5　纤维吸附剂 PIDO NF 的机械性能

机械性能是该吸附剂运用于本厂容器清洗的又一项指标，现有设备情况下，在废水经过吸附塔时，需要调整流量在 400～600 L/h，该吸附剂运用于系统是否能满足，也是实际运用的一个考量点。

对该吸附剂机械性能进行调研，在 6 种条件下：干垫、干编织、湿垫、湿编织、基础条件湿垫和基础条件湿编织物的代表性的应力—应变曲线如图 4 所示。

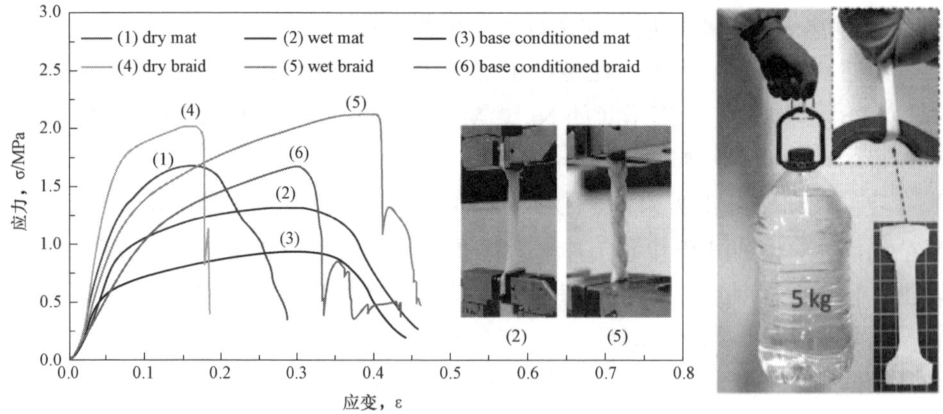

图 4　干垫、干编织、湿垫、湿编织、基础条件湿垫和基础条件
湿编织物的应力应变曲线及拉力实验图

裂拉伸强度平均值为（1.63±0.11）、（2.13±0.23）、（1.33±0.15）、（2.11±0.16）、（0.96±0.25）和（1.69±0.29）MPa。断裂伸长率的平均值是（17.35±0.96）%、（16.93±0.87）%、（39.28±1.66）%、（40.35±1.63）%、（34.07±1.84）%和（31.05±2.75）%，杨氏模量的平均值是（24.61±0.67）、（38.21±1.45）、（18.01±1.21）、（21.15±1.79）、（11.11±2.15）和（13.02±1.87）MPa。

应力—应变曲线清楚地表明，所有湿垫和湿编织样品都经历了显著的应变软化，因为它们被拉到最大应力和应变。从湿垫和湿编织样品中观察到明显的颈缩现象，表明塑性变形的开始。在潮湿条件下良好的可扩展性有利于这些吸附剂的实际应用，以承受周围水的冲洗和湍流，右图清楚地显示 PIDO NF 垫能够稳定地容纳一瓶 5 kg 的饮用水而不会断裂，但只能伸长到其初始长度的 1.5 倍左右，该演示在视觉上显示了 PIDO NF 吸附纤维的良好机械性能。PIDO NF 编织物可以承受连续的自下而上的流速大约为 600 L/h 水冲洗，超过 24 h，这表明了其机械性能可以满足本厂废水处理工艺的要求。

3.6 纤维吸附剂 PIDO NF 的 U 脱附回收

该吸附剂吸附铀后有极强的脱附回收和再利用的能力，选择碳酸钠—过氧化氢（1 M Na_2CO_3 + 0.1 M H_2O_2）溶液作为洗脱液。铀迅速从 PIDO NF 释放。

在最初的 5 min 内，大约 78%的吸附铀可以从吸附剂中释放出来，当洗脱持续 30 min 时，洗脱效率达到 98.53%，此外，PIDO NF 垫的结构在一个循环的吸附—洗脱后没有显示出明显的变化，PIDO NF 的形态和完整性得到很好的保护。PIDO NF 吸附剂还具有可重复使用性，如图 5 所示。

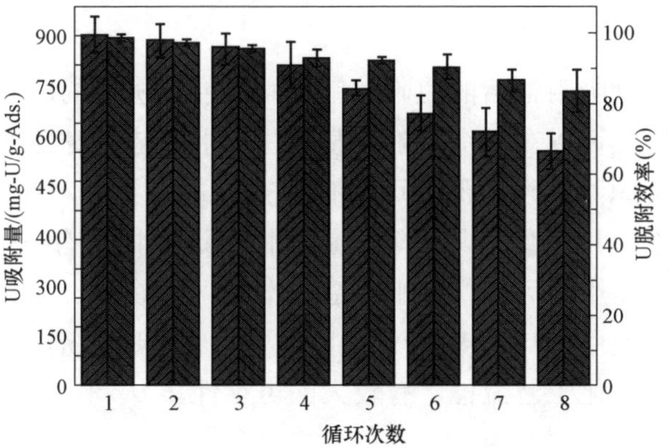

图 5 随着吸附脱附循环的进行现为吸附剂吸附量及脱附效率变化图

在进行重复铀（8 mg/L）加标海水中的吸附和碳酸盐—过氧化物脱附循环实验中，在第 3 次循环后，再循环吸附剂的吸附能力逐渐降低（每个循环约

5%），即使是这样，在第 8 次吸附循环中，PIDO NF 吸附剂仍然有 604.42 mg－U/g－Ads 的吸附量，此外，再生 PIDO NF 吸附剂在碳酸盐—过氧化物（1 M Na_2CO_3＋0.1 M H_2O_2）溶液中也显示出高铀解吸效率，每个循环仅略有下降，83.53%的吸附铀仍可在第 8 个循环中洗脱出来。这表明 PIDO NF 垫的良好耐用性和可回收性，这对于降低铀回收应用中的成本至关重要。

3.7 纤维吸附剂的性能及实际运用总结

通过对纤维吸附剂 PIDO NF 各项性能的调研可知，本厂目前容器清洗的现状能发挥纤维吸附剂最大吸附效果，主要表现在溶液调配可以满足该纤维吸附剂最大吸附量所需的中性环境，容器清洗溶液中没有对该吸附剂吸附能力有干扰的其他金属离子。且运用该吸附剂替代树脂吸附剂可以在简化清洗废液处理流程的同时增加废液中铀的回收率，主要表现在该吸附剂对低浓度铀溶液同样具有较强的吸附效果，可以使用单一吸附剂将废液直接吸附至铀浓度满足排放标准，使用脱附剂进行脱附时，至少能有 85%的吸附铀可以脱附出来。

4 结论

通过对纤维吸附剂 PIDO NF 的调研，相比于现有容器清洗及废水处理工艺，运用纤维吸附剂 PIDO NF 替代树脂吸附剂具有以下优势：

（1）纤维吸附剂 PIDO NF 对溶液中的铀酰离子具有很强的亲和性和选择性，对低浓度铀溶液同样具有极强的吸附效果，有利于更充分地回收容器清洗废水中的铀。

（2）该吸附剂吸附铀后的脱附效率极高，能在极短的时间内将 98%的吸附铀脱附出来，且可以在 8 个吸附—脱附过程中保持自身各项特性的稳定。

（3）作为编织物其物质形态可以有较多形式的变化，且具有良好的机械性能，在吸附剂运用条件上具有较大包容性和选择性，有一定在不改变现有设备基础上直接运用的可能，减小改造成本。

综上，对于使用 PIDO NF 纤维吸附剂替代树脂吸附剂，以便提升废液中铀的回收效率及简化工艺流程，有较大的可行性。

5 纤维吸附剂 PIDO NF 运用于本厂实际需要关注的点

该吸附剂调研数据基本全面，但是对于实际运行仍需进行试验及探究，主要关注以下 3 点：

（1）从高浓度铀废水吸附至排放标准铀废水，所需的时间与初始铀废水铀浓度的关系，及吸附效率能不能满足实际运用需求。

（2）吸附过程吸附剂使用量的定性分析，及需要使用多少质量的吸附剂能使吸附效果最佳。

（3）该吸附剂的使用成本及废弃吸附剂的后续处理。

冷风箱回油系统优化研究

潘国栋　郭永志　易　斌

摘要：为了降低主工艺系统安全稳定运行风险和运行成本，本文对冷风箱的回油控制系统进行研究，并对冷风箱回油方式进行优化，最终达到延长压缩机的使用寿命、实现降本增效的目的，同时也保证了主工艺系统的安全稳定经济运行。

关键词：运行风险；运行成本；回油方式；延长；降本增效

1　引言

供取料厂房的冷风箱是专门设计制造，用于给收料容器提供低温环境的制冷设备，在供取料厂房精、贫料收料和供料净化工序中使用，是供取料厂房关键设备之一，也是近些年来检修较为频繁的设备之一。冷风箱的故障率高居不下给主工艺系统的安全稳定运行埋下隐患。

2　冷风箱回油系统介绍

供取料厂房的冷风箱均采取涡旋式压缩机，压缩机润滑油是跟随制冷剂在回油系统内循环。压缩机将高温低压制冷剂从吸气口吸入，此时制冷剂为气雾状，部分润滑油会跟随制冷剂进入压缩机内部，润滑压缩机内部各旋转部件，经过压缩机后，制冷剂变成高温高压气体，同时少量的润滑油被制冷剂带出压缩机，从压缩机的排气口排出，通过管路进入到油分离器中，经过油分离器处理后，制冷剂会进入制冷循环系统，而润滑油会从管路进入干燥过滤器中，由于高低压端压差，压缩机油通过管路回到压缩机油腔内。如图 1 所示。

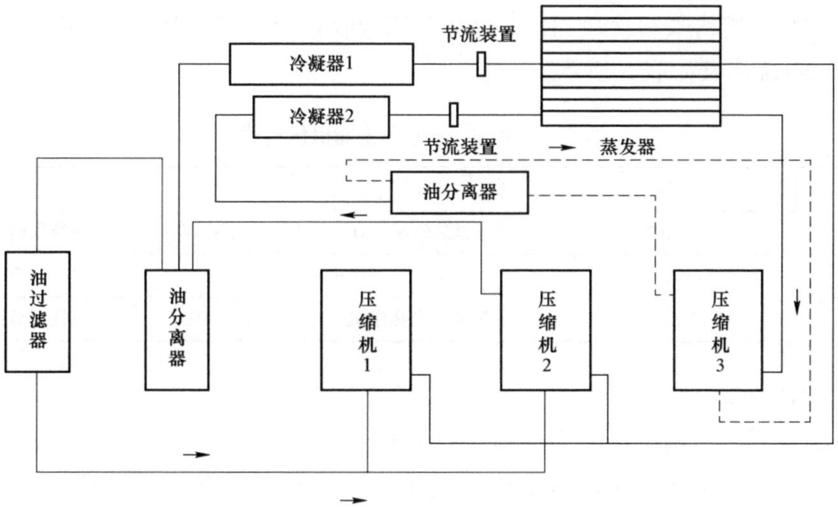

图1 冷风箱系统简图

3 制冷系统故障现象分析

3.1 故障数据统计

因压缩机过热导致压缩机做功效率差的现象较为普遍，此处对这一故障暂不做统计，只针对各供取料厂房冷风箱更换压缩机的故障进行统计。

3.1.1 3#厂房

表1 3#厂房更换压缩机统计表

序号	冷风箱编号	故障内容	备注
1	W2B	北侧损坏	更换压缩机
2	W2B	北侧损坏	更换压缩机

3.1.2 3A厂房

3A厂房共有12台冷风箱，其中10台为贫料收料冷风箱，2台为贫料应急冷风箱。

表2 3A厂房更换压缩机统计表

序号	冷风箱编号	故障内容	备注
1	8/5	左侧第一台压缩机无油	更换压缩机

3.1.3 1C系统

03C厂房共有20台冷风箱，其中2台供料净化冷风箱，4台精料收料冷风箱，12 台贫料收料冷风箱，2 台贫料应急收料冷风箱。其 2013 年以来制冷系统故障统计表如表 3 所示。

表 3　03C 厂房更换压缩机统计表

序号	冷风箱编号	故障内容	备注
1	WLX02	超压报警停车，MC1 压缩机过热损坏	更换压缩机
2	WLX02	第二台压缩机声音异常	更换压缩机
3	PLX02	左侧第一台压缩机及两个继电器损坏	更换压缩机

3.1.4　1D 系统

03D 厂房为两个级联大厅提供供取料服务，二期工程冷风箱还没有全面开始使用，不在此次统计范围内，故本次统计对象共有 26 台冷风箱，其中 2 台精料应急冷风箱、4 台贫料应急冷风箱、4 台供料净化冷风箱和一期工程的 4 台精料收料冷风箱、12 台贫料收料冷风箱。如表 4 所示。

表 4　03D 厂房冷风箱故障统计表

序号	冷风箱编号	故障内容	检修方法
1	PLX04	双机 2#压缩机过热损坏	更换压缩机
2	WLX10	单机压缩机过热损坏	更换压缩机
3	RLX03	单机压缩机过热损坏	更换压缩机
4	WLX07	单机压缩机过热损坏	更换压缩机
5	WLX10	双机 2#压缩机过热损坏	更换压缩机
6	RLX03	双机 1#压缩机过热损坏	更换压缩机
7	WLX02	双机 2#压缩机过热损坏	更换压缩机
8	WLX06	双机 1#压缩机过热损坏	更坏压缩机
9	WLRX04	双机 1#压缩机过热损坏	更换压缩机
10	RLX02	双机 2#压缩机过热损坏	更换压缩机
11	RLX02	双机 1#压缩机过热损坏	更换压缩机
12	WLX02	双机 1#压缩机过热损坏	更换压缩机
13	WLX04	双机 1#压缩机过热损坏	更换压缩机
14	WLX02	双机 2#压缩机过热损坏	更换压缩机
15	PLRX02	双机 1#压缩机过热损坏	更换压缩机
16	WLX08	双机 2#压缩机过热损坏	更换压缩机

3.2　故障现象

统计各厂房压缩机更换台数如下：3#厂房 2 台、3A 厂房 1 台、03C 厂房 3 台、03D 厂房 16 台，03D 厂房压缩机更换频率明显高于其他几个厂房。且故障多发生于并联两台压缩机处，故障原因均为压缩机过热导致压缩机烧毁。经现场观察发现，在两台并联压缩机同时工作时，总有一台压缩机油位很低或看不见油位。

3.3　故障原因分析

从故障现象入手分析其中原因。故障的原因有两点：① 由于系统冷却水温度不能达到冷凝器所需要的温度，压缩机工作负荷加重，长期运行导致压缩机烧毁；② 由于压缩机内部缺少润滑油，长期运行后压缩机会过热烧毁。

上述原因中的第一条已在 2015 年的改造中将冷却水改成冷冻水，消除了因为水温导致压缩机烧毁的这一可能，所以在此仅针对压缩机因缺油而损坏这一故障现象进行分析。这一故障现象大多出现在并联的两台压缩机上，下面重点分析并联的两台压缩机运行时油位的变化。

供取料厂房使用的冷风箱结构可参考图 2。由图可知，压缩机 1、2 并联运行，压缩机 3 与其串联运行。从图中可以看出压缩机 1、2 的回油系统并联，与压缩机 3 的回油系统串联。在冷风箱停机状态下，油分离器与压缩机 1、2 油腔内的压差相同，所以压缩机 1、2 油腔内的润滑油液位应该相平。在冷风箱投入使用时会出现以下情况：全新的设备投入使用时，压缩机 1、2 油腔内的液位相平，投入使用一段时间后，两台压缩机其中一台的油位明显高于另一台。分析其原因得出以下结论：导致油位有差异的主要原因是油分离器与压缩机油腔内的压差不一样，两台压缩机运行一段时间后，会出现做功效率不一样的现象，做功效率直接影响其吸排气压力。做功效率好，吸排气压力

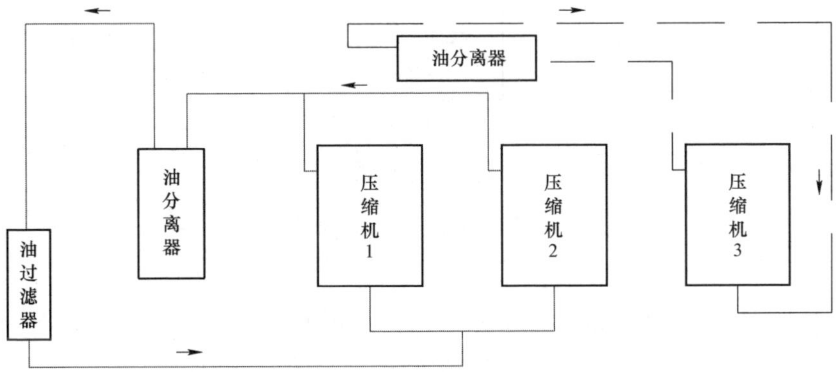

图 2　冷风箱回油系统简图

差值大。由图 2 可以看出，油分离器与压缩机油腔的压差可以间接用压缩机的吸排气压差代替，所以做功效率差的压缩机润滑油会少于做功效率好的压缩机，长期运行必然会导致做功效率差的压缩机因缺油而烧毁。这种现象在更换压缩机后更明显，更换新压缩机后因为压缩机刚投入使用，做功效率明显好于未更换的那台，未更换的那台压缩机会因上述原因烧毁，而且周期更短，此为恶性循环。如果因为一台压缩机烧毁而同时更换两台压缩机，会造成不必要的浪费。

4 回油系统改进

制冷剂带着压缩机油润滑后，通过分离器将制冷剂和压缩机油分离开，压缩机油全部储存在储油罐内，电子式油位平衡器实时对压缩机油腔内的油位进行监测，当压缩机油腔油位在正常范围内时，电子式油位平衡器面板上显示绿灯，此时不用给压缩机油腔补充润滑油；当电子式油位平衡器面板显示黄灯时，此时压缩机油腔内油位过低，其内部电磁阀通电吸合，阀门打开，由于储油罐上下两端压差，其内部的润滑油通过油管进入压缩机油腔内，油位达到一定高度后，电磁阀断开，阀门关闭，加油完毕，电子式油位平衡器面板显示绿灯，整个补油过程时间持续约 30 s。

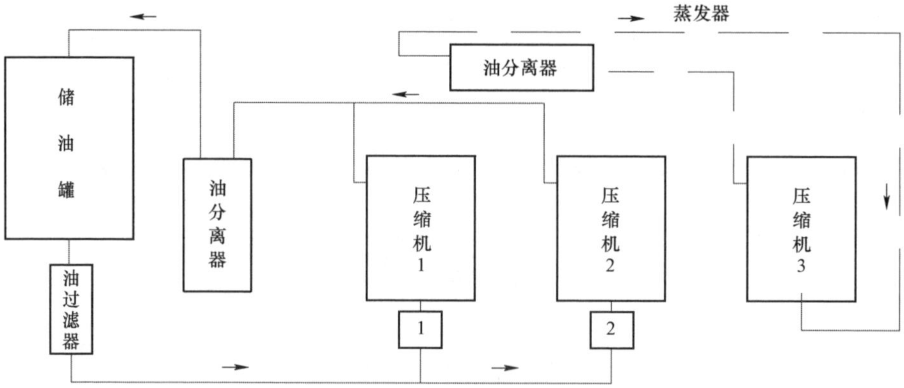

图 3　改进后冷风箱回油系统简图

注：图中 1、2 均为油位控制器

通过增加储油罐和电子油位平衡器，将原有的“按劳分配”回油方式变为“按需分配”。彻底杜绝了因压缩机缺油而导致其烧毁的现象。

5 总结

冷风箱回油系统的改进，有效地降低压缩机故障率，保证了主工艺系统安全、稳定、经济运行。而且节约了生产成本，降低劳动强度，释放劳动力，积极响应公司降本增效理念，为公司的未来发展与市场竞争贡献绵薄之力。

铀浓缩工厂低温法分离清洗混合工质的应用

赖雪梅　李　乐　何建军

摘要： 主机清洗试验后，清洗装置一级、二级、三级收料容器关闭容器进出口阀门后放置在1A级联大厅。通过清洗装置容器称重及化学反应计算可得出容器中仍剩余大量三氟化溴物质，但收料容器内物质为六氟化铀、溴气及三氟化溴、少量氟化氢的混合物。根据以上物质的饱和蒸气压差异，设定不同温度收料容器，通过低温法控制收料压力，达到混合工质混合物质的液态与气态分离并已实施完成。

关键词： 清洗产物；混合介质；低温法；分离

1　背景介绍

405－1A级联经过20年的长时间运行后，主机转子内壁及取料管等沉积有较多的粉末，经过研究分析，发现粉末中90%以上成分为氟化铀酰。大量氟化铀酰粉末堆积在主机内，造成取料管出现堵塞，导致主机摩擦功耗增大，分流比下降。405－1A级联整体分离能力较初期下降了20%，且存在加速下降的趋势。针对此问题，中核陕铀和相关科研院所开展了采用化学方法清除主机粉末的研究。核工业理化工程研究院对采用三氟化溴为清洗介质对主机内粉末清洗的方法进行了百台主机清洗试验研究。2018年12月中核陕铀与理化院合作完成了国内首个铀浓缩工厂内机组主机的粉末清洗试验，从清洗后区段主机摩功、分流比等数据反应区段主机的清洗效果良好。

周峰、谢国和在《离心级联性能恢复工艺研究及应用》中提出，理论上可以通过多级蒸馏的办法来分离提纯主机清洗后的各种产物。张涵在《低温—吸附法分离清洗混合工质的可行性研究》中提出理论上通过低温分离清洗混合工质中的Br_2的分离。以上研究均是基于理论研究，文章设计实际清洗混合工质分离方案，通过实验方法对26机组清洗后混合工质进行设置不同收料温度进行冷凝分离，并对分离效果进行评估，确认了低温分离清洗工质的可操作性，并对操作中的问题进行分析。

1.1 清洗试验情况及混合工质性质介绍

主机清洗试验后，清洗过程中使用的供取料容器仍留存在 405－1A 级联内。通过清洗装置容器称重及化学反应计算可得出容器中仍剩余大量三氟化溴物质，但收料容器内物质为六氟化铀、溴气及三氟化溴、少量氟化氢的混合物。

清洗混合工质是指主机清洗试验后所得的反应产物及未完全参与反应的三氟化溴物质的混合物。

26 机组清洗期间，清洗装置共设置了三级收料容器，其中一级收料容器温度设定为－30 ℃，二级收料容器温度设定为－80 ℃，三级收料容器温度设定为－196 ℃。为保证试验过程中反应产生的氧气能迅速排出，各级收料畅通，只控制冷冻温度，未控制收料压力，因此试验完成后，一级收料（3#、4#）容器中收取了部分三氟化溴及少量六氟化铀，二级收料（5#、6#）容器中收取了剩余的部分三氟化溴和六氟化铀及大量的溴气，三级收料（7#）容器收取了部分溴气和少量六氟化铀。

理化院在设计清洗试验装置时，受级联大厅空间限制，未考虑混合工质倒装事宜，也未在容器下方加装电子秤，不能实现容器在线称重。

对清洗装置上容器拆下后进行称重，数据如表 1 所示，所有容器中物料质量的总重增加了 106.9 kg，如果认为本次试验过程中产生的氧气没有被收集到容器中，全部排出，则可以计算得到本次试验清除的氟化铀酰质量为 112.5 kg（按 UOF_4 计算）或 119 kg（按 UO_2F_2 计算）。

清洗原理如公式（1）、（2）所示：氟化铀酰通过与三氟化溴反应，生成产物为挥发性的 UF_6、O_2、Br_2 及剩余的 BrF_3 组成的混合气体。

$$6UOF_4+4BrF_3=6UF_6+2Br_2+3O_2 \quad (1)$$

$$3UO_2F_2+4BrF_3=3UF_6+2Br_2+3O_2 \quad (2)$$

表 1 清洗装置容器称重数据表

容器编号	容器作用	物料净重/kg	
		试验前	试验后
1#	供料	140.4	27.4
2#	供料	152.5	0.3

续表

容器编号	容器作用	物料净重/kg	
		试验前	试验后
3#	一级收料	0	64.2
4#	一级收料	0	40.2
5#	二级收料	0	124.3
6#	二级收料	0	106.4
7#	三级收料	0	20.2
—	小车凝冻器	0	16.8
合计		292.9	399.8

1.2 工质分离目标

通过试验清除氟化铀酰的质量，可计算得出，清洗共消耗三氟化溴约29.4～70.6 kg，混合物质中应剩余222.3～263.5 kg三氟化溴。现1#、2#容器剩余三氟化溴27.7 kg，通过3#、4#容器最多可回收三氟化溴104.4 kg，所以估计在5#、6#、7#容器中约有90～131 kg的三氟化溴。控制容器温度及入口压力进行工质分离，对1#～7#收料容器中物料进行大致分离，将三氟化溴转移至1#、2#容器中，将溴气和六氟化铀转移至5#收料容器中，将氟化氢转移至7#收料容器中，最终将氟化氢转移至吹洗小车凝冻器中进行移交。清洗装置最终容器状态如表2所示。

低温法可以有效实现清洗混合工质的粗分离，将三氟化溴与溴气和六氟化铀分离，实现三氟化溴工质的回收，并有效将HF等常温下压力较高的杂质去除，解决常温下高压容器的存放安全问题。

表2 清洗装置容器最终状态

容器编号	主要内容物	备注
1#	三氟化溴	≤132 kg
2#	三氟化溴	≤130 kg
3#	空	
4#	空	
5#	六氟化铀、溴	预计100～190 kg

续表

容器编号	主要内容物	备注
6#	空	
7#	空	
小车新装容器	氟化氢	
原净化 24 L 容器	空	

1.3 混合工质特性介绍

清洗混合工质中的三氟化溴及溴气均为危险物质。

三氟化溴物质为具有强腐蚀性的毒物，吸入蒸气会中毒，严重灼伤皮肤、眼睛和粘膜，遇热分解释放出有毒的氟和溴烟雾。

2 工质分离方案及实施情况

为实现工质分离过程中混合物的分离，提出了总体思路和工质分离方案。

各级收料容器中物料的饱和蒸气压如表 3 所示，结合清洗过程中一、二、三级收料容器温度设定，计划在工质分离过程中将 1#（2#）容器冷冻至（−10±5）℃，并控制入口压力为 2～7 hPa，将三氟化溴收至 1#（2#）容器中；将 5#（6#）容器冷冻至（−80±5）℃，并控制入口压力小于 6 hPa，将六氟化铀、溴气收至 5#（6#）容器中；将 7#容器冷冻至−196 ℃，将氟化氢收至 7#容器中，最终收至吹洗小车凝冻器中。

在具体实施过程中，实现温度精准控制存在一定难度，且工质分离时间受限。在实际工质分离过程中，将待工质分离容器连通二级、三级收料线路，将 5#（6#）容器冷冻至（−80±5）℃，并控制入口压力小于 6 hPa，将六氟化铀、溴气收至 5#（6#）容器中；将 7#容器冷冻至−196 ℃，对容器进行净化容器压力至接近物质的饱和蒸气压后，再关闭净化线，实施容器点对点的封闭加热工质分离。

表 3 饱和蒸气压数据表

温度/℃	饱和蒸气压/hPa			
	BrF_3	UF_6	Br_2	HF
−196	0.00	0.00	0.00	0.00
−90	0.00	0.00	0.04	3.57

续表

温度/℃	饱和蒸气压/hPa			
	BrF_3	UF_6	Br_2	HF
−80	0.00	0.00	0.15	7.31
−70	0.00	0.01	0.47	14.18
−40	0.03	0.45	6.93	79.08
−30	0.11	1.36	14.40	130.12
−20	0.29	3.75	27.97	207.45
−10	0.74	9.53	51.19	321.37
0	1.70	22.50	88.84	485.05
15	5.21	72.40	186.06	860.64
20	7.34	103.84	233.09	1030.78
25	10.20	147.00	289.20	*
30	13.98	205.49	355.56	*
35	18.93	283.87	433.34	*
40	25.34	387.75	523.76	*

2.1　7#容器混合工质分离

7#容器清洗期间作为三级收料容器使用，通过容器内温度与压力曲线与氟化氢饱和蒸气压曲线对比，判断容器中存在大量氟化氢，因 7#容器重量为 20.2 kg，判断其中还存在部分溴气和六氟化铀（图 1）。

从清洗反应原理来看，产物中并无氟化氢，考虑为水汽进入系统后与六氟化铀反应生成。

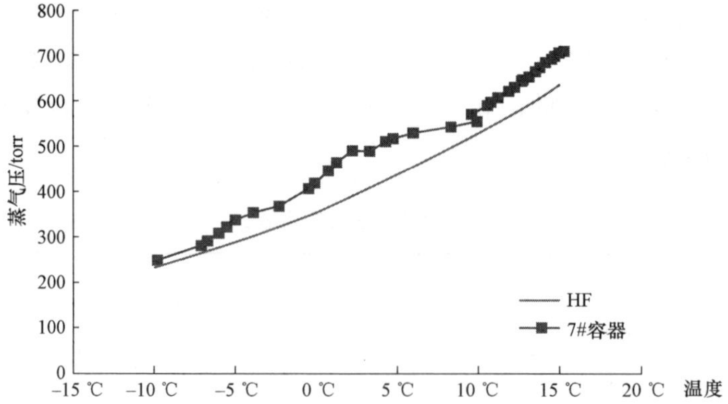

图 1　7#容器内压力与氟化氢饱和蒸气压对比图

吹洗小车凝冻器在主机清洗过程中作为净化容器使用，共收集物料 16.8 kg，为判断 7#容器中氟化氢的具体含量，将凝冻器中 24 L 容器拆下，安装空 24 L 容器，原 24 L 容器待后序工质分离处理。

将 5（6）#容器冷冻至（−80±5）℃并控制入口压力小于 6 hPa，吹洗小车凝冻器冷冻至 −196 ℃，按图 2 线路对 7#容器进行工质分离。

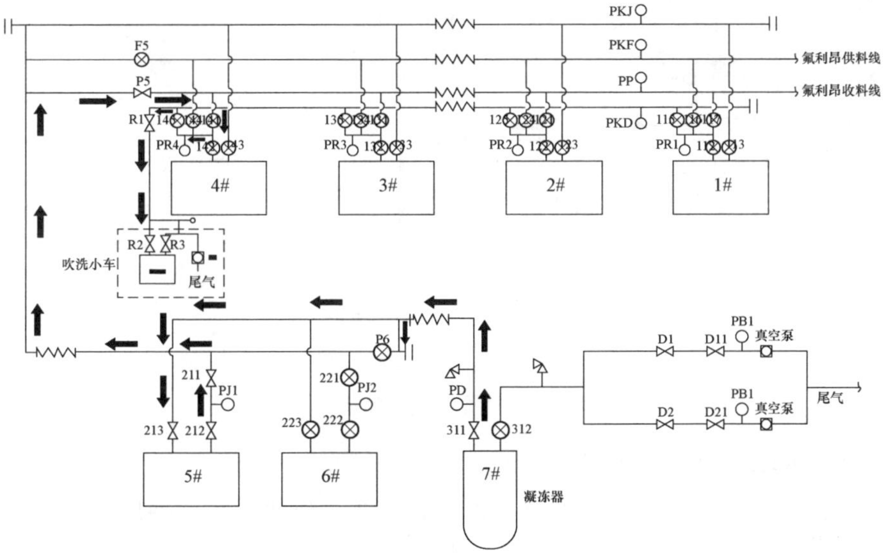

图 2　7#容器工质分离 1 线路图

工质分离完成后，吹洗小车中容器增重 3.2 kg，可得出结论 7#容器内原含有氟化氢含量为 3.2 kg。

2.2　3#、4#容器混合工质分离

3#、4#容器清洗期间冷冻至 −40～−30 ℃，作为一级收料容器使用，其中 3#容器中物料在净化后进行过重复供料，容器中物料为三氟化溴和少量六氟化铀的混合物。将 1#容器冷冻至 −40～−30 ℃，控制入口压力 2～7 hPa，将 5#（或 6#）容器冷冻至（−80±5）℃，控制入口压力小于 6 hPa，将 7#容器冷冻至 −196 ℃，按如下线路对 3#、4#容器进行工质分离。其中一、二、三级收料容器出口阀均可根据需要保持关闭或微开状态。完成后预计 1#容器重量≤132.1 kg。为加速工质分离过程进行，在工质分离过程中，对工质分离容器 3#、4#容器进行加热，加快物质蒸发速度。

4 月 12 日完成清洗装置 4#容器向 1#容器工质分离工作，4 月 17 日完成

3#容器向 1#容器工质分离工作（图 3）。

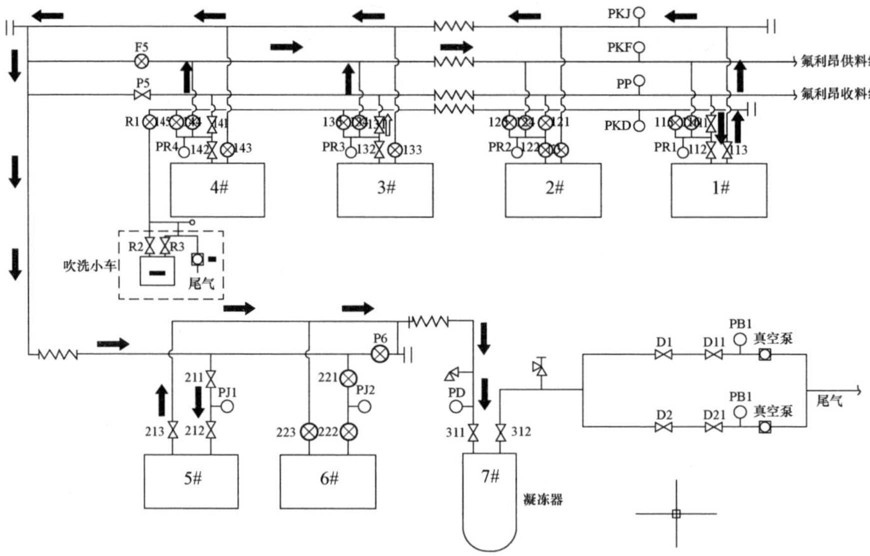

图 3　3#、4#容器工质分离线路图

2.3　5#、6#容器混合工质分离

5#、6#容器清洗期间冷冻至－80 ℃，作为二级收料容器使用。

在 3#、4#容器工质分离完成后，将 5#、6#容器与 3#、4#空容器拆装对调位置。真空测量合格后，将 2#容器冷冻至－40～－30 ℃控制入口压力 2～7 hPa，将 5#（或 6#）容器冷冻至（－80±5）℃，控制入口压力小于 6 hPa，7#容器冷冻至－196 ℃，按如下线路进行工质分离，其中一、二、三级收料容器出口阀均可根据需要保持关闭或微开状态（图 4）。完成后预计 2#容器重量为 90～130 kg。

2.4　原 24 L 容器混合工质分离

原 24 L 容器在清洗试验过程中用于对 1#～3#容器进行净化。所收物质主要为非目标介质三氟化溴的其他杂质。所以只经过二级、三级收料线路进行工质分离。

将原 24 L 容器连接至清洗装置净化线 R1 阀处，如图 5 所示。

将 5#（6#）容器冷冻至（－80±5）℃控制入口压力小于 6 hPa，将 7#容器冷冻至－196 ℃，按图 6 线路进行工质分离。其中一、二、三级收料容器出口阀均可根据需要保持关闭或微开状态。

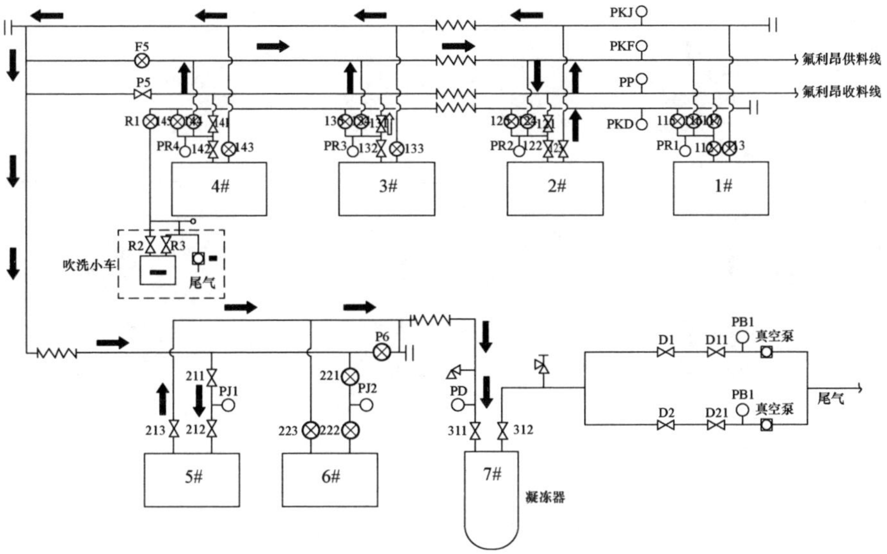

图 4　5#、6#容器工质分离线路图

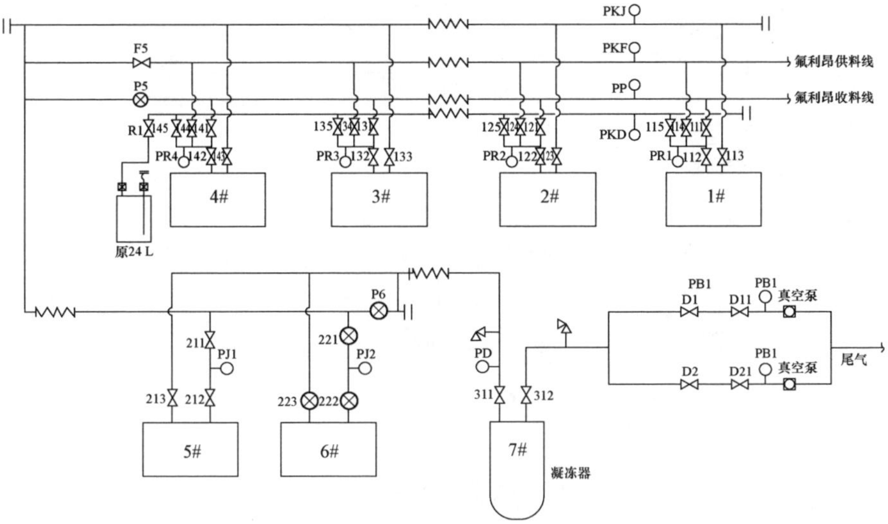

图 5　原 24 L 容器安装位置示意图

2.5　再次进行 7#容器混合工质分离

为将 7#容器中氟化氢全部转移至吹洗小车凝冻器中，将 7#容器解冻，吹洗小车新装 24 L 容器冷冻至 –196 ℃，控制入口压力小于 7 hPa，按图 7 线路进行工质分离。

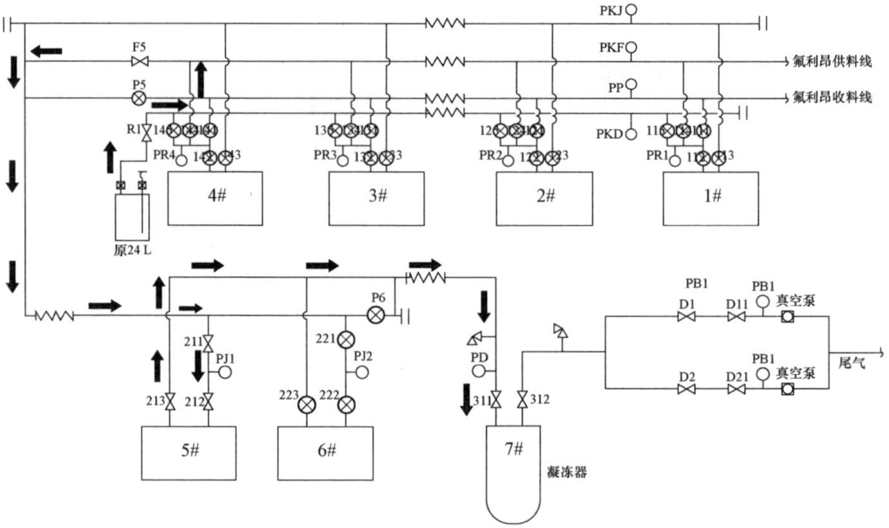

图 6　原 24 L 容器工质分离线路

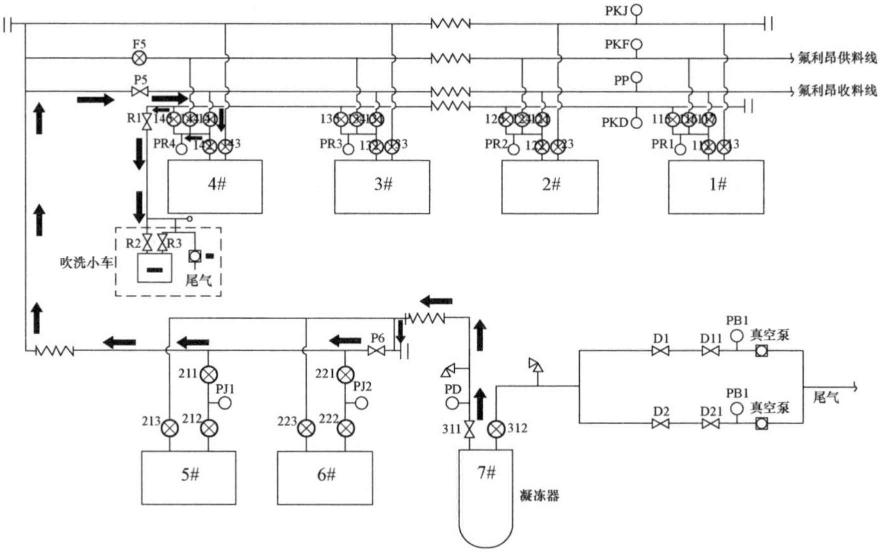

图 7　7#容器工质分离 2 线路

此项工作进行后，工质分离工作将全部完成。

3　工质分离过程中的创新点及难点

3.1　创新点

清洗实验工作是首次在国内进行，清洗混合工质的分离此前也未进行过。

3.2 难点

在工质分离过程中难以实现收料温度和压力的精准控制，介质蒸发过程中吸收热量，在容器中冷凝时释放热量，会引起温度的变化，难以确保收料温度稳定在设定温度范围；工质分离过程中，控制压力的是Φ100的鱼雷阀，因此在工质分离过程中，无法实现压力的精准控制。

因清洗装置设计原因，不能实现容器重量在线称重。因此不能及时掌握工质分离进程。为此，我们在本次工质分离过程中通过检查容器内部压力的方法确认容器内工质分离情况。

因首次进行混合工质分离时，下批清洗机组工作将要进行，需要使用本次工质分离出的三氟化溴介质。时间节点紧，工质分离任务重。

4 工质分离后的效果检查

经过工质分离后，再次对交付状态下的容器进行称重（表4），并对室温状态下容器压力进行判断，确认容器内物质为纯度较高的三氟化溴物质。通过重量和容器压力判断此次工质分离的设定效果是否达成。

表4 容器称重数据表

容器编号	物料	容器净重（kg）混合工质分离后
11X	主要为BrF_3	128.7
12X	/	0
13X	/	0
14X	主要为Br_2、UF_6	160.8
21X	/	0
22X	主要为BrF_3	102.8
31X	主要为HF	2.9
QX－8	/	0
新24 L容器	主要为HF	3.1

2019年2月18日开始分离混合物料，至6月15日完成全部26机组清洗后物料分离，基本完成目标，将大部分BrF_3转移到11X、22X这两个容器中，将Br_2和UF_6转移到14X容器中。

11X、22X 两台容器中共得到 231.5 kg 物料，其饱和蒸气压仅高于同样温度下 BrF_3 饱和蒸气压 1 hPa，其他成分含量很少，与理论计算的 26 机组清洗后剩余的 BrF_3 剩余的量 229～269 kg 物料很接近，说明这种分离方法是成功的。

若假定分装出的 231.5 kg 物料全部为 BrF_3，则可以根据反应方程式估算出生成的 Br_2、UF_6 约为 166.3 kg，与最终分离出的 160.8 kg 很接近，说明当前的分离方法基本可以将 BrF_3 分离出来。

从冷凝容器解冻情况看，前期经常出现压力突然升高但净化后又正常的情况，初步分析认为低温下物料冷凝时可能夹杂有部分氧气，解冻时氧气释放造成此现象。据此估算的数据可能整体略微偏高。

5　经济社会效益及应用前景

5.1　经济效益

本次工质分离工作完成后，预计可回收 26 机组清洗试验的三氟化溴为 194～234 kg，未进行工质分离前，原 292.9 kg 三氟化溴利用率低，约为 10%～24%，回收利用后可大大提高其利用率。每进行一次机组清洗，可节省大量三氟化溴并实现后续循环使用。

对此次分离工作而言，节省了购买三氟化溴介质的费用。按照市场价 100 kg 三氟化溴价格为 30 万元，则可减少购买三氟化溴介质的费用为 69.45 万元。

未进行工质分离操作前，如需进行后续机组的清洗工作，需将装有混合物料的 3#、4#、5#、6#容器的 80L 更换为空的 80L 容器，工质分离后只需更换一个二级收料容器 5#容器，其中装有六氟化铀及溴气。节省容器购买约 9 万元。

5.2　社会效益

工质分离后，解决了清洗装置剩余物质的处理问题，设备的能源消耗及职工劳动强度大大降低。

5.2.1　能源消耗

处理前因 7#容器不能室温存放，容器内含有氟化氢，在室温下解冻压力接近厂房内大气压力，为维持容器内低压状态，需将容器投冷冻，增大了运行人员的工作量。

5.2.2　社会效益

清洗装置混合工质分离的实现，解决了高压容器常温存放的安全隐患，大幅度提高了三氟化溴的利用率，减少了有害物质后处理的排放，实现了对环境的友好性，节能减排，实现企业降本增效。

5.2.3　应用前景

现目前离心分离行业普遍存在离心机料管堵塞，需要清洗的现状，通过此次工质分离工作，为我公司及铀浓缩行业的后续清洗工作、混合工质处理提供了数据资料，积累了操作经验，并可在后续清洗工作的混合工质分离工作中推广应用。

复叠式深冷装置水冷方式应用研究

王　帆

摘要： 供取料厂房的复叠式深冷装置在厂房温度较高时故障率明显升高，严重影响了净化工艺的正常进行。为了降低环境温度对深冷装置的影响，对A供取料厂房的两台深冷装置的冷凝器进行了水冷方式改造。实验证明，改造后的制冷压缩机的负荷有所降低，故障率明显降低，节约了运行成本和检修成本。

关键词： 复叠式深冷装置；环境温度；水冷；故障率

1　引言

目前A和B供取料厂房的－80 ℃小型深冷装置大部分采用风冷方式。由于装置安装位置较为集中，因此这些深冷装置每逢夏季高温天气，深冷装置后方热量大量累积，风冷换热器的工作温度偏高，深冷装置故障频发，检修工作量增大，降低了设备寿命，同时也影响系统安全稳定运行。为了降低环境温度对深冷装置的影响，对A厂房的两台深冷装置的高温级制冷循环的冷凝器进行了水冷方式改造，并将改造前后的效果进行了对比。

2　现状

在长期的运行过程中，每逢夏季高温天气时，深冷装置故障率明显偏高。具体情况如图1所示。

图1为A厂房自2015年1月—2018年12月－80 ℃复叠式深冷装置制冷系统的故障和异常次数统计，不含其他硬件故障和复位重启后正常的故障次数。统计数据中有一台深冷装置的运行温度异常 1 次、压缩机出口超压故障3次、压缩机吸气低压故障10次，压缩机过载故障2次，具有特异性。如果不考虑此台深冷装置的低压、超压和过载故障，复叠式深冷装置的超压故障

主要集中在 6—8 月，占超压故障总次数的比例为 57.0%，温度异常主要发生时间为 5—9 月，占温度异常总次数的比例为 62.5%。

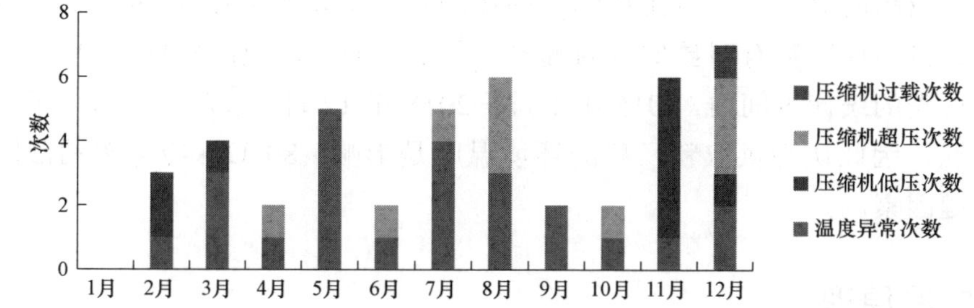

图 1　A 厂房复叠式深冷装置异常次数统计图

图 2 为 B 厂房（深冷装置运行的环境温度相对前者约高 3 ℃以上，且深冷装置安装位置更为集中）自 2013 年 1 月—2018 年 12 月 −80 ℃复叠式深冷装置制冷系统的统计数据，同样也不含其他硬件故障和复位重启后正常的故障次数。

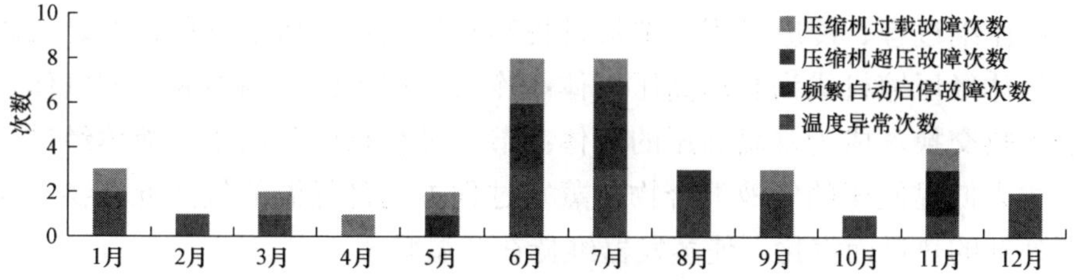

图 2　B 厂房复叠式深冷装置异常次数统计图

大部分压缩机超压故障发生在 6—7 月；温度异常主要集中在 6—9 月，这一点与上面的情况基本一致。

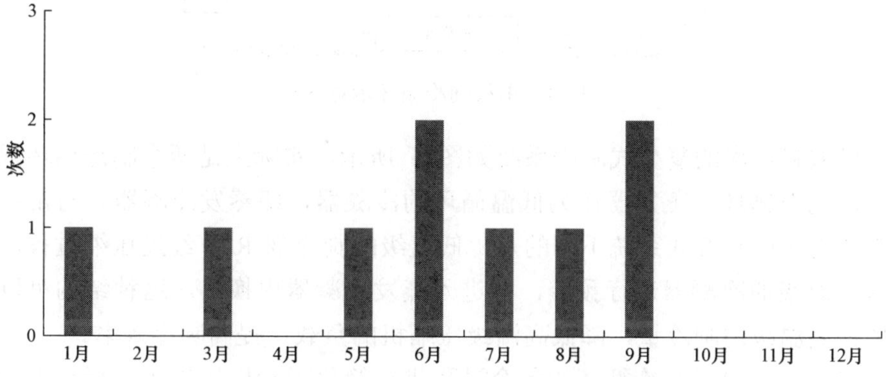

图 3　B 厂房复叠式深冷装置压缩机损坏次数统计图

B 厂房的深冷装置，出现了压缩机损坏的情况，2015 年 1 月—2018 年 12 月复叠式深冷装置压缩机损坏次数的具体统计数据如图 3 所示。对于环境温度较高的 B 厂房，发生压缩机损坏的月份主要集中在 5—9 月，且近年来压缩机损坏次数有明显增多的现象，另一方面环境温度较低的 A 厂房在有据可查的统计时间内（2015 年 1 月—2018 年 12 月）未发生过压缩机损坏的情况，因此认为供取料厂房的环境温度是影响 – 80 ℃深冷装置的故障率的关键因素。

3 制冷原理

复叠式深冷装置由两级蒸汽压缩式制冷系统构成，低温的产生原理是利用 Joule – Thomson 效应，也即是对于绝大部分非理想气体（尤其是制冷剂），在经过节流装置后，气体温度降低冷凝为液体，在蒸发器中与制冷循环外部进行热交换而不断蒸发，以获得较为稳定的低温状态。

如图 4 所示为单级制冷循环的示意图。单级制冷循环的 4 个主要过程分别为：压缩过程、冷凝过程、节流过程和蒸发过程。压缩过程指的是低温低压的气体经压缩机成为高温高压气体；冷凝过程指的是高温高压的气体在冷凝器中热交换，成为常温高压的液体；节流过程指的是高压的液体经过节流后，成为低温低压的气液混合物；蒸发过程指的是低温的气液混合物吸收蒸发器外部的热量而汽化，使蒸发器维持在低温状态。

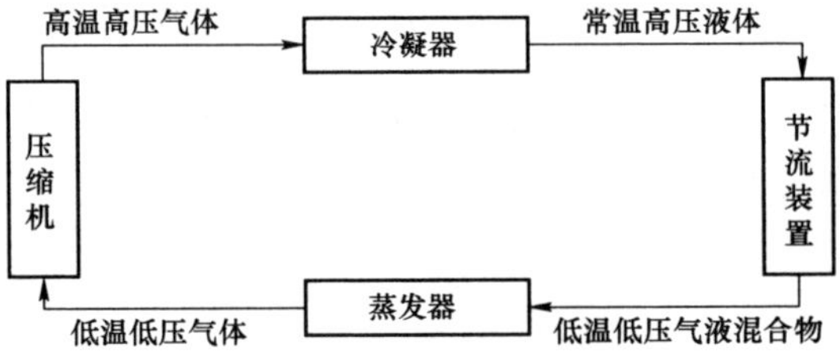

图 4　单级制冷循环示意图

供取料厂房的复叠式制冷系统如图 5 所示，实际上是两个制冷循环耦合而成，高温循环的蒸发器作为低温循环的冷凝器，即蒸发冷凝器。与常见资料上能看到的复叠式系统不同的是，低温级的制冷剂 R23 经过压缩过程后先进入高温级的冷凝器进行预冷，再进入蒸发冷凝器内换热。这种结构可以降低所需高温级的制冷量，降低高温级压缩机的负载，提高制冷效率。

工程上一般对制冷循环的各个过程进行简化后利用压焓图进行热力学分

析，单级制冷循环简化后的压焓图如图 6 所示。图 6 中，左侧曲线为饱和液体线，右侧曲线为饱和蒸汽线，等压线在左右两侧曲线内侧的部分为等温线，过 1 点的虚线为等熵线。1～2（2′）为压缩过程，2（2′）～3（3′）为冷凝过程，3（3′）～4（4′）为节流过程；4（4′）～1 为蒸发过程。点 2（2′）在饱和蒸汽线右侧是因为来自蒸发器的制冷剂进入压缩机前需要有一定的过热度，点 4（4′）在饱和液体线左侧是因为来自冷凝器的制冷剂在进入节流装置前存在一定的过冷度。1→2→3→4→1 为冷凝温度较高的制冷循环，1′→2→3′→4′→1′为冷凝温度较低的制冷循环。理论上降低制冷循环的冷凝温度，有如下优点：增大单位制冷剂制冷量；降低压缩机的排气温度和排气压力；降低压缩机的负荷和能耗；制冷系数（COP）增大。对于风冷式的深冷装置，当附近的空气温度上升时，在其他条件相同时，会导致压缩机排气温度、排气压力上升，压缩机负荷升高、超压报警甚至损坏。为了降低环境温度对深冷装置的影响，选择将两台 A 厂房的深冷装置的高温级冷凝器改造为水冷方式，以降低高温循环的冷凝温度。

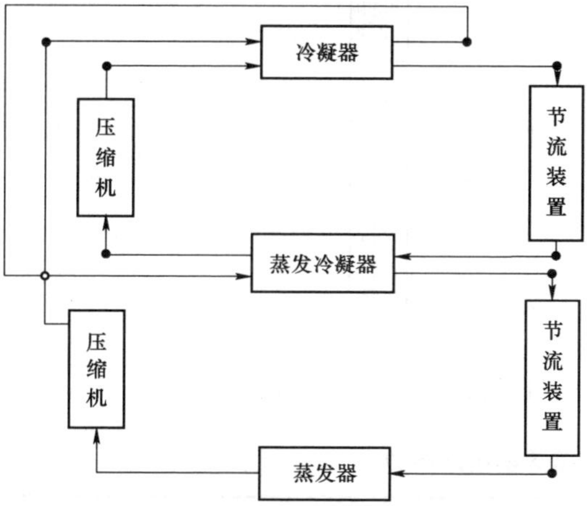

图 5　复叠式深冷系统的流程图

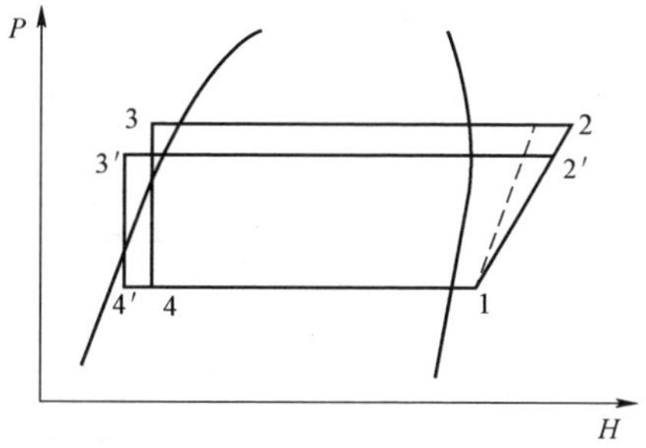

图 6　单级制冷循环压焓图

4　换热器的选择

目前供取料厂房的大部分深冷装置的冷凝器为配置有风扇的翅片管式换热器。在冷凝器内，高温的制冷剂在铜管中流动，热量不断传导给与铜管垂直相连的多层不锈钢板片，风扇在运行过程中，加速冷凝器附近的空气流动，将不锈钢板片的热量不断输送至周围环境中，降低金属板片温度，最终实现冷却制冷剂的目的。

翅片管式换热器的优点有：制冷剂的流动阻力较小、价格相对便宜。缺点是：换热效果较差、冷凝温度取决于环境温度、需要定期除灰、需要风扇持续运行、占地体积较大。

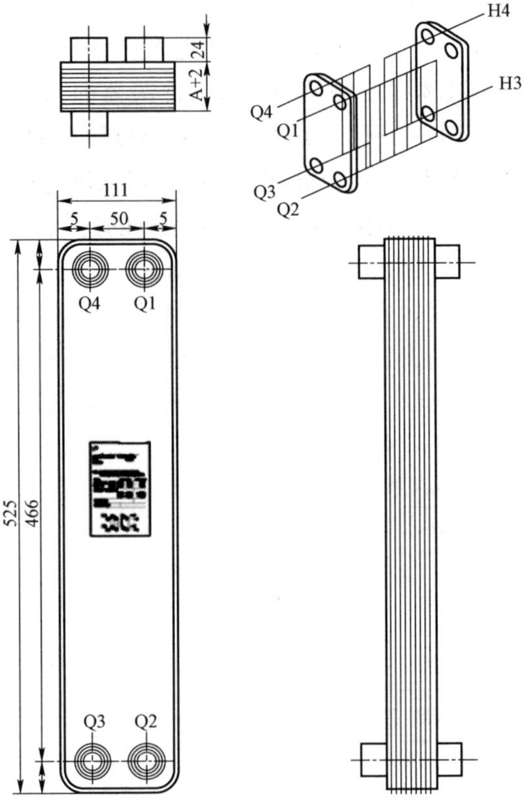

图 7 板式换热器图

表 1 板式换热器技术参数

型号	B3－050B
片数	40+16
单片换热面积/m^2	0.05
一级换热面积/m^2	1.95
二级换热面积/m^2	0.75
尺寸/mm	143 × 525 × 111
设计压力/MPa	3.0

续表

型号	B3－050B
测试压力/MPa	4.5
使用温度/℃	－160～+200
导热系数/（W/（m^2·℃））	2500

深冷装置下方和附近的空间有限，将深冷装置由风冷改为水冷方式必须尽量选择换热效果较好且占地面积小的换热器。A 厂房的深冷装置的蒸发冷凝器和部分冷风箱的冷凝器是水冷式板式换热器，长期以来运行效果良好。综合考虑，选择板式换热器替代翅片管式换热器。选用的板式换热器如图 7 所示，相关技术参数如表 1 所示。

5 改造步骤

改造前风冷式换热器与制冷系统连接如图 8 所示。

具体改造步骤如下：

（1）将 DN20 的冷却水进入软管与冷却水进水和回水支管相连，开冷却水进水/回水支管的阀门，检查冷却水流动畅通。由于冷却水支管多年未投入使用，支管内壁会锈蚀，刚打开支管时可以看到通过金属软管排出的冷却水的颜色为红褐色，随后颜色逐渐变淡，最后变为无色。当排出的冷却水变为无色时，关闭冷却水进水/回水支管阀门。

图 8 风冷式换热器与制冷系统连接图

（2）将制冷回路的制冷剂排放完，切断与翅片管换热器相连制冷回路的铜管。由于与翅片管换热器相连接的铜管安装较为集中，专用的切断工具无法切割铜管，因此采用氧气—乙炔火焰对铜管所需切断的部位进行灼烧，待铜管被灼烧的部位软化时，用力将铜管拉断。

（3）拆下二级制冷系统压缩机和翅片管换热器以及风扇，对压缩机的电源线作标识。

（4）将板式换热器的 4 个通道接口与铜管采用氧乙炔焊连接，待冷却后，将板式换热器安装在原翅片管换热器所在的位置上，将板式换热器上的 4 根铜管与制冷回路的铜管焊接连上。

（5）将冷却水金属软管与翅片管换热器相连，打开进水和回水支管阀门，检查有无漏水现象。

（6）安装压缩机，对二级制冷系统制冷循环回路充氮气至 18 bar 左右，观察制冷回路压力是否有明显下降。如果制冷回路压力明显下降，通过在制冷回路上涂抹肥皂水来检查漏点，重点检查铜管焊接处和设备连接处，消除漏点后，再次充压检查。

（7）制冷回路保压 2 h 以上，再次检查制冷回路的压力是否下降。如果制冷回路压力下降，说明存在漏点，依然使用肥皂水来找漏。消除漏点后再次进行充压和保压检查。

（8）保压结果正常，排空制冷剂回路内的氮气，连接真空泵，对制冷回路进行抽空。

（9）抽空 12 h 以上，停止抽空。对制冷回路充制冷剂至 0.9 bar 左右，用冷媒检漏仪再次检查是否有漏点。

（10）启动深冷装置运行，检查制冷温度是否将至设定的工作温度，并检查一级制冷系统和二级制冷系统压缩机吸气口结霜情况是否正常，测量压缩机排气温度，保证温度不大于 100 ℃。检查压缩机有无液击现象和壁面结霜情况。

（11）根据深冷装置的运行情况，采取加制冷剂或排放制冷剂、调节一级制冷系统和二级制冷系统制冷循环的节流阀等措施调试深冷装置至运行正常。

改造后的板式换热器连接如图 9 和图 10 所示。

图 9　一级制冷系统连接图

图 10　二级制冷系统连接图

6　效果验证

经现场测量，改造后流经板式换热器的冷却水的平均流量为 0.6 m^3/h，对供取料厂房的其他水冷式设备用水总量影响很小，因此，板式换热器冷却水用量满足运行要求。

6.1　改造前后的换热效果

对改造前的翅片式换热器和改造后的板式换热器的制冷剂进出口温度进行测量，数据如表 2 所示（厂房温度 32 ℃）。改造后的换热器出口温度明显比改造前低，可见改造后的板式换热器换热效果明显优于改造前的翅片式换热器，选型的板式换热器达到了运行要求。对于一级制冷系统，降低换热器冷凝的温度可以有效降低压缩机负荷，提高增大制冷剂单位制冷量。二级制冷系统，换热器出口温度较改造前低，表明板式换热器二级制冷回路的预冷效果优于翅片式换热器，可进一步降低一级制冷负荷。另一方面，由于环境温度对水冷式换热器的换热效果几乎没有影响，因此在厂房运行温度较高的情况下，板式换热器的作用明显优于翅片式换热器。

表 2　改造前后换热效果对比

		FLG03		PLG03	
		改造前	改造后	改造前	改造后
一级制冷系统	换热器入口平均温度/℃	82	75	82	78
	换热器出口平均温度/℃	36	26	34	27
二级制冷系统	换热器入口平均温度/℃	79	78	80	76
	换热器出口平均温度/℃	42	24	36	25

6.2　改造前后的压缩机运行电流

由表 3 可见，经过改造后 –80 ℃小型深冷装置压缩机电流都有所降低，说明由风冷改造为水冷方式后，压缩机的负荷有所降低，同时压缩机的耗能约减少 300 W，节省了能源。相对于 B 厂房内的深冷装置，压缩机电流明显较大，其中有的深冷装置的压缩机运行电流已经超出了最大允许电流，说明其处于超负荷运行状态，建议 B 厂房内的 –80 ℃小型深冷装置改造为水冷方式，以大幅降低压缩机的负荷，且能够降低能耗。

表3　改造前后压缩机耗能对比

厂房	深冷装置	改造前电流/A	改造前功率/W	改造后电流/A	改造后功率/W
A厂房	Ⅰ	8.4	3192	7.5	2850
	Ⅱ	8.1	3078	7.3	2774
B厂房	Ⅰ	12.2	4636	/	/
	Ⅱ	15.8	6004	/	/
	Ⅲ	11.0	4180	/	/
	Ⅳ	11.0	4180	/	/

6.3　改造前后的压缩机吸气入口结霜情况

压缩机吸气入口结霜情况是判断制冷装置运行状态是否良好的重要标志。根据运行经验来看，当压缩机吸气入口结霜较少时，说明制冷剂加注量过少，会导致制冷效率低，压缩机排气压力和温度高，压缩机得不到冷却，油温高，长时间运行会导致压缩机润滑油变质，影响压缩机使用寿命；当压缩机吸气入口结霜较多时，说明制冷剂加注量过多，也会导致制冷效率低，压缩机排气压力高，压缩机湿压缩，严重时可能导致压缩机发生液击现象，造成压缩机内部元件损坏。改造为水冷方式后的－80 ℃深冷装置的压缩机吸气入口结霜情况如图11所示。根据运行经验，改造后的两台－80 ℃深冷装置一、二级压缩机吸气入口结霜情况均正常。

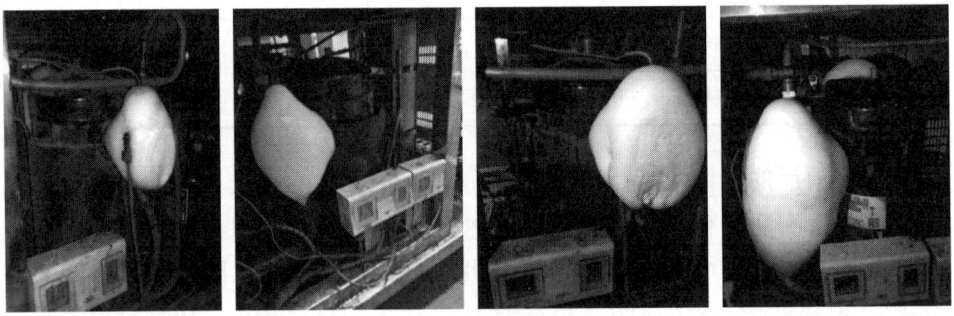

图11　改造后深冷装置吸气入口结霜情况

6.4　改造后故障情况

改造后的两台深冷装置故障统计如表4所示。

表 4 改造后的两台深冷装置故障统计表

时间	台号	故障描述	故障处理
2019－07－12	FLG03	FLG03 向 RLX02 倒料期间，发现工作腔内加热循环风扇运行声音异常	配合检修人员现场启动 FLG03，运行正常，风扇运行声音无异常

查阅《主工艺信息系统》，自 2018 年 10 月两台深冷装置改造调试结束后，改造后的深冷装置仅出现一次故障，且该故障中属硬件故障（图 1 中未将该类故障纳入故障次数统计），可见对深冷装置进行水冷改造后取得了良好的效果。

6.5 效益检查

由表 3 可见，对于 A 厂房的两台深冷装置，由风冷改造为水冷方式后，单台压缩机的耗能约减少 300 W。改造成板式换热器后，无需散热风扇，因此节省了散热风扇运行所需的能耗（取 100 W）。假设 A 厂房的复叠式深冷装置全部改造水冷方式，每 1 kW・h 电量价格为 0.6 元，由于长期 3 台－80 ℃深冷装置工作，则全年可节省运行能耗资金：

$$\frac{(300+100)\times 24\times 365\times 3\times 0.6}{1000}=6307.2\text{ 元}$$

B 厂房的压缩机电流明显高于 A 厂房，假设 B 厂房改造后的压缩机的耗能与 A 厂房一样，同样不考虑冷却水的能耗损失的情况下，B 厂房的单台深冷装置改造后大约节能 2000 W，目前 B 厂房一般长时间运行的五环深冷装置有 8 台。则全年节省能耗资金为：

$$\frac{(2000+100)\times 24\times 365\times 8\times 0.6}{1000}=88\,300.8\text{ 元}$$

改造后的两台深冷装置在改造之后没有发生过压缩机超压故障，在有数据追溯的时间段内（2015 年 1 月—2018 年 12 月），A 厂房的深冷装置累计复位重启不能恢复正常的压缩机超压故障 10 次，平均每年故障 2.5 次。每次检修深冷装置压缩机超压故障大概需要两天，每次检修一般需要两个人，则对于 A 厂房深冷装置改造后全年节省检修工作量 10 人天。在有数据追溯的时间段内（2013 年 1 月—2018 年 12 月），03C 厂房的深冷装置累计压缩机超压故障 18 次，平均每年 3 次，则对于 B 厂房深冷装置改造后全年节省检修工作量 12 人天。单个检修人员日工资按 200 元计算，则平均每年节省检修人力成本为 44 000 元。每次压缩机超压故障的物料损失按 1000 元计算，则每年节省的物料损失为 28 000 元。总计 A 和 B 厂房均改造为水冷方式可节省运行总成本为 166 608 元。

7 结论

A 厂房的两台深冷装置水冷改造后不仅满足技术要求，还能降低压缩机的能耗和深冷装置故障率，节约了运行成本和检修成本，可见水冷改造取得了良好的成果。由于 B 厂房压缩机运行负荷较大，目前 B 厂房的 14 台 –80 ℃深冷装置在持续进行水冷改造中。

一种新型 NaF 不锈钢吸附塔外壳材料探究

张哲宇

摘要：在铀浓缩生产行业中，HF 是一种不可避免的有害尾气。在之前的生产中使用的去除方法主要为吸收法和吸附法，其中吸附法更为高效、经济，但其存在吸附塔外壳容易生锈、高温热性能不佳等问题，导致生产过程不够安全高效。究其原因主要是目前吸附塔外壳材质为铸铁，其不具有防锈性能，并且热性能和机械性能也不佳，因此本文通过对文献资料的查询、整理，提出了一种新型不锈钢吸附塔的材料用来解决上述问题。最终选择的不锈钢牌号为 06Cr19Ni10，其不但具有良好的热学性能，同时还具有极佳的耐腐蚀性、机械性能等优点，十分适合作为 NaF 吸附塔的外壳材料。

关键词：HF；NaF 吸附；安全环保

1　研究背景

在目前铀浓缩行业的生产过程中使用的原料不可避免的存在一定量的 HF 杂质，因供料中 HF 会腐蚀管道并且会影响主机的使用性能，必须通过供料净化将其去除，精料中的 HF 会阻碍正常的精料收集过程，并且导致轻杂质堆积在级联系统中，因此也必须通过精料净化将其去除。但 HF 属于一种有毒有害气体，不能直接排放至大气中，必须对其进行收集处理，目前的尾气处理过程中，通常使用冷冻法处理 UF_6、使用 NaF 吸附法处理 HF。

但目前常见的吸附塔材质主要为铸铁，在实际 NaF 吸附塔的使用过程中，铸铁本身容易发生锈蚀，需要通过喷漆的方式进行防腐，但因为 NaF 吸附塔在吸附重量达到极限后，需要在 250 ℃左右的环境下进行脱附处理，在高温的作用下吸附塔表面的防锈漆无法长期使用，在数次脱附后就会发生脱离，最终发生显著的氧化腐蚀现象，因此铸铁吸附塔存在外观不美观、高温性能不佳等问题，如图 1 所示。其一方面无法满足日益提高的质量要求，同时还存在一定的安全风险，在使用过程中容易发生损坏和开裂，因此为解决上述问题，急需研制一种能解决上述问题的新型不锈钢吸附塔。

图 1　吸附塔腐蚀情况

2　NaF 吸附塔结构及工况条件

2.1　HF 吸附方式

目前处理工业尾气中的 HF 主要的方法主要有压缩冷凝法、吸收法、吸附法和膜分离法。此处主要介绍压缩冷凝法、吸收法和吸附法。

压缩冷凝法是利用 HF 在不同的温度下具有不同的饱和蒸气压的性质，采用降低系统温度或提高系统压力，使处于蒸气状态的 HF 冷凝并从混合物中分离出来的过程。我公司于 20××年之前一直采用该方法进行 HF 尾气的处理工作，虽然该方法理论上可以达到很高的净化效果，但是在实际操作中虽然尾气中 HF 的浓度并不高，但为了达到排放要求，却需要使用液氮进行深度冷却，同时为了分离 UF_6 和 HF 必须使用多阶冷却，不但增加了操作步骤，运行费用也大大增高，与降本增效的目标背道而驰。

吸收法处理 HF 可分为物理吸收和化学吸收。用水作吸收剂是利用 HF 易溶于水的性质来除去 HF，属于物理吸收，而利用 HF 和碱性溶液反应来处理 HF 则属于化学吸收。虽然吸收法可以有效地吸收 HF，并且使用成本十分低廉，但因其通常使用水作为吸收介质，在吸收后不易进行转移和后处理，因此也不是一种最合适的处理方式。

吸附法处理 HF 是利用不同吸附剂对 HF 的选择性吸附来实现，适用于处理含 HF 量不高的气体。目前常用的吸附剂有氟化钠、活性氧化铝、活性炭、硅胶、分子筛、硅藻土、沸石等。其中 NaF 是一种常用而高效的吸附剂材质，因为 NaF 和 HF 不但会发生反应式（1），还可以在约 250 ℃发生反应式（2），利用这样的性质不但可以实现吸附剂的多次重复利用，有效降低使用成本，还可以方便而安全地将 HF 进行统一处理，有效提高了整体效率。但因为脱附反应需要在高温下才能发生，因此对吸附塔本身材料的高温性能和抗氧化性能具有较高的要求。

$$NaF+HF = NaHF_2 \tag{1}$$

$$NaHF_2 = NaF+HF\uparrow \tag{2}$$

经实验证明使用 NaF 吸附塔处理 HF 在最佳的操作条件下，几乎可实现完全吸附。如图 2 所示其最适合的吸附温度为 20～80 ℃，与目前所有需要使用 NaF 吸附塔处理 HF 的场所温度均一致。

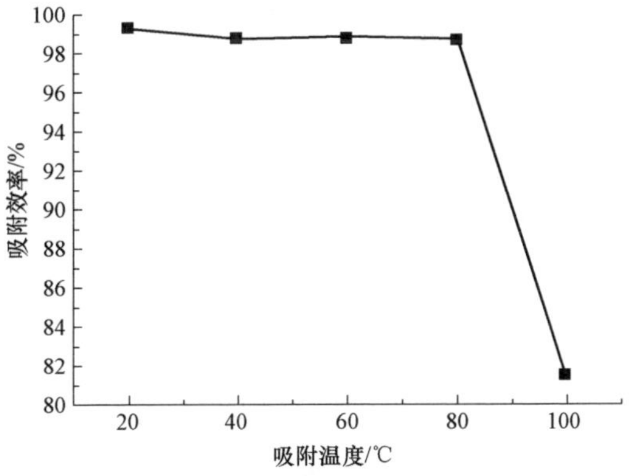

图 2 吸附温度对吸附效率的影响

2.2 NaF 吸附塔结构

NaF 吸附塔主要由法兰、盖板、上下封头、接管、筒体、内管、焊环、吊耳等部件组成，常见的吸附塔主要分Ⅰ型、Ⅱ型、Ⅲ型，如图 3 所示。Ⅰ型、Ⅱ型、Ⅲ型吸附塔的区别为：

Ⅰ型吸附塔装料量为（40±5）kg，内外筒间有栅板，由内筒装料。

Ⅱ型吸附塔装料量为（100±5）kg，内外筒间直接连接，内外筒均装料。

Ⅲ型吸附塔装料量为（80±5）kg，内外筒间有栅板，由内筒装料。

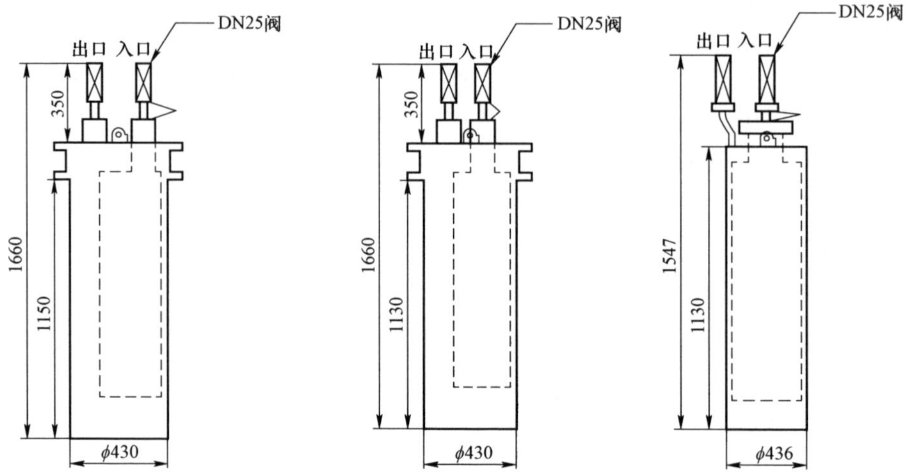

图 3　Ⅰ型、Ⅱ型、Ⅲ型吸附塔结构

2.3　NaF 吸附塔的失效形式

NaF 吸附塔主要用于收集和吸收尾气处理过程中残存的 HF 和在 250 ℃进行 HF 的脱附，因此其主要的失效形式有表面损伤失效、断裂失效、腐蚀磨损等。

（1）表面损伤失效

磨损、接触疲劳、腐蚀等均可造成表面损伤，由于储存的气体中含有氢、氧、氟离子等，因此最容易发生的是应力腐蚀引起开裂。在常见的工况条件下，介质中含有水和氟化氢，容易形成具有腐蚀条件的湿氟化氢环境，在焊缝及附近的影响区，存在焊接残余应力和冷加工残余应力，同时壳体在高温时又会受到一定工作压力，此时在一些焊缝处容易形成微裂纹，在外加拉伸及残余拉伸应力作用下，最终扩展成裂纹导致破坏。为防止应力腐蚀发生，必须选择合适的基体和合金含量。首先 Ni、Mn、Si、S、P 等元素因有利于应力腐蚀的发生，所以要严格限制其含量；其次要降低焊缝及热影响区的硬度，消除焊接残余应力。通过在容器焊后进行热处理，可以消除残余应力，降低淬硬组织硬度，提高抗腐蚀性。此外在实际使用中要及时进行全面检查，随时掌握设备发生应力腐蚀的程度，及时消除隐患。

（2）断裂失效

韧性断裂失效是因承受的压力超过材料的屈服极限，材料发生屈服或全面屈服，当压力超过材料的强度极限时发生的断裂。最经常导致韧性断裂失效的原因是过量充装，因此应严格控制每次通入的气体压力。

脆性断裂失效是指在正常压力范围内，无塑性变形的情况下突然发生的破裂称为脆性断裂失效。脆性断裂在较低应力时发生，因此没有明显的预兆，后果比韧性断裂严重。脆性断裂主要是由材料脆性和缺陷导致，即低温或长期在高温下运行使材料脆化，使得材料原始缺陷和焊接缺陷等更为突出。因此必须进行焊后退火热处理消除材料的残余应力，并定期对吸附塔进行检验，重点对裂纹性缺陷进行检验和无损探伤。但对材料通过预应变处理可以有效地提高屈服强度和抗拉强度，从而避免断裂失效的发生。

（3）腐蚀磨损

腐蚀磨损是由衬底和环境介质之间发生化学或电化学反应形成腐蚀产物，而所形成的腐蚀产物不能紧密地粘附在衬底上最终产生了脱落，从宏观上看就导致了基体整体的腐蚀磨损。腐蚀磨损通常也被称为腐蚀机械磨损，因为其经常与机械磨损共同存在。腐蚀磨损主要是氧化磨损，因为吸附塔的基体材料主要是铁，在大气中工作的时候，其表面会形成一层含氧的吸附层，而且在工作中的材料表面很容易变得凹凸不平，因为凸出部分所受到的压力较大，就更容易产生塑性变形，而塑性变形又会加速氧原子向基体内部运动，形成氧化铁，而氧化铁的各项性能远低于原来的基体组织，在不断的运动中更容易被剥落，使得新的表面裸露出来，使得这个过程继续发生。

3 常见不锈钢基体组织及性能

常见的不锈钢常按基体组织状态分为：马氏体钢、铁素体钢、奥氏体钢、奥氏体—铁素体（双相）不锈钢及沉淀硬化不锈钢等。另外，可按成分分为：铬不锈钢、铬镍不锈钢和铬锰氮不锈钢等。铁碳相图如图 4 所示。

（1）铁素体不锈钢

一般由单相铁素体或半铁素体组织组成，以铬为主要合金元素，含 Cr12～30%，C≤0.25%，有些钢种还含 Mo、Ti 等元素。由于此类钢是单相组织，没有相变，因而无法通过热处理使之强化。此类钢热导率较大而热胀系数较小，抗氧化性强，而且耐蚀性随钢中铬量增加而提高，故多用于制造耐大气、蒸汽、水及氧化性酸和有机酸腐蚀的零部件和耐热部件。但如果钢中含铬量≥15%，铁素体不锈钢的韧性—脆性转变温度会升到室温以上，而且在≥900 ℃加热时会出现晶粒长大而导致出现脆性。在 550～750 ℃和 475 ℃长期停留也会出现σ相脆性和 475 ℃脆性。

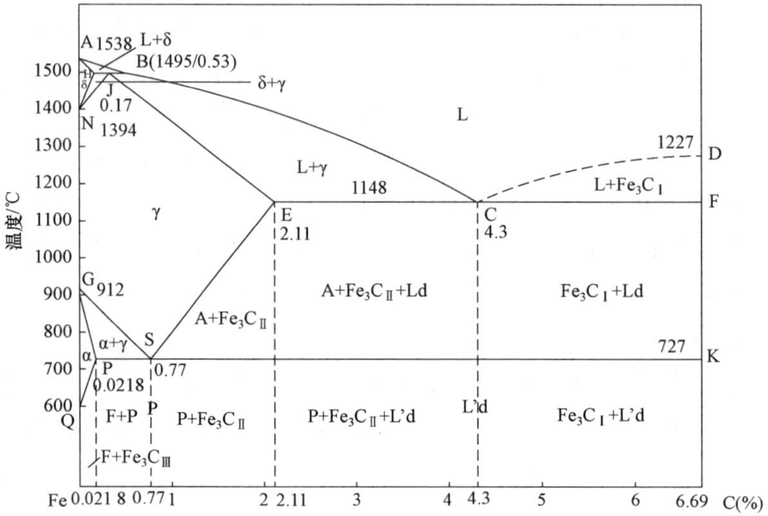

图 4　铁碳相图

（2）奥氏体不锈钢

钢中含 Cr 约 18%、Ni8～10%、C 约 0.1%时，具有稳定的奥氏体组织。奥氏体组织的钢是无磁性而且具有高韧性和塑性，但强度较低，而且不能通过相变使之强化，仅能通过冷加工进行强化。如果把 S、Ca、Se、Te 等元素加入钢中，它便具有良好的易切削性。此类钢除耐氧化性酸介质腐蚀外，还能耐硫酸、磷酸以及甲酸、醋酸、尿素等的腐蚀。

（3）奥氏体—铁素体双相不锈钢

目前大量生产与应用的双相不锈钢的组织结构特点是既有奥氏体又有铁素体。化学成分特点是在含 C 较低的情况下，含 Cr 量在 18%～28%，含 Ni 量在 3%～10%。有些牌号还含有 Mo、Cu、Si、Ti、Nb、N 等合金化元素。双相不锈钢的性能特点是兼有奥氏体和铁素体不锈钢的特性。与铁素体不锈钢相比较，双相不锈钢的塑、韧性更高，无室温脆性，其耐晶间腐蚀性能和焊接性能均显著提高；同时还保持有铁素体不锈钢的 475 ℃脆性和σ相脆性以及导热系数高，线膨胀系数小，具有超塑性等特点。与奥氏体不锈钢相比较，双相不锈钢的强度高且耐晶间腐蚀和耐氯化物应力腐蚀性能有明显提高。含有 Mo、N 等合金元素的双相不锈钢还具有优良的耐孔蚀性能。

（4）马氏体不锈钢

根据化学成分的差异，可分为马氏体铬钢和马氏体铬镍钢两类。根据组织和强化机理的不同，则可分为马氏体不锈钢、马氏体和半奥氏体沉淀硬化不锈钢以及马氏体时效不锈钢等。

1）马氏体铬钢中除含铬外还含一定量的碳。含铬量决定钢的耐蚀性，含碳量越高则强度、硬度和耐磨性亦越高。此类钢的正常组织为马氏体，有的还含少量奥氏体、铁素体或珠光体；主要用于制造对强度、硬度要求高，而对耐腐蚀性能要求不太高的零件、部件以及工具、刀具等。

2）马氏体铬镍钢包括马氏体沉淀硬化不锈钢、半奥氏体沉淀硬化不锈钢和马氏体时效不锈钢等，都是高强度或超高强度不锈钢。此类钢含碳量较低（低于 0.10%），并含有镍，有些牌号还含较高的钼、铜等元素，所以此种钢在具有高强度的同时，强度与韧性的配合以及耐蚀性、焊接性等均优于马氏体铬钢。而半奥氏体（或称半马氏体）沉淀硬化不锈钢，由于淬火状态仍为奥氏体组织，所以淬火态仍可进行冷加工成型，然后通过中间处理、时效处理等工艺进行强化；这样就可以避免马氏体和马氏体沉淀硬化不锈钢中的奥氏体淬火后直接转变为马氏体，导致随后加工成型困难的缺点。常用于制作对耐蚀性能要求不太高但需要高强度的结构件，如飞机蒙皮等。

综上，最适合的作为 NaF 不锈钢吸附塔基体材料的为奥氏体，因为其具有良好的耐蚀性、耐热性，高温强度和机械特性；冲压、弯曲等热加工性好，便于进行大范围的机械化生产，并且在大气环境中极耐腐蚀，加工成本和使用成本均明显低于其余几种材料。

4 常见合金元素对材料性能的影响

碳在钢铁材料中一般以石墨和碳化物两种形态出现。随着碳含量的增加，不但增加了奥氏体中固溶碳的数量，而且降低了过渡区中的奥氏体稳定性，使冷却曲线向左移动，降低了马氏体转变的起始温度。虽然碳含量的提高会增加材料的硬度和高温力学拉伸强度，但其也会导致材料中产生粗大的碳化物，降低横向断裂韧性，增加脆性降低冲击韧性。同时，碳含量的增加会促使抗晶间腐蚀性能下降，碳量较高的材料在晶间腐蚀实验中更容易出现微裂纹，所以在选择碳含量时需要综合考虑。

硅是石墨化形成元素，能细化石墨球，增加铁素体的含量，从而提高耐磨件的机械性能。但是如果硅的含量过高，则会造成韧性的急剧下降；同时大量硅的存在会降低材料的淬透性，使材料中残余大量的珠光体，严重影响材料的耐磨性；此外，硅会导致铬含量降低，导致材料耐腐蚀性下降。

锰能使 C 曲线右移，因此可以扩大奥氏体相区的范围，显著提高材料的淬透性，降低马氏体开始转变的温度，但如果含量过高，不但会增加组织中残余奥氏体的数量还会增加材料的回火脆性。

铬是一种基本的合金元素，可确保材料具有出色的耐磨性和韧性。它和锰元素一样可以降低马氏体转变开始的温度，从而有效提高淬透性。同时因为其和碳有较强的相互吸引的能力，可以有效地阻止马氏体的分解，从而提高材料的硬度。此外，铬还会和材料表面的氧气形成致密的氧化膜，可有效防止材料的腐蚀。但过多的铬元素反而会造成晶界腐蚀，导致材料的快速磨损。

硫在材料中主要是以夹杂物的形式存在，其会明显降低钢的冲击韧性，导致材料极易磨损；磷在组织中会在晶界处产生偏析，极大地降低材料的抗冲击性能，同时会促进材料的低温脆性。因此硫和磷在材料中的含量都必须被严格控制。

奥氏体钢由于热膨胀系数大，若在使用过程中经常受加热和冷却的反复作用，易在材料表面产生热疲劳裂纹，进而降低模具的使用寿命。随钢中 Ni、Mn 含量的增加，裂纹扩展速率显著减小，有效提高了材料热疲劳能力。

综上，在考虑到各合金元素对奥氏体组织的影响和吸附塔的工况条件，因此最终选择的新型不锈钢吸附塔的外壳材料型号为 06Cr19Ni10（S30408）。

对于吸附塔来说，最可能出现锈蚀和应力破坏的情况是在脱附加热至 250 ℃左右时，因此基体材料的高温耐热性能十分关键，通过查阅资料可以得到 06Cr19Ni10 试样在高温状态下稳态拉伸试验中各试件的破坏现象，各试件从拉伸至断裂都经历了较长的塑性流动过程，断裂后均有明显的颈缩现象；且温度越高，试件断裂后的颈缩现象越明显，表明不锈钢材料在高温下仍具有良好的延伸性能。

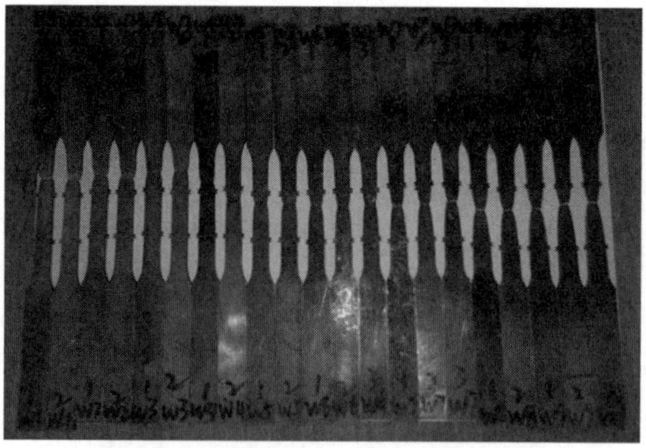

图 5　稳态拉伸试验的试件破坏模式

因此 06Cr19Ni10 能够适应高温下的使用环境，同时因此铬和镍含量较多，可以有效在基体表面形成致密的化合物，将基体与腐蚀介质相隔离，无论在任何温度下都能够防止基体被空气进一步锈蚀。但如果这层钝化膜被磨损，基体依然会被腐蚀，在日常运行维护中必须着重注意吊装和转运等过程中可能带来的碰撞、磨损等，同时要控制使用环境中可能接触到的腐蚀介质含量，避免因接触后带来腐蚀导致点蚀、晶间腐蚀和应力腐蚀开裂。

5 考核评价方案

在新型吸附塔完成试制后，将在 03D 厂房精料净化系统完成吸附能力的考核试验。主要考核其吸附能力，而防锈性能和运行成本则通过长期的跟踪记录进行考核。

考核试验的方案为：

（1）将两台吸附塔串联安装至精料净化吸附塔点位的电子秤上并记录电子秤示数；

（2）将吸附塔投入使用，每日精料净化结束后记录两台电子秤示数；

（3）当一级吸附塔不增重且二级吸附塔增重 0.2 kg 时，一级吸附塔退出工作，将二级吸附塔转为一级吸附塔继续考核运行直至吸附饱和退出；

（4）通过两台吸附塔投入和退出时电子秤的示数得出吸附量数据；

（5）将两台吸附塔拆下送到化工成品车间进行脱附，得出脱附量数据；

（6）根据吸、脱附量试验数据与设计要求中装料量和吸附能力进行分析对比评价。

6 预计效果

通过新型材质的使用，在很大程度减少了因铸铁锈蚀而导致的钢材浪费（图 6），不但降低了企业的运行成本，同时降低了可能造成的浪费与污染，用实际行动诠释了“绿水青山就是金山银山”的号召，将环保理念与降本增效的企业目标有机地结合在一起。并且通过新型材质的使用，有效提高了吸附塔的安全性，从根本上杜绝了因锈蚀断裂等材料自身问题导致的安全事故发生的可能，大力保护了相关人员的人身安全。

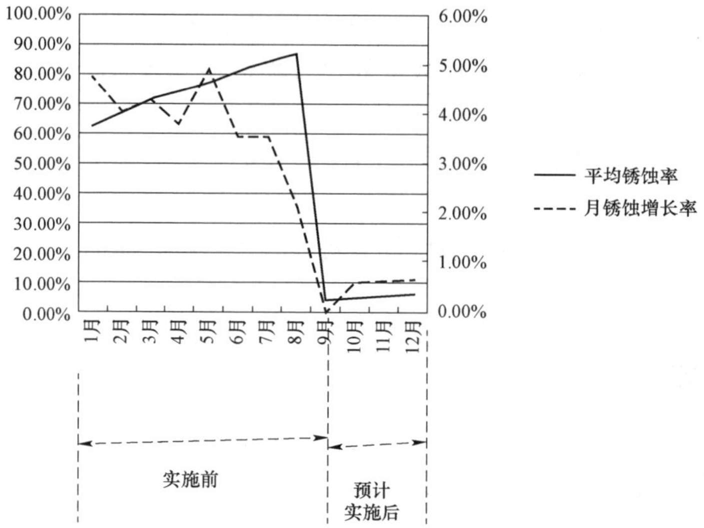

图 6　新材料使用后预计效果图

7　结论

本文通过理论分析探究了一种新型 NaF 吸附塔的外壳材料，通过对 06Cr19Ni10 材料的使用及合适的预处理，可以有效避免吸附塔因高温造成的锈蚀、高温热性能不佳、材料热疲劳等问题。新型吸附塔不但能满足铀浓缩行业中对 HF 吸附的要求，同时提高了吸附塔的使用寿命和安全性，降低了吸附塔的使用运行成本，在实际运行中具有良好的经济性和实用性。

参考文献

[1] 罗建志，王少波，杨献奎．氟化氢处理技术及应用研究进展［J］．化工新型材料，2001，30（4）：33－36．
[2] 柳彤，王少波，董露荣．氟化钠吸附氟化氢最佳工艺参数测定［J］．舰船防化，2009（1）：12－17．
[3] 刘凡，江楠，张文建，等．国产奥氏体不锈钢 06Cr19Ni10 拉伸试验研究［J］．压力容器，2011（4）：7－11．
[4] 何奖爱，王玉玮．材料磨损与耐磨材料［M］．沈阳：东北大学出版社，2001．
[5] 文九巴．金属材料学［M］．机械工业出版社，2011．
[6] 张懿，张春平，罗堉平，等．热处理对中碳低合金耐磨钢力学性能的影

响［J］. 铸造技术，2010，31（12）：1596－1598.
［7］金建民，邓海金，孙业英，等. 中碳低合金耐磨钢中合金元素对淬透性和淬硬性的影响［J］. 钢铁，1990，25（10）：44－50.
［8］吴清河，潘建武. 微量元素对奥氏体不锈钢组织和性能的影响［J］. 化工管理，2018（1）：198－199.
［9］范圣刚，郑家理，孙文隽，等. S30408 奥氏体不锈钢高温力学性能试验研究［J］. 工程力学，2017，34（4）：167－176.

清洗尾料取样的方法及可行性分析

黄玉权　姚浩田

摘要：要对主机清洗尾料进行分析和分离，首先要对清洗尾料混合物进行取样。清洗尾料现在储存在 80 L 容器内（为 UF_6、BrF_3、Br_2 的液态混合物）。经初步考虑，样品取样的方式可采取使样品完全汽化之后取气态样、完全液化后取液态样和清洗期间在线取样 3 种方法。本文就这 3 种取样方法的可行性进行分析，并比较了几种取样器的优缺点，最后提出经过综合比较之后最具可行性的取样方法及采用的取样器类型。

关键词：完全汽化取样；完全液化取样；清洗期间在线取样；取样器；可行性分析

1　样品完全汽化取样

目前我们厂取样大多是以气态的形式进行的，经验丰富，所以首先考虑的是使清洗尾料液态混合物完全汽化后取气态样。取样时需要先将容器加热到一定温度，使容器内的物料完全是气态，再通过手阀控制压力向取样器内收料。为了取到混合均匀的样，就要保证容器内的混合物全部为气体。本部分的研究内容为对清洗尾料液态混合物取气态样的可行性分析，即计算出使清洗尾料液态混合物完全汽化温度的计算，再结合我们厂现有的设备条件进行评估，最后分析对清洗尾料液态混合物取气态样的可行性。

1.1　理论基础

1.1.1　饱和蒸气压的获取

目前某一纯组分液体的饱和蒸气压的获取主要通过以下 3 种方法获取：

（1）通过实验测定；

（2）通过各种数据手册查找；

（3）在缺乏数据时，纯组分的饱和蒸气压与温度的关系可以用下列经验公式表示（安托因方程）：

$$\lg p^0 = A - \frac{B}{t + C} \tag{1}$$

式中：

p^0 ——表示纯组分液体的饱和蒸气压，kPa；

T ——表示温度，℃；

A、B、C——表示安托因（Antoine）常数，可由数据手册查得，也可用安托尼方程参数回归软件拟合得出。

对于 UF_6，通过使用安托尼方程参数回归软件拟合得：

$$\lg P = 9.775\,84 - \frac{2472.026}{t - 10.998}$$

对于 BrF_3，通过使用安托尼方程参数回归软件拟合得：

$$\lg P = 6.730\,36 - \frac{1618.184}{t - 57.405}$$

对于 Br_2，通过使用安托尼方程参数回归软件拟合得：

$$\lg P = 6.339\,48 - \frac{1274.074}{t - 37.018}$$

P 的单位为 kPa，t 的单位为 K。

1.1.2 理想物系

所谓理想物系是指多组分混合溶液的液相和气相应符合以下条件：

（1）液相为理想溶液，遵循拉乌尔定律；

（2）气相为理想气体，遵循道尔顿分压定律。

当总压不太高（一般指不高于 10^4 kPa）时气相可视为理想气体。对于化学结构相似、性质相近的组分组成的物系，可近似按理想物系处理。因此本文将清洗尾料液态混合物看作理想物系。

1.1.3 汽液相平衡

汽液相平衡是在多组分混合物中，某组分在气相和液相中的逸度相等。我们可近似认为容器里的清洗尾料液态混合物在一定的温度下达到稳定后汽液两相是平衡的。

1.1.4 泡点温度

泡点是指一种液态混合物开始汽化出现第一个气泡所对应的平衡状态，而泡点温度是指加热一种液态混合物，开始汽化出现第一个气泡所对应的温度。

1.1.5 理想物系的汽液平衡关系——拉乌尔定律（Raoult law）

法国物理学家 F.M. 拉乌尔于 1887 年在实验的基础上提出：对于理想溶液，在一定温度下气液相平衡时，溶液上方汽相中任意组分所具有的分压等于该组分在相同温度下的饱和蒸气压乘以该组分在液相中的摩尔分数，即：

$$p_A = p_A^0 x_A \tag{2}$$

$$p_B = p_B^0 x_B = p_B^0(1-x_A) \tag{3}$$

1.1.6 泡点方程

溶液上方的总压 p 等于各组分的分压之和，即：

$$p = p_A + p_B \tag{4}$$

这就是道尔顿分压定律。

根据拉乌尔定律，则有：

$$p = p_A^0 x_A + p_B^0(1-x_A) \tag{5}$$

整理上式得到：

$$x_A = \frac{p - p_B^0}{p_A^0 - p_B^0} \tag{6}$$

这就是泡点方程。如果已知某一混合溶液气液相处于平衡状态和此时的温度，则可用泡点方程计算在一定压力下的某一组分在该溶液中的摩尔分数。

1.2 计算步骤

1.2.1 计算需要知道的参数

（1）清洗尾料液态混合物处于气液相平衡时的温度 t；

（2）装有清洗尾料液态混合物处于气液相平衡时容器内的压力 p；

（3）液态混合物中 3 种组分在温度 t 下的饱和蒸气压，假设 UF_6、BrF_3、Br_2 在该温度下的饱和蒸气压分别为 p_A^0、p_B^0、p_C^0；

（4）装有清洗尾料液态混合物的容器的净重 M（即液态混合物的总重量）。

1.2.2 计算思路

（1）将装有有清洗尾料液态混合物的容器在某一适宜温度 t 下静置足够长的时间（可由几个小时到几十个小时）之后，我们可近似认为容器里的清洗尾料液态混合物汽液两相是平衡的；

（2）通过在容器管道上的压力表测得液态混合物处于气液相平衡时容器内的压力 p；

（3）通过地上恒称重等方式测得液态混合物的总重量 M；

（4）由液态混合物处于气液相平衡时的温度 t，通过式（1）安托因方程得出 UF_6、BrF_3、Br_2 在该温度下的饱和蒸气压分别为 p_A^0、p_B^0、p_C^0；

则由式（2）、（4）有：

$$p_A^0 x_A + p_B^0 x_B + p_C^0 x_C = p \tag{7}$$

其中，x_A、x_B、x_C 为液态混合物中 UF_6、BrF_3、Br_2 的摩尔分数。假设液态混合物中 UF_6、BrF_3、Br_2 的物质的量分别为 n_1、n_2、n_3，摩尔质量分别为则有 M_1、M_2、M_3，通过查表可知，UF_6、BrF_3、Br_2 的摩尔质量分别为 352 g/mol、136.9 g/mol、159.8 g/mol。则有：

$$n_1 M_1 + n_2 M_2 + n_3 M_3 = M \tag{8}$$

$$\frac{n_1}{n_1 + n_2 + n_3} = x_A \tag{9}$$

$$\frac{n_2}{n_1 + n_2 + n_3} = x_B \tag{10}$$

$$\frac{n_3}{n_1 + n_2 + n_3} = x_C \tag{11}$$

我们的目标是求出液态混合物中 UF_6、BrF_3、Br_2 的物质的量分别为 n_1、n_2、n_3，但只有式（7）～（11）5 个方程，却有 x_A、x_B、x_C 和 n_1、n_2、n_3 6 个未知数，故我们要进行相关模型假设：

（1）假设液态混合物中只有 UF_6、BrF_3 两种物质，其物质的量和摩尔分数分别为 n_1^1、n_2^1 和 x_A^1、x_B^1 则式（7）～（11）变成：

$$p_A^0 x_A^1 + p_B^0 x_B^1 = p \tag{12}$$

$$n_1^1 M_1 + n_2^1 M_2 = M \tag{13}$$

$$\frac{n_1^1}{n_1^1 + n_2^1} = x_A^1 \tag{14}$$

$$\frac{n_2^1}{n_1^1 + n_2^1} = x_B^1 \tag{15}$$

由式（12）～（15）可求出液态混合物中 UF_6、BrF_3 物质的量分别为 n_1^1、n_2^1。

（2）假设液态混合物中只有 UF_6、Br_2 两种物质，其物质的量和摩尔分数分别为 n_1^2、n_3^2 和 x_A^2、x_C^2 则式（7）～（11）变成：

$$p_A^0 x_A^2 + p_C^0 x_C^2 = p \tag{16}$$

$$n_1^2 M_1 + n_2^2 M_2 = M \tag{17}$$

$$\frac{n_1^2}{n_1^2+n_3^2}=x_A^2 \tag{18}$$

$$\frac{n_2^1}{n_1^2+n_3^2}=x_C^2 \tag{19}$$

由式（16）～（19）可求出液态混合物中 UF_6、Br_2 物质的量分别为 n_1^2、n_3^2。

（3）假设液态混合物中只有 BrF_3、Br_2 两种物质，其物质的量和摩尔分数分别为 n_2^3、n_3^3 和 x_B^3、x_C^2 则式（7）～（11）变成：

$$p_B^0x_B^3+p_C^0x_C^3=p \tag{20}$$

$$n_2^3M_2+n_3^3M_3=M \tag{21}$$

$$\frac{n_2^3}{n_2^3+n_3^3}=x_B^2 \tag{22}$$

$$\frac{n_3^3}{n_2^3+n_3^3}=x_C^2 \tag{23}$$

由式（20）～（23）可求出液态混合物中 BrF_3、Br_2 物质的量分别为 n_2^3、n_3^3。

1.2.3　利用图解法求完全汽化温度

在以上 3 种假设下分别得到两种组分的物质的量后，对容器进行加热，达到某一温度后，液态物质可完全汽化。

（1）针对假设一，对容器中的 UF_6 气体用理想气体状态方程：

$$PV=nRT \tag{24}$$

有：

$$P=\frac{8.31451n_1^1}{1000V}t \tag{25}$$

其中，n_1^1 为 UF_6 的物质的量；

同时，利用式（1）安托因方程：

$$\ln p^0=A-\frac{B}{t+C}$$

对于 UF_6 有：

$$P=10^{9.775\,84-\frac{2472.026}{t-10.998}} \tag{26}$$

它表示 UF_6 的饱和蒸气压随温度的变化。其中，方程（25）和（26）中 P 的单位为 kPa，t 的单位为 K。

利用图解法，将式（25）和（26）画在同一坐标图上，两条曲线必有一交点，其坐标为（t_1^1，p_1^1），t_1^1 表示在假设一的条件下 UF_6 完全汽化的温度。

同理，对容器中的 BrF_3 气体用相同的方法，也可以求得两条曲线的交点，其坐标为（t_2^1，p_2^1），t_2^1 表示在假设一的条件下 BrF_3 完全汽化的温度。

（2）针对假设二，利用与（1）相同的方法，可求得容器中 UF_6、Br_2 两种物质在假设二的条件下完全汽化的温度 t_1^2、t_3^2。

（3）针对假设三，利用与（1）相同的方法，可求得容器中 BrF_3、Br_2 两种物质在假设三的条件下完全汽化的温度 t_2^3、t_3^3。

在分别求得 t_1^1、t_2^1、t_1^2、t_3^2、t_2^3、t_3^3 后，我们可以得出使清洗尾料液态混合物完全汽化的温度 T 为：

$$T = \mathrm{Max}\{t_1^1,\ t_2^1,\ t_1^2,\ t_3^2,\ t_2^3,\ t_3^3\}$$

1.3 相关假设的说明

由于清洗尾料液态混合物 3 种物质的比例未知，所以我们做了一些假设，即：

（1）假设液态混合物中只有 UF_6、BrF_3 两种物质；

（2）假设液态混合物中只有 UF_6、Br_2 两种物质；

（3）假设液态混合物中只有 BrF_3、Br_2 两种物质。

减少物质种类的假设，相当于把一种物质所占据的质量人为地减少，平均分配给了另外两种物质，根据公式：

$$p = \frac{nR}{V}t \tag{27}$$

可知，对于另外两种物质，它们的 n 变大了，体现在图解法中为利用式（27）画出来的曲线斜率变大，故该曲线和这两种物质的饱和蒸气压曲线的交点右移，相当于计算得到两种物质的完全汽化的温度比实际上 3 种混合物时完全汽化时的温度偏大；对于质量减少的这种物质，它的 n 变小了，体现在图解法中为利用式（27）画出来的曲线斜率变小，故该曲线和这两种物质的饱和蒸气压曲线的交点左移。

通过 3 种闭合循环假设，最终的 3 种混合物时完全汽化时的温度 T_S 必有：

$$\mathrm{Min}\{t_1^1,\ t_2^1,\ t_1^2,\ t_3^2,\ t_2^3,\ t_3^3\} < T_S < \mathrm{Max}\{t_1^1,\ t_2^1,\ t_1^2,\ t_3^2,\ t_2^3,\ t_3^3\} \tag{28}$$

因此认为使清洗尾料液态混合物完全汽化的温度 T 为：

$$T=\mathrm{Max}\{t_1^1,\ t_2^1,\ t_1^2,\ t_3^2,\ t_2^3,\ t_3^3\}$$

这样就能保证容器里液态混合物完全汽化。

实际上，在实验或者将来的应用场景中，在保证容器里的气体压力不超过容器临界压力时，我们可以在加热容器温度 T 的基础上增大 2～5 ℃，为使清洗尾料液态混合物完全汽化提供温度余量，保证容器里液态混合物完全汽化。

1.4 计算实例

现已知装有液态混合物 6 个容器（80 L）的质量，单位为 kg，如表 1 所示。

表 1 装有液态混合物 6 个容器的毛重

容器号	1	2	3	4	5	6
重量/kg	217.8	190.8	255.3	230.5	314.2	297.3

其中 1～6 号容器的皮重均为 190 kg。由此可得 6 个容器里液态混合物的净重，单位为 kg，如表 2 所示。

表 2 6 个容器液态混合物的净重

容器号	1	2	3	4	5	6
物料净重/kg	27.8	0.8	65.3	40.5	124.2	107.3

此外，还测得常温下（291 K）6 个装有液态混合物的容器里的压力，单位为 torr，如表 3 所示。

表 3 常温下（291 K）6 个容器里的压力值

容器号	1	2	3	4	5	6
压力/torr	57.69	11.16	26.13	37.03	218	165

下面以 2 号容器为例，即 80 L 容器里液态混合物的质量为 0.8 kg，常温下（291 K）容器里的压力值为 11.16 torr（约为 1.49 kPa），计算使液态混合物时完全汽化时的温度。

（1）假设液态混合物中只有 UF_6、BrF_3 两种物质，利用安托因方程计算得它们在 291 K 下的饱和蒸气压分别为 8.86 kPa、0.64 kPa，则由式（12）～（15）可算得液态混合物中 UF_6、BrF_3 物质的量 n_1^1、n_2^1 分别为 0.52 mol、4.51 mol。

1）对于对容器中完全蒸发的 UF_6 气体，式（25）、（26）变成：

$$P = 0.054t \tag{29}$$

$$P = 10^{9.77584 - \frac{2472.026}{t - 10.998}} \tag{30}$$

其中，P 的单位为 kPa，t 的单位为 K。

利用 Origin 软件将式（29）、（30）画在同一坐标系上，如图 1 所示。

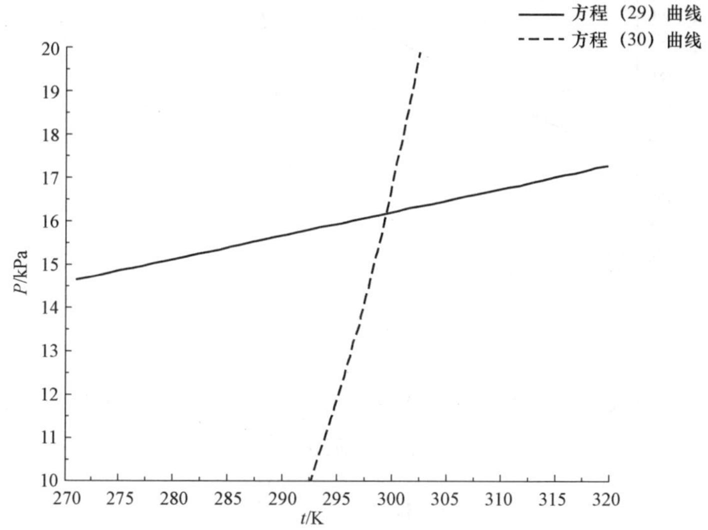

图 1　同一坐标系下的式（29）、（30）曲线

由此可得两条曲线的交点为（299.53，16.15），即 $t_1^1 = 299.53$ K。

2）对于对容器中完全蒸发的 BrF_3 气体，式（25）、（26）变成：

$$P = 0.469t \tag{31}$$

$$P = 10^{6.73036 - \frac{1618.184}{t - 57.405}} \tag{32}$$

其中，P 的单位为 kPa，t 的单位为 K。

利用 Origin 软件将式（31）、（32）画在同一坐标系上，如图 2 所示。由此可得两条曲线的交点为（422.37，197.96），即 $t_2^1 = 422.37$ K。

（2）假设液态混合物中只有 UF_6、Br_2 两种物质，利用安托因方程计算得它们在 291 K 下的饱和蒸气压分别为 8.86 kPa、21.04 kPa，则由式（16）～（19）可算得液态混合物中 UF_6、Br_2 物质的量 n_1^2 、n_2^2 分别为 2.74 mol、1.03 mol。故该假设无意义。

（3）假设液态混合物中只有 BrF_3、Br_2 两种物质，利用安托因方程计算得它们在 291 K 下的饱和蒸气压分别为 0.64 kPa、21.04 kPa，则由式（20）～（23）可算得液态混合物中 BrF_3、Br_2 物质的量 n_1^3 、n_2^3 分别为 5.56 mol、0.24 mol。

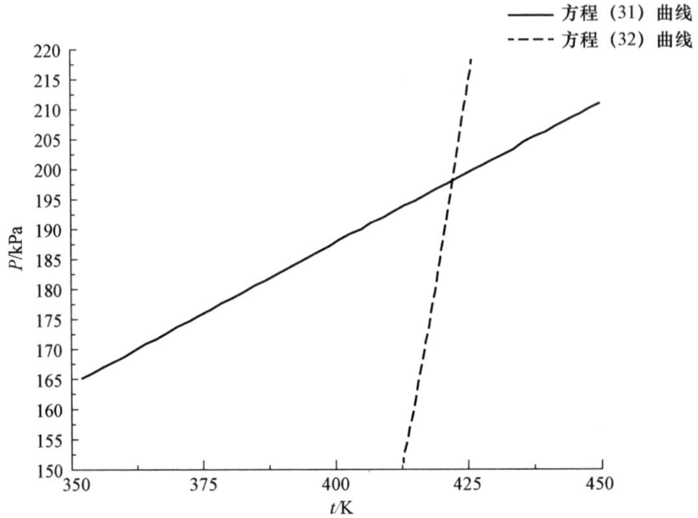

图 2　同一坐标系下的式（31）、（32）曲线

1）对于对容器中完全蒸发的 BrF_3 气体，式（25）、（26）变成：

$$P = 0.578t \tag{33}$$

$$P = 10^{6.73036 - \frac{1618.184}{t - 57.405}} \tag{34}$$

其中，P 的单位为 kPa，t 的单位为 K。

利用 Origin 软件将式（33）、（34）画在同一坐标系上，如图 3 所示。

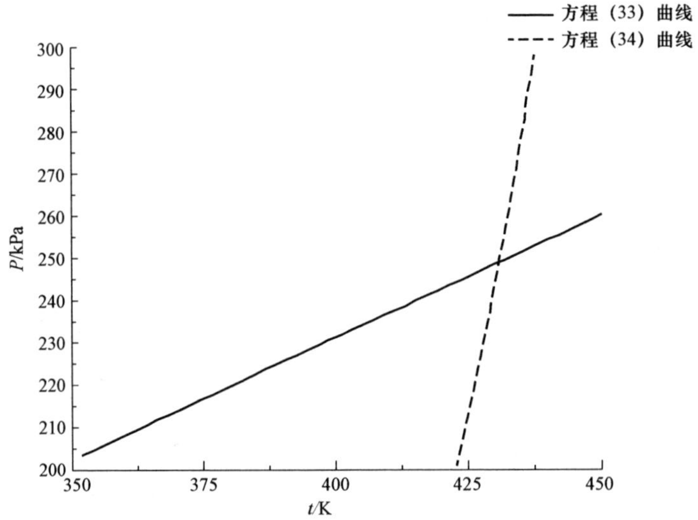

图 3　同一坐标系下的式（33）、（34）曲线

由此可得两条曲线的交点为（430.58，248.88），即 $t_2^3=430.58$ K。

2）对于对容器中完全蒸发的 Br_2 气体，式（25）、（26）变成：

$$P=0.025t \tag{35}$$

$$P=10^{6.339\,48-\frac{1274.074}{t-37.018}} \tag{36}$$

其中，P 的单位为 kPa，t 的单位为 K。

利用 Origin 软件将式（35）、（36）画在同一坐标系上，如图 4 所示。

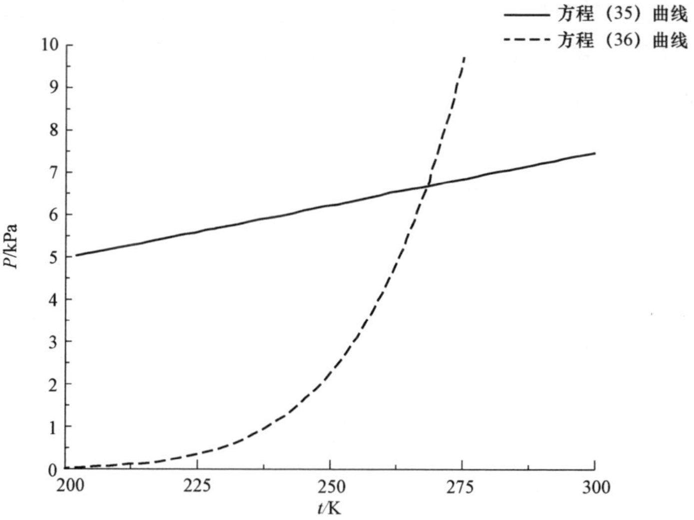

图 4 同一坐标系下的式（35）、（36）曲线

由此可得两条曲线的交点为（268.71，6.70），即 $t_3^3=268.71$ K。

由以上假设（1）（2）（3）的分析，我们可以确定使清洗尾料液态混合物完全汽化的温度 T 为：

$$T=\mathrm{Max}\{t_1^1,\ t_2^1,\ t_2^3,\ t_3^3\}=\mathrm{Max}\{299.53,\ 422.37,\ 430.58,\ 268.71\}$$

即容器里液态混合物完全汽化的温度 $T=430.58\ \mathrm{K}\approx157.43$ ℃。

1.5 分析

我们通过 3 种闭合循环假设，算得使清洗尾料液态混合物完全汽化的温度大约 157.43 ℃，以我们厂现在的条件来说，这个温度不容易达到。并且物料加热过程中容器的气体最大压力可以达到 248.88 kPa，已经超过了外界的大气压力，存在安全隐患。出于安全的考虑，对清洗尾料液态混合物进行加热，最后取气态样的方法，是不可行的。

完全汽化取气态样的方法优点在于工艺简单、样品混合均匀，具有代表性，并且单个容器内的物料取一次样品即可；缺点在于操作的温度和压力太高，尾料的毒性对设备和操作的密封性要求很高。综上，对清洗尾料液态混合物取气态样，存在对人员的人身和环境造成危害的风险。因此，应考虑其他清洗尾料液态混合物的取样方法。

2　样品完全液化取样

样品完全液化取样在我们厂液化均质过程有涉及，因此也可以考虑使用该方法对清洗尾料进行取样。根据现有的设备条件，设计出图 5 清洗尾料样品完全液化取样的系统流程简图。

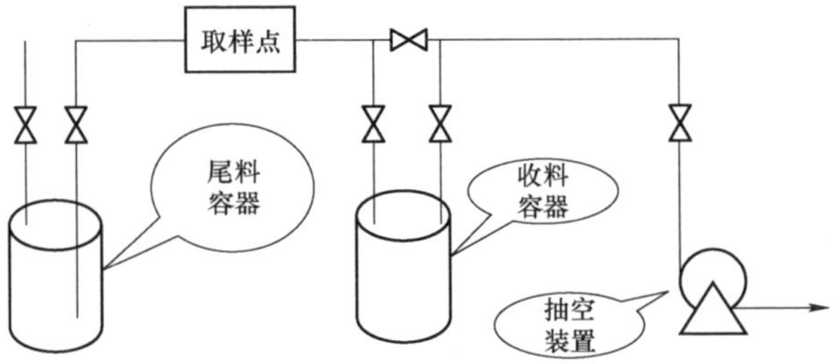

图 5　完全液化取样的系统流程图

工艺过程如下：先使用抽空装置，将整个管线的压力抽低，为下一步液体样品的流动提供压差，以作为流动的动力。尾料容器加热到 64 ℃以上时，混合物料中最难液化的 UF_6 液化。收料容器与尾料容器相连，收料容器不断收取尾料容器中的液态物料，期间进行适时取样。

需要注意的是，尾料容器的出口管需深入插到液态的尾料液面以下，因此要进行样品完全液化取样，还需要将原尾料容器中的物料转移到插有管子的容器中。液化输运管线和阀门均需要加热保温。收料容器不需要冷冻，只要温度不比尾料容器温度高即可。

样品完全液化取样优点在于样品混合较为均匀，单个容器内的物料取一次样品即可；缺点为操作的温度和压力较高（64 ℃以上），尾料的毒性对设备和操作的密封性提出了较高的要求，此外，需要专门设计的一套工艺设备流程。

3　主机清洗期间在线取样

以上两种取样方法均是在清洗结束后进行取样，此外，可以考虑在主机清洗期间进行在线取样，图 6 为主机清洗期间在线取样的流程图。

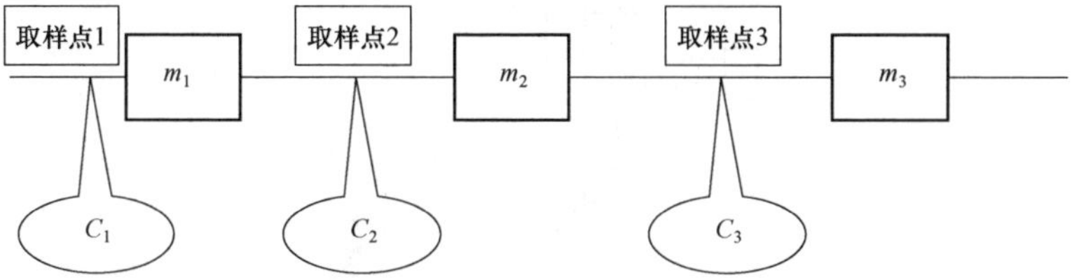

图 6 主机清洗期间在线取样的系统流程图

如果已知 m_1、m_2、m_3、C_3，则第 3 个容器中各物质的成分已知。根据物质的量守恒有：第 2 个容器内各个物质的成分为：

$$(m_2+m_3)\cdot C_2-m_3\cdot C_3 \tag{37}$$

求得 C_2 之后，第一个容器内各个物质的成分为：

$$(m_1+m_2)\cdot C_1-m_2\cdot C_2 \tag{38}$$

即可求出 C_1。由于主机清洗前中后期物质的成分很可能不一样，为提高分析精度，建议前中后期分别取样。

主机清洗期间在线取样的优点在于操作压力非常低，工艺简单，操作安全性好；缺点为取样次数多，分析样品成本高，此外样品成分精度有限，这取决于取样次数。

4 取样容器的选择

上文提到的 3 种取样方法，均需要取样容器用于样品的收集。我们厂现有的取样器为 2S 取样器和 U 型取样器，此外，可以考虑定制专用取样容器。

4.1 2S 取样器

2S 取样器是我们厂常用的取样容器，通常安装于 DN10 堵头处，其最小容积为 719 cm^3，其示意图如图 7 所示。它的特点是容器只有一个取样入口，因此轻杂质成分容易导致 2S 取样器取样不成功。初期含有轻杂质的物料进入 2S 取样器，2S 取样器内的物料冷凝下来，而轻杂质逐渐累积，如此 2S 取样器内与取样管线的压差越来越小，最后压力平衡，取样管线与 2S 管线无法通过对流传质，只能通过浓度差扩散传质，由于 2S 取样器接口太过细小，因此扩散传质量也很小，因此很容易出现 2S 取样器取样不成功的现象。

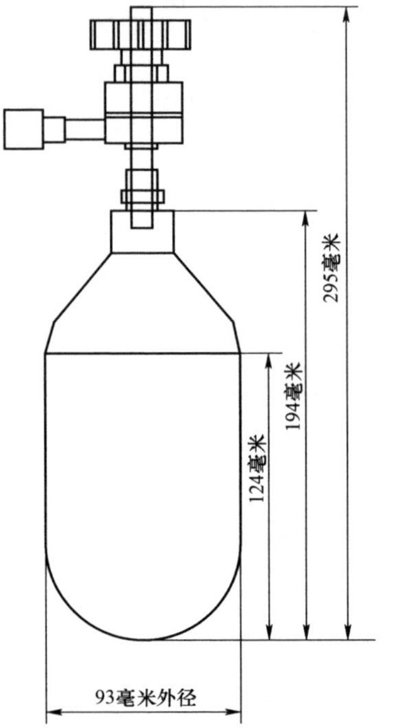

图 7 2S 取样器示意图

2S 取样器理论上可以进行取样，但其缺点比较明显：取样时间不好把握，而且取样器冷冻时间太长，也容易出现取样器入口处堵料。由于实际清洗过程尾料中也含有大量轻杂质，净化也比计较麻烦，因此，2S 取样器不适合用于尾料容器的取样。

4.2 U 型取样器

U 型取样器也是我们常用的取样容器，用于料流和机组中间取样，或者仪表取内腔样。U 型取样器“U”的一端为进料口，另一端为接抽空装置或尾气，下端用液氮冷冻。U 型取样器的缺点为取样量太小，如果取样分析的需求量太大，难以满足要求。

4.3 定制专用取样容器

2S 取样器不适合取样的根本原因是物料在取样器中无法流通，因此可以考虑专门设计一个小型的取样容器。可在取样管线上增设一个小型的凝冻器，将物料冷凝下来，其中无法冷凝的气体被抽空装置抽走，因而保证物料持续流动冷凝，达到取样的效果。

定制专用取样容器缺点在于没有现成的，需要在市场上定制或者自己设计，造成额外成本。

通过以上分析，结合我们厂现有条件，尾料分离取样器的最优选择是定制专用取样容器。

5 分析和结论

本文在确定样品取样的方式采取使样品完全汽化之后取气态样、完全液化后取液态样和清洗期间在线取样 3 种方法的前提下，就这 3 种取样方法的可行性进行分析。结合我们厂现有的条件，综合考虑安全、成本、操作难度和设备密封性等因素，最终认为完全液化后取液态样是最优的方法。

此外，还综合比较了 2S 取样器、U 型取样器和定制专用容器优缺点进行了分析，最终认为定制专用容器相比于 2S 取样器和 U 型取样器在取样能力以及取样量上更具优势。

产品丰度控制分析研究

赵　梅

摘要：从离心级联实际生产运行出发，对3#流丰度波动是否会在精料容器内造成分离功损失进行分析，结果显示，丰度波动会导致精料容器内发生分离功损失，且与收料质量呈线性关系，与丰度波动大小呈二次函数关系，丰度波动越大，分离功损失越大。在级联内部，由于丰度调整是通过改变精料端部机组压力来实现，每一次调整级联都会重新进入稳态，级联内部分离功损失也会相应改变，因此，对3#流丰度调整提出优化策略。在今后实际运行中，应控制丰度波动在给定范围，并尽可能减少丰度调整次数，以减小分离功的损失。

关键词：离心级联；丰度波动；分离功损失

1　前言

目前，级联产品丰度是通过调整精料端机组的贫料压力来控制，而在级联正常运行过程中，产品丰度也会受到其他各种因素的影响，如：电调阀正常压力波动、主机冷却水温度、厂房空气温度以及零位系统对仪表零位负腔的影响等，这些因素的变化都会使3#流丰度产生一定波动，而3#流丰度波动会造成精料容器内丰度波动。对丰度有影响的往复性可控因素（如电调阀正常压力波动、厂房气温白天/夜间不同），只要能确保容器丰度合格，就不需调整。对其他不可控因素，为保证精料容器中产品丰度合格，就需要对3#流丰度进行调整。而在丰度波动、调整过程中，会增加整个系统的分离功损失，包括两个方面：① 精料容器内混合损失；② 由于精料端机组压力调整造成的级联内部分离功损失变化（如供料点丰度混合损失，各级的丰度差造成的分离功混合损失，腐蚀损耗），基于这种情况，分析研究了精料容器内混合分离功损失大小与丰度波动的关系，并就丰度调整次数进行分析且提出控制措施，对今后离心级联产品丰度控制具有一定指导意义。

2 精料容器内混合分离功损失计算

级联正常运行时，3#流固定周期在线测量一次丰度，根据所生产的主产品丰度不同，取样周期也不同，表 1 为级联精料流在线丰度分析频次表，现 1C 级联运行工况精料产品丰度控制为 4.45%，取样周期为 8 h。由于级联不同时间段各种影响因素参数变化，会导致 3#流丰度在一定范围内波动，表 2 为级联产品丰度计算表，精料收料容器丰度累计采用质量加权。

表 1 级联精料流在线丰度分析频次表

主产品丰度（C_P）	取样间隔时间/h
1.8%≤C_P≤2.3%	3
2.3%≤C_P≤3.0%	4
3.0%≤C_P≤4.0%	6
4.0%≤C_P≤5.0%	8

表 2 级联产品丰度计算表

时间	单点丰度/%	重量/kg	容器平均丰度/%
0	C_0	0	0
t_1	C_1	m_1	$\overline{C_1}$
t_2	C_2	m_2	$\overline{C_2}$
t_3	C_3	m_3	$\overline{C_3}$
…	…	…	…
t_n	C_n	m_n	$\overline{C_n}$

表中：

$$\overline{C_1} = C_0 \tag{1}$$

$$\overline{C_2} = \frac{m_1\overline{C_1} + (m_2 - m_1)C_1}{m_2} \tag{2}$$

…

$$\overline{C_n} = \frac{m_{n-1}\overline{C_{n-1}} + (m_n - m_{n-1})C_{n-1}}{m_n} \tag{3}$$

精料收料容器内每一次丰度混合造成分离功损失：

$$\delta U_1 = m_1V(\overline{C_1}) + (m_2 - m_1)V(C_1) - m_2V(\overline{C_2}) \tag{4}$$

$$\delta U_2 = m_2V(\overline{C_2}) + (m_3 - m_2)V(C_2) - m_3V(\overline{C_3}) \tag{5}$$

$$\delta U_{n-1} = m_{n-1}V(\overline{C_{n-1}}) + (m_n - m_{n-1})V(C_{n-1}) - m_nV(\overline{C_n}) \tag{6}$$

精料容器内总分离功损失为每一次丰度混合造成分离功损失之和：

$$\begin{aligned}\delta U_m &= \delta U_1 + \delta U_2 + \cdots + \delta U_{n-1}\\ &= m_1V(\overline{C_1}) + (m_2 - m_1)V(C_1) - m_2V(\overline{C_2}) + m_2V(\overline{C_2}) + (m_3 - m_2)V(C_2)\\ &\quad - m_3V(\overline{C_3}) + \cdots + m_{n-1}V(\overline{C_{n-1}}) + (m_n - m_{n-1})V(C_{n-1}) - m_nV(\overline{C_n})\\ &= m_1V(C_0) + (m_2 - m_1)V(C_1) + (m_3 - m_2)V(C_2)\\ &\quad + \cdots + (m_n - m_{n-1})V(C_{n-1}) - m_nV(\overline{C_n})\end{aligned} \tag{7}$$

其中： $\overline{C_n} = a$（a 为设定工况精料丰度） （8）

基本价值函数 V（C）表达式为：

$$V(C) = (2C-1)\ln\frac{C}{1-C} \tag{9}$$

$$V'(C) = 2\ln\frac{C}{1-C} + \frac{2C-1}{C(1-C)} \tag{10}$$

$$V''(C) = \frac{1}{C^2(1-C)^2} \tag{11}$$

$$V'''(C) = \frac{2(2C-1)}{C^3(1-C)^3} \tag{12}$$

基本价值函数曲线如图 1 所示。

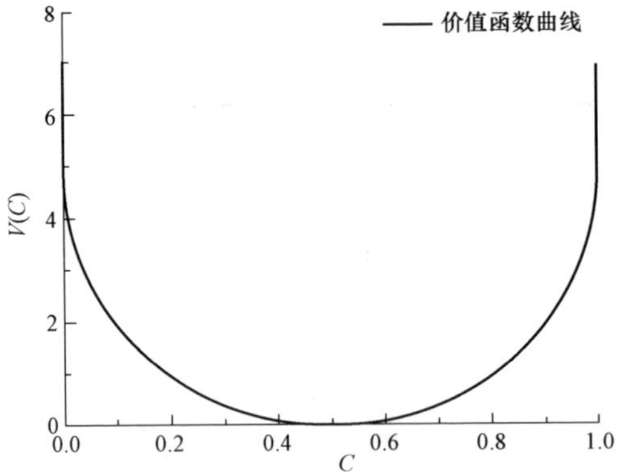

图 1　基本价值函数曲线

由于$\Delta C = C - a \ll 1$，且价值函数 V（C）n 阶可导，满足泰勒公式展开的充分必要条件，因此可将价值函数以泰勒公式展开为如下多项式：

$$V(C) = V(a) + V'(a)(C-a) + \frac{V''(a)}{2!}(C-a)^2 + \frac{V'''(a)}{3!}(C-a)^3 + \cdots + \frac{V^{(n)}(a)}{n!}(C-a)^n \tag{13}$$

现以 $a = 4.45\%$ 为例，丰度波动 $\Delta C = C - a$ 取 0.1%，对上述泰勒展开式中三次方项和二次方项求比值。

$$\frac{\dfrac{V'''(a)}{3!}(C-a)^3}{\dfrac{V''(a)}{2!}(C-a)^2} = \frac{V'''(a)}{3V''(a)}(C-a) = 1.4 \times 10^{-2} \tag{14}$$

由于三次方项远远小于二次方项，所以将二次方以上的项忽略不计，则：

$$V(C) \approx V(a) + V'(a)(C-a) + \frac{V''(a)}{2!}(C-a)^2 \tag{15}$$

将式（15）代入式（7）式，得：

$$\begin{aligned}
\delta U_m &= m_1 V(C_0) + (m_2 - m_1)V(C_1) + (m_3 - m_2)V(C_2) + \cdots + (m_n - m_{n-1})V(C_{n-1}) - m_n V(\overline{C_n}) \\
&= m_1\left[V(a) + V'(a)(C_0 - a) + \frac{V''(a)}{2!}(C_0 - a)^2\right] \\
&\quad + (m_2 - m_1)\left[V(a) + V'(a)(C_1 - a) + \frac{V''(a)}{2!}(C_1 - a)^2\right] \\
&\quad + (m_3 - m_2)\left[V(a) + V'(a)(C_2 - a) + \frac{V''(a)}{2!}(C_2 - a)^2\right] \\
&\quad + \cdots \\
&\quad + (m_n - m_{n-1})\left[V(a) + V'(a)(C_{n-1} - a) + \frac{V''(a)}{2!}(C_{n-1} - a)^2\right] - m_n V(a) \\
&= V(a)\left[m_1 + (m_2 - m_1) + (m_3 - m_2) + \cdots + (m_n - m_{n-1})\right] - m_n V(a) \\
&\quad + V'(a)\left[\begin{aligned}&m_1(C_0 - a) + (m_2 - m_1)(C_1 - a) + (m_3 - m_2)(C_2 - a) \\ &+ \cdots + (m_n - m_{n-1})(C_{n-1} - a)\end{aligned}\right] \\
&\quad + \frac{V''(a)}{2!}\left[\begin{aligned}&m_1(C_0 - a)^2 + (m_2 - m_1)(C_1 - a)^2 + (m_3 - m_2)(C_2 - a)^2 \\ &+ \cdots + (m_n - m_{n-1})(C_{n-1} - a)^2\end{aligned}\right]
\end{aligned} \tag{16}$$

将式（16）结果分解为三部分：

第一部分：

$$\delta U_{m1}=V(a)[m_1+(m_2-m_1)+(m_3-m_2)+\cdots+(m_n-m_{n-1})]-m_nV(a)=0 \tag{17}$$

第二部分：$$\delta U_{m2}=V'(a)\begin{bmatrix}m_1(C_0-a)+(m_2-m_1)(C_1-a)+(m_3-m_2)(C_2-a)\\+\cdots+(m_n-m_{n-1})(C_{n-1}-a)\end{bmatrix} \tag{18}$$

第三部分：$$\delta U_{m3}=\frac{V''(a)}{2!}\begin{bmatrix}m_1(C_0-a)^2+(m_2-m_1)(C_1-a)^2+(m_3-m_2)(C_2-a)^2\\+\cdots+(m_n-m_{n-1})(C_{n-1}-a)^2\end{bmatrix} \tag{19}$$

将式（18）展开，可得：

$$\begin{aligned}\delta U_{m2}&=V'(a)\begin{bmatrix}m_1(C_0-a)+(m_2-m_1)(C_1-a)+(m_3-m_2)(C_2-a)\\+\cdots+(m_n-m_{n-1})(C_{n-1}-a)\end{bmatrix}\\&=V'(a)\begin{bmatrix}m_1C_0-m_1a+(m_2-m_1)C_1-m_2a+m_1a+(m_3-m_2)C_2-m_3a+m_2a\\+\cdots+(m_n-m_{n-1})C_{n-1}-m_na+m_{n-1}a\end{bmatrix}\\&=V'(a)[m_1C_0+(m_2-m_1)C_1+(m_3-m_2)C_2+\cdots+(m_n-m_{n-1})C_{n-1}-m_na]\end{aligned} \tag{20}$$

将式（3）进行转换，可得到：

$$(m_n-m_{n-1})C_{n-1}=m_n\overline{C_n}-m_{n-1}\overline{C_{n-1}} \tag{21}$$

将式（21）代入式（20）可得：

$$\begin{aligned}\delta U_{m2}&=V'(a)[m_1C_0+(m_2-m_1)C_1+(m_3-m_2)C_2+\cdots+(m_n-m_{n-1})C_{n-1}-m_na]\\&=V'(a)[m_1C_0+m_2\overline{C_2}-m_1\overline{C_1}+m_3\overline{C_3}-m_2\overline{C_2}+\cdots+m_n\overline{C_n}-m_{n-1}\overline{C_{n-1}}-m_na]\\&=0\end{aligned} \tag{22}$$

所以精料容器内总分离功损失：

$$\delta U_m=\delta U_{m3}=\frac{V''(a)}{2!}\begin{bmatrix}m_1(C_0-a)^2+(m_2-m_1)(C_1-a)^2+(m_3-m_2)(C_2-a)^2\\+\cdots+(m_n-m_{n-1})(C_{n-1}-a)^2\end{bmatrix} \tag{23}$$

由式（23）可知，精料容器内总分离功损失为每一次丰度混合造成分离功损失之和，而每一次 3#流流入产品与精料容器内已有产品混合产生的分离功损失都是关于设定工况 $C_p=a$ 对称的二次函数，如图 2 所示，即 3#流丰度 $C_p=a$ 时，无分离功损失，3#流丰度相对于设定工况波动越大，精料容器内分离功损失越大。

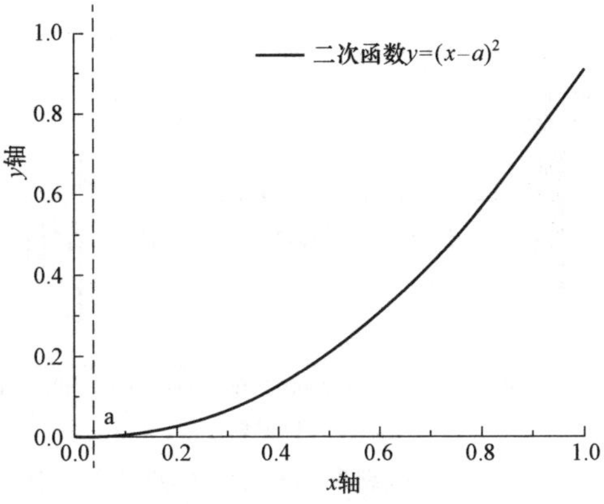

图 2 二次函数曲线图

表 3 为根据（23）公式计算出来的 3#流丰度波动、质量与精料容器内分离功损失关系对照表。当丰度波动大小一定时，精料容器内的分离功损失与收料质量呈线性关系，当收料质量一定时，精料容器内的分离功损失与丰度波动大小呈二次函数关系。

表 3 丰度波动、质量与分离功损失对照表

丰度波动 \ 收料质量	4.45%	4.451%	4.449%	4.455%	4.445%	4.47%	4.43%	4.55%	4.35%
	0	±0.001%		±0.005%		±0.02%		±0.1%	
6	0	1.7×10^{-7}		4.1×10^{-6}		6.6×10^{-5}		1.7×10^{-3}	
12	0	3.3×10^{-7}		8.3×10^{-6}		1.3×10^{-4}		3.3×10^{-3}	
102	0	2.8×10^{-6}		7.1×10^{-5}		1.1×10^{-3}		2.8×10^{-2}	
306	0	8.5×10^{-6}		2.1×10^{-4}		3.4×10^{-3}		8.5×10^{-2}	
1020	0	2.8×10^{-5}		7.1×10^{-4}		1.1×10^{-2}		0.28	
3060	0	8.5×10^{-5}		2.1×10^{-3}		3.4×10^{-2}		0.85	
4400	0	1.2×10^{-4}		3.0×10^{-3}		4.9×10^{-2}		1.2	
7100	0	2.0×10^{-4}		4.9×10^{-3}		7.9×10^{-2}		2.0	

如图 3、图 4 所示，为某一时间段内选取的两组精料收料容器重量、丰度变化图，根据上述精料容器内总分离功损失计算公式（23），可求出级联正常运行时，精料容器内混合分离功损失大小。

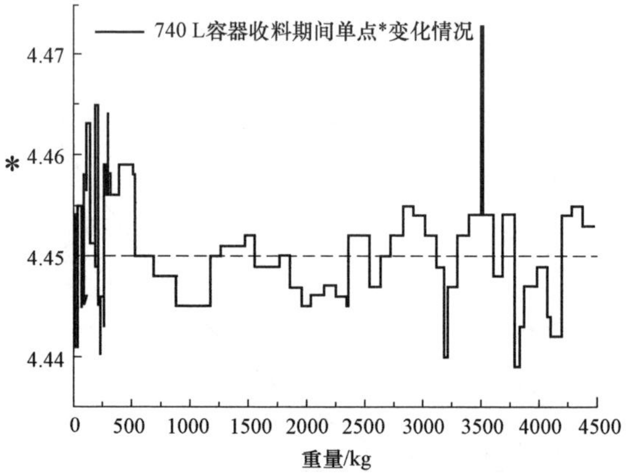

图 3　精料容器收料期间重量、单点丰度变化图

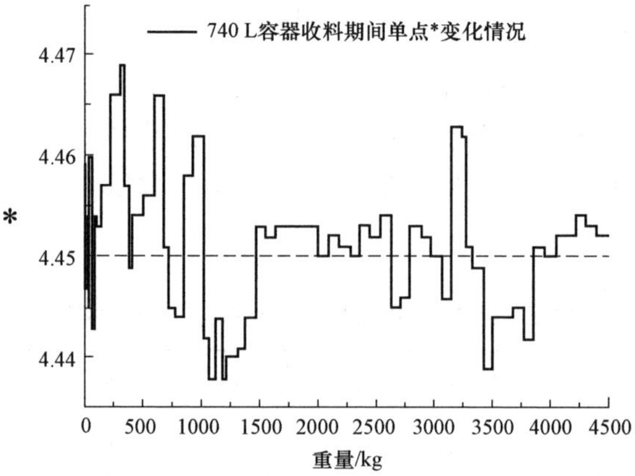

图 4　精料容器收料期间重量、单点丰度变化图

$$\delta U_{1m}=\frac{V''(a)}{2!}\left[\begin{array}{l}m_1(C_0-a)^2+(m_2-m_1)(C_1-a)^2+(m_3-m_2)(C_2-a)^2\\+\cdots+(m_n-m_{n-1})(C_{n-1}-a)^2\end{array}\right]$$
$$=2.5\times10^{-3}\ \text{kg SWU} \tag{24}$$

$$\delta U_{2m}=\frac{V''(a)}{2!}\left[\begin{array}{l}m_1(C_0-a)^2+(m_2-m_1)(C_1-a)^2+(m_3-m_2)(C_2-a)^2\\+\cdots+(m_n-m_{n-1})(C_{n-1}-a)^2\end{array}\right]$$
$$=2.9\times10^{-3}\ \text{kg SWU} \tag{25}$$

由式（24）、（25）可知，正常运行时，精料容器内混合分离功损失很小，即使单点丰度偏离运行工况，经工艺人员及时调整后，对总分离功损失影响不大。在事故工况下，要及时通知 3#班转容器。

3 丰度调整优化策略

为了保证容器内丰度合格，需根据容器内丰度及时对 3#流进行调整，现采用调整精料端机组压力调整 3#流丰度，由于精料端机组压力变化，会造成级联内部其他级压力、流量、丰度变化，最后导致级联内部分离功损失变化。由表 4 可以看出，改变精料端部机组压力后，精料端机组分离功损失变化明显，贫料端机组分离功损失相差不大。

表 4 13/Ⅱ级贫料压力变化时，各级分离功损失变化表

级数 \ 压力变化值	28.2	28.3	28.4（额定工况）	28.5	28.6
1	0	0	0	0	0
2	2.96	2.94	2.91	2.89	2.91
3	2.27	2.23	2.20	2.17	2.20
4	0.11	0.10	0.09	0.08	0.09
5	2.58	2.64	2.70	2.76	2.70
6	1.63	1.57	1.52	1.46	1.52
7	57.7	55.1	52.6	50.2	52.6
8	42.9	41.8	40.7	39.6	40.7
9	42.6	41.6	40.5	39.5	40.5
10	27.0	26.3	25.5	24.7	25.5
10	0.69	0.57	0.46	0.36	0.46
11	16.8	16.2	15.7	15.1	15.6
12	4.07	4.36	4.66	4.96	4.46
12	0.75	0.62	0.51	0.38	0.60
13	1.09	1.26	1.4	1.78	2.01
13	0	0	0	0	0

现在工艺主要任务是保证精料容器产品丰度 100%合格，现精料容器产品丰度控制范围为：4.449%～4.451%。

以 3 m^3 B 容器为例，假设级联系统未发生大的异常，对下列两种产品丰度控制方式进行对比（包括 3#流丰度波动在精料容器内造成的分离功损失以及 3#流丰度调整次数），由于收料容器初期主要是净化收料，每个取样周期内收料质量少，且波动明显，所以收料初期不控制，从 900 kg 以后开始控制。

控制方式 1：精料容器丰度控制按上、下限控制，即容器丰度到达上限时，向下调整 3#流丰度；容器丰度到达下限时，向上调整 3#流丰度。单点丰度变化图与容器丰度控制图如图 5、图 6 所示。

以这种方式控制丰度时，精料容器内混合分离功损失大小为：

$$\delta U_m = \frac{V''(a)}{2!}\left[\begin{array}{l} m_1(C_0-a)^2+(m_2-m_1)(C_1-a)^2+(m_3-m_2)(C_2-a)^2 \\ +\cdots+(m_n-m_{n-1})(C_{n-1}-a)^2 \end{array}\right]$$
$$=1.6\times10^{-3}\ \text{kg SWU} \tag{26}$$

由图 6 可看出，3#流丰度调整次数为 5 次，如果级联系统有其他突发情况，调整次数更多。每一次调整都会使级联系统打破原有稳态，在几个小时内重新调整级联内部各级压力、流量、丰度，最后造成级联内部分离功损失变化。

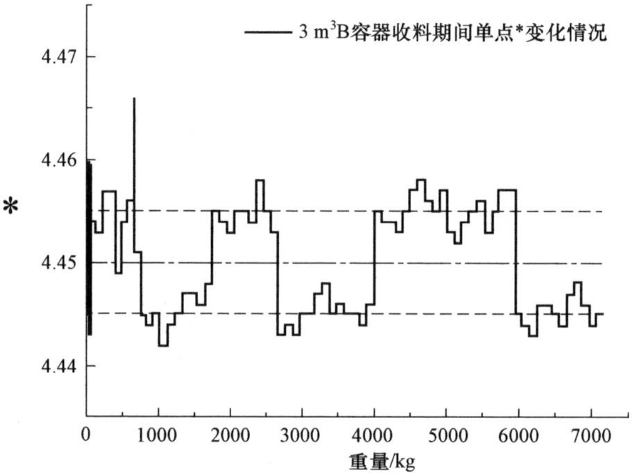

图 5　精料容器收料期间重量、单点丰度变化图

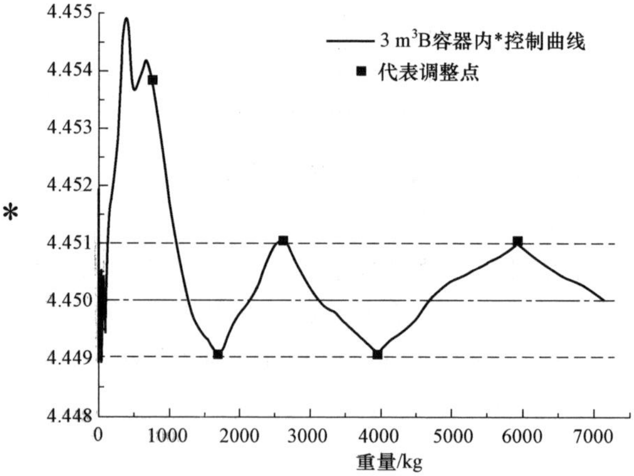

图 6　精料容器收料期间重量、容器丰度控制图

控制方式 2：从精料收料容器开始控制丰度时监测，当精料容器丰度拉回 4.45%中线时，将 3#流丰度调回 4.45%。单点丰度变化图与容器丰度控制图如图 7、图 8 所示。

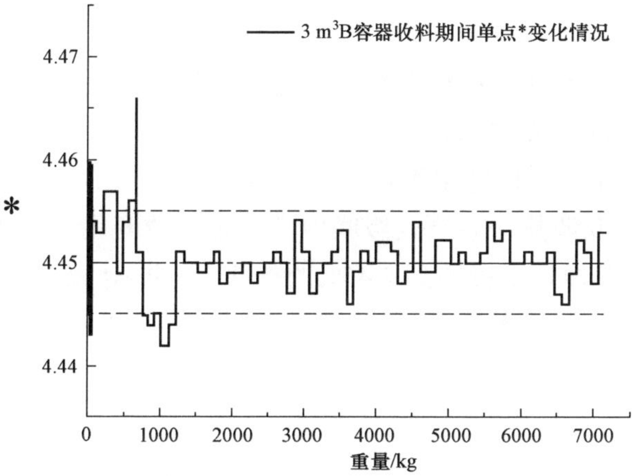

图 7　精料容器收料期间重量、单点丰度变化图

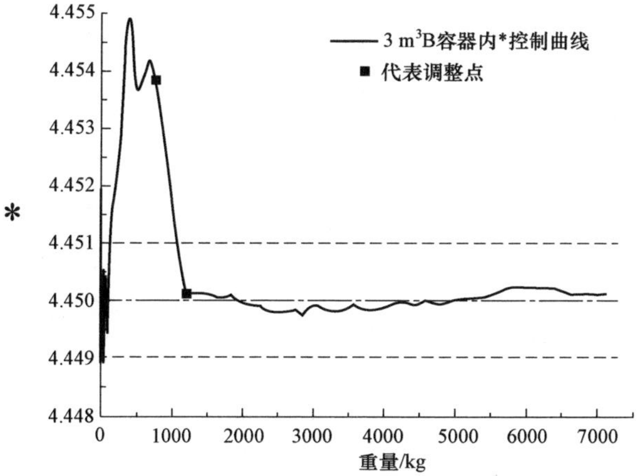

图 8　精料容器收料期间重量、容器丰度控制图

以这种方式控制丰度时，精料容器内混合分离功损失大小为：

$$\delta U_m=\frac{V''(a)}{2!}\begin{bmatrix}m_1(C_0-a)^2+(m_2-m_1)(C_1-a)^2+(m_3-m_2)(C_2-a)^2\\+\cdots+(m_n-m_{n-1})(C_{n-1}-a)^2\end{bmatrix}$$
$$=9.2\times10^{-4}\ \text{kg SWU}\tag{27}$$

如果级联不发生突发情况，3#流丰度调整次数为 2 次，容器内丰度一直在 4.45%上下小范围波动。控制稳定，最大程度减小了级联系统的调整次数。

4 结论

（1）3#流丰度波动会在精料容器内造成分离功损失，且丰度波动越大，在精料收料容器内造成的混合分离功损失越大，目前我厂正常生产时精料容器分离功损失较小，可以忽略不计。

（2）3#流丰度调整，会造成级联内部各种参数变化，各级分离功损失也会相应变化，在容器内丰度回到 4.45%的条件下，将 3#流丰度调回 4.45%，可以尽量减少 3#流丰度调整次数。

第二篇　电气与自控

关于突破 AKCY-M 系统 DCS 改造方案技术瓶颈的研究

叶景涛　姜小立

摘要： 文章首先对 AKCY－M 系统的运行现状进行了分析。针对其信息水平不高、可维护性差的现状，提出了相关 DCS 改造方案。而该改造方案存在技术瓶颈，即：AKCY－M 系统与 DCS 系统难以实现数据互联。文章将重点阐述协议转换卡的设计研制及应用方法和适用性。该卡件的成功研制将实现 AKCY－M 系统与 DCS 系统之间的数据互联，对提高自控系统可维护性、信息化水平、延长 1A 系统使用寿命具有重要意义。

关键词： AKCY－M 系统；DCS 改造；协议转换；系统延寿

1　前言

1A 工程作为我国首个引进的铀浓缩生产线，为中国核工业发展做出了重大贡献，到目前为止该生产线已经连续运行了 20 年。AKCY－M 自控系统作为 1A 工程的核心控制系统，已经具备了“集中管理、分散控制”的 DCS 控制理念。但是受 20 世纪 70 年代技术条件的制约，控制系统中大量使用了俄制式小规模集成电路和分立元件，导致该系统集成度低、结构复杂。AKCY－M 系统作为一套专用的纯硬件控制系统，使用了专用的数据通信协议，并且未配置与计算机进行数据通信的接口，因此难以和通用计算机设备进行数据交互。这不仅导致自控系统信息化水平较低，也影响了 1A 工程的延寿改造。

2　AKCY－M 系统现状分析与应对方案

2.1　AKCY－M 系统运行情况分析

AKCY－M 系统分为控制室逻辑设备和现场逻辑、动力设备两大部分。现场侧设备故障（包含现场逻辑设备故障、仪表类故障、动力控制回路故障）的影响范围小、平均修复时间短、故障范围受控。控制室侧故障（主要控制室设备为逻辑回路故障）故障次数少，但是处理技术要求高、故障点排查困难、故障处理效率低、修复时间较长、故障影响范围大。控制室自控设备逻辑回路一旦出现故障，可能会中断工艺操作员对现场主工艺系统运行状态的监测，导致工艺操作员无法对现场主工艺设备进行远控操作，会对主工艺系统的安全运行产生严重后果。

由于 AKCY–M 自控系统大量使用了俄制式小规模集成电路和分立元件，其集成度低、系统结构复杂，导致了系统故障次数每年呈现上升趋势。

20 年的运行时间使得 AKCY–M 系统自控设备中电解电容等元器件性能下降、卡件插针氧化严重、备品备件被大幅度消耗。

以上情况均导致 AKCY–M 系统的可维护性已经处于较低水平。

2.2 应对方案

结合公司对 1A 工程延寿的需要，同时为了提高控制系统信息化水平、改善系统可维护性、延长系统使用寿命，提出了两套 AKCY–M 系统 DCS 改造方案，两套方案如下：

（1）面向 AKCY–M 系统逻辑层设备的全面 DCS 改造方案；

（2）面向 AKCY–M 系统控制室自控设备的 DCS 改造方案。

2.3 方案可实施性分析

在 AKCY–M 系统逻辑层设备全面 DCS 改造方案中，需要在控制室配置若干对冗余操作员站、为现场每个机组或料流配置一套冗余的现状控制站来替换原 AKCY–M 系统 254 个逻辑柜，自控设备的改造成本大约在 2000 万元；还需要使用标准信号输出仪表替换数量庞大且无法接入 DCS 系统的压力仪表，若对仪表进行替换处理，仪表改造成本需要 1800 万左右，改造成本较高；现场施工空间狭小、施工风险较大。因此 AKCY–M 系统逻辑层设备全面 DCS 改造方案的可实施性较低。

若使用 DCS 设备替代控制室侧的自控设备，保留 AKCY–M 系统现场 2000 系列逻辑柜。在完成控制室 DCS 系统与现场 AKCY–M 系统的数据对接后，控制室 DCS 网络与现场 AKCY–M 系统控制网络融合成为一套相互配合运行的自控网络。被替换下的自控设备也可以空余出一部分卡件供运行设备使用。该方案既改善了 AKCY–M 系统信息化水平不高、可维护性差的现状，延长了 1A 自控系统的使用寿命，又大幅度降低了施工难度和改造成本。

由此可以得出结论：针对 AKCY–M 系统控制室自控设备 DCS 改造的方

案具备更好的可实施性和经济性，更加适用于系统改造。

2.4 可实施方案的技术障碍

由于 AKCY－M 系统是一套同步系统，使用了专用的数据通信协议，数据的上传和指令下发均需要在约定的时间间隔内进行，而 DCS 设备不具备识别和产生这种专用格式数据的能力，导致了 AKCY－M 系统无法与 DCS 系统进行数据互联，因此 AKCY－M 系统控制室自控设备 DCS 改造方案还需要突破关键技术瓶颈：完成 AKCY－M 系统与 DCS 系统之间的数据互联。

3 设计协议转换卡突破技术瓶颈

虽然 DCS 系统无法识别与发送 AKCY－M 系统专用通信协议数据，但是 DCS 系统可以识别与发送 Modbus、TCP/IP 等协议数据。通过设计专用的协议转换卡，将现场 2000 系列逻辑柜向控制室上传的参数信息转换成 Modbus 协议数据，供 DCS 设备识别采集；将 DCS 系统下发的控制指令转换成 AKCY－M 系统专用通信协议数据，供现场 2000 系列逻辑柜识别采集；由协议转换卡产生的同步时钟信号使得 AKCY－M 系统与协议转换卡能够同步工作。经过专用协议转换卡的中间数据转换，可以实现 DCS 系统与 AKCY－M 系统的数据互联。

3.1 协议转换卡功能要求

由 AKCY－M 系统控制室设备与现场逻辑柜信息交互示意图（图 1）所示，在原 AKCY－M 系统中，每个位于控制室的 1200 系列逻辑柜，具有和 4 个现场 2000 系列逻辑柜交换信息的能力。AKCY－M 系统控制室设备和现场设备之间的信号联系主要有“11 个脉冲”同步信号、“20 位总线”信息和 AKИ 指令代码。

位于控制室的 1200 系列盘柜向现场 2000 系列逻辑柜发送“11 个脉冲”同步信号和 AKИ 串行指令代码，而现场的 2000 系列逻辑柜则通过“20 位总线”将现场的相关仪表参数、工艺设备运行状态及自控设备的故障等状态上传到控制室中。

在 AKCY－M 系统控制室自控设备 DCS 改造方案（图 2）中，控制室 50 面原自控系统逻辑柜均被舍弃，现场 2000 系列逻辑柜上传的参数信息先被协议转换卡识别采集，经过协议转换卡的数据转换后才能被 DCS 控制站的串口卡识别采集，经过主控卡处理后上传至 DCS 操作站。由 DCS 控制站输出的 Modbus 协议数据经过串口卡输出至协议转换卡，经过协议转换卡的数据转换后供现场 2000 系列逻辑柜识别采集。

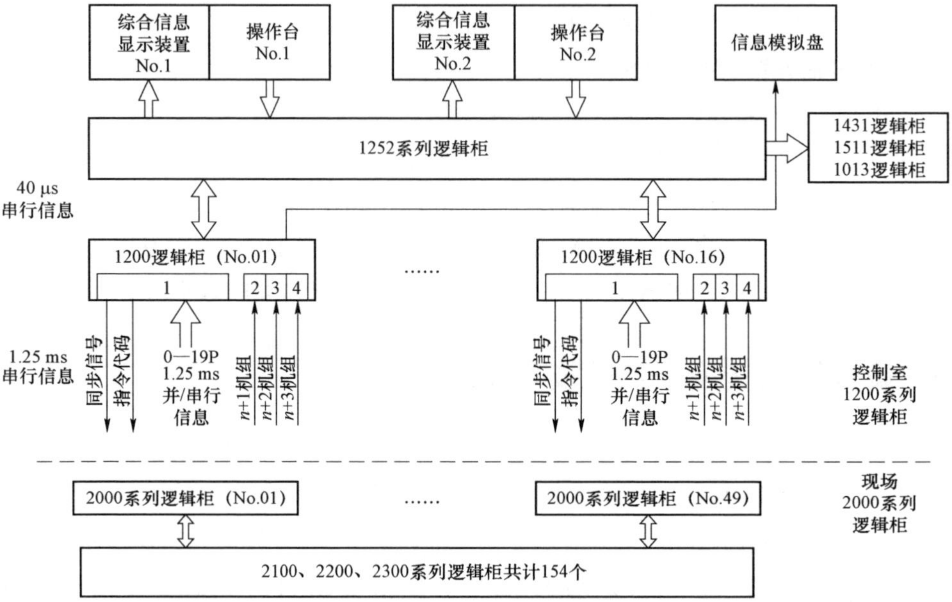

图 1　原 AKCY－M 系统控制室设备与现场逻辑柜信息交互示意图

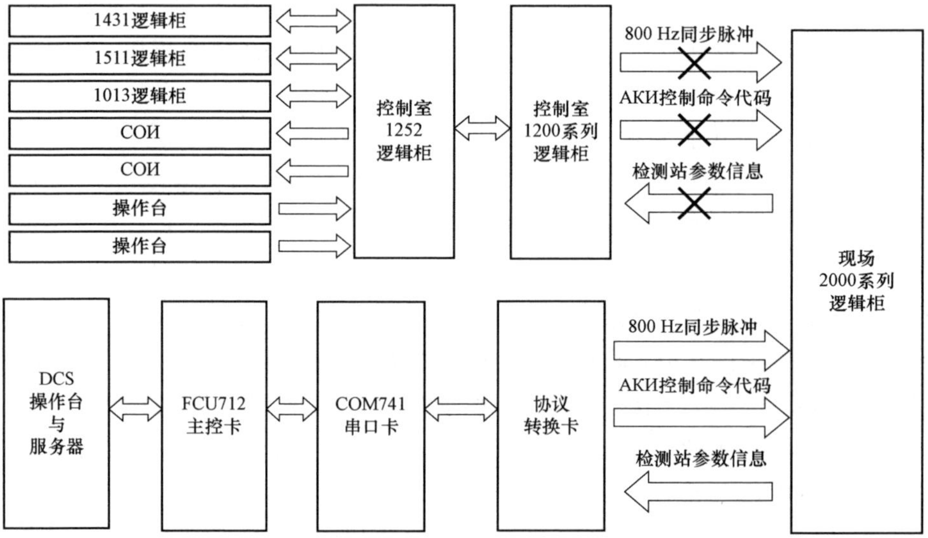

图 2　AKCY－M 系统控制室自控设备 DCS 改造方案

因此，实现 AKCY－M 系统与 DCS 系统数据互联的协议转换卡需要具备以下数据处理功能（图 3）：

（1）由协议转换卡产生现场 2000 系列逻辑柜所需要的“11 个脉冲”同步脉冲信号，并下传给现场 2000 系列逻辑柜；使 AKCY－M 系统与协议转换卡能够同步工作，为实现数据交换提供先决条件。

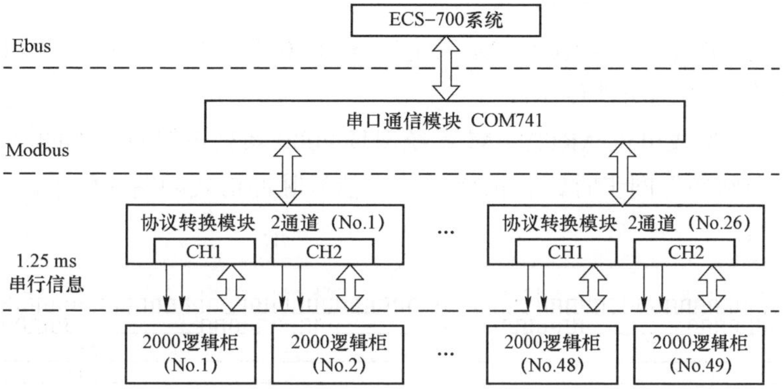

图 3　AKCY－M 系统控制室自控设备 DCS 改造后局部数据通信示意图

（2）协议转换卡能够识别并采集 AKCY－M 系统现场逻辑柜上传的“20 位总线”信息，通过内部电路以及程序的转换后形成可被 DCS 系统控制站中串口卡识别采集的信号。

（3）协议转换卡能够采集识别从 DCS 系统操作站下发，经过串口卡输出“控制命令”并转换成现场 2000 系列逻辑柜可识别的信号（AKИ 串行指令代码）发送给 AKCY－M 系统现场逻辑柜。

3.2　针对功能要求进行设计

为了实现协议转换卡数据处理与转换的功能要求，需要对协议转换卡的功能模块进行详细设计。

3.2.1　硬件逻辑回路设计

鉴于原 AKCY－M 系统的现场逻辑设备和控制室逻辑设备之间采用了光电隔离回路进行信号交换。协议转换卡的向下输出的“同步脉冲”和“控制指令”代码可使用晶体管输出，由 2000 系列逻辑柜的光隔模块对相关信号进行接收；由现场 2000 柜上传至协议转换卡的“20 位总线”信息，则需在转换卡输入端配置光隔模块。由此实现控制室设备和现场逻辑设备之间的电气隔离。

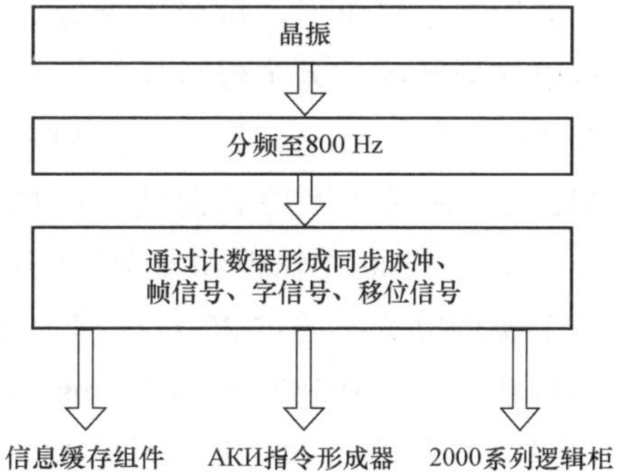

图 4　同步时钟组件机构示意图

3.2.2　时钟信号设计

每个协议转换卡具有独自的时钟电路，同步时钟组件（图 4）具有 3 个作用：

作用 1：形成 AKCY－M 系统“20 位总线”信息专用通信协议的数据译码时钟，供信息缓存组件使用；

作用 2：形成可供 AKCY－M 系统现场 2000 系列逻辑柜识别的 AKИ 指令代码，供信息缓存组件使用；

作用 3：形成可供 AKCY－M 系统现场 2000 系列逻辑柜工作的同步时钟。

“11 个脉冲”同步时钟、帧信号、字信号脉冲格式如图 5 所示。

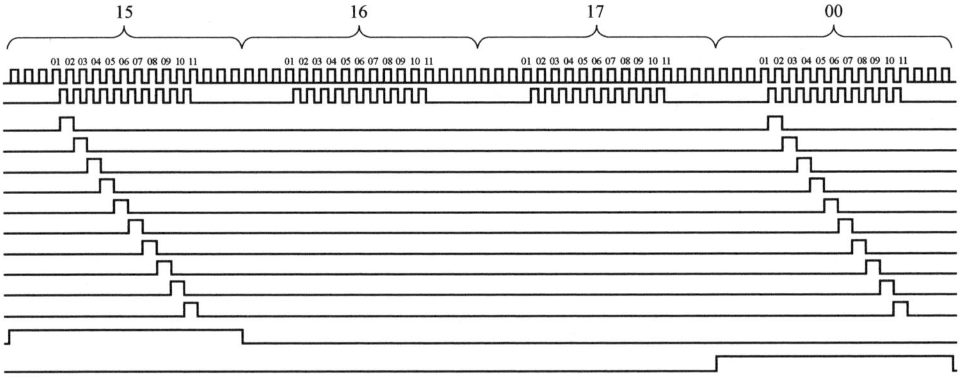

图 5 “11 个脉冲”同步时钟、帧信号、字信号脉冲格式示意图

原 AKCY－M 系统为同步系统，其同步时钟需要供给所有 1000 系列逻辑柜和 2000 系列逻辑柜使用。而在此科研项目中，每个现场检测站（2000 逻辑柜）只与位于控制室的信息缓存、AKИ 指令形成组件交换数据，同时鉴于分散控制风险，因此将在每个协议转换卡中独立配置一套同步时钟组件，用来组织两个现场检测站的工作。

3.2.3 上传数据的缓存和通信组件设计

原 AKCY－M 系统（图 7）所配置的 1200 系列逻辑柜，具有 4 套相对独立的逻辑运算单元，每套逻辑运算单元独立的和位于现场的一个 2000 系列逻辑柜交换数据。为了保持原自控系统线路不做改动，可以在每个 1200 逻辑柜柜体中配置一套通信组件、2 套信息缓存装置和一套同步时钟组件，由此满足 AKCY－M 系统“20 位总线”信息至 Modbus 协议的转换。

每个 1200 逻辑柜和 4 个现场检测站（2000 系列逻辑柜）交换信息。其中每个现场检测站通过 20 对电缆上传串行信息（“20 位总线”信息）。所有数据的刷新时间为 0.3825 s（1.25 ms × 17 = 21.25 ms；21.25 ms × 18 = 382.5 ms）。

3.2.4 AKИ 串行指令代码的设计

AKCY－M 系统的控制指令由控制室向现场 2000 系列逻辑柜发生时，采

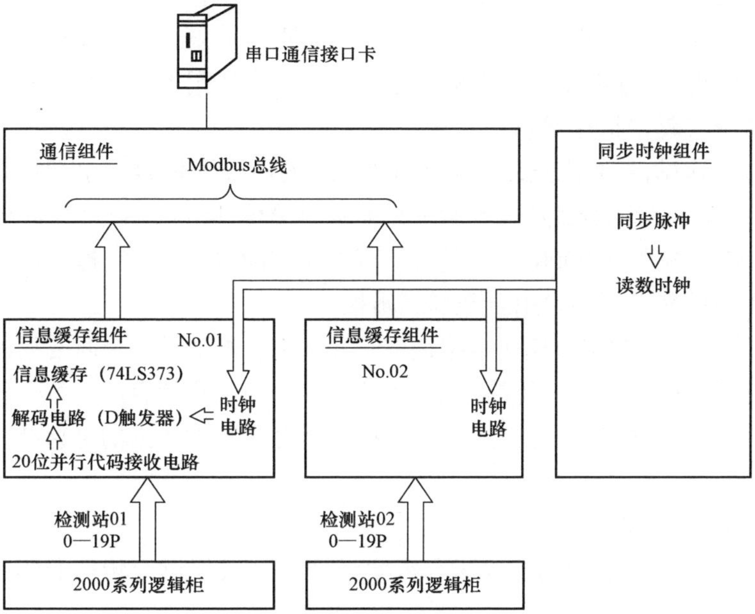

图 6　通信组件和数据缓存组件设计图

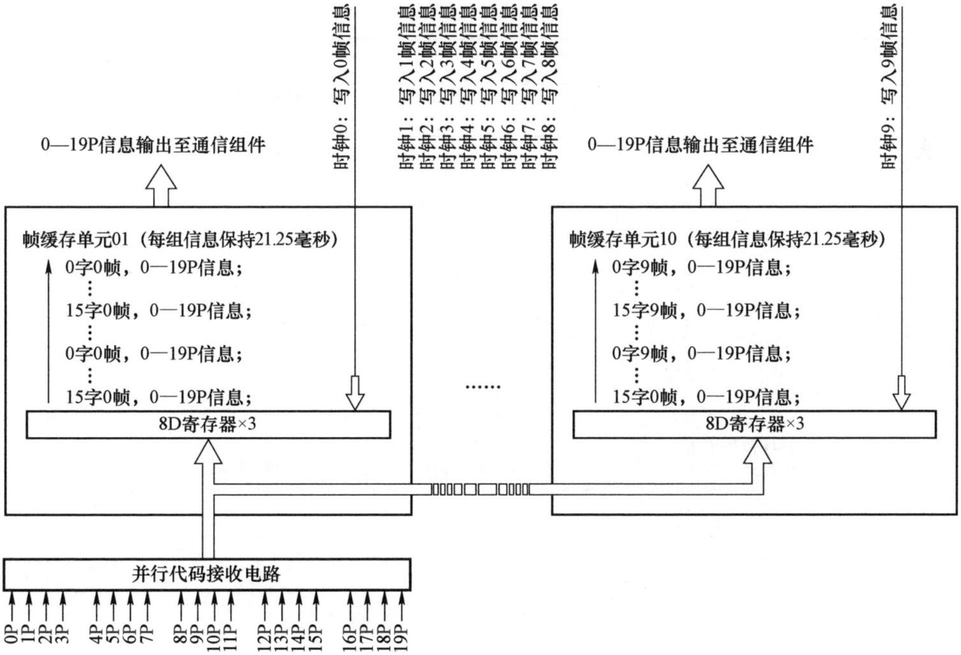

图 7　原 AKCY－M 系统数据通信示意图

用了专用的 AKИ 串行指令代码格式传输。

其控制命令代码由三部分组成，均通过同一对双绞线，通过二/十进制串行格式，向现场 2000 系列逻辑柜传输。控制指令代码的三部分分别为：地址代码、命令代码、执行代码。

来自操作站的主工艺操作指令由 DCS 的串口通信卡输出至指令形成组件，指令形成器组件根据同步脉冲组件提供的帧信号、字信号，形成符合 AKCY－M 系统现场 2000 系列逻辑柜可以识别的 AKИ 串行指令代码。AKИ 指令代码通过光电隔离输出至现场逻辑柜。

“20 位总线”数据协议的数据读取，可以采用硬件线路分时复用的工作方式。针对每个检测站所上传的数据，配置 10 个帧信息缓存区。每个帧数据缓存区在 0.3825 s 时间内，被写入 16 次数据，每次写入数据的可保持时间最短为 21.25 ms。

3.3 形成硬件结构图

基于协议转换卡的功能要求与方案设计，形成了协议转换卡的结构设计图（图 8）。

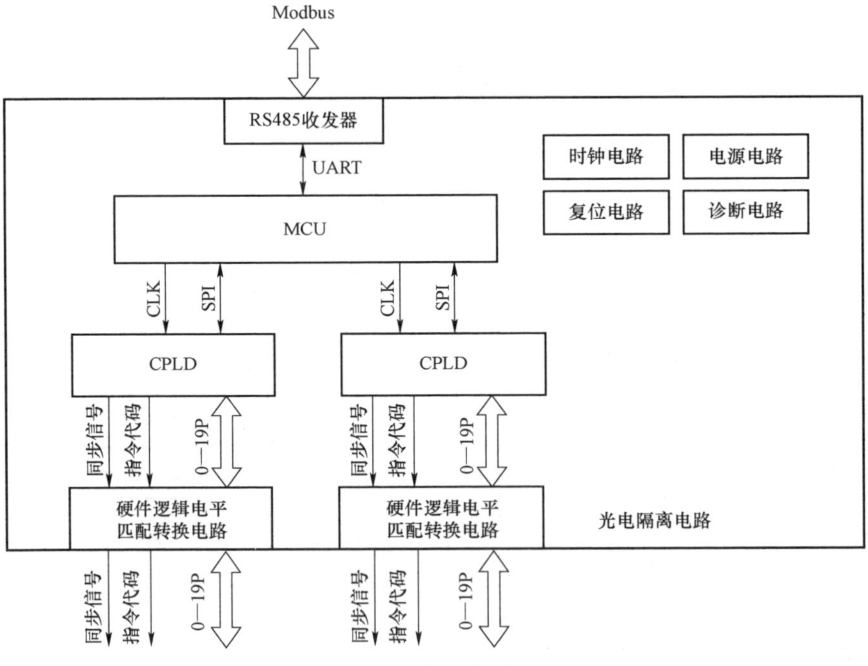

图 8　协议转换卡硬件结构设计图

根据结构设计图所示，来自 2000 系列现场逻辑柜的“20 位总线”信息通过光电隔离模块后被硬件逻辑电平匹配转换电路识别并采集，经过 CPLD 模块与 MCU 处理器转换成 Modbus 协议数据，由 RS485 收发器传输至 DCS 控制站的串口卡。

来自操作层的 Modbus 协议控制指令从 DCS 控制站的串口卡发出，被 RS485 收发器接收后交给 MCU 处理器与 CPLD 转换处理，由硬件逻辑电平匹配转换电路转换成现场逻辑柜可识别的 АКИ 串行代码，供现场 2000 系列逻辑柜识别采集。

时钟电路产生同步时钟信号供 AKCY–M 系统现场 2000 系列逻辑柜工作使用；使卡件形成 AKCY–M 系统“20 位总线”信息专用通信协议的数据译码时钟；使卡件形成可供 AKCY–M 系统现场 2000 系列逻辑柜识别的 АКИ 指令代码。

电源电路为协议转换卡的正常运行提供稳定可靠的工作电源。

当协议转换卡内部程序逻辑产生问题或故障时，复位电路可以将协议转换卡复位。

当协议转换卡内部卡件故障时，诊断电路将产生相应报警并上传至 DCS 系统。

4 协议转换卡的适用性分析

以协议转换卡为核心的 AKCY–M 系统控制室自控设备 DCS 改造方案（图 9）的适用性可由以下几点体现：

（1）协议转换卡的研制将解决改造方案的技术瓶颈，实现控制室 DCS 系统与现场 AKCY–M 系统的数据对接，使控制室 DCS 网络与现场 AKCY–M 系统控制网络能够融合为一体，使改造方案的可实施性大幅度提高；

（2）DCS 系统具有良好的稳定性和丰富的自诊断功能，系统的可维护性大幅度的提高，维护的成本大幅度降低；自控系统与第三方计算机设备的数据通信易于实现，信息化水平大幅度提升；

（3）DCS 设备有强大的实时数据记录和历史数据记录功能，可以省去系统中所有的模拟量数据记录仪和信息记录系统。DCS 系统良好的扩展性和控制方案软件更改功能使得级联并联运行方案调整、料流工况转换更加灵活、高效；

（4）改造方案使用少量 DCS 设备替换 AKCY–M 系统控制室自控设备，且不需要对原系统中的压力仪表做改造。方案的改造成本大幅度下降，性价比大幅度提高。

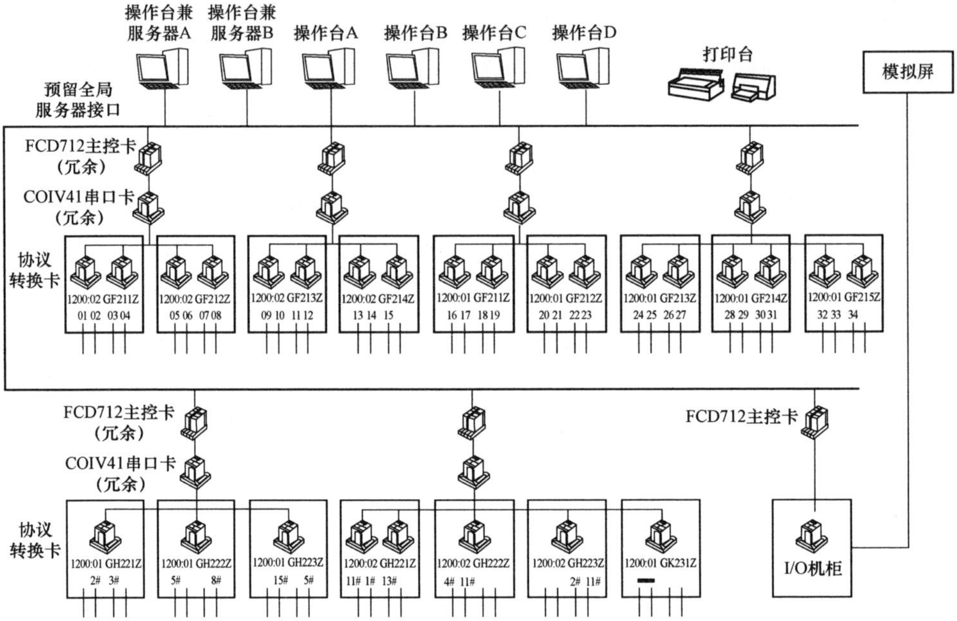

图 9　AKCY-M 系统控制室自控设备 DCS 改造方案系统网络配置图

（5）在后续的生产运行中，若某一现场逻辑柜运行状态严重下降、不具备修复价值时，再使用 DCS 设备替代该逻辑柜的所有功能，接入自控网络中。

5　总结

协议转换卡研制项目进展顺利，在最小化测试平台上，已经能够通过 DCS 组态界面对现场设备进行远程操作，并成功采集到检测站上传的所有参数信息，实现了 AKCY-M 系统与 DCS 系统的实时数据互联。实现协议转换卡的工业应用将改善自控系统信息化水平低、可维护性差的现状，延长 1A 工程的使用寿命。协议转换卡的研制不仅为使用 AKCY-M 系统的其他业内工厂提供了相关解决方案，也为今后自控系统在更新换代时，如何降低改造成本、减小改造风险、提高改造方案的性价比提供了一个全新的思路。

参考文献

[1] 张岩，张鑫．单片机原理及应用［M］．北京：机械工业出版社，2015．
[2]《中国集成电路大全》编写委员会．TTL 集成电路［M］．北京：国防工业出版社，1985．

[3]《中国集成电路大全》编写委员会. CMOS 集成电路 [M]. 北京：国防工业出版社，1985.

[4] 罗朝霞，高书莉. CPLD/FPGA 设计与应用 [M]. 北京：人民邮电出版社，2007.

[5] 中华人民共和国质量监督管理局. 基于 Modbus 协议的工业自动化网络规范 [M]. 北京：中国标准出版社，2008.

[6] 姜小立. 1A 级联自控系统分析评价及优化方案 [R]. 中核陕西铀浓缩有限公司信息档案部，2017.

铀浓缩工厂变频电源调试中的质量控制及对策研究

张　楠　刘文君

摘要： 变频电源为主设备提供持续、优质的电能，满足其在不同工况下的正常运行。示范工程启动运行至今，变频电源运行状态稳定，可靠性高，符合铀浓缩工厂主设备供电要求。本文开头对变频电源的调试方法进行系统性的阐述，运用质量控制工具对调试中遇到的疑难问题开展深入的分析和解决，并进行质量跟踪，对主要创新点介绍说明，结尾在变频电源调试总体情况提炼的基础上，对其未来的优化、发展大胆畅想。

关键词： 变频电源调试；质量控制；技术创新

1　前言

随着我国核电事业的高速发展，对清洁能源的需求正日益增强，核能已走向能源领域的大舞台。近年来，我国铀浓缩工厂设备制造和生产技术不断进步，主机电机功率大幅提升，级联结构不断优化，为进一步增加区段供电能力，降低对人力资源依赖程度，简化工厂的运行管理，对变频电源的容量、性能、工作质量可靠性和经济性提出了更高的要求。为贯彻“中国制造 2025”战略行动纲领和中核集团“十三五”发展规划，公司坚持“科技引领”和“创新驱动”的发展理念，新一代大功率变频电源在示范工程中正式应用。

2　变频电源简介

变频电源由监控单元、功率变换单元、配电单元组成，将 50 Hz、380 V 的三相输入交流电经过整流、逆变、滤波和补偿，产生 1550 Hz、380 V 的三相中频变频电源，再分别经过两路可控硅静态开关送至不同的区段供电柜，持续地给主机提供优质的电源。现场实物如图 1 所示。

图 1　变频电源实物图

3　变频电源调试

变频电源在正式启动运行前要经过各项充分的单体调试考核及缺陷消除，保证其启动一次成功率及后期高质量运行，主要分为无载静态条件下的静态检查、主/控制回路线路检查，送电条件下的动力/驱动控制检查和功能保护检查，带模拟负载条件下的动力/控制回路的拉载考核。单体调试完成后，进行组网式的联合调试，检查验证整体的逻辑关系，利用模拟负载长时间的模拟正式运行环境运行考核，并在安全措施完备的基础下进行极端条件试验。

3.1　静态检查

（1）现场调试过程中会出现螺钉没有紧固的情况，为避免关键器件之间连接不可靠导致的器件失效特增加此检查项，包括变频电源柜体内外元器件完好并安装到位，直流侧母排与电容之间，逆变侧 IGBT 与散热器之间，负荷母排与刀闸之间，及其他连接点通过观察弹片压下的方式检查紧固情况。

（2）柜体外部接地和内部绝缘正常。

（3）动力元器件静态参数检查。

对变频电源内部所有动力元器件的静态初始参数进行测量，发现不合格的及时替换，为今后长期运行提供参考资料。以 1 台变频电源为例，如表 1 所示。

表1 动力元器件静态参数表

变频电源编号			****		
平波电容静态参数/μF					
第一组****		第二组****		第三组****	
滤波吸收电容静态参数/μF					
第一组****		第二组****		第三组****	
直流二极管静态参数/kΩ					
1****	2****	3****	4****	5****	6****
可控硅静态参数/MΩ					
A****	B****	C****	a****	b****	c****

3.1.1 主回路线路检查

（1）输入软启回路

断开 KM1、KM2 输出公共端的电气连接，手动闭合 KM2，测量 KM1 的输入（X，Y，Z 端）与对应相的 KM2 输出（x，y，z 端）的两端电阻，即测量 X 与 x 两端、Y 与 y 两端、Z 与 z 两端，确保所测阻值为（10±1）Ω，若所测线路阻抗不正确，则检查与软启回路的接线是否正确、软启电阻是否损坏。软启回路检查结束后应恢复接线，并检查螺钉是否紧固。

（2）检查整流桥输出“+”与母排“+”连接、整流桥输出“−”与母排“−”连接是否正确。

（3）检查 A、B、C 三相 IGBT 与电感器是否一一对应。

（4）检查输出 A、B、C 相滤波电感与铜排三相连接是否一一对应。

（5）将通信控制电路板从控制机笼内拔出，用万用表通断档检查功率柜输出三相铜排，确保相间无短路。

3.1.2 控制回路线路检查

（1）驱动线检查

检查 A、B、C 三相驱动电路板分别与三相逆变单元一一对应，与三相的驱动接线须保持一致，驱动板的灰排线为 20 针的牛角插头，小三角所指向的位置是 1 脚，用万用表依次检查灰排线各端子是否可靠连接。IGBT 连接的驱动线如图 2 所示。

检查晶闸管驱动线 6 组晶闸管的驱动分别从两个电子开关驱动板 XS5、XS4 和 XS3、XS6 以及 XS7、XS8 引出，各端子的 1 脚接红线、3 脚接白线。

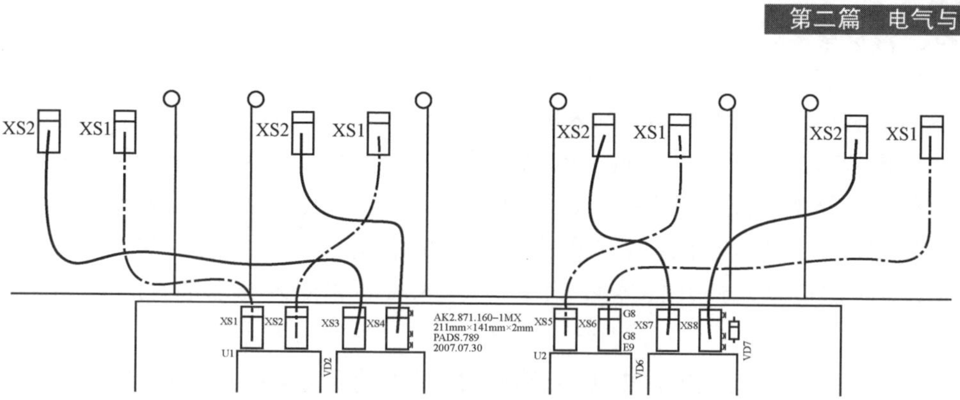

图 2　驱动板与 IGBT 的驱动线连接图

（2）电路板状态检查

检查电路板状态和采样参数，各电路板状态设置如表 2 所示，采样参数检查如表 3 所示。

表 2　各电路板状态检查表

标号	线路板类型	短接位置	备注
光纤	控制电路板 AK2.503.389－1MX		并机通讯
JP1		1、2 脚短接	DSP 看门狗复位
SB1	通讯控制电路板 AK2.503.375MX	1 位 ON，其他位 OFF	地址编码
SA1		拔至“检修”	检修
SA2－SA6		不短接	
SA1	采样及保护电路板 AK2.585.014MX	不短接	
SB1		1、2 位 OFF	

表 3　采样参数检查表

标号	线路板类型	数值	备注
R35＋R51、R36＋R52、R34＋R53	采样及保护电路板 AK2.585.019MX	271 Ω	输出电压采样
R10、R11、R12		24 Ω/2 W	电感电流采样
R45、R46、R47、R48、R49、R50		150 Ω	输出电流采样

（3）信号反馈检查

信号反馈检查包括输出电压反馈、输出电流反馈和电感电流反馈。

检查输出电压反馈，将信号采样电路板及通信控制电路板从控制机笼拔出，三相输出电压分别与控制机笼信号转接板 XS12 的 1、3、5 脚对应，三相输出电压与控制机笼信号转接板 XS38 的 1、3、5 脚对应，输出滤波电容公共端与控制机笼信号转接板 XS38 的 7 脚对应。

检查输出电流反馈，输出电流互感器所标识的正方向指向电感，将采样及保护电路板从控制机笼拔出，两路三相输出电流互感器的 S1 端接线拆掉，两路三相输出电流互感器连接端子与控制机箱母板的 XS13－XS15/XS16－XS18 的接口是对应，且各端子的 5 脚、6 脚与相应互感器的 S1 端、S2 端对应。

检查电感电流反馈，电感电流霍尔所标识的正方向指向电感器，A、B、C 三相电感电流霍尔连线插头与控制机箱母板的 XS19－XS21 端子对应，且其端子的 4～6 脚分别对应霍尔的“M 端”“＋端”和“－端”。

3.2 送电检查

3.2.1 UPS 控制电源检查

拔掉三相电感电流连接插头，拔掉触摸屏、IGBT 驱动板以及电子开关驱动板的供电，拔掉控制机笼中信号转接板上的 XS29，接通 QF2，检测 XS29 上的线电压在 44～46 V。

检查电感电流传感器供电电压在三相电感电流传感器连接插头处，根据霍尔上所指示的丝印供电电压为（24±1）V，检查触摸屏供电电压为（24±0.5）V，检查 IGBT 驱动供电电压为 44～60 V，检查电子开关供电电压为（48±1）V。断开 QF2，恢复电感电流霍尔、触摸屏、IGBT 驱动板以及电子开关驱动板的供电插头连接。

3.2.2 逆变驱动同步和死区检查

检查逆变驱动同步及死区是在直流放电工作模式下完成的，只有 20 s 的时间可以观察结果，如果需要调整，可多次启动进行观察。探头与芯片 315 的管脚距离比较近，应使用绝缘体隔开，避免探头与 315 管脚之间短路。在进行测试前必须确认母线电压小于 10 V，示波器的探头位置如图 3 所示。

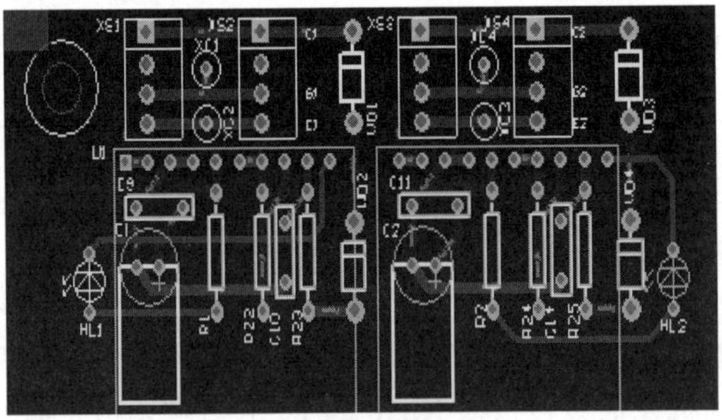

图 3　探头接法示意图

（1）逆变驱动同步检查

测量端为 XC1 和 XC2、XC3 和 XC4、XC5 和 XC6、XC7 和 XC8，变频电源无故障，急停旋开，执行直流放电操作，逆变器解除封锁后，驱动板上的指示灯 HL6 灭，电路板上指示灯 HL7 亮，全段范围内时间差在 20 ns 范围以内，如图 4 所示。

（2）逆变驱动死区检查

测量端为 XC1 和 XC3、XC2 和 XC4、XC5 和 XC7、XC6 和 XC8；变频电源无故障，急停旋开，执行直流放电操作，逆变器解除封锁后，驱动板上的指示灯 HL6（LOCK）灭，电路板上指示灯 HL7 灭、HL4 亮，上、下管驱动波形过零点的时间差为（3±0.1）μs，如图 5 所示。

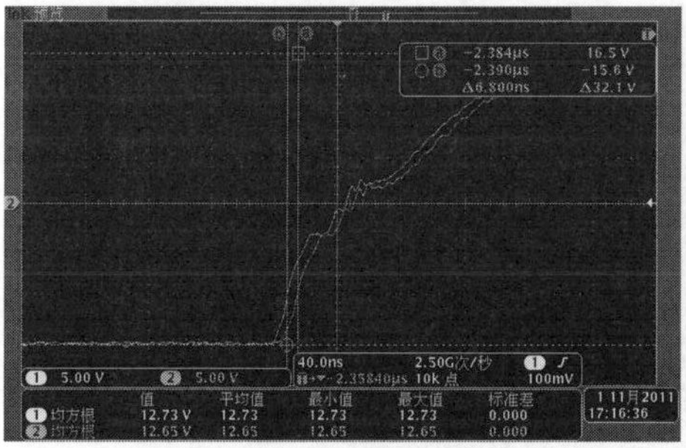

图 4 逆变驱动同步波形图

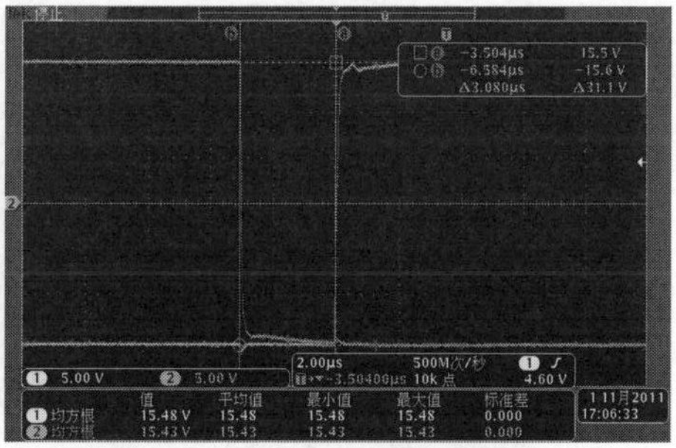

图 5 逆变驱动死区波形图

3.2.3 水流量继电器检查

关闭水路上功率柜的进水，调节水流量继电器开关，直至出现“冷却水流量异常”报警或水流量继电器开关动作，然后反方向调 1 圈。水流量继电开关的调节旋钮如图 6 所示，顺时针旋转调节旋钮提高动作阀值，反之降低动作阀值。

3.2.4 硬件故障检查

（1）三相过热，将某相驱动板上的过热线 XS9 拔掉，故障指示灯亮，历史记录内包含“逆变模块过热”故障信息。

（2）水流量异常，在水流量正常的情况下，断开冷却水，故障指示灯闪烁，历史记录内包含“冷却水流量异常”报警信息。

图 6 水流量继电器开关调节旋钮图

（3）KM2 异常，确认输入无主电，

人为闭合 KM2 主触点，故障指示灯亮，历史记录内包含“输入软启交接异常”故障信息。

（4）电子开关异常，在待机情况下，分别拔掉两路电子开关的状态反馈光纤（PHT3），故障指示灯亮，历史记录内包含“电子开关异常”的故障信息。

3.2.5　直流母线放电及自诊断检查

主电输入已接至电网，人为闭合 KM2 主触点后迅速断开，初次测试在直流母线电压较小时进行，使用直流母线放电功能泄放掉直流电容上的电能，用示波器捕获到直流放电时输出电压的波形。检查输出电压的相序，输出电压为正序，A 相超前 B 相，滞后 C 相，如图 7 所示。

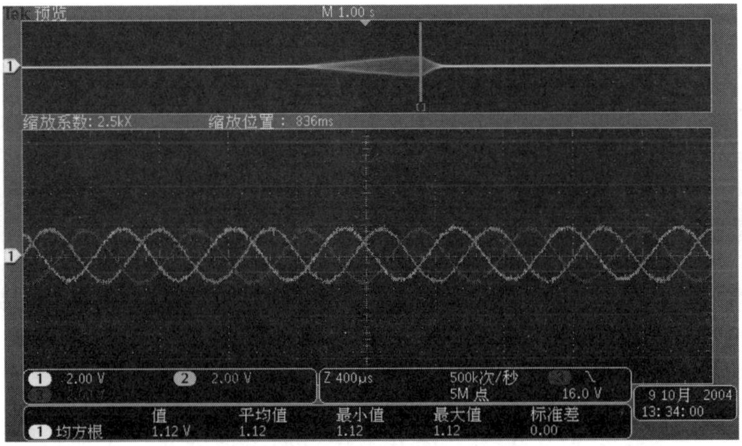

图 7　直流母线放电输出电压波形

触摸屏底部状态栏为“检修”字样，若无则检查通信控制板的检修开关状态是否正常。长按通信控制板的自诊断按钮 3 s，此时运行指示灯亮，变频电源进入自诊断流程，状态栏由“检修”变至“自诊断”。若自诊断过程被故障中断，故障灯常亮，在历史记录内查询故障信息，消除故障后，重新开始自诊断过程，直至无故障。自诊断完成后，历史记录内记录的自诊断信息准确，如有异常根据自诊断信息进行检查，直至自诊断信息正确。

3.2.6　三档工况空载检查

将工况拔片设置为 1550 Hz 工况，重新上控制电后，输出电压设定为 380 V，启动变频电源，触摸屏上显示输出电压为 380 V，输出电流为 0 A，电感电流在 400～450 A 范围内，正常波形如图 8 所示。其余两档工况设置同上。

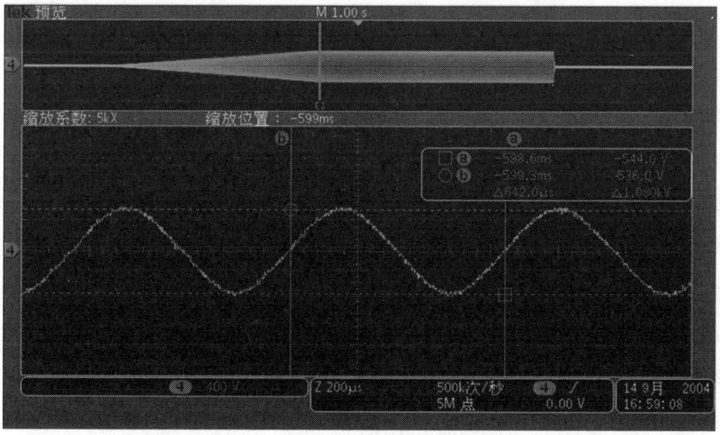

图 8 1550 Hz 输出电压波形

3.3 保护功能检查

（1）输入过/欠压报警和动作检查

在保护参数界面内，调整数值高于报警阈值，历史记录内包含“输入过压”，恢复阈值报警消失。调整数值高于动作阈值，变频电源故障动作，历史记录内包含“输入过压”。

调整数值低于报警阈值，历史记录内包含“输入欠压”报警，恢复阈值报警消失；输入欠压故障，调整数值低于动作阈值，变频电源故障动作，历史记录内包含“输入欠压”。

（2）输出过/欠压报警和动作检查方法同上类似。

（3）故障重启及市电断电自启检查

变频电源稳定运行，模拟“某相过热”故障，故障指示红灯亮，变频电源停机后立即内部故障，5 s 后，变频电源处于启动状态，历史记录内包含“故障重启”。变频电源启动后 60 s 内，再次模拟“某相过热”故障，则电源故障停机不再重新启动。

设置来电自启时间区间，启动变频电源，断开市电输入故障灯亮，历史记录内包含“三相输入欠压”，在时间区间内，重新接通市电输入，故障灯常亮状态被清除，运行灯开始闪烁，触摸屏的状态栏显示“启动”，变频电源正常运行。

（4）相间短路故障检查

将变频电源输出相间铜牌短接在一起，短接线的线径大于 95 mm^2、长度小于 1 m，且无故障，启动输出电压建立后立即故障，历史记录内应包含“相间短路”。

3.4　带载调试

变频电源在无载条件下各项线路、硬件和功能检查正常后，可带模拟阻性负载，新型回馈型电子负载对动力回路拉深考核，通过输出电流，对各类元器进行老化试验，模拟系统正式运行环境，考察变频电源实际工作能力。

（1）单台变频电源 517 Hz 工况带电阻负载。

（2）单台变频电源 1550 Hz 工况带 1 台电子负载。

（3）单台变频电源 1550 Hz 工况带 2 台电子负载。

（4）6 台变频电源并机运行带 2 台电子负载参数见表 4 条件下，进行了正常切换、故障自动调用、功率保护和区段保护等的检查试验。

表 4　6 单台变频电源 1550 Hz 工况带 2 台电子负载参数表

变频电源编号	****		输出功率	****
输入参量		输出参量		
Uuv = ****V	Iu = ****A	Uab = ****V	Ia1 = ****A	Ia2 = ****A
Uvw = ****V	Iv = ****A	Ubc = ****V	Ib1 = ****A	Ib2 = ****A
Uwu = ****V	Iw = ****A	Uca = ****V	Ic1 = ****A	Ic2 = ****A
F = ****Hz	S = ****KVA	F = ****Hz	S = ****KVA	
P = ****kW	λ = ****	P = ****kW		
刀闸运行温度	****	元器件运行温度	****	

3.5　停工待检点

针对调试过程变频电源性能质量最重要的相关检验及试验，如重点工序节点、隐藏环节和难以重复验收点，基于调试大纲内容，增加 3 处停工待检点（HP），分别为动力元器件参数测量，相关保护功能实现和驱动波形测量。在这 3 个工作环节上设立技术检查确认和质量检查确认，须技术负责人和质量监督员检查合格、见证签字后方可放行继续，提高了调试工作的规范性和质量，杜绝返工，思维导图如图 9 所示。

4　联合调试的难点分析及处理

由于新一代变频电源与前代电源的差别，加之模拟负载和真实主机群负载的特性差异，因此，在机组试启动过程中出现了各式各样的异常和故障，针对这些疑难问题深入分析，查找对策，反复试验，最终找到问题的症结并处理，确保机组正式启动投运的安全稳定。

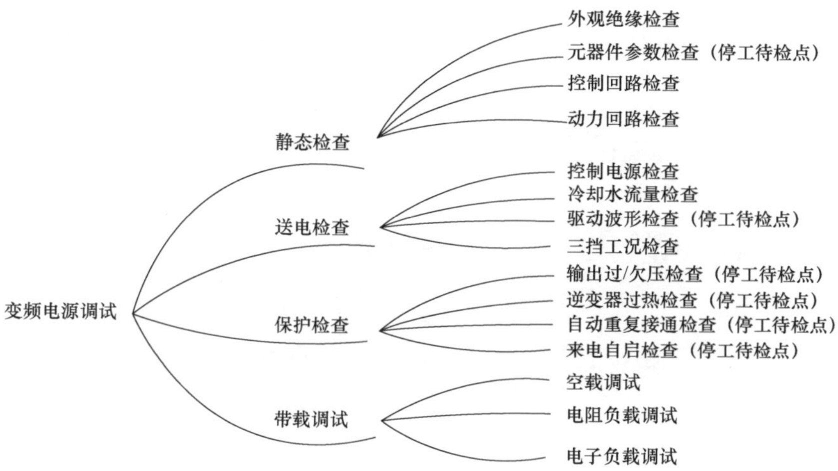

图 9　调试停工待检点思维导图

4.1　变频电源直流母线过压

变频电源单机或并机运行时，投入 1 个区段负载，会导致 1 台或 2 台变频电源跳车，历史记录为“直流母线过压”，多次操作发现当区段压力低或补偿电容投入量过多时，故障频次高，区段压力高或补偿电容投入量少，故障频次低。分析发生的原因，当断路器接通瞬间，变频电源输出电压与电机群反电势相位不一致，导致能量反灌至变频电源直流母线侧，引起直流母线过压而保护停机，如图 10 所示。

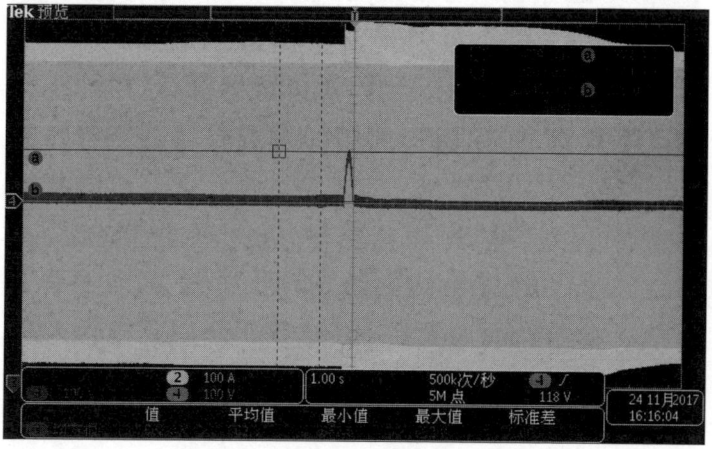

图 10　直流母线过压停机图

采用 9 倍载波比与区段补偿电容调整，例如 2 列区段电容补偿量为近端 2 或 3 组，远端 2 组，负荷投切前，适当调整补偿电容量，防止已运行负荷瞬间λ超过1（过补偿），直流母线过压故障数大大降低，如图11所示。

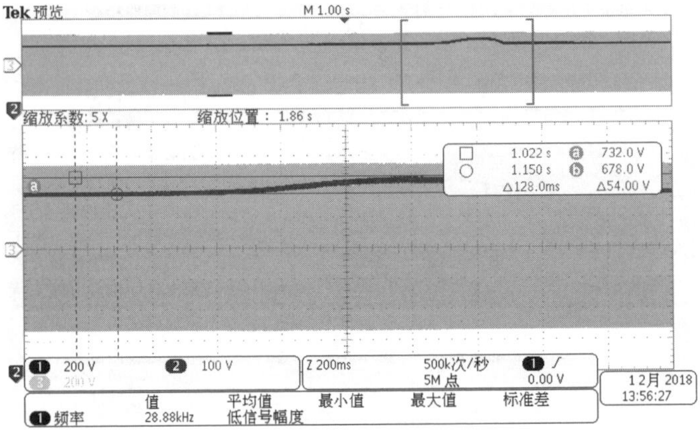

图11　9倍载波比直流母线过充图

4.2　负荷输出电流不平衡

变频电源并联运行时，输出B相电流大，投切负荷时，输出电流波动导致负荷柜跳车，报“输出电流不平衡”，原因分析为接通负荷瞬间，存在600 ms直流偏置，出现输出电流不平衡的情况，600 ms后电流逐渐收敛，延迟时间较短，容易触发报警动作。如图12所示，此刻电流最大相差113.9 A，原不平衡度算法32.3%。

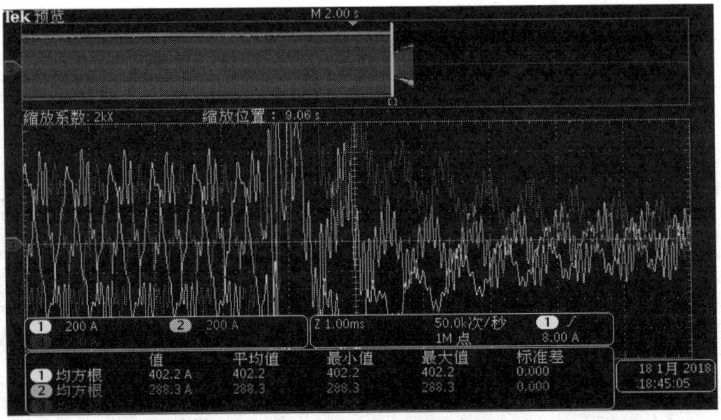

图12　输出电流不平衡波形图

通过程序参数优化，将延迟时间原500 ms延长至700 ms，避开不平衡高峰暂态，原不平衡算法为（Imax－I平均）/I平均＞30%，优化为（Imax－Imin）/I平均＞30%，未出现该报警导致负荷频繁跳车的情况，如图13所示。

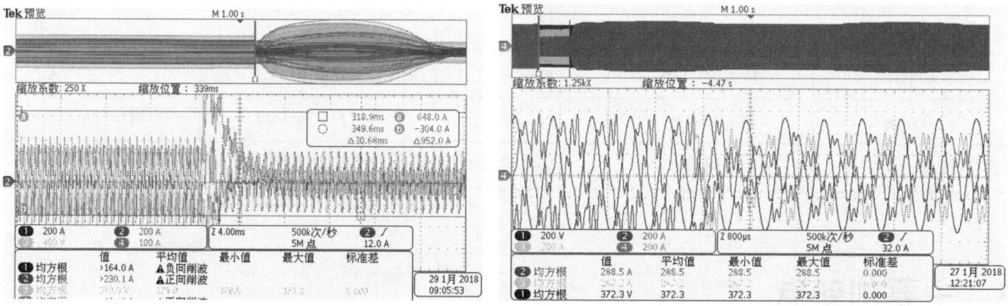

图 13　优化后输出电流不平衡波形图

通过 9 倍载波比与调整补偿电容数量能有效抑制直流母线过压；延迟错峰时间和优化不平衡度算法，使负荷投切瞬态频繁顶跳现象大幅减少，保证并机系统由波动瞬态向运行稳态正常过渡；采用 9 倍载波比对多机并联后的电流波动抑制效果明显，收敛较快，且变频电源并联性能和数量得到提升。

4.3　质量跟踪

针对优化实施后 6 个月内电源操作情况，对功率柜直流母线电压、负荷柜输出电流运行效果跟踪统计，如表 5、表 6 所示，电源分别投切负载 5 次，直流母线电压均未达到过压保护阈值，未发生故障停车。随时间推移输出电流波动逐渐减小，呈收敛趋势，10 min 后系统稳定运行。

表 5　直流母线电压与切换关联表

时间	功率柜 1/V	功率柜 2/V	功率柜 3/V	功率柜 4/V
一次切换	N+30	N+22	N+29	N+19
二次切换	N+10	N+39	N+18	N+21
三次切换	N+33	N+31	N+19	N+35
四次切换	N+46	N+24	N+22	N+14
五次切换	N+17	N+34	N+35	N+37
停车情况	未停车	未停车	未停车	未停车

表 6　输出电流波动与时间关联表

时间	负荷柜 1/A	负荷柜 2/A	负荷柜 3/A	负荷柜 4/A
开始	N−N+89	N−N+80	N−N+90	N−N+84
2 min	N−N+80	N−N+71	N−N+86	N−N+77
4 min	N−N+75	N−N+68	N−N+73	N−N+69
6 min	N−N+69	N−N+59	N−N+69	N−N+53
8 min	N−N+57	N−N+44	N−N+53	N−N+43

续表

时间	负荷柜 1/A	负荷柜 2/A	负荷柜 3/A	负荷柜 4/A
10 min	N－N+38	N－N+30	N－N+44	N－N+37
停车情况	未停车	未停车	未停车	未停车

5 主要创新点

5.1 技术革新与优势

新一代变频电源具备大容量、多机并联、全数字化、自适应主从控制和智能分配等技术，多台变频电源并机功能实现了并联启动升周和运行，简化了启动升周的工作流程，解决了启动升周过程中变频电源功率不足的问题；供电容量配置灵活，实现了在线并联投切，不仅扩充了系统带载能力，还能满足供电冗余度，依据智能分配实时判断运行状态，功率柜智能匹配负荷功率，执行并联或解耦，整个并联切换过程完全由系统自动判断并处理完成，无需人工干预，大大提升了系统的智能化程度和操作可靠性；具备遥控和遥信功能，通过与自控系统和供电监测系统接口，实现远程控制操作，结合智能分配功能，实现了系统的现场无人值守，简化了工厂运行管理，为智慧工厂的建成打下基础。

变频电源采用模块化设计，功率密度大，占地面积少，通过新工程的实际应用与前期工程成本投入相比较，在产能翻番，数量不增的基础上，能够节约中频供电系统 30%的成本投入（总计 6000 万元），不仅优化了中频供电系统结构，还降低了离心工厂建造及运行成本。

5.2 系统的保护思路

由于变频电源并联系统的特性，原供电系统的部分保护思路和设计不再适用于并联系统中，需重新思考和验证，针对变频电源在机组试启动中表现的问题，为其“量身定做”的保护功能与现系统更加兼容。

5.2.1 增设区段输出保护功能

并联系统正常运行 4 台功率柜为 4 个区段供电，若延用原系统保护思路，当负荷侧发生如输出过流、输出电压不平衡和输出电流不平衡等故障时，例如输出电流过流值为 N，平均分到 4 台功率柜电流为 $N/4$，感知力较微弱，仅靠功率柜的保护无法准确定位故障，快速保护，当满负荷运行时电流为 $N/6$，感知力进一步降低。根据区段负载量的不同，分三档设置输出过流保护参数写入负荷柜控制程序，在机组启动和运行时能够快速定位并保护故障区段，负载及时脱开并机变频电源系统，不影响其他区段的正常运行。

5.2.2 极端故障保护措施

某运行区段装架母线短路，并机变频电源报警“输出相间短路”跳车后重启，多次冲击短路点，负荷柜报“输出欠压”，但 QF 未自动断开，致使供电线路与短路点保持直通。功率柜输出短路保护阈值（U<130 V，I>800 A，动作延迟 5 μs），且未针对“输出相间短路”故障进行分类保护设计，未禁止功率柜重启，负荷柜 QF 未接收到断开指令。

优化系统设计分类保护，若发生输出短路故障，禁止功率柜重启，恢复时需人工介入。负荷柜增加输出短路保护阈值（U<200 V，I>650 A，动作延迟 100 ms），标记并记录，故障隔离。系统优化更新后，负载若发生真实短路故障，功率柜优先触发停机且禁止重启，故障负荷柜准确隔离，并标识记录，防止故障二次扩大。

5.3 回馈型电子负载的应用

现用的电阻负载功率无法满足变频电源满功率下持续考核的需求，因此引进一种新型变频电源考核设备——回馈型电子负载。它通过内部控制晶体管的导通，依靠功率管的耗散功率消耗电能，单机容量可达 270 kW，满足大功率变频电源带载试验对模拟负载容量的需求，作为检测变频电源带载能力和输出波形品质的手段，具有较强的操作灵活性。被考核的变频电源与电子负载和电网构成一个能量泄放回路，完成电能的回馈，电网又持续为变频电源供电，最高可将变频电源输出 80%的电能回馈到电网，具备绿色、节能和循环利用的优点。

对电阻型模拟负载和回馈型电子负载在变频器输出功率一定时的消耗功率进行比较，验证回馈型电子负载的绿色节能效果。在“工作参数设置”界面将最大输出功率依次设置为 50、80、120、150、200、230、250（kW）记录各输出功率下电子负载的并网功率、变频电源的输入输出功率，采集输出波形，并监测电子负载功率器件温度。数据记录如表 7 所示。

表 7 数据记录表

变频器输出功率/kW	50	80	120	150	200	230	250
电子负载并网功率/kW	37.4	67.3	106.2	135	183.2	209.3	230
电子负载消耗功率/kW	12.6	12.7	13.8	15	16.8	20.7	20
纯阻负载消耗功率/kW	50	80	120	150	200	230	250
电子负载并网反馈比例	74.8%	84.1%	88.3%	90%	91.6%	91%	92%

从表中数据可得，回馈型电子负载可以将80%的电能回馈给电网。

将电阻型模拟负载的消耗功率即变频器输出功率与回馈型电子负载在各变频电源一定的输出功率下耗电功率以折线图的形式作对比如图14所示。

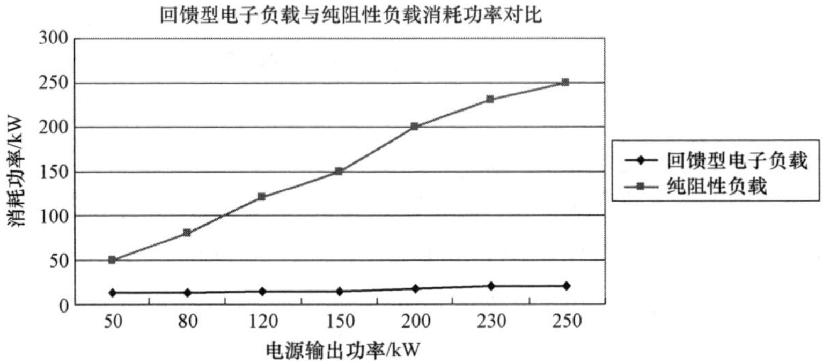

图14　回馈型电子负载与电阻型负载消耗功率对比图

从图中明显看出，在变频电源输出功率一定时，回馈型电子负载的消耗功率明显小于电阻型模拟负载，随着变频电源输出功率的增大，回馈型电子负载的节能优势更加突出。以一台变频电源输出功率200 kW带载考核一周，每度电约0.8元为例，回馈型电子负载节省电费约为2.4万元，整个调试共计节省约133万元，更具经济效益。

5.4　新式密集型母线

新式密集型母线外壳为铝制合金，表面设计散热间隙和安装温度传感器，可通过变频电源显示母线实时运行温度，相线之间采用紧贴型压接工艺，相序序列排布为ABCABC，原相序序列排布为AABBCC，如图15、图16所示。

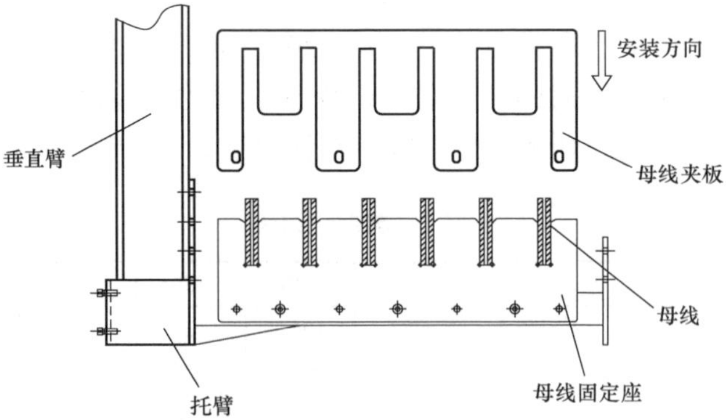

图15　旧式母线结构图

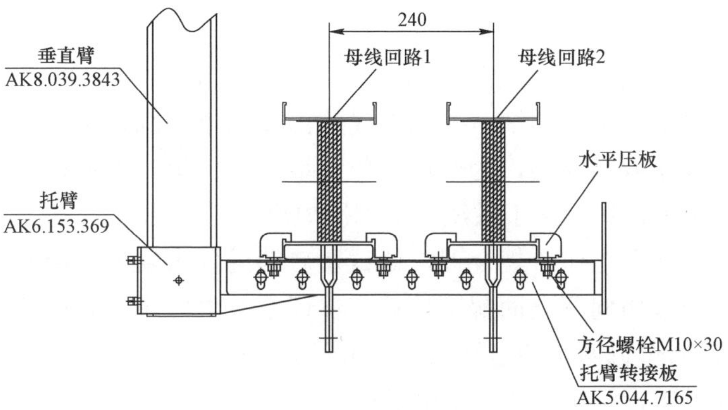

图 16　新式密集型母线结构图

通过仿真计算，原始输出电流不平衡度为 3%，比之前并机母线原始输出电流不平衡度减少 17%，通过启动、运行观察运行参数，输出电流不平衡度较小，单区段负载的投切对相邻区段负载影响程度较小，系统运行稳定。新式密集型母线体积小巧，对施工现场面积要求较低，现已广泛应用于工业和民用，基本形成系列化产品。

为测试长距离和大载流量下密集型母线的压降和温升情况，通过调整 4 台回馈型电子负载的输出功率和功率柜输出电压，找到最大负载状态下的运行平衡点，并对各条件下的各类参数进行测试，与原并机母线运行参数对比。将并机母线输出电压设定为线电压 380 V，4 台功率柜带载 4 台电子负载，总输出功率设定为 800 kW，平均压降 0.3 V/m，原并机母线平均压降 1.67 V/m，大大降低长距离压降，保证稳定正常的输出电压。

选择若干温度测量点，待变频电源运行时间达到 30 min 后，利用红外测温仪对并机母线全段进行温升测试，如图 17 所示，原并机母线和外壳最大温升率为 2.1 ℃/min，密集型母线铜排和外壳最大温升率为 0.03 ℃/min。

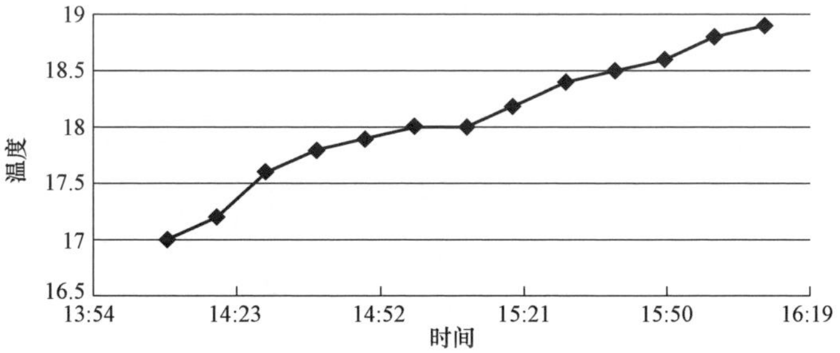

图 17　新型密集型母线温升图

6 总结

（1）根据现场工作详细、准确地提炼出变频电源综合调试大纲，经质量确认形成标准作业指导书，为今后工作、培训提供第一手资料。对每台电源都形成调试竣工资料，便于系统运维和历史追踪。

（2）基于整个工作合规合理，调试及启动过程未发生一起安全事故，针对出现的各种故障问题全面解决处理，保证系统“健康”启动运行，一次成功率 100%。通过近两年的运维反馈，由于前期的高质量调试，较高的设备可靠性，保证了运行系统安全、稳定运行。

（3）变频电源调试的工作节奏可进一步改进，并与精益管理理念相融合，减排降耗，提质增效。功率容量设计和负荷搭配方式可进一步优化，现系统冗余程度较高，应充分发挥变频电源自身功率优势，在系统稳定运行和节能降耗之间寻求最大的经济利益。

1A 控制室自控设备改造项目中信息交换方式的优化

师姗姗

摘要：本文着重对1A控制室自控设备改造项目信息交换方式的优化进行了介绍，针对传统的信息交换方式不适用于项目实施的情况，存在的无意义自定义开关量点数过多增加硬件配置改造成本的问题，提出了针对减少成本的见解。文章对产生自定义开关量点数的原因进行了剖析，最终阐述了模块化程序、合理利用自定义点数等方法可以完成减少成本、提高维护性的功能，提升了控制器使用效率。优化后的信息交换方式不仅为协议转换卡的在线测试打下了软件基础，也为后续工业应用层面的组态程序设计提供了借鉴。

关键词：信息交换；自定义点数；模块化

AKCY－M 系统是 1A 级联的核心控制系统，该系统是基于 20 世纪 70 年代的电子和工控技术水平开发的一套专用的纯硬件控制系统。该系统的可维护性、扩展性均很差，其信息化几乎为零。公司通过“1A 控制室自控系统改造方案”科研项目正在着手使用 DCS 设备对 AKCY－M 系统的控制室自控设备进行替换，从而来提升 AKCY－M 系统的信息化水平和 1000 系列逻辑柜的可维护性，提高 1A 控制室信息化程度。在此项目中，将使用 DCS 设备来替换 AKCY－M 系统的控制室逻辑设备（1000 系列逻辑柜），并直接与 AKCY－M 系统的现场逻辑柜（2000 系列逻辑柜）进行数据通信，如图 1 所示。

针对 AKCY－M 系统使用了一套专用的通信协议，现场逻辑柜无法直接和 DCS 等计算机设备直接进行数据通信，因此公司通过前期项目，研制出了 A/M 通信协议转换卡。该卡件的成功研制出现已经解决了 DCS 设备和 AKCY－M 系统现场逻辑设备之间的数据交换瓶颈。如何合理地配置 DCS 控制器、串口卡和通信协议转换卡之间的硬件配置情况，对有效节约系统改造的硬件成本具有重要的意义。

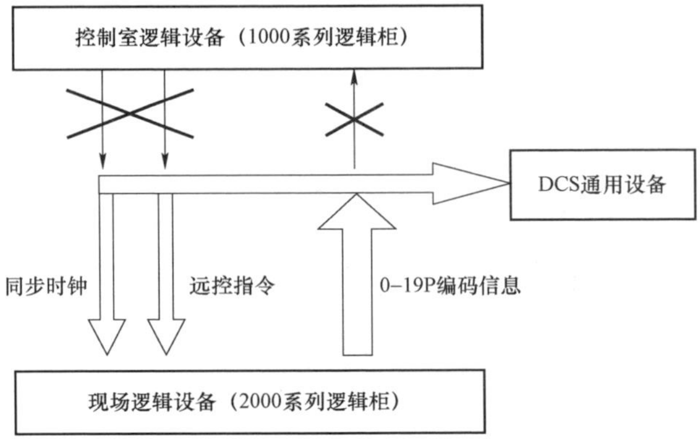

图 1　现场逻辑柜与控制室信息交换方式

1　1A 控制室自控设备改造方案硬件结构概述

AKCY－M 系统，主要分为现场监测站和控制室两部分，两部分之间使用了同样的时钟信号，为同步工作方式。控制室和检测站将以在控制室中形成的“11 个脉冲”同步信号为基准，分别在控制室和现场检测站中独自形成所需要的“帧”信号和“字”信号，“帧”信号有 0～9，共 10 组；“字”信号有 0～15，共 16 组。

每个需要和控制室逻辑设备通信的 AKCY－M 系统的现场逻辑设备，上传的数据通信方式为 0－19P，连同“时钟”“远控指令代码”，共计使用 44 芯电缆。

0－19P 信息在编码时，相关信息在相应的“帧”“字”时间间隔内，被约束在不同的“位”中。在 1.25 ms 时间，上传 1 个模拟量或者 20 个断续量；在 21.25 ms 时间，上传 16 个模拟量或者 320 个断续量；在 382.5 ms 时间，上传 160 个模拟量或者 3200 个断续量。上述的信息全部被写入协议转换卡的数据缓存区中，每 382.5 ms 被重新刷新一次。

该项目采用的 DCS 硬件配置有控制器、串口通信模块、A/M 通信协议转换卡模块，通过这些上层 DCS 设备实现与现场过程站通信。计算机设备需要在 382.5 ms 时间内，对 3200 个断续量点进行一次扫描。上述现象，将超出 DCS 控制器的数据采集能力。怎样合理地解决此问题，不仅对方案的应用起到关键性的作用，同时也对此次改造的硬件成本构成重要的影响，图 2 为此次项目的硬件基本搭建图。

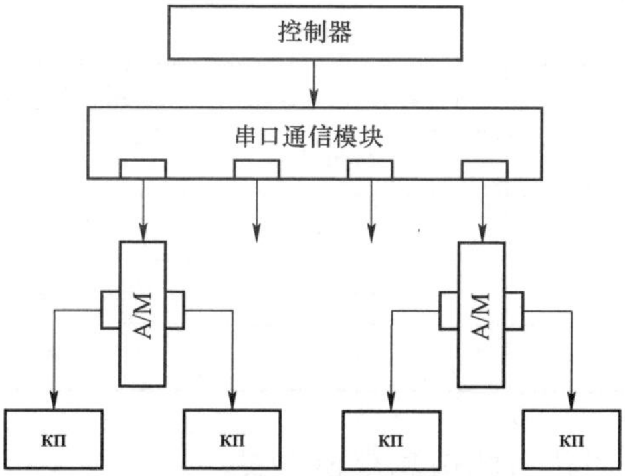

图 2 硬件基本搭建图

2 信息交换中的传统处理方法及存在的问题

AKCY－M 系统逻辑设备之间的数据交换采用了“帧”“字”“位”通信协议，每次以并行方式传送一个字（20 位）的数据并以 8 位串行方式发送命令，现场所采集到的数据分为模拟量数据和断续量信息。

协议转换卡用来实现 AKCY－M 系统与 DCS 系统的通信，它将现场检测站参数信息转换成 Modbus 协议数据包上传到串口通信卡，DCS 软件组态将数据包通过各种功能块解析成相关参数信息，数据的通信过程严格遵守帧字表的映射关系。

传统的数据交换方式采集数据时以帧字表的形式显示出来，对相应帧的每字采用多个功能块进行解析，用自定义开关变量作为通道将每字的 0－19P 显示出来。对传统的信息交换方式从以下两点进行剖析。

2.1 存在的问题

2.1.1 成本问题及相应的硬件配置

在 AKCY－M 系统中，分为机组、料流、辅助 3 个系统，对机组、料流、辅助按照传统的信息交换方式所占用的自定义点数、控制器数量配置及成本进行统计，其中一对控制器需要 10 万，一个串口通信卡需要 3 万，一个协议转换卡需要 3 万，如表 1 所示。

表 1 根据传统的信息交换方式对机组、料流、辅助系统的各项统计表

	分类	占用的自定义点数	占用控制器数量	成本统计/万
机组	4 区段机组	1920	34 × 2	680
	2 区段机组	1280		

续表

	分类	占用的自定义点数	占用控制器数量	成本统计/万
料流	完整料流（3）	2560	6×2	320
	非完整料流（10）	1920/1280	10×2	
辅助	一期	1920	1×2	40
	二期	1920	1×2	

由表 1 可知，按照传统的信息交换方式，虽然使得维修人员可以快速找到故障点，但是造成改造的硬件配置成本过高。其中决定硬件成本的最重要的考虑方向是：一个控制器自定义开关量最大点数为 2000 点，但是仅一个四区段机组（6 个帧）就需要 1920 个自定义开关量。此配置需要 1～2 个控制器带一个现场过程站，每个控制器的效能发挥不到 25%，如图 3 所示。

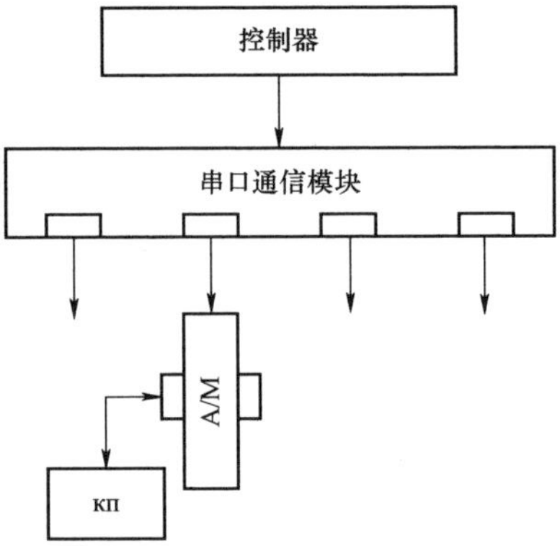

图 3　优化前的硬件配置图

2.1.2　程序效率低下的问题

传统的信息交换方式在对一帧数据包 16 个字进行解析处理时需要多个功能块配合使用，如图 4 所示。

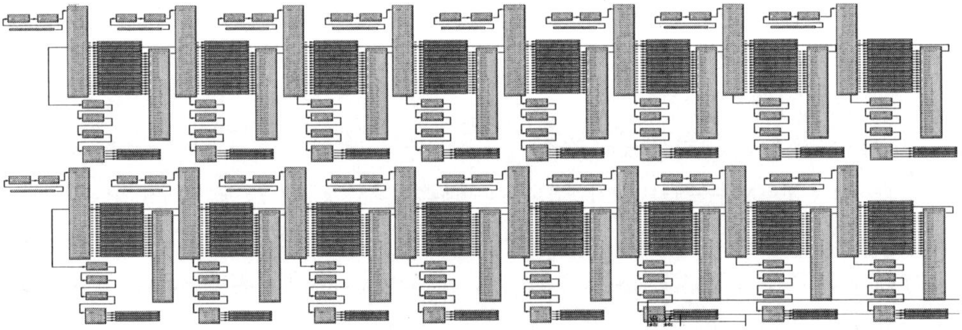

图 4　传统的数据交换方式对 8 帧数据包的解析

由图 4 可知，大量功能块的使用不仅占用了较多内存而且使得程序可读性较差，使得编程效率产生影响。

2.2　现状总结

综上所述，1A 控制室自控设备改造项目信息交换方式改造成本增加的最重要的原因是以 0－19P 帧字表形式显示系统所有的信息方式，导致无意义自定义开关量点数过多，导致控制器负荷过载，增加硬件配置成本；其次，未经处理的模拟量参数，根本无法在工艺运行工作中使用；命令下发方式没有地址、命令校验过程，增加了运行安全隐患；在做 DCS 组态中，大量功能块的使用增加了运行负荷。这样的信息交换方式只适用于自控人员基础测试及运行维护，不满足在线测试及以后大面积应用的工艺运行要求，因此需要对 1A 控制室自控设备改造项目中信息交换方式进行优化改进。

3　根据现状提出优化方案及总结

无意义自定义开关量点数过多导致的控制器、串口通信、协议转换卡等硬件配置成本过高的问题，可分别对模拟量与断续量进行 DCS 软件组态，使用优化后的信息交换方式将模拟量以工艺需求的方式显示传感器数据；断续量可根据现场检测站所占用的相应的“帧”“字”“位”通道，根据需求利用自定义开关量，这样不仅可以大幅度减小自定义开关量点数，还可以提升以后的项目应用效能，期望优化后的形式如图 5 所示。

OTO																					
字	8帧																				信息
	0	1	2	3	4	5	6	7	8	9	10	11	12	13	14	15	16	17	18	19	
	800	400	200	100	80	40	20	10	8	4	2	1	0.8	0.4	0.2	0.1	符号	、			
0																					模拟量1
1																					模拟量2
2																					模拟量3
3					8	4	20	10	8	4	2	1	2	1							地址编号
4																					模拟量4
5																					模拟量5
6																					模拟量6
7																					模拟量7
8																					模拟量8
9																					模拟量9
10																					模拟量10
11	帧号8					40	20	10	8	4	2	1									命令编号
12	*	*	*	*	*	*	*	*	*	*	*	*									断续量
13					*				*	*	*	*				*					断续量
14			*	*	*					*		*	*	*		*					断续量
15	*	*				*	*	*				*	*	*		*					断续量

图 5　OTO 8 帧帧字表

3.1　提出的优化方案

3.1.1　提升断续量的处理效率

对 11～15 字的断续量进行处理：通过查阅资料可知，2 机组 8 帧 12 字的 20 个通道中实际只占用了 12 个，利用自定义变量作为通道将信息显示出来。以此类推，根据一个现场过程站所占用的帧数与通道的不同对数据进行删选，在流程图中用图形颜色区别代替之前的 0、1 进行显示，如图 6 所示。

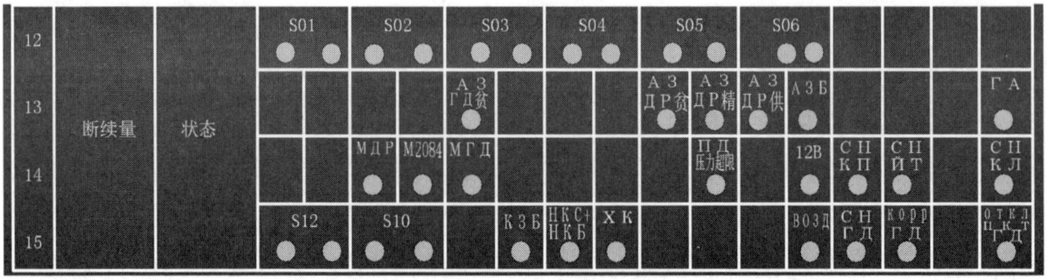

图 6　优化后的状态量显示

3.1.2　提升模拟量的处理效率

AKCY－M 系统的模拟量上传信息占用帧字表中的 0～10 字，每一字代表一/两个模拟量参数，采用分时复用的方法进行显示。对于这 11 个字，它的 0～15P 表示传感器参数值，后面跟着的 16 位、17 位、18 位和 19 位，分别为符号标示位、传感器的小数点标示位、有无传感器标示位等标示信息。

公司通过“1A 控制室自控系统改造方案”科研项目研制成功的协议转换卡并不会对 0～10 字的模拟量进行处理，只是将现场过程站数据通过 Modbus 协议打包采集到控制器中。传统的信息交换方式过于失真，而优化后的信息交换方式则特别针对 16 位符号位与 17 位小数点标示位进行数据处理，从而将一个完整的传感器参数显示出来，如图 7 所示。

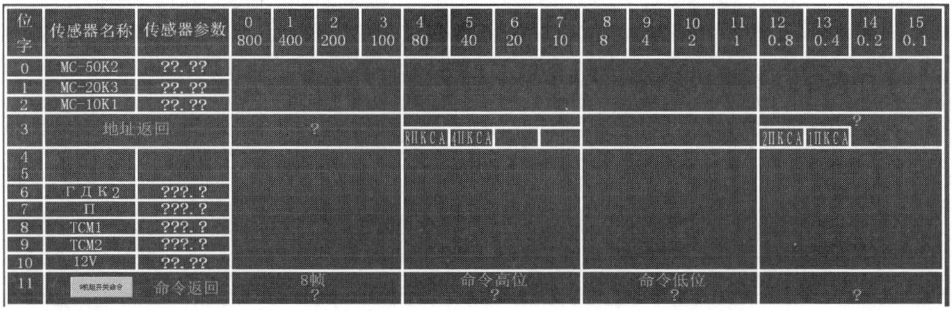

图 7　模拟量界面

3.1.3　提升全局信息获取渠道

每个系统的安全运行都与维护工作密切相关。AKCY－M 系统所有信息的采集都是通过 0～19P 上传数据的，而这些数据的传输都是通过硬件搭建的，如何排查传感器显示故障的问题，一方面从仪表进行检查，另一方面则是从自控设备进行检查，这一工作进行的首要前提是查看帧字表，如图 8 所示。

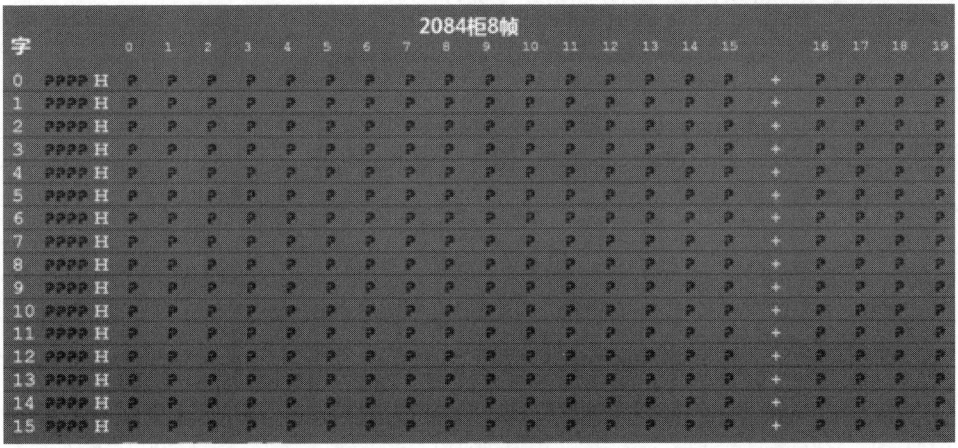

图 8　8 帧帧字表

传统的信息交换方式因为自定义开关量点数过多导致的控制器、串口通信卡、协议转换卡等硬件配置成本过高，所以此种显示方式不能在监控显示界面实现，但是经过优化后的信息交换方式依旧可以对“帧”“字”“位”进行整体查看，使维修人员可以准确确定故障点，及时处理故障，恢复系统。

3.1.4　*有效提升可维护性*

在 AKCY－M 系统中，为了保证控制指令被正确执行，将指令的下发过程分为 3 部分，下发地址代码并与现场返回的地址代码进行比较；比较通过后下发命令代码并与现场返回的命令代码进行比较；比较通过后方能下发执行指令，控制现场设备动作。以上任意一处比较未通过系统均会产生命令不通报警。

此过程严格执行才使系统命令得以准确、安全地被执行。现在使用 DCS 设备对 AKCY－M 系统的控制室自控设备进行替换，这一功能用协议转换卡来实现。如果发生紧急事故，而此时命令不通时，维护人员就无法判断故障点，从而对系统造成危害。

协议转换卡通过校验后对地址与命令进行对比，优化后的信息交换方式可在 DCS 中返回对比后的结果，如果执行状态返回为 0，则表示命令与地址正确；如果执行状态返回为 1，则表示地址错误，并将发送与接收的错误地址显示出来；如果返回为 2，则表示命令错误，并将发送与接收的错误命令显示出来，方便自控维护人员进行故障判断与处理。

3.2 自定义的点数梳理结果及相应的硬件配置

表 2 优化后的控制器点数表

	分类	优化前占用的自定义点数	优化后占用的自定义点数
机组	4 区段机组	1920	294
	2 区段机组	1280	194
料流	完整料流（3）	2560	210
	非完整料流（10）	1920/1280	188
辅助	一期	1920	112
	二期	1920	58

优化后（表 2）的信息交换方式使 1A 控制室改造方案的 DCS 硬件配置可以达到一对控制器下带 1 个串口通信模块、2 个或 4 个 A/M 转换卡模块，一个 A/M 转换卡与 4 个或者 8 个现场过程站通信，也就是一个控制器最少可与 4 个现场过程站通信，如图 9 所示。

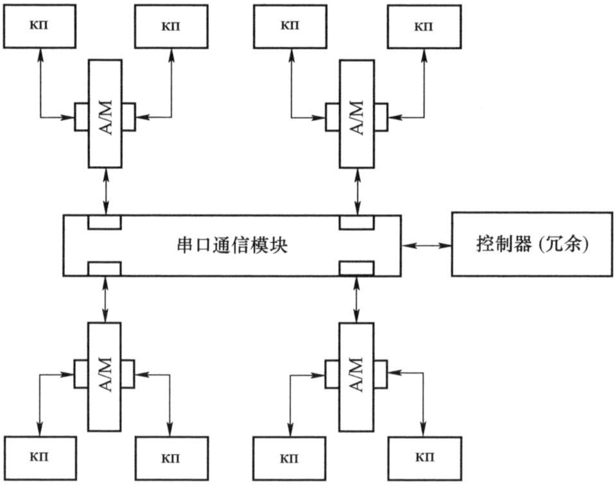

图 9 优化后的硬件配置

4 信息交换方式优化前后对比

表 3 改造前后方案成本对比表

		控制器个数	串口卡个数	协议转换卡个数	总成本（万）
改造前	机组	34 × 2	34	34	1352
	料流	16 × 2	16	16	
	辅助	2 × 2	2	2	

续表

		控制器个数	串口卡个数	协议转换卡个数	总成本（万）
改造后	机组	6×2	6	18	260
	料流	3×2	3	5	
	辅助	1×2	1	1	

表4 优化前后对比表

	优化前的信息交换方式	优化后的信息交换方式
硬件配置总额	1352 万	260 万
可维护性	命令校验没有返回值	将校验的结果直接在 DCS 中显示，易维护
可编程性	程序繁琐且复杂，使用大量功能块，占用内存且可读性差	将功能块进行模块化，减少内存占用量，可读性高且应用性强

5 结论

相较于传统的信息交换方式，优化后的信息交换方式可以提高控制器使用效率，降低改造成本；对程序模块化后提高程序可读性与应用性，提高后续组态编写的工作效率；完善系统保护和维修机制，使系统可以更安全、更稳定地运行，避免人为因素导致的不必要的经济损失，同时方便维修人员确定故障点快速恢复系统。在 1A 控制室自控设备改造方案实施后，该优化后的信息交换方式为系统组态程序设计奠定了基础。

测频故障主机损机报警器的研制

张文凯　姚　欣

摘要：在级联系统中，通过对主机转速频率的监控，可以直观地了解到主机的运行状态，以确保整个系统安全、平稳地运行，所以主机的转速频率的监测对整个工艺系统有着极大的影响。目前，级联系统均有多台主机由于其内部测频线圈故障而无法测频，不能直观地确定其运行状态，运行人员只能通过现场测量反电势、听诊等方法确定主机是否处于运行状态，没有连续性，如果主机出现停损机将不能第一时间确认，给系统的稳定运行带来了一定的影响。在长期观测中发现，在绝大部分主机损机时，主机的上端盖温度会发生一定的升温变化，并据此研制测频故障主机损机报警器。通过单片机实施对温度的一个实时监控，并当温度越限时，进行一个报警，达到对故障主机运行状态的一个监控。

关键词：转速频率；输出信号；温度传感器；单片机

1　背景及意义

在级联系统中，工艺人员通过对主机转速频率的监控，可以直观地了解到主机的运行状态，以确保整个系统安全、平稳地运行，所以主机的转速频率的监测对整个工艺系统有着极大的影响。目前，级联系统均有多台主机由于其内部测频线圈故障而无法测频，不能直观地确定其运行状态。运行人员只能通过现场测量反电势、听诊等方法确定主机是否处于运行状态，没有连续性，如果主机出现停损机将不能第一时间确认，给系统的安全稳定运行带来了一定的影响。

2　方案分析

通过长期观测几个系统的停损机数据得知，96%以上的主机停损机时上端盖温度均有所上升，具体为，M 系统主机停损机时 98%以上的主机伴随着上端盖温度发热，N 系统 96%以上、X 系统为 100%。以 N 系统为例，自 2012 年 12 月启动至今，共损机 72 台，其中启动年至 2014 年年底损机 47 台，而 2015 年以来仅损机 25 台，可认为 2015 年至今 N 系统主机运行趋于稳定。在这 25 台机器中，共有 24 台机器在损机时出现上端盖发热的现象，有 4 台出现隔膜阀掉落的情况。因此采用测量上端盖温度变化来判断损机情况的准确率可达 96%，而采用隔膜阀掉落的方法判断损机情况准确率只有 16%。

因此根据主机上端盖温度变化作为损机的判断依据是一种精准率较高的方法，可以尝试在无法测频（或长时间处于掉周状态）的主机上端盖上增加一个温度测点，用来连续监测主机的上端盖温度变化情况，一是可以监控无法测频主机的运行状态，二是可以掌握主机停损机过程中的上端盖温度参数的变化规律，为今后停损机或掉周的处理提供一定的数据支持。

3 设计思路

通过长期级联停损机时，上端盖温度的测量，在损机 2 min 后，主机上端盖温度在 23～30 ℃，而正常运行主机的上端盖温度稳定在 18 ℃左右，因此可以通过上端盖温度是否超过一个阈值来确定主机运行状态。

如图 1 所示，将无法测频主机的频率信号线通过 5 V 继电器连接到相邻正常主机的频率信号线上，同时在无法测频主机的上端盖上加装一个温度传

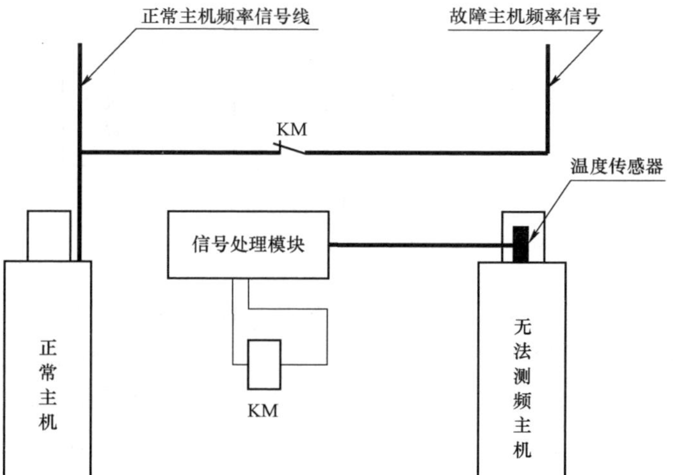

图 1　系统设计图

感器，并将采集到的温度数据传输到信号处理模块，信号处理模块可根据温度数据控制继电器的导通或者截止，以控制无法测频主机的频率信号线是否能够接收到相邻主机的频率信号。

当正常工作时，继电器处于常闭状态，无法测频主机频率信号能够接收到相邻正常主机的频率信号，同步系统上无法测频主机频率为相邻正常主机频率；当无法测频主机停损机时，如果上端盖温度升高，温度传感器检测到上端盖的温度变化，信号处理模块将继电器置于截止状态，同步系统检测到无法测频主机的失频信号，发出 OC 报警，使运行人员第一时间得知主机损机情况。

4　具体方法

损机报警器的总体设计方框图如图 2 所示，控制器采用单片机 AT89S52，温度传感器采用 DS18B20 温度传感器，用 4 位共阳极的 LED 数码管进行温度显示，同时用继电器来实现报警功能。

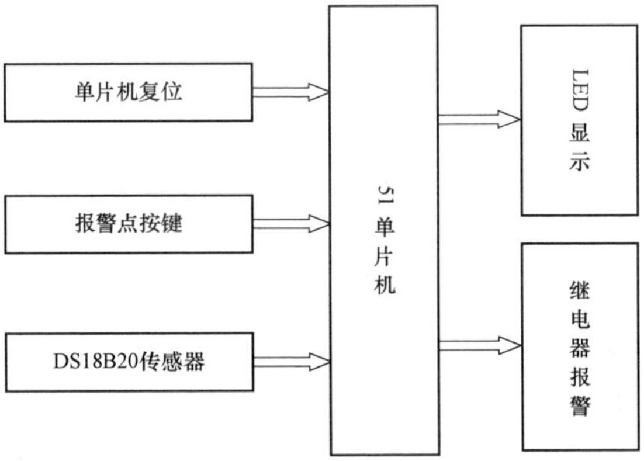

图 2　报警器设计图

4.1　硬件设计

该系统电路主要包括：单片机最小系统、DS18B20 温度传感器系统、继电器报警系统、LED 显示模块电路、按键模块及电源接口等电路，如图 3 所示。

在该设计中给单片机插电后，按下自锁开关给单片机供电，通过 3 个按键可以对报警器的温度报警阈值进行设置，调整报警温度的上下限，同时通过 DS18B20 测温模块对测温点进行测温，并将测出的温度通过 LED 数码管显示出来，当温度超过报警阈值时，图中继电器的常闭触点断开。其中按健复位电路在程序跑飞时，可以手动复位，这样不重起单片机电源，就可以实现复位。

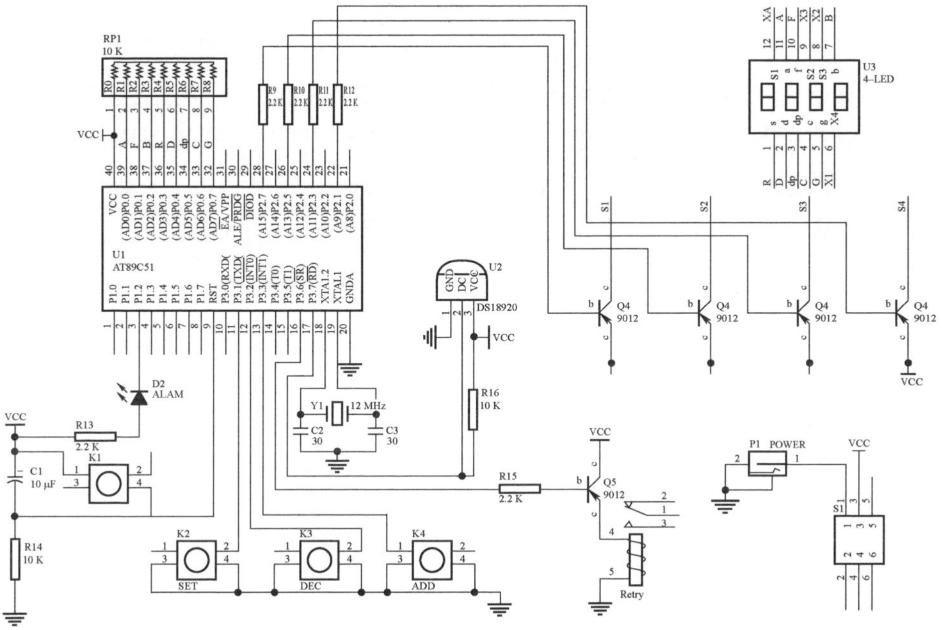

图 3　硬件电路图

单片机的最小系统包括晶振电路、复位电路、电源部分，复位电路的作用就是让单片机内部的程序从头开始运行，在 C 语言中就是回到 main 函数的开头位置；晶振电路也就是单片机的时钟系统，它的作用就是产生固定的频率，使单片机能够工作。

DS18B20 温度传感器采用单线进行数据传输，外接一个 4.7 k 上拉电阻与单片机的 P10 口相连进行数据的双向传输。

报警电路中加一 PNP 三极管驱动，基极接单片机 P11 口，当端口变成低电平时，驱动三极管会导通，VCC 电压加载到继电器吸合、报警发光二极管亮。数码管显示电路采用 4 位共阳 LED 数码管从 P1.4、P1.5、P1.6、P1.7 串口输出段码。用 PNP 三极管进行驱动，当相应的端口变成低电平时，驱动相应的三极管会导通，驱动三极管给数码管相应的位供电，这时只要 P0 口送出数字的显示代码，数码管就能正常显示数字。

4.2　系统软件设计

系统程序主要包括主程序、读出温度子程序、温度转换命令子程序、计算温度子程序、按键扫描。主程序的主要功能是要先读出 DS18B20 的测量的数据并转换成的当前温度值，并在 LED 数码管上进行温度的实时显示，并且根据设置的上下阈值判断温度是否越限，当越限时，控制继电器吸合，使常闭触点断开，达到报警效果。系统开始运行时，温度传感器测量并计算温度值通过 P3.7 口传输进单片机里进行处理，经过处理后的数据再通过 P0 口传输到数码管进行显示。通过按键设置温度报警界限，当超过报警界限时，单片机将相应的数据通过 P3.6 口传输进行声光报警。温度测量每 1 s 进行一次。这样可以在 1 s 之内测量一次被测温度，其程序流程如图 4 所示。

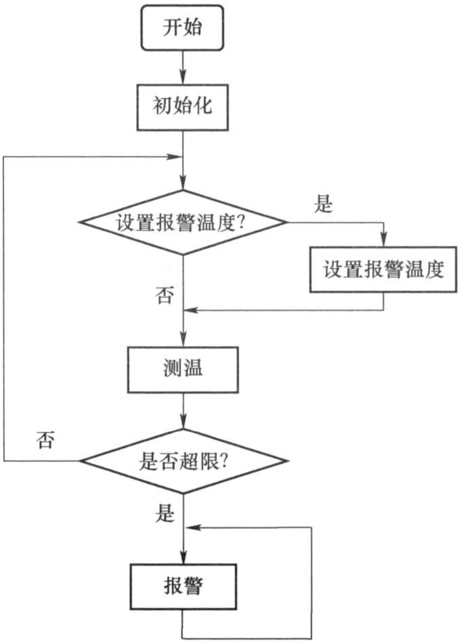

图 4　主程序流程图

读出温度子程序的主要功能是读出 RAM 中的 9 字节，在读出时需进行 CRC 校验，校验有错时不进行温度数据的改写。温度转换命令子程序主要是发温度转换开始命令，当采用 12 位分辨率时，转换时间约为 750 ms，在本程序设计中采用 1 s 显示程序延时法等待转换的完成。计算温度子程序将 RAM 中读取值进行 BCD 码的转换运算，并进行温度值正负的判定。

5　测试与结果分析

运用 keil 软件编译 C 语言程序，在结果栏显示 0 Error（s），0 warning（s）。

说明此程序在软件编译上无语法等错误。将此程序生成*.hex 文件调入硬件中用 Proteus 进行调试仿真。在 Proteus 软件上搭建出仿真图，并使用编写的程序进行调试，在仿真无异常后，进行硬件焊接，在焊接过程中，对每一根线都进行万用表测试是否短路和开路，这样焊接完成后就不必怀疑。

焊接完成后，将程序烧录进单片机内，程序能正常运行。测量温度功能和温度越限报警均可正常工作。同时制作测频插头转接头，使其具有在不影响本机测频功能下，给相邻主机提供一个可用信号。

6　结论验证

将主机报警器加装在故障主机上，且将测频插头分线头正常连接后，进行试验。首先设置报警温度，因为无法预判哪台主机即将损机，故用手提高传感器温度，达到上限后温度后，继电器动作，将分出的频率信号切断，控制室相应故障主机报出 OC 报警信号，试验成功。通过现有几个系统进行测试，该报警器均能在不影响系统运行下正常工作，便于拆装，适用于所有级联系统中的主机报警。

7　总结和展望

该报警器投入使用后，有效监测测频故障主机的运行，保证了系统的正常运行，效果明显。该装置也可用于监测运行状况不好主机的上端盖温度变化，为以后的科研活动提供更多的数据。损机报警器基本能满足使用要求，但是其电路板上元器件的连接均为电线焊接，下一步将设计出相应 PCB 线路板，提高其可靠性。并进一步研究其报警温度，规范其设置，让其既能减少因为转工况引起的误报，又不漏掉发热量低的漏报，以及供电方式的研究，能够长期稳定运行。

RBF-PID 算法在级联电动调节阀控制中的研究

赵 梅 王尚功 吕 波 张 蒙

摘要： 电动调节阀作为级联系统中重要的压力调节设备，它的控制性能好坏直接决定着整个级联系统是否可以经济、稳定运行，电动调节阀设计性能包括诸多方面，但提高其控制性能研究主要集中在控制算法优化。目前，级联系统中电动调节阀都是采用单闭环 PID 控制算法，PID 控制算法对非线性、时变性系统控制效果差，因此本文提出采用 RBF-PID 控制算法，它可以根据输入量在线整定 PID 控制参数，以提高电动调节阀控制性能，仿真结果显示，采用 RBF-PID 控制算法系统可以更快速进入稳态，且被控压力波动幅值较小。

关键词： 智能算法；电动调节阀；压力控制

1 引言

之前，铀浓缩工厂都是采用气动式机械调节器来调节压力，此调节系统是由电动、气动、机械等组成的复杂调节系统，其运行维护成本高。近年来，机电一体化产品发展迅速，电动调节阀（以下简称电调阀）因为其体积小、能耗低、经济性高以及可靠性好等优点而受到广泛好评。我厂结合系统自身的工艺特点自主研制的专用电调阀在 2010 年已经投入运行，其设计性能与工艺系统具有非常好的匹配特性。目前，级联控制系统中电调阀采用 PID 控制算法调节压力。但在异常工况（压力扰动较大）时，系统非线性、时变性特征明显，电调阀控制效果较差。因此，须研究一种可以根据系统压力以及压力变化率来实时改变 PID 参数的智能算法，以提高电调阀的控制性能。其他学者对电调阀智能控制算法也做了许多研究工作，杨超等人引入了基于系统模态辨识的多策略智能 PID 控制算法来控制电调阀的开度，郭林嘉提出了基于 GA-BP 神经网络控制的电热性流量调节阀，本文提出采用 RBF-PID 控制算法，并对系统建立仿真模型，验证其可行性，为下一步系统实现智能控制奠定了基础。

2　专用电调阀工作原理

专用电调阀控制系统主要由伺服控制器、电动执行机构以及节流机构三大部分组成。伺服控制器采用单片机作为核心控制单元，电机执行机构包括永磁同步低速电机和机械执行机构，永磁同步低速电机作为动力源经齿轮减速机构减速后带动其后的补偿凸轮转动，补偿凸轮为阿基米德螺线凸轮，它可以将电机的旋转运动转变为阀杆的线性运动。节流机构，由圆形平盘阀板及锥形喷嘴构成，阀门开度控制由执行机构通过调节阀盘与喷嘴之间的间隙大小实现。控制器根据压力返回值与设定值的偏差Δp进行调节，控制器采用传统 PID 控制算法，输出的 PWM 控制信号通过功率驱动电路实现对电机正反转、电机转速的控制，从而达到对阀门开度控制的目的，进而实现对被控压力的精确控制。专用电调阀工作原理图如图 1 所示。

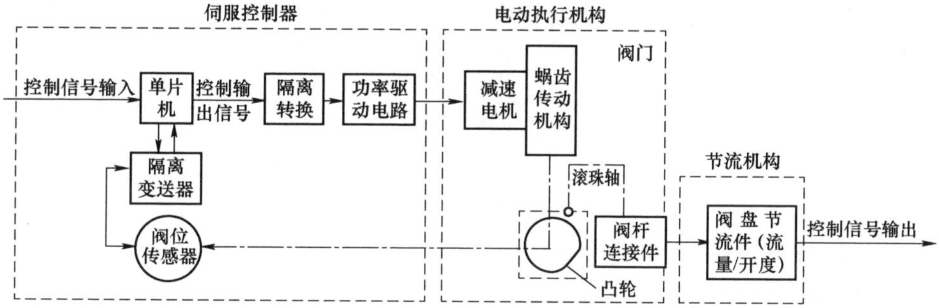

图 1　专用电调阀工作原理

3　RBF－PID 智能算法原理

RBF（即 Radical Basis Function）神经网络由 Moody 和 Darken 于 1988 年提出，它属于三层前向网络，包括：输入层、隐含层和输出层。RBF 是将输入矢量直接通过径向基函数$\boldsymbol{\Phi}_i$进行空间变换，此过程为非线性过程，而隐含层到输出层的变换为线性过程。RBF－PID 智能算法的优势在于可以根据输入在线整定 PID 控制参数，使控制过程更加快速、稳定。

本文结合电调阀特性和系统压力控制需要，以压力返回值、压力偏差、PID 输出增量作为输入层，以 PID 参数作为输出层，如图 2 所示。

隐含层的径向基激活函数采用高斯函数：

$$\boldsymbol{\Phi}(\|\boldsymbol{x}_i(t)-\boldsymbol{c}_j(t)\|)=\exp\left(-\frac{\|\boldsymbol{x}_i(t)-\boldsymbol{c}_j(t)\|^2}{2\boldsymbol{b}_j(t)^2}\right) \tag{1}$$

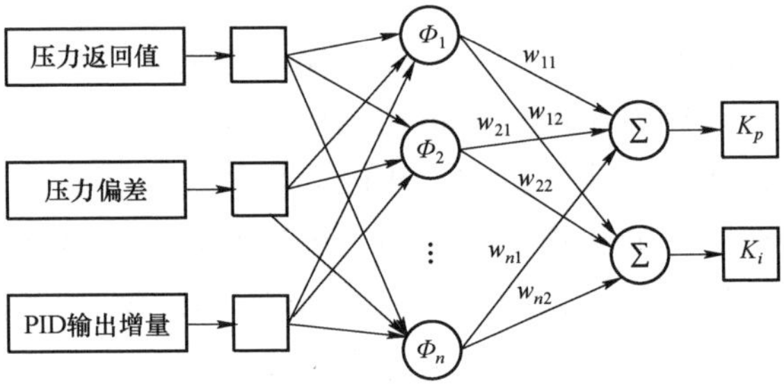

图 2　RBF 神经网络算法的原理

式中：c_j 为每个径向基神经单元选取的中心点，与输入层向量维数相同；b_j 为径向基函数的方差；n 为径向基神经单元个数；$\|x-c_j\|$ 为输入矢量与径向基神经单元中心点的欧几里得距离。

w_{jl} 为隐含层到输出层的连接权值，其矢量表达式为：

$$\boldsymbol{w}=\left[\boldsymbol{w}_{jl}\right]=\begin{bmatrix} w_{11} & w_{12} & \cdots & w_{1m} \\ w_{21} & w_{22} & \cdots & w_{2m} \\ \vdots & \vdots & \ddots & \vdots \\ w_{n1} & w_{n2} & \cdots & w_{nm} \end{bmatrix} \tag{2}$$

式中：m 为输出层神经单元个数。

RBF 神经网络的输出为：

$$y=w^{\mathrm{T}}\boldsymbol{\Phi} \tag{3}$$

计算误差的性能函数定义为：

$$P(t)=-\frac{1}{2}\|y(t)-y_m(t)\|^2 \tag{4}$$

式中：$y(t)$ 为 RBF－PID 系统的理论输出；$y_m(t)$ 为 RBF－PID 系统的实际输出。

利用梯度上升法对权重进行优化，权重 w_j 的优化值为：

$$\Delta w_j(t)=\eta\frac{\partial P}{\partial w_j}=\eta(y(t)-y_m(t))\boldsymbol{\Phi}_j \tag{5}$$

式中：η为学习速率常数。

优化后的权重为：

$$w_j(t)=w_j(t-1)+\Delta w_j(t)+\alpha[w_j(t-1)-w_j(t-2)] \tag{6}$$

中心点 c_j 的优化值以及优化后的中心点分别为：

$$\Delta c_{ji}=\eta(y(t)-y_m(t))w_j\frac{x_i-c_{ji}}{b_j^2} \tag{7}$$

$$c_{ji}(t)=c_{ji}(t-1)+\Delta c_{ji}+\alpha(c_{ji}(t-1)-c_{ji}(t-2)) \tag{8}$$

径向基函数方差 b_j 的优化值以及优化后的方差分别为：

$$\Delta b_j=\eta(y(t)-y(t-1))w_jh_j\frac{\left\|x-c_j\right\|^2}{b_j^3} \tag{9}$$

$$b_j(t)=b_j(t-1)+\Delta b_j+\alpha(b_j(t-1)-b_j(t-2)) \tag{10}$$

目前，专用电调阀采用单闭环 PID 控制算法，由于异常工况（压力扰动较大）时，系统非线性、时变性特征明显，控制效果不佳，所以现提出采用 RBF－PID 控制算法，根据工况变化随时对 PID 参数进行在线整定，RBF－PID 控制算法工作原理如图 3 所示。

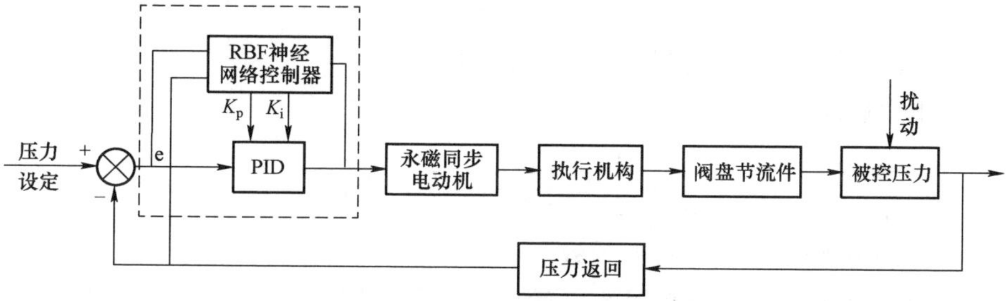

图 3　RBF－PID 控制算法工作原理

4　电调阀控制系统建模

4.1　电动执行机构数学建模

电机执行机构包括永磁同步电机和机械执行机构，永磁同步电机主要参数如表 1 所示。

现对永磁同步电机进行数学建模，为了方便模型后期分析，进行如下理想性假设：

（1）电机定子铁芯的饱和效应、涡流、磁滞损耗以及转子阻尼绕组均不考虑；

（2）电机定子绕组三相对称分布，定转子之间的磁动势按正弦规律变化。

表1　电机参数表

电机型号	转速	电压/频率	电流	功率	转矩
70TDY060	60 r/min	220 V/50 Hz	0.12 A	24 W	480 mN・m

将同步电机（a－b－c）轴坐标通过 3 s/2 s、2 s/2 r 变化到旋转（d－q）轴下，其定子电压方程变为：

$$U_d = Ri_d + \frac{d}{dt}\psi_d - w\psi_q \tag{11}$$

$$U_q = Ri_q + \frac{d}{dt}\psi_q - w\psi_d \tag{12}$$

式中：U_d、U_q 分别为 d－q 轴下电压；i_d、i_q 分别为 d－q 轴下电流；ψ_d、ψ_q 分别为 d－q 轴下磁链；R 为定子绕组电阻；w 为旋转角速度。

定子磁链方程：

$$\psi_d = L_d i_d + \psi_f \tag{13}$$

$$\psi_q = L_q i_q \tag{14}$$

式中：L_d、L_q 分别为 d－q 轴下定子绕组自感。

输出电磁转矩：

$$T_e = \frac{3}{2} p_n i_q \left[i_d(L_d - L_q) + \psi_f \right] \tag{15}$$

式中：T_e 为电磁转矩；p_n 为极对数。

目前永磁同步电机最常用的矢量控制就是采用 $i_d=0$ 控制，它可以实现最大转矩控制，在本文建模过程中，也采用 $i_d=0$ 控制。则式（12）变为：

$$U_q = Ri_q + L_q \frac{di_q}{dt} + w\psi_f \tag{16}$$

式（15）变为：

$$T_e = \frac{3}{2} p_n \psi_f i_q \tag{17}$$

现将永磁同步电机与齿轮减速器的输入端齿轮作为整体分析，建立如下动力学方程：

$$J_1 \ddot{\theta}_1 = T_e - T_1 - B_1 \dot{\theta}_1 \tag{18}$$

式中：J_1 为电机轴以及齿轮减速器的输入端齿轮的等效转动惯量；B_1 为粘性摩擦系数；

θ_1 为电机轴（即电机转子）转过角度；T_1 为电机轴输出力矩；T_e 为电磁转矩。

齿轮减速器的作用是等比例的减小转速同时增加输出扭矩，其减速比为：

$$i=\frac{\theta_1}{\theta_2}=\frac{T_2}{T_1} \tag{19}$$

式中：θ_2 为齿轮减速器输出端（也凸轮）的输出角度；T_2 为齿轮减速器输出端的输出扭矩。

补偿凸轮作为将电机旋转运动转化为阀杆直线运动的机构，其原理为凸轮与滚珠轴配合带动Γ型杠杆动作，从而实现阀门开度的变化，由于Γ型杠杆与滚珠轴是线接触且力沿圆心方向，所以负载力通过Γ型杠杆传到凸轮上后产生的负载扭矩为 0，建立如下运动学方程：

$$J_2\ddot{\theta}_2=T_2-B_2\dot{\theta}_2 \tag{20}$$

式中：J_2 为齿轮减速器的输出端以及凸轮的等效转动惯量；B_2 为粘性摩擦系数。

将（19）代入（20）可得：

$$T_1=J_2\ddot{\theta}_1+B_2\dot{\theta}_1 \tag{21}$$

联立（16）、（17）、（18）、（21）可得式（22），整理后得永磁同步电机输出转角与输入电压的传递函数为式（23）。

$$U_q=\frac{R}{\frac{3}{2}p_n\psi_f}[(J_1+J_2)\ddot{\theta}_1+(B_1+B_2)\dot{\theta}_1]+\frac{L_q}{\frac{3}{2}p_n\psi_f}[(J_1+J_2)\dddot{\theta}_1+(B_1+B_2)\ddot{\theta}_1]+\psi_f\dot{\theta}_1 \tag{22}$$

$$\frac{\theta_1(s)}{U_q(s)}=\frac{\frac{3}{2}p_n\psi_f}{\left[L_q(J_1+J_2)\right]s^3+\left[R(J_1+J_2)+L_q(B_1+B_2)\right]s^2+\left[R(B_1+B_2)+\frac{3}{2}p_n\psi_f\psi_f\right]s} \tag{23}$$

减速机构的传递函数可写为：

$$\frac{\theta_1(s)}{\theta_2(s)}=i \tag{24}$$

电调阀内采用的补偿凸轮轮廓线采用阿基米德螺线，轮廓线的极坐标方程为：

$$\rho = \alpha\theta_2 \tag{25}$$

式中：ρ 为凸轮的半径；α 为比例常数。

补偿凸轮电机旋转运动转化为阀杆直线运动的传递函数可表示为：

$$\frac{\rho(s)}{\theta_2(s)} = \alpha \tag{26}$$

4.2 节流机构数学建模

现在实际级联运行系统中，选取某一机组压力扰动时，DCS 系统中电调阀开度返回参数与相应的压力变化参数作为系统辨识的输入和输出参数，在 Matlab 系统辨识工具箱中进行辨识，其采样数据如图 4 所示。

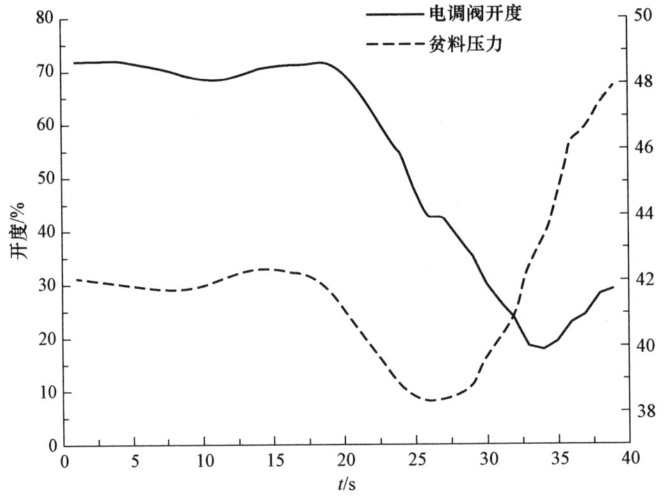

图 4　系统辨识数据图

经过系统辨识得到阀门开度与控制压力的传递函数为：

$$G(s) = \frac{K_p}{1 + T_{p1}s} \tag{27}$$

5 数学仿真模型

本文中数字仿真模型在 Matlab/simulink 环境下进行搭建，将 RBF－PID 智能算法自整定过程通过 Matlab 编程语言加以描述，借助 simulink 中自拓展模块 s 函数进行调用，在 simulink 环境下实现仿真。系统压力仿真模型如图 5 所示。

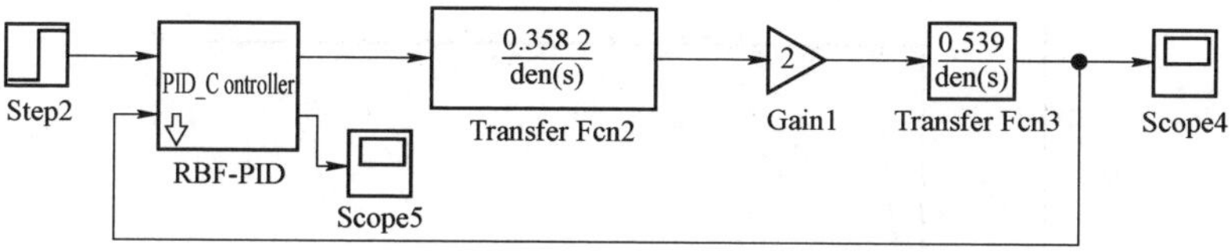

图 5 RBF－PID 控制系统仿真模型

图 6 为 PID 控制模式，系统分别输入 1**、1.5**、3**、5**的阶跃信号时，其响应曲线。由图可知，压力小范围波动时，系统较为稳定，跟随性较好。随着阶跃信号压力变化的增加，PID 控制超调明显增大，在输入阶跃信号增量为 5**时，最大波动量达到 2.7**，超出了系统控制的安全限值。此响应曲线与实际系统控制过程中阶跃响应基本吻合，所以进一步验证了电调阀数学建模正确。在阶跃信号增量为 5**条件下，对两种控制算法仿真结果进行对比，如图 7 所示，发现采用 RBF－PID 控制时，系统压力变化更平缓，超调量小。

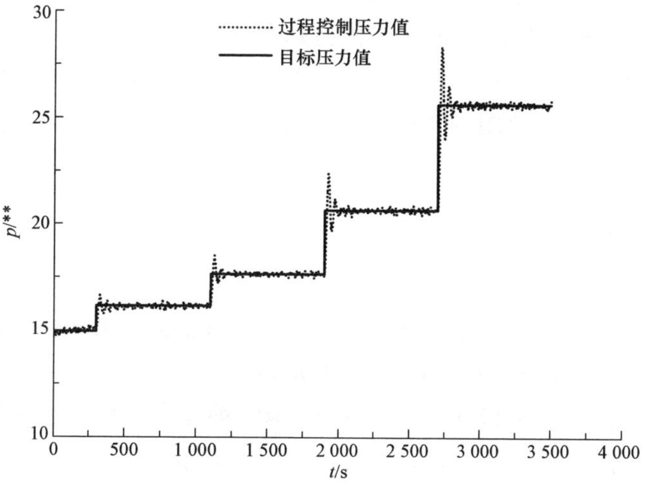

图 6 PID 控制下压力各阶跃响应曲线

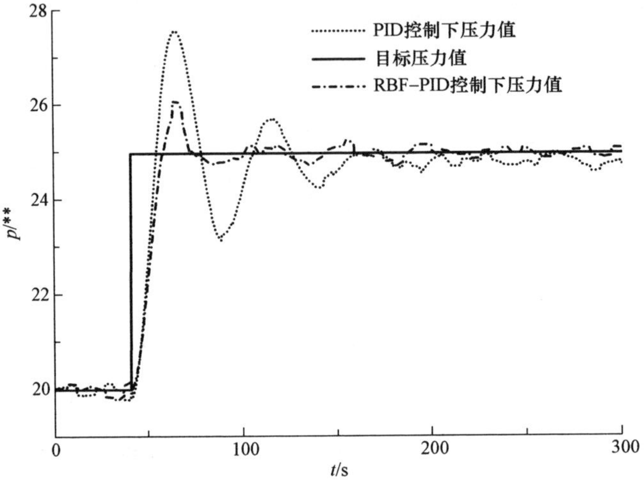

图 7　两种控制算法对比

6　结论

本文对电调阀进行了数学建模，并在 Matlab/simulink 里搭建控制系统的模型，通过对比采用 RBF－PID 控制算法与 PID 控制算法级联压力变化值，得到如下结论：

（1）在系统发生扰动时，RBF－PID 控制算法可以使系统更快速进入稳态，扰动越大 RBF－PID 控制算法优势越明显。

（2）在异常工况（压力扰动较大）时，系统非线性、时变性特征明显，PID 控制效果较差。而 RBF－PID 算法控制参数可根据外界参数变化实时改变，控制效果较好。

参考文献

[1] 余志勇，李青，王燕杰，等．基于 PID 的流量调节阀的设计［J］．计算机测量与控制，2016，24（8）：118－121．

[2] 郭林嘉，杨彪，王世礼．基于 GA－BP 神经网络控制的电热型流量调节阀［J］．软件导刊，2018，17（6）：151－156．

[3] 周品．MATLAB 神经网络设计与应用［M］．北京：清华大学出版社，2013．

[4] 温正，孙华克．MATLAB 智能算法［M］．北京：清华大学出版社，2017．

[5] 李绍铭，赵伟．基于 s 函数的 RBF 神经网络 PID 控制器 simulink 仿

真［J］. 安徽冶金科技职业学院学报，2008，18（1）：19－21.
［6］李冠君. 核电站设备冷却水系统新型电动调节阀调试研究［J］. 中国设备工程，2018（6）：117－121.
［7］王志，王勇，谢玉东. 新型电动调节阀的驱动与控制系统［J］. 机床与液压，2013，41（19）：11－16.

北区扩建工程料流补压机供电系统稳定性分析

李　超

摘要：系统料流补压机作为铀浓缩系统重要的压力调节设备，它的稳定性决定了系统运行的稳定性。目前系统料流补压机供电线路中，主线供电电源和备线供电电源各自均来自同一台自用电变压器，同时在双电源自动切换开关的作用下，补压机自启机制为主线电源转换为备线电源时补压机自启，备线电源转换为主线电源时补压机不自启，供电线路和补压机自启机制存在缺陷，稳定性不高。针对缺陷，提出了供电线路的改造方案和补压机自启机制的优化，经过理论分析，料流补压机运行的稳定性有了明显提高。

关键词：料流补压；双电源自动转换开关；补压机自启机制

1　绪论

补压机是精、贫料串级间补压机的简称，是精、贫料管道出口处增加料流压力，以保证物料稳定流通的设备。补压机属于带内装电动机的单级离心式密封增压器，带径向排列直叶片的敞开式工作轮固定在电机转子的椎体端头。其电动机为三相异步鼠笼式电机，由交流电直接启动。

405－2A 系统区段补压机是维持工艺系统正常运行的重要设备。区段补压机电源为两路市电经双电源自动转换开关带载。我厂目前北区扩建工程主工艺系统的补压机为 T44a 型补压机。

405－2A 系统补压机运行中，双电源自动转换开关在主线电源失电切至备线电源，排除故障后由备线电源转至主线电源，使区段补压机失电跳车。经过供电线路及补压机启动机制优化后，补压机的供电稳定性大大提高，现对补压机供电系统的结构、原理及改造后稳定性进行对比。

2　补压机供电系统的组成

2.1　供电线路的主要设备

补压机供电系统由自用电变压器、变压器进线开关、变压器联络盘、补压机动力箱、补压机控制柜等设备组成。

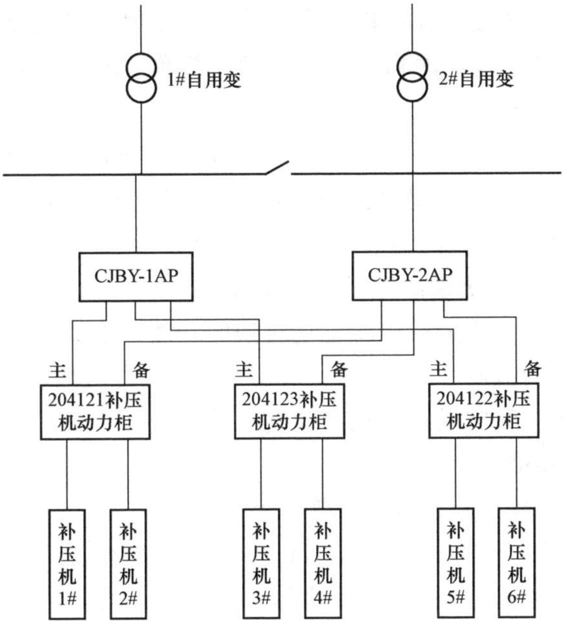

图 1　补压机供电回路图

以 405－2 系统 4#流供电线路为例，如图 1 市电经过 1#、2#自用变后，由补压机动力箱 CJBY－1AP、CJBY－2AP 向 3 个补压机双电源切换箱进行供电，每个补压机双电源切换箱带两台补压机运行。

当 1#自用变故障，变压器进行开关自动断开后，1#、2#自用变之间的联络盘自动投入，由 2#自用变带所有补压机，当 2#自用变故障时同理。补压机双电源切换柜的电源分为主线供电回路和备线供电回路，3 台补压机双电源切换柜的主线回路电源均来自补压机动力箱 CJBY－1AP 及 1#自用变，备线均来自 CJBY－2AP 及 2#自用变。

2.2　双电源切换箱

补压机供电回路中，可控硅双电源切换装置直接影响着供电的稳定性，因篇幅原因对变压器进线开关及联络开关的原理及联锁机制不做叙述。

双电源自动切换装置的使用增强了用电负荷的可靠性和灵活性。为了确保补压机供电的可靠性，通常会配置双路电源，当主电源发生故障时会自动切换至备用电源。为了实现主备电源之间的快速切换，双电源自动切换柜被广泛应用于补压机供电系统及其他重要负荷的供电系统当中。

2.2.1　双电源自动转换开关

双电源自动转换装置大体可分为两大类：一类是双电源自动转换开关，另一类是静态转换开关。补压机供电系统中，使用的双电源切换箱为 CAP1 型转换开关，类型为双电源自动转换开关，简称 ATSE（Automatic Transfer Switching Equipment）。

ATSE 是由一个（或几个）转换开关电器和其他必需的电器组成，用于监测电源电路（失压、过压、欠压、断相、频率偏差等）、并将一个或几个负载电路从一个电源自动转换到另一个电源的电器。

ATSE 可分为两个级别：PC 级和 CB 级。

PC 级 ATSE：只完成双电源自动转换的功能，不具备短路电流分断（仅能接通、承载）的功能；

CB 级 ATSE：既完成双电源自动转换的功能，又具有短路电流保护（能接通并分断）的功能。

2.2.2　双电源自动转换开关工作原理

自动控制器在线实时对正在运行的常用电源和准备切换的备用电源进行监视，当主电源电压继电器检测到电压信号（如：失压、欠压、缺相）时，备用电源电压继电器工作，同时接通其控制的时间继电器，进入延时，该延时的目的是观察主电源的异常是短时间可恢复的，还是无法在延时之内恢复正常的。在确认主电源已无法恢复正常时，控制器的继电器发出指令，主电源断路器电动操作机构的分闸开关断开（如图 2 ATSE 工作原理所示），备用电源断路器电动操作机构的合闸开关合闸，一般情况下转换时间大于 100 ms，供电为间断的。同理当备用电源工作时检测到电压信号异常，备用电源断路器电动操作机构的分闸开关使其断开，主电源断路器电动操作机构的合闸开关合闸。

2.2.3　双电源自动转换开关特点

（1）构成：ATSE 是由两台三极或四极的塑壳断路器、报警触头、机械联锁传动机构、智能控制器等组成，分为整体式与分体式两种结构。整体式是控制器和执行机构同装在一个底座上。分体式是控制器装在柜体面板上，执行机构装在底座上，由用户安装在柜体内，控制器与执行机构用约 2 m 长的电缆连接。

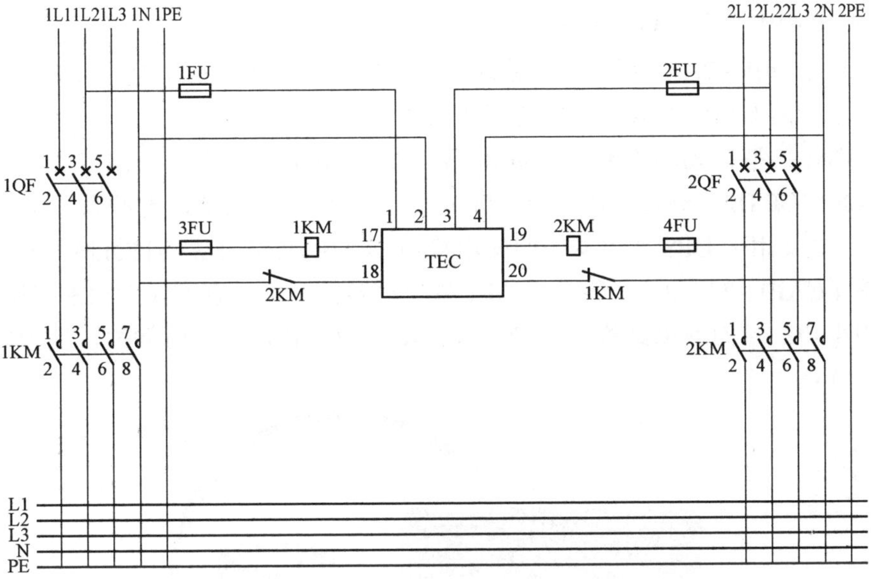

图 2　ATSE 工作原理

（2）特点：① 两台断路器之间具有可靠的机构联锁装置和电气联锁保护，彻底杜绝了两台断路器同时合闸的可能性；② 具有短路、过载保护功能，过压、欠压、缺相自动切换功能与智能报警功能；③ 自动切换参数可在外部自由设定；④ 具有操作电机智能保护功能；⑤ 装置带有消防控制电路，当消防控制中心发出控制信号进入智能控制器，两台断路器都进入分闸状态；⑥ 留有计算机联网接口，以备实现遥控、遥调、遥信、遥测等四遥功能。

2.2.4　双电源自动切换开关（ATSE）两种工作模式

（1）自动工作模式

双电源自动切换开关在自动模式下控制功能可分为自投自复（R）、自投不自复（S）和电网发电机（R）3 种。前两种适用于电网—电网的供电系统，后一种适用于电网—发电机系统。

（2）手动工作模式

自动转换开关手动工作模式有常用电源、备用电源、停止运行 3 种工作方式。手动打至任意一种工作模式下系统将自动转换为该模式运行。

常用电源方式：强制断开备用电源，接通常用电源。

备用电源方式：强制断开常用电源，接通备用电源。

停止运行方式：即可将两路电源全部断开。

2.2.5 CAP1 型自动转换开关

现今 405－2A 补压机供电系统中所使用的双电源自动切换开关为常熟开关厂生产的 CAP1 型双电源自动切换开关。

CAP1 型自动转换开关（如图 3 CAP1 型实物）适用于额定工作电压 AC400 V/50 Hz、额定工作电流 100 A 的两路中性点接地的电源系统中，PC 级别，主要用于 UPS 双电源照明配电箱，配合 JR 型控制器（自投自复基本型，见图 4 CAP1 控制功能逻辑）。CAP1 型自动转换开关具有本体为积木式结构，体积小巧；单刀双掷结构，自身连锁；动作速度快，转换时间短，切换容量大等特点。

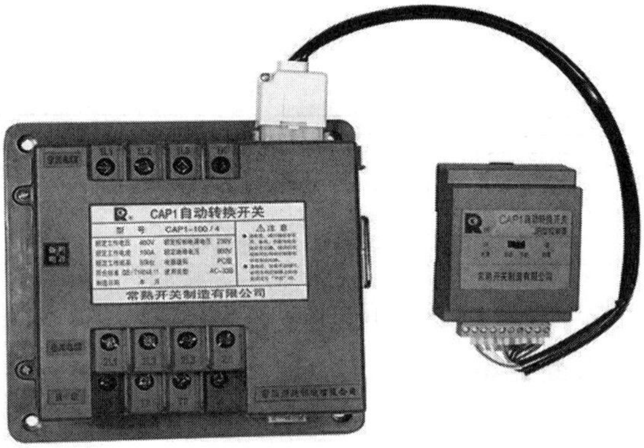

图 3　CAP1 型实物

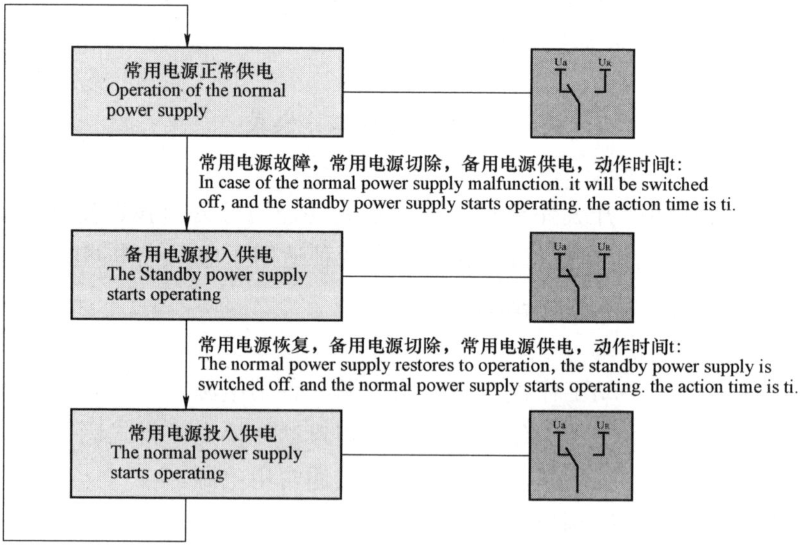

图 4　CAP1 控制功能逻辑

3　供电稳定性分析

3.1　供电线路原理

以 405－2 系统 4#流供电线路为例，市电经过 1#、2#自用变后，由补压机动力箱 CJBY－1AP、CJBY－2AP 向 3 个补压机双电源切换箱进行供电，每个补压机双电源切换箱带两台补压机运行。补压机双电源切换柜的电源分为主线供电回路和备线供电回路，3 台补压机双电源切换柜的主线回路电源均来自补压机动力箱 CJBY－1AP 及 1#自用变，备线均来自 CJBY－2AP 及 2#自用变。

当 1#自用变故障，变压器进行开关自动断开后，1#、2#自用变之间的联络盘自动投入，由 2#自用变带所有补压机，当 2#自用变故障时同理。当变压器的进线开关与联络盘同时故障时，以 1#自用变故障为例，补压机动力箱 CJBY－1AP 失电，所有补压机双电源切换箱的主线供电回路失电，自动切换至备线回路供电，补压机根据自启逻辑进行自启（见图 1）。

3.2　“2 · 17”事故分析

2019 年 2 月 17 日，－2 A 系统发生级联供料流中断事故。

10:57，供电监测报“2GDG－1EAT 分闸”，电气人员至中央钢平台进行设备状态检查发现 2GDG－1EAT 可控硅电源切换柜内主回路（其电源来自 01d－3 1#自用电配电室 D－9#自用变）失电；

11:10，检查 01d－3 1#自用电配电室内设备运行状态时发现：D－9#自用变进线开关跳闸，联络开关未自投，D－9#自用变所带负荷处于失电状态（此时供电监测系统各界面内均显示 D－9#自用变进线开关为合闸状态，系统报警信息中也未出现该开关状态变位的信息）。对 D－9#自用变进线开关及馈线盘进行检查，确认进线开关跳闸由非负荷侧短路造成。

11:45，对 D－9#自用变进线开关及馈线盘进行检查，确认进线开关跳闸由非负荷侧短路造成。手动投入联络盘开关并摇出 D－9#自用变进线开关，由 D－10#自用变带全部负荷运行。供电监测系统内进线盘开关、联络开关指示状态及状态变位信息均正常。调度盘 4#流及 1～12 机组均报“OK”“HH”“P”；4#流主、备线及 1～12 机组区段补压机停车。

设备异常原因：

（1）失压脱扣器故障导致 D－9#自用变进线开关异常跳闸且联络开关未自动投入，2A 级联 4#流补压机及 1～12 机组区段补压机自动切至备用回路带载，补压机先停车再按照程序设计完成自启。

（2）手动投联络开关后，4#流和机组补压机柜主回路供电恢复，自动切换至主回路带载，4#流及 1～12 机组补压机再次停车，按照程序设计补压机不进行自启。

异常总结（设备方面）：

（1）–2、–2A 系统中，3#流、4#流主备线补压机的主电源均来自同一台变压器，在发生上述异常时影响范围较大。

（2）补压机启动逻辑为：当主线回路切至备线回路时，补压机自启；备线回路切至主线回路时，补压机不自启。此逻辑存在不足。

4 主备电源供电改造

4.1 供电线路改造

此次级联供料流中断事故后，确认 405–2 系统料流补压机控制柜供电方式存在缺陷：精、贫料串级间补压机控制柜主电源均来自同一自用变。现通过对精、贫料备线串级间补压机控制柜内输入电源端子上端主、备进线进行对调，使补压机主电源取自不同自用变压器。

已 405–2 系统 4#流供电线路为例，调整内容及步骤如下：

（1）系统贫料料流补压机控制柜 204122 供电线路调整；

（2）向自控人员确认补压机控制柜 204122 所带两台补压机停机；

（3）检查补压机控制柜 204122 内输入电源端子相序；

（4）在串级间管道补压机动力箱 CJBY–1AP 内断开输出空开 204122；

（5）在串级间管道补压机动力箱 CJBY–2AP 内断开输出空开 204122；

（6）在补压机控制柜 204122 检查输入端子已断电；

（7）在补压机控制柜 204122 内将主、备进线进行互换；

（8）对供电线路进行相序、绝缘检查；

（9）自控人员恢复原运行方式。

调整线路如图 5 所示。

其他料流供电线路与 405–2 系统 4#流供电线路调整方案同理，对部分补压机动力柜主备线进行调整，具体方案如图 6～图 8 所示：

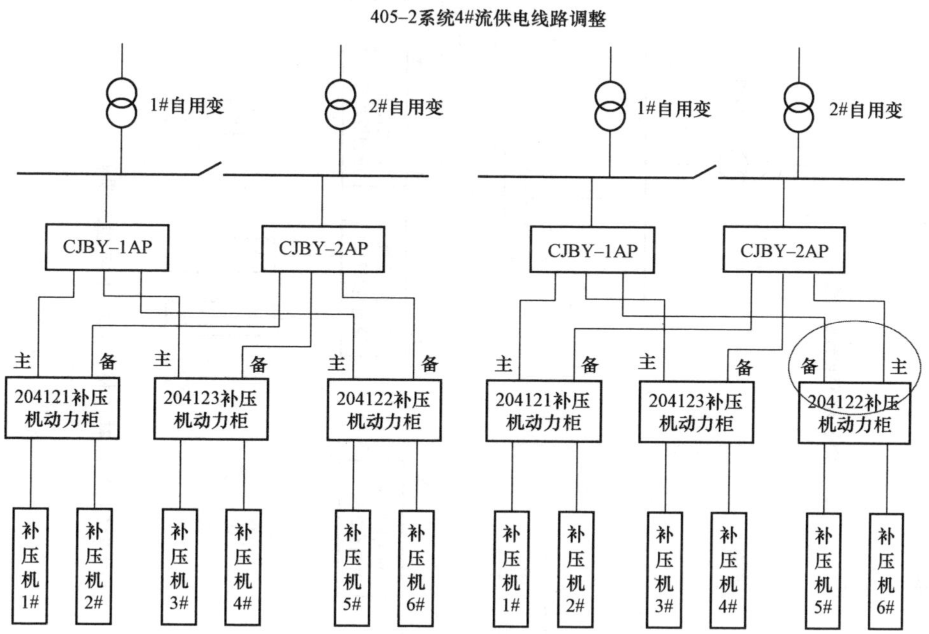

图 5　405－2 系统贫料料流补压机控制柜供电线路调整

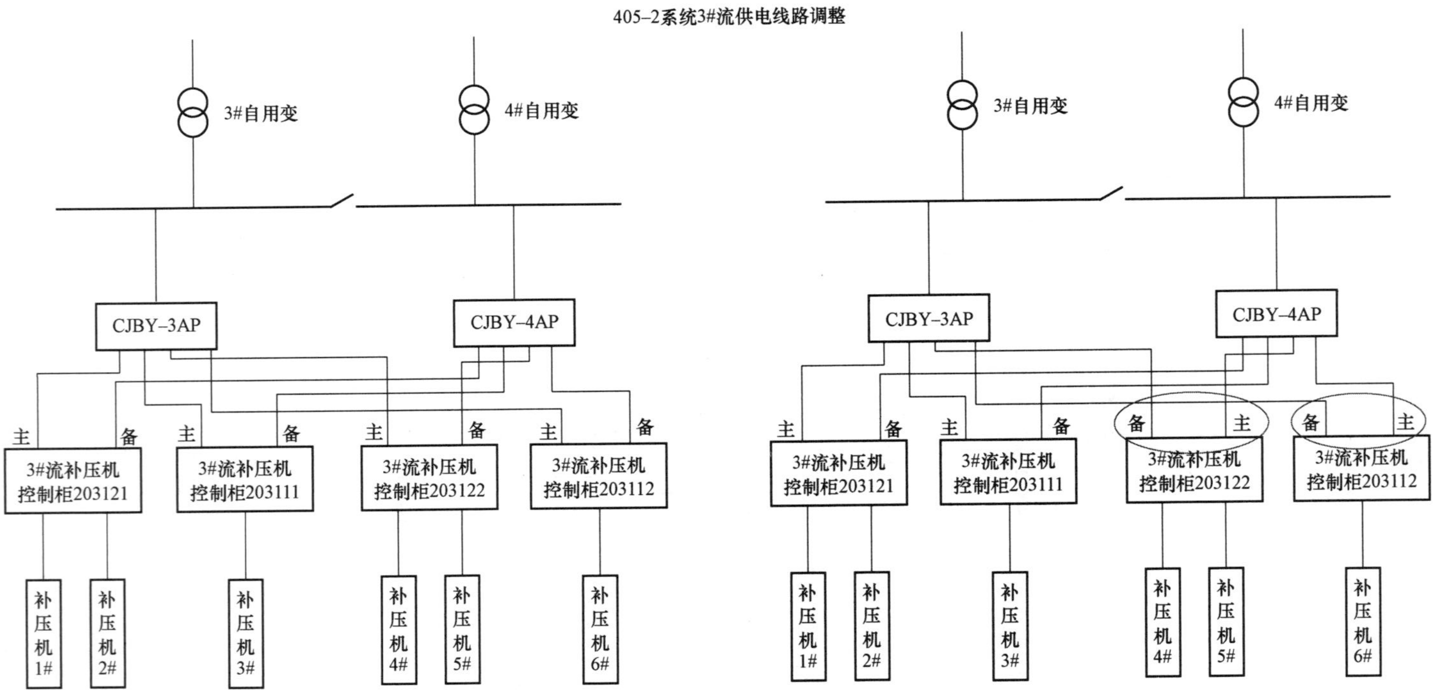

图6 –2系统精料料流补压机控制柜供电线路调整

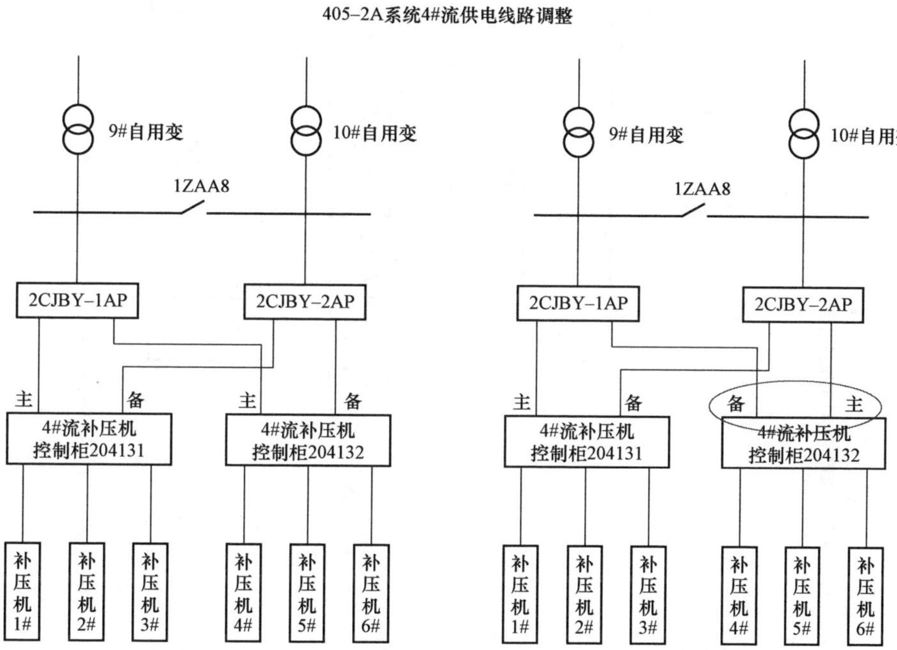

图 7　-2A 系统贫料料流补压机控制柜供电线路调整

405-2A系统3#流供电线路调整

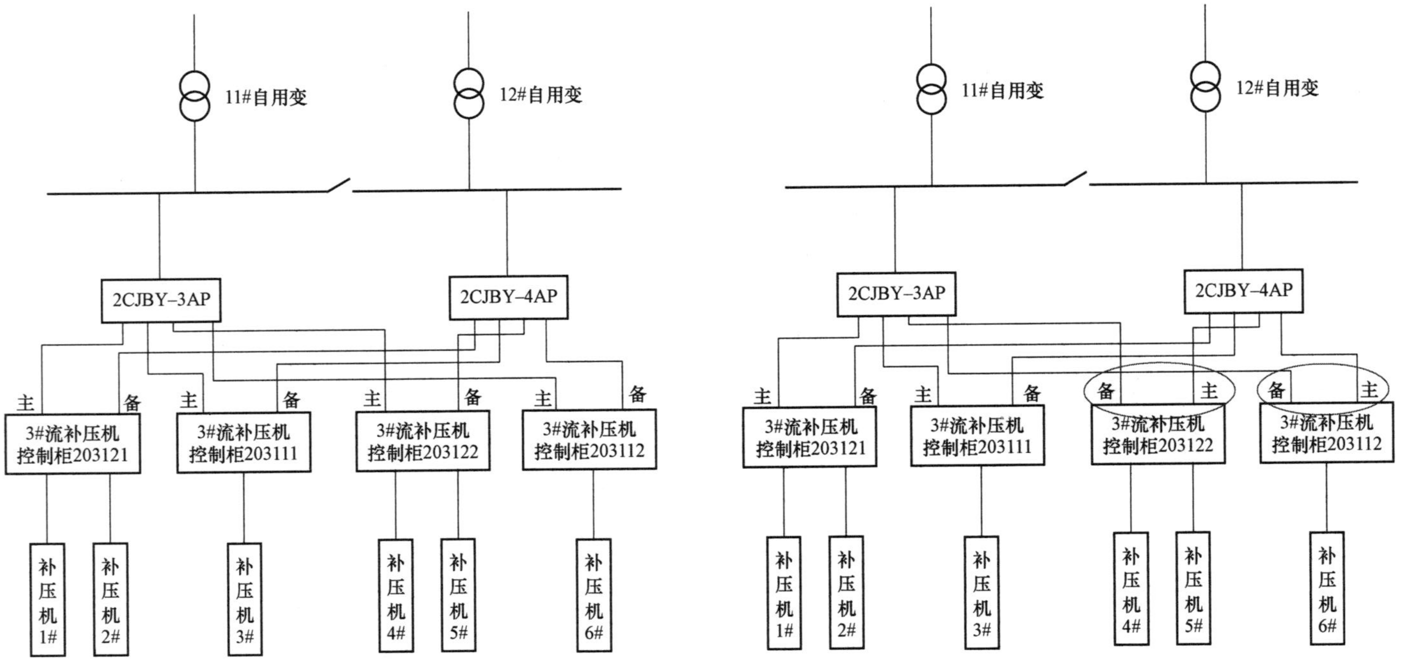

图 8　-2A 系统精料料流补压机控制柜供电线路调整

4.2　补压机自启机制优化

目前 1D 系统补压机自启机制为：供电由主线回路切换至备用回路，补压机停车后自启；供电由备线回路切换至主线回路，补压机停车后不自启。

优化后：将“运行”状态信号消失和补压机柜“停止”命令信号，作为判断补压机是否自启的条件，具体现象表现为：

（1）远控工况下，两路供电发生切换时，补压机停车后自启；

（2）远控工况下，两路供电均失电后，至少一路供电恢复时，补压机停车后自启；

（3）远控工况下，操作停止时，补压机停车后不自启；

（4）就地工况下，补压机的启/停只受补压机柜上启/停按钮控制。

优化后的自启机制为：供电由主线回路切换至备用回路，补压机停车后自启；供电由备线回路切换至主线回路，补压机停车同样自启。无论供电线路怎样切换，补压机都会自启。待系统实施后，运行人员将无需再做补压机出现一次停车自启后的现场应急处理。

4.3　改造优化后稳定性分析

在对补压机供电线路改造和补压机自启机制优化后，供电稳定性大大提高。改造后稳定性如下：

（1）自用电变压器进线开关跳车后，联络开关自投，由一台变压器对某一料流系统的补压机进行供电，供电方式为主线供电，补压机正常运行。

（2）自用电变压器进线开关跳车后，联络开关未自投，补压机供电线路有主线供电自动转换为备线供电，补压机按自启机制进行自启，补压机正常运行。

（3）自用电变压器进线开关跳车后，联络开关未自投，补压机供电线路有主线供电自动转换为备线供电；将进线开关手动投入运行后，由一台变压器对某一料流系统的补压机进行供电，补压机供电方式由备线供电自动转换为主线供电，补压机按自启机制进行自启，补压机正常运行。

即：当自用电变压器进线开关跳车后，无论联络开关是否自投，补压机都正常运行；无论补压机供电线路是由主线供电转换为备线供电，还是备线供电转换为主线供电，补压机按自启机制都会自启，自启后正常运行。

5　总结

405－2A 系统补压机运行中，发生了自用电变压器进线开关断开，联络开关未自投的事故。在将联络开关自投后，补压机供电由备用电源线路切至主电源线路后，发生补压机失电跳车且不自启的故障。本篇文章，详细叙述了补压机的供电原理，分析了补压机运行稳定性和改造优化方案，在实施了优化方案后，补压机供电稳定性大大提高。

同时，也是认识到在使用双电源自动转换装置的过程中，必须要多学习掌握双电源切换装置的结构和原理，这样才能在使用中更加方便，如果出现故障也能很快解决，使系统安全、可靠、持久、稳定、经济运行。

浅谈实际应用中低压电动机保护配置

金　鑫

摘要：本文以工程实际中的低压电动机为基础，从理论上系统地分析了低压电动机的常见故障，以及其反应在电气保护上的特征，从原理上分析了保护的配置方法，为后期电动机控制回路中相关电动机保护方面的维护检修提供理论依据。并结合实际工作中遇到的问题，从原理出发分析保护动作原因，并提出可行的处理建议。

关键词：低压电动机；故障；保护配置

1　前言

在车间新承接的辅助工艺检修维护业务中，主要设备有水泵、电动阀、风机等，其本质上均为电动机设备，电动机的正常输出工作是辅助工艺系统正常工作的前提，因此确保电动机的正常运行就显得十分重要，而在进行维护 4 个月期间，出现的电动机方面的缺陷较多，针对运行中电动机回路的处理过程，根据工程实际，对低压电动机的保护进行总结分析，为后续处理提供技术理论基础。

2　电动机负载及其保护现状

电动机保护多以采集电动机运行时的电压、电流、温度等相关参数与设定的保护定值对比，当运行参数超过设定值时，则通过切断电动机的工作电源来实现对电动机进行保护，避免电机烧毁以及出现故障扩大情况。目前，检修维护任务中的电动机按电压等级分为10 kV高压电动机和380 V的低压电动机，高压电动机中制冷机和冷却水泵负载的电动机在 10 kV 侧配有功能齐全的微机型高压电动机保护装置，并根据设计院的保护功能配置进行功能选配，并有正式的保护定值单。对于低压电动机，采用熔断器和热继电器作为电机保护较为经济、简单的一种方式，也是最原始最简单的一种方式。热继电器在保护电机过载方面虽然具有结构简单、安装方便等优点，但也有保护时滞和对轻微过载与堵转保护欠佳的缺点，因而容易导致长期轻微过载运行使电机绕组产热累计，而使绕组绝缘老化造成电机损坏，并且热继电器对起动过程中的电机不起保护作用，且环境温度对热继电器参数影响较大，不稳定。随着现代电子工业的发展，高灵敏度的电子式多功能保护器和微机型电机保护器出现并替代传统的继电器式保护，实际应用中，以01d－7厂房为例，低压电动机的保护配置根据其实际负载进行相应的配置，按所接负载划分主要划分为3类：风机负载、水泵、电动阀，3种负载的电动机配备了不同的电机保护器，风机负载和部分水泵负载电动机配备了变频器以及相应的保护配置，其余水泵负载的电动机使用UNT－MMI－B1010CT4型的电机保护控制器进行保护，所有的电动阀的电机保护使用了常熟的CD32型电机保护器代替热继电器进行保护，虽然采用新型电机保护器，但CD1－32型电机保护器相较于热继电器而言功能更丰富，保护灵敏度更高，在运行维护时相较而言也更复杂。

3　电动机故障现象及相应保护配置

对于低压电动机而言，其运行时发生的故障主要有以下几种：短路故障、堵转、过载、断相、电压电流不平衡等。

3.1　短路故障及保护判据

短路故障包括定子绕组的相间短路和一相绕组匝间短路。定子绕组的相间短路会引起电动机本身的严重损坏，使供电网络的电压显著下降，影响其他用电设备的正常工作。一相匝间短路是较常见的短路故障，该故障初期仅表现为三相电流不对称，使故障相的相电流增大，严重的情况会导致匝间线圈绝缘全部烧毁，使电动机的一相绕组全部短接。

电动机相间短路故障最明显的特征是三相供电线路的故障相会出现大电流，危害性很大，应进行速断保护。短路保护的整定值应大于电动机最大稳定启动电流，一般取电动机额定电流的 8～10 倍。在进行短路保护时，通过检测电动机A、B、C三相线电流来实现，超过整定值后，直接进行断电保护。短路保护的原则是，当在一定时限内检测到三相最大电流超过电动机额定线电流K倍时（K为短路过流倍数，一般取8～10），就认为电动机有短路故障，应进行速断保护。

3.2 堵转故障及保护判据

电动机因机械原因、负荷过大等转子被卡死或低速运转而进入堵转状态时，会造成过热而烧坏。堵转电流一般可以达到电动机额定电流的 4～7 倍，故障电流极易把电动机烧损。因此在检测到电动机处于堵转故障时，保护系统应及时动作，保证电动机不因堵转而烧坏。

堵转保护的判据信号与短路故障相同，取自电动机运行时的线电流，当线电流超过堵转电流整定值，并达到整定时限时，立即进行断电保护。堵转保护的电流整定值一般可取电动机额定电流的 4～7 倍。

3.3 断相故障及保护判据

低压电动机的损坏事故近三分之一都是由断相故障造成的，断相保护是最严重的不平衡保护，电动机对称运行时，其转轴所受到的转矩平稳，没有振动。当电动机绕组断相，启动电动机时就会有嗡嗡声而不能启动。根据对称分量法，电动机断相运行时的三相不对称电流可分解为正序、负序和零序电流。正序电流产生正向转矩，负序电流产生反向制动转矩，零序电流增加损耗。带动同样负载的正向转矩要克服负载转矩和由负序电流产生的反向制动转矩，因此电动机负担加重，电流剧增，引起损耗增加，导致电动机烧损。

断相保护的判据一般通过检测的三相电流进行判断。

3.4 过载故障及保护判据

电动机过载也称过负荷，是指电动机正常运行中因负荷过大所引起的过热现象。其突出特点是电动机的工作电流大于额定电流，温升高于额定值，如果电动机长时间过载运行会引起电动机绕组过热而烧损。电动机过载运行主要由以下几种原因造成：① 负荷增加；② 机械设备故障或未安装好；③ 电动机本身机械故障；④ 电动机容量选择偏小；⑤ 电动机修理时绕组线径选择偏小；⑥ 双机拖动负荷分配不均；⑦ 电动机端电压过低等。

电动机过载保护通常采用反时限保护，电动机在设计时往往留有一定余量，因此电动机可以容许有一定的短时过载能力。其实在实际生产中，电动机负载往往会有一定的波动，这也要求电动机具有一定短时过载能力，不会因短时过载而停机，影响正常生产。

如图 1 所示，电动机过载保护动作时间 t 与过载倍数成反时限关系，图中右侧纵轴为脱扣等级，配置过载保护特性时，要充分利用电动机本身的过载能力，不要因为电动机一过载就立即进行保护，频繁的断电保护将影响正常生产，这样的保护也就失去意义了。

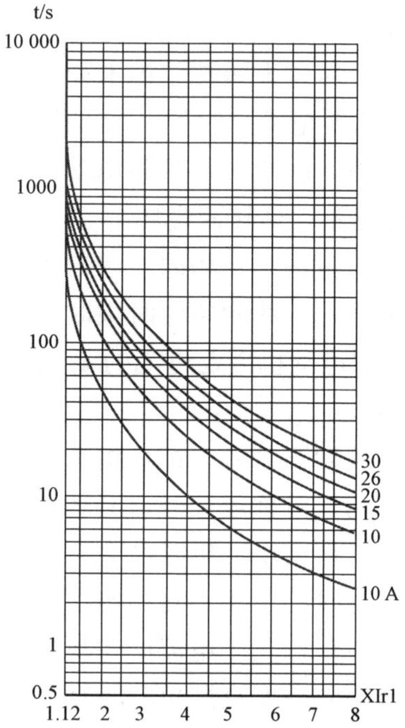

图 1　电动机过载保护反时限曲线

过载保护配置时，其主要判据也是采集的三相电流，在部分综合保护器中会配置过热保护，通过采集的电流和电压，通过内部的热量计算模型模拟计算电动机的温度进行保护。

3.5　欠压和过压故障

（1）欠压保护

当供电电压降低时，电磁转矩下降，电动机转速下降，旋转磁场对转子的相对转速增大，磁通切割转子导条的速度增大，因此转子绕组中感应出的电动势和产生的转子电流都将增大。和变压器的原理一样，转子电流增大，定子电流必然相应增大，温度升高。如果电动机长时间在低电压工作，会使电动机过热甚至烧坏，严重时还会造成堵转。低电压也会使电动机起动转矩下降，当电压降低到能使起动转矩小于负载转矩时，电动机就无法启动。

电动机要不要装设欠压保护有一定原则。对电源电压短时降低或短时中断后又恢复需要自动起动的重要电动机，不装设低压保护。下列电动机一般需装设欠压保护：① 当电源电压短时降低或短时中断后又恢复时，为保证重要电动机自启动而需要断开的次要电动机；② 电源电压短时降低或短时中断后，根据生产或工艺的要求，不允许或不需要自启动的电动机；③ 需要自启动，但为保证人身和设备的安全，在电源电压长时间消失后，需从电网中自动断开的电动机。

欠压保护的整定原则是：若在一定时限内采样到的线电压有效值均低于保护整定值，则认为有故障产生，应进行断电保护。

（2）过压保护

过电压一般是由电网电压波动造成的，当然也可能是伴随其他故障的产生而产生的，如对于负载星形连接且无中性线的电动机，如果定子绕组一相短路，会造成其他两相负载的电压增大。电动机在过电压状态下运行，容易对电动机的绝缘造成破坏，进而缩短电动机使用寿命，因此电动机应装设过电压保护。

过压保护的整定原则是：若在一定时限内采样到的线电压有效值均高于保护整定值，则认为有故障产生，应进行断电保护。

3.6　不平衡保护

根据 GBT 22713—2008《不平衡电压对三相笼型感应电动机性能的影响》电动机运行在不平衡电压下时，对电流的不平衡度影响很大，约为电压不平衡程度的 6～10 倍，且会由于电流和电压中的负序分量引起钉子损耗增快，其温升较正常运行时增快，当不平衡度较大时（运行时电压不平衡度大于5%），电动机不能正常运行。

进行保护配置时，分为电压不平衡保护和电流不平衡保护，根据保护装置硬件以及实际运行情况选择配置。

4　电动机运行过程中的保护问题

电动机运行过程中，根据所接的缺陷情况和以往的运行情况，报故障无法启动的均为常熟开关厂 CD1－32 型电机保护器的电动机。

CD1－32 电动机保护器（图 2）具有过载保护、断相保护、不平衡保护，安装方式与热继电器相同，为与主回路中的接触器直接插接连接，三相电流通过电机保护器，电机保护器通过检测其通过的三相电流完成信息量采集，其常闭辅助触点接入控制回路通过采集的信息量与设定值进行运算，分断控制回路中的接触器电源来达到断开电动机电源进行保护输出的目的（图 3，表 1）。

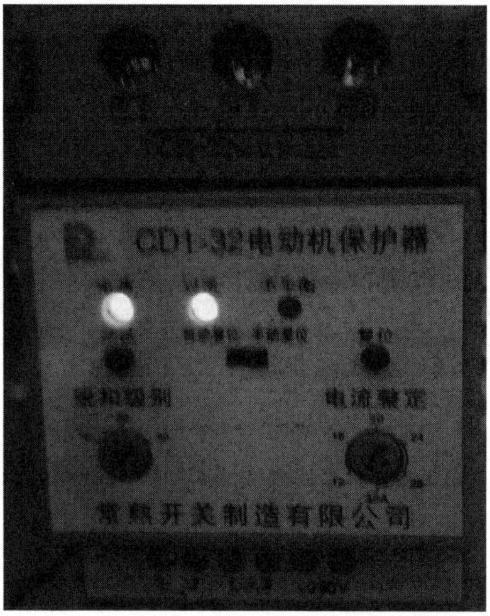

图 2　CD1－32 型电动机保护器外观图

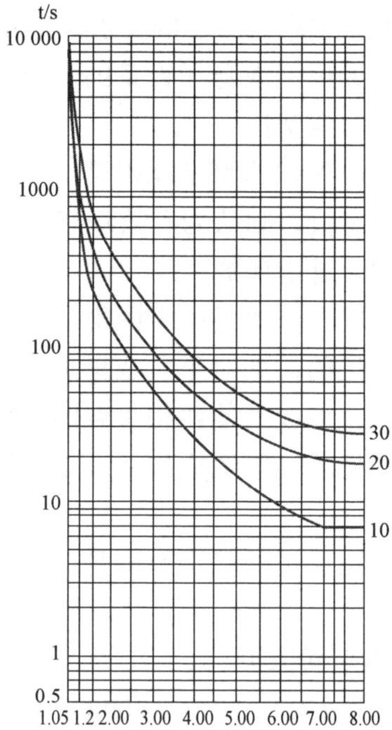

图 3　CD1 系列电动机保护器过载保护曲线

表 1　CD1 系列电机保护通电时动作特性

整定倍数	动作时间		起始条件
1.05	2 h 内不动作		冷态
1.2	≤2 h 动作		热态
1.5	10	≤4 min	热态
	20	≤8 min	
	30	≤12 min	
7.2	10	4～10 s	冷态
	20	6～20 s	
	30	9～30 s	

实际检查时，部分开关选型偏小，尤其是电动阀启动和开关到位瞬间，其电流达到保护定值，而引起动作，并且部分电动机保护器自身出现保护异常动作情况，在后期运行维护时，针对该部分的电机保护器进行重新选型，选择安装方式类似，保护电流设置更合理的保护器进行替换。

接触器分段短路电流问题

实际应用中电动机的短路故障应由开关进行分断，因为接触器没有分断短路电流的能力。在厂房运行调试时，曾发生电动机电源电缆损伤而发生短路故障，而接触器节点烧死未起到保护作用，由于接触器没有分断短路电流的能力，当故障电流超过接触器允许开断的最大电流时，会造成主触点烧死或拉弧现象，导致事故的进一步扩大，实际应用中，应合理选配空气开关或者断路器，并考虑与接触器的分断能力进行配合。如故障电流小于接触器的最大分断电流时，保护正常动作而通过接触器进行分断，当故障电流大于接触器的最大分断电流时，直接由空气开关或者断路器进行速断动作，从而实现更为可靠的保护。

5　结论

对于低压电动机易出现的故障类型和原理进行系统的分析，明确低压电动机应配备的保护原理和其动作条件，为实际运行的电动机保护配置以及电气故障维护提供了理论依据，并结合实际运行出现的故障情况，提出可行的处理方法。

参考文献

[1] 董桂城.低压电动机保护定值整定探讨[J].电气技术，2015(6)：138－140.

防止因外单位信息沟通不畅造成供电系统调管失误的整改措施

张吕荣

摘要：本文以公司电力调度系统具体事例分析，逐一分析了影响电力系统调度的因素，并结合因素进行分析，提出了切实可行的整改措施。

关键词：低压电动机；故障；保护配置

1 前言

随着我公司生产规模的日渐扩大，对供电系统的安全性及稳定性要求越来越高，供电系统安全稳定运行是保证我公司主辅工艺系统安全生产的前提条件，这就要求电调能正确地对公司高低压供电系统统一调管。但由于职责分工变化，联系汇报职责不明确造成信息沟通渠道不完善，信息的及时度、准确度不够和信息传递错误，给送电工作带来极大隐患，甚至发生人身安全事故。结合 01C－7 厂房 3#冷却泵电动机检修工作，分析原因列出整改措施。

2 现场情况

01C－7 厂房 3#冷却泵电动机故障，辅助工艺运行车间办理高压停电申请：01C－7 水厂房 3#高压冷冻泵电动机消缺，需将 21C 站 3#冷却泵高压开关停电，时间为 2019 年 2 月 18 日 9:00 至 2019 年 2 月 19 日 15:54，生产管理部、技术管理部、电调逐一审核无误后批准。

2019 年 2 月 18 日，电调下令 3#冷却泵高压开关停电，并做好安全措施，2 月 19 日，辅助运行车间汇报电调因电机轴承问题，暂无配件，办理了工作延期手续。

2019 年 3 月 8 日 8:40，辅助运行车间调度告知电调 3#冷却泵故障已处理好，可以恢复送电。电调调度员将此事汇报电调主任，生产科、车间主管领导，并通知供电工段值班员，告知去现场核实后准备送电。供电工段值班员查看现场后答复电缆头未安装，检修工作还在进行，不具备送电条件，遂中止了送电操作。此次工作虽然及时中止未造成人身安全事故，但确暴露出了很多问题，信息沟通搭建渠道及信息传递错误等都是值得深思和总结。

3　原因分析

3.1　信息沟通搭建渠道不完善

电动机检修职责原属于机电检修车间，此次维修工作是动力车间在更改职责后的第一次检修。动力车间高压系统内工作票管理程序是：检修单位在供电工段办理工作票手续，工作票开工及结束时都在电力调度室记录备案，调度员能及时掌握工作进度。

本次工作是在辅助运行车间管辖范围内开展，辅助运行车间按要求办理了高压停电申请，电调按申请执行了停电工作。检修单位的工作票送至辅助运行车间办理开工，未在电调备案，造成信息中断。电调值班员、21C 站值班员均不了解工作进度。

3.2　信息传递有误

电机检修工作不同开关检修，需送电试运转，正常后再断电下一步检修工作。检修单位通过辅助运行车间向电调要求试送电，辅助运行车间人员获取信息的准确度不够，认为检修工作已完成，告知电调调度员工作已完成，可以送电。供电工段查看现场时发现工作未结束，反馈信息给电调后，中止了此项操作。信息传递上出现严重错误是导致此次事件的一个重要原因。

4　整改措施

通过此次事件电力调度室在第一时间召集大家召开了紧急会议，就此次事件发生的经过及暴露出的问题做了详细的介绍及剖析，并会同生产科、供电工段、检修工段、保护工段与辅助运行车间进行了沟通协调，明确具体的调管措施，杜绝因调管失误造成人身及设备安全事故，确保公司高低压供电系统安全稳定运行。

（1）在辅助运行车间管辖范围内工作时，工作票由检修单位工作负责人在电力调度室备案，以便电调了解工作进度。

（2）工作期间需试送电等工作时由工作负责人申请，电调调度员明确后执行。

（3）电调值班员在接到工作票结束的汇报后，还应多方面确认工作票是否结束，要求供电工段到现场核实，无误后方可下令送电。

关于解除21C站所用变低压进线开关失压脱扣功能的探讨

张兆辰　王可欣

摘要：为了更好保障系统供电可靠性，本文通过对21C站所用变运行方式及低压进线开关失压脱扣功能进行介绍，提出了解除失压脱扣功能的意义及方法，并总结了解除失压脱扣功能后低压进线开关的操作方法及系统异常时的注意事项。

关键词：失压脱扣；操作方法

21C站低配室内有两台所用变（100 kVA）和4台低压配电柜（2台进线柜和2台馈线柜），低压配电柜型号为MNS抽屉柜，低压进线开关型号为CDW7－2000/630A，带有无延时的失压脱扣器。

低压配电柜带有各类低压负荷，较为重要的负荷有：事故照明电源、主变调压控制器电源、主变通风电源、所用变交流电源、110 kV GIS交流电源、直流屏交流电源、控制室交流电源等。

两台所用变是21C站一类负荷。

1　21C站低压进线开关的失压脱扣器工作原理

失压脱扣器是由失压线圈和脱扣机构组成，当系统失去电压后，失压脱扣线圈失电，机械机构动作使断路器自动分闸，主要是防止当突然停电又来电后的带负荷合闸。

失压脱扣器并联在断路器的电源侧，可起到欠压及失压保护的作用。当电源电压为额定电压的75%～105%时，失压脱扣器保证吸合，使断路器顺利合闸；当电源电压低于额定电压的40%时，失压脱扣器保证脱开，使断路器跳闸。

2　21C 站所用变运行方式及建议

21C 站所用变低压配电室为单母线运行，两台低压进线开关目前按照一台运行带全站低压负荷、一台在工作位置以备用的方式运行（如图 1 所示），两台低压进线开关有合闸联锁和瞬时失压脱扣功能。例如：当 21C 站 10 kV Ⅲ母失电导致 1#所用变失电，1#所用变低压进线开关失压脱扣器 0 s 动作，低压配电室母线失电；在 10 kV Ⅲ母电压恢复正常后，运行人员必须到低配室手动恢复 1#所用变低压进线开关，低配室才能带电正常。

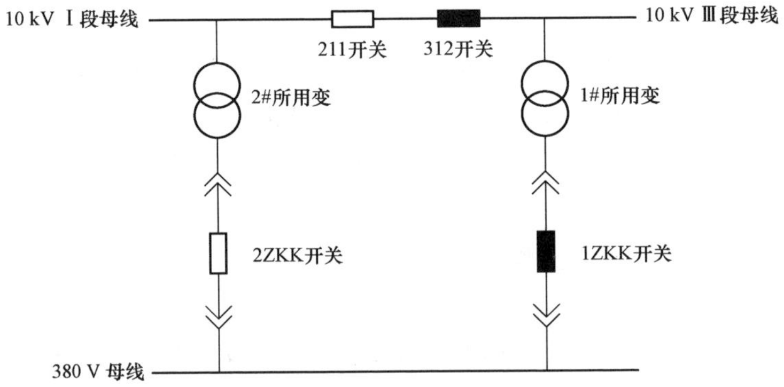

图 1　所用变接线图

21C 站低配室所带的重要负荷为直流屏（直流负荷为保护装置、操作电源、事故照明及 UPS 电源等），当低配室交流失电时，由于 2018 年直流屏蓄电池性能较差（储电量不足 20%，经放电测试蓄电池接带直流负荷时，直流控母、合母电压不满足要求），会导致各保护装置、操作回路以及事故照明无法正常工作，严重时会造成开关保护拒动（目前 21C 站直流蓄电池正在改造中）。

21C 站 10 kV 母线设有备自投装置，动作时间为 2.2 s。当外网失电时，10 kV 备自投能可靠动作，保证失电分段母线及时恢复供电。目前 21C 站运行人员较为紧张，当所用变低压进线开关跳闸后，需人为恢复低配室供电，间隔时间较长，直流屏蓄电池性能较差，严重影响直流重要负荷的正常运行。按照事故情况下尽量减少人为干预、提高系统自动恢复能力的原则，建议解除低配室进线开关的失压脱扣保护。当 10 kV 母失电后，所用变低压进线开关不会跳闸；当 10 kV 母线恢复正常供电后，运行人员可以不用手动操作低压进线开关，低压母线能立即恢复供电，保证 21C 站低压负荷正常运行，同时也解决了人员紧缺带来的不安全因素。

3　解除 21C 站低配室失压脱扣的处理办法

将所用变两台进线开关失压脱扣器的失压线圈拆除。

3.1　拆除失压脱扣器失压线圈的具体处理办法（以 2#低压进线开关为例）

（1）将 2#所用变由运行转检修（图 2）。

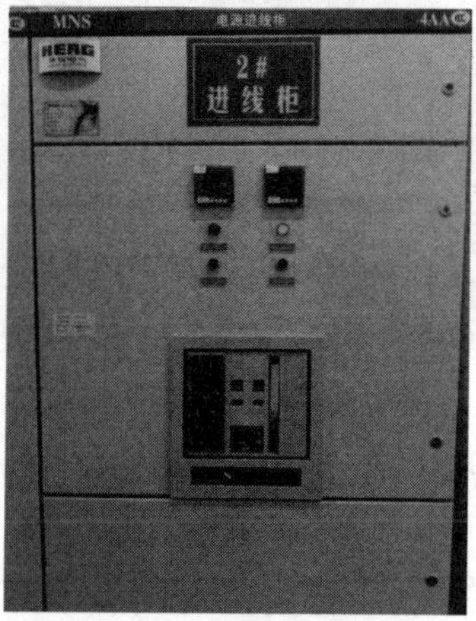

图 2　2#所用变由运行转检修

（2）将 2#所用变低压进线开关摇至“分离”位置。由于低压进线开关为小车式，小车的位置分为“连接”“试验”和“分离”。“连接”位置为工作位置，“分离”位置为检修位置，如图 3 所示。

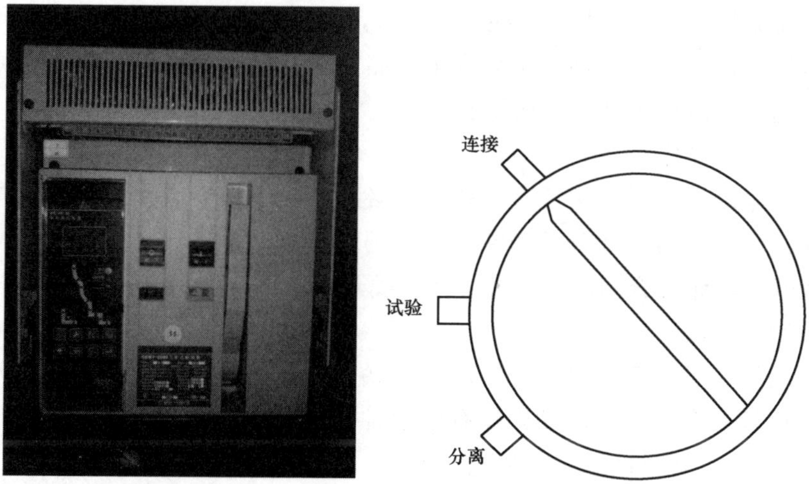

图 3　所用变开关

（3）拆除失压脱扣器的失压线圈（图4）。

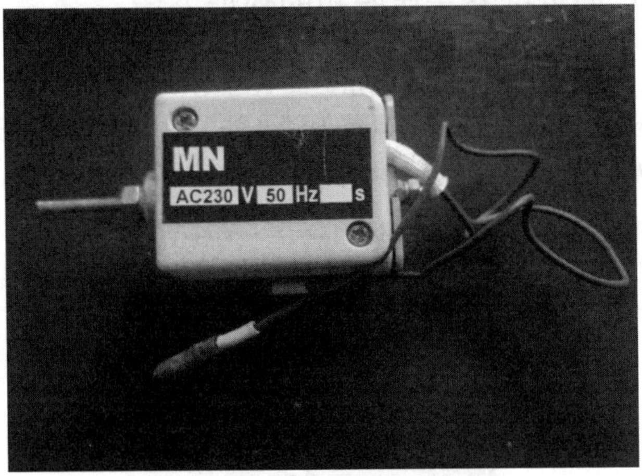

图4　失压脱扣器的失压线圈

拆除1#低压进线开关失压脱扣器的失压线圈同理。

4　解除失压脱扣器的低压进线开关操作方法

正常运行时，两台低压进线开关均在“连接”位置。低压进线开关的操作电源和储能电源均为AC 220 V（取自开关进线侧A相）。低压进线开关分为电动操作和手动操作两种方法：电动操作通过配电柜面板上的分合闸按钮（红、绿色）进行，手动操作通过开关机构上分合闸按钮（红、黑色）进行（未解除失压脱扣器时，当开关进线侧无电时，开关无法手动合闸）。进线开关位置通过摇把进行操作。储能也分为电动储能和手动储能，当开关进线侧无电时，可通过手柄按压进行手动储能。

（1）电动操作

由于电动操作与开关位置有关系，必须在“连接”或“试验”位置，才能操作。同时两台进线开关的断路器合闸联锁，一台进线开关在合位，另一台进线开关不允许合闸。先断开一台进线开关，再合上另一台进线开关。

（2）手动操作

手动操作时，两台进线开关的合闸联锁不起作用；同时开关在任何位置都可以进行分合闸。当电动操作有问题时，采用手动操作，但要保证开关在“连接”位置，防止低压负荷失电。

5 失压脱扣解除后的效果

2018 年 8 月，动力车间下发技术通知（图 5）“关于取消 21C 站所用变低压进线开关失压脱扣功能的通知”。当 10 kV 系统再出现瞬时波动或断电的现象时，再无失压脱扣功能，低压断路器不再断开，当 10 kV 系统恢复供电时，低压断路器直接带电，各类低压负荷电源随之带电，无需人工再恢复进线开关合闸，大大地提高了工作效率。

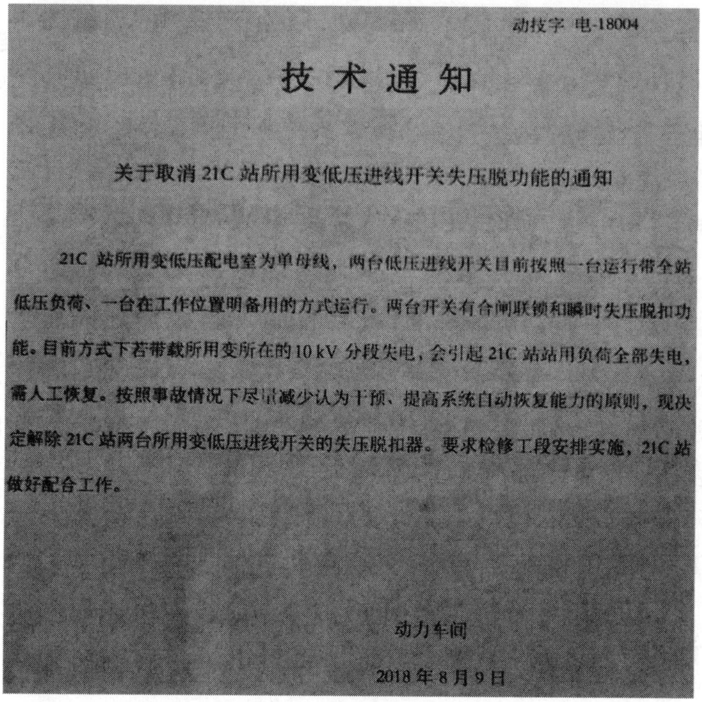
动技字 电-18004

技 术 通 知

关于取消 21C 站所用变低压进线开关失压脱功能的通知

21C 站所用变低压配电室为单母线，两台低压进线开关目前按照一台运行带全站低压负荷、一台在工作位置明备用的方式运行。两台开关有合闸联锁和瞬时失压脱扣功能。目前方式下若带载所用变所在的 10 kV 分段失电，会引起 21C 站站用负荷全部失电，需人工恢复。按照事故情况下尽量减少认为干预、提高系统自动恢复能力的原则，现决定解除 21C 站两台所用变低压进线开关的失压脱扣器。要求检修工段安排实施，21C 站做好配合工作。

动力车间

2018 年 8 月 9 日

图 5 技术通知

6 失压脱扣解除后需要注意的事项

由于低压断路器已取消了失压脱扣功能，若在线路或上级电源故障瞬时断电或跳闸，低压断路器仍将处于闭合状态。此时电网恢复供电后，我们应着重注意：

（1）操作过电压和冲击等原因，对设备造成损坏，严重时烧坏电器。

（2）所有负荷同时启动，启动电流大，引起线路瞬时过载。

М Ц3 仪表电源板故障检修

翁慧君

摘要：01C 大厅使用 М Ц3 数字微压计，对于 1C 系统的安全运行起着非常重要的作用。本文首先分析了 М Ц3 数字微压计经常出现故障现象，针对经常出现的电源板故障提出了相应的检测维修方法，对日后该仪表的运行维护及故障检修提供了参考。

关键词：М Ц3 数字微压计；电源板故障；检修

1　概述

01C 大厅使用了大量的 М Ц3 数字微压计仪表，自 2011 年 5 月投入运行以来，出现多次的故障报警现象，其中大部分为电源板故障。由于 М Ц3 仪表为进口仪表，现存备品极少，仅仅依靠备品表进行更换不能满足长期的运行维护需要，且购买成品价格高昂。因次，开展对 М Ц3 仪表电源板故障检修，对保证 М Ц3 仪表的正常稳定运行有着非常重要的意义。

2　故障诊断与分析

2.1　工作原理及电路图的绘制

М Ц3 仪表的检修，现有资料仅有随仪表的使用说明书，且其中并没有详细具体的电路原理图，对此，首先对其工作原理进行了分析，对照 М Ц3 仪表实物，测量并画出电路原理图，见图 1。М Ц3 仪表的电源板部件的作用是将交流 220 V 或双路直流 245 V 转换为±15 V、5 V、6 V、18 V 提供给仪表的主控板、显示板及传感器部分，同时对双路输入的供电电压进行监测。

2.2　故障检测分析

2.2.1　对“С Н П М Ц”报警的电源板故障检修

以编号为 N49、N165 的两块故障板为例。

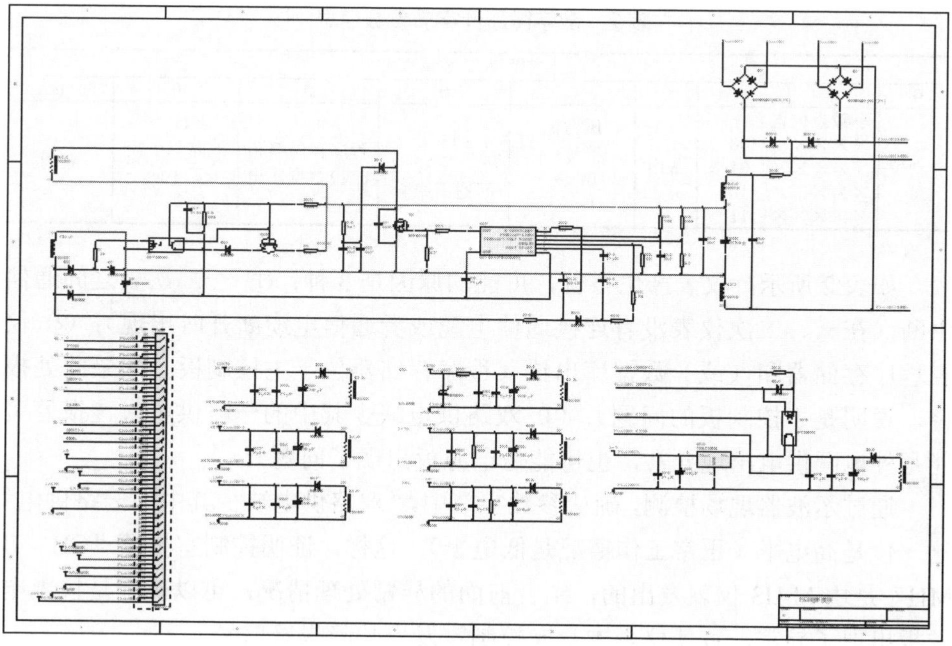

图 1　М Ц3 仪表电源板原理图

从 13 机组精料旁通 М Ц3 仪表拆下的电源板 N49，因其持续报警，且报警信息为“С Н П М Ц”，对该仪表进行检测，发现其输出电压都正常。同样，从抽空系统更换的一块电源板 N165（也是持续报警，但报警信息是“供电电源断开”），经检查，其输出电压也正常。对两块电源板在实验室进行超过 24 h 的考核，考核方式如下：

供电为 AC 220 V，М Ц3 仪表连接好传感器（即电源板带负载运行），仪表通信端的负载是 100 Ω电阻，同时用示波器检测其输出波形，即三字节信息。М Ц3 仪表的通信采用三字节方式，见表 1。

表 1　数字微压计三字节信息传输定义

低 2 位字节									隔离		高 2 位字节									隔离		参数字节 8 位							
0	1	2	4	8	1	2	4	8	1	1	0	1	2	4	8	1	2	4	8	1	1	0	0	1	0	0	0	0	0

如表 1 所示，М Ц3 仪表采用 2 芯电缆传输信息。信息采用三字节形式，以 15～25 mA 表示“1”，以不超过 3 mA 表示“0”。首先传输参数字节信息，其次传输测量值的高 2 位信息，最后传输测量值的低 2 位信息。当仪表出现异常时，相应的参数会由“0”变成“1”。参数字节定义如表 2 所示。

表2 数字微压计字节参数信息

参数字节 8位								
0	0	1	0	0	0	0	0	0
启动位	小数点位置 ×××× 00 ××，×× 01 ×××，× 10 ×，××× 11		备用	压力值符号： 0：+ 1：—	1： 一、二次表之间通信中断	1： 程序存储器和（或）数据库出错	1： 双路供电缺少其中的一路供电	备用

如表2所示，仪表产生报警，可能的原因是3种：① 一二次表之间通信中断（在一、二次仪表没有连接通信电缆或者通信电缆断开时出现）；② 仪表程序存储器和（或）数据库出错（程序存储器位于主控制板，如果此处报警，说明是主控制板的问题）；③ 双路供电缺少其中的一路供电（该报警可能是外电网供电出现异常，也可能是电源板出现了问题）。

通过示波器现场检测，确认参数字节中，"双路供电缺少其中的一路供电"这一位是高电平（正常工作情况是低电平）。这样，证明控制室报警"CH ПМЦ"是由М Ц3仪表发出的，结合前面的异常处理情况，可以确定是仪表电源板出现了异常，致使仪表本身向控制室发出故障报警信号。

参照图2、表3和表4，当出现报警时，报警的一路会产生高电平，即图2

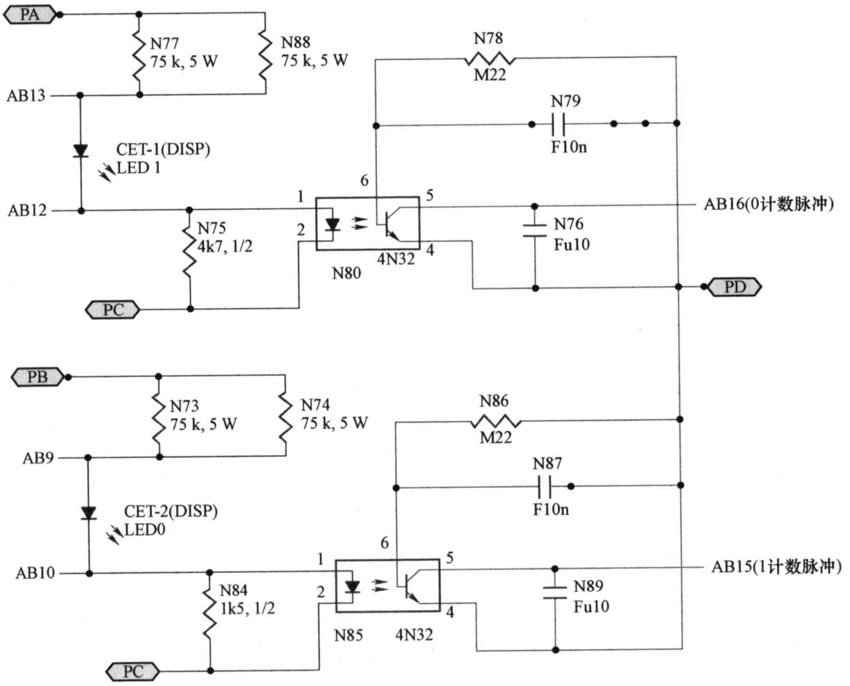

图2 М Ц3 电源板供电检测电路

中 AB16 和 PD 间的电压，以及 AB15 和 PD 间的电压，在报警时会出现高电平；并且可以从示波器上读出报警的波形，报警位就是“双路供电缺少其中的一路供电”这一位。

表 3　供电电源检测电路中节点定义

节点	定义	备注
PA	DC 245 V+，或 DC 310 V+	DC 310 V 是 AC 220 V 经整流后得到
PB	DC 245 V+，或 DC 310 V+	DC 310 V 是 AC 220 V 经整流后得到
PC	245 V GND，或 DC 310 VGND	DC 310 V 是 AC 220 V 经整流后得到
PD	DC 5 V GND	DC 5 V 是电源板输出电压，供给主控板等

结合现场运行实际，我们使用双路 DC 245 V 电源给 M Ц3 仪表送电，分别测量 AB16（第一路供电检测输出）和 AB15（第二路供电检测输出），并用示波器检测波形。按此方法，我们对 N49 电源板检测情况如表 4 所示。

表 4　对 N49 电源板的检测电路进行报警检测

供电电压/V 输出电压/V	246	230	200	184	183
1 路	0.698	0.712	0.733	1.006	2.5
2 路	2.5	4.76	5.02	5.02	5.02

注：当两路供电电压都小于 183 V 时，数显表无输出波形，面板指示灯正常，面板有数值显示，且显示值和正常供电时无差别。

显然，当 N49 电源板的第二路电压降低到 246 V 时，电源板检测电路产生高电平信号（第二路供电）。并且与示波器显示的波形相符合。这样，确定 N49 电源板的第二路电源检测电路有问题。

根据图 1，首先确认发光二极管没有异常——即使电压降低到 175 V 左右，发光二极管都能正常工作；其次，检查两个并联的 75 kΩ限流电阻正常；第三，检查光耦输入端的分流电阻，阻值正常，并对不同电压下的光耦输入端电压进行检测，如表 5 所示。

表 5　对 N49 电源板的光耦输入端电压检测

供电电压/V 输出电压/V	250	220
1 路	1.126	1.122
2 路	1.128	1.122

从表 5 可知，光耦输入端的电压稳定，供电电压的变化对其影响可以忽略不计。而检查几块电源板，发现光耦输入端的分流电阻阻值并不完全相同，见表 6。

表 6　检测电路光耦输入端分流电阻　　单位/Ω

电源板编号	347	357	172	165	49
1 路	0.82 k	2.2 k	1.5 k	1 k	1.2 k
2 路	1.2 k	1 k	1.5 k	3.9 k	1.2 k

于是，我们尝试对 N49 电源板的 2 路光耦的输入端分流电阻进行增大，得到结果如表 7 所示。

表 7　对 N49 电源板的 2 路分流电阻调整对应的报警输出（2 V）检测

报警供电电压/V 增加的电阻/Ω	252	242	237	227	221	215	211
2 路（1.2 k）	0	100	300	1.1 k	1.8 k	4.6 k	∞

显然，从表 7 中可以看到，增大分流电阻阻值，可以降低该电路板的报警电压，但最大程度为 211 V。说明书中规定：“当一个输入端的供电电压低于门限值（175±15）V，而另外一个高于门限值时，仪表接口保持其工作能力（进行数据传输），同时沿接口以三字节方式传送一路供电电压缺失的信息。”可见，如果只改变光耦输入端的分流电阻，得到的结果并不是很好。

根据图 1 可知，限流电阻为 37.5 kΩ，当供电为 DC 245 V 时，检测电路流过发光二极管的电流大约是 6.5 mA，发光二极管的正常工作电流是 5～20 mA，所以该电流满足发光二极管工作要求。而根据表 7 和表 8，可知 N49 电源板的光耦输入端的分流电阻分掉的电流为大约 1 mA，这样光耦输入端得到的电流大约是 5.5 mA。根据光耦 4N32 的技术手册，在输入端电压为 1.12 V 时，I_F 大约是 4 mA（25 ℃）。而 N49 第二路供电检测的光耦的输入端电流大约是 5.5 mA，它符合光耦正常工作的要求，但在 DC 246 V 时就产生了报警信号，可见该光耦出现了异常——即正常范围的输入电流不能使光耦正常工作，致使光耦输出端产生高电平，从而输出报警信号。

这样就需要更换光耦。结合表 8，知道该电路板的光耦输入端的分流电阻阻值不同——即此处是经过调整，才使得光耦正常工作；并经过测试，了解到光耦器件有一定的离散性。这样更换光耦后对分流电阻进行调整。这样使检测电路的电流变为 8.8 mA，光耦输入端得到的电流大约是 7.8 mA。此时，检查在 DC 246 V 供电时，仪表正常工作，没有产生第二路供电检测报警信号，并且满足说明书要求的门限值（175±15）V，即在供电电压低于门限值时才输出报警信号。

2.2.2　仪表黑屏，控制室显示黄色“81.91”的故障检修

以编号 N329 电源板为例。

该电源板初次检查，输出电压不正常，多次测量，情况并不完全一致。最后一次测量，各输出基本都为 0。检查电路中整流滤波部分：输入 AC 220 V 电源，经过整流滤波后，得到稳定的 DC 310 V 电压。

由于电源板输出电压都是 0，因此需要确定场效应管是否正常。测量场效应管的阻值（在路测量和单体测量），并与正常电源板的场效应管的阻值对比，如表 8、表 9 所示。

表 8　在路测量场效应管　　单位/Ω

测量端 / 电源板	1–2（G–D）		1–3（G–S）		2–3（D–S）	
	红测量	黑测量	红测量	黑测量	红测量	黑测量
N139	7.8 k 增大到 161 k	25 k 增大到>200 k	2.1 k	2.1 k	10 k 增大到>200 k	17 k 增大到约 155 k
N357	155 k，持续增大	>200 k	2.1 k	2.1 k	>200 k	>200 k
N347	165 k，持续增大	>200 k	4.6 k	4.6 k	>200 k	155 k，持续增大
N329	164 k，持续增大	>200 k	4.6 k	4.6 k	>200 k	>200 k

表 9　单体测量场效应管　　单位/Ω

测量端 / 电源板	1–2（G–D）		1–3（G–S）		2–3（D–S）	
	红测量	黑测量	红测量	黑测量	红测量	黑测量
N139	>200 k	>200 k	>200 k	>200 k	>200 k	154 k
N357	>200 k	>200 k	>200 k	>200 k	>200 k	158 k
N329	>200 k	>200 k	>200 k	>200 k	>200 k	165 k

将该场效应管换到正常电源板上，工作正常。并测得 1～3 脚（D–S 极）之间电压是 2.30 V，32.25 kHz 方波（测量仪表：优利特）。同时，测量电源芯片的 5 脚对场效应管的 1 脚、3 脚，得到的结果如表 10 所示。

表 10　电源芯片输出频率测量

测量点	电压/V	频率/kHz
5－1	0	32.25
5－3	2.34	32.25

可见，该场效应管正常。

在电源板上电后，首先通过三极管 N20 导通为电源芯片提供初始的启动电压。当电源芯片正常工作后，该三极管截止。检查该三极管，正常；检查与该三极管连接的二极管 N21，正常。

由于该电源板上与三极管连接的电阻 N3（36 kΩ，5 W）明显发黑，带电测量，电源板输出电压全都为 0 V 时，该电阻上的电压稳定为 290 V。而正常电源板上该电阻的电压是 0 V。拆下该电阻，对该电阻进行测量，该电阻的电阻值正常。

与三极管连接的电阻 N34（260 kΩ，0.5 W）颜色正常，带电测量，电源板输出电压全都为 0 V 时，该电阻上的电压稳定为 290 V，正常电源板上该电阻的电压是 0.6 V 左右。检查该电阻，该电阻的电阻值正常。

三极管 N20 附近的电压异常，表明该三极管没有进入截止状态。引起这种现象直接原因是光耦芯片 N6：当电源上电，电源芯片工作后，通过光耦芯片 N6，使三极管 N20 的基极—发射极电压降低，从而使三极管 N20 截止。如果光耦芯片不能正常工作，将引起三极管处于导通状态。

从表 11 可以看出，电源板上电后，N329 的光耦没有工作（此时电源板的输出电压都是 0 V）。

表 11　光耦芯片的电压检查

电源板 \ 测量点	1－2/V	5－4/V	6－4/V
N357（正常电源板）	1.16	0.51	0.57
N329	0.48	1.08	0.08

检查光耦芯片连接的电阻和电容，没有发现异常。测量电压，N62 电压为 0.5 V，N5 电压为 0 V。可以确定光耦没有工作。

经过上述检查，发现场效应管 N1 没有正常工作，光耦芯片 N6 没有正常工作，三极管 N2 工作状态异常，但是这 3 个器件及周围的主要元件都正常。所以，需要对电源芯片进行检查（电源芯片的资料见附录）。测量芯片各脚对

4 脚（热地）的电压。

从表 12，表 13 可以看出，电源芯片的 5 脚无输出，同时 1 脚无电压。该芯片的 1 脚是比较电压输入端，它的电压影响到 5 脚的输出。为确定 1 脚电源反馈的影响，将电源芯片 1 脚连接的电阻 N31 和 N29 断开，在 1 脚和 4 脚之间接入 0.43 V 电源。测量，结果如表 14 所示。

表 12 电源芯片各脚对热地的电压

管脚	1	2	3	4	5	6	7	8
电压/V	0	1.7	4.3	0	0.1	11.6	3.5	0.5

表 13 正常电源板的电源芯片各脚对热地的电压

管脚	1	2	3	4	5	6	7	8
电压/V	0.4	1.15	4.14	0	1.61	11.38	2.85	0.5

表 14 “1”脚引入固定电压后各脚对热地的电压

管脚	1	2	3	4	5	6	7	8
电压/V	0.43	1.70	约 0.92	0	0.15	13.42	3.17	0.57

从表 14 可以看出，电源芯片 5 脚电压很低，可以确定它没有正常工作。这样，可以确定 5 脚无输出与 1 脚反馈回路无关（此时测量变压器线圈 H1－H2，电压为 AC 13 V；K1－K2，电压为 AC 0.4 V）。

同时，从两次测量结果看，7 脚的电压略高，3 脚的电压变化大。3 脚为变压器初级电压检测端，它的电压低，说明有欠压现象存在。检查线路电压，经过整流滤波后的开关变压器初级电压是稳定的 310 V，检查与 3 脚连接的两个电阻 N25 和 N13 都正常。因此，需要继续检查该电源芯片。

测量该电源芯片的各脚对 4 脚的阻值，如表 15 所示。

表 15 在路测量 N329 电源芯片各脚对热地的电阻值

N329	1	2	3	5	6	7	8
红测/Ω	0.22 k	＞200 k	6.7 k	4.6 k	17.8 k	7.3 k	32.3 k
黑测/Ω	0.22 k	＞200 k	6.6 k	4.6 k	18.0 k	7.3 k	32.3 k

根据测得值 7 脚阻值异常，正常值应大于 200 k，与 7 脚连接的元件是 1 μF 电容 N14，经过测量，该电容为 1.28 μF。并且拆掉电容后，测得 1 μF 电容正

常，7 脚对热地的电阻值仍然是 7.3 k。由此，可以判定，电源芯片损坏。

更换该芯片后，电源板输出正常，输出电压如表 16 所示（空载）。

表 16 检修后的 N329 电源板输出电压检查

正常输出/V	5	6	18	+15	−15
实际输出/V	5.38	6.27	17.86	14.62	−14.78

和传感器连接，上电考核 96 h，输出正常，故障排除。

3 故障检修总结

通过对 M Ц3 仪表电源板部件故障：①“C H П M Ц”报警；② 仪表黑屏，控制室显示黄色“81.91”的异常检修，总结如下。

（1）对供电正常且可以正常工作的仪表，控制室出现“C H П M Ц”，报警信息的故障，先对电源板进行检测确认报警信息是由哪一路检测电路发生，针对故障电路进行检修，调整电阻或更换光耦，将报警电压调整至满足说明书要求的门限值（175±15）V。

（2）对于输出电压不正常的电源板，首先确认各功率部件是否击穿短路，按照整流输入，光耦、启动电路、控制芯片，功率输出、整流输出的顺序进行排查找出故障点。

4 结论

通过对 M Ц3 仪表电源板的几种典型故障的检修，绘制出了电源板部分电路及原理图，掌握了各元件的作用及故障排查方法等，为以后 M Ц3 仪表的运行维护检修，积累了非常重要的理论和实践经验。

附录

电源芯片 TDA4605 芯片的主要功能以及各脚功能介绍

TDA4605 芯片内部结构见附图 1。它由基准电压发生器、启动脉冲发生器、控制与过载放大器（误差放大）、初级电压检测器、停止比较器、逻辑控制器等电路组成。该芯片集稳压电路和保护电路于一体，常与场效应开关管（如 BUZ91A、2SK2828、2SK1794 等）配套使用，输出功率可达 200 W。

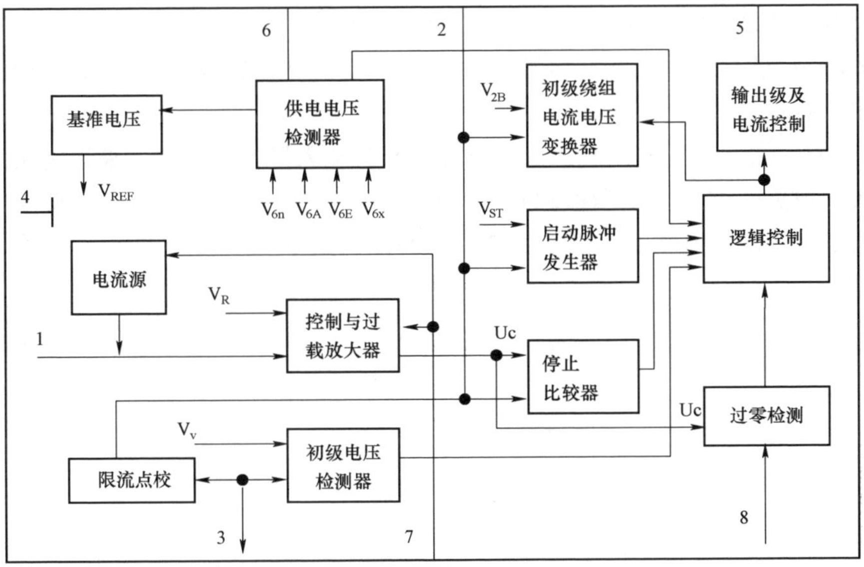

附图 1 TDA4605 内部结构图

采用 8 脚封装形式，各脚功能如下。

1 脚：比较电压输入端。1 脚输入的电压反映了输出电压的变化情况，它在内部与基准电压 V_{REF} 进行比较，产生误差电压，用来控制 5 脚输出脉冲的占空比，进而稳定输出电压。若 1 脚输出电压升高，开关变压器各次级输出的电压就会降低；若 1 脚电压降低，开关变压器次级输出的电压就会上升。

2 脚：开关变压器初级电流信息输入端。其外部接有 RC 网络，在 5 脚输出高电平期间，开关调整管饱和，300 V 对 2 脚上的电容充电，电容上的电压升高，当升到一定程度时，5 脚输出低电平，使开关调整管截止，此时 2 脚上的电容经过内部电路很快放电。

3 脚：开关变压器初级电压检测端。外接分压电路，可对 +300 V 电压进行取样，若 3 脚电压过低，说明有欠压现象存在（即 300 V 太低），此时通过内部电路切断 5 脚的输出，开关电源停止工作；若 3 脚电压过高，说明有过压现象存在（即 300 V 太高），此时，5 脚也无脉冲输出，开关电源停止工作。

4 脚：IC 的接地端。属“热地”，与负载地（冷地）不相通。

5 脚：开关激励脉冲输出端。采用互补推挽输出方式，为场效应开关调整管提供足够幅度的开关激励脉冲，使开关调整管工作于开关状态。

6 脚：启动供电端。典型电压为 12 V 左右，6 脚电压在内部形成各种基准电压，6 脚还具有电压检测功能，当 6 脚电压低于 7.25 V 或高于 16 V 时，内部电路会进入保护状态，并停止 5 脚电压的输出。

7 脚：软启动输入端。电源刚启动时，7 脚上所接的电容可使 5 脚输出短脉冲，实现电源的软启动。

8 脚：振荡过零检测输入端。通过对 8 脚输入脉冲的检测，来识别振荡脉冲从正到负的过零点，当检测到过零点后，内部过零检测电路就会输出一控制电压，使逻辑电路能输出新的开关脉冲，进入下一个振荡周期。

1A 中频供电系统中间继电器自制与应用

董桂玥

摘要：本文针对 405—1A 中频供电系统在日常运行，设备切换及电网波动期间，由于区段供电柜和备用自动装置柜内的中间继电器老化现象，导致变频器频繁故障，自动和手动投切失败，使主机连续稳定运行存在安全隐患。通过解决这两种盘内的老化中间继电器，进行分析研究、探索、并制定解决方案，自制满足系统需求的中间继电器，并应用在 1A 中频供电系统的区段供电柜和备用自动装置柜中，实现系统安全稳定可靠运行。

关键词：中频供电系统；区段供电柜；备用自动装置柜；中间继电器

1A 中频供电系统在日常运行，设备切换以及电网波动期间，区段供电柜和用自动装置柜由于中间继电器的老化现象，导致无法实现对区段动力柜的操作，和对动力柜及变频器的保护，以及连锁信号中断，无法实现自动和手动设备切换等功能。为了保证中频供电系统安全、稳定运行，很有必要通过自制中间继电器的方法解决这一系统问题。

1　系统简介

1.1　1A 中频供电系统概述

1A 中频供电系统涉及盘柜种类及数量较多，有变压器 26 台、主备动力进线柜 26 台、主备电源切换柜 60 台、控制柜 31 台、连锁盘 8 台，变频器 65 台，区段供电柜 94 套，每套有 3 个柜组成（控制柜、动力柜及电容补偿柜）。

1.2　1A 中频供电系统的组成和原理

1A 中频供电系统是从俄方引进的，为主机提供 1550 Hz 的高频电源，由变压器动力进行盘，主备电源切换柜（ABP 柜），变频器，区段供电柜组成。如图 1 所示。

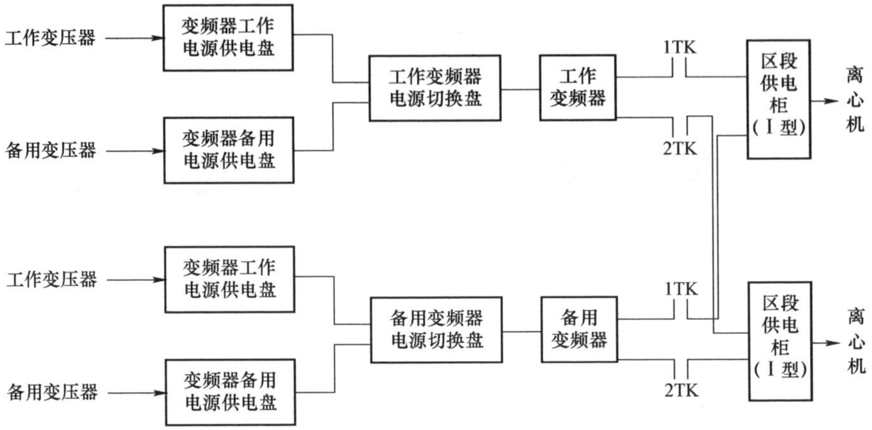

图 1　1A 中频供电系统

中频供电原理是由工作变压器及备用变压器提供的 50 Hz，380 V 的动力电源，分别经过变频器工作电源供电盘和变频备用电源供电盘同时送到变频器供电切换盘。正常情况下，由来自工作变压器的电源给变频器供电，当工作电源故障失电之后，变频器供电切换盘经过自动切换，将来自备用变压器的电源供给变频器。50 Hz，380 V 的三相电源进入变频器经过整流、逆变，产生频率为 1550 Hz，电压为 380 V 的三相中频电源，再分别经过可控硅静态开关 1TK 与 2TK 分两路送到 1 型区段供电柜和 2 型区段供电柜。最后送到区段的主机，同时来自备用变频器的中频电源也分别送到 1 型区段供电柜和 2 型区段供电柜。这样当工作变频器故障时，区段供电柜自动将负荷切换至备用变频器，由备用变频器给离心机供电。

1.3　区段供电柜中控制柜的作用

区段供电柜是由控制柜、动力柜和电容补偿柜组成。控制柜是采用继电器控制，用来实现对动力柜中的 QF1、QF2 和 KM3 的接通和断开，接收和发送来自变频器的信号，面板指示信号以及送往控制室和监测台信号等，同时配合来自备用自动装置柜的连锁信号来实现备用和检修回路接通的功能，最终保证给区段主机有一路电源使用。

1.4　备用变频器自动装置柜的作用

备用变频器自动装置柜也是采用继电器控制原理，它的作用是用来实现接通和断开备用变频器的 1TK 或 2TK；向对应的区段供电柜发送信号以实现区段供电柜对 QF2 自动开关的就地控制（分备用和检修两路）。同区段供电柜配合，可以实现备用变频器的自动接通，可以向 7#中央控制室的远控调度盘发送报警和故障信号。

1.5　系统存在的问题和影响

近年来，1A 中频供电系统故障频繁，且呈上升趋势。致使主机连续稳定运行存在极大的安全隐患。同时造成检修单位检修任务巨增，耗费了大量的时间和精力。经统计发现故障点主要集中在区段供电柜和备用自动装置柜内的中间继电器上面。我们对这两类柜子进行了两年的故障类型统计，统计结果见表 1。

表 1　故障类型统计

时间 故障类型/次	2015 年 1 季度	2015 年 2 季度	2015 年 3 季度	2015 年 4 季度	2016 年 1 季度	2016 年 2 季度	2016 年 3 季度	2016 年 4 季度
中间继电器故障	6	8	9	10	7	8	10	10
接线松动	1	0	2	3	0	0	2	0
指示灯故障	0	1	2	0	5	0	0	5
开关故障	0	0	0	1	0	0	0	0
仪表故障	0	0	0	0	0	0	1	0

由表 1 可知，1A 系统区段供电柜和备用自动装置柜故障主要集中在中间继电器上面。分析发现，主要故障为继电器线圈老化，触头氧化，拉杆断裂等，均属于继电器寿命到期现象。

2　解决方案的探索

2.1　将故障继电器进行原备件更换

当设备运行期间，报出故障或设备跳车等情况下，检修人员根据任务单进行故障判断，并将故障的中间继电器进行及时更换。

该方案无需另行继电器更换方案的设计，简单明了等优点，但存在以下几点不足。

（1）此方案属于设备故障发生后的应急处理，无法消除设备自动切换失败等安全隐患，不利于主机安全稳定连续运行。

（2）1A 系统运行时间久，中间继电器是俄方几十年前的产品，现也停产，无法进行原备件采购，现库存数量完全不够俄方中间继电器的大批量寿命到期。

（3）设备故障发生后，检修人员需要进行长时间的故障排查，不利于应急处理。同时存在误判等现象，容易造成二次故障现象。

2.2 用 PLC 改造中间继电器控制系统

用 PLC 改造中间继电器控制系统，是根据区段供电柜和备用自动装置柜的电路图设计成 PLC 梯形图。即用 PLC 的梯形图程序来实现继电器控制系统的功能。这种设计方法是不需要改动控制面板，保持了系统原有的外部特性，在分析 PLC 控制系统的功能时，可以将它想象成一个继电器控制系统中的控制箱，其外部接线图描述了这个控制箱的外部接线，梯形图是这个控制箱的内部“线路图”，梯形图中的输入端（I）和输出端（Q）是这个控制箱与外部世界联系“中间继电器”，这样就可用分析继电器电路图的方法来分析 PLC 控制系统。

采用上述设计方法可以很容易地将继电器控制电路图“译”成梯形图，并通过 PLC 的外部硬件接线图和梯形图软件实现原有继电器控制系统的功能，做到事半功倍。但同时此方案实施具有以下局限性。

（1）本方案技术含量要求过高，需要熟悉本系统中的区段供电柜和备用自动装置柜原理图，同时熟悉 PLC 程序设计的人员来完成。本单位目前不具备这样的人才，需要从外单位协助完成。

（2）由于 1A 系统采用是 4 备 2 的运行方式，即 4 台工作变频器由两台备用变频器来备用（一台备用变频器给 8 台工作变频器做备用），在改造过程中牵扯的运行设备较多，容易造成系统大面积掉电，存在不安全稳定运行的隐患。

（3）改造后，PLC 系统调试力度大，且后期的运行和维修要求较高，对运行和检修人员的要求较高，存在实际困难。同时从经济方面考虑投资较大，不适用于老系统。

2.3 进行自制中间继电器的批量更换

综合以上两种方案，在 1A 系统中进行国产中间继电器替代俄方中间继电器方案可行。

首先，自制继电器批量更换工作从根本上解决了 1A 系统中存在的问题，消除了中频供电系统的不安全稳定运行隐患。

其次，自制继电器设计简单，不需要对区段供电柜和备用自动装置柜内部线路改动。由检修人员自己设计继电器底座安装尺寸、底座触电分布图以及相关的技术要求提供给商家来制作。

再次，这种自制继电器属于半成品元件，商家只需要按要求制作继电器底板，并提供相应的交流和直流继电器头安装上即可，投资成本较低，自制中间继电器符合本公司成本管理要求。

3 自制中间继电器

3.1 自制中间继电器的技术方案

（1）考虑到1A系统区段供电柜和备用自动装置柜内部配线密集，布局紧凑，连锁关系复杂等问题，要求自制中间继电安装底座尺寸合理，能够很好地固定在柜内的横担上。

（2）自制继电器的线圈电压分别为直流220 V和交流220 V两种规格，且线圈阻值分别为直流800 kΩ，交流1200 kΩ。

（3）每只自制继电器需8对触头，并满足1 A系统所需的4种型号，即交流6440型、6620型和直流1440型、1620型，且原动断/动合触头接线位置不变。

（4）自制继电器的交、直流线圈应有明显区分，且易于后期的维护和检修工作。

3.2 继电器的制作过程

3.2.1 自制继电器底板尺寸的确定

根据公司对备件的采购来源要求，经过比较筛选之后，决定使用欧姆龙继电器。每个欧姆龙继电器有4对触头，1A系统俄方中间继电器有8对触头。现将两个欧姆龙的继电器代替一个俄方继电器。我们根据俄方继电器的底座尺寸制定了自制继电器尺寸，如图2所示。

3.2.2 自制继电器底板插孔的制定

自制的继电器底板由2层板构成，顶层为双面PCB板，底层为绝缘板，PCB板用于国标继电器与原继电器信号对应，绝缘板用于顶层PCB板与横担的绝缘及继电器与横担的固定，具体情况见图2（继电器的上下端各有2个外部螺丝固定孔）；在PCB板上设置插针，可

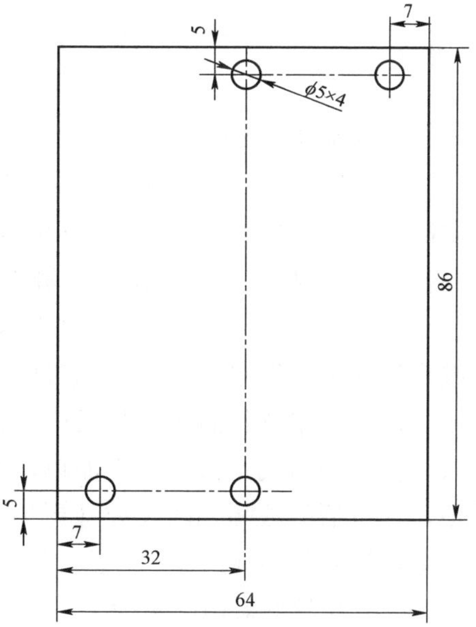

图2 自制中间继电器尺寸图

以通过跳线来选择常开或常闭触点，接线如图 3 所示。

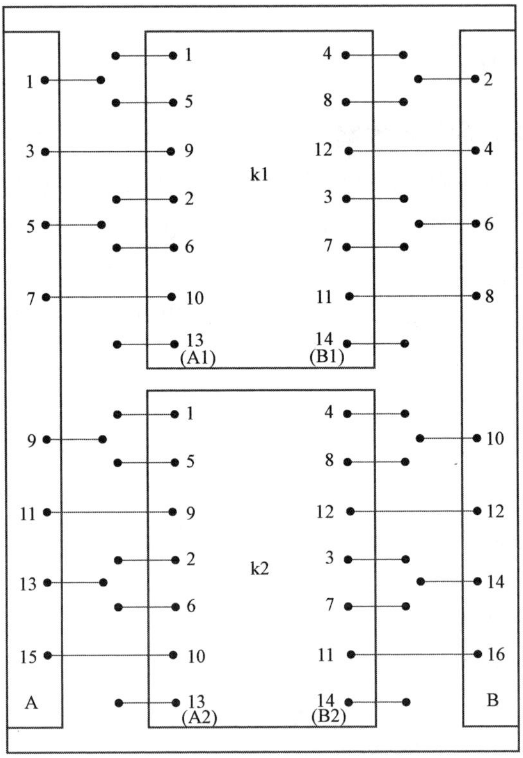

图 3 继电器触点分布图

3.2.3 自制继电器的线圈制定

针对用两个欧姆龙继电器替代一个俄方继电器面临的问题，根据 1A 系统实际情况，最终决定将 2 个 110 V 欧姆龙继电器串联，不改变原系统中继电器的接线，自制 220 V 线圈，8 对触点的中间继电器。同时自制继电器用指示灯表示继电器是否带电，直流继电器指示灯用绿色，交流继电器指示灯用红色；继电器底座与继电器头是用插拔的形式组成，即底座用螺丝固定在盘柜内，继电器头以插拔的形式更换，操作简单，更换方便，使以后的故障判断及处理更加准确、高效。接线如图 4 所示。

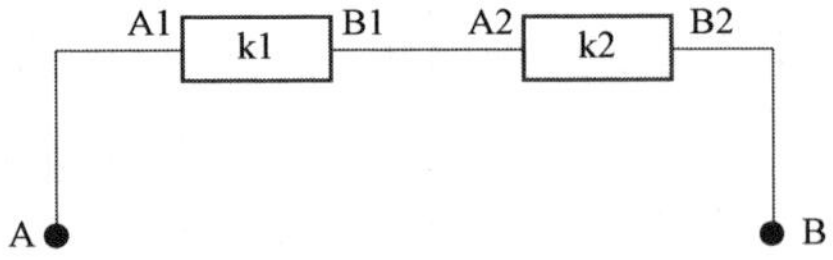

图 4 线圈 k1、k2 连线图

3.2.4 自制继电器的跳线加工

我们根据 1A 系统区段供电柜和备用自动装置柜内中间继电器型号进行

了自制底板的跳线加工，制作成满足我们所需要的型号，即交流 6440 型、6620 型和直流 1440 型、1620 型，且原动断/动合触头接线位置与俄方中间继电器位置不变。现将俄方继电器和自制继电器对比如图 5、图 6 所示。

图 5 俄方中间继电器

图 6 自制国产中间继电器

4 自制中间继电器安装方案实施

2016 年 3、4 季度，对 1A 系统 94 台区段供电柜长期带电继电器和 13 台备用自动装置柜长期带电及部分不带电重要继电器进行了更换。更换继电器编号及数量见表 2～表 4。

表 2 备用自动装置柜中间继电器

序号	继电器	编号	数量	总计（299）
1	长期带电直流继电器	KQT31、KQT32、KSV1、KL33	4	52
2	长期带电交流继电器	KB12、KB22、KSV2、KQS61、KQS71、KB11、KB21、KB31、KB41、KB51、KB61、KB71、KB81、KB32、KB42、KB52、KB62、KB72、KB82	19	247

表 3 区段控制柜 I 型柜中间继电器

序号	继电器	编号	数量	总计（658）
1	长期带电交流继电器	KQC1、KQT2、KQS1、KQS5、KQS21、KQS41、KQS42、KQS31	8	376
2	长期不带电重要继电器（直流）	KBC21、KBC22	2	94
3	长期不带电重要继电器（交流）	KQT1、KQC2、KCC2、KCT2	4	188

表4　区段控制柜Ⅱ型柜中间继电器

序号	继电器	编号	数量	总计（564）
1	长期带电交流继电器	KQC1、KQT2、KQS1、KQS5、KQS21、KQS41、KQS42、KQS31	8	376
2	长期不带电重要继电器（交流）	KQT1、KQC2、KCC2、KCT2	4	188

5　效果跟踪

1A 系统区段供电柜及备用自动装置柜故障次数明显减少。故障统计如图 7 所示。

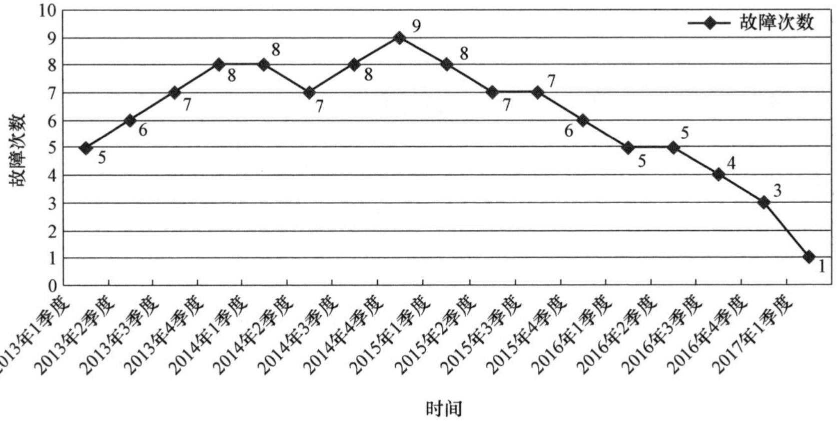

图 7　故障统计

从图 7 可以看出：2015 年 1 季度国产中间继电器陆续更换至系统到 2016 年 3 季度更换大批量更换之后，1A 系统区段供电柜及备用自动装置柜故障次数得到了控制并呈明显下降趋势。

6　结论

（1）1A 系统区段供电柜及备用自动装置柜更换国产中间继电器后故障次数明显减少，确保了 1A 中频供电系统的安全稳定运行。

（2）1A 系统使用国产中间继电器替代俄方中间继电器后故障减少，证明了自制国产中间继电器的可使用性。

（3）自制国产中间继电器指示灯及插拔式设计，给以后故障判断及处理带来方便，提高了工作效率，节省了检修力量。

（4）通过对自制继电器更换工作的开展，使检修人员对 1A 中频供电系统更换熟悉，并培养了年轻员工的动手检修能力。

7　推广

1A 中频供电系统大都采用继电器控制原理，继电器均为十几年前俄方进口产品，此次研制的国产中间继电器在 1A 区段供电柜及备用自动装置柜内的成功使用，为 1A 中频供电系统以后的稳定安全持续运行提供了保障。同时，其他控制盘柜内中间继电器故障，均可使用自制中间继电器来替换。

405-2 级联供电柜 UPS 改造优化

马　晋

摘要：UPS（Uninterruptible Power System/Uninterruptible Power Supply），即不间断电源，是将蓄电池与主机相连接，通过主机逆变器等模块电路将直流电转换成市电的系统设备。主要用于给单台计算机、计算机网络系统或其他电力电子设备等提供稳定、不间断的电力供电。

当市电输入正常时，UPS 将市电稳压后供应给负载使用，此时的 UPS 就是一台交流式稳压器，同时它还向机内电池充电；当市电中断（事故停电）时，UPS 立即将电池中的直流电能，通过逆变器切换转换的方法向负载继续供应 220 V 交流电，使负载维持正常工作并保护负载软、硬件不受损坏。UPS 设备通常对电压过高或电压过低都能提供保护。

关键词：不间断电源；交流时稳压器；逆变器

1　背景

405－2 大厅级联系统包含若干供电柜，其两路 AC 220 V 电源是由电气两个不同的可控硅切换柜无扰切换后提供的，柜内再经电源有扰切换装置 DYZ 切换后，供给柜内小型 UPS，再提供给电调阀、转速柜等负载设备，供电流程如图 1 所示。

随着运行时间的增长，若干面供电柜中的小型 UPS，仅有 3 台能正常运行。当前级 DYZ 发生切换时，下级负载设备会短时失电。作为负载的电调阀失电后，会自动退出 DCS 控制，现场伺服控制器上的“A/M”指示灯会闪烁，DCS 产生的远控命令取消，对开度的自动控制功能被自动取消，以保证调节阀开度不再变化，但为了不造成系统压力波动，应尽快进行人工干预在现场切入 DCS 远程控制。对于转速柜而言，内部计算机将随之失电，使同步系统监控无法进行。尽管由于考虑到同步系统的重要性，已于 2018 年 12 月通过更改计算机内部设置，使其具备来电自启功能，大大缩短了监控的盲区时间，但是对供电柜工作现状的考量，综合各方面因素，仍需要对自控系统级联供电柜进行改造。

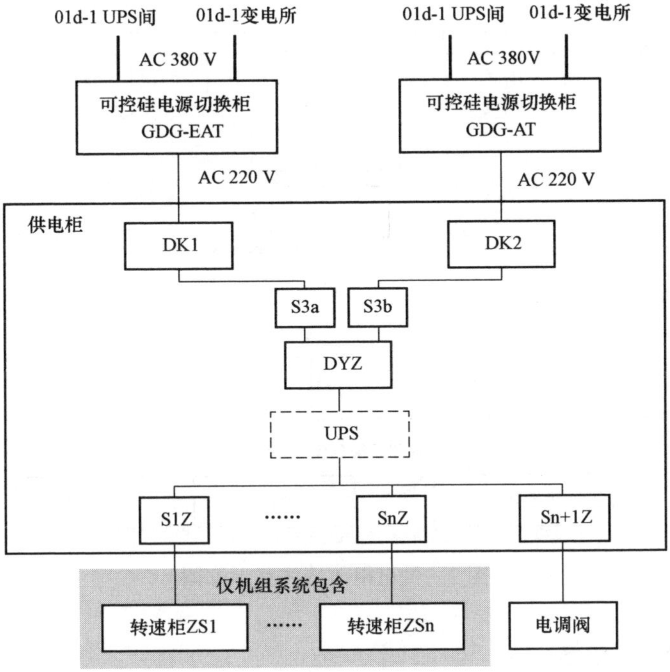

图 1 供电流程示意图

2 改造技术方案

目前，若干面供电柜中，内部仅 3 台小型 UPS 能够正常运行，其余均不能正常工作。考虑到供电柜前级分别由两个不同的可控硅切换柜供电，因此建议直接拆除柜内小型 UPS，改变线路连接，将 DYZ 后线路直接连接至 UPS 后线路，即 Sn 前线路，便可将 UPS 隔离，如图 2 加粗线所示。

需说明的是，改造后当 DYZ 出现切换时，电调阀转手动后需通过人为干预转回自动状态。转速柜则能够在 DYZ 电源切换完成后自启，自动恢复监控。

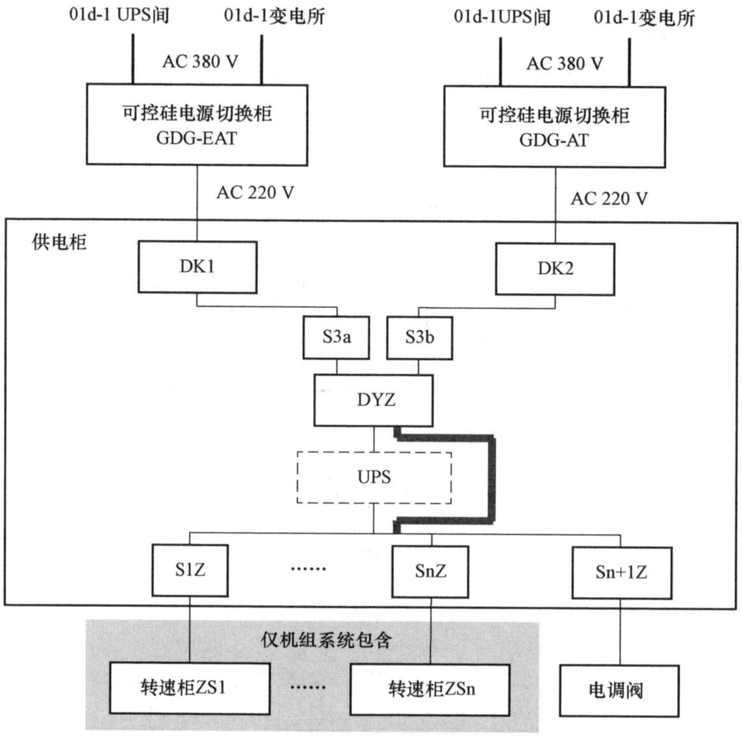

图 2　供电柜改造线路示意图

3　改造优化方法

此次实施，每开始一个机组，不仅要将该机组屏蔽，为了保险起见，还要将相邻两个机组一同屏蔽，然后控制室将电调阀先调至手动状态，再调至就地状态，然后依次断阀门动力柜电源、同步柜电源、电调阀电源，最后将相应的供电柜的 UPS 两路输入端电源断开，方可以将 UPS 拆除。

拆除过程，先拆除 UPS 接入端，再拆除 UPS 输出端，最后拆除 UPS 接地端，并且将拆下的 UPS 输出端和接地端包绝缘。

操作完毕，解锁并确认解锁命令已执行，然后先给供电柜内断开的那两路接入端送电，并检查供电正常，接下来就可以给同步柜送电，并确认同步柜已运行正常，然后给阀门动力柜送电，并确认本机组无报警工作正常，然后在现场将电调阀调至远控手动状态，最后观察无异常后解除屏蔽，恢复系统。

4　改造中遇见的问题

若干同步柜中，有两个机组同步柜中有交换机。每个交换机负责大厅一半的主机频率监控信息上传至控制室，即当该同步柜断电时，大厅一半的主机频率监控信息无法上传送至控制室。为了保证如此多的主机频率脱离监控时间尽可能短，在这两个特殊机组接通临时电源，同时为了避免不必要的误动作，把相应的机组都屏蔽后，再进行的 UPS 拆除操作。

在现场电调阀调至远控时需要与控制室有着密切的配合。与控制室保持联系，确认 DCS 输出阀门控制开度与现场阀门返回开度一致。控制室点“远控”按钮后 15 s 内，自控人员在现场同时按下“SET”+“▼”，就地/远控“A/M”切换，如果“A/M”指示灯熄灭，则电调阀已切入 DCS 远程控制。如未熄灭，则重复上述步骤直至“A/M”指示灯熄灭，电调阀切入 DCS 远程控制。

在进行料流供电柜 UPS 拆除的过程中，需要将 1#流、3#流、4#流的五阀节点全部断电，其中 1#流、3#流共用 1 台供电柜。

5　改造后

改造后，不仅解决了 UPS 因故障不能使用的问题，而且解决了因失电导致主机频率监控产生盲区的问题。同时电调阀不会因为 UPS 原因导致失电需要手动调至远控，减少不必要的工作量。

6　总结

起初 UPS 的设计是为了预防电源切换柜电源切换时短暂失电，导致同步系统监控盲区，和电调阀人工手动转换至远控耗费不必要的工作量。但是目前 UPS 故障率高，不仅无法完成起初赋予其的任务，反而因为故障导致下级负载设备会短时失电，产生上述问题，所以将 UPS 优化改造是必然之事。改造之后，问题解决，大大减少了同步系统的监控盲区，以及因电调阀失电而产生的多余工作量，说明优化改造成功。

降低区段供电柜刀闸温度的方法

曾　康

摘要：我厂某中频供电系统运行过程中，部分区段供电柜内 QS1、QS4 刀闸出现了温度过高的现象，QS1、QS4 刀闸故障会直接导致离心机失电，从而影响系统运行。技术人员对有缺陷的刀闸进行了改进并更换，解决了刀闸温度过高的问题。

关键词：区段供电柜；刀闸；系统

我厂某中频供电系统是专为离心机供电而设计的。在日常运行过程中，曾因刀闸温度过高而引起区段供电柜输出断开。本文从不同方面分析了引起刀闸温度过高的原因，并通过理论分析和实验证明，找出了引起刀闸温度过高的关键因素。通过对刀闸进行改进并更换，投入运行后刀闸温度正常，系统运行平稳。

1　区段供电柜及刀闸简图

区段供电柜结构如图 1 所示，区段供电柜一共有五路干线：工作干线、备用干线、检修干线、启动干线及区段检修干线。在正常工作情况下，由工作干线带负载运行。本文描述的温度过高的刀闸即为图中 QS1 和 QS4 刀闸。图 2 为刀闸结构图，刀闸手柄打到 I 位为接通，打到 0 位为断开。

2　刀闸温度过高原因分析

针对刀闸温度过高问题，本文提出了以下 5 种原因，如表 1 所示。由于中频供电系统的频率不能随意作改变，尽管电源频率可能是引起刀闸发热的一个重要因素，本文不作讨论。

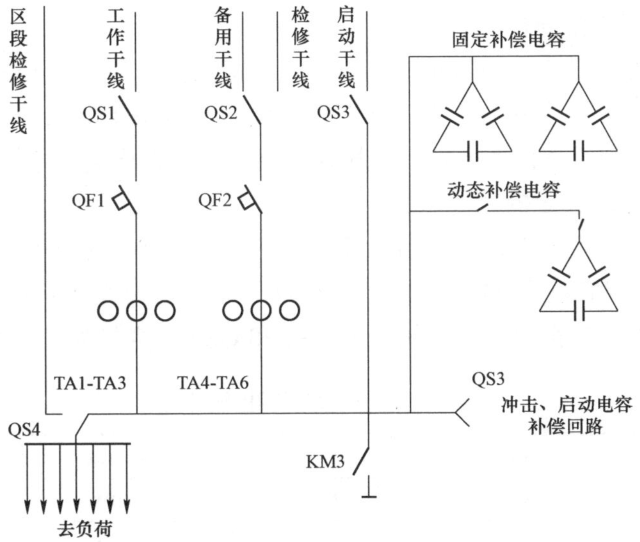

注：图中QS1表示工作回路刀闸

图 1　区段供电柜结构图

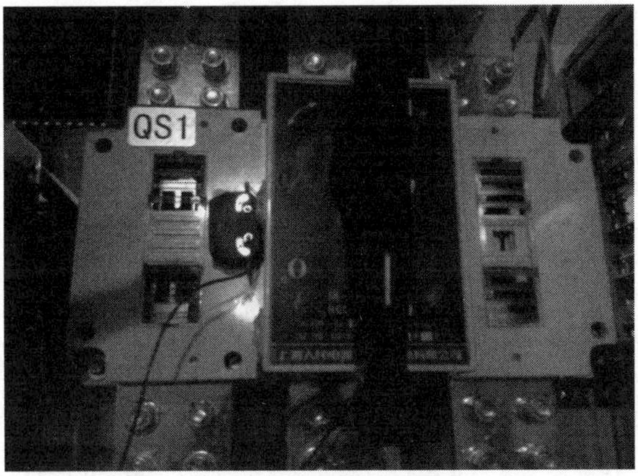

图 2　刀闸外观图

表 1　原因分析表

序号	原因	是否为主要原因
1	刀闸不合格	否
2	刀闸容量小	否
3	环境温度高	否
4	电流过大	是
5	刀闸联动轴导磁	是

2.1 刀闸不合格分析

我厂所采用的刀闸数量较多，在安装前由厂家进行了合格性检测，并在厂家的指导下完成安装。出现问题后，我厂也联系了厂家进行质量检测，均没有发现刀闸质量问题。因此可排除刀闸出厂不合格的可能性。

2.2 刀闸容量小分析

根据区段供电柜所带负载大小的不同，区段供电柜采用了两种规格的刀闸。QS1 采用容量为 630 A 的刀闸，QS4 采用容量为 630 A 或 1250 A 的刀闸。通过现场查看及查阅资料，统计了 QS1 和 QS4 的容量如表 2 所示。

表 2 刀闸容量统计

序号	名称	容量	实际电流	结论
1	QS1	630 A	＜300 A	刀闸容量远大于流过刀闸的电流
2	QS4（Ⅰ）	630 A	＜300 A	
3	QS4（Ⅱ）	1250 A	＜300 A	

由表 2 可知，流过刀闸的电流大小在合理范围内，排除刀闸容量小的可能性。

2.3 环境温度高分析

刀闸所处的级联大厅对温度有严格的要求，大厅温度主要通过空调调节温度。统计了一个月的大厅温度见表 3 所示。

表 3 大厅温度统计表

测量时间	现场温度	测量时间	现场温度	测量时间	现场温度
9 月 1 日	17 ℃	9 月 11 日	17 ℃	9 月 21 日	17 ℃
9 月 2 日	18 ℃	9 月 12 日	17 ℃	9 月 22 日	17 ℃
9 月 3 日	18 ℃	9 月 13 日	18 ℃	9 月 23 日	18 ℃
9 月 4 日	17 ℃	9 月 14 日	17 ℃	9 月 24 日	18 ℃
9 月 5 日	17 ℃	9 月 15 日	18 ℃	9 月 25 日	18 ℃
9 月 6 日	18 ℃	9 月 16 日	17 ℃	9 月 26 日	17 ℃
9 月 7 日	18 ℃	9 月 17 日	18 ℃	9 月 27 日	17 ℃
9 月 8 日	17 ℃	9 月 18 日	17 ℃	9 月 28 日	18 ℃
9 月 9 日	17 ℃	9 月 19 日	17 ℃	9 月 29 日	17 ℃
9 月 10 日	18 ℃	9 月 20 日	18 ℃	9 月 30 日	18 ℃

大厅环境温度升高，会导致刀闸散热不佳、自身的电阻增大，进而导致发热量增加。通过测量大厅温度统计其温度为 17～18 ℃。该温度在工艺要求的环境温度范围之内。环境温度正常，排除环境温度高的可能性。

2.4　电流过大分析

2.4.1　理论分析

根据焦耳定律，刀闸发热量计算公式为：$Q=I^2Rt$。从图 3 可以看出，流过 QS1 的电流小于流过 QS4 电流。由焦耳定律可以得出电流越小热量越低的理论结论。由电容补偿原理可以知道，在负载一定时，无论补偿电容在何种位置，IT 大小保持不变。拆除补偿电容或者将补偿电容移至 QS4 刀闸后端，能够减小流过 QS4 的电流，如图 4 所示。

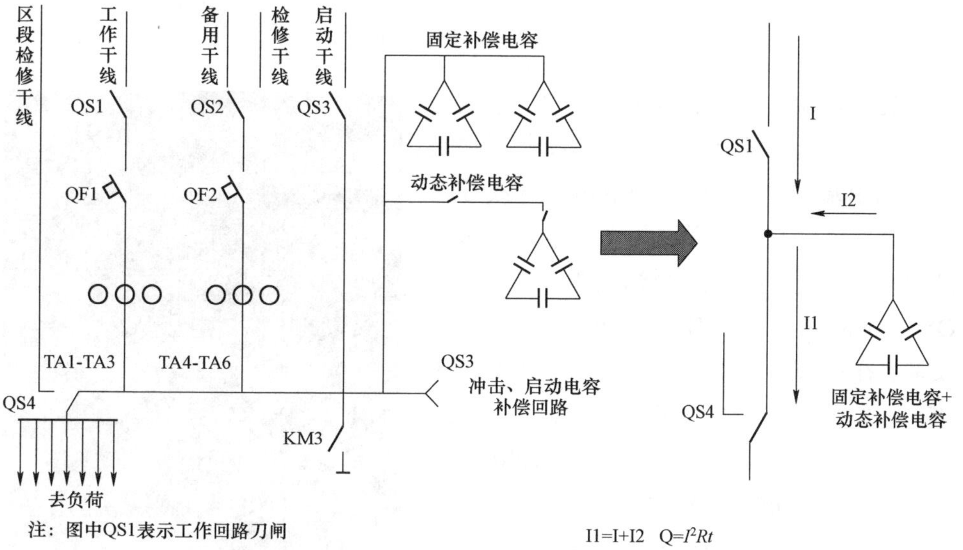

图 3　刀闸电流分布

2.4.2　实验分析

（1）实验目的：对负荷柜内刀开关在额定工况下、可能电流条件下进行温升实验摸底。

（2）实验对象：上海人民电器 HGL－1600（隔离开关）

正泰 NH40－1250（转换开关）

正泰 NH40－630（隔离开关）

正泰 NH40－400（隔离开关）

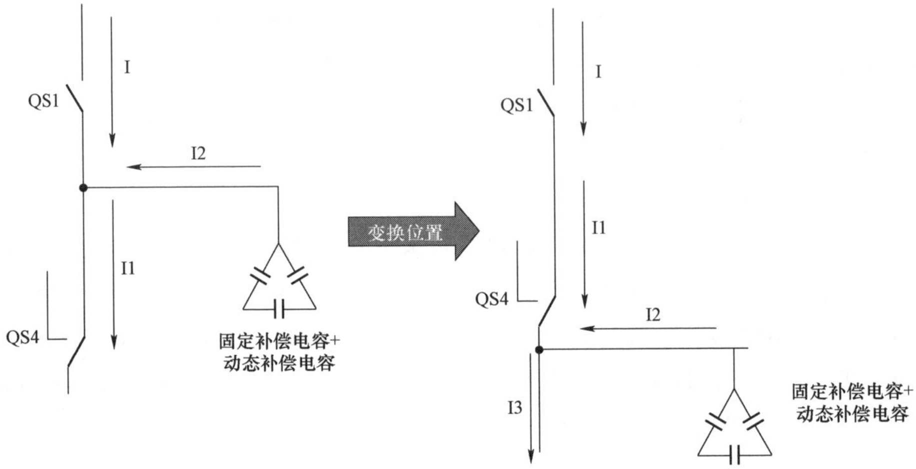

图 4　补偿电容位置变换图

（3）实验方法：首先打开开关，按图 5 在联动轴和触点上埋设温度探头，然后在负荷柜输出端通过 3×（4×95 mm²）导线连接正泰 NH40－1250 开关，并在正泰开关末级通过软连接进行三相短接，同时通过柜内 QS1（上海人民电器 HGL－1600）进行温升实验；在完成上面的实验后，拆下正泰开关末级的短接，在负荷柜输出端通过 3×（2×95 mm²）导线连接正泰 NH40－630 开关，然后在正泰 NH40－630 开关的另外一级通过 3×（2×95 mm²）导线连接正泰 NH40－400 开关，最后在 NH40－400 开关末级短接。

图 5　实验接线图

正泰 NH40－630 与正泰 NH40－400 测试数据见表 4。

表 4　NH40－630 与 NH40－400

短路电流/A	正泰 630 触点/℃	正泰 630 联动轴/℃	正泰 630 端子与塑壳接缝处/℃	正泰 630 塑壳表面/℃	正泰 400 触点/℃	正泰 400 联动轴/℃	正泰 400 端子与塑壳接缝处/℃	正泰 400 塑壳表面/℃	环境温度/℃
150	32.7	27.4	28.5	26.9	32.1		27.9	26.6	22.5
160	34.3	28.1	29.6	27.2	34.3		29.4	27.0	22.5

续表

短路电流/A	正泰630触点/℃	正泰630联动轴/℃	正泰630端子与塑壳接缝处/℃	正泰630塑壳表面/℃	正泰400触点/℃	正泰400联动轴/℃	正泰400端子与塑壳接缝处/℃	正泰400塑壳表面/℃	环境温度/℃
170	35.6	29.0	30.2	27.5	35.3		29.9	27.2	23.1
180	37.8	30.3	31.7	29.8	37.4		31.3	29.4	23.2
190	39.2	31.0	35.3	30.6	38.9		34.9	30.1	22.9
200	41.2	32.1	37.1	31.9	40.4		35.9	31.1	22.6
220	44.7	33.6	38.8	34.1	43.9		38.4	31.0	21.5
250	51.2	37.5	41.9	35.3	50.8		44.9	35.1	21.9
300	63.9	44.2	50.3	39.1	66.8		55.9	42.9	22.1

上海人民电器 HGL－1600 与正泰 NH40－1250 测试数据见表 5。

表 5　HGL－1600 与 NH40－1250

短路电流/A	人民1600触点/℃	人民1600联动轴/℃	人民1600端子与塑壳接缝处/℃	人民1600塑壳表面/℃	正泰1250触点/℃	正泰1250联动轴/℃	正泰1250端子与塑壳接缝处/℃	正泰1250塑壳表面/℃	环境温度/℃
310	48.8	38.9	45.8	34.1	42.3	35.6	33.9	30.9	25.4
320	52.1	41.8	48.8	36.6	45.0	38.0	40.5	31.8	26.3
330	55.0	44.2	52.9	38.6	46.8	39.4	41.7	32.6	26.6
340	57.5	46.2	53.4	39.6	48.3	40.6	43.8	33.8	27.1
350	59.8	47.8	54.9	40.1	50.1	41.7	45.9	34.6	26.2
360	62.6	49.6	60.4	42.5	53.3	42.8	46.1	36.4	25.5
370	59.4	45.1	56.7	58.0	51.4	40.5	41.6	33.9	23.9
380	62.9	48.6	59.1	42.9	55.1	44.5	46.1	35.3	25.2
390	66.0	51.6	61.2	46.6	57.8	46.9	47.1	36.2	24.7
400	69.8	54.6	64.3	48.0	61.0	49.2	48.3	36.8	25.2
420	72.5	56.6	69.7	51.2	64.9	51.5	55.9	38.4	25.5
440	75.1	58.6	71.7	55.6	65.2	52.0	56.7	39.1	24.5
500	102.8	77.1	98.2	69.5	89.4	67.5	76.3	47.4	24.7
550	111.8	82.4	104.3	67.3	97.1	70.7	78.2	46.2	23.8
600	136.0	103.0	131.4	72.4	118.1	87.3	96.0	52.8	25.9

实验结果表明，通过刀闸的电流越大，刀闸温度越高。经过理论分析与实验分析表明：减小通过刀闸的电流能够降低刀闸的发热量。电流过大为刀闸温度过高的原因之一。

2.5 刀闸联动轴导磁分析

2.5.1 理论分析

区段供电柜内 QS4 刀闸为双掷刀闸，推杆头为铸铁材质制成，铸铁材质的磁导率较高，当铸铁推杆头处在随时间变化的磁场中时，内部将产生感应电流，电流在推杆头内形成闭合回路，称为涡流（图 6）。磁场变化越快，感应电动势就越大，涡流就越强，涡流使联动轴发热并通过热传递使刀闸温度升高。

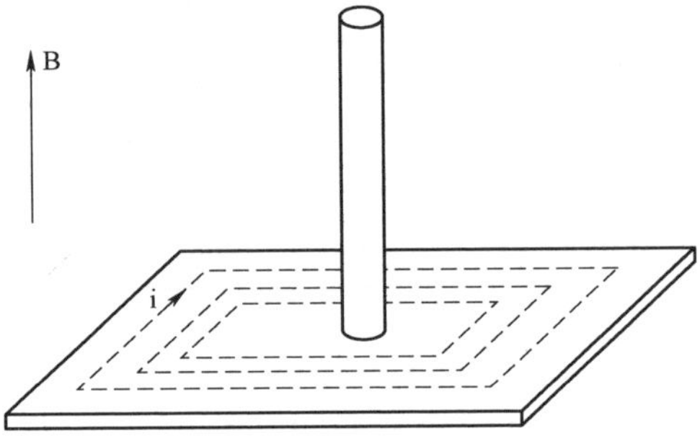

图 6 涡流原理图

2.5.2 实验分析

试验方法：在负荷柜输出端通过 2 m 长度的 3 ×（2 × 95 m^2）连接正泰 1600 开关，然后在正泰 1600 开关另一端通过 1.5 m 长度的 3 ×（2 × 95 mm^2）连接正泰 1250 开关，在正泰 1250 开关的另一端通过 1.5 m 长度的 3 ×（2 × 95 mm^2）连接人民 1600 开关，最终在人民 1600 开关的另一端通过 2 m 长度的 3 ×（2 × 95 mm^2）接入星形接法接入 3 个 60 uH 的电感器。实现 3 个开关串联，工作在同一电流条件下。在温升试验前使用 405 厂制不锈钢联动轴改在正泰 1600 开关，使用公司自制不锈钢联动轴改造人民 1600 开关，而此时正泰 1250 开关内部是无联动轴的（图 7）。

图 7 实验接线及联动轴细节图

实验数据见表 6，改造后的联动轴温度在同一电流下比主回路铜排温度低 7～10 ℃以上，这说明不锈钢联动轴发热量比铁质联动轴发热量小。可见，刀闸联动轴导磁是导致刀闸温度过高的原因之一。

表 6　不同联动轴实验数据

输出电压设置/V	电流/A	正泰 1600			人民 1600		正泰 1250		环境温度/℃
		主回路铜排/℃	改造联动轴/℃	铜排与塑壳接缝/℃	主回路铜排/℃	铜排与塑壳接缝/℃	主回路铜排/℃	铜排与塑壳接缝/℃	
301	300	38.6	31.2	37.4	38.6	35.0	38.4	35.8	22.3
320	320	40.6	33.7	38.2	41.7	37.0	42.7	39.4	22.7
332	340	43.0	35.7	40.1	44.2	41.0	45.1	41.7	23.2
340	360	44.1	36.8	42.1	45.8	43.4	46.6	42.3	23.6
372	380	47.6	39.4	46.1	50.0	46.5	51.1	46.7	23.3
395	400	50.5	41.2	50.0	53.5	50.0	54.8	51.9	23.1
420	430	53.9	43.8	52.7	57.6	53.5	58.2	53.6	23.0

3　改进及效果

按照图 4 所示对补偿电容进行位置变换，同时采用不锈钢联动轴替换原有的铁质联动轴。通过对改进前后的刀闸温度进行统计，结果如表 7 所示。可以看出，改进后的刀闸温度明显降低了。

表 7　改进前后刀闸温度对比

	改进前			改进后	
		QS1	QS4	QS1	QS4
QD0904	a	60	59	27	24
	b				
QD1002	a		52		31
	b		30		27
QD1102	a	55	34	23	31
	b		34		28

续表

		改进前		改进后	
		QS1	QS4	QS1	QS4
QD0801	a	34	74		23
	b		32		24
QD0803	a		69		26
	b		30		26
QD0603	a		42		24
	b		36		25

4 结论

本结论适用于频率为**** Hz 的中频供电条件下的刀闸。通过降低流过刀闸的电流及采用不锈钢联动轴替代原有铁质联动轴可降低刀闸的温度。

参考文献

[1] 刘宝玲. 电子电路基础 [M]. 北京：高等教育出版社，2013.

405-2 自用电系统优化浅析

杨　浩

摘要：405-2 自用电系统共有 12 台自用电变压器，为厂房各用电设备提供安全、可靠、稳定的电源。正常情况下 2 台变压器同时工作，互为备用，转换方式为低压侧通过联络开关手动或自动转换。405-2 自用电系统自运行以来已发生过 5 起因失压脱扣器故障导致进线开关异常跳闸事件。本文针对此状况提出了将 405-2 自用电系统变压器失压脱扣器改为分励脱扣器的优化方案，提高自用电系统的供电可靠性。

关键词：变压器；失压脱扣器；分励脱扣器

1　前言

现如今，主工艺系统对连续供电质量要求越来越高，为保证低压配电系统的供电可靠性，405-2 供电系统均采用两台变压器互为备用，当一台变压器失电或者故障时，另一台变压器通过联络开关自动投入，由一台变压器通过联络盘带全部负荷。而 405-2 自用电系统自运行以来，也暴露出自用电变压器低压侧采用失压脱扣器进行失压保护会导致进线开关异常跳闸的缺陷，本文通过对变压器低压侧进线盘和联络盘二次原理分析，提出了优化方案并对其可行性进行分析。

2　自用电系统

2.1　变压器供电方式

如图 1 所示，自用电系统正常运行时，两台变压器独立运行，当一台变压器跳车，联络盘自动投入，由另一台变压器通过联络盘带所有负荷，需要恢复供电时，必须手动恢复。405-2 自用电系统共有 12 台变压器，两两互为备用，两台互为备用的变压器上端分别来自 10 kV Ⅰ段和Ⅲ段，避免上端停电后，两台互为备用的变压器同时失电，保证了供电的可靠性。

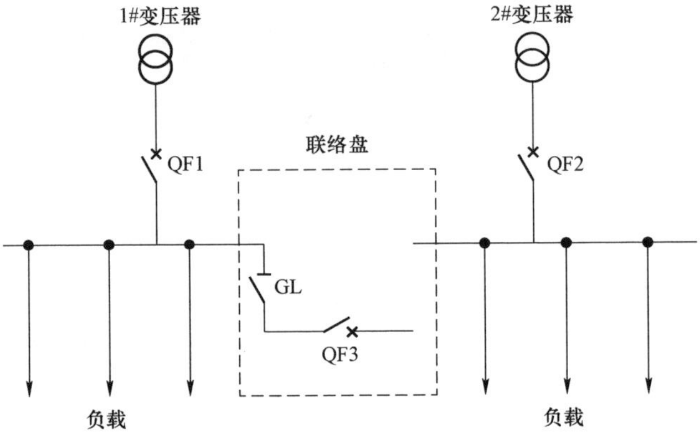

图 1　变压器供电方式

2.2　系统主要负荷

自用电系统主要为自控 GDG 柜、各厂房应急照明、区段及串级管道电阀及补压机、质谱分析间和各系统泵阀提供控制和动力电源。自用电系统负荷中包括了主工艺系统的重要设备，一旦发生自用电失电，对系统的稳定安全运行也会造成影响，因此自用电供电系统能够安全稳定地供电对主工艺系统来说也是非常重要的。

2.3　系统异常

405－2 自用电系统自运行以来已发生过 5 起因失压脱扣器故障导致进线开关异常跳闸且联络盘不能自动投入的事件，现对此异常通过其控制原理进行分析，得出异常原因。

3　变压器低压侧控制原理分析

3.1　常用断路器结构原理

图 2 为断路器内部结构简图，一般由触头结构、灭弧系统、操作机构、脱扣器、外壳等构成。根据本文研究内容，图中的脱扣器只有失压脱扣器。断路器分闸过程为：脱扣器动作，推动操作机构动作脱扣，在弹簧的拉力作用下主触头断开，断路器跳闸。

3.2　电压检测回路

电压检测回路（图 3）由跨接 AB 相、BC 相的两个电压检测继电器 1KV1、

1KV2 组成，位于进线盘断路器上端。当断路器 1QF 断开时，只要变压器上端不发生失压、欠压和缺相，电压检测继电器均不会动作。

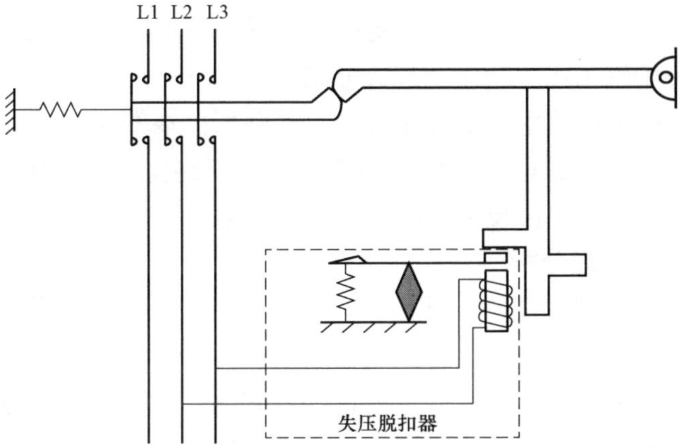

图 2　常用断路器结构

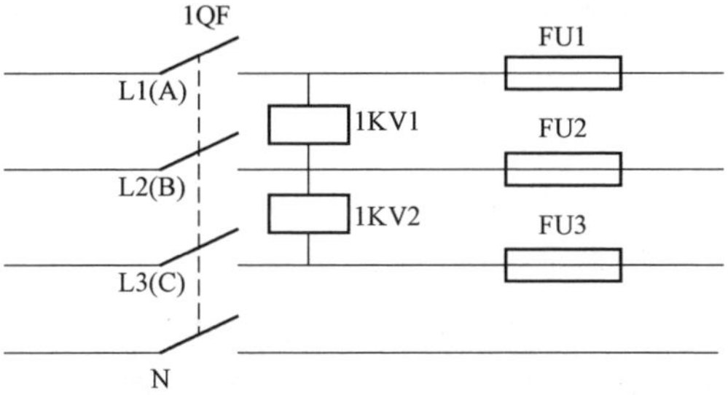

图 3　电压检测回路

3.3　进线盘二次原理分析

进线盘二次原理如图附录 I 所示。进线柜控制回路控制电源取自变压器低压侧母线的 A、C 相（位于进线断路器上端），主要由控制熔断器、合闸回路、分闸回路、电压控制回路和分合闸显示灯五个回路组成。本文主要对欠压分闸回路和电压控制回路进行分析。

（1）欠压分闸回路主要部件为失压脱扣器，起到失压和欠压保护作用，原理图中 MN 为失压脱扣线圈。失压脱扣器原理（图 2）：电源电压正常时板动操作手柄，断路器的常开辅助触点闭合，电磁铁通电，衔铁被电磁铁吸住，自由脱扣机构才能将主触头在合闸位置，断路器投入运行。当电源侧停电或电源电压过低时，电磁铁所产生的电磁力不足以克服弹簧的反作用力——拉力，衔铁被向上拉，通过传动机构推动自由脱扣机构使断路器跳闸，起到欠压及零压保护作用。失压脱扣器并联在断路器的电源侧，可起到欠压及零压保护的作用。当电源电压为额定电压（380 V）的 70%～110%（可调）范围之外时，失压脱扣线圈动作，完成分闸功能。

（2）电压控制回路主要由位于进线盘断路器上端的 1KV1、1KV2 线圈的常开触点和一个时间继电器组成，当电压监测回路监测有电压时，常开触点闭合，时间继电器得电；反之，时间继电器失电。

3.4 联络盘二次原理分析

联络盘二次原理如图附录Ⅱ所示。联络盘控制回路与进线盘控制回路类似，主要区别在于控制电源、合闸连锁回路。

联络盘控制电源取自两台变压器进线盘断路器上端且通过 KA1 和 KA2 线圈的各个辅助触点进行备用，保证了联络盘控制回路的电源正常供电。

联络盘合分闸回路多了 3SA 自动、手动的方式选择开关和自动合闸回路。3SA 方式选择开关和自动合闸回路的时间继电器能够完成联络盘的自动合闸，当进线盘电压检测回路监测到失压或欠压时，联络盘会延时 2 s 自动投入，实现其自投手复功能。

3.5 分析结果

当变压器失压时，失压脱扣器可以安全可靠地完成失压及欠压脱扣功能，但是因失压脱扣器长期带电，可能导致失压脱扣线圈烧毁或失压脱扣器控制盒异常，导致自用电异常跳闸，因为电压监测回路位于进线盘断路器上端，当发生此类事故时，变压器上端电压正常，时间继电器不失电，联络盘不能自动投入，导致本变压器负荷失电，很有可能造成重大事故。

4 优化方案可行性分析

为保证自用变供电系统能够安全稳定为设备供电，现针对失压脱扣器故障异常跳闸提出将失压脱扣器更换为分励脱扣器的优化方案。

4.1 分励脱扣器介绍

分励脱扣器是一种远距离操纵分闸的附件，作用原理：当电源电压等于额定电压时，就能可靠地分断断路器。分励脱扣器是短时工作制，线圈通电时间一般不能超过 1 s，否则线圈会被烧毁。为防止线圈烧毁，在分励脱扣器前串联一个微动开关，当分励脱扣器通过衔铁吸合，微动开关从闭合状态转换为断开时，由于分励脱扣器的控制线路被切断，分励线圈不再通电，就避免了线圈烧毁的情况。当断路器再扣合闸后，微动开关重新回到闭合位置。

4.2 优化方案

因为分励脱扣器常用于远程手动断开断路器，而现在需要其完成失压脱扣的功能，即在失电时自动断开断路器，并且分励脱扣器与失压脱扣器不同，失压脱扣器是长期得电，当电源电压超出设置电压时，动作完成断路器跳闸；而分励脱扣器是在线圈得电时，动作完成断路器跳闸，并且通电时间一般不能超过 1 s，因此在安装分励脱扣器时，需满足以下 3 点：

（1）由于分励脱扣器必须在通电时才能有效分断断路器，而当变压器故障时，控制回路会失电，故必须引入一路不间断电源为分励脱扣器供电，保证分励脱扣器正常工作。

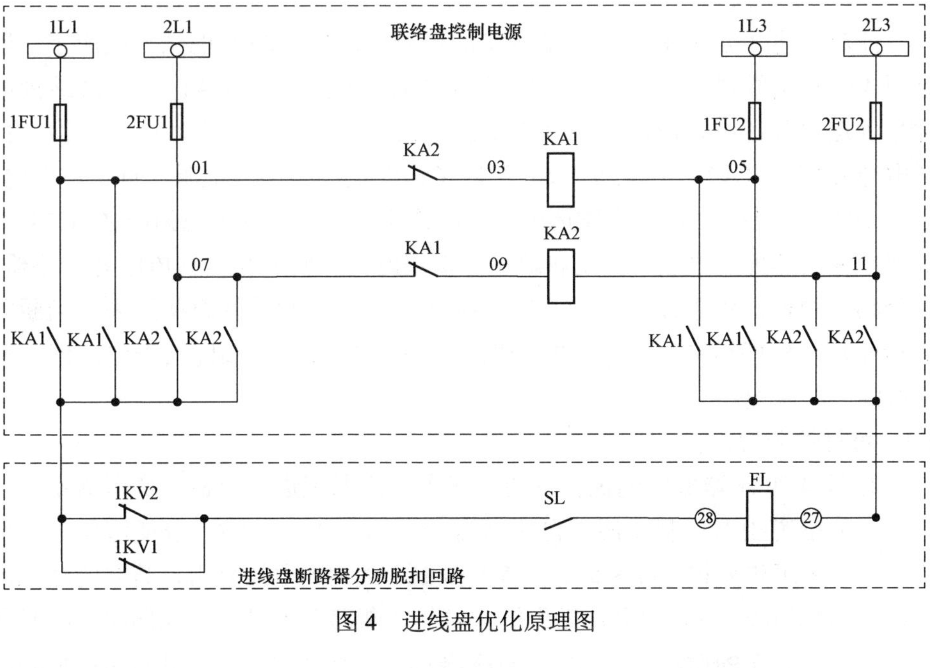

图 4　进线盘优化原理图

（2）在变压器处于失压、欠压和缺相等情况时，分励脱扣器才会得电，让脱扣器动作，断开断路器。

（3）由于分励脱扣器是短时工作制，因此必须保证分励脱扣器的通电时间不能超过 1 s，否则会导致线圈烧毁。

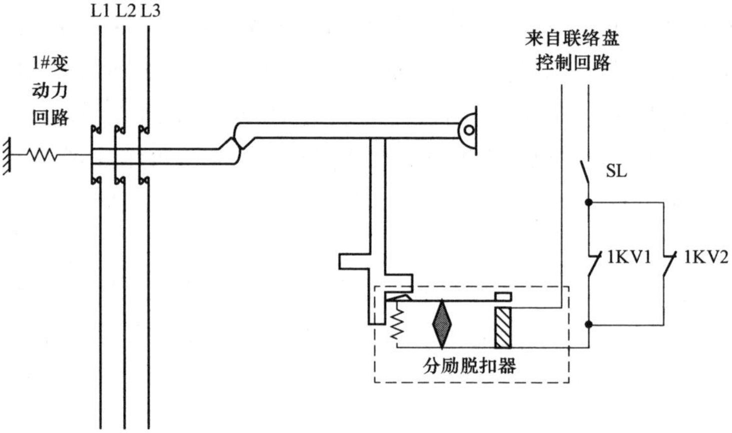

图 5　断路器优化结构图

针对上述 3 点要求，设计如图 4 的控制原理图和图 5 的结构图所示。现对图 4 的控制原理图进行分析，因为联络盘控制电源通过 KA1 和 KA2 线圈的各个触点进行备用，形成了不间断电源，故将失压脱扣器电源引自联络盘控制电源KA1 和KA2 常开触点下端，保证了进线盘控制回路电源一直正常供电。增加 1KV1 和 1KV2 的两个常闭触点，将其并联串接在分励脱扣器之前，即可实现在变压器处于失压、欠压和缺相等情况时，分励脱扣器得电断开断路器。在分励脱扣器前再串联一与断路器机械结构相关联的常开微动开关，当断路器断开时，机械结构动作，可断开微动开关，使分励脱扣回路失电，保证分励线圈不被烧毁。

4.3　可行性分析

对图 4 变压器低压侧优化后的进线盘二次原理进行分析。变压器正常运行时，分励脱扣器控制电源引自联络盘的不间断电源，当一台变压器上端发生失压、欠压和缺相等异常时，1KV1 和 1KV2 检测电压异常，其常闭触点闭合，分励脱扣线圈 FL 得电，操作机构脱扣，断路器断开，与此同时，串联在分励脱扣器前面的微动开关 SL 与断路器操作机构关联，操作机构动作后微动开关 SL 断开，分励脱扣器失电（保护线圈不被烧毁），2 s 后联络盘亦可完成自动投入。根据分析，此优化方案实现了在变压器发生失压、欠压和缺相等情况下，进线盘断路器自动断开且联络盘能够延时 2 s 自动投入的功能，解决了因失压脱扣器长期带电导致进线开关异常跳闸且联络盘不能自动投入的问题。

故本方案可行。

5 方案实施注意事项

因为自用电系统现处于运行状态，故方案在实施时需保证负荷不失电，同时保证安全，因此在方案实施时提出以下注意事项：

（1）在进行更换脱扣器时，变压器动力回路和控制回路保险上端带电，操作时应该注意，防止触电。

（2）更换脱扣器时，注意不能触碰扩展继电器的触点，因其和联络盘、另一变压器有电气联锁，误触可能会导致联络和变压器进线均跳车，造成全部负荷失电。

6 总结

405-2 自用电系统在主工艺系统中起着不可或缺的作用，本文针对自用电变压器失压脱扣器故障导致异常跳闸提出将失压脱扣器更换为分励脱扣器的优化方案并进行了浅析。根据优化后控制原理图分析得出以下结论：

（1）本优化方案能够实现变压器在失压、欠压和缺相等情况下均能有效地分断断路器，同时在失电时，联络盘亦能够在 2 s 后完成自动投入，完全可以代替失压脱扣器的功能。

（2）分励脱扣器只在得电瞬间动作，可以解决因失压脱扣器长期带电导致变压器进线盘异常跳闸联络盘不自投的隐患，提高了自用电系统的供电可靠性。

故本方案可行。

附录Ⅰ 进线盘二次原理图

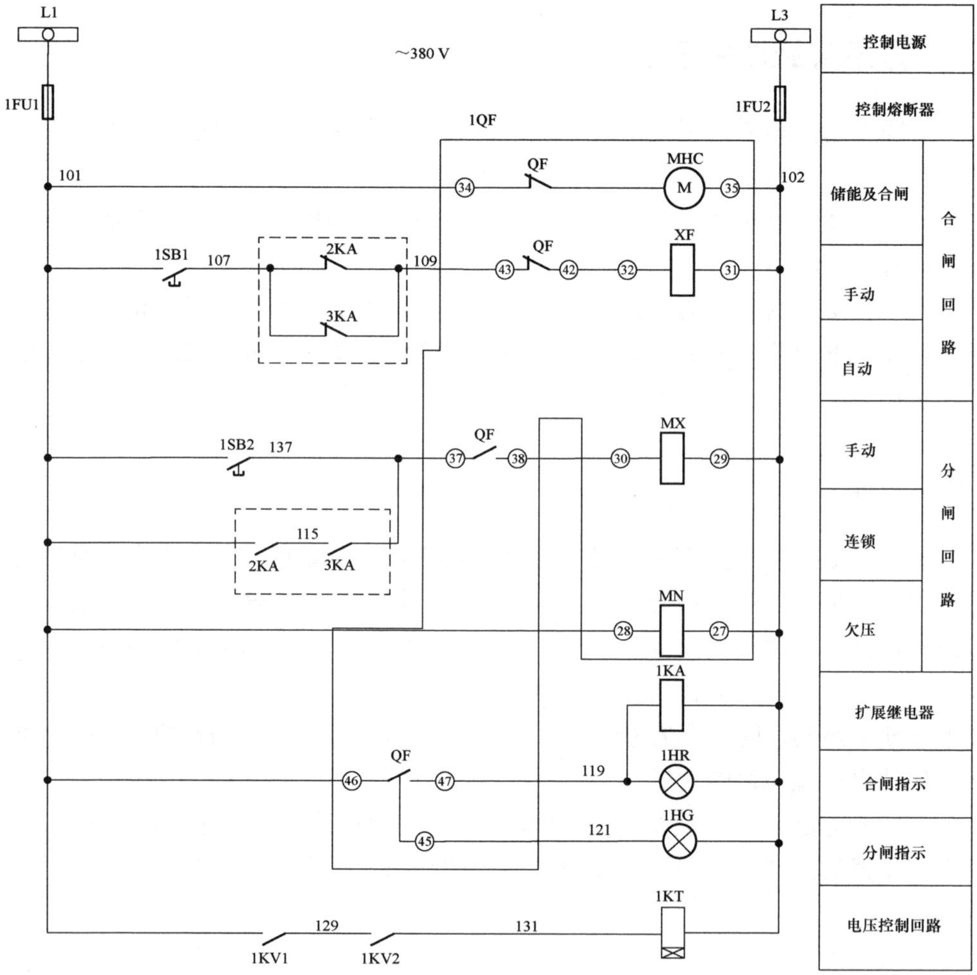

附录Ⅱ　联络盘二次原理图

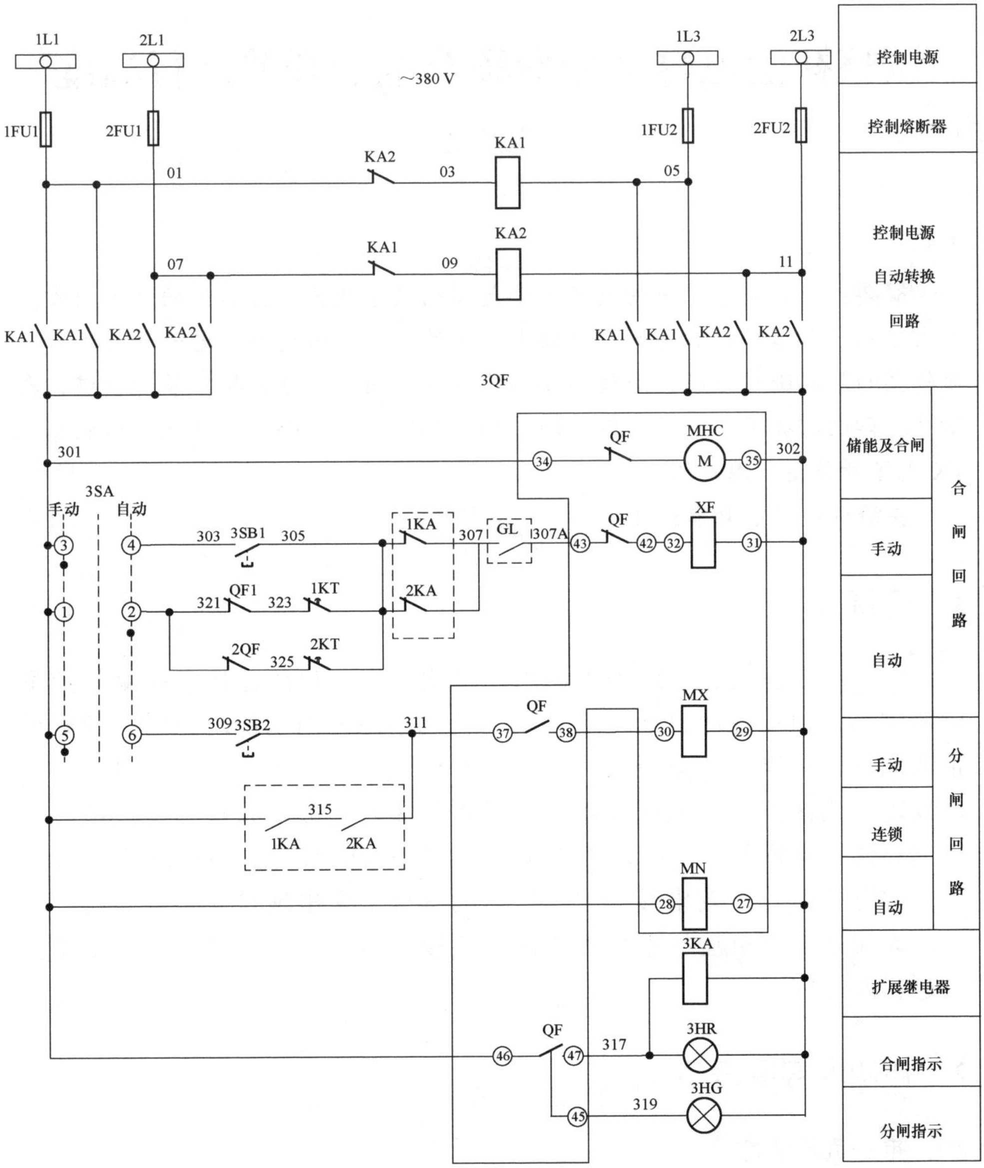

调整补偿电容降低变频器电子开关运行温度

张慧慧

摘要：流经电子开关的电流大小是影响电子开关运行温度的重要因素，本文介绍了电容补偿的原理及补偿电容量的计算，对变频器电子开关运行温度较高的原因进行分析，通过对变频器负荷柜内补偿电容投入量的调整，在不过补偿的前提下，提高变频器输出侧功率因素，减小输出电流，达到降低TK电子开关运行温度的目的。

关键词：补偿电容；功率因数；运行温度

1 前言

在示范工程试启动过程中，出现多次“直流母线过压”报警导致变频器跳车，现场电源自动重启功能和待机电源调用功能均正常，但未能带载成功，即当新负荷投入时又引起其他已运行电源跳车。经过多次测试发现，当区段压力低或补偿电容投入量多时，故障频次高；区段压力高或补偿电容投入量少时，故障频次低。针对此项问题，采取9倍频+补偿电容调整结合，效果最为理想，启动过程中未出现过此类故障跳车现象。弊端在于电机运行于额定工况负载较大时，线路电流增大，电子开关运行温度较高。

2 补偿电容原理

2.1 电感负载电路

在实际电路中，以电动机为负载的电路可等效为一个电阻与电感线圈串联的电路，等效电路图及电压电流向量图如图1所示。

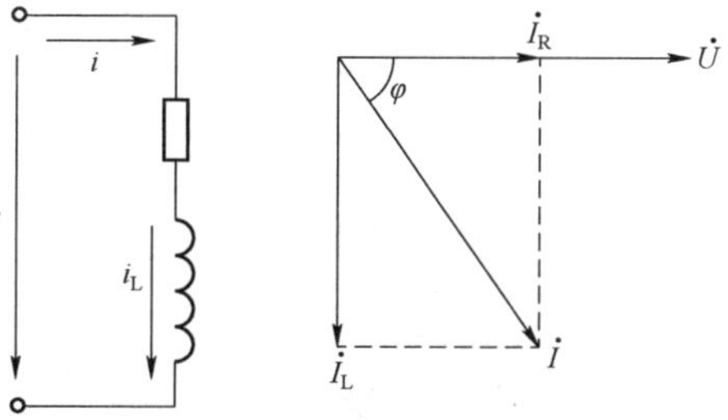

图 1 电阻与电感线圈串联电路及电压电流向量图

通过线路电流 i 的有效值 I 以及支路电流 i 与电压 u 的相位差 φ 分别为

$$I=\frac{U}{Z}=\frac{U}{\sqrt{R^2+X_L^2}} \tag{1}$$

$$\varphi=\arctan\frac{X_L}{R} \tag{2}$$

式（1）、（2）中，

$$X_L=\omega L \tag{3}$$

2.2 电感负载并联电容补偿电路

在实际电路中，以电动机为负载的电路并联电容器后，可等效为一个电阻与电感线圈串联后并联电容的电路，等效电路图及电压电流向量图如图 2 所示。

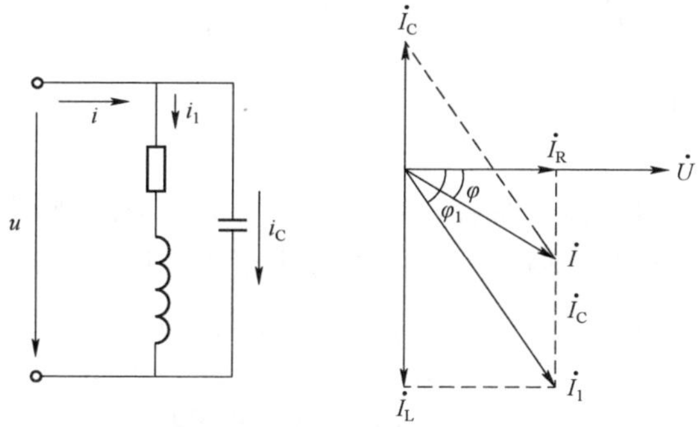

图 2 增加电容补偿电路等效图及电压电流向量图

选择正弦电压为参考量，设电压为

$$u=\sqrt{2}U\sin\omega t \tag{4}$$

通过 R、L 支路电流 i_1 的有效值 I_1 以及支路电流 i_1 与电压 u 的相位差 φ_1 分别为

$$I_1 = \frac{U}{Z_1} = \frac{U}{\sqrt{R^2 + X_L^2}} \tag{5}$$

$$\varphi_1 = \arctan \frac{X_L}{R} \tag{6}$$

通过 C 支路电流 i_C 的有效值 I_C 为

$$I_C = \frac{U}{Z_C} = \frac{U}{X_C} \tag{7}$$

由基尔霍夫电流定律知

$$i = i_1 + i_C \tag{8}$$

把正弦量的运算转换为有效值相量的运算形式，得

$$\dot{I} = \dot{I}_1 + \dot{I}_C \tag{9}$$

根据式（5）、（6）、（7）、（8）、（9）作出电流 i_1、i_C、i 及电压 u 的有效值相量，如图 2 所示。从相量图看出，电流 i 滞后电压 u 的相位为φ，且有

$$I\cos\varphi = I_1\cos\varphi_1 \tag{10}$$

$$I\sin\varphi = I_1\sin\varphi_1 - I_C \tag{11}$$

电流 i 的有效值 I 及滞后电压 u 的相位差φ分别为

$$I = \sqrt{(I\cos\varphi)^2 + (I\sin\varphi)^2} = \sqrt{(I_1\cos\varphi_1)^2 + (I_1\sin\varphi_1 - I_C)^2} \tag{12}$$

$$\varphi = \arctan\frac{I\sin\varphi}{I\cos\varphi} = \arctan\frac{I_1\sin\varphi_1 - I_C}{I_1\cos\varphi_1} \tag{13}$$

从式（13）看出，实际电感负载并联电容后，电路电流 i 总是小于负载电流 i_1。

对电感回路增加电容补偿后，补偿电容电流 i_C 对电感无功电流的补偿，有功功率不变的情况下，输出电流由 i_1 减小至 i，补偿电容 C 的计算公式为

$$Q_C = P(\tan\varphi_1 - \tan\varphi) = \omega C U^2 \tag{14}$$

$$C = \frac{P}{\omega U^2}(\tan\varphi_1 - \tan\varphi) \tag{15}$$

2.3 额定工况时补偿电容理论计算

根据不同主机给定的单机参数范围，按低限选取其固有功率因数为 $\cos\varphi_1 = 0.2$，单机有功功率为 25 W；在保证不出现过补偿的情况下，补偿功率因数按高限选取，$\cos\varphi = 0.99$。

405－2A 工程每列 2240 台机器，机器运行在额定工况时电源频率为

$f = 1550$ Hz，输出电压为 380 V，可计算出额定工况下运行时有功功率 $P=56$ kW，需要补偿电容量为 $Q = P(\tan\varphi_1 - \tan\varphi) = 226.34$ kVar；单相补偿电容值 $C=53$ μF。

3　优化方案确认

3.1　运行分析

一站式电源正常带载方式为每个供电单元内 4 台工作变频器启动并机带载，2 台功率柜待机备用。2018 年 8 月 10 日对 01d2 大厅所有运行功率柜电子开关进行温度测量记录，如图 3 所示。

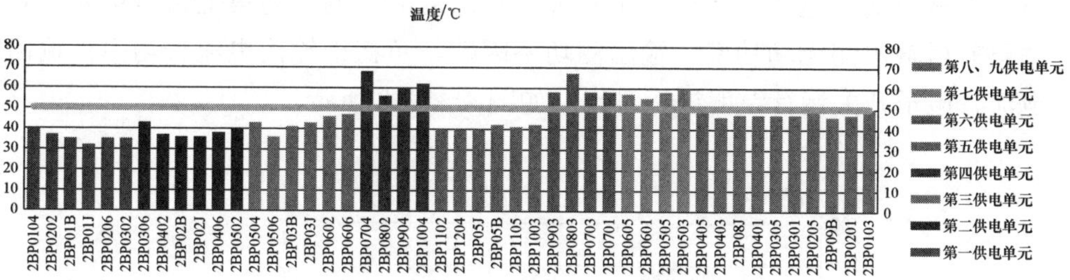

图 3　01d2 大厅功率柜电子开关运行温度

由图 3 可以看出，由 4 台功率柜带载 4 个区段负荷的供电单元，电子开关运行温度均超过 50 ℃，最大接近 70 ℃。为工程的安全稳定运行造成一定的风险。现场测量功率因数 0.5～0.7，分析电子开关运行温度较高原因为：补偿电容投入量偏少，输出侧功率因数较低导致电源输出电流较大、电子开关运行温度较高。经讨论决定通过调整负荷柜补偿电容投入量，在不出现过补偿的前提下，提高输出侧功率因数，减小电源输出电流，降低电子开关运行温度。

3.2　优化方案

考虑一站式电源并机顺序对负载的冲击影响及冗余量留余，经计算带载 2 列负载负荷柜补偿电容由 40 μF 调整至 45 μF，带载 3 列负载负荷柜补偿电容由 60 μF 调整至 70 μF，根据各供电电源实际运行方式，选择第七供电单元为优化试验单元。具体优化方案为：

（1）记录电容调整前功率柜输出电流与 TK 电子开关温度、负荷柜输出电流；

（2）将第七供电单元 4 台变频器由并机运行转为单机带载运行；

（3）用电能质量分析仪测量单机状态下负荷柜输出侧功率因数；

（4）调整负荷柜内补偿电容量，将带载 2 列负载负荷柜补偿电容由 40 μF 调整至 45 μF，带载 3 列负载负荷柜补偿电容由 60 μF 调整至 70 μF；

（5）进行 3 列冲击 2 列并机试验，确认 2 列负荷输出侧无过补偿；

（6）完成 4 台变频器并机，记录电容调整后变频器运行状态。

4 试验成果

2018 年 8 月 23 日，根据优化方案在第七供电单元进行电容调整，现场测量 2FH0605 经补偿及并机冲击后，无功功率补偿至 40 kVar，实现在不过补偿前提下减小输出电流，降低电子开关运行温度的目的。将第七供电单元电容调整前后输出侧无功功率、输出侧功率因数、负荷柜输出电流、功率柜输出电流、电子开关运行温度进行对比，如图 4～图 8 所示。

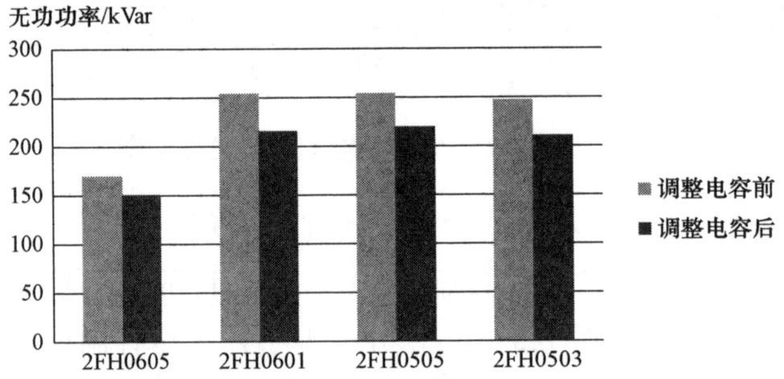

图 4　无功功率对比

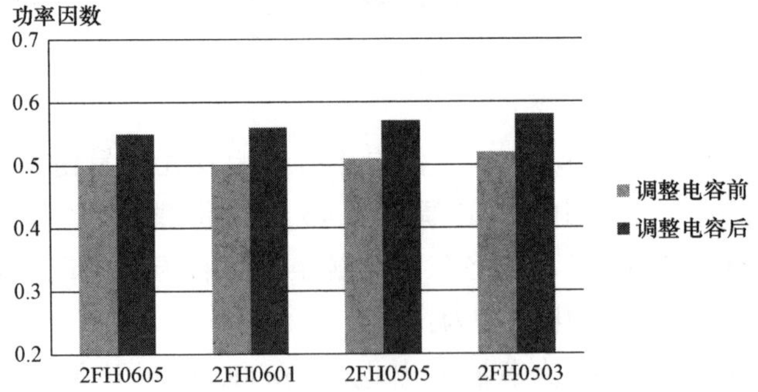

图 5　输出侧功率因数对比

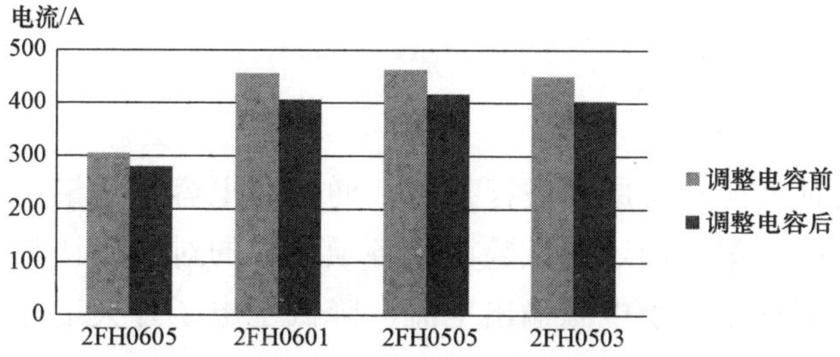

图 6　负荷柜输出电流对比

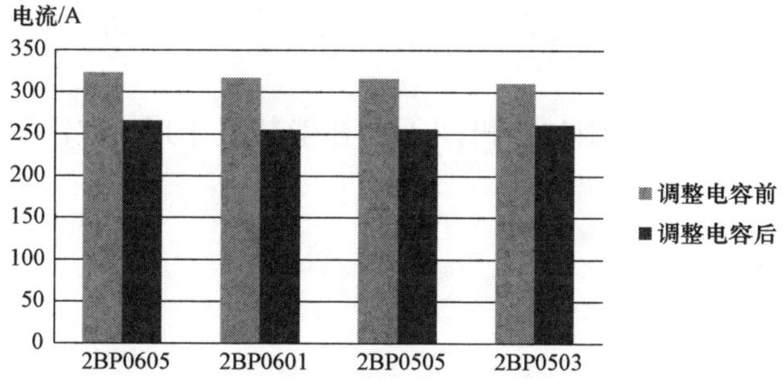

图 7　功率柜输出电流对比

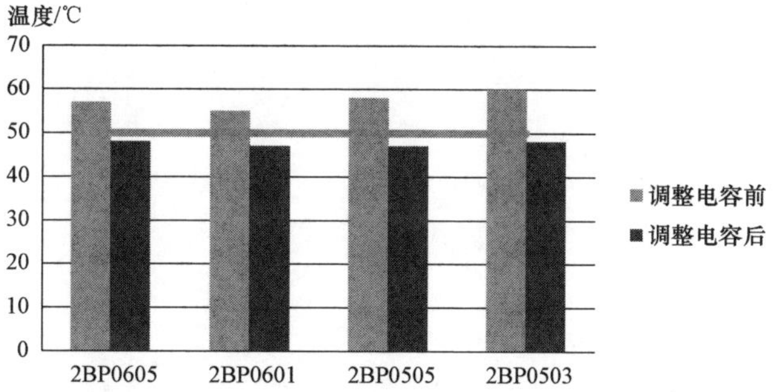

图 8　TK 开关运行温度对比

通过图 4～图 8 的对比，可以看出经过补偿电容投入量调整，输出侧无功功率降低（两列减小约 20 kVar，三列约 40 kVar）；功率因数提高（由 0.5 提升至 0.6）；负荷柜输出电流减小（两列约 25 A，三列约 50 A）；功率柜输出电流减小（50 A）；电子开关温度降低（约 10 ℃）。

2018 年 12 月，结合一站式电源程序刷新工作，01d2 大厅内第一至七供电单元完成电容调整工作，一站式供电方式调整为 4 台功率柜带载 4 台负荷柜运行，2 台功率柜带载备用。2019 年 3 月对 01d2 大厅变频器电子开关运行温度进行测量，电子开关运行温度均低于 50 ℃。

5 总结

本文首先对电容补偿原理进行描述，通过对电容补偿量计算综合实际运行情况确定优化方案，通过对试验前后各项参数的对比确认其方案可行性。补偿电容的调整有效减小电源输出电流，降低了电子开关运行温度，延长电子开关使用寿命，降低系统运行管控风险。

参考文献

[1] 梁国文. 离心工厂电源与主机间无功补偿装置 [J]. 陕铀科技，2018，4：31-39.

中频电源内部冷却水嘴结构优化

石明哲

摘要：中频电源是给主机供电最重要设备，自 1C 系统运行以来，发现中频电源长时间运行后内部冷却水路水嘴出现断裂现象，严重影响系统的稳定运行。为了中频电源安全持久运行，提高供电设备的可靠性，通过对其冷却水嘴结构进行探究，提出了减小水嘴受力，改变水嘴结构的办法，提高冷却水嘴的质量，通过大量试验对比选择了水嘴性能最好的方案，并生产运用到系统上。

关键词：水嘴；应力

中频电源是主机供电最重要的组成部分，中频电源中的开关器件、功率电阻、电抗及 IPM 等承载大电流的元件都需要水冷，冷却水系统是主机电源关键系统，而水嘴更是起桥梁作用。随着设备运行时间的增加，水嘴内壁被腐蚀的很薄，并发生断裂情况，严重影响了主机供电质量。为了保证供电系统安全、稳定、经济运行，对水嘴结构进行了优化，解决了水嘴随时断裂的隐患。

1　1C 中频电源冷却水路现状介绍

1.1　简要概述

405－1C 系统中频供电单台电源冷却水路总共分为两进两出支路，支路共六组阀门，分别为：进水阀门（**NE**C03、**NE**C05）、出水阀门（**NE**C04、**NE**C06）、排气排水阀门（**NE**C0、**NE**C02）。单台电源内部冷却水管走向复杂，一共分为五个支路：

第一路支管：进水→R4 电阻冷却板→A18 单元→A20 单元→整流可控硅 A 相、B 相、C 相冷却板→出水；

第二路支管：进水→三组电容补偿可控硅冷却板→出水；

第三路支管：进水→A12 三相逆变冷却板→出水；

第四路支管：进水→三相电抗→出水；

第五路支管：进水→水流量继电器→出水。

1.2 存在问题

中频供电系统已经连续运行接近 9 年，电源冷却水路故障时常发生（表 1），随着系统运行时间增加，电源冷却水路故障隐患慢慢显现出来，主要故障原因有：① 水管与水嘴处漏渗水；② 水管壁附着大量锈蚀黑色物质；③ 水嘴与冷却极板处断裂；④ 阀门生锈导致阀芯渗水；⑤ 水流量继电器堵塞导致报警跳车；⑥ 冷却极板内部堵塞。

表 1 冷却水路故障统计表

序号	故障类型	次数/次	占比/%	影响程度/%
1	水管接头漏（渗）水	19	66	10
2	水嘴断裂	3	10	75
3	水路内部堵塞	2	7	5
4	水流量继电器故障	3	10	5
5	阀门阀芯或温度计漏水	2	7	5

1.3 水嘴断裂原因分析

水嘴断裂是严重的电源冷却水路故障，不仅影响内部元件安全，还会使电源冷却水干管压力突然下降，影响整个系统主机供电安全，虽然从运行至今总共发生 3 次水嘴断裂故障，但是每一次都使系统安全性产生较大影响。经过检修发现原装水嘴管壁较薄，且铜质不纯，如果水管受应力过大，长期受力会导致水嘴弯曲变形甚至断裂（图 1）。

图 1 断裂水嘴

2 攻关处理

2.1 改变水嘴结构

针对上述问题，特做材质更好，管壁更厚，受力更强的水嘴（图 2），之前原装水嘴管壁仅为 1.5 mm，无阶梯，新制水嘴管壁增加至 2.5 mm，强度更强，并采用生料带加胶的双重保护进行安装。

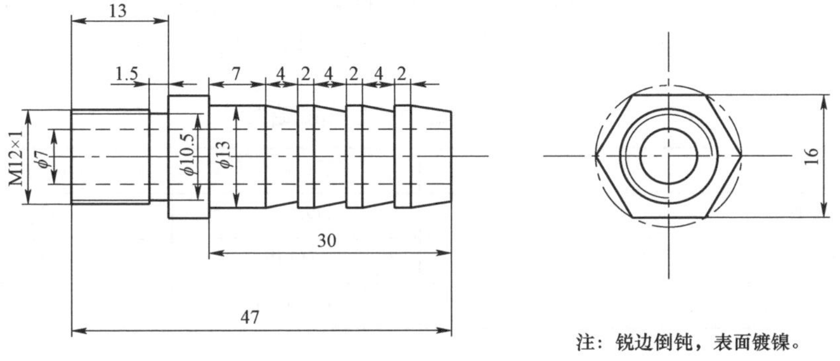

图 2　冷却水嘴设计

2.2　改变水嘴受力方向

由于逆变单元的横向水嘴受向下拉力，容易发生断裂现象，此次重新设计并改良逆变部分水嘴为直角垂直向下，减小横向力量，使水嘴得到保护，具体安装见图 3 和图 4。

图 3　优化前逆变单元水路方向

图 4　优化后逆变单元水路方

3　成果验证

3.1　气密性试验

为验证冷却水路维护后的整体密封性，需按照气密性的试验要求进行水路压力保持试验。

通过进水排气口连接打压机，关闭进水出水阀，打压至 0.6 MPa，保持一小时，压力不得低于 0.5 MPa 即认为水路气密性合格。按照上述要求对水路进行了气密性测试，如表 2 所示，本次维护后满足系统运行要求。

表 2　冷却水路气密性测试结果

台号	测试时间	1 h 压降	测试结果
02CB300A	1 h	0.06 MPa	合格
10CB400A	1 h	0.04 MPa	合格
08CB600A	1 h	0.07 MPa	合格

3.2　考核结果

为验证电源运行状态完好，按照正常操作调至空载工况，启动变频电源，空载考核 12 小时之后转至带主机负载考核，运行情况如下。

（1）变频电源无漏水现象。

（2）水流量继电器无异响，工作状态良好。

（3）带载考核后开关元器件及动力元器件温度无明显变化。

（4）压力表及温度计显示正常。

（5）水路系统维护后，设备已经连续稳定运行 3 个月，无漏水故障发生，设备运行状态良好。

3.3　节约成本

中频电源冷却水嘴断裂属于非常严重的设备故障，水嘴突然断裂会导致干管压力突降，使其他电源停机，可能会造成主机损坏；故障电源由于水嘴断裂造成控制器和元器件损坏，成本估算如表 3 所示。

表 3　成本估算表

备件名称	单价	数量	总价
IPM	2000	3	6000
逆变驱动板	1000	3	30 000
国产控制器	200 000	1	200 000

通过更换新的水嘴和改变水嘴的安装方式，将大大降低水嘴断裂渍水到控制器和元器件上，避免这些昂贵备件和元器件的损坏，大大节约了备品备件采购费用，大大响应了公司降本增效的发展战略。

4 总结

（1）通过改变水嘴结构，增加水嘴管壁厚度，用纯度更高的材料做成的水嘴，大大提高了水嘴的质量。

（2）改变水嘴的安装方式，减少其外部扯力和应力，保证中频电源冷却水系统的安全稳定运行。

（3）通过水嘴改造更换，使检修人员对 180 中频电源原理理解更加深刻，总结了检修经验，为该电源以后故障检修积累检修经验。

此次大规模的冷却水路优化维护工作尚数首次，有效的解决了多年来运行时产生的系统隐患，极大地提升了 180 中频电源冷却水系统的可靠性，保证了中频供电系统的安全稳定运行。

国产变频电源整流器绝缘安全可靠性研究与应用

张　楠　邵　磊　连洁斐

摘要： 变频电源是铀浓缩工厂主设备供电系统的关键设备。文章针对现役国产变频电源运行中由于整流器绝缘性能不佳引起短路故障，造成变频电源故障停车，经理论分析、现场试验和长期考核，通过改进整流器正负母线电容极板封装设计和安装工艺，加固整流桥的间距隔离，较好地解决了整流器短路故障，提升了运行绝缘安全可靠性，保证四条生产线中频供电系统安全稳定运行。

关键词： 整流器；正负母线；绝缘

公司四条生产线中频供电系统使用外方和国产系列两类变频电源，自2005年至今，1A系统安装运行150－450系列8种型号国产变频电源，300D、300H、一站式及12台并联系列，在北区扩建一期、二期工程全面应用。国产变频电源输出容量大、带载能力强，良好的人机界面，简化操作，对电网污染小、自身能耗低，性能稳定故障率低，较高的国产化率自主可控，已形成较为成熟的运行规模，满足各类铀浓缩工厂生产需要。

1　结构概述

国产变频电源功率变换单元整流器由输入变压器输出三组，分别接至三组三支相同的晶闸管，输出经过电感和大容量电容平波后形成直流电，为下一级逆变器供电，如图 1 所示。变压器三组副边电压按对应的相序依次相差20°，整流器工作后，变压器原边的电流相当于副边三组电流的叠加，波形等效为脉动很小的18脉，可有效降低输入电流总谐波率。

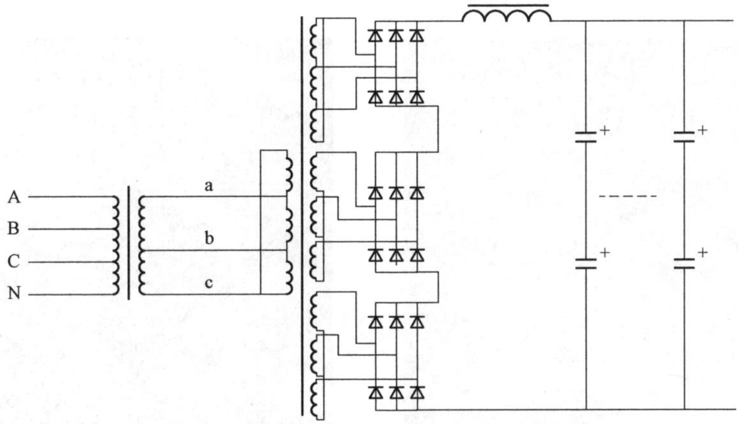

图 1 整流部分结构图

2 故障原因分析

查询电源运行历史记录，及长期数据积累分析，发生电源整流器短路故障部位集中在正负母线电容极板和正负母排处，主要故障情况如表 1 所示。

表 1 主要故障情况表

序号	时间	位号	故障位置
1	2014－5	－2	1#电源 C 相正负母线电容极板左 1 位螺丝
2	2016－9	－2	2#电源 B 相正负母线电容极板上 4 位螺丝
3	2017－4	－2	3#电源 C 相正负母线电容极板上 4 位螺丝
4	2018－3	－2A	4#电源 A 相正负母线电容极板右 16 位螺丝
5	2018－12	1A	整流桥正负母排端部

2.1 正负母线电容极板短路

每台电源装备 3 套直流电容支撑组件，根据系列型号不同，组件由 12 或 16 支电容、正负母线极板、框架组成。将发生短路故障的正负母线电容极板螺丝拆解检查，如图 2 所示，擦拭正负母线极板背面沾染灰尘，随即检查其余两套极板，正面和背面电容正负极螺丝凹槽处均存在灰尘，正负极凹槽与电容螺丝间距 1 cm，正面为开放式带电部位，如图 3 所示，通电后正负母线极板电荷对空气中的灰尘产生强大的吸引力，当聚积一定数量后会形成线状、絮状形态，使凹槽之间空气间隙变小，容易搭接造成尖端放电拉弧，造成正负母线电容极板短路。

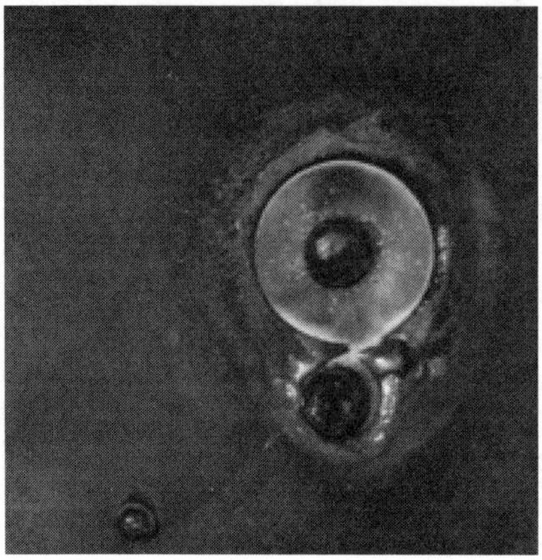

图 2　正负母线电容极板短路图

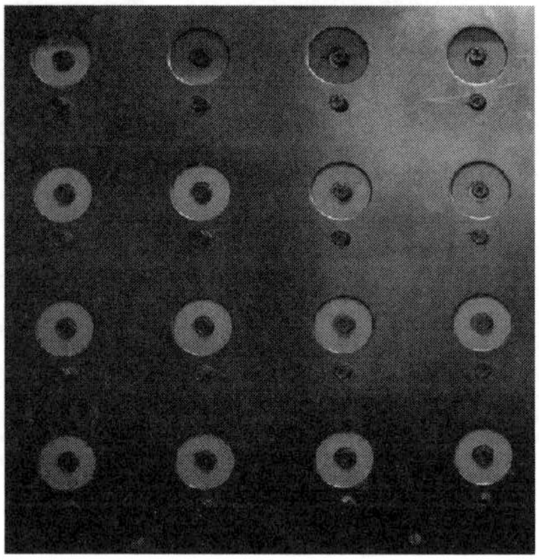

图 3　正负母线电容极板结构图

2.2　整流桥正负母排短路

表 1 第 5 项为最近发生的一起短路故障，故障部位发生转移，首次出现，如图 4 故障原因为整流桥正负母排水平间距较小，最短处不足 1 cm，为开放式母排，端部较为锋利，同样存在灰尘吸附聚积，造成正负母排放电拉弧短路。

图 4　整流桥正负母排结构图

3　处理策略

3.1　提高清洁度

经全面检查,正负母线电容极板凹槽处积灰成普遍共性现象，于 2017 年历时 3 个月，对 −2 系统所有 300D 系列变频电源逐一进行内部清洁，因现场清洁度较高，短时间内不会再次造成灰尘大量聚积，可暂时降低安全隐患风险，缓解系统运行压力。现场门窗口属于空气流通交换较大地域，此处空气质量较低，一年后，对处于空气流通交换较大位置的电源清洁度进行检查。

检查结果，空气流通交换较大位置的电源正负母线电容极板仍聚积大量灰尘；反之，灰尘聚积量较少。通过使电源停电清洁的方法，只能达到治标的目的，若采取定期计划清洁，将耗费较大人力物力，也不利于系统安全稳定运行。

3.2　改进正负母线电容极板封装设计

针对正负极板凹槽间距较小，灰尘静电吸附放电短路情况，技术人员提出改进正负母线极板封装设计。原安装方式为两片正负极板之间加装绝缘层，在原有安装方式基础上，现改进为采用绝缘材质将正负极板完全包裹，螺丝与凹槽边缘物理隔离，隔绝了灰尘聚集，理论上杜绝了正负母线电容极板放电短路的情况，如图 5 所示。

3.3　优化安装工艺

经现场实际测量比对，购买一批绝缘帽，将绝缘帽装至凹槽内电容螺丝处，与改进后的极板形成双重保护，进一步提高绝缘等级，如图 6 所示。

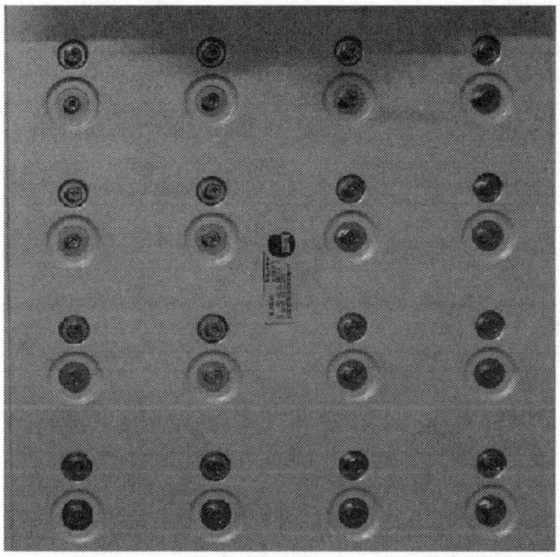

图 5　改进后正负母线电容极板图

图 6　电容螺丝加装绝缘帽图

3.4　加固间距隔离

针对整流桥正负母排水平间距较小，且开放式，提出改进措施，将正负母排上加装绝缘层，端头锋利处进行倒角并绝缘封堵，与空气隔离，红蓝两色的绝缘层清晰标识母线桥的正负两极，如图 7 所示。

图 7　改进后整流桥正负母排图

4　研判成本效果

当工作电源发生短路故障停车，需在较短时间内检修恢复，故障波及范围较广，需更换受损元器件，检查相关控制驱动单元，整体检修过程较为复杂，耗费较大的人力物力，检修成本较高，时间较长，检修期间降低系统备用冗余度。以其中一次检修成本为例，如表 2 所示。

表 2　检修成本表

序号	名称	型号	数量	单价/元	合计/元	时间/h
1	整流二极管	MDC500－16	6	450	2700	检修：14 h 考核：12 h
2	直流电容组件	1000 V/420 μF	1	900	14 400	
3	主交流接触器	AF460－30－11	1	6300	6300	
4	冷却水管		2	1500	3000	
5	逆变驱动线束		8	50	400	
6	电压检测板	AK2.950.051MX	1	790	790	
7	合计				27 890	26 h

改进后的正负母线电容极板单价略有上升，加装绝缘帽及绝缘层的成本忽略不计，此三项措施均已投入系统运行使用，长期观察未出现灰尘吸附，系统运行平稳。后期依据电源大修计划，依次改进实施。

5　结论

（1）正负极板采用绝缘材质完全包裹，螺丝与凹槽边缘物理隔离。

（2）电容螺丝处加装绝缘帽，与极板凹槽边缘隔离。

（3）正负母排上加装绝缘层，端头进行绝缘封堵。

上述三项处理措施增加了带电部位与空气隔离，有效防止静电灰尘吸附引起的正负极放电短路，同时降低了人因操作失误引起的事故，以较低成本投入，提升了国产变频电源整流器绝缘安全可靠性，保证了中频供电系统安全稳定运行。

致谢

本次论文的撰写非常感谢指导老师梁国文给予的帮助和关怀，在此致谢。

参考文献

[1] 廖慧，张波，李林才，等. 大功率不间断电源并机的同步均流控制[J]. 电力电子技术，2012（1）：96–98.
[2] 王兆安. 电力电子技术[M]. 北京：机械工业出版社，2004.

第三篇　机械检修与辅助运行

压力容器阀门安装方法优化

董晓玉

摘要：阀门的安装是 3 m^3 六氟化铀容器制造中的重要环节之一。为解决 3 m^3 六氟化铀容器阀门安装工位受限，安装所需扭矩较大，安装要求较高等问题，现改进了阀门安装方法。由电动扭矩扳手配合直角阀工装及相应套筒完成阀门的安装。该方法通过直角阀工装连接阀门和电动扭矩扳手，扭矩扳手反作用力臂作用于压力容器裙座处，电动扭矩扳手施加合适扭矩完成阀门的安装。直角阀工装依照直角阀和电动扭矩扳手的外形尺寸设计，施加的扭矩通过扭矩计算和试验得出。该方法操作简单、所需人工少、不受阀门工位限制，可以全角度旋转进给、保证了阀门和接头的螺纹完整性，能够安全、高效地完成阀门的安装。

关键词：压力容器；电动扭矩扳手；阀门安装；阀门工装；扭矩计算

中核陕铀制造并使用 3 m^3 六氟化铀容器。在 3 m^3 六氟化铀容器制造中，阀门的安装是重要的工作环节之一，阀门安装的质量关乎压力容器的气密性和使用。3 m^3 六氟化铀容器所需安装的阀门为直角阀门，连接方式为螺纹连接。直角阀门为外购件，阀门螺纹端挂锡。因安装工位受限，安装扭矩较大，阀门安装较为困难，以往阀门安装为人工使用撬棍配合阀门安装工装。现采用电动扭矩扳手配合直角阀工装及套筒对阀门进行安装。直角阀工装依照容器直角阀门和市场上的电动扭矩扳手的套筒尺寸设计制造，电动扭矩扳手施加的扭矩依照旧有安装方式计算并经试验得出。

1　现状与问题

中核陕铀制造的 3 m^3 六氟化铀容器用于盛装六氟化铀。容器直角阀门的安装为压力容器制造的末端工序，处于压力容器炉内消除应力整体热处理之后，压力试验、气密性试验等试验之前。容器直角阀通过螺纹连接方式与设在容器一侧封头端的接头连接，从而完成 3 m^3 六氟化铀容器阀门的安装。容器直角阀门为外部采购件，形状较为复杂（见图 1，容器直角阀门）阀门螺纹端挂锡，挂锡层较厚，近乎全覆盖螺纹（见图 2，阀门螺纹端）。阀门螺纹 NPT 1。

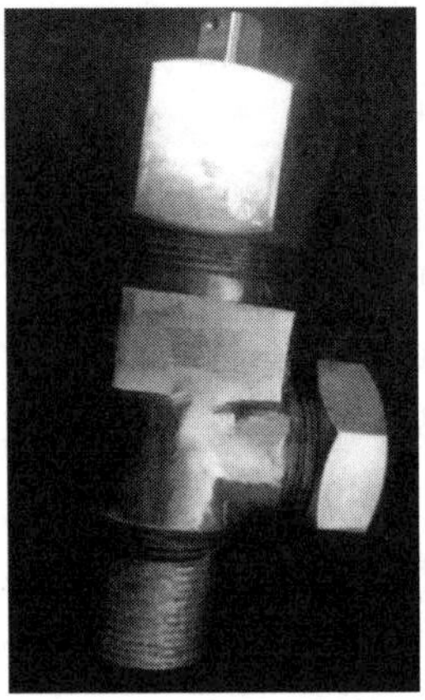

图 1　容器直角阀门图

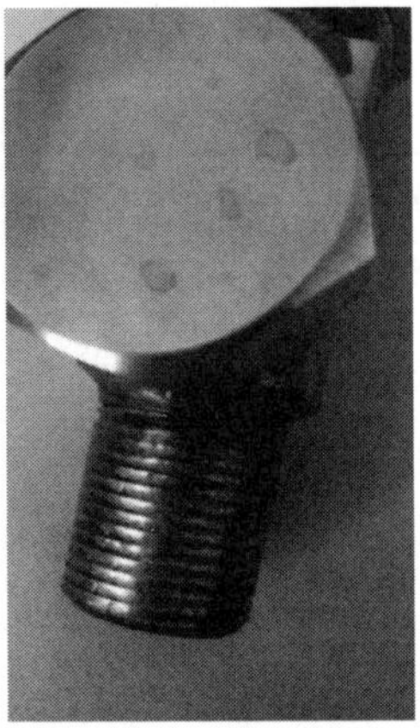

图 2　阀门螺纹端图

因阀门挂锡，所需扭矩较大，阀门位于封头一侧，旁有裙座遮挡，安装空间受限。且因容器性质需要，阀门安装需保证气密性完好，且安装过程中不可严重损伤阀门及接头的螺纹，以便为拆卸、安装阀门提供可能。

1.1　现有阀门安装方式

现有的 3 m^3 六氟化铀容器直角阀门安装方式有两种，分别为手动工装法和手动扳手法。

1.1.1　手动工装法

手动工装安装法为中核陕铀使用的安装 3 m^3 六氟化铀容器直角阀门的方法。该方法为人工使用加力杆配合阀门工装从而旋紧阀门。因安装位置受限，手动工装安装法单次安装角度仅能旋转约 60°，单次进给六分之一螺纹。所需人工 2 人（见图 3，手动工装法阀门安装图），安装时长 1 小时。手动工装安装法安装阀门耗时、费事，且安装过程人为因素影响较大，存在加力杆受交变应力表现出变形、加工硬化等风险。

图 3　手动工装法阀门安装图

1.1.2　手动扳手法

手动扳手法为使用扳手夹紧阀门四方处，并对扳手加套套筒。因安装位置受限，有压力容器裙座遮挡，且无相应工装，无法从阀门上方施力，安装旋转角度约 30°，单次进给约十二分之一。所需人工 2 人。安装时长 2 小时。手动扳手法因安装方式较撬棍法更为耗时、费事。此方法已在中核陕铀容器制造中废弃。

2　改进方法

参照大尺寸螺栓的安装方式，采用电动扭矩扳手对容器直角阀门进行安装。因容器直角阀门无法与常规液压扭矩扳手套筒匹配，且安装工位有裙座和椭圆封头处遮挡，安装空间较小，故设计配套的直角阀工装，实现电动扭矩扳手与容器阀门的连接和安装。因阀门位于容器椭圆封头处，封头为容器重要承压件，外表面圆滑，无凸起物，无法完成套筒反作用力臂的支撑，故将反作用力臂支于容器裙座处。

2.1　电动扭矩扳手相关选择

（1）扭矩范围：

扭矩计算：因手动工装法安装阀门时，使用的为约 1.5 m 撬棍，操作者两人。设定人平均体重 60 kg，定电动扭矩扳手工作效率 90%，依照现场情况，根据公式（1），电动扭矩扳手应能达到的扭矩为 1470 N・m。

$$\eta M = L \cdot m \cdot g + 0.5 \cdot L \cdot m \cdot g \tag{1}$$

式中：η——电动扭矩扳手工作效率，$\eta=90\%$；

M——电动扭矩扳手应达到的扭矩；

L——撬棍长度，$L=1.5$ m；

m——操作者体重，$m=60$ kg；

g——引力常量，g＝9.8 N/kg。

扭矩试验：使用电动扭矩扳手对扭矩范围进行试验。试验通过利用入厂检验不合格的镀锡阀门安装在接头处，进行安装扭矩模拟。因安装要求被拧入的螺纹数在 7～12 扣。安装扭矩模拟先进给 7 扣，标记扭矩，退出阀门，检查螺纹情况，再进给至 12 扣，标记扭矩，退出阀门。扭矩范围在电动扭矩扳手所能满足的情况下从小数值至大数值进行试验(见表 1 扭矩试验参数表)。故扭矩范围为 1200～1500 N • m。

表 1　扭矩试验参数表

次数	第一次	第二次	第三次	第四次	均值
5 扣处扭矩/（N • m）	1200	1300	1400	1500	1600
螺纹是否完好	是	是	是	是	否
12 扣处扭矩/（N • m）	1300	1400	1500	1600	1700
螺纹是否完好	是	是	是	是	否

（2）重量要求：因容器阀门安装为侧面安装，安装者需承受部分阀门及扳手及其组件重量，故扳手重量应尽量小，易操作。

（3）反作用力臂放置处：直角阀门位于椭圆封头处，椭圆封头曲面无法提供反作用力臂的支撑。因裙座材料 16 MnDR，钢板厚度强度满足反作用力臂要求。故放作用力臂放置于容器裙座处。

2.2　直角阀工装

直角阀工装由工装主体（见图 4，工装主体图）与防脱板（见图 5，防脱板图）和配套螺栓组成。工装主体由钢锭设槽，以放置阀门；工装顶端有六方状凸起，便于和电动扭矩扳手套筒组件配合；工装钻有两个螺纹孔，使用时通过螺栓连接防脱板与工装，从而防止阀门从工装中脱落。

考虑直角阀工装应对电动扭矩扳手具有通用性，满足电动扭矩扳手的配合，且便于扳手和套筒组件适用于类似堵头等工件的安装，参照大部分电动扭矩扳手套筒的外形，结合压力容器堵头形状，设计直角阀工装顶端六方状凸起，六方状凸起深度 22 mm，对角长 40.5 mm。

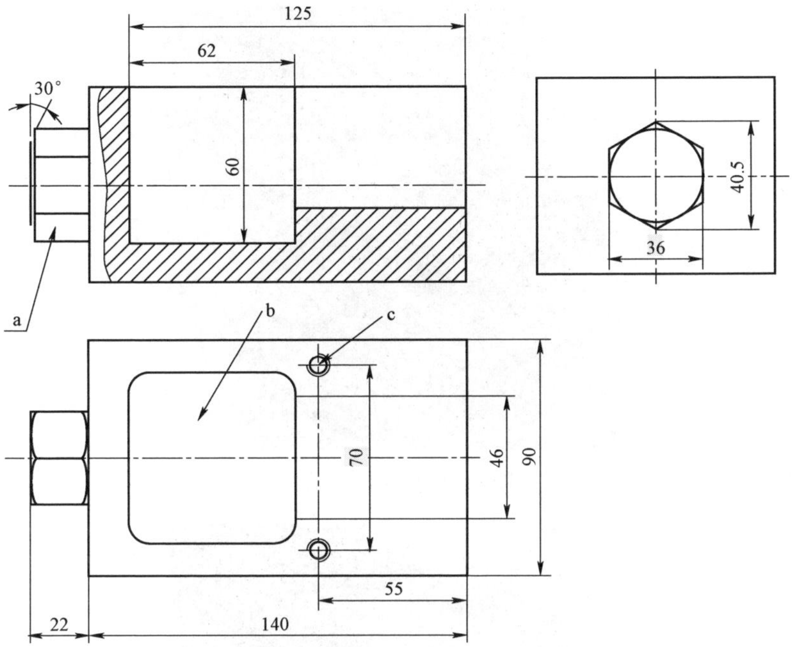

图4　工装主体图

a—六方状凸起；b—槽；c—螺栓

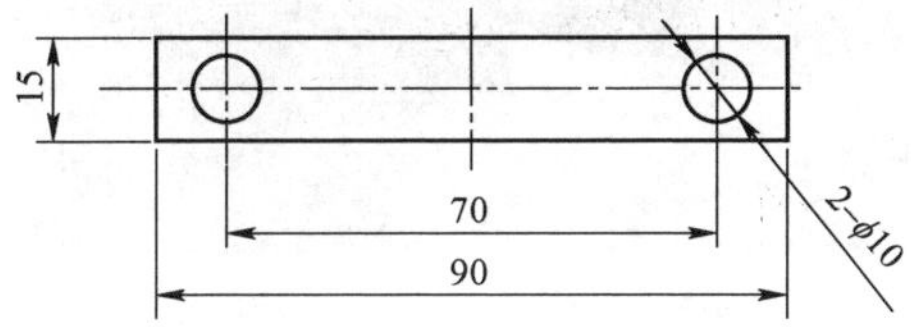

图5　防脱板图

考虑到直角阀工装使用效果，为避免锈蚀，保证工装硬度，对于直角阀门的外表面进行发黑处理。

2.3　使用方法

① 通过手工方式将阀门与容器连接，拧入1～3扣。② 打开容器直角阀，将其主体部分安装在容器直角阀上。③ 安装防脱板，紧固螺栓，（见图6，阀门工装安装图）。④ 将电动扭矩扳手套筒套在直角阀工装六方凸起处，完成与直角阀工装的连接，套筒反作用力臂作用于压力容器裙座处，（见图7，套筒阀门工装安装图）。⑤ 设定电动扭矩扳手扭矩，扭矩范围在1200～1500 N·m内，完成安装，（见图8，电动扭矩扳手使用图）。

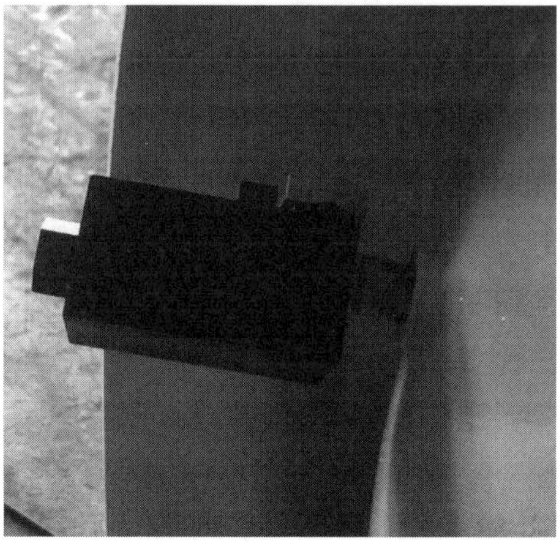

图 6　阀门工装安装图

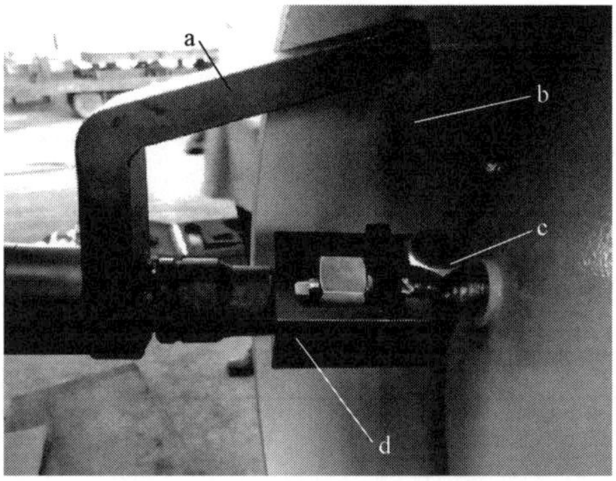

图 7　套筒阀门工装安装图

a—反作用力臂；b—裙座；c—容器直角阀门；d—直角阀工装

图 8　电动扭矩扳手使用图

3　使用效果

经调试合格后，将电动扭矩扳手法试用到容器阀门安装，试用 4 次见表 2 电动扭矩扳手法安装试验表，阀门安装平均耗时 0.4 h；需要操作者 1 人，可 360° 旋转进给。将所安装的阀门拆卸，阀门螺纹整体完好，未出现严重损坏；接头螺纹整体完好，未出现严重损坏。通过表 3 安装方法比较表可知，电动扭矩扳手法较手动工装法、手动扳手法安全、简单、高效。

表 2　电动扭矩扳手法安装试验表

次数	第一次	第二次	第三次	第四次	均值
总耗时/h	0.47	0.42	0.34	0.36	0.4
所需人数/人	1	1	1	1	1
可旋转角度	360°	360°	360°	360°	360°

表 3　安装方法比较表

安装方法	手动工装安装法	手动扳手法	电动扭矩扳手法
耗时/h	1	2	0.4
所需人数/人	2	2	1
可旋转角度	60°	30°	360°

4　结论

通过使用电动扭矩扳手配合直角阀工装和相应套筒安装 3 m^3 六氟化铀容器直角阀门的方法能够满足容器直角阀门的安装。该方法较手动扳手法、手动工装安装法安全、省时、省力，能够 360° 全角度进给安装，是一种操作简单、高效的阀门安装方法。

参考文献

[1] 雷兴义，马良，胡少华．浅谈阀门的安装、使用及维护［J］．科技与企业，2013（15）：273．

[2] 王春良，李晓光，吕留付，等．电动液压扭矩扳手的应用［J］．机床与液压，2016，44（16）：38－44．

旋压件加工生产管控

杨 李

摘要： 旋压件的生产加工是机电检修车间对外创收的重要途径，也是公司对外创收的宣传窗口。通过近年来的对外加工数据统计，我车间加工的各规格旋压零部件产品合格率达到 99%以上，其产品质量遥遥领先于其余几家加工单位，得到用户的一致好评，为车间对外产品加工赢得了良好的信誉和口碑。旋压产品加工质量的稳定和产品能否按时按期交付是保证承揽对外加工任务的重要因素，也是顾客能否放心把任务交给我们的关键。由于我们所加工零部件的特殊性，其质量要求越来越高、产品加工供货时间经常受约束于客户，必须随时满足客户供货要求。旋压件加工能否高质量完成、能否在有效时间内按期保质保量完成并按期交付，直接决定了能否顺利完年度对外指标的关键。

关键词： 旋压加工；质量稳定；高效率；生产控制

1 目的、意义

（1）保证旋压加工质量、提高旋压件加工效率。

（2）做好旋压加工中的管理作用。

（3）保证年度 3700 于件对外旋压件加工按时交付，完成年度对外创收目标。

2 主要技术创新内容

2.1 总体思路

（1）通过工艺试验，改善提高旋压件加工质量。

（2）通过小批量加工，对工艺路线、工艺方案进行评审，对产品进行质量评审以及产品鉴定。

（3）固化加工工艺流程，对生产有效管控。

（4）合理分配人员作业，做好大批量生产准备。

2.2 技术方案

（1）根据图纸技术要求合理编制。

（2）明确工艺控制要求与图纸要求协调一致。

（3）照图纸技术要求做好工艺路线设定，加工工艺编制。

（4）好旋压机的日常维护、保养，确保设备一直处于完好状态。

（5）过培训且考核合格持证上岗，能够满足批量生产要求。

（6）检验合格并做好分批次存放管理工作。

（7）合理，设备、工艺装备、计量器具配备齐全，处于受控状态。

（8）试加工的工艺评定。

2.3 实施情况

××旋压件从 2018 年 8 月 21 日我公司接到试制任务后，随即便开始了生产、技术准备工作。期间根据××加工图纸技术要求、工件特性以及重要尺寸控制要求并结合旋压设备性能特点不断地进行试制。在试制过程中加工时间由原来的 8 min/件，提高了二分钟半钟为 5.5 min，但是零件内孔尺寸超差，外表面光洁度不符合要求。在经过多次的参数及工艺调试后，对工艺、参数进行了最终确定，加工时间最终控制在 6.5 min，拿出了满足图纸及检验要求的合格零件并进行有效质量控制、标准化生产管理。自 2018 年 9 月 19 日到 11 月底最终交付客户，总计收到毛坯件 3745 件，交付合格品 3671 件，产生废品 74 件。

2.3.1 技术状态控制

（1）首批次加工工艺文件齐全完整，工艺编制合理可行与图纸要求协调一致。

（2）工序设置合理，控制要求明确。

（3）首批次试制产品质量稳定，经外观、尺寸检验，合格率 98%。

（4）生产线布局合理，设备、工艺装备、计量器具配备齐全，处于受控状态。

（5）对提供的毛坯能够按照军工产品批次管理要求管理，批次、数量状态清楚。

（6）定员合理、人员稳定，经考核合格后持证上岗，能够满足批量生产要求。

（7）通过首批次 200 件试制生产，产品合格率 98%，产品质量稳定，能够指导批量生产。

2.3.2 生产过程控制

（1）人员、设备、量具等管理情况

1）人员方面：按照B142燃烧室图纸工艺技术要求，我公司对参与142#旋压件生产的加工人员、质检人员进行了全面的技术质量培训，考核合格后上岗。参与142#旋压件的生产人员、质检人员均有多年从事旋压加工、检验经历，经验丰富、质量意识高。

2）设备方面：我车间旋压机是德国进口设备，加工性能优异，加工质量稳定并且一直定期进行保养、维护。并且安排有专门的检修人员负责旋压设备检修工作，以保证旋压设备一直处于完好状态。

3）量具管理方面：我公司对通用量具和专用量具分别建有量具台账，严格执行公司计量管理制度。

（2）生产过程控制

1）××旋压件生产过程中严格按照公司质量体系管理要求，从毛坯料入厂开始就划区域定置存放。生产过程中严格执行三检制度，并按照要求对不合格品记录、标识单独隔离存放。对不合格品产生的原因及时进行分析查找原因，纠正后再生产，严格执行工艺纪律以确保产品出厂质量。生产过程严格遵守工艺纪律、符合图纸及工艺要求，加工过程受控、产品质量稳定，能够满足批量生产要求和客户要求。

2）合理安排人员，由于仅有一台旋压加工设备，那么要在规定的期限内完成大批量××旋压件生产，除了提高单件加工效率，再就必须提高旋压机的利用率以提高旋压加工日产量。为此，我们根据旋压加工任务量适时调整工作时间，平时安排每日两个班次进行加工，一旦遇到任务紧急的情况我们将安排每日三个班次以此保证生产需要。

（3）不合格品控制

在2018年××旋压件批量加工中，经我公司旋压加工的××旋压件产品，有74件报废（其中有66件尺寸靠上限，下道工序造成报废。8件因试车产生报废）。其废品单独隔离标识放置并随合格品送货一并交付客户，处理程序符合要求。

3 创新及难点

此次的××旋压件加工由于所加工的零部件用途特殊，其产品加工质量要求远超其他零件。产品表面纹路、表面粗糙度及各尺寸位置控制严格，加工、工艺控制过程较为复杂，毛坯料供货时间不能及时掌控、交货时间不可控，客户可能随时要求供货或者要求提前交货。所以既要做好生产过程中的必要的生产准备还要提高旋压加工件的效率，缩短有效加工时间，只有调整单件旋压件加工时间同时满足设备的各种性能，才能缩短交货周期，这就要对机床的性能有一个详尽的了解掌握。

4　应用和推广情况

由于本产品的客户源单一、加工产品种类固定，经过此次的工艺改进和管理提升极大地提升了产品加工的质量，提高了生产的效率，缩短了加工周期，进一步验证了加工工艺的正确性、合理性、适用性。同时使生产工人进一步得到锻炼，为今后的大批量加工奠定了基础。目前此规格的旋压件在2019 年预计还要加工 5000 件。

5　经济效益或社会效益情况

2018 年对外旋压加工数量 3745 件，加工周期两个多月。通过工艺技术参数改进调整、加工效率提高近 25%，通过管理提升对人员调配日加工数量提高 40%。在不可能的时间内完成了客户的交货要求，塑造了良好的企业的形象，为后续的加工提供了可靠的保障。同时团队提高了解决问题的能力、增强了团队的凝聚力、激发了员工向零缺陷挑战的决心。

变压器有载调压渗油故障分析及处理

宋新亮

摘要：为适应电网电压的波动及用电负荷变化所带来的电压变化，需及时对变压器电压进行调整。为保证用电负荷连续性，对于重要的变压器采用有载调压，即带负荷进行电压调整，我公司的6台110 kV主变采用此类调压方式。受装配工艺、材料质量的影响，在运行7年后，21C 3#主变有载调压部分油位居高不下，经过对运行数据及现场表计进行分析，初步判断为存在渗油情况，后期通过主变的大修，对缺陷进行了确认和处理。本文就缺陷的确认过程的数据分析和确认后的检修方法进行讨论，确定今后变压器渗油故障的处理思路。

关键词：有载调压；渗油；数据分析

变压器利用电磁感应原理来改变电压，在供配电系统中起到重要作用。为保证用电负荷的连续性和电压的稳定性，对于较为重要节点的变压器还采取有载调压的方式进行电压的调整，即在变压器不停电不甩负荷的情况下，进行输出电压的调整，实现此项功能的设备即为有载调压装置。有载开关切换的时候产生电弧会污染油质，因此有载调压装置与变压器本体设备安装在两个不同的腔体内，即用不同的变压器油来进行绝缘、散热和消弧。有载调压的腔体是浸泡在本体油中，在长期运行后，由于元器件老化存在串油可能。本体油质受污染后，影响变压器的运行，进一步影响主工艺设备的安全稳定。因此对于变压器有载调压设备的运行状况需密切关注。

1 有载调压有载分接开关

1.1 有载调压开关原理及结构

有载调压装置通过变压器一次绕组或二次绕组的加匝或减匝实现变压器

电压比的变化，其利用有载分接开关，在保证不切断负载电流的情况下，变换高压绕组分接头，来改变高压匝数进行调压。负载电流从接通分接到预选分接的调换，可通过电阻过渡或者电抗器过渡来完成，保证了电压的连续性。因此其可根据电压的变化，随时切换分接头开关，保证电压质量。通过调压就能缩小二次电压的变化幅度，甚至改变电压变化的趋势。

根据结构形式不同，分为“V”型“MS”型、“M”型、“R”型、“G”型等有载分接开关，其中最常用的为“M”型，其结构如图 1 所示。

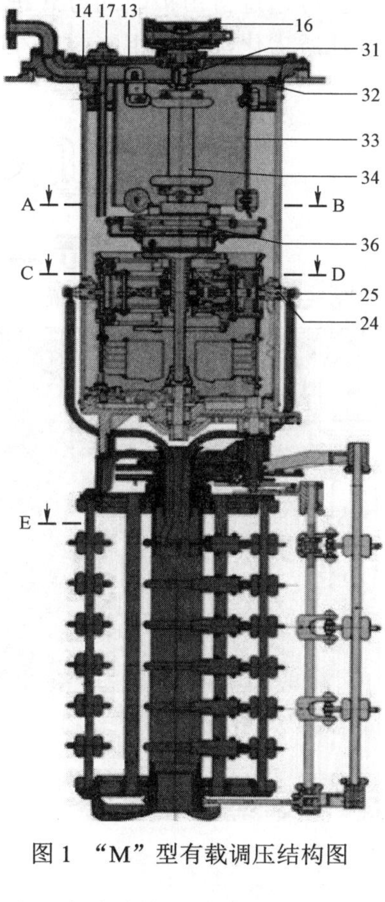

图 1　“M”型有载调压结构图

有载分接开关动作时，会在各触头间产生一定的电弧，引起油室油质恶化，因此变压器本体和有载分接开关必须形成独立的绝缘油隔绝系统，当有载分接开关油室因密封不严时就会出现绝缘油内渗问题。其上半部分为分接开关部分，具有独立的有载开关油室，下半部分为分接选择器，浸在变压器本体油内。根据结构可以看出有载开关油室与变压器本体油室接触，并且有机械上的连接，包括有载调压油室底部机构、中部引线连接处以及上部与变压器大盖连接处，均为容易发生渗油的位置，此外，若有载油室外壳存在制造缺陷的话，也可能为渗漏点。

1.2　有载调压与本体串油后的危害

由于变压器油枕位置较高，有载调压部分（图 2）油柜高度较低，因此本体相对于有载调压部分存在有油压差，存在渗漏时一般是变压器本体的油向有载油箱内渗漏，对于有载调压防爆膜存在威胁，同时对于有载调压室由于频繁调压产生的杂质气体也可通过自由扩散的方式进入到变压器本体内，对于变压器本体瓦斯保护及油质劣化都会产生影响，在变压器油色谱试验中会发生色谱值不正常现象。

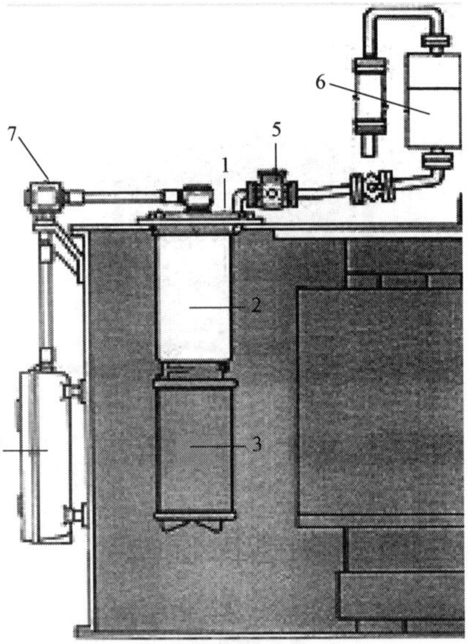

图 2　有载调压外观结构

2　有载开关渗油故障现象及分析

2.1　故障现象

2014 年 7 月 2 日 18:59，21C 后台机报警：“21C 3#主变非电量保护_油位高低异常动作。”检查 21C 站 3#主变本体油位为 6.5（正常），21C 站 3#主变有载油位 8.6，检查 21C 站 3#主变保护屏非电量保护装置 9661CS“本体油位低”灯亮。

经检查确认，21C 站主变本体油位高、低和有载油位高、低继电器节点并联接入主变非电量保护“本体油位低”开入量，实际故障为21C站3#主变有载油位高节点动作。

对有载调压部分进行放油处理后，油位回至5，后台报警信号消除。

2016年2月28日18:36，21C站后台机报警：“3#主变非电量保护_油位高低异常投入。”检查3#主变本体及有载开关油位，发现有载开关油位在8.5，达到报警值。3月7日放油后，报警信号返回。

随后在2016年8月、2018年4月和2018年8月，在21C后台机发出相同的告警信号。对3#主变本体进行检查，发现变压器有载调压部分油位均在8.5以上，进行放油后报警信号消除。

2.2 故障数据分析

2.2.1 与同期相近变压器对比

对2018年8月放油后的油位进行了统计，与同期相近负荷的1#主变的有载调压部分油位进行对比，折线图如图3所示。

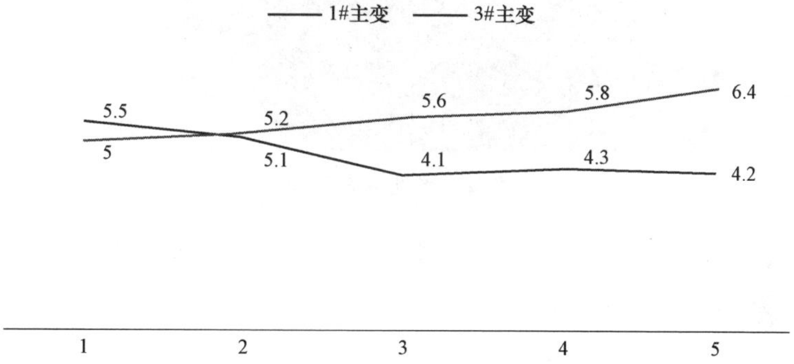

图3 油位变化图

1#主变由于有载机构问题，进行过项修，有载油箱状态正常，可作为参考标准。根据图示可以看出，3#主变的油位明显存在异常，在1#主变油位下降阶段，其油位仍处于上升趋势，且油位不随温度变化趋势进行变化，存在有异常。

2.2.2 历史数据统计

自2014年至2018年，一共进行过5次放油处理，每次放油后，变压器有载调压部分油位均缓慢上升至8.5的高油位，另通过5次放油的合计放油量在30 L以上，而有载调压部分合计装油量为100 L左右，放油量为总油量的30%以上，放油量偏大。在2018年放油后，油位仍然上升，从前述3点可以判断有载调压部分存在渗油现象。

2.3 故障部位判断

造成有载分接开关绝缘油内渗主要因素有：① 有载分接开关在运输、安装、调试过程中致使油室底部放油阀门螺栓松动。② 两油箱间因密封胶垫材料质量、安装工艺差、制造存在缺陷导致绝缘油内渗。③ 传动轴（绝缘筒）与底盘之间、切换开关引出端子等油密封不严。从有载调压结构判断，渗漏点主要存在于 3 个位置，其内部结构如图 4 所示。

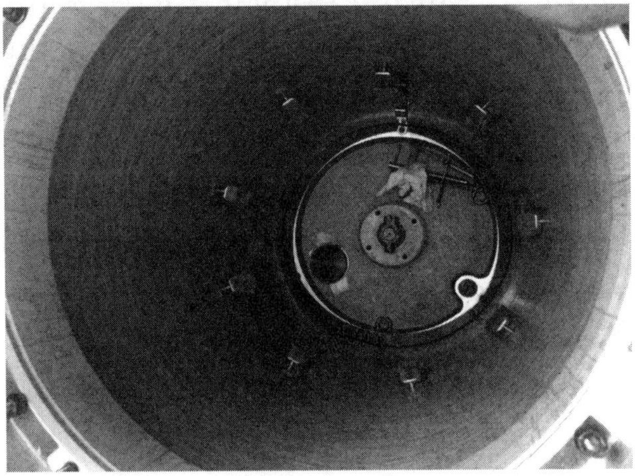

图 4 渗油易发部位

可能渗漏部分分别为 9 个分接头、顶部与大盖密封处和底部轴头和密封处，对于故障查找主要关注这几点。

3 有载调压渗油故障处理

判断出故障后，主要需要完成故障点的定位问题。根据现场的实际情况，采用加压方式进行变压器渗油查找。

3.1 加压方案确定

加压方式可采用两种加压，一是可通过变压器油枕处加压，增大本体油箱内变压器油的压力，将有载调压油腔内擦拭干净，若存在渗漏点，在较大的压力下，可出现渗油现象，准确判断出渗油点。二是将调压开关内室及油枕内的全部变压器油抽入清理干净的专用储油罐，完成后向有载调压部分注入新油，密封，用空压机从排气孔进行打压工作从外部检查漏点，由于腔体较小，可以快速升压，更快速判断出渗油点位置。两个加压方式对比如表 1 所示。

表1 加压方式对比

加压方式	优点	缺点
本体部位加压	排出有载调压部分油量少，操作简便	本体内加压时间长
有载调压部位加压	加压容易	需收集大量本体部分油

结合现场实际，考虑到有载调压加压收集油量较大，选择由油枕向本体内加压方式进行检查，准备工序少，施工总体简便，能较快发现缺陷。

3.2 方案实施

3.2.1 检修前试验

3#主变检修前进行检修前试验，试验项目如下：

（1）测量绕组的绝缘电阻；

（2）测量绕组连同套管一起的直流电阻（所有分接头位置）；

（3）铁心、夹件对地及各相之间绝缘电阻测量；

（4）额定档位变比试验；

（5）测量变压器吸收比。

试验完毕后，检查各项试验数据均在合格范围内。

3.2.2 变压器有载调压放油及附件拆除

将调压开关内室及油枕内的全部变压器油抽入清理干净的专用储油罐；拆除变压器有载调压开关瓦斯继电器（校验瓦斯继电器）、附属管件及其二次线；解除调压控制器控制电源线。结合实际情况，为减少加压对油枕波纹管的影响，也为降低加压难度，选择用空压机从本体钟罩上端的继电器口处加压，加压前先拆除本体的相关表计及油枕，将变压器油位放油至与钟罩水平高度相同处。

3.2.3 变压器渗漏点查找和消缺

完成对分接开关内室油进行清理工作，完成后注入新油，密封，用空压机从排气孔进行打压工作，从内部检查漏点，压力范围为0.04 MPa。

在进行打压后，通过观察确定在有载调压与本体钟罩接触缝隙处存在渗油现象，如图5所示。

其中右侧图标注部分为渗漏点。

观察开关漏点，确认后进行处理，处理完毕后再次打压，确定不再漏油后再进行回装。

对渗油处进行拆卸后，发现为连接处的密封圈存在变形，图6箭头所指处。

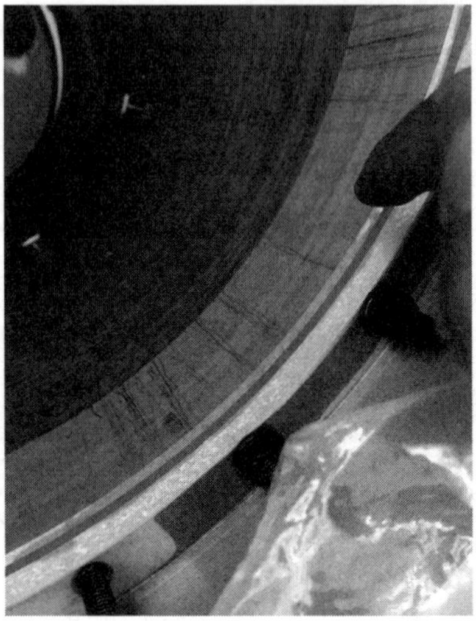

图5　渗油处现场图

图6　有载调压渗漏点

对其更换了新的密封圈，进行了打压试验后，未发现渗漏现象，对变压器相关机构进行了回装。

3.3　变压器回装后试验

对变压器进行回装后，按照新修变压器标准，进行了如下试验。

（1）分接开关各挡位的直流电阻及变压比试验；

（2）分接开关绝缘油耐压试验、简化分析、色谱分析；

（3）绕组的绝缘电阻和泄漏电流试验；

（4）绕组的吸收比、绕组的 tgδ 测试；

（5）变压器本体绝缘油耐压试验、简化分析、色谱分析；

（6）高压套管的 tgδ 值和电容值；

（7）变压器二次保护的全部检验

完毕后，对变压器进行送电，变压器带载正常。

4　结论

根据此次故障发现及处理的过程可以看出，故障的发现与处理是一个复杂的过程，从处理前后可得出以下结论。

（1）本次有载调压机构渗油原因为密封圈老化变形，导致密封不严。从现场情况看，密封圈变形原因为装配时密封圈未压牢靠，装配精度未达标。由于此类隐蔽性缺陷现场难以检验，更多需采取后期运行管控进行发现。

（2）通过数据分析，可以清晰地对故障原因进行定性。本次缺陷的发现，主要依靠日常的运行维护和数据的详实记录，通过横向和纵向的比较，对变压器是缺陷而不是正常现象进行了区分。

（3）在前期存在渗油情况下，误以为是温度升高导致油位上升，并且故障现象是未连续发生，如在2017年就未发生油位升高现象。这也说明缺陷具有迷惑性，更长的数据记录才能精确判断故障。

（4）对于故障的查找与消除，应结合实际情况，在现场确定更好的方式。本次加压方式及加压位置的确定，都比预想的方案简单，能更快速地解决问题，值得今后此类缺陷处理借鉴。

参考文献

［1］徐润光，杨洪玉．有载调压开关防爆膜破裂故障分析［J］．电力安全技术，2006．

［2］杨万茂．主变有载调器故障原因分析［J］．四川电力技术，2000，23（2）：17，41．

405–2 循环冷却水系统杀菌灭藻剂投加方式优化分析

刘士轩

摘要：通过对 405－2 循环冷却水加药系统进行调查分析，认为目前杀菌灭藻剂的投加方式劳动强度大、危险系数高，应该对投加方式进行优化，新增一套自动加药装置。通过对优化后的加药方式进行分析，循环冷却水水质合格且稳定，劳动强度降低，实现了预期目标。

关键词：循环冷却水；杀菌灭藻剂；优化

1 引言

在铀浓缩工厂中，高速运转的气体离心机所产生的热量需要不间断的工艺冷却水进行冷却，生产工艺冷却水的核心设备为制冷机，循环冷却水系统作为制冷机冷凝器的冷源，参与制冷循环，保证制冷机能够生产出满足工艺要求的冷却水。为避免制冷机冷凝器结垢、腐蚀等，需定期对循环冷却水投加缓蚀阻垢剂、杀菌灭藻剂。

若不及时投加杀菌灭藻剂，则将造成循环冷却水内细菌、藻类滋生，并附着在冷却塔表面，堵塞布水器，严重影响冷却塔的换热性能，增加系统能耗，甚至部分藻类通过管道进入制冷机内，造成制冷机无法正常工作，威胁主辅系统安全稳定经济运行。

自 2012 年投运以来，405－2 循环冷却水加药系统中有关杀菌灭藻剂的投加方式一直存在争议，需要认真加以研究分析。

2 405－2 循环冷却水加药系统现状

2.1 405－2 循环冷却水系统简介

405－2 循环冷却水系统设有 4 台循环冷却水泵、8 台开式冷却塔、3 个集水池、加药系统以及管道、阀门、控制系统等，主要作为 5 台约克制冷机组冷凝器的冷源，经过开式冷却塔处理过的循环冷却水，进入水池并通过循环水泵送入制冷机冷凝器中，吸收制冷剂释放的热量后，回到冷却塔再次与空气进行热交换，并由风机将热量排至大气中。药剂在水泵前端投加到系统中，工艺流程见图 1。

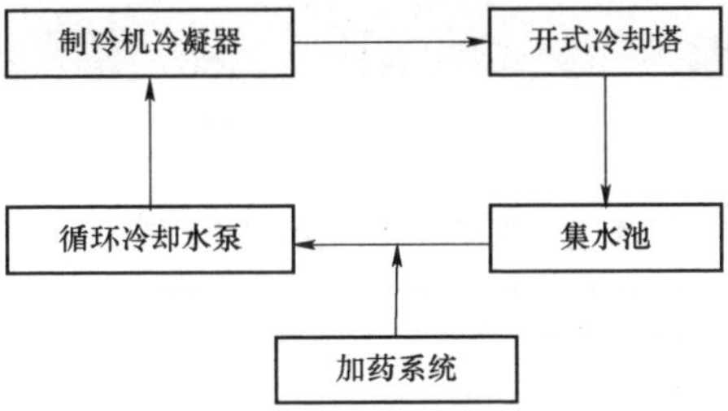

图 1　405－2 循环冷却水系统工艺流程图

2.2　405－2 循环冷却水加药系统现状

自 2016 年起，405－2 循环冷却水加药采用 3 种新型 FOF 药剂，分别为水质处理剂、缓蚀剂、杀菌灭藻剂，其中前两种药剂作为缓释阻垢剂联合使用，3 种药剂的性能见表 1。

表 1　药剂性能

序号	药剂名称	外观	pH 值	密度/（20 ℃ g/cm^3）	可燃性
1	水质处理剂	乳白色或淡黄色液体	6.5±0.5	1.1±0.1	不可燃
2	缓蚀剂	淡黄色或浅棕色液体	7.0±0.5	1.2±0.1	不可燃
3	杀菌剂	淡黄色或淡绿色液体	13.0±1.0	1.1±0.1	不可燃

其中水质处理剂和缓蚀剂的投加方式为：将药剂投加在加药桶内，通过加药泵打入循环冷却水系统管道中，通过时间继电器进行控制。

因杀菌灭藻剂中含有氯离子，对循环水管道有较强的腐蚀性，因此投加方式为手动投加至位于山坡上冷却塔二层平台的集水池（图 2）中，药剂则通过车载至冷却塔下，据统计每次加药一般用时 2.5 h，而时间最长则达到 3.0 h（表 2）。运行人员劳动强度大，且投加地点位于高处，危险系数高，必须对投加方式进行优化。

图 2　杀菌灭藻剂投加地点

表 2　杀菌灭藻剂投加时间统计

项目	装卸、车载药剂	冷却塔与值班室之间往返	手提药剂并投加至水池	合计
时间/h	0.5	0.5	2	3

3　405－2 循环冷却水杀菌灭藻剂投加方式优化思路

参考水质处理剂和缓蚀剂的投加方式，考虑到杀菌剂中含有对循环水管道有腐蚀性的氯离子，因此杀菌剂投加方式优化思路为：在山下闭式冷却塔平台下选一合适的地点，设计并安装一套由加药泵、加药桶、管道、阀门及电气自控系统组成的加药装置。药剂投加在药桶内，加药泵与药桶由不锈钢管连接，加药泵从药桶吸出药剂，通过 DN15 不锈钢管输送到位于山坡上的开式冷却塔二层平台的水池入口（3 个）中，生活水从循环冷却水补水管（DN250）引出至加药桶中，污水排至附近排水沟中（图 3）。

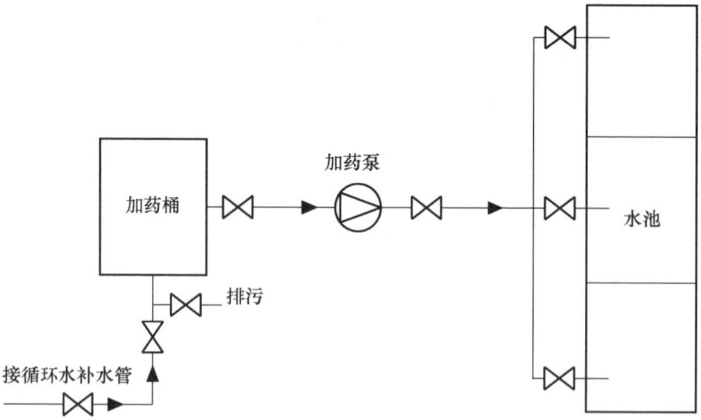

图 3　新增杀菌剂加药装置示意图

4 405 – 2 循环冷却水杀菌灭藻剂投加方式优化改造

4.1 安装位置选择

选定闭式冷却塔一层平台下某处（图 4），该处可挡风遮雨，夏季避免太阳直晒，附近有生活水管、电气盘柜以及排水沟，便于电气接线以及冲洗加药桶、管道等，同时药剂亦安放于附近，便于药剂的取用。

图 4 新增杀菌剂加药装置的安装地点

4.2 加药泵选型

利用以下公式（1）、（2）、（3）、（4）计算循环冷却水泵的扬程。

首先利用公式（1）计算管道的沿程阻力

即：

$$\Delta P_m = \sum l \Delta p_m \tag{1}$$

式中：ΔP_m ——管道沿程阻力，Pa；

l ——管道长度，m；

Δp_m ——单位管道沿程阻力，Pa/m；

利用公式（2）计算管道的局部阻力。

即：

$$\Delta P_j = \sum \xi \cdot \frac{\rho v^2}{2} \tag{2}$$

式中：ΔP_j ——管道局部阻力，Pa；

ξ ——局部阻力系数；

v——流速，m/s；

ρ——杀菌剂的密度，kg/m^3

利用公式（3）计算水泵压力。

即

$$\Delta P = (1.1 - 1.2)(P_m + P_j) \tag{3}$$

式中：ΔP——加药泵压力，Pa；

计算加药泵压力为 344 960 Pa。

利用公式（4）计算水泵的扬程。

即

$$H = \Delta P / \rho g \tag{4}$$

经过计算，确定加药泵的扬程为 32 m，通过对比选型，并咨询相关厂家，选择加药泵的型号为 JXM－1 型机械隔膜计量泵，扬程为 50 m，流量为 0.5 m^3/h（加药泵见图 5）。

同时，选择材质为 304 加厚不锈钢桶作为加药桶（图 6）。

图 5　加药泵

图 6　加药桶

经过努力，2018 年 5 月 30 日，加药泵、加药桶及管道阀门等施工完成；2018 年 6 月 30 日，电气部分安装完成，经调试试运行正常。

5　405－2 循环冷却水杀菌灭藻剂投加方式优化后运行情况

利用新装杀菌剂加药装置后，监测循环冷却水水质，其 pH 和电导率在合格范围内，统计循环冷却水各月平均 pH 和电导率见图 7、图 8。

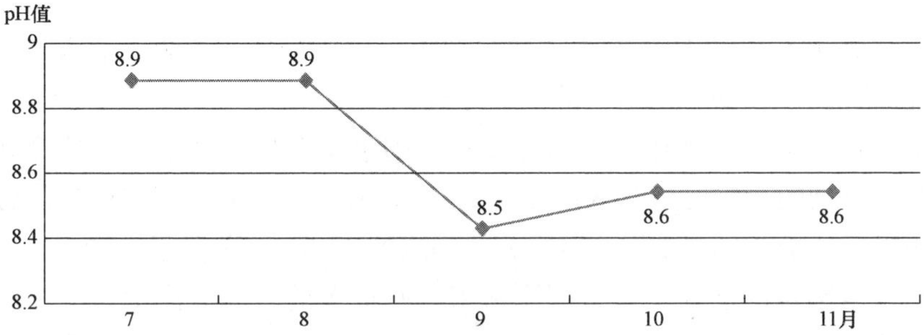

图 7 循环冷却水 pH

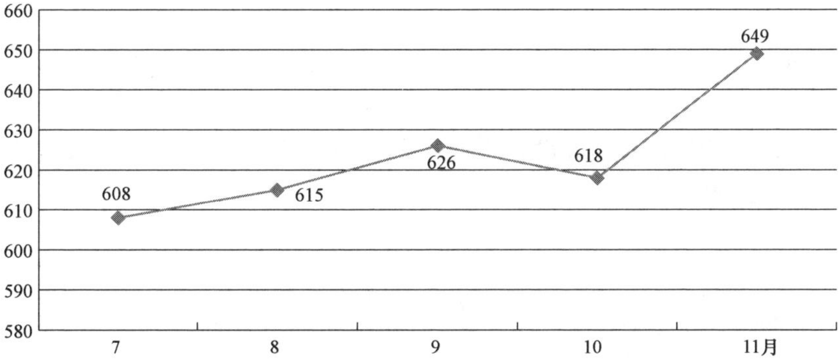

图 8 循环冷却水电导率

利用新装加药装置后，药剂不需再通过车载运输至冷却塔平台外，也无需多人装卸药剂，职工的劳动强度主要表现在将药剂用小推车输送至药桶旁以及将药剂投加至药桶内，时间为 16 min，而剩余工作则为启停加药泵、开关阀门等简单操作，杀菌剂的投加时间为 1.25 h，见表 3。

表 3 利用新装加药装置后的加药时间

序号	项目	时间/h（min）
1	值班室与加药装置安装地点往返	0.067（4 min）
2	药剂输送至药桶旁	0.1（6 min）
3	药剂投加至药桶内	0.167（10 min）
4	加药泵运行时间	0.75（45 min）
5	加药后管道、药桶冲洗	0.167（10 min）
6	合计	1.25（75 min）

6 结论

通过对 405－2 循环冷却水加药系统进行调查分析，新装一套杀菌灭藻剂自动投加装置，改变了杀菌剂的投加方式。

杀菌剂投加方式优化后，循环冷却水的水质合格且稳定。循环冷却水系统杀菌灭藻剂的投加时间从 3 h 降至 1.25 h，投加效率提高了 58.3%；劳动强度只相当于以前 2 h 的加药时间里劳动强度的 13.3%，下降了 86.7%。

职工从繁重的加药工作中解脱出来，有更多的时间专注于系统的运行维护、检修等，能够更好地保证了系统安全稳定经济运行。同时不再在高处加药，消除了职工人身安全隐患。

参考文献

[1] 陆耀庆. 实用供热空调设计手册（第二版）[M]. 北京：中国建筑工业出版社，2008.

1C 循环冷却水系统运行优化研究

白　明

摘要：通过对循环冷却水系统运行参数进行统计和分析，研究该系统运行的能效性。在满足安全运行的基础上，通过控制循环冷却水的温度及降低冷却水泵的频率，改善冷却水水质，控制浓缩倍数，减少冷却塔的排污量来实现提高制冷机组的能效比，达到节能降耗的目的。

关键词：冷水机组；冷却水温度；变频；浓缩倍数

1C 循环冷却水系统主要作用是将制冷机工作时产生的热量带走，保证制冷机冷凝器的换热效率，从而为主机提供合格的冷冻水。由冷却水泵和冷却塔等设备组成的循环冷却水系统是为冷水机组提供服务，它们之间相互关联、相互影响。通过对循环冷却水系统运行方式进行分析研究，在不影响制冷机组制冷效率的同时，优化循环冷却水系统的运行方式以达到节能降耗的目的。

通过对 1C 循环冷却水系统各设备进行检查和分析，认为在循环冷却水的温度、流量及冷却塔的效率等环节上需要进一步控制和改善。因此在满足安全生产的同时，仍需在运行过程中不断对运行方式进行优化改进，通过优化以减少冷却水泵、冷却塔风机的总能耗，实现系统节能降耗、降本增效的目的。

1　1C 循环冷却水系统概况

1.1　1C 循环冷却水系统组成

循环冷却水系统主要设备有 3 台循环水泵、4 台冷却塔等。每台冷却塔配 2 台风机。运行方式是 1 台循环冷却水泵、4 台冷却塔同时运行（风机的运行台数由冷却塔的散热量来决定）。循环冷却水系统供水管线为 DN350 双线供水，经冷水机组冷凝器吸收热量，通过冷却塔降低温度后，双线再回水到冷却水泵。

1.2 循环冷却水泵及冷却塔性能参数

冷却塔采用了良机 LRCM 横流式冷却塔。带有一个方形蓄水池。热水通过冷却塔顶部的散水孔依靠重力向下喷淋。循环冷却水泵采用的是 DFSS35－43 双吸离心变频水泵，它通过变频来改变电机的转速，从而达到对水泵的转速、流量、扬程等性能参数的调整。其主要性能见表 1。

表 1　循环冷却水泵及冷却塔（额定工况）参数表

设备名称	项目	技术参数	单位
循环冷却水泵	流量	1799	m^3/h
	扬程	45	m
	功率	280	kW
	转速	1480	r/min
冷却塔	有效高度	4.0	m
	单台风机功率	7.5	hp
	处理循环水量	2200	m^3/h
	排污量	6.0～8.0	m^3/h
	制冷能力	2 757 500	kcal/h

2 循环冷却水系统对冷水机组的影响因素

制冷机蒸发压力是根据被冻结物的温度及工艺要求而选定的，冷凝压力取决于冷凝温度。而冷凝温度的高低，主要取决于循环冷却水的温度、流量和制冷机冷凝面积等。

2.1 冷却水进水温度

根据工艺设计，当蒸发温度不变，冷却水温度升高，冷凝压力和冷凝温度升高，制冷量下降。但是冷却水温过低，将导致冷凝温度和压力过低，制冷效率下降。

2.2 循环冷却水流量

冷凝器进水温度一定时，机组能效比随冷却水流量的升高而增大，当冷却水的流量达到一定值后，换热量趋于稳定，由于受到压缩机单位时间内流过的冷媒体积的限制，冷冻水流量达到一定值后，制冷量不再增加。过量的水流量还增加了水在冷凝器内的流速，这将影响水冷机组的寿命，同时增加了循环水泵的功耗。

2.3 循环冷却水水质

冷凝器进水温度不变时。若冷凝器表面的换热条件恶化（冷凝器换热管表面的污垢，使冷凝器的传热恶化、效率降低），同样会使冷水机组的冷凝温度升高，COP 下降，能耗增加。导致冷凝器表面换热系数下降的根本原因是循环冷却水的水质的变化。

3 循环冷却水系统节能优化措施

通过上面的分析，在保证冷水机组效率的基础上，提高机组的能效比；控制好冷却水进冷凝器的温度和流量，降低水泵功耗；提高冷凝器的换热系数，改善水质，减少排污量，实现系统总能耗降低。

3.1 冷水机组冷凝器进水温度的优化

对与冷水机组来说，降低能耗最高的设备在同比情况下显然节能最优，而冷却塔的能耗只占循环系统总能耗的 5%左右，冷却塔全负荷运行总功率 44 kW（每台 5.5 kW），2 台冷水机组运行，冷却水进水温度每降低 1 ℃机组功耗下降 60 kW 左右。而冷却塔是通过运行风机的台数来调整冷却塔的散热能力，避免了变频风机转速的变化导致风机功率成倍整加。所以应优先考虑冷却水的温度，充分利用冷却塔的散热面积，逐渐加载风机台数直至满载将冷却塔出水温度调至规定值，调整时保证加载不要太频繁，防止冷却水温度波动过大，同时频繁的启动风机不仅对机械和电器设备造成冲击，还会对低压电气设备造成影响。

冷却塔换热性能受到室外空气的湿球温度影响，空气湿度的变化直接影响冷却塔的散热能力。冷却塔的出水温度，随着空气湿球温度的变化而改变，湿球温度每升高 1 ℃，冷却效率约下降 17%。由于空气湿球温度是不可控因素，冷却水温度会随空气的湿度不断发生变化。

所以在进行冷却水进水温度调整时，必须要考虑冷却塔的散热能力需与湿球温度的变化保持一致（冷却塔的极限冷却温度≈当地湿球温度+3 ℃）。在保证冷水机组安全运行（冷凝压力≥14 kPa、冷却水温度≥21.7 ℃）的前提下，尽量降低冷却水进水温度。使冷却水进水温度和当地空气湿度保持相差 4 ℃为标准（国家标准 GB/T 7190.1—2008 中规定，在空气湿度 28 ℃，冷水机组冷凝器进出水标准为 37/32 ℃，进水温度与空气湿度相差 4 ℃），尽量减少风机运行台数，降低整体能耗。

3.2 降低水泵的频率，减少循环冷却水流量

由上面分析得知，冷却水进出口温差低于 5 ℃，循环冷却水流量过大，根据水泵特性，对于相同的水泵，当通过电机的频率来改变水泵的转速，对水泵的流量进行调节时，理论上温差加大一倍，冷却水的流量会减少 50%，水泵的扬程会下降到原来的 25%，功率会下降到原来的 25%，此时冷却水的能耗减少 87.5%。

根据水泵转速、流量、扬程、功率定比定律，分别对水泵在不同频率下性能参数进行计算，经过分析对比，电机频率在 38 Hz 时，系统效率最高，其计算如下：

为尽量保证数据的准确性，需要计算出电机的转差率：

$$s=\frac{n-n_1}{n} \tag{1}$$

式中：s ——电机转差率；

n_1——电机在 50 Hz 时同步转速，取 1480 r/min。

其中 n 是电机在 50 Hz 时电机转速，其计算公式是：

$$n=\frac{60f}{p} \tag{2}$$

式中：f——电机频率，取 50 Hz；

P——电机极对数，取 2。

计算得出：

$$n=\frac{60f}{p}=\frac{60\times 50}{2}=1500\ \text{r/min}$$

所以可以计算得出电机的转差率为：

$$s=\frac{1500-1480}{1500}\approx 0.013$$

计算电机频率在 38 Hz 时同步转速，计算公式：

$$n_2=\frac{60\times f_2}{p}\times(1-s)$$

式中：f_2——电机频率，取 38 Hz；

n_2——电机频率在 38 Hz 同步转速。

计算得出：

$$n_2=\frac{60\times 38}{2}\times 9.987\approx 1125\ \text{r/min}$$

（1）根据水泵特性流量和转速成一次方关系，计算公式：

$$\frac{n_2}{n_1}=\frac{Q_2}{Q_1} \tag{3}$$

式中：Q_2——电动频率 38 Hz 时流量，单位 m^3/h；

Q_1——电机频率 50 Hz 时流量，取 1799 m^3/h。

计算得出：

$$Q_2=\frac{1799\times1125}{1480}\approx1367\ m^3/h$$

（2）根据水泵特性扬程和转速成二次方关系，计算公式：

$$\frac{H_2}{H_1}=\left(\frac{n_2}{n_1}\right)^2 \tag{4}$$

式中：H_1——电机频率 50 Hz 时扬程，取 45 m；

H_2——电机频率 38 Hz 时扬程。

计算得出：

$$\frac{H_2}{45}=\left(\frac{1125}{1480}\right)^2$$

$$H_2\approx26\ m$$

（3）根据水泵特性轴功率和转速成三次方关系，计算公式：

$$\frac{N_2}{N_1}=\left(\frac{n_2}{n_1}\right)^3 \tag{5}$$

式中：N_1——电机频率 50 Hz 时轴功率，取 280 kW；

N_2——电机频率 38 Hz 时轴功率。

计算得出：

$$\frac{N_2}{280}=\left(\frac{1125}{1480}\right)^3$$

$$N_2\approx123\ kW$$

为了便于分析，将水泵电机频率降低 38 Hz 后各性能参数进行统计，如表 2 所示。

表 2 电机频率改变时水泵性能表（额定工况）

项目	转速	流量	扬程	功率
电机频率 50 Hz	1480 r/min	1799 m^3/h	45 m	280 kW
电机频率 38 Hz	1125 r/min	1367 m^3/h	26 m	123 kW

从表中可以看，将水泵电机频率由 50 Hz 降到 38 Hz 时，随着转速的下降，流量由 1799 m^3/h 减少到 1368 m^3/h，轴功率由 280 kW 减低至 123 kW，电机功耗大幅下降。经检查水泵后出口压力 2.4 MPa，冷水机组冷凝器进出口温差保持在 3 ℃左右（受扬程的限制），运行工况已经非常接近水泵在频率 38 Hz 时的额定工况（扬程相似），水泵效率大幅提高。

循环水流量的减少，冷却塔的运行工况发生变化。公式如下：

（4）冷却塔散热能力计算公式：

$$Q = \mathrm{c}m\Delta_t \tag{6}$$

式中：Q——冷却塔散热量，单位 kJ/h；

c——水的比热容，单位 4.2 kJ/（kg・℃）；

Δ_t——为冷却塔进出水温差；

m——循环冷却水流量。

从公式中看出，当进出水温差不变时，循环冷却水流量减少，需要的散热量减少。

当湿球温度不变时，冷却塔的散热量和风量成正比关系。冷却塔散热量计算公式：

$$Q = 72L(h_1 - h_2) \tag{7}$$

式中：Q——冷却塔的散热量，单位 kJ/h；

L——冷却塔风量，单位 m^3/h；

h_1——冷却塔入口空气焓值；

h_2——冷却塔出口空气焓值。

从公式中得出，当进出口空气焓差不变时，塔的散热量减少，冷却塔的风量相应减少，风机运行台数就少，冷却塔的能耗就越低。

同时随着循环水流量的减少，冷却塔的散热能力相对提高，风机运行台数减少，冷却塔的功耗随着循环水量的降低同时减少。降低冷却水温度，冷水机组能效比增加，所以循环冷却水系统随着水泵频率的降低，系统整体能耗减少，能效比增大。

当水泵功率≥55 kW 时，水泵的效率为 1，水泵的轴功率可以看成电功率，将冷却水泵频率由 50 Hz 降至 38 Hz 运行，电机功耗下降了 157（280→123）kW，按冷却水泵运行 9 个月来算，理论上每年可省电约 101.7 万 kW・h。

3.3 控制循环冷却水的浓缩倍数，减少冷却水的排污量

3.3.1 药剂试验分析

循环水浓缩倍数是指在循环冷却水中，由于蒸发而浓缩的物质含量与补

充水中同一物质含量的比值，实际测量通常为循环冷却水的电导率值与补充水的电导率之比，它是衡量水质控制好坏的一个重要综合指标。选择相适应的缓蚀阻垢剂和杀菌灭藻剂能有效地降低系统的浓缩倍数。

辅运车间对循环冷却水的药剂进行多次试验，经过不断的试验、分析，选用西安贝通环保科技有限公司生产的缓蚀阻垢剂和杀菌灭藻剂。在循环冷却水中投入阻垢缓蚀剂 BTO－103A、BTO－103B，投加量 7.5 kg/天；加入 BTO－300B 杀菌剂，投加量 150 kg/周。

挂片试验中挂片腐蚀速率小于国家规定。根据分析室检测的电导率计算系统浓缩倍数约为 1.25，在控制的范围内（浓缩倍数可控制在 2.0 以内）。阻垢率大约为 1.11，符合要求。散水孔处无结垢和绿藻滋生现象，水质控制较好。

3.3.2 减少冷却水的排污量

减少循环冷却水的排污量，提高浓缩倍数，能达到节能减排的目的。但过高的浓缩倍数，会使水中的碱度、硬度和浊度升高，水的结垢倾向增大。如果把浓缩倍数控制到安全范围内，通过减少进排水量是降低水耗的一个重要手段。

为此对循环冷却水进行了一个月的排污实验，将排污量由每天 8 m^3/h 降为每天 4 m^3/h（排污量一般是其流量的 0.3%、循环水流量 1368 m^3/h），通过实际运行进行统计，主要数据如表 3 所示。

表 3 水样分析平均数据表（2018 年 6 月）

项目	单位	许用值	现场值
pH		7－9	8.74
电导率	us/cm	1100	602
Cl^-	mg/L	100	58.12 干扰
碱度 1/2 $CaCO_3$ 计	mmo1/L	≤7.0	酚/甲 1.32/4.78
硬度	mmo1/L	≤5.0	3.45
总磷	mg/L	≤3.0	2.18
浓缩倍数		≤4.0	2.42

从统计分析数据来看，水中各杂质的含量均低于《国家工业循环冷却水水质规范》（GB 50050—2007）要求。pH 值在规定的范围内，检查制冷机冷凝器趋近温度≤2.0 ℃。因此，改善水质，控制浓缩倍数，将循环冷却水的排

污量由 8 m^3/h 减少至 4 m^3/h，循环冷却水各项指标符合要求，循环倍数变化符合规定，制冷机冷凝器趋近温度基本无变化。

循环冷却水的排污量的减少，意味着补水量可以相应减少，应控制好补水量，防止冷却塔出现漂水现象，导致水耗增加。

冷却塔水量损失由蒸发水量损失、风吹水量损失和排污损失组成。计算公式：

$$Q_m = Q_e + Q_w + Q_b \tag{8}$$

式中：Q_m——冷却塔水量损失；

Q_b——冷却塔排污量，取 4.0 m^3/h。

（1）蒸发损失水量，计算公式：

$$Q_e = K\Delta_t Q \tag{9}$$

式中：Q_e——为蒸发损失量；

Δ_t——为冷却塔进出水温度差；

Q——为循环水量，取 1367 m^3/h；

K——为热量系数（表 4），1/℃。

表 4　热量系数 K 值表

干球温度/℃	−10	0	10	20	30	40
K/1/℃	0.0008	0.001	0.0012	0.0014	0.0015	0.0016

计算所得：

$$Q_e = 0.001\,52 \times 3 \times 1367 \approx 6.23\ m^3/h$$

（2）风吹损水量、带收水器的敞开式冷却塔一般取循环水量的 0.1%，计算公式：

$$Q_w = 0.1\% Q \tag{10}$$

式中：Q_w——风吹损失水量；

Q——为循环水量，取 1367 m^3/h。

计算所得：

$$Q_w = 0.1\% \times 1367 \approx 1.367\ m^3/h$$

（3）冷却塔水量损失，计算所得：

$$Q_m = 6.23 + 1.367 + 4.0 \approx 11\ m^3/h$$

由计算得知冷却塔在排污量保持 4 m^3/h，干球温度 30 ℃时，补水量应该控制在 11 m^3/h。

同理，可算出冷却塔排污量在 8 m^3/h，干球温度 30 ℃时，补水量 $Q_m=8.2+1.799+8.0\approx18\ m^3/h$。可以看出，将排污量由 8 m^3/h 降到 4 m^3/h 后，循环冷却水系统每小时节水 7 m^3，按循环冷却水系统运行 9 个月来算，理论上每年可省水约 45 360 m^3。

4　结论

通过对离心机冷却水运行方式的优化，在规定范围内降低冷却水温度，能有效地提高冷水机组的能效比，调整好循环冷却水的流量，控制好循环冷却水的浓缩倍数，改善循环冷却水的水质，只有将这 3 者有效地结合起来，就能达到降低系统总能耗目的。经过 3 个月实际运行，系统运行稳定，整体能耗下降明显，循环冷却水系统较之前每月节电 10.1 万度，每月节水 5040 t，且各运行参数指标均符合规定要求，循环冷却水系统能效比大大提高。

参考文献

［1］刘平，高月江．变频技术在 350 MW 机组闭式水系统中的应用［J］．电力勘探设计，2015（1）：42－46.

［2］郭飞．循环冷却水技术［M］．北京：化学工业出版社．2014.

闭式冷却塔风机运行维护成本的最小化研究

李世豪

摘要：辅助运行部在冬季采用闭式冷却塔替代制冷机向系统提供冷量，合理安排闭式冷却塔的风机运行方式，可以在满足系统运行要求的同时达到节能的目的。本文介绍了数据拟合和规划求解两种计算方法，可以作为风机运行方式的节能决策。其中数据拟合方法较为简便，但存在一定局限性；规划求解适用范围更广，可以为风机的运行安排决策提供依据。通过规划求解案例，得出了风机运行安排方式与运行维护成本、停运保养成本、检修成本之间的关系。

关键词：风机；拟合；规划求解；节能

1 引言

辅助运行部利用冬季天气温度低的特点，采用闭式冷却塔与运行系统进行热交换，将系统的热量通过闭式冷却塔传输至外界环境，代替了原来大功率制冷机，取得了显著的节能效果。基于风机运行的参数（具体数据如表 1 所示），认为在提供相同风量的前提下，采用低频率、多台数运行的方式更节能。本文采用表 1 的数据介绍了数据拟合求解风机运行最优方案的方法，并探讨了更适合实际运行状况且适用性更强的的规划求解建模方法。

2 数据拟合方法

数据拟合的主要思路是假定运行的每台风机的运行频率一致，根据风机的需求风量和单台风机的计算风量确定风机运行台数与频率之间的关系。将风机的计算运行功率或变频器显示功率拟合为函数，作为目标函数。结合目标函数和风机台数与频率之间的关系确定目标函数的最小值和相应的风机运行台数。

表1 闭式冷却塔风机运行参数表

运行频率/Hz	计算风量/（m^3/s）	计算运行功率/kW	变频器显示功率/kW
25	57.5	6.88	6
30	69	11.88	10
35	80.5	18.87	15
40	92	28.16	22
45	103.5	40.10	32
50	115	55	44

按表 1 所示的数据，将计算风量与运行频率进行多项式拟合得：

$$d = 2.3f，\quad R^2 = 1 \tag{1}$$

拟合方差为 1，说明拟合效果良好。

假设风机的最小需求风量为 230 m^3/s，则可以得到风机运行台数与频率的表达式：

$$n \cdot d = 2.3n \cdot f \geqslant 230 \tag{2}$$

将变频器显示功率与运行频率进行多项式拟合得：

$$G = n \cdot (0.042f^2 - 1.711f + 22.28)，\quad R^2 = 0.999 \tag{3}$$

拟合方差为 0.999，接近于 1，说明拟合效果良好。

将式（2）代入式（3），得：

$$G \geqslant 230 \times \left(0.042f + \frac{22.28}{f} - 1.711\right) \tag{4}$$

对于目标函数取最小值时，满足以下表达式：

$$0.042f = \frac{22.28}{f} \tag{5}$$

也即是 $f \approx 23$ Hz，小于表 1 中的最小频率 25 Hz，因此目标函数的最小值在 25 Hz 处取得，此时风机的运行台数为 4 台。计算结果说明在表 1 的运行参数下，多台数风机低频率运行更为节能。

数据拟合的方法取决于拟合的效果，在拟合效果好的情况下，可以得到较好的优化运行方案。由于计算风量与实际风量、显示功率（或计算功率）与实际风机的功耗存在一定偏差，且风机运行和停运的维护保养成本不同，运行的风机不可避免的存在故障率和检修成本的问题，因此下文提出了适用范围更广的规划求解方法。

3 规划求解方法

运筹学的线性规划模型主要分为两个部分：目标函数和约束条件。本文的目标函数设定为闭式冷却塔风机运行成本的最小化，约束条件为风机提供的风量不小于需求风量。本文建立了线性规划模型，进行了如下假设：

（1）假设系统有 n 个风机，各风机在共计 m 个运行频率时的实际风量、能耗已知；

（2）假设风机的故障率和检修成本不变且均可量化；

（3）假设风机运行或停运状态的维护保养成本均可量化；

（4）假设系统运行所需风机风量已知。

则目标函数为：

$$G=\min\left(\sum_{i=1,j=1}^{n,m}W_{ij}\cdot x_{ij}\cdot\varepsilon\cdot t+A+B+C\right)\tag{6}$$

$$A=\sum_{i=1,j=1}^{n,m}x_{ij}\cdot\eta\cdot t\cdot a\tag{7}$$

$$B=\sum_{i=1,j=1}^{n,m}x_{ij}b\tag{8}$$

$$C=\left(n-\sum_{i=1,j=1}^{n,m}x_{ij}\cdot c\right)\tag{9}$$

$$x_{ij}\in[0,1]\tag{10}$$

式中：G 为风机运行总成本；i 表示按任意次序排列的第 i 个风机；j 表示按任意次序排列的第 j 个运行频率；W_{ij} 为 i 风机在 j 运行频率下的实际能耗；x_{ij} 为 i 风机在 j 频率下的运行状态（x_{ij} 的值为 1 时，表示该风机在 j 频率下运行，x_{ij} 的值为 0 时，表示该风机在 j 频率下不运行）；A 为 t 时间内运行风机的故障检修总成本；t 表示故障率统计的时间段；η 表示故障率；a 表示单次故障检修成本；B 表示 t 时间内风机运行时的维护总成本，b 表示 t 时间内单台风机运行时的维护成本；C 表示 t 时间内风机停运时的维护总成本；c 表示 t 时间内单台风机停运时的保养成本；ε 为每 1 kW·h 的电量价格。

约束条件为：

$$\sum_{i=1,j=1}^{n,m}x_{ij}\cdot d_{ij}\geqslant D_{tot}\tag{11}$$

$$\sum_{j=1}^{m} x_{ij} \leqslant 1, \quad i=1,2,\cdots,n \tag{12}$$

式中 D_{tot} 为系统运行所需的最小风量；d_{ij} 为 i 风机在 j 频率下的实际风量。

上述模型需要求解的未知数有 $m \times n$ 个，计算量较大，且求解前需对每台风机的运行参数进行测量和统计，工作量较大。如果不苛求优化的精确度，可以假设系统各个风机的运行参数完全相同，则上述数学模型可以进行简化。简化后的目标函数为：

$$G = \min\left(\sum_{j=1}^{m} W_j \cdot x_j \cdot \varepsilon \cdot t + \sum_{j=1}^{m} x_j \cdot \eta \cdot t \cdot a + \sum_{j=1}^{m} x_j b + \left(n - \sum_{j=1}^{m} x_j \cdot c\right)\right) \tag{13}$$

式中：x_j 为 j 频率下的风机运行台数；W_j 为 j 频率下的实际能耗；

简化后的约束条件为：

$$\sum_{j=1}^{m} x_j \cdot d_j \geqslant D_{tot} \tag{14}$$

$$\sum_{j=1}^{m} x_j \leqslant n \tag{15}$$

4 规划求解计算案例

假设计划安排某月闭式冷却塔 10 台风机的运行方式，风机的实际风量和实际耗能分别与表 1 中的计算风量和变频器的显示功率相同，系统的最小需求风量为 500 m^3/s，运行风机故障率为 0.2 次/（台 • 月），风机故障检修平均成本为 5000 元/次，每 1 kW •h 的电量价格为 0.5 元，采用简化后的数学模型，得到目标函数为：

$$G = \min(30 \times 24 \times 0.5 \times [6 \quad 10 \quad 15 \quad 22 \quad 32 \quad 44] \cdot \begin{bmatrix} x_1 \\ x_2 \\ x_3 \\ x_4 \\ x_5 \\ x_6 \end{bmatrix} + (0.2 \times 5000 + b) \cdot \sum_{j=1}^{6} x_j + (10 - \sum_{j=1}^{6} x_j) \cdot c) \tag{16}$$

约束条件为：

$$[57.5 \quad 69 \quad 80.5 \quad 92 \quad 103.5 \quad 115] \cdot \begin{bmatrix} x_1 \\ x_2 \\ x_3 \\ x_4 \\ x_5 \\ x_6 \end{bmatrix} \geqslant 500 \tag{17}$$

$$\sum_{j=1}^{6} x_j \leqslant 10 \tag{18}$$

$$x_j \in Z \tag{19}$$

对上述数学模型进行求解，可以得出最优运行安排方式与单台风机运行时的维护成本和停运时的保养成本之间关系如表 2 所示。

表 2　最优风机运行安排方式与单台风机运行和停运时的成本之间关系

运行维护月成本/元	停运保养月成本/元	最优安排方式下风机对应频率下的运行台数					
		25 Hz	30 Hz	35 Hz	40 Hz	45 Hz	50 Hz
200	100	9	0	0	0	0	0
2000	100	9	0	0	0	0	0
5000	100	0	5	2	0	0	0
8000	100	0	0	4	2	0	0
10 000	100	0	0	4	2	0	0
20 000	100	0	0	0	1	4	0
20 000	1000	0	0	0	1	4	0
20 000	5000	0	0	4	2	0	0
20 000	10 000	0	0	4	2	0	0
20 000	15 000	0	5	2	0	0	0
20 000	20 000	9	0	0	0	0	0

从表 2 的计算结果可以看出，当停运保养的成本越高时，最优风机运行安排方式趋于多台数低频率运行；当运行维护成本越高时，最优的风机运行安排方式趋于少台数高频率运行。由于目标函数中检修成本与运行维护成本都是运行风机台数的系数，检修成本对目标函数的影响与运行维护成本的作用相同，也即是风机的检修成本越高，最优的风机运行安排方式趋于少台数高频率运行。

5　结论

本文提出的数据拟合方法适用于拟合效果较好时作为风机运行安排节能的决策参考，当考虑因素较多或数据拟合效果不佳时，可以采用本文的规划求解模型作为风机的运行安排决策提供依据。

根据规划求解的结果，得出如下结论：当停运保养的成本高、运行维护成本低、检修成本低时，最优风机运行安排方式趋于多台数低频率运行；当停运保养的成本低、运行维护成本高、检修成本低高，最优风机运行安排方式趋于少台数高频率运行。

参考文献

[1] 张育飒. 闭式冷却塔运行节能技术研究[J]. 陕轴科技，2020(1)：15－19.

主变本体呼吸结构改造

宋新亮　李晨钟

摘要：变压器本体的呼吸通过油枕上的呼吸出口进行，油枕呼吸器位于变压器的大盖上端，当变压器油的体积随着温度变化而膨胀缩小时，油枕起着储油和补油的作用。有的油枕里还装有隔膜或金属膨胀盒，防止油和空气接触而被氧化和受潮。目前 21C 三台主变的油枕呼吸口未加装干燥装置，长期与空气接触影响油枕内部标尺和金属部件，从而降低油枕的使用时间。为改进其呼吸系统的功能，在呼吸口处加装具有双吸功能的呼吸器，降低油枕波纹处的空气湿度，达到保护油枕的目的。

关键词：油枕；呼吸器；改造

变压器的油枕作为变压器重要的结构，对于变压器内部油位调整起到重要作用。变压器储油柜的密封形式主要有 4 种，主要使用的为采用金属弹性元件作为补偿器的储油柜，其又分为外油式和内油式两大类，外油式油枕使用较多。外油卧式储油柜是以波纹管为气囊，卧式放置于储油柜筒体之内，波纹管外侧与筒体之间盛装绝缘油，而波纹管内是与外界相通的空气，依靠波纹管伸缩改变储油柜内部容积实现绝缘油体积补偿，外观形状为横置圆柱体，目前 21C 3 台主变的油枕结构采用此种结构。

1　变压器本体呼吸结构存在问题

目前 21C 的 3 台主变本体的呼吸结构均不完善，油枕呼吸是通过一个截止阀直接与大气相连，内部的金属设备得不到有效的保护。在长时间运行后，加剧波纹管老化，降低使用寿命。

如图 1 所示圈内的结构，为油枕的呼吸出口，目前与外部空气直接连通，长期运行会导致油枕内部积尘积水，对于设备的长期稳定运行存在安全隐患。

图 1　变压器改造前的结构

2　变压器油枕结构改造方案

结合现场实际，对变压器油枕采用加装呼吸器的改造。变压器油枕呼吸器主要是两部分组成：呼吸器连接管和呼吸器。呼吸器连接管需结合现场的情况进行尺寸及结构的设计制作；呼吸器需要根据变压器的大小及其他的要求进行选型。

2.1　呼吸器连接管的设计及制作

目前变压器油枕仅有一段带有截止阀的呼吸管，呼吸管内部有内螺纹；同时油枕上还连接有注油管、排油管。根据此种情况，为保证制作施工的简便和美观，呼吸器的呼吸管采用两段式的结构，具体结构如图 2、图 3 所示。

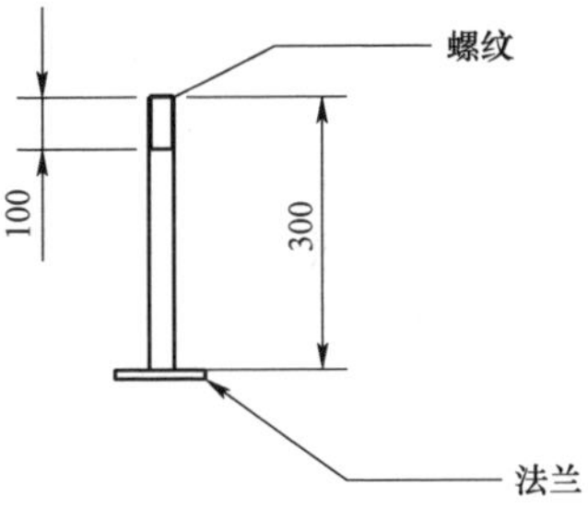

图 2　呼吸管的上半部分

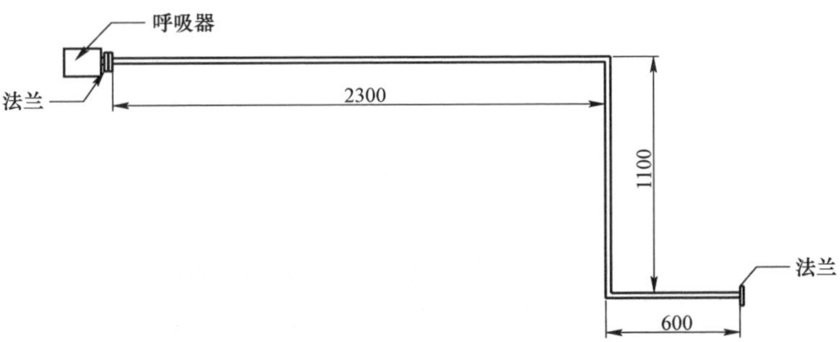

图 3　呼吸管的下半部分

管子根据现有的剩余材料，选用 DN25 的镀锌钢管。上半部分顶部制作 1000 mm 的螺纹，与原有的内螺纹进行连接，同时另外一端焊有法兰，方便与下部连接，下部结构采用“Z”字形结构，与现有的注油管、排气管结构相似，便于固定及外观美观。制作好的实物如图 4 所示。

图 4　制作的实物图

呼吸器连接的法兰选择为 10 mm 厚度钢板制作而成，尺寸为 90 mm × 90 mm，法兰上对称开有 4 个 ϕ13 mm 的空和一个 ϕ34 mm 的中心孔，用于螺杆连接和呼吸管的连接。4 个 ϕ13 mm 孔的中心距为 60 mm，中心圆孔与呼吸管采用焊接的方式连接。法兰具体结构如图 5 所示。

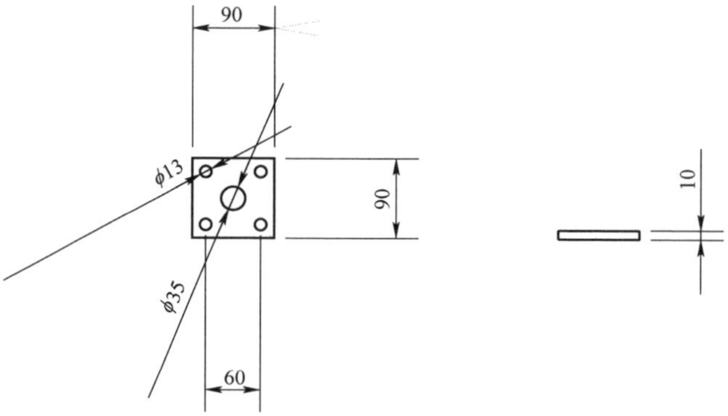

图 5　法兰结构

管体制作完毕后，所有焊接部位均采用防锈漆粉刷，防止后期的锈蚀。管体法兰连接方式采用螺丝连接，螺杆选择用 M12 × 40，配有两平垫一弹垫，同时为保证连接的严密，在法兰之间需垫有胶垫，胶垫的形状与法兰平面图相同。

2.2　呼吸器的选型

变压器呼吸器也叫变压器吸湿器，由一根铁管和玻璃容器组成，玻璃容器内装干燥剂（如硅胶），玻璃容器下有油杯（内装有变压器油），是为了吸附空气中进入油枕胶囊、隔膜中的潮气，清除和干燥由于变压器、油温的变化而进入变压器油枕胶囊的空气中的杂物和潮气，以免变压器油受潮，以保证变压器油的绝缘强度。

吸湿器按硅胶可分为白色硅胶吸湿器和变色硅胶吸湿器；按功能可分为普通（或单吸）吸湿器（吸潮）和双呼吸湿器（吸潮+吸尘）。按重量分为：0.1 kg、0.2 kg、0.5 kg、1 kg、2 kg、3 kg、5 kg、10 kg 等。

硅胶干燥剂是一种高活性吸附材料，通常是用硫酸钠和硫酸反映，并经老化、酸泡等一系列后处理过程而制得。现在使用的硅胶多为蓝色硅胶干燥剂，它是一种具有高度细孔结构。蓝色，半透明，经吸湿其颜色由蓝色变成浅红色，可与一般细孔球形硅胶混合使用做指示剂，以指示干燥剂吸水饱和程度，主要用于干燥吸湿。硅胶在为吸湿前，呈蓝色，装入吸湿器后色泽鲜艳，便于观察，因此选择为蓝色的硅胶。

双吸的呼吸器能通过变压器油和干燥剂两种介质进行空气过滤，对于空气的干燥性和除尘性能更加有力，考虑到主变的重要性，选择双吸的呼吸器更满足要求。

变压器吸湿器的重量选择是根据变压器的容量来决定的，我公司的主变为 31 500 kVA，根据表 1 所示的匹配原则，一般选择为 4～5 kg 的呼吸器即可满足要求，本次选择为 5 kg 的呼吸器。

表 1　呼吸器与变压器型号匹配表

型号	最大匹配变压器/kVA
0.5	200
1	630
2	3150
3	10 000
4	31 500
5	50 000
6	100 000

3 总结

安装完毕后的效果图如图 6 所示。

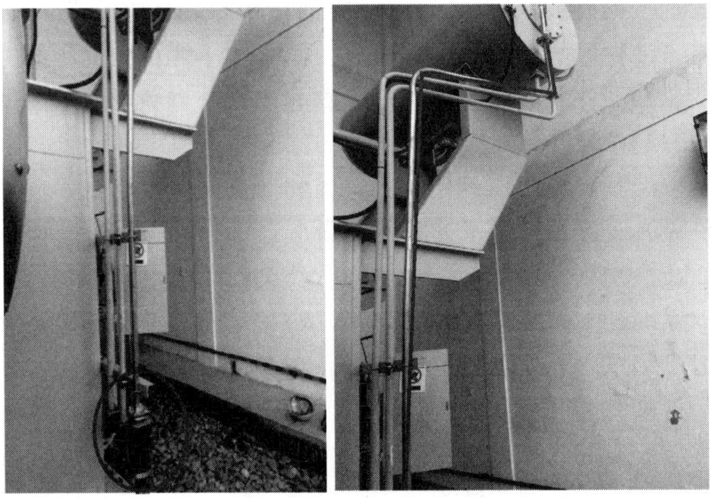

图 6　安装后的效果

（1）此次改造主要解决了主变油枕呼吸无干燥的情况，延长了变压器油枕的使用寿命，从而进一步增强了变压器的安全稳定运行。

（2）此次改造呼吸管体的材料均为工程剩余材料，未产生新的费用，节约了成本。

（3）改造中未采用单管直接制作，而是将管体分为两部分，对于制作及安装均提供了便利。

（4）制作的结构与原注油和排气管结构相同，具有美观性。

公司锅炉供电系统优化改造

李　斌

摘要：本文从节省人力资源和运行维护成本、提高供电可靠性和经济性的角度出发，对公司锅炉供电系统的优化及实施提出了意见和建议。由于近些年公司供气系统因使用年限和政策上的原因，伴随着一部分设备的停运，供电系统逐渐暴露出结构复杂且不合理、设备冗余过多、运行维护成本高、工作量大以及经济性较差等缺点，因此本文从节省人力资源和运行维护成本、提高供电可靠性和经济性的角度出发，对公司锅炉供电系统进行了优化改造。

关键词：供电系统；厂用变；配电室；优化

1　引言

公司供汽供电系统于 1998 年建成，包括 6 kV 配电室一座（现名称：供热配电室）、4 台 SM10－12 500 kVA 厂用变压器以及低压配电室。6 kV 母线采用单母线双分段配置，电源分别引自 21#站 6 kV Ⅰ、Ⅱ分段，负责向锅炉辅助系统及 91#配电室供电，该系统是原热电分厂根据 3 台锅炉、两台发电机组运行时的需求配置设计建设。

2004 年为了增强锅炉系统及汽轮机、发电机各辅助系统供电可靠性，将电厂 0#变电源由 6 kV 配电室 14#柜改接至 91#站，而将原 14#柜改接 2#厂用变，具体配置如图 1 所示。

2007 年年底，原 901、902 线路因电缆故障而退出运行，91#站主供电源由原 21#站引来的 901、902 线路改为由热电分厂 6 kV 配电室引来的电 91Ⅰ线和电 91Ⅱ线，0#厂用变从 91#站引取的第二备用电源的意义不复存在。同时热电分厂 6 kV 配电室也由原来的电厂出口配电站转为 21#站向厂前区、福利区供电的中继配电站（图 1）。

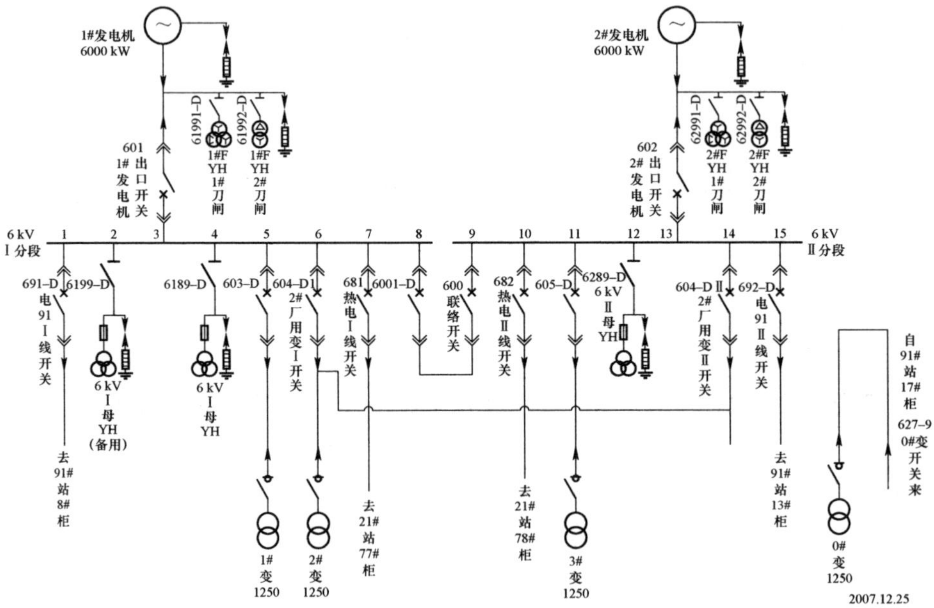

图 1　热电分厂 6 kV 配电室系统图（2007 版）

2010 年年底，热电分厂发电机正式停止发电，后期拆除了汽轮机、发电机等设备。3 台锅炉也由原来的发电锅炉转变为目前的供热锅炉，仅在 11 月 15 日至次年的 3 月 15 日采暖期运行 1 台。辅机类用电负荷大为减少，对热电分厂的厂用电容量及可靠性要求也有所降低。

从目前的运行方式和系统配置来看，非采暖期时可只运行 1 台厂用变，另 3 台停用。而到采暖期锅炉启动前，又得检修后全部投运，即运行 1 台锅炉，4 台厂用变仍旧得全部投入运行。供电系统逐渐暴露处结构复杂且不合理、设备冗余过多，运行维护成本高、工作量大以及经济性较差等缺点，有必要进行整合优化。

2　锅炉供电系统改造前存在的问题

供汽供电系统自投运以来，为保证原热电分厂主辅系统的连续运行发挥了积极作用，但随着发电机组的退出，仅在采暖期运行 1 台。辅机类用电负荷大为减少，对厂用电的容量及可靠性要求也有所降低。从目前的运行方式和系统配置来看，非采暖期时可只运行 1 台厂用变，另 3 台停用。而到采暖期锅炉启动前，需检修后全部投运，即运行 1 台锅炉，4 台厂用变仍旧需全部投入运行。供电系统逐渐暴露出结构复杂且不合理、设备冗余过多，运行维护成本高、工作量大以及经济性较差等缺点。具体体现在以下几个方面。

2.1　0#变电源不合理

由前述可知，0#厂用变电源目前路径为由供热配电室供至 91#站，又从91#站返回锅炉房，两段电缆线路总长超过 1100 m，无端增大了损耗，且中间多了两级断路器环节，可靠性也大为降低。若仍需保留 0#变，应考虑将其电源由 91#站改回供热配电室。

2.2　4 台厂用变冗余太大

从目前锅炉系统负荷性质和负荷量来看，4 台 12 500 kVA 厂用变压器冗余太大，除了运行维护量大、维护成本高的因素外，运行的经济性也较差。

3　改造方案设计

3.1　方案 1:“一用一备”优化方式

需先进行以下改造：① 将 0#厂用变电源从 91#站改回供热配电室 0.4 kV Ⅱ段 14#柜（取消 14#柜 2#厂用变Ⅱ电源）；② 将 0.4 kV 侧 400 进线刀闸改为进线开关并增加相应控制回路及备用电源自投装置；③ 封存或拆除 2#、3#厂用变；④ 410、420、430 3 台备用分支开关全部贯通（始终置于合闸状态或取消开关、上下端用母排短接）。

采暖期运行方式：1#厂用变经 401 进线开关带 0.4 kV 侧Ⅰ、Ⅱ、Ⅲ段母线运行，0#厂用变空载运行。当 1#厂用变电源侧发生故障时，保护跳开 401 开关，400 开关自投，恢复供电。

非采暖期运行方式：1#厂用变经 401 进线开关带 0.4 kV 侧Ⅰ、Ⅱ、Ⅲ段母线运行，0#厂用变停运。

3.2　方案 2:“互为备用”优化方式

（1）一次部分改造：① 封存或拆除 2#、0#厂用变；② 将 0.4 kV 侧 420、430 两台备用分支开关全部贯通（始终置于合闸状态或取消开关、上下端用母排短接）。

（2）二次部分改造：在原基础上对 410 开关控制回路进行改接，将原单向备自投改造为双向备自投；

采暖期运行方式：1#厂用变经 401 进线开关带 0.4 kV 侧Ⅰ段母线运行，3#厂用变经 403 开关及 420、430 备用分支开关带 0.4 kV 侧Ⅱ、Ⅲ段母线运行。当 1#或 3#厂用变电源侧发生故障时，保护跳开 401 或 403 开关，410 开关自投，恢复供电。

非采暖期可根据情况选择仅运行 1#或 3#变带 0.4 kV Ⅰ、Ⅲ分段全部负荷。

上述两种优化方式从系统简化程度及运行可靠性上比较相差不大。但方案 1 实现过程需增加 400 开关及相应控制回路和备自投装置，同时需对 0#变电源电缆改接，需投入费用 2.5 万元左右；而方案 2 实现过程仅需对 410 开关备自投回路结合原有 420 或 430 开关备自投回路进行回路改线即可，需投入费用较少，约 0.3 万元。

综合考虑优先选用方案 2 即“互为备用”优化方式。

4 “互为备用”优化改造方案

4.1 一次系统部分的改造设计

改造前一次供电系统如图 2 所示。

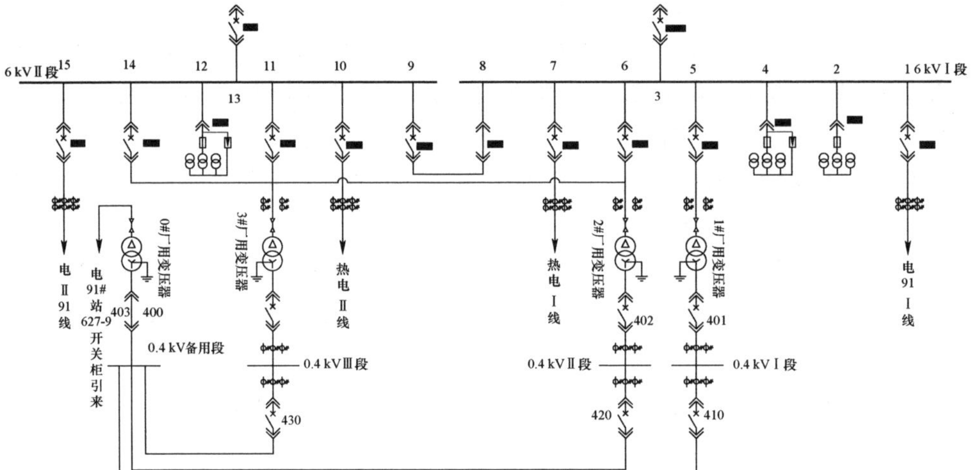

图 2　原锅炉一次供电系统

改造内容：① 封存或拆除 2#、0#厂用变；② 将 0.4 kV 侧 420、430 两台备用分支开关全部贯通（始终置于合闸状态或取消开关、上下端用母排短接）。

改造后的一次系统部分如图 3 所示。

4.2 二次系统的改造设计

二次系统改造内容：在原基础上对 410 开关控制回路进行改接，将原单向备自投改造为双向备自投（图 4）。

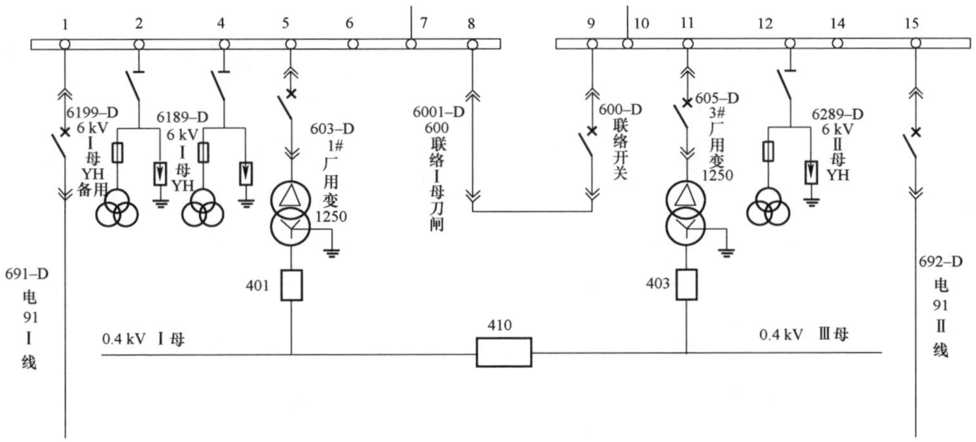

图 3　改造后锅炉供电系统示意图

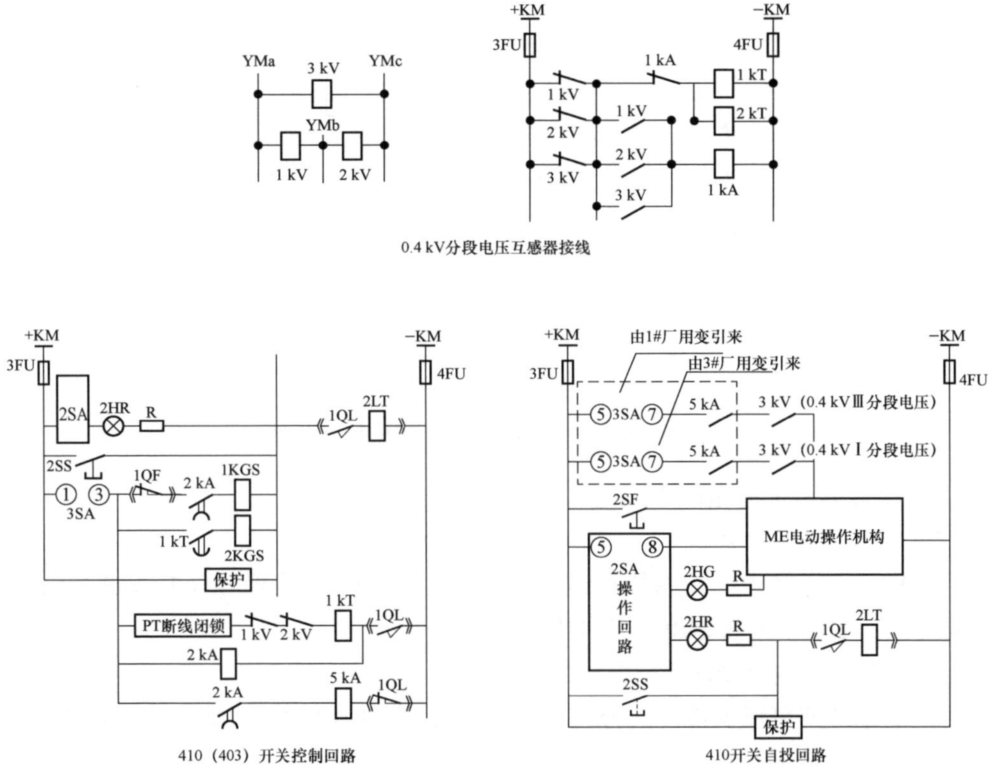

图 4　410 联络开关备自投原理图

改造后的二次原理如图 5 所示。

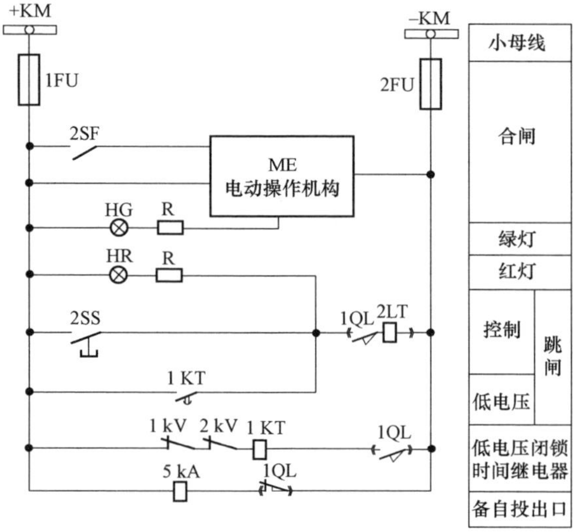

0.4 kV 401(403)开关控制回路

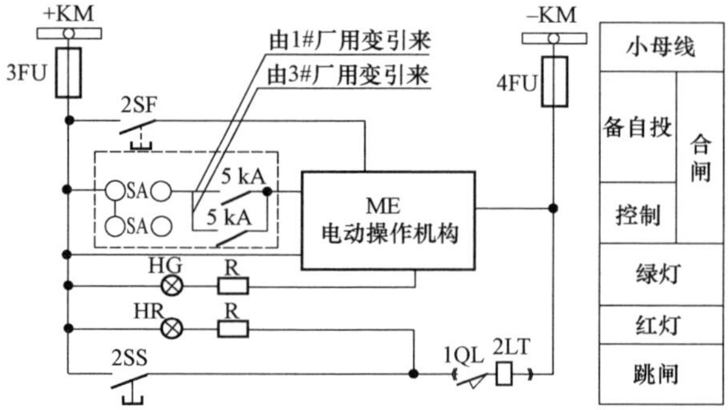

0.4 kV 410开关控制回路

图 5 改造后 0.4 kV 低压开关控制原理图

4.3 改造后系统的运行方式

4.3.1 正常运行方式

1#厂用变经 401 开关带 0.4 kV Ⅰ分段运行；3#厂用变经 403 开关带 0.4 kV Ⅲ分段；410 开关热备用，备自投投入。

4.3.2 非采暖期运行方式

非采暖期可根据情况选择仅运行 1#或 3#变带 0.4 kV Ⅰ、Ⅲ分段全部负荷。

4.3.3 改造后功能验证试验

进行 410 开关备自投模拟试验：断开 400 刀闸，合上 420 及 430 开关，

410 开关热备用；1#厂用变经 401 开关带 0.4 kV Ⅰ分段运行，3#厂用变经 403 开关、430 开关及 420 开关带 0.4 kVⅡ、Ⅲ分段（Ⅱ、Ⅲ分段今后合并统称Ⅲ分段）运行；分别模拟 1#、3#厂用变失电，410 开关均应可靠自投。

5　结论与效益情况分析

（1）对系统优化改造后，系统结构更加简单，备用逻辑关系更加简化，供电安全可靠性有所提高，完全可以满足锅炉系统今后用电需求。

（2）停用两台变压器，减少了系统冗余设备，一定程度上降低了运行管理和维护检修费用，预计每年可节支 0.8 万元。

（3）停用两台变压器后，每年采暖期按 4 个月（120 天）计，可节约变压器空载损耗电量 $2\times1.96\times24\times120\approx11\ 290$ kW·h，折合电费 0.587 万元。

（4）停用的两台变压器目前性能良好，型号也属目前适用的节能型免维变压器，完全可利旧用于公司 1A 系统 13#−1 或 9A、96#等配电室，以替换国家已明令淘汰老旧高能耗变压器，可节约设备投资 30 万元左右。

优化水处理系统氢氧化钠使用量

张文辉　王　楚

摘要：辅助工艺系统水处理系统为主机和变频器提供除盐、除氧水，根据设备厂家说明书和运行规程要求，运行时需要添加浓度为 4%～5%的 NaOH 溶液，将水处理除盐、除氧水 pH 值调整在正常范围内（6～7.5），而辅助工艺仅仅一个 1A 系统平均每年使用片状氢氧化钠 1.2 t。只有优化氢氧化钠的使用管理，才能既保证系统达到质量要求又便于运行人员操作，还能减少氢氧化钠对人身体的伤害，因此氢氧化钠在水处理系统管理使用对策浅谈是需要补短探索的课题。通过分析和试验，在反渗透系统中，在不添加 NaOH 的情况下，通过调整二级反渗透浓水的排放量，即可保证除盐、除氧水的 pH 值在正常范围内（6～7.5），此方法为公司每年节省片状氢氧化钠约 4 t，更为重要的是减少了运行岗位所使用危险化学品的种类，消除了安全隐患。

关键词：反渗透；氢氧化钠优化控制

1　概述

1A 辅助工艺系统水处理系统为主机和变频器提供除盐、除氧水，根据设备厂家说明书和运行规程要求，运行时需要添加浓度为 4%～5%的 NaOH 溶液，将水处理除盐、除氧水 pH 值调整在正常范围内（6～7.5），1A 平均每年使用片状氢氧化钠 1.2 t。

由于目前现场使用的片状氢氧化钠（俗称烧碱）溶解时能放出大量的热，它的水溶液呈强碱性，不慎吸入会刺激呼吸道，腐蚀鼻中隔，皮肤接触可引起灼伤直至严重溃疡的症状。所以作为危化品进行保管和存放、使用，操作人员工作时必须穿戴工作服、口罩、防护眼镜、橡皮手套等劳保用品，为管理和生产安全带来隐患。

2 优化氢氧化钠使用量的分析

一般来说，自来水、地表水及地下水的 pH 一般在 6～8，水中有 CO_2、HCO_3^-。反渗透装置将进水中的大部分 HCO_3^-去除，而不能去除水中的 CO_2，与进水相比反渗透系统产水的碳酸物质中的 HCO_3^-浓度比例下降，纯水侧的 CO_2 离解，建立新的碳酸平衡，由此产水的 pH 相应降低，无法满足纯水 pH 6～7.5 的要求。

原水中含有 CO_2 气体，反渗透膜只能阻挡离子，而气体分子可以自由通过。CO_2 能溶于水并与水反应生成碳酸，所以如果不将 CO_2 气体去除，产品水将显酸性。加入 NaOH 使其与 CO_2 气体充分反应，生成物以离子形式存在，经过二级反渗透装置时，就可以去除。其反应方程式分别如下：

$$CO_2+H_2O=H_2CO_3$$

$$CO_2+2NaOH=Na_2CO_3+H_2O$$

所以在运行时通过添加浓度为 4%～5%的 NaOH 溶液的方法，将水处理除盐、除氧水 pH 调整在正常范围内（6～7.5），经统计平均每年使用片状氢氧化钠 1.2 t。

经过对水处理系统流程的深入分析，在二级反渗透浓水排放侧分 2 路管线，第一路管线回预处理水箱，第二路管线回二级反渗透进水处，连同添加的 4%～5%的 NaOH 溶液和一级反渗透纯水进入二级反渗透。由于这两路二级反渗透浓水的 pH 值较高，约 8 左右，呈弱碱性，所以考虑在运行时可以调整流量分配，增大第二路管线的流量的同时可以适当减少 NaOH 溶液的流量。

3 二级反渗透浓水流量分配调整实验

根据上述分析的原理，在 1A 水处理系统上进行研究实验，摸索出运行规律，通过调整二级反渗透浓水排放侧分 2 路管线的流量，逐渐减少 NaOH 溶液的流量，调整除盐、除氧水的 pH 值在正常范围内（6～7.5）。经过 2 个月的实验、摸索，最终调整到不添加 NaOH 溶液，通过调整二级浓水的排放量，即可保证除盐、除氧水 pH 在正常范围内运行。

实验主要的成果有：当除盐、除氧水 pH 较高时，通过关小二级浓水的 RO204 阀的开度，将通往二级反渗透进水的浓水排放流量由原来 20 LPM 调整到 18 LPM 左右运行；同时通过开大二级浓水 RO203 阀，将通往预处理水箱的浓水排放流量由原来的 22 LPM 调整到 25 LPM 左右运行。

当除盐、除氧水 pH 较低时，通过开大二级浓水阀门 RO204 阀，将通往二级反渗透进水的浓水排放流量控制在 20 LPM 左右，同时关小二级浓水阀门 RO2O3 阀，将通往预处理水箱的浓水排放流量控制在 23 LPM 左右运行，同时保证通往级间水箱和通往预处理水箱的二级总浓水排放量不小于 35 LPM，以免造成二级膜堵塞。

4 实施效果及对比分析

根据上述分析的原理，在 1A 水处理系统上进行研究实验，摸索出运行规律，通过调整二级反渗透浓水排放侧分 2 路管线的流量，逐渐减少 NaOH 溶液的流量，调整除盐、除氧水的 pH 值在正常范围内（6～7.5）。经过 2 个月的实验、摸索，最终调整到不添加 NaOH 溶液，通过调整二级浓水的排放量，即可保证除盐、除氧水 pH 值在正常范围内运行。

通过对比实时检测参数，我们可以看出对系统停加氢氧化钠也控制 pH 及电导率参数在参数要求范围内（表 1）。

表 1　NaOH 试验参数记录

	加 NaOH 试验参数记录（07 年）					
时间	一级		二级		除氧水	
	pH	电导率	pH	电导率	pH	电导率
6 月 19—22 日平均值	5.27	14.89	6.16	2.99	6.79	2.83
	停加 NaOH 试验参数记录（07 年）					
时间	一级		二级		除氧水	
	pH	电导率	pH	电导率	pH	电导率
6 月 13—14 日平均值	5.23	11.92	5.05	7.33	6.04	3.00

同比其他铀浓缩工厂的水处理系统，本文中采用的方法已经应用到本公司的辅运 1A、1C、1D 三大系统中，已处于技术和危化品管理创新的领先地位。

5 结论

在不添加 NaOH 的情况下，通过生产技术管理和安全生产管理之间的关系，调整水处理二级浓水的排放量，即可保证除盐、除氧水的 pH 在正常范围内（6～7.5）水处理系统 pH 控制管理创新推广到 1C、1D 水处理系统后，每年节省片状氢氧化钠约 4 t，此方法运行时，简化了水处理系统中人员手动操作步骤，全面实现自动化控制，降低了生产一线职工的工作强度，节约了人力资源。更为重要的是减少了运行岗位所使用危险化学品的种类，消除了安全隐患，为公司的降本增效和安全生产作出贡献。

浅谈如何降低循环冷却水损耗

杨　青

摘要： 冷却水在循环系统中不断循环使用，由于水的温度升高，水流速度的变化，水的蒸发，各种无机离子和有机物质的浓缩，冷却塔和冷水池在室外受到阳光照射、风吹雨淋、灰尘杂物的进入，以及设备结垢和材料等多种因素的综合作用，会产生严重的沉积物的附着、设备腐蚀和微生物的大量滋生，以及由此形成的粘泥污垢堵塞管道等问题，从而影响水质，加大排污而造成耗水，它们不但会威胁和破坏工厂长周期的安全生产，甚至造成经济损失。因此，分析制定降低循环冷却水损耗的方案。

关键词： 循环；冷却水；蒸发；排污；水量损失

1　引言

辅运 1A 循环冷却水系统主要作用是给 8#站制冷机的冷凝器和主工艺 3A 厂房以及 6#空压站提供合格的冷却水，循环冷却水经冷却塔降温后，经由冷却水泵输送至制冷机冷凝器，在冷凝器内与高温高压的制冷剂进行热交换，吸收其热量，降低其温度后，回至冷却塔进行降温形成循环。

循环冷却水系统是由以下几部分组成：生产过程中使用循环冷却水的用户；冷却构筑物（冷却塔）；循环冷却水泵；蓄水池。循环冷却水系统中的主要设备有 5 台冷却水泵，8 台良机牌冷却塔。循环水系统中水损耗主要是由风吹损失、蒸发损失、排污损失、系统渗漏等几部分损失构成，为了维持循环冷却水系统的水压，系统补水量与损耗量相等。本文将对循环水损耗量进行技术分析，找出其主要的构成并提出循环水节水减排的措施。

2　分析与探讨

2.1　蒸发水量

冷却塔传热依靠热传质，传质即水的蒸发将热量从水传递到空气，然后由蒸汽带出塔外，在这部分热量传递过程中，冷却塔水的蒸发水率按下式计算：

$$Pe=Kzf\Delta t$$

即：

$$E/R=(0.1+0.002T)(T1-T2)$$

式中：E——水的蒸发量，m^3/h；

R——循环水量，m^3/h；

T——进塔空气干球温度，℃；

$T1$、$T2$——进塔和出塔水温，℃。

在一般情况下：$T=30$ ℃，$T1-T2=10$ ℃，则 $E=1.6\% R$。

由上式可见：蒸发水量为循环水量的 1.6%。往往占到补水量的 70%左右。可见蒸发损失水量是很大的，然而蒸发散热又是冷却塔热交换的主要方式之一，因此蒸发损失是有益的和难以避免的。

解决的办法是根据季节和气温的变化，合理调整冷却塔的运行数量，并采用新工艺进行回收气态水。通过调研，主要有两种原理的回收节水新技术、新工艺：超声波除雾节水技术和换热冷凝蒸汽回收技术。

西安热工研究院有限公司和西安西热节能技术有限公司所发明的超声波除雾节水技术，具体的结构如图 1 所示。冷却塔内超声波除雾节水系统，包括安装在冷却塔内顶部的压电材料；与压电材料连接的超声波控制系统及与压电材料连接的电源。

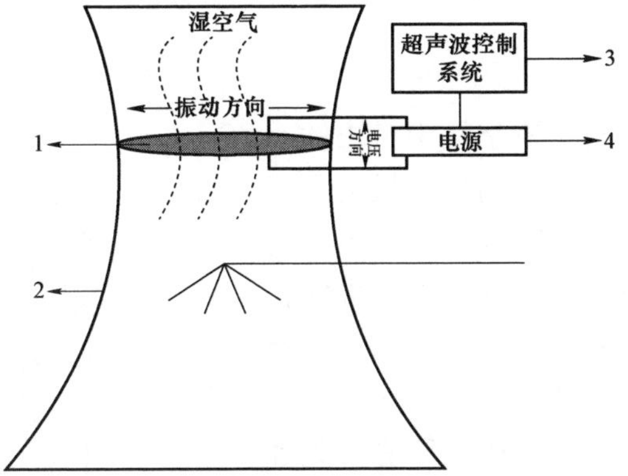

图 1　超声波除雾节水系统结构图

1—压电材料；2—冷却塔；3—超声波控制系统；4—电源

电源施加沿压电材料的轴向方向的电压，超声波控制系统与电源连接控制压电材料的电压和频率；通过超声波控制系统控制电源的频率，从而控制压电材料的机械振动频率，产生超声波，在超声波的作用下，穿过压电材料的湿空气中所携带的水分子开始振动，在压电材料表面聚结成水滴，在重力作用下，水滴脱离压电材料，沉降到塔底的集水池中，实现了部分蒸发水分的循环利用，达到节水和保护环境的目的。

换热冷凝蒸汽回收技术是在冷却塔出口增设冷凝模块，通过风冷（图 2）或水冷的方法使得冷却塔出口的饱和水蒸气温度下降逐步进入过饱和状态，形成小水滴，开始形成水雾，并在塔顶处达到水汽凝结最大程度。在出口处通过一定的设备回收水汽，达到节水和保护环境的目的。上塔水温与环境干球温度的温差在 8 ℃以上工况下，回收量占冷却塔蒸发量的比例平均为 22.2%。

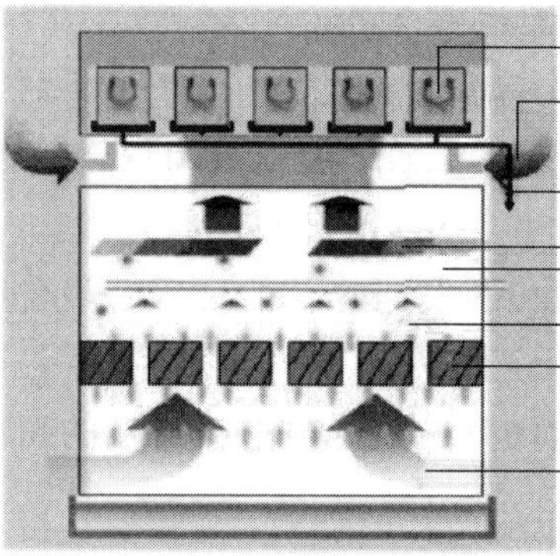

图 2　换热冷凝蒸汽回收技术

2.2　风吹损失

风吹损失主要是出塔空气中带出的小水滴（又称飘滴）。由于风筒内风机的强大抽力作用，使填料中呈碎末状水滴被塔内湿空气带到大气中。这部分水量损失约占循环水量的 0.2%～0.5%。且对散热几乎不起什么作用，所以应尽量避免。

解决的方法是在冷却塔风筒进口处加装收水器。其原理是当含水滴的湿空气向上运动时，遇收水器被遮挡滑落，从而达到节水的目的，见图 3。

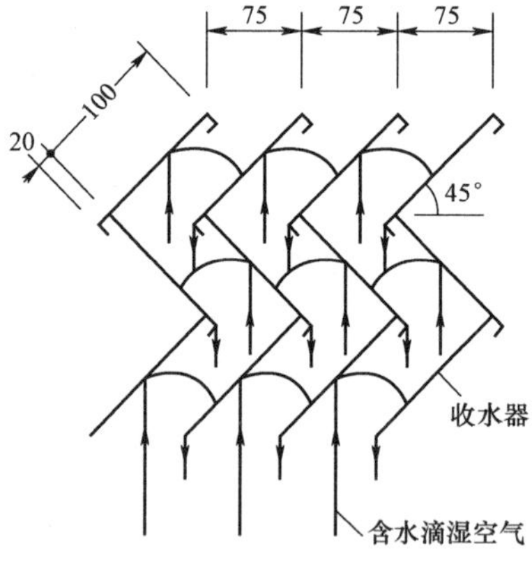

图 3　收水器收水示意图

由于收水器在回收水的同时也增大了通风阻力，所以收水器的组合密度要有所限制，应综合考虑。

2.3 旁路过滤

冷却塔利用空气将水中的热量带出塔外，但同时又将空气中大量的灰尘洗涤至水中。清洁空气含尘量约为 0.2 mg/L，中温差冷却塔运行气水比为 0.8，洗尘率为 10%，则要冷却 1 m^3 工业冷却水约有 14.3 mg 灰尘进入循环水，灰尘的绝大部分会沉淀，但其中一小部分会悬浮水中增加水的悬浮物含量。除此之外，循环水悬浮物含量还与水中原有的泥沙、黏土、难溶盐、生物黏土、菌藻以及电解质的渗透等因素有关。由于他们会对系统造成污垢和腐蚀，因此，为了保证循环水系统的正常运行，必须控制循环水的悬浮物含量、加大旁滤水处理量，旁滤水量建议为循环水量的 10%左右。在旁滤效果不能保证时，循环水的排污水量将大幅度增加，控制好旁滤效果是循环水节水的最重要措施之一。

循环冷却水系统分封闭式和敞开式两种，而我们现在所使用的为大型敞开式循环冷却水系统。大型敞开式循环冷却水系统采用旁流处理的目的是节约用水，主要思路是采用适当旁流处理工艺，将循环冷却水系统中不断增加的、限制水处理效果的有害成分除去，并将排污水再生处理后作为补充水回用到循环冷却水系统中。这样可以提高工业水的重复利用率、减少废水的排放量，基本实现系统的“零排放”，具有节水、节能及降低生产成本等作用。

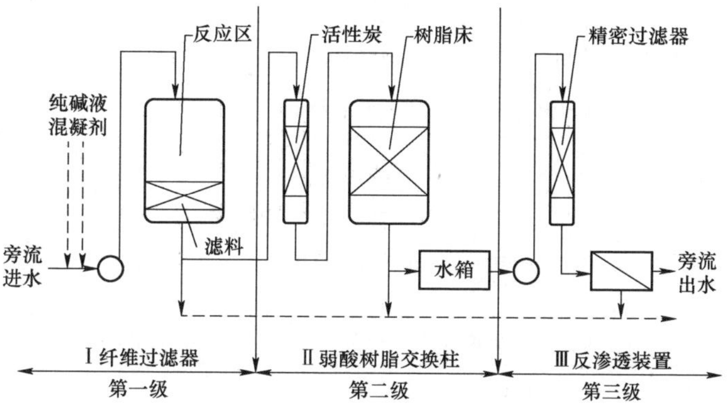

图 4 三级旁流处理工艺流程

图 4 为高华生在《工业循环冷却水旁流软化——净化处理技术进展》（工业水处理 2007 年 6 月）中提出的三级旁流处理工艺流程。主要由化学高效纤维过滤器、弱酸树脂软化交换柱、反渗透装置（我们所使用循环水对补水水

质要求不高，这级可省略）。该工艺具有流程简单、功能齐全、设备紧凑、操作灵活、经济合理的优点，可以显著减少补充水、排污水和水处理剂，具备良好的经济效益。

2.4 改善循环水水质，提高浓缩倍数

2.4.1 敞开式循环冷却水系统存在的问题

冷却水在循环使用过程中，水在冷却塔内和空气充分接触，使水中的溶解氧得到补充，所以循环水中溶解氧总是饱和的。水中溶解氧是造成金属电化学腐蚀的主要原因，这是冷却水循环使用后易带来的问题之一。

水在冷却塔中蒸发，使循环水中含盐量逐渐增加，加上水中二氧化碳在塔中解析逸散，使水中碳酸钙在传热面上结垢析出的倾向增加，这是问题之二。

冷却水和空气接触，吸收了空气中大量的灰尘、泥沙、微生物及其孢子，使系统的污泥增加。冷却塔内的光线、适宜的温度、充足的氧和养分都有利于细菌和藻类的生长，从而使系统粘泥增加，在换热器内沉积下来，造成了粘泥的危害，这是水循环使用后易带来的问题之三。

循环水及补充水的水质中各种杂质的最高最低允许含量，表1可提供参考。

表1　循环补充水中杂质含量表

杂质名称	最高最低允许含量	过量时的危害
含盐量（以电导率计）	投加缓蚀阻垢剂时，一般不宜大于 3000 μS/cm	腐蚀或结垢
Ca^{2+}（以 $CaCO_3$ 计）	根据 $CaCO_3$ 饱和指数和磷酸钙饱和指数进行控制： 一般循环水中要求≤500 mg/L，≥75 mg/L； 全有机系统≥150 mg/L 使用多元醇和木质素磺酸盐分散剂时≤1000 mg/L	结垢
Mg^{2+}（以 $CaCO_3$ 计）	Mg^{2+}（mg/L）×SiO_2（mg/L）＜15 000	产生类似蛇纹石组成、粘性很强的污垢
铁和锰（总铁量）	补充水中（特别在预膜时）≤0.2～0.5 mg/L	催化结晶过程，本身可成为粘性很强的污垢，导致局部腐蚀
铜离子	补充水中≤0.1 mg/L（碳刚设备）补充水中≤40 μg/L（铝材）	产生点腐蚀，导致局部腐蚀
铝离子	补充水中≤1～3 mg/L	起粘结作用，促进污泥沉积
总碱度（以 $CaCO_3$ 计）	根据 $CaCO_3$ 饱和指数进行控制 一般不宜超过 500 mg/L，磷系需＞50 mg/L，全有机系需＞100 mg/L 一般情况下要求 CO_3^{2-}≤5 mg/L、HCO_3^-≤150～200 mg/L（低 pH 系统） HCO_3^-≤300～500 mg/L（高效分散剂的系统）	结垢

续表

杂质名称	最高最低允许含量	过量时的危害
CL^-	在使用不锈钢较多的系统中要求≤300 mg/L 碳刚设备系统中≤1000 mg/L	强烈促进腐蚀反应，加速局部腐蚀，主要是隙缝腐蚀、点蚀和应力腐蚀开裂
SO_4^{2-}	$SO4^{2-}+CL^-$≤1500 mg/L Ca^{2+}（mg/L）×SO_4^{2-}（mg/L）（都以 $CaCO_3$ 计）≤150 000	
$PO4^{3-}$	根据磷酸钙饱和指数进行控制	引起磷酸三钙沉淀，在高温下会缓慢转化成羟基磷灰石
浊度 （悬浮物）	一般要求≤20 mg/L，使用板式、翅片式和螺旋式换热器宜≤10 mg/L	污泥沉积
SiO2 （以 SiO2 计）	≤175 mg/L，Mg^{2+}（mg/L，以 $CaCO_3$ 计）×SiO_2（mg/L，以 SiO_2 计）＜15 000	污泥沉积、硅垢
油	应≤5 mg/L	污泥沉积
细菌总数 （异养菌数）	循环水中总菌数＜5×105 个 m/L 污泥中的总菌数＜10×105 个 m/L	微生物繁殖

2.4.2 提高浓缩倍数，改善循环水水质，减小排污损失水量

循环水系统的排污损失水量应根据对循环水水质的要求通过计算确定，可按下式计算：

$$Q_b=[Q_e-(N-1)Q_w]/(N-1)$$

式中：Q_b——排污损失水量，m^3/h；

Q_e——蒸发损失水量，m^3/h；

Q_w——风吹损失水量，m^3/h；

N——循环浓缩倍率。

由上式可以看出：浓缩倍数的提高意味排污损失的减少，节水率的提高，但也使系统的含盐量越来越高，运行也越来越不稳定。因此循环水的水质控制是提高浓缩倍数的关键。按时按量添加循环水处理药剂，适度改善循环水水质。减小排污水量、提高浓缩倍数，是循环冷却水系统节约用水、降低水处理成本的重要措施。使用水处理药剂，一方面可以不断改善冷却水水质，提高缓蚀阻垢效果，延长生产设备的使用寿命，改善换热设备的传热效果；另一方面还可以显著减少系统的排污水量和补充水量。

2.5 渗漏损失

在管道和储水系统中因渗漏而损失的水量。在敞开式循环冷却水系统，为维持系统的水量平衡，补充水量 M 应是蒸发水量 E、风吹损失水量 D、排

污水量 B 和渗漏损失 F 各项水量损失之和，$M=E+D+B+F$，如图 5 所示。

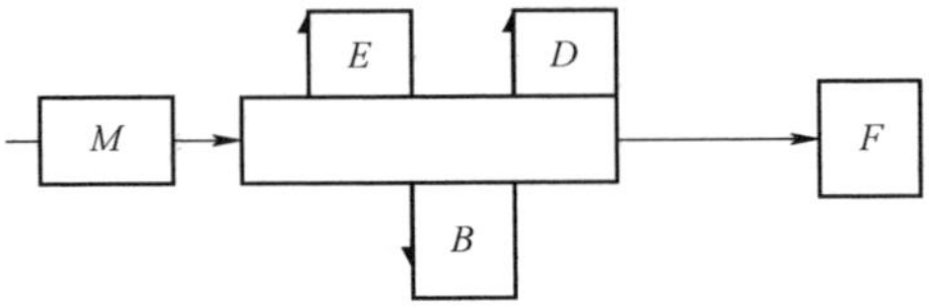

图 5　循环水系统水量平衡示意图

2.6　管理优化

运行人员应定期检查维护，检查系统中是否有跑冒滴漏的现象，减少系统渗漏导致的耗水量。

采取必要的技术措施，对冷却水循环系统各个环节的用量（加药量、排水量等）建立台账，通过跟踪对比及时发现系统隐患、异常。2018 年循环冷却水电导率一直居高不下，因为一直加大排污，造成循环冷却水损耗增大。经检查分析，发现是由于加药设备管道堵塞导致，经清理疏通后，电导率恢复正常，减少排污，减小损耗。

2.7　系统运行方式

目前为保障主设备的散热效果，冷却水流量大于工艺要求，应在保证主工艺要求下，尽可能降低冷却水流量，并根据冷却水流量选择合适的循环水泵，达到节能降耗的目的。过度情况下循环水泵可以变频运行，降低其频率以降低能耗。

3　结语

由以上分析我们可以看出，循环水系统要优化设计，运行中加强管理，并根据季节变化及时调整冷却水塔的运行数量，选择适宜的收水器，密切监督水质变化，及时准确投加药剂，在减少排污同时注意防止系统泄漏，这样就可以最大限度地节约水量，降低运行费用，从而提高整体效益。具体如下：

（1）采用先进工艺，回收冷却塔内蒸发的气态水；

（2）设计合理的收水器，降低风吹损失；

（3）增加旁路过滤，提高浓缩倍数，提高水质以降低排污水量；

（4）优化管理，建立系统台账，及时提早发现系统隐患、异常；

（5）设计优化，合理选泵，本质上实现节能降耗。

参考文献

[1] 蔡世军，赵新义，王莹莹. 循环冷却水节水技术研究进展 [J]. 工业水处理，2009，29（3）：4−8.

[2] 华东建筑设计院. 工业给水处理 [M]. 北京：中国建筑工业出版社，1986.

[3] 化工部第八设计院. 化工企业冷却塔设计规定 HG20522−92 [M]. 北京：化工部工程建设标准编辑中心，1992.

3B 厂房耐压阀故障检修方法优化

杨 昕

摘要：通过对 3B 厂房耐压阀的使用和故障情况进行分析，通过现状调查、研究分析、反复试验，总结和优化耐压阀的检修方法，减少了此类阀门的故障频率并且降低检修的成本。

关键词：耐压阀；阀芯；故障

1 前言

我公司 3B 工艺厂房所用的各类高真空耐压阀自安装至今已有 20 多年，由于不断地开关操作，各类故障现象频繁出现。近年来，随着我公司生产规模的扩大，3B 工艺系统运行压力数倍增加，耐压阀开关的使用也更加频繁，故障次数明显增加。由于高真空耐压阀在国内基本属于垄断产品，价格昂贵，且我公司在购买此类阀门备件时经常出现供货周期无法保证的现象，对工艺系统各类故障的及时检修、工艺系统的正常运行造成一定影响。作为公司系统及设备的维护检修单位，为确保 3B 工艺系统的安全稳定运行，对耐压阀故障出现的原因进行分析，采取必要措施解决，以达到减小阀门故障次数，降低设备检修费用，确保系统正常运行的目的。

2 3B 厂房系统使用的阀门简介

3B 厂房工艺系统主要使用各个规格的高真空耐压阀，如 DN40，DN25，DN65 等。经统计，3B 工艺系统共有各类高真空耐压阀 78 个，其中 DN25 和 DN40 两种规格的阀门有 55 个，其中 DN40 和 DN25 的故障次数最多，占到了总故障次数的 92%。

3 阀门故障的类型

表1 阀门故障类型

序号	故障类型	故障次数/次	比例/%	累计/%
1	通道有漏	11	44	44
2	阀杆断裂	7	28	72
3	阀杆卡死	3	12	84
4	阀芯脱落	2	8	92
5	阀体有漏	2	8	100

经过分析，若是能将DN25和DN40两种规格耐压阀通道有漏故障解决掉50%，阀杆断裂解决掉80%，结合表1计算出月平均故障次数为：

$$N=[11\times(1-50\%)+7\times(1-80\%)+9]/6=2.65\text{ 次}$$

而且长期从事各类高真空耐压阀门的故障检修工作，具有丰富的工作经验，我们有信心、有能力通过优化检修方法来减少3B厂房耐压阀的故障次数。

4 耐压阀常见的故障类型

手动耐压阀常见的故障有通道漏、阀体漏、丝杆咬死、阀芯脱落。处理方法一般为更换密封板、检查更换垫圈、更换阀芯。

手动耐压阀关闭力矩如表2所示。

表2 手动耐压阀关闭力矩

规格	力矩/（kg/m）
DN100	≤2.4
DN65	≤1.2
DN40	≤0.8
DN25	≤0.7
DN16	≤0.4

耐压阀通道密封形式：

DN16、DN25、DN40其密封板是用挡圈（护套固定）嵌在阀芯组件的下接套上，靠密封板与阀门上的刀口接触达到密封。

DN65、DN100其密封板是用挡圈嵌装在阀体上靠阀芯组件下接套的刀口与密封板接触达到密封。

5 检修方法的优化

我公司 3B 工艺厂房所用的各类高真空耐压阀自安装至今已有 20 多年，由于不断地开关操作，阀门密封处刀口磨损非常严重，所以检修人员曾对阀门密封处结构进行了优化改进，效果非常明显，阀门密封形式如图 1 所示。

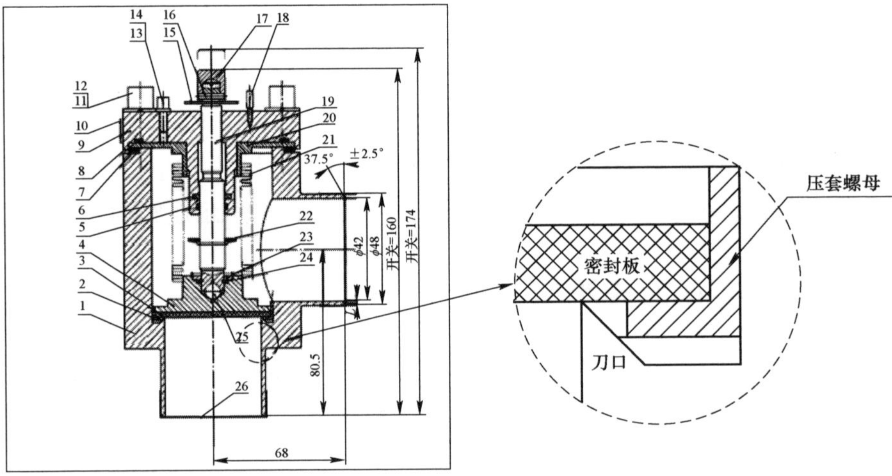

图 1　阀门密封形式

1—阀体；2—压套螺母；3—密封板；4—下接套；5—“0”形阔；6—监圈；7—密封圈；8—“0”形圈；9—阀盖；10—铭牌；11、12—螺钉、垫圈；13、14—螺钉、钢垫；15—指示盘；16—销钉；17—旋钮；18—指针；19—阀杆；20—上接套；21—波纹管；22—碳形弹簧；23—压板；24—对开环；25—钢球；26—保护盖

检修人员在检修耐压阀时，密封板要用酒精严格而且认真地擦拭，确保密封板上没有杂物、灰尘以及其他颗粒物，这样才能保证刀口和密封板很好地密封，达到通道密封，但是现在检修人员在检修过程中，发现系统通道刀口上附着物料的颗粒和渣子，这些杂物影响到刀口和密封板的密封，如何去除这些杂物，检修人员采用的是，用砂纸打磨的方法，在检修阀门时，检修人员要拿砂纸伸进通道内的刀口上面，反复地打磨，直到刀口上的杂物被打磨掉，刀口恢复光亮，再用酒精反复地擦拭，这样打磨过的刀口能很好地和密封板密封，从而提升检修一次合格率，而且使 3B 厂房耐压阀的

故障率大大减少。

6　总结

检修人员通过对检修方法的一个小改进，减少了3B系统耐压阀故障次数，对维护系统的安全稳定运行起到了积极作用，更重要的是提高了阀门故障检修合格率及工作效率，减少了检修人员工作量，反复更换密封板和锯齿环的现象不再出现，从而降低了检修成本，为今后各系统的高真空耐压阀故障检修积累了宝贵经验。

深冷柜 PLC 优化改造

潘国栋　孙　辉

摘要：本文主要针对 3#厂房控制室控制面板精 24–1 深冷柜无信号故障进行分析，提出并实施解决方案。通过外接继电器的方式改变 PLC 的输出，解决了远控无信号的故障，保证了 3#厂房的安全运行。

关键词：3#厂房；PLC；端子；继电器

1　前言

3#厂房是我公司重要的运行厂房之一，也是我公司一条生产线供取料的重要场所之一，保证该厂房的安全、稳定运行是我单位的检修职责。

2　故障现象及原因分析

3#厂房精 24–1 深冷柜属于精料净化系统的重要设备，近期 3#厂房控制室控制面板上不显示该设备的运行状态，导致控制室无法实时掌握设备的运行状态，给系统的安全运行带来极大隐患，为降低运行风险遂将该设备停用，但同功能的设备运行压力增加，恢复精 24–1 深冷柜控制室端的状态信号迫在眉睫。检修人员初次现场检查时未能判断出故障原因，为消除 3#厂房的安全运行风险，我单位立即成立由技术人员与技能人员组成的攻关小组着手该设备的检修工作。

经过现场试验研究，检修人员发现精 24–1 深冷柜 PLC Y8 端口没有输出信号，检查后发现其 PLC 内部继电器损坏导致无信号输出，因为 Y8 端口控制的是状态显示信号，所以导致控制室端无法显示其运行状态。

3　解决方案

3#厂房精 24–1 深冷箱是中科赛凌（北京）科技有限公司专门为我公司定

制研究的特有设备，其不具备通用性。该设备的 PLC 型号为：PanasonicFP－X C38AT（图 1）。

图 1　精 24－1PLC 外形图

PLC 设备可靠性高、抗干扰能力强，出现故障的概率极低，据统计，PLC 控制系统平均无故障时间可达 4～5 万小时。我单位从未检修过 PLC，咨询自控仪表车间相关人员，该单位也无相关检修经验，检修工作暂时止步。因为 PLC 内部程序为厂家专利，我们无法给一个新的 PLC 内部刷程序然后更换原 PLC，联系厂家后，厂家报价维修费用 25 000 元，且需一个月的维修周期用来准备备件和人员。经攻关小组讨论厂家介入检修，时间成本较高，系统的运行风险与时间呈正比，所以此故障检修我单位需立足自身。

在检修现场各位公关成员根据实际，凭借丰富的检修经验，结合理论，大胆想象，最终形成解决方案：外接扩展继电器代替 PLC 输出。

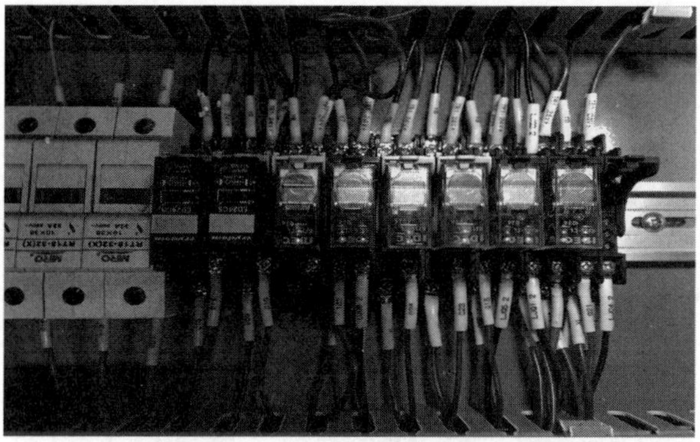

图 2　原 PLC 输出继电器接线方式

原 PLC 输出继电器接线方式如图 2 所示，其 Y8 输出端子外接的继电器是图上最左端的继电器，该继电器为 DC 24 V 一开一闭继电器，对应输出线号为：LJQ4：1、LJQ4：2，如图 3 所示。

图 3　Y8 端子输出线号

检修人员检查 PLC 外接继电器时发现，控制精 24-1 直流电源供电 Y2 端子完好，结合实际运行工况，设备的直流电源供电信号（给 PLC 和显示屏供电的 24 V 电源）和设备的运行状态肯定是时刻保持一致，所以将 Y8 输出点废弃，把 Y2 输出信号状态分流送给 LJQ4：1、LJQ4：2 就可解决故障。但 PLC 的输出信号不能共用一个回路，一是由于信号会相互干扰，再者不利于故障的判断。所以检修人员将 Y2 端子的外接继电器进行改造，由一开一闭变更成两开两闭，两个开关分别控制设备的直流电源供电信号和设备的状态信号。如图 4、图 5 所示。

经过改造后，控制室控制面板上能该设备运行状态，且设备运行正常。

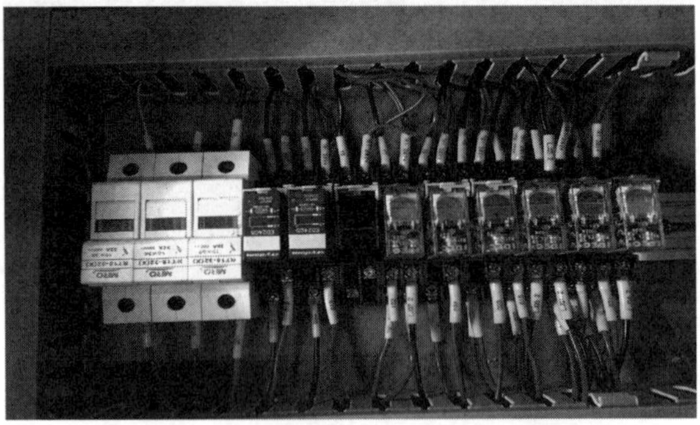

图 4　改造后 PLC 外部继电器布置图

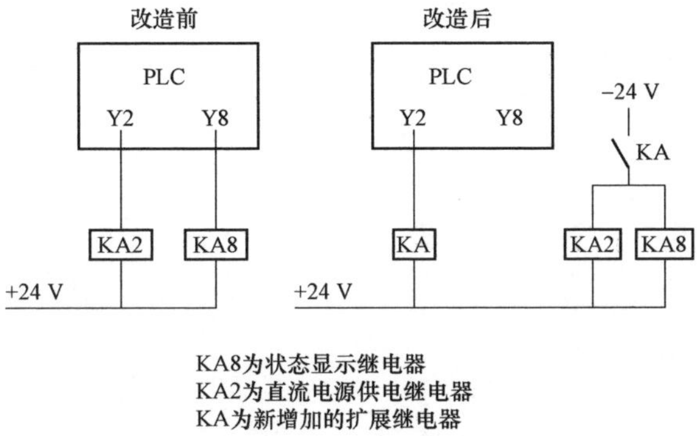

图 5　改造后 PLC 外部继电器布置简图

4　总结

经过检修后的精 24-1 再也没有出现过此故障，故障彻底被消除。此次检修是我单位的一次大胆尝试，是我单位解决 PLC 故障的首次案例，也是我单位检修人员丰富检修经验积累的体现。同时节省检修费用 2 万元及一个月的检修周期。

第四篇　化工成品与取样分析

铀浓缩厂降低放射性含铀废水量应用实践

范学振　肖建华　郭晓东

摘要：通过对某铀浓缩厂放射性含铀废水产生和处理过程的综合分析，经过一系列废水量最小化应用实践，达到降低废水量的目的。通过除锈液再利用、水压试验水再利用及容器清洗工艺优化改进等措施，单台容器平均废液产生量减少35%左右。小容器处理工艺由湿法改为干法，废水产生量减少了90%。大容器清洗过程中，除锈液重复利用5次，使得除锈废液的产生量减少了80%左右。吸附尾液再利用，废水排放量平均减少29%。结合当前废水系统工艺特点及废水处理现状，介绍了超声波法和容器喷淋清洗方法的应用效果，并为后续工作提出思路。

关键词：含铀废水；容器清洗；喷淋；超声波；膜技术

为了减少二氧化碳的排放，减缓气候变暖，国内外科学工作者在积极寻找新的清洁能源来取代石油、煤炭等化石燃料，比如核电、风电、太阳能等。核电近年来发展迅速，在保障能源需求，稳定经济发展方面发挥着重要作用。伴随我国核电及其他核工程的迅猛发展，在核工业各个领域，如铀矿的开采和水冶铀的精制提纯、核燃料制造、核电站运行、反应堆燃料后处理以及尾矿贮存等，都会产生大量的放射性含铀废水，且其种类和数量越来越多。

随着公司生产规模的逐步扩大，含铀废水的产生量和排放量也将随之成倍增长，为了有效地保护周边环境，实现公司和周边环境的可持续发展，同时顺应国家及公司“节能减排”的号召，降低放射性含铀废水量，具有重要的现实意义。本文立足于铀浓缩厂生产实际，介绍了近些年降低放射性含铀废水量的应用实践，并为后续工作提出研究思路。

1　放射性含铀废水来源和处理流程

放射性废水是指核燃料前处理和后处理，原子能发电站，应用放射性同位素的研究、医院、工程等排出的废水。放射性废水的主要去除对象是具有放射性的重金属元素，由于放射性元素的衰变周期不可改变，因此处理放射性废水一般遵循 2 个基本原则：

（1）通过稀释和扩散处理达到无害水平，主要适用于低浓度的放射性废水；

（2）将放射性废水浓缩并与人类生活环境隔离后，任其自然衰减，适用于任何浓度的放射性废水。

1.1 铀浓缩厂放射性含铀废水来源

在铀离心浓缩流程中，原料 UF_6 经过净化，加热汽化后供入级联系统进行浓缩，浓缩后的精料经过净化后装入专用容器，再经过液化均质合格后，分装入专用容器存放在产品库中。贫化的 UF_6 装入专用容器，暂存在贫料库中。在这个过程中，容器及其阀门零部件清洗、局排系统喷淋、擦地等过程会产生放射性含铀废水，而其中容器清洗是放射性含铀废水的主要来源，主要包括水解液、碱洗液、除锈液和水压试验水，占据总废水产生量的 90%以上。

1.2 放射性含铀废水处理过程

废水处理工艺流程图如图 1 所示。

铀浓度大于 2 mg/L 的废水经接受、贮存、转移、过滤后，清液铀浓度调配至 2～400 mg/L，其他离子满足工艺要求后，进入离子交换树脂塔吸附，使废水中的铀得到富集，吸附尾液进行石灰沉淀处理；铀浓度小于 2 mg/L 的废水直接进行石灰沉淀处理，处理至铀浓度≤50 μg/L、氟浓度≤10 mg/L 后暂存。暂存的含铀废水，各项控制离子指标经环保部门检测合格，严格审批后，雨季集中排放。

2 降低含铀废水量的应用实践

2.1 容器清洗方面

2.1.1 除锈液重复利用，减少除锈液产生量

容器酸洗过程中，草酸只单纯地与铁锈发生化学反应，铀不参与反应。基于此，开展了科研《含铀除锈液的再利用研究》并应用于实际生产。成果应用后，除锈液可返回利用 5 次，每年除锈液产生量减少 80%，效果对比如表 1 所示。

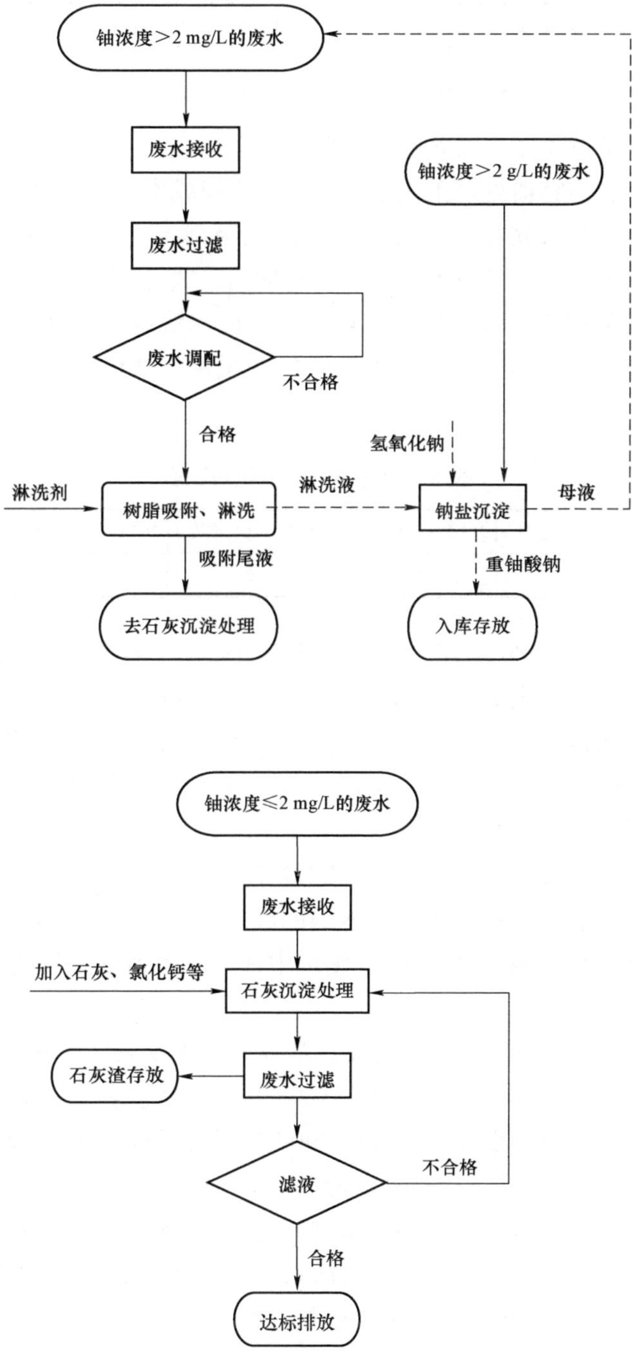

图 1　废水处理工艺流程图

表 1　除锈液重复利用前后效果对比

项目	应用前除锈液产生量/（m^3/台）	应用后除锈液产生量/（m^3/台）	除锈液减少量
数量	0.1	0.02	80%

2.1.2　干式处理小容器，减少废水产生量

由于传统的小容器处理工艺工序繁多，处理成本高，因此，开展科研《干式处理小容器工艺研究》，利用 NaF 对 HF 的吸附特性，采用氟化钠吸附塔吸附、解析的方式，实现了小容器不破空解体的干式处理方法。该工艺应用后，凝冻器周转数量逐步减少，不仅节约了阀门检修费用，也减少了放射性废水的产生。对该工艺应用前后凝冻器数量的变化进行分析，其数量变化对比表如表 2 所示。

表 2　凝冻器数量变化对比表

时间	2015 年（1 季度）	2016 年（1 季度）	2017 年（1 季度）	2018 年（1 季度）	2019 年（1 季度）
清洗数量/台	29	14	5	4	3

以年处理小容器 80 台左右，该工艺应用后，小容器处理量接近于 0，则每年可减少清洗液产生量 14.4 m^3（废液产生量 200 L/台）。

通过除锈液再利用、水压试验水再利用及容器清洗工艺优化改进等措施，单台容器平均废液产生量由 0.7 m^3 减至 0.4～0.5 m^3，平均减少 35%左右，从源头上控制了含铀废液的产生量。将小容器处理工艺由湿法（水洗）改为干法（吸附、脱附），改进后在简化工艺的同时，延长了容器阀门的使用周期，减少了含铀废液的产生量，单台小容器的废水产生量由原来的 0.2 m^3 减少为 0.02 m^3，废水产生量减少了 90%，废水中铀浓度也很低，有利于废水的后处理工作。

2.1.3　积极开展容器清洗新工艺研究，从源头减少废液产生量

目前容器清洗工艺采用化学清洗法，操作工序繁多，清洗过程中需添加酸碱等化学试剂，清洗废液产生量约 400 L/单台容器。因此开展了《容器清洗新方法研究》，采用三维洗罐器喷淋清洗，对 14 台产品容器的喷淋清洗试验，水泵出口（驱动）工作压力 1.5 MPa，喷淋扫射（容器内表面）压力计算值为 0.9 MPa，清洗介质为自来水，喷淋时间 5 min，水量 145 L，喷淋清洗效果图如图 2 所示，清洗效果可以将容器内表面附着的 UF_6 及其衍生物去除，无清洗盲区，清洗废液量由之前的 400 L/台减少至 200 L/台，验证了该清洗方法是

可行的。

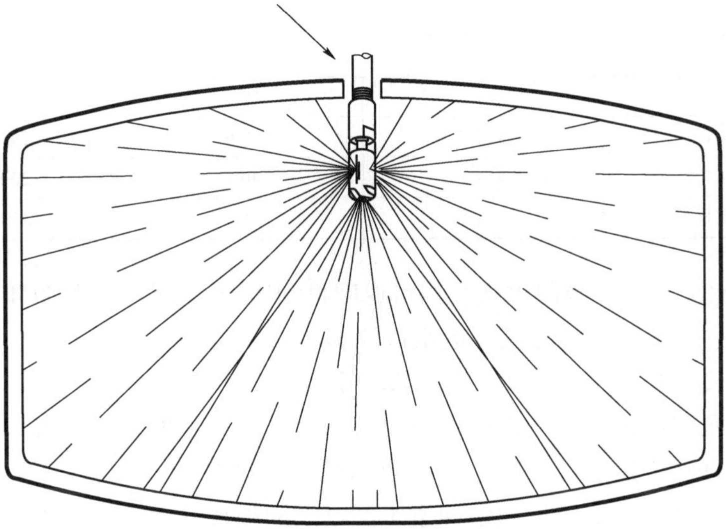

图 2　喷淋清洗效果图

如若直接采用钠盐沉淀方法或超声波法即可直接将此项废水中铀元素有效回收，后期废水体积也不会膨胀，则废水量会降低 50%。但现场试验也发现一些问题，部分容器在吹干后或烘干后仍有少面积的浮锈或绿色物质，为了解决这一问题，下一步可通过对喷淋压力、吹烘干的参数及操作优化改进，清洗合格的容器在保存时间方面需要判定。因此目前依然采用原化学清洗方法进行处理，但此技术目前较为成熟，待解决部分问题该技术可投入使用。

2.2　废水处理方面

2.2.1　三塔串联吸附＋吸附尾液返回再利用，减少废水排放量

为了进一步减少铀的外排量，开展了含铀废水处理方面的研究，并应用到实际生产中。采用三塔串联吸附方式，吸附尾液中铀含量较双塔串联时降低了 85%左右，平均铀浓度约 65 μg/L，也为后续吸附尾液返回再利用提供了基础。

根据原工艺设计，原液进行树脂吸附操作前，需要使各离子浓度符合工艺要求。如果离子浓度不合格，则用自来水进行稀释调配。该方法容易造成废液体积膨胀，不利于节能减排。而吸附尾液铀浓度很低，因此用其代替自来水进行原液调配应用到生产中。该方法应用后，树脂塔对所调配原液中铀的吸附正常，整个工艺系统在运行中无异常发生，此方法具有十分明显的减排作用。吸附尾液返回调配情况如表 3 所示。

表3 吸附尾液调配原液数据表

年份	排放量/m^3	吸附尾液返回调配/m^3	回流比
2014	101.5	75.3	42.59%
2015	136	78.5	36.60%
2016	167.7	57.6	24.8%
2017	147.1	40.7	20.8%
2018	151.5	42	21.0%

按照生产实际，吸附尾液平均可返回再利用 29.2%左右，按每年吸附处理 200 m^3 废水计算，平均可减少废水排放 58.4 m^3。

2.2.2 优化淋洗剂工艺参数，提高沉淀母液处理效率

树脂吸附塔饱和后用淋洗剂进行淋洗处理，产生的淋洗液进行钠盐沉淀处理，处理结束后进行过滤，滤渣即钠盐（重铀酸钠）经过烘干后作为回收产品暂存，滤液即沉淀母液返回废水贮槽调配处理。由于沉淀母液中硝酸根浓度高（硝酸根含量在 50 g/L 左右），至少要将沉淀母液稀释 17 倍以上才能满足吸附条件［NO_3^-］＜3 g/L，处理 1 m^3 的沉淀母液，至少需要稀释 17 倍。

淋洗剂工艺参数先后两次优化后，淋洗效果良好，达到了淋洗剂优化前的淋洗效果。淋洗剂优化为 0.6 mol/L 的 $NaNO_3$ 和 5 g/L 的 Na_2CO_3 混合液时，沉淀母液中的硝酸根浓度也随之降低，从优化前的 50 g/L 降低到 26 g/L 左右，硝酸根浓度降低了 48%，沉淀母液返回调配时，稀释 9 倍就能满足吸附条件［NO_3^-］＜3 g/L，则从调配稀释环节上减少了废水的产生。

2.2.3 超声波技术

采用超声波协同零价铁处理含铀废水，替代树脂吸附和钠盐沉淀工艺。铀浓度为 3 g/L 的含铀废水，经过三段处理，可将废水中铀浓度处理至 50 μg/L 以下，除铀效果良好，是一种行之有效的含铀废水处理方法。超声波协同零价铁处理含铀废水工艺与树脂吸附工艺相比，在优化废水处理工艺流程、减排方面效果明显，也可解决树脂吸附工艺过程中沉淀母液难处理的问题。采用超声波协同零价铁处理含铀废水工艺更加节约环保，降低废水量效果明显。

超声波协同零价铁处理含铀废水技术存在问题是产生的滤渣作为铀回收产品，成分复杂一些，可能对后期回收处理工作有所影响，且与当前系统过滤器过滤方式和能力不匹配。作为技术层面，还需要进一步探索才能更加切合废水系统，但也将会是一种良好的研究思路。

3　降低含铀废水量后续发展思路

3.1　容器喷淋清洗＋超声波技术除铀

研究建立一套成熟完整的废水处理工艺。研究思路为采用容器喷淋清洗＋超声波除铀技术，实现降低放射性含铀废水的产生量的目的。新型废水处理工艺流程如图 3 所示。

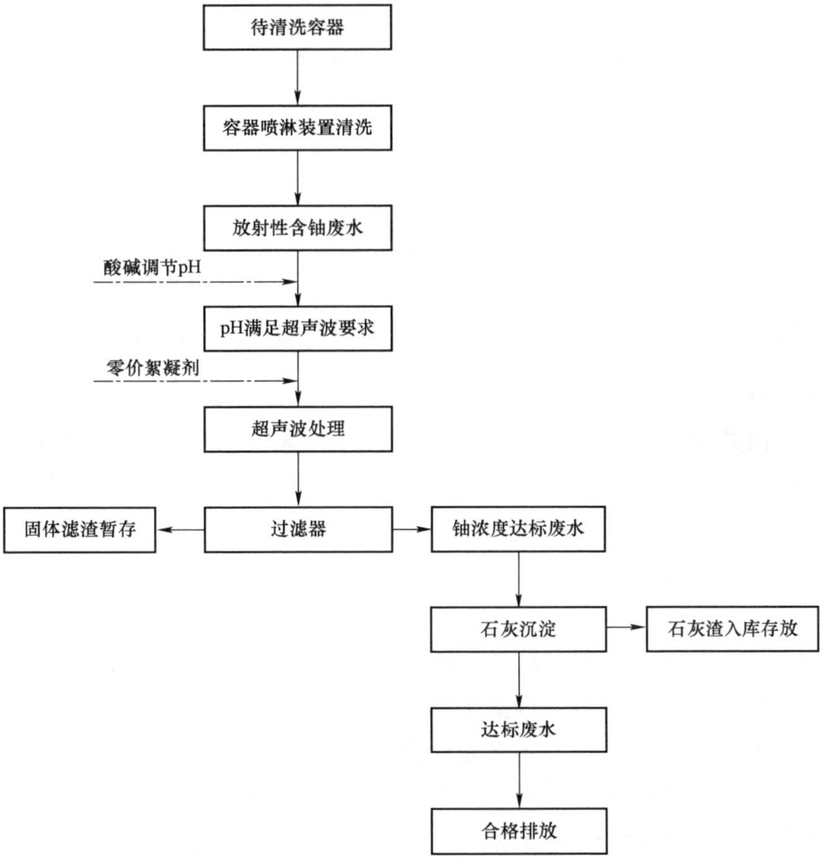

图 3　新型废水处理工艺流程图

该项目所处理的含铀废水为容器清洗新方法产生的水解液和喷淋液的混合液，铀浓度约为 3 g/L。和现有废水工艺相比，新型废水处理工艺可代替化学清洗容器和树脂吸附废水的方式，利用喷淋装置对容器进行清洗，然后将清洗后的含铀废液 pH 调节至满足超声波使用要求后，利用超声波协同零价絮凝剂经三段处理后可将铀浓度 3 g/L 的含铀废水直接处理至 50 μg/L 以下，再经过石灰沉淀除氟工序处理监测合格后可达到排放标准。在前面工作中已经分别验证容器喷淋清洗和超声波除铀方法的可行性，虽然目前还存在部分问题，但只要技术发展成熟后，将成为一种先进可靠的废水处理工艺。该工艺操作简单，除铀效果良好，只要技术成熟，该项工艺得以完整实施，废水量将比原有工艺减少90%以上，具有良好的应用前景。

3.2 膜技术或高压反渗透技术

某厂家介绍了一种膜浓缩技术，该技术主要使用一种采用允许溶剂分子或某些低分子量的溶质或低价离子透过的纳米膜。该膜截留物质的分子量大约为150～500，由于含铀废水中除铀酰离子外，其他成分的分子量均小于150，可以透过膜进入淡水，而铀被截留下来得以富集。含铀废水主要成分表如表4所示。

表4 含铀废水主要成分表

物质	NaF	$NaNO_3$	Na_2CO_3	草酸钠	铀
分子量	42	85	106	134	238

据了解，目前同行业已有企业开展了利用高压反渗透处理核废水的试验研究，国内其他一些公司或院校已在研究采用膜或反渗透技术处理含铀含氟废水，因此可以将该技术作为今后研究和探索的方向。目前所了解的膜技术适合于处理铀浓度低、处理量大的工艺过程，缺点为投资大、维护成本高。对于公司含铀含氟废水工艺，目前的膜技术不适合应用，但仍然要关注膜技术的发展，未来也是废水处理工艺的一个研究方向。

随着对含铀废水处理方法的不断研究，传统的处理方法由于成本高、二次污染等原因将会被取代。目前生物技术和膜技术在含铀废水领域发展十分迅速，展现出巨大的潜力，越来越受到大家的青睐，通过相关科研工作者的不断努力，已经被逐步的实用于工程实例。特别是分子筛的应用和沥青铀矿结晶法的提出，都表现出各自的优良性能，也为含铀废水处理提供了新思路，相信在不久的将来定会引起它们在放射性核素吸附方面的研究热潮，也会对铀浓缩厂含铀废水处理具有一定的指导作用。

4 结束语

当前所做工作均是在现有废水处理系统基础上进行改进和优化，技术本质上并无改变，因此向着更加便捷高效和安全环保的方向发展是未来主流方向。近些年来，一些新型放射性废水处理方法也取得了突破性进展，然而也存在其应用弊端，因此对含铀废水处理方法选用时，应综合考虑需处理废水的水量、铀浓度、pH 值以及废水中其他共存的离子等因素，同时也要兼顾处理方法是否环保，是否带来二次污染等情况。相信随着科技的不断提高，科研人员的共同努力，未来放射性含铀废水处理技术会更加成熟环保，也会给铀浓缩行业废水处理带来突破性发展。

参考文献

[1] 王宝贞．放射性废水处理 [M]．北京：科学出版社，1979．

[2] 高剑森．放射性污染漫谈 [J]．现代物理知识，2001，13（4）：12－13．

[3] 胡鄂明，邵二言，赵静．含铀废水处理技术研究进展 [J]．湖南生态科学学报，2016，3（1）：42－48．

单批次产品取单支 2S 样品分析探讨

王振楠　赵震宇　焦远征

摘要：本文叙述了 2S 容器在中核陕铀产品取样的使用概况，单批次产品取 2 支 2S 样品使 2S 容器周转产生很大压力，本文对单批次产品取单支 2S 样品进行了探讨分析，并给出取单支 2S 样品突发事件的解决措施及质量保证措施。

关键词：UF_6；2S 样品

2S 样是六氟化铀产品液化加热、充分对流均质后，通过 2S 容器（或仿 2S 容器）所取得的足量的、具有代表性的样品，主要用于卖方分析、买方复验及仲裁。中核陕铀在液化均质系统所取得的 2 支 2S 样品，1 支用于卖方分析检验，另 1 支留存（3 个月或 1 年），用于买方复验及仲裁。随着中核陕铀产能的增大以及液化均质系统采用小压热罐直接液化均质产品容器新工艺应用后，2S 容器的使用量将会大量增加，使 2S 容器周转产生很大压力。

1　样品容器使用现状分析

1.1　周转流程

取 2 支 2S 样品及取 1 支 2S 样品的容器周转流程图见图 1。

由图 1 可知，完成 1 批次液化均质，取 1 支 2S 样品的容器周转流程在 2S 取样、样品蒸发及抽空、取样器清洗及组装和取样器本底测量这几个步骤可减少一半操作量，并节约一半的样品容器周转量。

1.2　产品取样概况

目前液化均质厂房液化均质系统有大压热罐 3 台，采用液态分装方式进行生产；小压热罐 1 台，采用直接液化均质产品容器及取样生产方式（简称“3 大 1 小运行方式”）。2019 年下半年小压热罐项目改造完成正式投运以后，

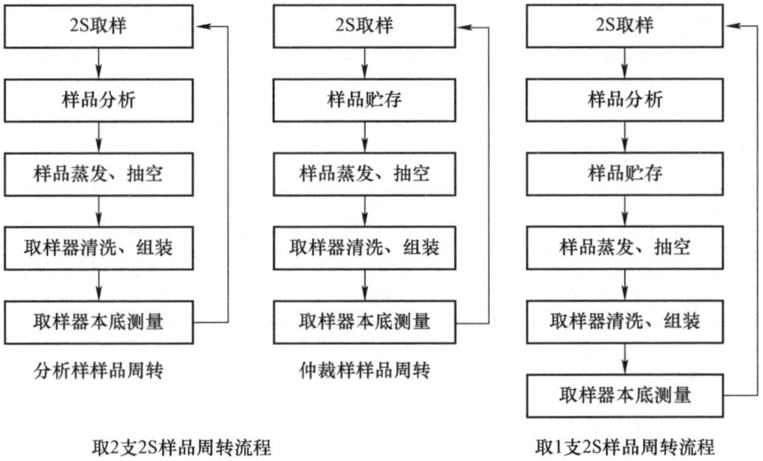

图 1　取 2 支 2S 样品及取 1 支 2S 样品的容器周转流程图

将新增 4 台小压热罐（简称“3 大 5 小运行方式”）。以年有效生产时间 48 周，每支 2S 取样量控制在 800 g 左右，样品分析消耗 400 g 计算，在液化均质系统满负荷运行情况下，小压热罐项目改造前后满负荷运行 2S 容器使用情况如表 1 所示。

表 1　小压热罐项目改造前后满负荷运行 2S 容器使用情况

项目 \ 运行方式	3 大 1 小（改造前）		3 大 5 小（改造后）	
	单批次取 2 支样	单批次取 1 支样	单批次取 2 支样	单批次取 1 支样
年生产批次/批	192	192	384	384
产品数量/罐	480	480	672	672
2S 容器使用量/支	384	192	768	384
UF_6 蒸发量/kg	230.4	76.8	460.8	153.6

由表 1 可以看出，取 1 支 2S 样品可以减少 50%的 2S 容器使用量；减少 66.7%的 2S 样品的蒸发量。改造后 2S 容器的使用量比改造前增加 100%。

在实际生产中，2019 年液化均质产品数量约为 380 罐，在满足小压热罐满负荷运行的情况下，小压热罐项目改造前后产品液化均质及 2S 容器使用情况如表 2 所示。

由表 2 可以看出，取 1 支 2S 样品可以减少 50%的 2S 容器使用量；减少 66.7%的 2S 样品的蒸发量。改造后 2S 容器的使用量比改造前增加 80.5%。

表 2　小压热罐项目改造前后产品液化均质及 2S 容器使用情况

项目＼运行方式	3 大 1 小（改造前）		3 大 5 小（改造后）	
	单批次取 2 支样	单批次取 1 支样	单批次取 2 支样	单批次取 1 支样
年生产批次/批	159	159	287	287
产品数量/罐	380	380	380	380
2S 容器使用量/支	318	159	574	287
UF_6 蒸发量/kg	190.8	63.6	344.4	114.8

综上所述，小压热罐项目改造完成后，产品容器液化均质及取样生产方式的推广使用，将会大幅度增加 2S 容器的使用量。因此，每批次液化均质取 1 支 2S 样品不仅减少了 2S 取样容器使用量和样品的蒸发及抽空，也将会较大程度地减少取样器清洗及组装和取样器本底测量操作。并且，减少了后续的 50 L 倒料操作、液化配料操作。

2　取单支 2S 样品可行性分析

本文从标准规范、操作规程、程序文件以及兄弟单位实践情况等方面对取单支 2S 样的可行性进行分析。

2.1　标准规范依据

（1）GB/T 13696—2015《^{235}U 丰度低于 5%的浓缩六氟化铀技术条件》

该标准第 6.3 条规定：每一个批量应在物料成液态和均匀的情况下，取数量足以完成规定检验的有代表性的样品。这些样品可用于卖方分析、买方复验以及仲裁。

（2）ASTM C996—10《^{235}U 浓度低于 5%的浓缩六氟化铀标准规范》

该标准第 6.1 条规定：应在物料液化均质时，取出一份数量足以完成上述各项规定试验的有代表性的样品。

（3）ASTM C996—15《^{235}U 浓度低于 5%的浓缩六氟化铀标准规范》

该标准第 6.1 条规定：在物料已液化和均质时，应取出足够数量的有代表性的样品以完成上述各项规定的试验。

（4）USEC—651《UF_6 精心操作实用手册》

该手册第 11.2 条描述：取出的样品代表 30 英寸或 48 英寸容器内的物料。样品在浓缩厂分样分析，需要的话，由顾客选择实验室分析。在第一次分析的样品存在争议的情况下，分样剩下的样品或者第 2 次取的样品将作为仲裁样。

由上述规范或手册描述可以看出，用于卖方分析、买方复验以及仲裁的样品需满足“足够数量”和“具有代表性”两个条件，并没有明确要求必须取 2 支 2S 样品分别用于分析和仲裁。因此，取 1 支 2S 样品（足够数量的样品）用于卖方分析、买方复验以及仲裁的样品需保证在卖方分析后的剩余样品仍具有代表性，即在卖方分样过程中不会对 2S 容器内剩余样品造成污染。

2.2　操作规程依据

根据 Q/IH・J－07・01・04－2018・中分《液化分样规程》中的分样方法原理描述：将装有六氟化铀样品的 2S 容器在烘箱内（或半浸入水中）加热至 90～96 ℃，使 2S 容器内的六氟化铀样品充分液化，液态的六氟化铀依靠重力作用在真空状态下流入取样器中进行样品的分取。若液化分样过程中未对取样器内物料造成污染，那么液化分样后取样器内物料仍具有代表性。

2.3　程序文件要求

在公司 Q/IH・G－07・24－2018A《主产品最终检验程序》文件中第 5.2.4.2 条明确规定：“样品在存放、传递、分样过程中不得被沾污或改变组分，保证样品的固有质量。”这也对 2S 样品分样过程中保证样品的固有质量不被沾污提出了明确要求。

2.4　兄弟单位实践依据

经过沟通询问，了解到兄弟单位中核兰铀、中核四川红华目前在液化均质后只取 1 支样品，具体情况见表 3。

表 3　兄弟单位取样情况

序号	单位	取样器规格	取样量/g
1	中核兰铀	0.3 L	400～450
2	四川红华	2S	600 左右

取得样品在分样后的剩余样品留存用于仲裁。兄弟单位的实践也为取单支 2S 样品提供了可行依据。

3　存在的问题及解决措施

在分析单位对 2S 样品进行液化分样过程中，可能存在 2S 取样器阀门打不开或阀门“冒烟”的情况发生，但这两种情况出现的次数很少。

3.1 阀门打不开的解决措施

近几年来，仅 2018 年出现一例阀门打不开的情况，取样单位编制 2S 取样器处理方案经审批后，对取样器冷冻后进行阀门更换处理。

如在今后出现此类情况，取样单位将及时编制相关处理方案并经专业管理部室审批后进行阀门更换处理，并在处理过程中尽快完成阀门更换，减少样品与空气接触。并由分析单位做好质谱分析，保证微量元素的检测可靠性。如果出现更换阀门的 2S 样品的分析结果不符合要求，取样单位将对该批次产品重新取样，交由分析单位进行分析。

3.2 阀门“冒烟”的解决措施

阀门“冒烟”是由于打开 2S 取样器阀门时，阀门的压紧螺母松动，阀门填料与阀杆间间隙太大无法形成密封，导致取样器内物料外漏。此类情况杂质没有进入取样器内，不会对样品代表性造成影响。因此，可通过扳手适当拧紧取样器压紧螺母的方法减小阀杆与填料之间间隙，从而消除漏点；如果拧紧取样器压紧螺母后仍然冒烟，取样单位将及时编制相关处理方案并经专业管理部室审批后进行阀门更换处理。

4 取样量的保证措施

2S 容器的装料限值为 2.2 kg。依据《3B 厂房液化均质系统运行规程》2S 容器的取样量控制在 600～1000 g，足以满足样品分析。如果取单支 2S 样品可以施行，取样单位会将 2S 取样量控制在 800～1200 g，以保证有足够的量进行样品分析及仲裁。

5 结论

六氟化铀产品液化均质后取单支样品用于卖方分析、买方复验及仲裁可大幅减少 2S 取样器的周转量及其相关操作量，且已被兄弟单位实施。若样品经分析后的剩余物料仍具有代表性，取单支 2S 样品是可行的。另外，从长远的角度看，取单支 2S 样品对公司降本增效、节能减排的发展也是实实在在的举措。

小压热罐液化均质工艺优化与设计

刘振林　罗仁东　邵熙平

摘要：本文介绍了目前小压热罐液化均质工艺系统应用情况，通过对小压热罐液化均质工艺进行优化，将液态取样方式改为气态取样，有效提高了小压热罐系统的安全性能。并对小压热罐系统进行优化设计，有效地提高了小压热罐系统本质安全度。

关键词：小压热罐；取样

液化均质是铀浓缩工厂浓缩铀产品出厂前的最后一道工序，其作用是将分离后的浓缩铀产品在容器内加热液化，并保证在（93±3）℃经过 12 h 以上恒温，使其在容器内充分对流均质、去除轻杂质，以保证浓缩铀产品在出厂前符合 GB/T 13696—2015《^{235}U 丰度低于 5%的浓缩六氟化铀技术条件》的要求。液化均质结束后，通过相关管线液态分装至产品容器内，并在卸料过程中取出合格 2S 样品，这些样品可用于卖方分析、买方复验及仲裁。这一工艺虽然比较成熟，但是在分装和取样过程中，高温、高压的 UF_6 液体要流经较长的卸料管线以及较多的阀门，是铀浓缩工艺生产链中的安全短板。小压热罐液化均质工艺从源头上精简了液化均质工艺流程，摒弃了传统液化均质工艺中的液态分装高危操作。因此，优化液化均质工艺流程，提高液化均质工艺本质安全度对铀浓缩工厂的生产安全以及铀浓缩行业的发展有着积极的意义。

1　小压热罐液化均质工艺

1.1　工艺流程

采用小压热罐直接加热产品容器，待物料充分液化均质后，再利用液压举升装置将压热罐后部缓慢举升至一定倾斜角度，然后再通过在压热罐外的阀门操作装置打开、关闭压热罐内液化容器 1 英寸阀门和取样装置阀门，使液态 UF_6 流入 2S 取样器中完成取样，最后再将压热罐放置水平位置，收集相关管线内残余物料并吹洗相关管线，拆除取样器称重。产品容器取样示意图如图 1 所示。

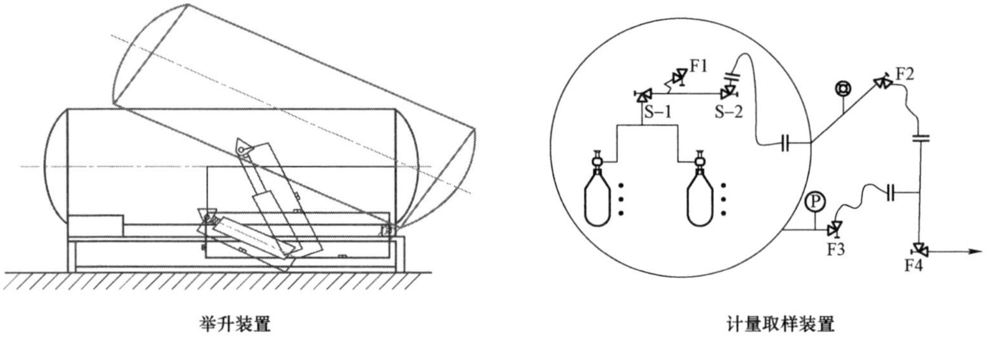

图 1　产品容器取样示意图

1.2　液态取样试验

在液化均质厂房建立一套产品容器液态取样系统，进行产品容器液化均质后直接取液态样工艺试验，工艺流程图如图 2 所示。此工艺直接对产品容器内 UF_6 进行液化均质，因此，液化均质完成后省略了分装操作，取样后便可作为产品出厂。产品容器液态取样试验情况如表 1 所示。

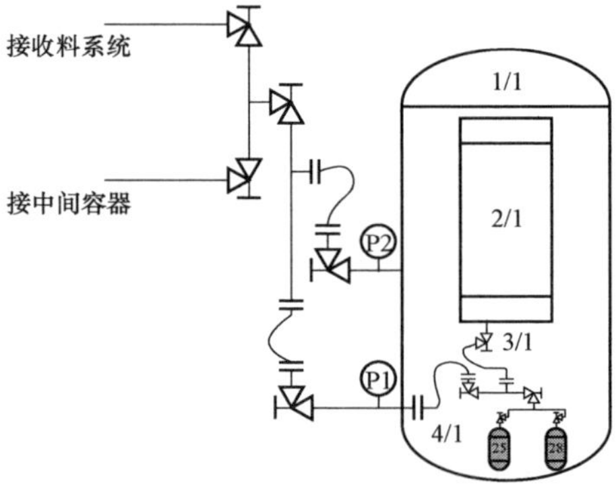

1/1—小压热罐，专用于产品容器的加热和保温以及作为 UF_6 泄漏安全屏蔽容器；

2/1—液化容器，专指产品容器，工作介质为 UF_6；

3/1—取样计量装置；

4/1—取样器，型号为 2S 或仿 2S 容器。

图 2　产品容器取样工艺流程示意图

表 1　产品容器取样试验情况

序号	取样压力/kPa	两台 2S 取样量/g		合格标准/g	取样结果
1	415.5	716	688	600～1000	一次合格
2	418.6	658	634	600～1000	一次合格
3	416.3	772	768	600～1000	一次合格
4	421.6	654	610	600～1000	一次合格
5	416.8	789	803	600～1000	一次合格
6	420.5	678	696	600～1000	一次合格
7	360.5	0	0	600～1000	一次不合格
8	422.6	814	802	600～1000	一次合格
9	410.9	756	783	600～1000	一次合格
10	418.6	765	778	600～1000	一次合格

由表 1 可知，进行的 10 次取样试验结果中有一次未取到合格量样品。液化均质结束后进行液态取样时，高温高压的液态物料进入高真空取样管线时会发生 UF_6 气化现象，导致阀门通道堵料，从而使液态物料不能顺利流入取样器内。对于一次取样不合格的取样情况，需进行收料、抽空、阀门消堵等一系列工艺操作后进行再次取样，直至取样量达到合格标准。并且每次拆装容器时，均需要拆装液态取样装置，且每次取样时需进行小压热罐举升操作，操作繁琐。翻转小压热罐制造复杂、成本高、罐体开洞较多，使用不便。由于液态取样装置阀门众多，物料泄漏风险也较大，一旦泄漏，小压热罐清污工作较重。

1.3　液态取样试验小结

（1）对于一次取样量不合格的情况需进行较为繁琐的操作进行重新取样。

（2）液态取样过程压力较高，举升取样泄漏风险也较大。

（3）该工艺规避了分装操作，简化了工艺流程，将所有与液态操作有关的管线阀门均包容在压热罐内，有效地保证了液态 UF_6 物料不会向厂房等外环境泄漏。

2　小压热罐液化均质工艺优化

2.1　优化思路

小压热罐内产品容器的 1 英寸阀接气态管线到罐外的气体净化管线上。

在气体净化管线上，接出分支管线作为气态取样的管线，并在其端口处设置气态取样装置。气态取样装置示意图见图 3。

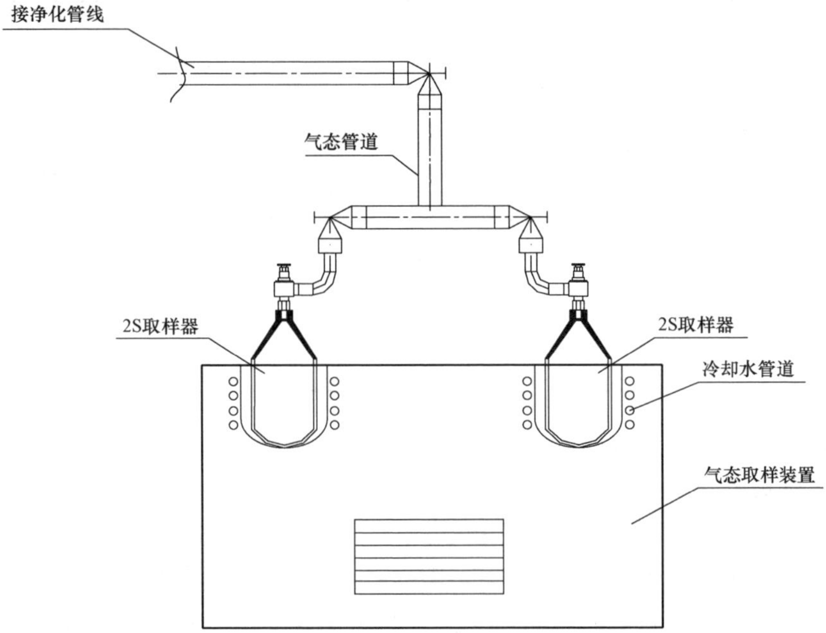

图 3　气态取样装置示意图

UF_6 物料在小压热罐内经过加热均质后，打开气态取样管线的阀门，使气态 UF_6 物料流入 2S 取样器内。通过气态取样装置对 2S 取样器冷却，将物料凝固在 2S 取样器内，完成取样过程。然后，使小压热罐内液化均质好的产品容器自然降温到室温，通过液压小车运出罐外。至此，完成了液化均质生产过程。

小压热罐内产品容器 1 英寸阀使用阀门电动操作装置操控，其余管线上的阀门均手动操控。整个生产过程，管线内无液态 UF_6，且气态取样时管线压力可控制为负压，大大提高了液化生产的安全性。

2.2　气态取样试验

在建立的气态取样系统上进行试验，首先将装有 UF_6 的产品容器在压热罐内加热升温完成液化均质后，通过取样系统依次在取样点 C、取样点 B 取气态 2S 样两支，取样期间为保证气态 UF_6 不会在 85 ℃的取样管线内液化，压力控制在 250 kPa 以下。气态取样工艺系统见图 4。

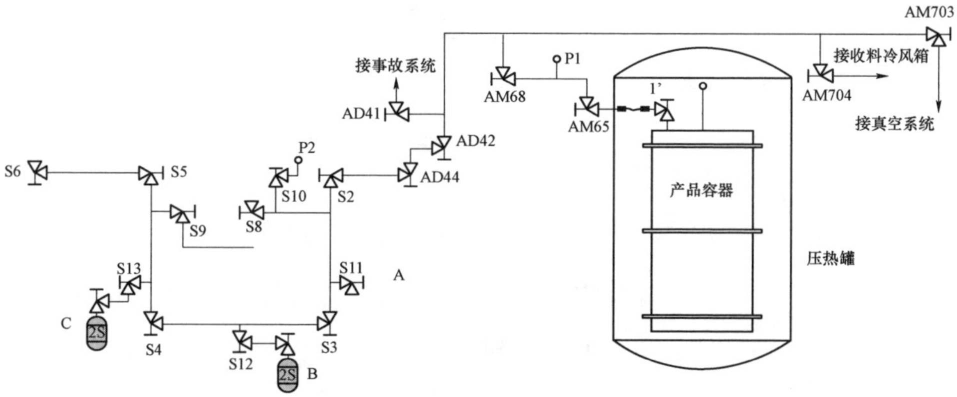

图 4　气态取样工艺系统示意图

为保证所取得样品的量既能满足用于分析消耗的重量，又不会造成大量的 UF_6 浪费，因此将取样量控制在 400～1200 g。气态取样量的控制受取样时间、取样压力、冷阱温度、环境温度、取样器热传递效率等因素影响，试验过程中通过控制时间变量进行了 20 批次气态取样试验（受试验条件限制，将取样压力、冷阱温度、环境温度控制在一定范围），不断总结气态取样经验，通过取样时间的调整达到了取样量的控制要求，B、C 点合格取样量下取样时间如图 5、图 6 所示。

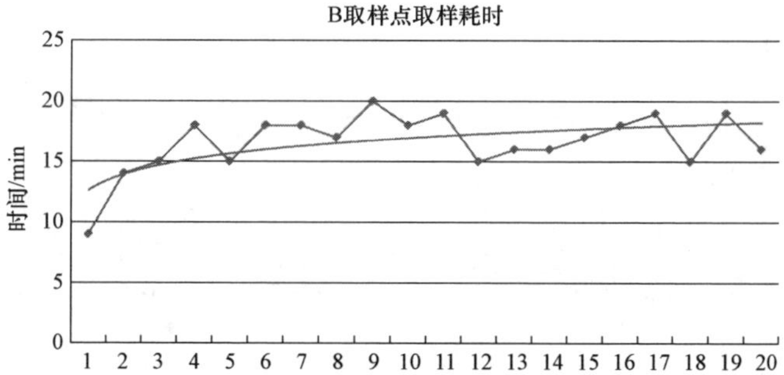

图 5　B 点合格取样量下取样时间图

由图 5、图 6 可知，B 取样点在保证合格取样量下耗时 18 min 左右，C 取样点在保证合格取样量下耗时 15 min 左右，取样时间远长于液态取样时间。

2.3　气态取样试验小结

（1）液态取样方式可以一次性精准获得所需要的样品量，气态取样方式需要对取样压力和时间进行长时间的摸索，才能获得满意的取样量。

（2）气态取样方式的安全性明显高于液态取样方式。

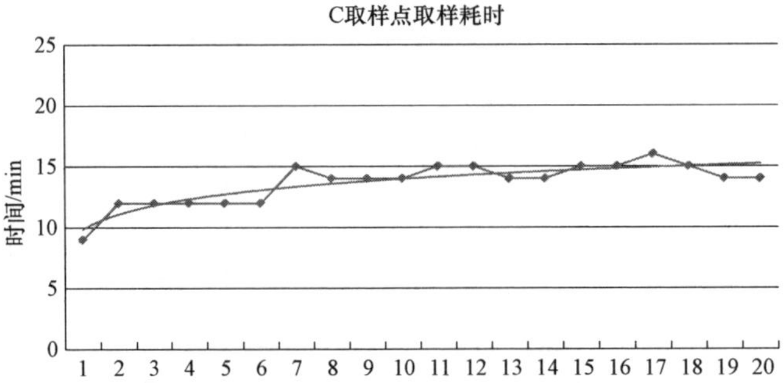

图 6　C 点合格取样量下取样时间

3　小压热罐优化设计

小压热罐液化均质工艺系统主要由加热液化系统、取样系统、自控联锁系统及其他辅助系统组成。主要在罐体结构和取样系统方面进行优化设计。

3.1　罐体结构优化

与原设计的小压热罐比较而言，新设计的小压热罐在结构上主要进行了 3 点优化，小压热罐结构简图如图 7 所示。

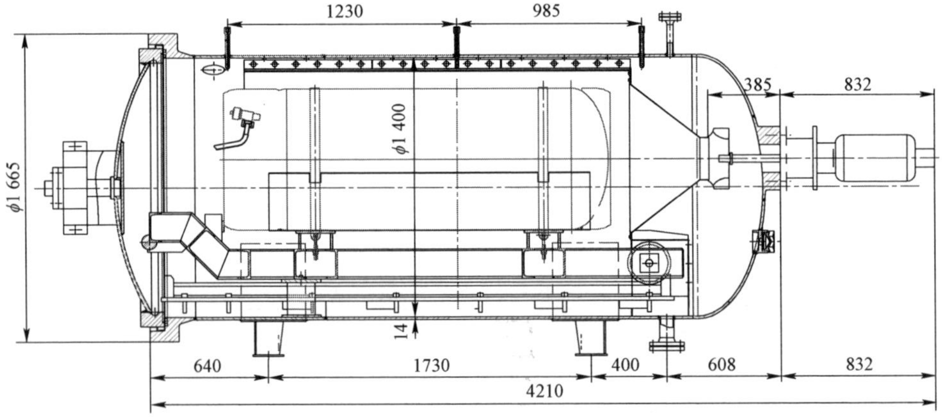

图 7　产品容器专用压热罐结构简图

3.1.1　去除小压热罐举升装置

小压热罐系统采用气态取样工艺后，减少了举升取样操作，提高了取样安全性，并且优化小压热罐落位基础结构，使小压热罐罐体落位在地基鞍座上，使之抗震性能更高、更平稳安全。

3.1.2　去除液态取样系统，优化容器转移装置结构，缩小小压热罐体积

小压热罐系统采用的气态取样工艺将取样系统移到罐外，因此将原来的液态取样系统去除，简化了小压热罐罐内系统结构，在此基础上对容器转移装置进行进一步优化，使小压热罐内径尺寸降低至 1400 mm，外径最大尺寸降低至 1665 mm。此设计方式有效地降低了小压热罐的制造成本，提高了小压热罐系统在液化均质厂房的布局应用。

3.1.3　优化小压热罐大门密封方式

将“Y 型密封圈挤压式密封”优化为“快开门充气式密封”。“快开门充气式密封”通过安全联锁设置保障了小压热罐的密封性能和故障情况下小压热罐的安全性能。其工作原理如下：

（1）关闭快开门时，首先利用齿条、齿轮装置将封头法兰逆时针旋转至指定位置（封头有限位装置）。

（2）接着将安全联锁装置手柄抬起，直到手柄定位套上的直边与保险块上铣出的直边相平行，此时，定位套、支架、保险块之间形成互锁，封头不能回转。

（3）绿灯亮，就证明安全联锁装置已起到了保护作用，设备即可正常加压。

（4）在上述状态下给容器加压尽管是安全的，但是，由于手柄没有自锁（打开手柄还是一种自由状态），如果有人误操作，手柄却是不安全的，所以又另设计了一套类似于用气压推动活塞轴的自锁装置，容器一旦加压，便将气压通过管道引入活塞，将活塞轴推起，正好顶住操作手柄定位套上的“V”形槽，这样手柄不能回转，（推起活塞轴的最低压力不大于 0.01 MPa），也就防止了出现类似的错误的操作。

（5）要想开启快开门时，只能先将容器泄压，这时活塞轴因自重而下落，（活塞轴下落的最低压力不大于 0.01 MPa），手柄才能人工开启，指示灯红灯亮，此时表示快开门允许打开。

3.2　取样系统优化

气态取样系统用于取出规定量的、具有代表性的样品，以便分析 UF_6 物料同位素丰度值、卤代烃浓度、金属杂质含量、仲裁、用户鉴定，采用的设备为六氟化铀气态取样装置。六氟化铀气态取样装置分为气态取样制冷装置和气态取样管线两个部分。制冷装置通过压缩机制冷为低温槽制冷，取样容器置于低温槽内并通过连接装置与取样管线支管相连，取样管线通过连接装置与工艺系统连接。六氟化铀气态取样装置示意图如图 8 所示。

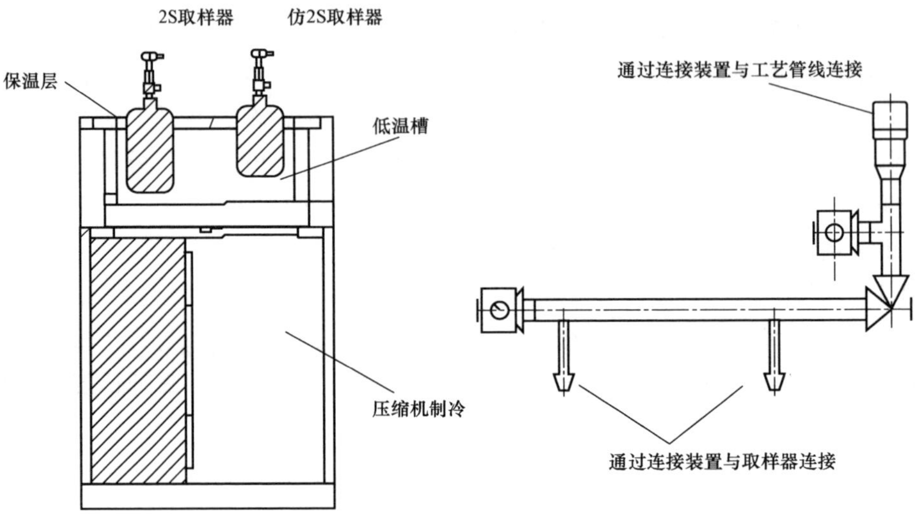

图 8　六氟化铀气态取样装置示意图

主要技术指标如下：

（1）可实现对两台不同型号的取样器同时冷冻；

（2）对取样器表面 1/2 部位以下进行冷冻，温度控制范围为：−25～40 ℃，温度范围内可调；

（3）对取样器本身阀门和气态取样管线的加热，温度控制范围为：80～100 ℃，温度范围内可调。

4　结论

通过对小压热罐液化均质工艺的优化，降低了 UF_6 泄漏事故几率，可以提高液化均质工艺的整体安全性。小压热罐进行优化设计后，有效地提高了小压热罐系统安全性能。

压热罐液化均质系统能耗测试分析报告

孙文亮　张小兰　邵熙平

摘要：本文根据现厂房实际运行情况及运行数据记录，认真分析大压热罐、小压热罐液化均质系统能耗，为 2019 年科研技改中 4 台小压热罐投入运行做出可预见性液化均质能耗分析，为“降低分离功成本”提供了依据。

关键词：压热罐；系统能耗；降低分离功成本

3B 厂房安装有 4 个压热罐，分别是 1/1、1/2、1/3 和 1/4 压热罐。其中，1/1、1/2、1/3 压热罐为大压热罐，内部安装 3 m^3 精料容器，1/4 为小压热罐，内部安装 740 L 精料容器。压热罐的主要作用是对精料容器内物料进行加热，使物料按照工艺操作规程的要求升温，最终温度达到（93±3）℃。压热罐热源是压热罐内壁敷设的加热丝，在压热罐尾部装有风扇，通过风扇的运转加速空气的流动，使压热罐内空气温度均匀。压热罐内壁、压热罐前室及精料容器内分别安装有 1 个温度传感器，将其引出的信号线连接 DCS 上，在 DCS 上对压热罐加热丝温度 TIAH101/（1～4）、压热罐前室温度 TIAH102/（1～4）、740 L 容器物料温度 TIAH103/（1～4）显示、报警和控制。

目前 3B 厂房只安装了 1 台小压热罐，在 2019 年的科研改造项目中还要增加 4 台小压热罐，并计划在 2019 年 8 月投入运行。

1　大压热罐液化均质系统能耗分析

大压热罐内容器物料按 2 个阶段升温。第一阶段物料向（85±3）℃升温，当物料温度达到（85±3）℃后恒温 5 h，第二阶段物料向（93±3）℃升温，当物料温度达到（93±3）℃后恒温不少于 12 h，然后进行液态卸料。卸料结束后，所剩物料向冷风箱倒料，倒料完毕停加热及风扇运行。

大压热罐液化均质系统耗能设备主要包括压热罐加热器、压热罐风扇。

分别计算液化均质过程压热罐加热器、压热罐风扇的能耗，就可以得出总的能耗。

1.1 大压热罐加热器能耗

这里采集了 1/1 压热罐液化均质的加热过程运行参数（表 1），并绘制了 1/1 压热罐液化均质过程加热功率输出图（图 1）、1/1 压热罐液化均质过程加热丝温度、前室温度及物料温度波形图（图 2）。通过这些参数，对大压热罐液化均质系统能耗进行分析。

表 1 1/1 压热罐液化均质过程的运行参数

加热时间	加热电压/V	加热电流/A	表面温度/℃	前室温度/℃	物料温度/℃	计算功率/kW
8:00	379	25.6	25.3	22.4	22.2	16.80
9:00	380	26.1	37.8	41.9	23.2	17.18
10:00	381	25.7	48.4	54.1	26.8	16.96
11:00	380	26.1	57.8	64.2	31.7	17.18
12:00	382	25.6	73.5	80.4	40.3	16.94
13:00	381	26.5	77.1	84.1	42.4	17.49
14:00	382	25.7	82.8	88.5	45.2	17.00
15:00	380	25.7	89.3	96.2	50.6	16.91
16:00	380	26.2	93.8	100.8	54.1	17.24
17:00	380	25.7	99.7	106.7	59.8	16.91
18:00	390	25.9	104.3	112.3	63.3	17.49
19:00	389	25.7	107.6	116.8	67.8	17.32
20:00	309	20.8	108	117.2	66.3	11.13
21:00	310	20.9	106.9	116.2	64.1	11.22
22:00	309	20.8	106.8	116.7	63.6	11.13
23:00	310	20.9	103.1	111.3	63.5	11.22
0:00	246	16.1	99.3	105.1	63.6	6.86
1:00	391	26.1	101.9	108.2	63.6	17.68
2:00	391	26.2	103.1	111	63.6	17.74
3:00	391	26.1	104.9	112	63.6	17.68
4:00	391	26.2	106.6	115.4	64.6	17.74
5:00	308	20.4	105.9	112.6	66.7	10.88
6:00	309	20.4	106.3	113	70.6	10.92
7:00	246	16.2	107.8	113.3	72	6.90

续表

加热时间	加热电压/V	加热电流/A	表面温度/℃	前室温度/℃	物料温度/℃	计算功率/kW
8:00	300	20.6	110	115.9	76.7	10.70
9:00	300	20.6	110.4	114.9	80.3	10.70
10:00	300	20.5	108.4	111.9	83.5	10.65
11:00	53	3.6	102.1	100.7	86.1	0.33
12:00	53	3.6	98.2	94.7	86.8	0.33
13:00	53	3.6	95.5	90.6	87.1	0.33
14:00	53	3.6	93.2	87.2	87.4	0.33
15:00	53	3.6	91.6	84.5	89.2	0.33
16:00	53	3.6	93.7	86.9	89.7	0.33
17:00	110	7.2	94.4	87.8	900	1.37
18:00	109	7.4	93.5	85.9	90.3	1.40
19:00	110	7.3	97	90.4	91.1	1.39
20:00	109	7.2	101.3	96.5	91.7	1.36
21:00	110	7.3	99.6	93.1	92.8	1.39
22:00	109	7.3	98.7	90	93.6	1.38
23:00	110	7.2	98.2	89.8	94.2	1.37
0:00	109	7.2	97.8	89.1	94.7	1.36
1:00	110	7.3	97.7	88.6	95	1.39
2:00	110	7.3	96.6	87.1	95.3	1.39
3:00	110	7.3	95	84.4	95.3	1.39
4:00	109	7.2	93.2	82	95.1	1.36
5:00	0	0	92.5	81.1	94.6	0.00
6:00	109	7.2	94.4	84	94.4	1.36
7:00	109	7.2	95	85.1	94.4	1.36
8:00	53	3.6	93.7	83.7	94.4	0.33
9:00	53	3.6	92.2	81.1	94.1	0.33
10:00	53	3.6	91	79.9	91.9	0.33
11:00	52	3.6	89.7	78.8	90.8	0.32
12:00	175	12	88.4	77.8	89.4	3.64
13:00	175	12	86.7	76.9	86.9	3.64
14:00	175	12	87.5	79.3	84.5	3.64
15:00	175	12	88.2	80.6	84.8	3.64
16:00	175	12	88.9	81.7	85.7	3.64

续表

加热时间	加热电压/V	加热电流/A	表面温度/℃	前室温度/℃	物料温度/℃	计算功率/kW
17:00	175	12	89.8	82.6	86.8	3.64
18:00	175	12	93.7	87.3	88.3	3.64
19:00	0	0	97.4	91.9	91.7	0.00
20:00	0	0	93.9	85.2	93.5	0.00
21:00	0	0	92.3	82.7	93	0.00
22:00	0	0	90	79.9	91.6	0.00
23:00	0	0	87.6	76.5	90.6	0.00
功率合计/kW						436.62

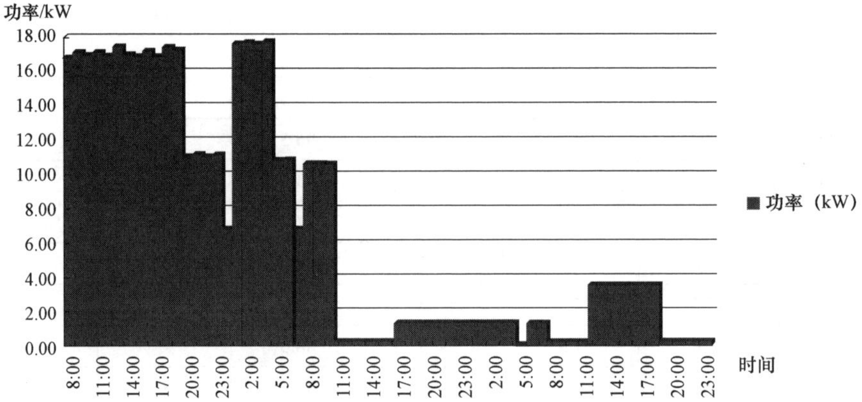

图 1　1/1 压热罐液化均质过程加热功率输出图

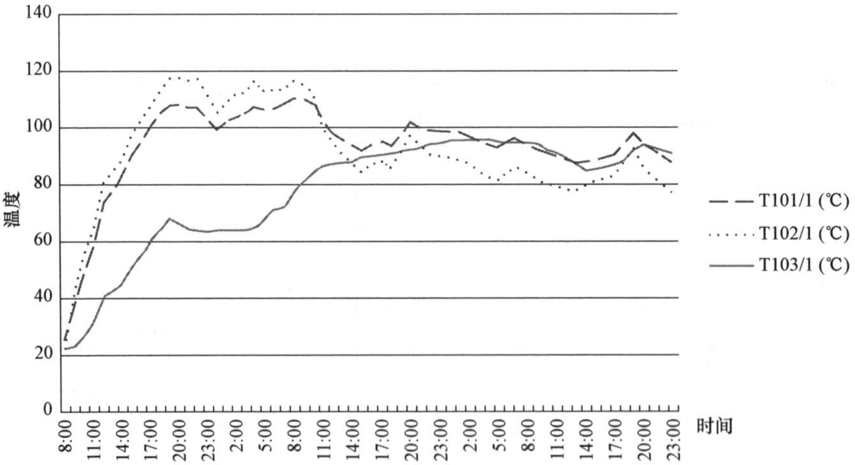

图 2　1/1 压热罐液化均质过程加热丝温度、前室温度及物料温度波形图

第一天 8:00 压热罐投加热向（85±3）℃升温，第二天 9:35 开始（85±3）℃恒温，14:35 开始向（93±3）℃升温，16:50 开始（93±3）℃恒温，第三天 9:02 开始卸料，10:55 卸料结束，开始向冷风箱倒料，23:00 倒料结束，停加热及风扇运行。

通过计算大压热罐液化均质过程中加热器耗能约为 437 kW·h。

1.2　大压热罐液化均质期间风扇能耗

大压热罐液化均质期间风扇要一直处于运行状态，风扇的功率为 2.4 kW，大压热罐液化均质时间约 63 h，计算得出风扇耗能约 151 kW·h。

1.3　大压热罐液化均质期间总能耗

将大压热罐液化均质期间压热罐加热器、压热罐风扇的能耗加在一起，得出大压热罐液化均质期间总能耗约 588 kW·h。

2　小压热罐液化均质系统能耗分析

小压热罐内容器物料加热分为三个阶段。第一阶段物料向（45±5）℃升温，当物料温度达到（45±5）℃后恒温 5 h。第二阶段物料向（85±3）℃升温，当物料温度达到（85±3）℃后恒温 5 h，第三阶段物料向（93±3）℃升温，当物料温度达到（93±3）℃后恒温不少于 12 h，然后通过取样装置取气态样。气态取样装置在取样前半小时投入运行，取样时间大约 2 min，取样结束后，手动停止取样装置。

小压热罐液化均质系统耗能设备主要包括压热罐加热器、压热罐风扇和取样装置。分别计算液化均质过程压热罐加热器、压热罐风扇和取样装置的能耗，就可以得出总的能耗。

2.1　小压热罐加热器能耗

这里采集了 1/4 小压热罐液化均质的加热过程运行参数（表 2），并绘制了小压热罐液化均质过程加热功率输出图（图 3）、小压热罐液化均质过程加热丝温度、前室温度及物料温度波形图（图 4）。通过这些参数，对小压热罐液化均质系统能耗进行分析。

表 2　小压热罐液化均质过程的运行参数

加热时间	加热电压/V	加热电流/A	表面温度/℃	前室温度/℃	物料温度/℃	计算功率/kW
8:00	296	24.5	17.47	17.2	19.93	12.56
9:00	296	24.5	42.2	31.94	23.44	12.56
10:00	296	24.5	71.72	49.61	35.79	12.56

续表

加热时间	加热电压/V	加热电流/A	表面温度/℃	前室温度/℃	物料温度/℃	计算功率/kW
11:00	0	0	71.39	54.24	41.32	0.00
12:00	0	0	59.6	48.44	42.71	0.00
13:00	0	0	56.19	46.48	43.44	0.00
14:00	0	0	59.23	48.56	46.01	0.00
15:00	0	0	55.38	46.45	46.74	0.00
16:00	295	25.3	74.87	55.79	51.25	12.93
17:00	295	25.3	98.86	71.56	58.69	12.93
18:00	295	25.3	120	87.53	66.15	0.00
19:00	63	6	113.15	84.13	67.54	0.65
20:00	63	6	106.59	78.53	65.49	0.65
21:00	176	17.2	105.57	78.45	67.29	5.24
22:00	176	17.2	122.67	85.86	67.29	5.24
23:00	176	17.2	122.1	85.02	67.15	5.24
0:00	20	2.2	112.53	75.22	66.15	0.08
1:00	20	2.2	97.25	71.27	66.04	0.08
2:00	20	2.2	98.5	73.35	67	0.08
3:00	176	17.2	111.79	84.13	66.92	5.24
4:00	176	17.2	111.43	84.89	66.59	5.24
5:00	20	2.2	113.37	86.89	67.07	0.08
6:00	183	17	115.79	89.11	67.62	5.39
7:00	70	6	115.2	89.55	67.8	0.73
8:00	70	6	105.09	86.04	68.74	0.73
9:00	0	0	107.62	85.39	69.38	0.00
10:00	293	25	112.82	90.24	70.48	12.69
11:00	293	25	118.32	91.37	72.86	12.69
12:00	176	17.2	119.82	93.04	76.08	5.24
13:00	176	17.2	109.2	89.04	78.57	5.24
14:00	176	17.2	108.48	87.33	81.32	5.24
15:00	176	17.2	106.37	84.36	84.36	5.24
16:00	176	17.2	103.52	85.6	86.12	5.24
17:00	0	0	95.27	79.82	86.92	0
18:00	0	0	88.75	74.87	87.33	0
19:00	293	25	94.87	74.37	88.68	12.69
20:00	0	0	106.74	84.28	90.88	0

续表

加热时间	加热电压/V	加热电流/A	表面温度/℃	前室温度/℃	物料温度/℃	计算功率/kW
21:00	176	17.2	92.53	76.04	91.76	5.24
22:00	176	17.2	89.95	74.2	91.83	5.24
23:00	176	17.2	93.85	75.75	93.15	5.24
0:00	128	12	90.26	73.29	93.22	2.66
1:00	128	12	89.21	72.52	93.47	2.66
2:00	176	17.2	87.8	71.79	93.13	5.24
3:00	176	17.2	88.75	72.53	93.04	5.24
4:00	176	17.2	90.04	73.54	93.01	5.24
5:00	176	17.2	90.31	74.13	93.21	5.24
6:00	176	17.2	91.22	74.69	93.34	5.24
7:00	176	17.2	91.83	74.84	93.56	5.24
8:00	176	17.2	92.12	75.04	93.85	5.24
功率合计/kW						220.48

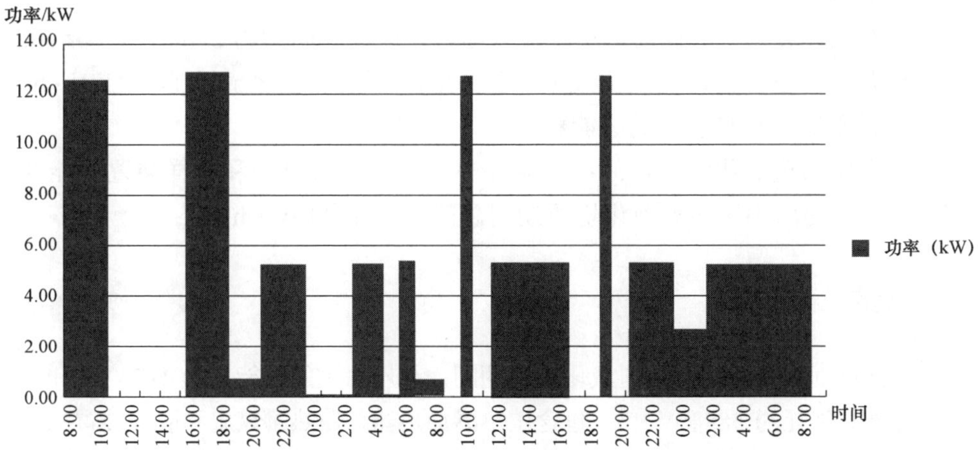

图 3　小压热罐液化均质过程加热功率输出图

第一天 8:00 小压热罐投加热向（45±5）℃升温，10:25 开始（45±5）℃恒温，15:25 开始向（85±3）℃升温，第二天 14:05 开始（85±5）℃恒温，19:05 开始（85±5）℃升温，19:45 开始（93±3）℃恒温，第三天 8:55 小压热罐液化均质结束，停加热及风扇运行。

通过计算小压热罐液化均质过程中加热器耗能约为 220 kW · h。

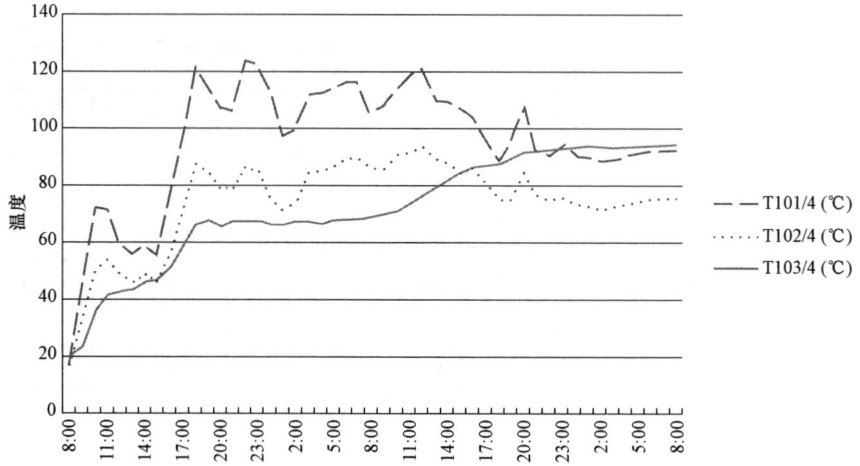

图 4　小压热罐液化均质过程加热丝温度、前室温度及物料温度波形图

2.2　小压热罐液化均质期间风扇能耗

小压热罐液化均质期间风扇要一直处于运行状态，风扇的功率为 4 kW，小压热罐液化均质时间约 49 h，计算得出风扇耗能约 196 kW • h。

2.3　取样装能耗

气态取样装置在取样前半小时投入运行，取样时间大约 2 min，取样结束后，手动停止取样装置。取样装置功率约 6 kW，计算得出风扇耗能约 3 kW • h。

2.4　小压热罐液化均质期间总能耗

将小压热罐液化均质期间压热罐加热器、压热罐风扇和取样装置的能耗加在一起，得出小压热罐液化均质期间总能耗约 419 kW • h。

3　小结

压热罐对产品容器内物料液化均质期间，小压热罐的总能耗约 419 kW • h，大压热罐总能耗约 588 kW • h，包含压热罐加热器、压热罐风扇和取样装置的能耗，未涉及厂房内其他电器用电设备。本次是针对现有压热罐加热运行参数进行能耗测算，根据测算过程，由于将来新建的小压热罐的密封保温效果优于现有 1/4 小压热罐，推测新建小压热罐的单台能耗将低于现有 1/4 小压热罐的能耗。

ICP-OES 法测定“162”中 B、Si 杂质元素的方法研究

雍莉芬　焦　炎　彭　阳

摘要： 建立了 ICP－OES 法测定“162”中 B、Si 杂质元素新方法。确定了仪器的分析线、检出限及测定下限，优化选择了旋流进样系统参数，氟离子处理方式与络合剂用量试验，铀取样量选择实验，考查了 Al 元素干扰实验，用加标回收统计了方法的精密度，用 GBW04205 验证了方法的可靠性。取含 0.1 gU 样品时，B、Si 元素的测定下限分别为 1.0、15.0 μg/gU，方法平均回收率在 99.7%～101.9%，RSD 不超过 4.8%。

关键词： ICP－OES；“162”；B、Si 杂质元素

“162”即 UF_6 产品，是铀浓缩工厂的终端产品，主要用于制造核电站燃料元件。其中 B、Si 杂质含量与核燃料纯度直接相关。通用质量标准是 ASTM C996－2015《^{235}U 丰度低于 5%的浓缩六氟化铀技术规范》，其杂质项目只检测 B、Si，限制指标分别为不超过 4.250 μg/gU。GB/T 13696－2015《^{235}U 丰度低于 5%的浓缩六氟化铀技术条件》，等同采用 ASTM C996－2015 技术规范。

“162”中 B、Si 标准分析方法有 ASTM C761－96 中光谱法测定 B、Si，该方法是将 UF_6 在氨水中水解，于铂金皿中蒸干，取 50 mg 固体 UO_2F_2 直接装电极，用电弧干渣光谱法分析残留物中的 B、Si；该方法操作繁琐，污染环境，现已停用。还有 ASTM C1771－2013 固相萃取法去除铀后，用 ICP－MS 测定水解 UF_6 中 B、Si 和 ^{99}Tc 的试验方法。国内有 GB/T 14501.1—93 UF_6 中 B 的测定—化学光谱法，该方法分离铀后电弧干渣，棱镜色散光谱测定，取样量 50 mgU 时，测定范围在 0.5～8.0 μg/gU；GB/T 14501.4—93 UF_6 中 Si 的测定—分光光度法，取样量 0.7 gU 的 UF_6 水解液，测定范围在 4～20 μg/gU。郝学元等人建立了 UF_6 气体中微量 B、Si 的质谱仪测量专利方法。

面核电产业发展，发挥分析检测支撑作用，利用全谱直读光谱仪平台进

行方法融合技术创新，建立一种准确可靠、快速高效、同时测定“162”中 B、Si 杂质 ICP－OES 测试方法，就显得非常有意义。该方法将 UF_6 水解转化成 UO_2（NO_3）$_2$，用 Al^{3+}盐络合 F^-，在 3.0 mol/L HNO_3 介质中，用 20%TBP—二甲苯与 1%TOPO 做萃取剂，使 UO_2^{2+} 与 B、Si 分离，用 OPTIMA－7300DV 光谱仪同时测定水相中 B、Si 杂质；B、Si 元素测定下限分别为 1.0、15.0 μg/gU，B 的回收率在 93.7%～109.7%，Si 的回收率在 94.2%～108.4%，方法平均回收率在 99.7%～101.9%，RSD 不超过 4.8%。

1 试验部分

1.1 仪器及工作条件

OPTIMA－7300DV 电感耦合高频等离子体全谱直读原子发射光谱仪，SCD 分段电荷耦合陈列检测器，中阶梯光栅色散系统，PTFE 旋流雾化室，PEEK 高灵敏度同轴雾化器，蠕动泵进样，波长范围 167～782 nm，其他参数如表 1 所示。

表 1 OPTIMA－7300DV 测定参数

序号	项 目	工作参数	序号	项 目	工作参数
1	射频功率/W	1300	6	积分时间/s	5～20
2	载气/（L/ min）	0.65	7	测量次数/次	2
3	冷却气/（L/ min）	15	8	测量点峰/点	5
4	等离子气/（L/ min）	0.2	9	观测方式	径向
5	样品提升量/（mL/ min）	1.5	10	观测高度	线圈上 15 mm 处

1.2 主要材料、试剂及标准溶液的配制

（1）PP 尖底离心萃取管：15 mL。精密微量取样器：分度值 50 μL，量程 50～5000 μL。

（2）HNO_3 为优级纯，亚沸蒸馏；TBP、TOPO、二甲苯均为分析纯；水为 18.25 MΩ・cm 超纯水。

（3）20%TBP—二甲苯：将 TBP 与二甲苯按体积（2＋8）配制，并用 3 mol/L HNO_3 平衡 3 次待用，平衡时无机相与有机相体积比为 1:2。

（4）1%TOPO 与 20%TBP—二甲苯：按 TOPO 质量＋20%TBP—二甲苯体积＝1 g＋100 mL 配制。

（5）$AlCl_3 \cdot 6H_2O$：分析纯，200 mg/mL，称量 20.0g $AlCl_3 \cdot 6H_2O$ 溶于水

中，定容 100.00 ml。

（6）标准溶液：B、Si 标准贮备溶液选用经过验证的国家二级标准，制备系列可共存的光谱专用混合标准溶液，经测试 B、Si 元素相关系数优于 0.999（表 2、表 3）。

表 2 选用的标准贮备溶液

序号	元素	代码	标准值/（μg/mL）	介质	U_{rel}/%
1	B	GBW（W）080310	1000	H_2O	1.0
2	SiO_2	GBW（W）080354	1000	0.5%Na_2CO_3	2.0

表 3 “162－B、Si”光谱专用混合标准溶液

元素	混标浓度/（μg/mL）						相关系数 γ	介质
	N_1	N_2	N_3	N_4	N_5	N_6		
B	0.05	0.10	0.20	0.40	0.80	1.60	0.999 990	3.0 mol/L HNO_3
Si	0.50	1.00	2.00	4.00	8.00	16.00	0.999 967	

1.3 实验方法

“162”样品完全水解后，取含 0.10 gU 的 UF_6 水解液于 PP 萃取管中，加 0.60 mL 浓 HNO_3，再加 0.60 mL $AlCl_3 \cdot 6H_2O$，用水定容至 3.0 mL。在 3.0 mol/L HNO_3 介质中，每个样加 6.0 mL 20%TBP—二甲苯萃取分离铀，重复萃取 3 次，第 3 次用 20%TBP—二甲苯与 1%（m/V）TOPO 协同萃取分离铀；待测杂质水相在 OPTIMA－7300DV 光谱仪上雾化，用 ICP－OES 法测定水相中待测元素的强度，以各元素标准系列溶液的浓度与对应强度建立的校准曲线方程为根据，计算溶液中各待测元素浓度，再根据取样量计算出各待测元素的含量。

2 结果与讨论

2.1 分析线、检出限与测定下限

OPTIMA－7300DV 光谱仪具有全谱直读功能，在其 WinLab32 应用软件谱线库中，B、Si 元素谱线分别有 119、300 条，处于 SCD 检测器上的谱线分别有 22、35 条，优选适当推荐的测定波长和背景校正点，消除了待测元素与其他杂质元素的光谱干扰及背景影响后，选择背景等效浓度小、相对灵敏度高、信噪比大、强度大的谱线作为分析线（表 4）。

表4　B、Si分析线优选

序号	元素	分析线/nm	背景校正/nm		背景校正/nm	相对灵敏度/B	信噪比（S和T）	强度（W）	备注
			校正1	校正2					
1	B	Ⅰ249.772	−0.025	−0.025	0.16	160 000	457.9	2200.0	√
2	B	Ⅰ249.677	−0.023	0.034	0.19	79 000	233.9	1150.0	备用
3	B	Ⅰ208.889	—	0.019	0.40	33 000	5.4	75.0	样品背景平台干扰
4	B	Ⅰ208.957	−0.020	0.028	0.33	39 000	8.5	140.0	×
5	Si	Ⅰ251.611	−0.022	0.025	0.40	51 000	287.9	850.0	√
6	Si	Ⅰ212.412	−0.018	0.023	0.56	11 000	12.5	90.0	样品背景平台干扰
7	Si	Ⅰ288.158	−0.031	0.024	0.91	37 000	56.8	720.0	备用
8	Si	Ⅰ252.851	−0.021	0.029	1.05	29 000	102.3	280.0	×

按IUPAC推荐方法进行光谱仪仪器检出限IDL测量，建立相应元素校准曲线，用最小二乘法原理自动计算标准曲线的斜率，连续测量2%HNO_3空白溶液11次，以11次空白溶液强度的3倍标准偏差除以相应校准曲线的斜率即得该元素的检出限，并根据取样量等以10倍仪器检出限IDL计算方法检出限MDL，MDL取整作为方法测定下限（表5）。

表5　检出限与测定下限

元素	分析线/nm	校准曲线方程	IDL/（μg/mL）		MDL/（μg/gU）	测定下限/（μg/gU）
			S（n=11）	3σ		
B	Ⅰ249.772	$I=11\ 539.4C-26.96$	0.001 06	0.0032	0.96	1.0
Si	Ⅰ251.611	$I=2022C-51.3$	0.015 92	0.0478	14.4	15.0

2.2　旋流进样系统参数优化实验

OPTIMA－7300DV光谱仪标配溶液雾化系统由斯科特双管雾化室与十字交叉雾化器组成，仪器提供有射频功率、载气流量、观测高度等优化参数。其雾化室由含Si元素的碳纤维材质制造，抗HF腐蚀能力差，测量UF_6中Si容易沾污。将其雾化系统改造为PTFE旋流雾化室与PEEK高灵敏度同轴雾化器后，解决了光谱仪测量UF_6中Si的沾污问题；因其旋流雾化系统结构发生变化，对新进样系统参数进行优化实验。结果表明：旋流雾化系统载气流量在 0.65 L/ min 效果较好（表 6）；旋流雾化系统比斯科特雾化系统雾化效率提高了 4 倍（表 7）。

表 6　旋流进样系统参数优化实验

序号	射频功率/W	样品提升量/（mL/ min）	载气流量/（L/ min）	蠕动进样压力/kPa	N0（CPS）		N6（CPS）		备注
					B	Si	B	Si	
1	1300	1.50	0.60	189.0	24.0	483.5	28 920.2	78 256.2	√
2			0.65	214.0	27.0	459.7	30 765.7	78 253.4	√
3			0.70	235.0	32.9	464.2	32 679.3	76 573.1	√
4			0.75	264.0	41.5	561.3	21 241.5	51 674.1	×

表 7　两种进样系统雾化效率对比实验

雾化系统	射频功率/W	观测高度/mm	载气流量/（L/ min）	样品提升量/（mL/ min）	蠕动进样压力/kPa	进样时间/min	废液排出量/mL	雾化效率/%
双管＋交叉	1300	线圈上 15 mm 处	0.80	1.50	108.0	3	4.20	6.67
旋流＋同轴	1300		0.65	1.50	214.0	3	3.30	26.67

2.3　氟离子处理方式的选择

UF_6 水解后转化成 $UO_2(NO_3)_2$，F^-主要是以氢氟酸形式存在，其中 F^- 约占 32.4%。传统的处理方式主要有加热赶氟与络合氟，主要的络合剂有 H_3BO_3、Al^{3+}等铝盐。在取含 0.15 gU 的 UF_6 水解液时，实验比较了加热赶氟、不处理氟、络合氟对萃取分离铀及 B、Si 的影响。结果表明：加热赶氟，B 回收正常，Si 已挥发损失；不处理氟与络合氟，B、Si 回收正常（表 8）。

表 8　氟离子处理方式的选择实验

序号	F^-处理方式	络合剂	温度/℃	处理时间/min	处理次数	B 回收率/%	Si 回收率/%
1	加热赶氟	甘露醇络合 B	120	150	2	98.2	—
2	加热赶氟	甘露醇络合 B	80	100	1	96.6	—
3	加热赶氟	甘露醇络合 B	70	10	1	102.0	—
4	不处理氟	—	室温	—	—	100.3	106.8
5	络合氟	$AlCl_3 \cdot 6H_2O$	室温	—	—	95.4	97.5

2.4 铀取样量选择实验

由于旋流雾化系统雾化效率的提升，进入等离子炬被激发、电离的原子数量成倍增加，谱线强度信号将增强，仪器检出能力亦有提升，在不降低方法准确度的情况下，为减少铀的取样量提供了可能。结果表明：铀的取样量与萃取分离铀次数相关，旋流雾化进样，在不处理氟的情况下，取样量为0.10 gU 时，铀分离快速，B、Si 回收效果良好（表 9）。

表 9　铀取样量选择实验

序号	取样量/gU	萃取剂	萃取次数	B 回收率/%	Si 回收率/%	备注
1	0.1500	20%TBP－二甲苯＋1%TOPO	5	96.8	102.8	—
2	0.1000	20%TBP－二甲苯＋1%TOPO	4	101.2	94.7	√

2.5 络合剂用量试验

在 0.10 gU 的 UF_6 水解液中，含有 0.0479 mgF。在 PP 萃取管中定容至 3.0 mL 时，F^-浓度约为 15.97 mgF/mL。大量的氟影响铀的萃取分离效率，加入 Al^{3+}盐络合剂，将氢氟酸转化成了氟铝酸盐，有利于去除氢氟酸对 Si 的腐蚀沾污，Al^{3+}盐其作用相当于盐析剂，能明显提升萃取性能。结果表明：取 0.10 gU 时，加入 0.60 mL $AlCl_3 \cdot 6H_2O$ 络合氟，B、Si 回收较好（表 10）。

表 10　络合剂用量选择实验

序号	$AlCl_3 \cdot 6H_2O$ 络合剂/mL	取样量/gU	萃取剂	萃取次数	B 回收率/%	Si 回收率/%
1	0.50	0.1000	20%TBP－二甲苯＋1%TOPO	3	85.3	107.8
2	0.60	0.1000	20%TBP－二甲苯＋1%TOPO	3	90.9	96.0
3	0.70	0.1000	20%TBP－二甲苯＋1%TOPO	3	91.9	96.8
4	0.80	0.1000	20%TBP－二甲苯＋1%TOPO	3	82.8	92.2

2.6 Al 干扰实验

UF_6 产品纯度高，常在 99.90%以上，ICP 光谱仪抗干扰能力强，待测杂质一般不会有明显的第三元素干扰。用 $AlCl_3 \cdot 6H_2O$ 络合氟时，加入的 Al 量为 7453 μg/mL，分离铀后待测水相中 Al 含量最高。实验考查了大量的 Al 对 B、Si 的影响，结果表明：Al 量为 7453 μg/mL 时，络合剂中 B、Si 含量低于仪器检出限，对 B、Si 元素加标回收测量无干扰（表 11）。

表 11 Al 干扰实验

序号	元素/波长	取样量/gU	Al：7453/（μg/mL）	加标回收/%	样品谱图检查	备注
1	B：249.772 nm	0.1000	0.003	95.3	正常	无干扰
2	Si：251.61 1 nm	0.1000	0.001	96.8	正常	无干扰

2.7 加标回收与精密度

用 UF_6 产品进行加标回收实验，在优化条件下，取样量为 0.10 gU 时，加入 0.60 mL“162－B、Si”光谱专用混标 N_6。结果表明：B、Si 方法平均回收率在 99.70%～101.89%，相对标准偏差（RSD）不超过 5%，该方法测量过程处于受控状态（表 12）。

表 12 加标回收与精密度实验

元素	加标量/（μg/mL）	加标回收量（回收量－样品量）/（μg/mL）	平均值/（μg/mL）	回收率/%	RSD/%
B	0.32	0.303、0.336、0.324、0.311、0.306、0.304、0.321、0.313、0.312、0.305、0.323、0.310、0.317、0.323、0.341、0.343、0.351、0.300	0.319	99.70	4.73
Si	3.20	3.467、3.408、3.389、3.056、3.079、3.402、3.359、3.016、3.373、3.098、3.205、3.429、3.272、3.375、3.030、3.186、3.301、3.243	3.260	101.89	4.64

2.8 GBW04205 验证实验

GBW04205 是 U_3O_8 形式的铀和杂质国家一级标准物质，给出了 Si 等元素标准值与置信限。取含 0.20 gU 的 U_3O_8 于带盖的聚四氟乙烯坩埚中，采用 HNO_3 与 HF 低温溶样后，用该方法测定 Si，测试数据处于标准值置信区间，表明该方法 Si 测量准确可靠（表 13）。

表 13 GBW04205 验证试验

序号	元素	标准值/（μg/gU）	置信区间/（μg/gU）	ICP－OES/（μg/gU）
1	Si	35.8	27.9～44.7	41.9

2.9 “162”方法比对

该方法与 Q/IH・J－07・02・07－2017・中分 UF_6 中 B 等 23 种杂质元素的 ICP－OES 法测定、Q/IH・J－07・02・01－2017・中分 UF_6 中 Si 的分光光度法测定分析规程进行了方法比对，这几个方法取样量分别为 0.10 gU、0.15 gU、0.70 gU，测试数据无明显异常（表 14）。

表 14 “162”方法比对

序号	样品编号	“162” / (μg/gU)			
		Q/IH · J－07 · 02 · 07－2017 · 中分	Q/IH · J－07 · 02 · 01－2017 · 中分	ICP－OES（0.10 gU）	
		（B：0.15 gU）	（Si：0.70 gU）	B	Si
1	ZC1D051—2018	＜1.0	＜4.0	＜1.0	＜15.0
2	ZC1D054—2018	＜1.0	＜4.0	＜1.0	＜15.0
3	ZC1D061—2018	＜1.0	6.2	＜1.0	＜15.0
4	ZC1D062—2018	＜1.0	＜4.0	＜1.0	＜15.0

3 结论

（1）由PTFE旋流雾化室与PEEK高灵敏度同轴雾化器组成的旋流雾化进样系统，其雾化效率比斯科特雾化进样系统提高了4倍。

（2）直接分离铀与络合氟分离铀均可以解决 B、Si 的测量问题；用 $AlCl_3 \cdot 6H_2O$ 络合氟可以提高萃取效率。

（3）ICP－OES 法测定“162”中 B、Si 等杂质元素，加标回收良好，精密度高，方法稳定，标准物质验证可靠，操作快速简便。满足 UF_6 中 B、Si 杂质日常检测需要。

参考文献

［1］张光炎，等. 六氟化铀质量标准和分析方法［M］. 北京：原子能出版社，1996.
［2］秦启宗，等. 化学分离法［M］. 北京：原子能出版社，1984.
［3］田馨华. 核标准物质的研制与发展［M］. 北京：原子能出版社，1998.

深冷装置在质谱计进样系统的研究及应用

王辉勇　胡海宏

摘要： 质谱计进样系统的抽空装置由冷阱与真空泵组成，冷阱的作用是快速捕集样品净化过程中 HF 以及进样系统中残留的 UF_6。为了提高质谱计自动化水平，降低安全风险，本文研究深冷技术替代液氮的可行性，同时提出采用深冷装置对质谱计进样系统的改造方案，并在 405－2A 示范工程在线分析系统上进行实验。不仅证实了深冷装置在质谱计进样系统应用的可行性，同时对其生产效益和应用前景进行了论证分析。

关键词： 质谱计进样系统；冷阱；深冷装置

目前，在国际上 Urenco 等先进铀浓缩生产企业已成功应用了在线分析全自动化技术，离心法铀浓缩工艺系统在线分析无人值守是今后行业发展的趋势。我国铀浓缩工厂的生产中料流丰度的在线分析由质谱计承担。在国内，中核陕铀始终坚持以科研带动项目，以项目带动发展，行业内率先实现了主工艺运行系统与化工系统中深冷装置收料与净化的成功应用。质谱计主要由进样系统、离子源、质量分析器、接收器等组成部分。进样系统被喻为质谱计的“供取料系统”，样品净化、标准样品导入、待测样品检查、残余样品反抽、进样量控制等一系列的分析作业程序都在进样系统发生，是日常运行中操作比较多的部位，也是进行样品前处理的关键部位。因此维持进样系统良好的真空环境是质谱计进行样品分析安全可靠的重要保障。

1　进样系统现状及创新思路

1.1　质谱计进样系统现状

405－2 在线分析系统现有 3 台 BFQT－5 质谱计，分别承担 405－2 与 405－2A 两个模块的 3#流、4#流在线分析任务。BFQT－5 质谱计进样系统的抽空装置主要由冷阱与真空泵组成，冷阱的主要作用是收集样品净化过程中HF等杂质，快速捕集分析过程中进样系统残余六氟化铀，冷阱的另外一个功能是作为“低温冷凝泵”，在真空泵将进样系统真空抽至高真空区域后，通过低温冷凝俘获气体分子进一步提高进样系统的真空度。借鉴于传统工艺方式，利用液氮冷凝收集物料与杂质，将冷阱放入保温罐中，通过定期加注液氮的方式使冷阱保持低温，从而满足质谱计分析要求。

随着我国新一代铀浓缩离心机大型商用示范工程的全面建成启动运行，在线分析的液氮消耗量将在原基础上大幅增加，对液氮运输与质谱计运行维护、液氮补充等生产准备工作带来更大的安全风险与人力消耗。因此需要研究新的制冷方式，采用新方法、新介质替代液氮作为冷媒来维持BFQT－5质谱计正常运行所需的进样系统冷阱低温环境，在满足质谱计正常分析要求的前提下进一步减少质谱计液氮消耗，降低液氮运输安全风险，从而为开展质谱计在线分析自动化研究奠定基础。

1.2 创新思路

目前国内超低温设备种类繁多，设备相对成熟，且后期维护方便。因此考虑深冷装置代替液氮冷冻收集，装置制冷温度满足质谱计冷阱真空系统中气体分子冷凝补集的要求，装置结构可应用于质谱计进样系统冷阱。

为此，选择实验对象为示范工程在线分析系统，创新性地将先进的混合工质节流制冷技术与装置成功应用在铀浓缩工厂的专用质谱计上，巧妙设计深冷装置的负载箱，科学改造水冷系统，深入研究各种导热材料，创新性设计连锁保护装置，从而保障了深冷装置在质谱计进样系统上应用的科学性、可行性与安全性。

2 研究创新点

2.1 制冷技术的应用

目前市场上深冷装置以复叠制冷技术为主，此种装置的结构非常复杂（图1），噪声大，超低温运行时系统制冷效率与可靠性比较低。质谱计属于精密分析仪器，需要稳定的运行环境，对噪声控制比较严格。经过调研考察，中国科学院理化技术研究所开发并拥有完全知识产权的混合工质节流制冷技术，仅采用一台单级压缩机，通过改变工质的配比，即可实现最低温度－190 ℃的高效制冷。混合工质节流制冷技术突破了传统制冷技术的缺点。与常规制冷技术相比，单级混合工质制冷系统在系统复杂程度、系统维护、系统噪音、环境依赖性以及节能降耗等诸多方面都具有明显优势。

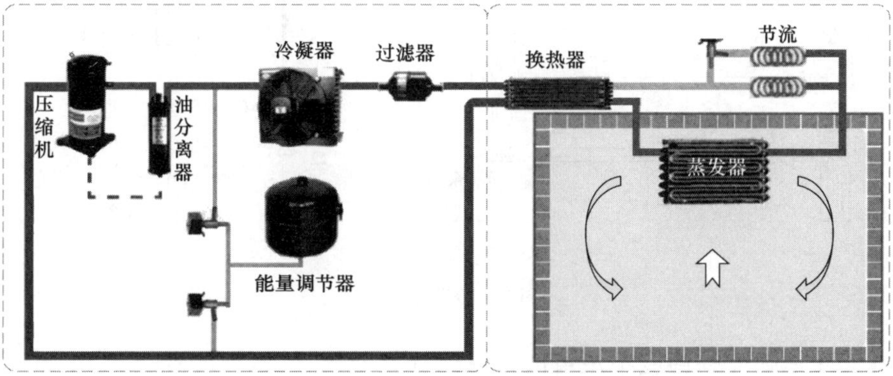

图 1　深冷装置内部结构图

北京中科赛凌科技有限公司获得了中国科学院理化技术研究所的混合工质节流制冷技术专利授权，该公司所生产的深冷装置已应用多个领域，装置系统由压缩机、风冷冷凝器、油分离器、过滤器、加热器、蒸发器、回热器、储气罐、电磁阀组等组成。通过混合制冷剂在不同温度段起作用的比例分配制冷能力，通过 3 个或 4 个电磁阀调节系统的压力工况，从而实现在特定温度段的恒冷量输出，整个降温过程制冷能力分配更加均匀，温度曲线更加平滑。高温段和恒温时可将部分冷媒回收至能量调节器，减少冷量输出，倍数减少功率消耗，通过能量调节器和压力测试系统配合作用，实现最高效率运转。

2.2　深冷装置的设计

2.2.1　冷阱装置设计及优化

BFQT－5 质谱计进样系统中共有两个冷阱（T1 与 T2），T1 用于分析过程中储样罐内残余样品的抽除与补集，T2 用于标准与待测样品的净化过程中样品与杂质的收集。在日常使用过程中，将两个冷阱（图 2）放置于定制的不锈钢保温容器中，冷阱上端通过法兰连接与质谱计台面固定，下端浸没在液氮中，在 －196 ℃下借助分子泵对进样系统进行抽空，极限真空可以达到 5×10^{-5} Pa，样品抽除时间小于 60 s。

冷阱不但要补集 UF_6 还要补集样品中的 HF 等杂质，在铀浓缩工艺中已经充分证明使用液氮冷冻可以有效将这些轻杂质补集在冷冻容器中。深冷装置的工作温度为 －155～－170 ℃，相较于液氮凝冻气体的效果要差一些，残余样品以及净化中的杂质在进入冷阱时是以气体状态流过，所以增加了补集的

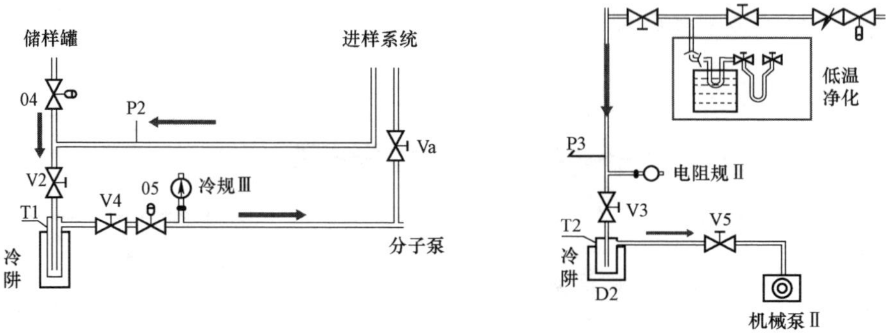

图 2　冷阱示意图

难度。为弥制冷补温度不足可能造成的补集效果损失，在冷阱结构上进行设计改进（图 3）。在冷阱内连接抽样阀门的入口处安装一根用于样品导流的管道，将气体样品导入冷阱底部靠近冷阱内壁的地方，将冷阱的出口设置在法兰盘的上端，通过增加气体杂质在冷阱内部流动的路径，使杂质在冷阱中的滞留时间延长，从而提高补集的效率。

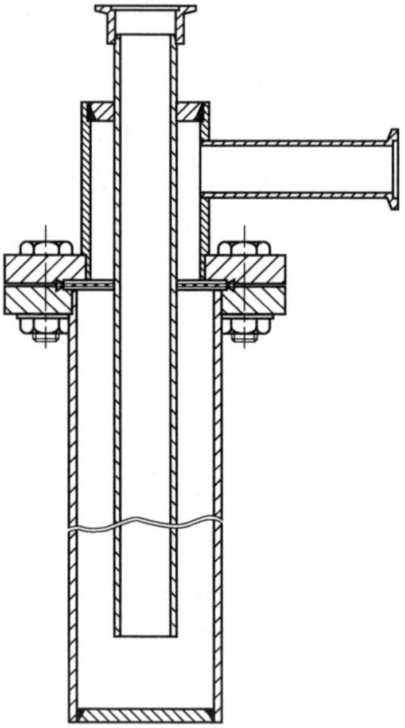

图 3　冷阱结构设计图

2.2.2　深冷装置结构设计

深冷装置的结构设计有两种方式，一种是制冷机与热交换箱体分开，中间通过过流管进行连接，可以在不改动目前进样系统冷阱安装位置的前提下实现冷阱制冷。另一种是制冷机与热交换箱制作成一个整体，其优势是整个装置的结构简单，制冷效率高，能量损耗小。这种结构需要将冷阱从原安装位置移除，通过加装金属波纹管延长进样系统管线，从而实现将冷阱嵌入设计的热交换箱中。

深冷装置选择一体式制冷结构作为应用研究对象，以降低运行安全隐患。为防止使用一体式深冷装置（图 4）时加装波纹管对进样系统高真空指标造成影响，在装置设计前，在 BFQT－5 质谱计进样系统冷阱至分子泵间加装两根 1 m 长 DN25 波纹管进行实验，经测试加装波纹管后系统抽空效率略有下降，但仍能达到系统要求指标，并优于指标一个量级。因此决定为采用一体式深冷装置，冷阱与深冷装置的热交换室采用活动连接，在冷阱原来的安装位置放置液氮罐，当深冷装置出现故障时可以快捷地将冷阱从热交换箱中移出，转入液氮罐中通过液氮制冷继续使用，确保在线分析系统连续稳定运行。

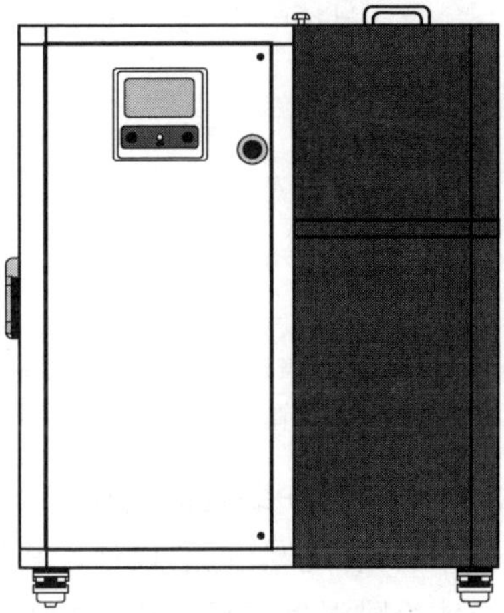

图 4　一体式深冷装置设计图

2.3　水冷系统的应用

根据能量守恒定律，制冷机中发生的热量需要通过一定方式导出，以保障机组持续安全稳定运行。目前常见的散热方式有风冷和水冷两种方式。铀浓缩工厂中在线分析系统的环境温湿度、噪音、震动都有非常严格的控制要求，因此综合考虑后决定采用水冷方式进行散热，要求设计的深冷装置装配相应的水冷型散热器。

水冷系统的设计，将制冷机的热量从质谱间内导出，确保质谱计能在温度稳定的环境中工作。现场勘测，并对质谱间冷却水管路调研，南侧的走廊中敷设有工艺变频器冷却水管线，运行水温约 18 ℃，流通压差约 0.3 MPa，水质进行了去盐去氧处理。同时，深冷装置对水冷的要求是供水温度小于 25 ℃，水流量小于 2 m^3/h，按照 DN20 的接口尺寸计算，冷却水可以满足深冷装置的散热需求。整体布局见图 5。

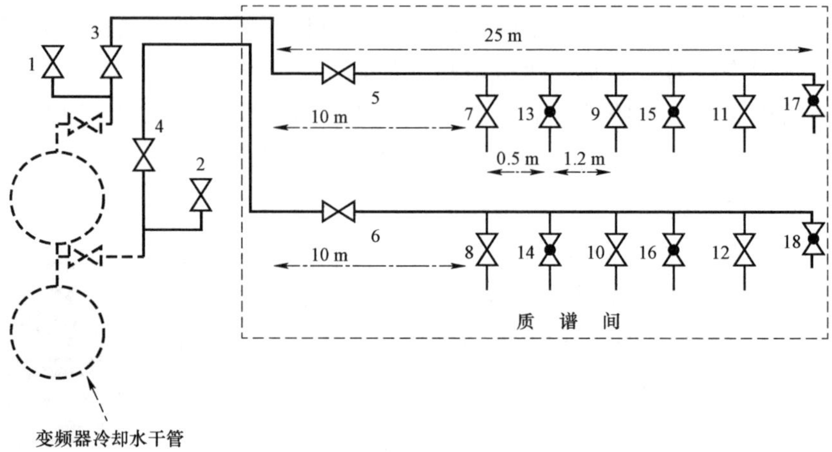

图 5 冷却水管路布局示意图

注：虚线部分为变频器冷却水系统原管线和阀门，实线部分为质谱间引入冷却水需要新增的管线和阀门，主管道 DN25。7－12 阀预留 DN25 卡套接头，13－18 预留 DN15 卡套接头。

2.4 真空保护装置的设计

真空保护装置的设计，其目的在于防止深冷装置在运行过程中故障停机，导致冷阱温度失控，内部物料返入质谱计进样系统造成污染。此装置设计原理是在深冷装置内温度超过设定值时，在冷阱上能够有自锁装置切断冷阱与质谱计进样系统以及抽空系统的通道。经过调研自锁装置选用高真空电磁挡板阀（图 6），型号为 GDC－J25A/KF，接口按照冷阱进出口规格选择 KF25，电磁阀工作范围 105～1.0×10^{-5} Pa，220 V 电源驱动，开闭时间 3～5 s。电磁阀供电装置的控制信号由 PLC 控制。

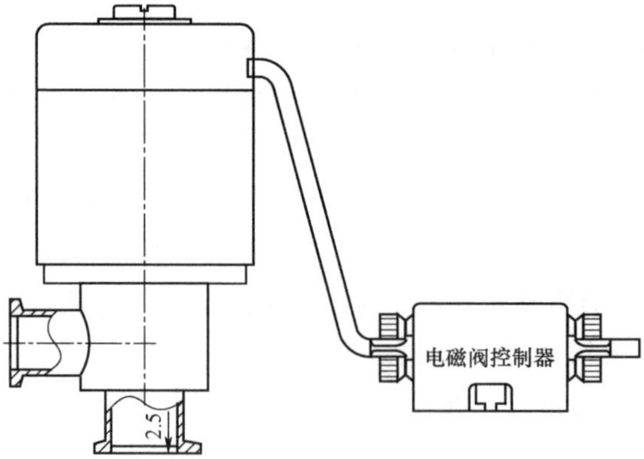

图 6 连锁保护电磁阀设计图

3　试验情况

3.1　深冷装置的安装及试验

2018 年 11 月，在 405－2 在线质谱间完成了水冷系统改造及深冷装置的安装调试工作。主要安装工作包括：深冷装置供电连接，深冷装置与冷水机连接，循环水管线与深冷装置连接，深冷装置与质谱计进样系统连接，以及电磁阀控制器的安装。同时，先后进行深冷装置空载制冷试验，质谱计进样系统抽空试验，结果如图 7～图 9 所示。

图 7　深冷装置示意图

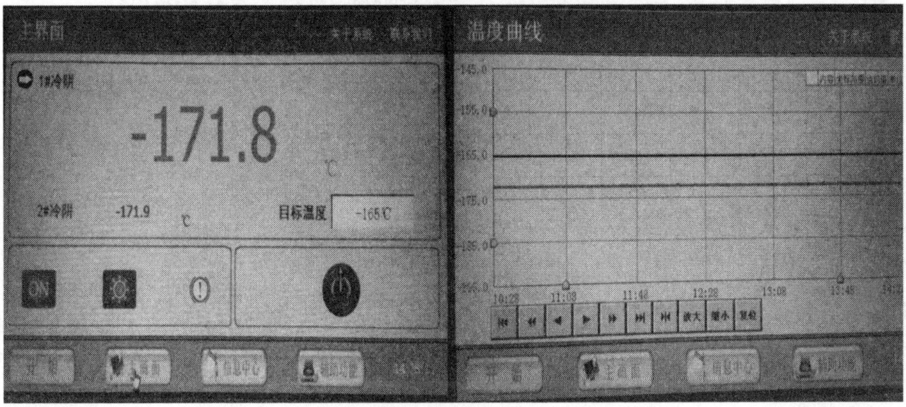

图 8　深冷装置空载制冷试验

图 9　质谱计进样系统抽空试验

3.2　质谱计技术指标测试

根据《专业质谱计校准规范》的要求，对安装深冷装置的 BFQT－5 质谱计技术指标测试。主要技术指标为质谱计系统稳定度、相对标准偏差和系统相对偏差，经测量与计算系统稳定度为 $S=3.0\times10^{-5}$，相对标准偏差为 0.0048%，系统相对偏差为 $\dfrac{0.050\,873-0.050\,872}{0.050\,873}\times100\%=0.002\%$，符合《专用质谱计校准规范》中系统稳定度小于 5×10^{-4}，相对标准偏差小于 0.04%和系统相对偏差小于 0.04%的要求（图 10）。

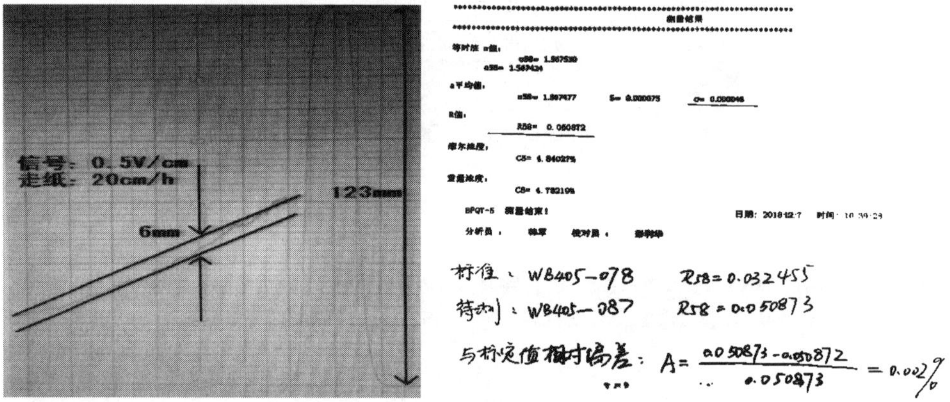

图 10　质谱计技术指标测试结果

3.3　双标准比对考核测试

2018 年 11—12 月，通过 30 天内不定期的双标准比对测量，考核质谱计的测量性能，分析结果的相对标准偏差与测量偏差均在控制指标之内，满足进行工艺在线分析的使用要求。同时，统计了 2019 年 1—4 月的双标测量数据（表 1）。

表 1　考核期双标准比对情况

时间	标准（标准 1）D58 标定值	待测（标准 2）D58 标定值	测量结果	相对标准偏差/%	与标定值相对偏差/%
2018－11－02	0.038 923	0.047 239	0.047 229	0.031	0.021
2018－11－10	0.038 923	0.047 239	0.047 239	0.023	0.000
2018－11－15	0.038 923	0.047 239	0.047 222	0.021	0.036
2018－11－20	0.038 923	0.047 239	0.047 223	0.032	0.034
2018－11－28	0.047 239	0.038 923	0.038 910	0.034	0.033
2018－12－02	0.038 923	0.047 239	0.047 229	0.033	0.021
2018－12－05	0.038 923	0.047 239	0.047 239	0.027	0.000
2018－12－06	0.038 923	0.047 239	0.047 221	0.025	0.036
2018－12－07	0.038 923	0.047 239	0.047 223	0.031	0.034
2018－12－07	0.047 239	0.038 923	0.038 910	0.032	0.033
2018－12－08	0.047 239	0.038 923	0.038 927	0.014	0.010
2018－12－08	0.047 239	0.032 455	0.032 420	0.015	0.108
2018－12－09	0.032 455	0.050 869	0.050 907	0.018	0.075
2019－01－08	0.033 522	0.033 541	0.033 548	0.038	0.021
2019－01－25	0.033 522	0.033 541	0.033 527	0.044	0.042
2019－02－14	0.047 173	0.033 541	0.033 581	0.021	0.001
2019－03－05	0.033 541	0.047 173	0.047 093	0.003	0.002
2019－03－26	0.033 541	0.047 173	0.047 158	0.028	0.032
2019－04－15	0.033 541	0.047 173	0.047 194	0.024	0.045

4　生产效益及应用前景

4.1　生产效益

据统计，使用液氮冷冻期间和深冷装置使用期间，405－2 质谱间液氮消耗情况如表 2 所示。

表 2　405－2 质谱间液氮消耗情况

一周	液氮使用期间	深冷装置使用期间
液氮消耗量	20 罐 100 L	10 罐 100 L
液氮消耗频次	每周两次	每周一次
液氮运输吊装频次	每周至少 30 次	每周至少 15 次
液氮运输人数	4～5 人	4～5 人
液氮运输时间	每周两天	每周一天

通过结果对比，每周消耗液氮量缩减至 10 罐 100 L 液氮，每周承担液氮运输降低至一次，每周节省 1000 L 液氮，节省运输次数一次，节约一定的人力成本。

对液氮运输过程安全评估工作期间，每次运输过程至少进行 15 次吊装工作，同时吊装过程中特种作业人员吊装，运输车辆及司机 1 名，3 人辅助配合，每次运输工作耗时 1 天。

使用深冷装置期间，在满足 405－2 质谱间在线运行分析要求基础上，液氮消耗量降低原先一半，人员运输频次降低至每周一次，运输过程中吊装频次降低，节约了人力资源成本和液氮消耗成本，降低了吊装过程中及运输液氮罐过程中的安全风险。

4.2 应用前景

在 405－2 质谱间，将深冷装置成功应用于 1203#质谱计进样系统，既保障了样品分析数据及时准确，同时降低了人工和资源成本，降低运输过程中安全风险。此项装置成功应用于质谱计，为其他质谱计的应用提供了数据资料和借鉴经验。后期预想及下一步工作，一是将深冷装置逐渐推广应用于各类质谱计进样系统，为实现自动化测量奠定基础；二是将制冷技术应用于质谱计其他分析系统，如质谱计样品取样环节和高真空冷阱，均涉及液氮冷冻收集，针对于不同功能，创新性设计相应的装置代替液氮冷冻，从而为开展自动化研究奠定基础。

参考文献

[1] 公茂琼，吴剑锋，罗二仓．深冷混合工质节流制冷原理及应用［M］．北京：中国科学技术出版社，2014．

[2] 任英杰．液氮冷阱加工工艺［J］．科协论坛，2008（5）：44－44．

30B 并联收料方式下的气态样品数据比对

孙文亮

摘要：小压热罐系统用于 30B 容器的液化均质、气态取样工序。30B 容器内部物料经过 3 个台阶的加热升温，(93±3) ℃恒温 12 h 以上，物料充分液化均质后，通过气态取样装置，以气态方式取出定量的样品，盛装在 2S 容器中，用于分析检验。供取料厂房采用并联收料方式，两台 30B 容器同时收取精料，收料合格的两台 30B 容器送至液化均质厂房，分别进行液化均质和气态取样。本文主要是针对并联收料方式下，收集两台 30B 容器的液化均质和气态取样参数，对两个气态样品数据进行多组比对，分析其差异性，对并联收料方式下，同时收料的两台 30B 容器液化均质后，只取一支气态样品用作分析检验的可行性进行数据准备。

关键词：并联收料；液化均质；气态取样

1 引言

液化均质系统的主要作用是利用 UF_6 的压力、温度与相态三者变化关系的物理性质，将物料经过加热液化，从而进行充分对流均质，保证产品同位素、杂质混合均匀；对液化均质后的液化容器取合格样品。2S 样品是在液化均质后取合格重量的样品，用于卖方的分析实验、仲裁，卖方的鉴定。

铀浓缩厂样品取样方式一般为液态取样，我们试验收集 50 组液态样品、气态样品，从样品的 ^{235}U 同位素丰度、放射性核素、六氟化铀纯度、杂质元素含量等方面进行对比，对比试验结果显示样品各方面均无差异性。气态取样方式相比液态取样方式，降低了液化均质系统取样风险，取样压力更低、取样时间更短。我们认为气态取样方式可以替代液态取样方式。

精料收料方式分两种：一种是 3M3 容器收料，一种是双 30B 容器并联收料。我们对 30B 并联收料方式下的气态样品数据比对目的是验证双 30B 容器并联收料，经液化均质后，只取一支气态样品用作分析检验的可行性。

2　30B 容器液化均质及取样概况

2.1　30B 液化均质简介

盛装物料的精料 30B 容器使用专用连接管与压热罐工艺管道相连，准备状态检查合格后，启动压热罐加热，分阶段升温并严格控制升温速度，使物料在容器内均匀受热。加热共分 3 个阶段，加热到 93 ℃后维持（93±3）℃恒温 12 h 以上，液化均质期间根据压力情况适时净化。液化均质合格后，进行分装或取样，结束后收集液化容器或取样管线内的剩余物料。产品容器连接管经吹洗、深抽后将容器拆除。

工艺流程为：盛装精料的 30B 产品容器接入系统经压力试验、真空试验合格，在小压热罐内完成液化均质并净化合格后，通过气相管线取得合格的气态取样分析样品；最后关闭产品容器本身阀，将管线内残料转移至收料冷风箱。在分装和取样过程中若发生 UF_6 泄漏，立即将泄漏点的 UF_6 转移至事故冷风箱内。通过打压抽空管线可以完成对产品容器、取样系统、收料冷风箱及事故冷风箱等安装连接管的打压和抽空操作。产品容器液化均质取气态样示意图如图 1 所示。

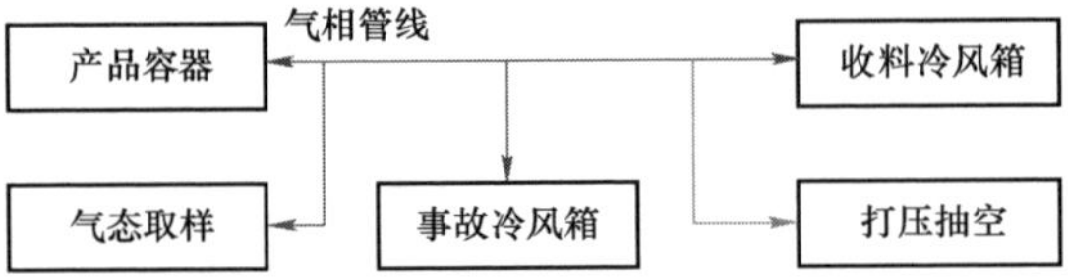

图 1　产品容器液化均质取气态样示意图

2.2　气态取样

液化容器在压热罐内液化均质合格后进行物料分装和取样，取气态 2S 样是利用液化容器与 2S 取样器压差获取。小压热罐气态取样直接通过连接工艺管线以及控制气态取样装置进行，取样前均对取样管线进行冲料钝化。小压热罐气态取样示意图如图 2 所示。

2.3　气态取样装置

在气态取样工艺实验中，通过将液氮和无水乙醇进行混合作为制冷剂来冷冻取样器进行取样。该制冷剂在配置过程中温度难以控制，为满足六氟化铀气态取样需要，解决取样过程中存在的不足，研制出了六氟化铀气态取样装置，并将逐步应用于液化均质小压热罐取样系统。

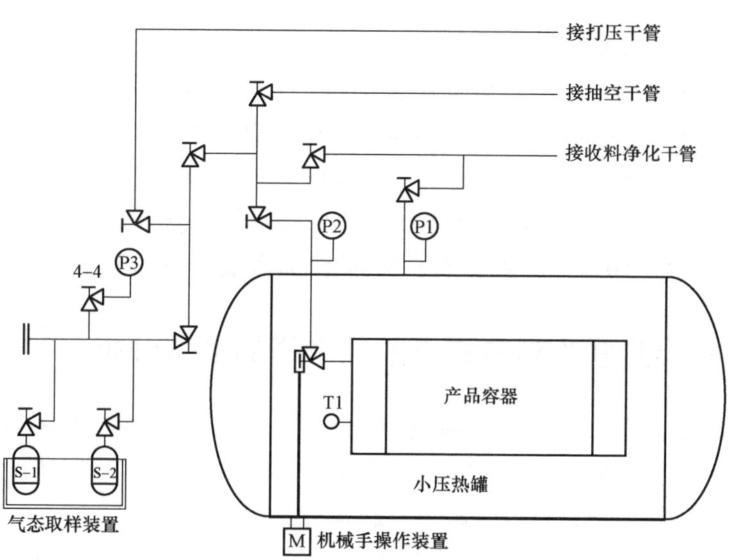

图 2　小压热罐取样系统图

2.3.1　六氟化铀气态取样装置结构

六氟化铀气态取样装置分为气态取样制冷装置和气态取样管线两个部分。制冷装置通过压缩机制冷为低温槽制冷，取样容器置于低温槽内并通过连接装置与取样管线支管相连，取样管线通过连接装置与直接工艺系统连接。六氟化铀气态取样装置示意图如图 3 所示。

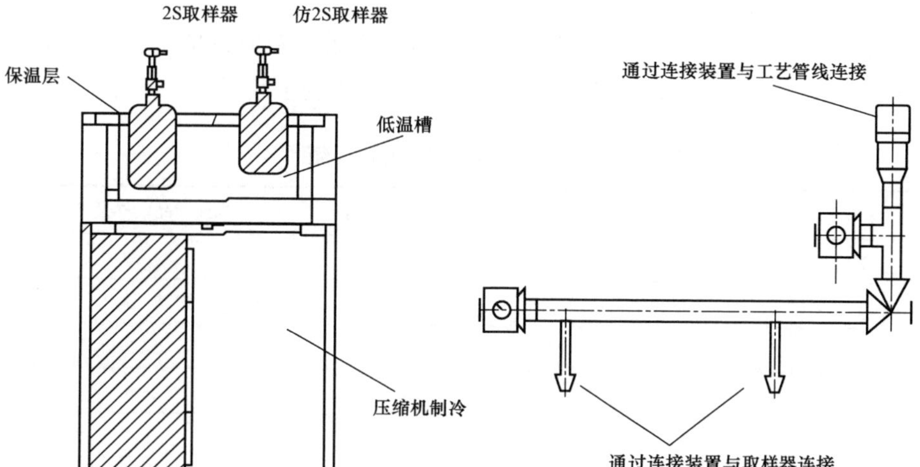

图 3　UF_6气态取样装置示意图

2.3.2 气态取样装置样品取样情况

经过六氟化铀气态取样装置试验，通过《产品容器液化均质及取样》生产方式进行气态 2S 取样。由实验数据可知，使用六氟化铀气态取样装置取样经分析计量部分析，用六氟化铀气态取样装置取单只 2S 样品满足 GB/T 13696—2015《^{235}U 丰度低于 5%的浓缩六氟化铀技术条件》，且各项指标均符合 ASTM C996－10《^{235}U 浓度低于 5%的浓缩六氟化铀标准规范》。

3 30B 容器并联收料方式下的气态样品数据分析

双 30B 容器收料是每个收料点分左右两个位号，将两台 30B 容器安装在同一收料点方的左右位号，同时进行收料、同时结束收料，据统计两台收料容器台差相比其中一台容器装料量≤2%。

将 30B 容器安装至小压热罐内启动加热，分 3 个加热阶段进行控制，在液化均质加热期间控制加热速率，在压力大于 400 kPa 时进行净化，维持温度在（93±3）℃恒温时间≥12 h 后，30B 容器内温、内压满足条件进行取样。取样按照操作要求，用六氟化铀取样装置进行取样。

我们从 ^{235}U 同位素丰度、放射性核素、六氟化铀纯度、杂质元素含量等方面对样品进行分析，合格样品应达到 GB/T 13696—2015《^{235}U 丰度低于 5%浓缩六氟化铀技术条件》和 ASTM C996－15《^{235}U 丰度低于 5%浓缩六氟化铀标准规范》要求。

我们统计 10 组 30B 并联收料情况、液化均质以及取样情况、样品分析分析结果（附表 1），并对数据进行了整理，结果如表 1 所示。

表 1 取样后管道物料净化统计

序号	取样量/g	取样时间/min	单批次产品取样及净化量/kg
1	850	2	8
2	900	2	6
3	890	1	5
4	820	1	6
5	880	1	4
6	880	1	5
7	1100	2	5
8	1000	2	5

从图 4、图 5 对比图中可以看出并联收料产品 ^{235}U 同位素丰度、六氟化铀纯度两组对比数据相差微小且均在标准值范围内；杂质元素含量几乎相同、Si 元素相差量相比标准值低于 0.02%。表 1 为小压热罐系统取样后产品净化量统计，从表中可以看出目前每一次取样结束后产品净化量将≥4 kg。从统计数据来看并联收料容器内物料的取样结果无明显差异且在标准值要求范围内，每减少一次 2S 取样，能够减少≥4 kg 物料净化量，以及减少 2S 容器使用和周转量，及后续 2S 容器清洗等工序。

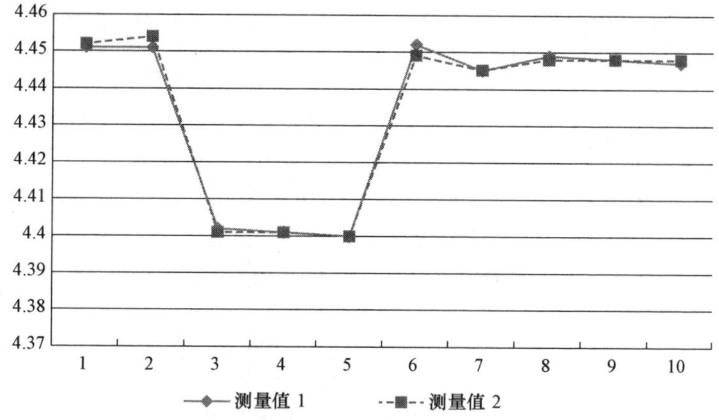

图 4　^{235}U 同位素丰度对比图

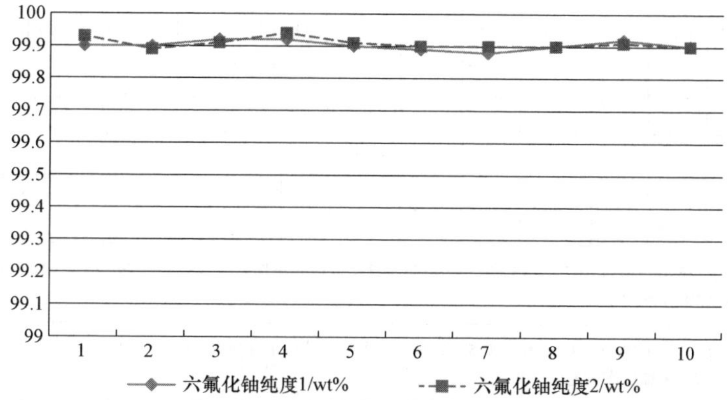

图 5　物料 UF_6 纯度对比图

4　结论

（1）30B 并联收料方式下的两个气态样品数据比对 ^{235}U 同位素丰度、六氟化铀纯度、卤代烃含量、杂质含量分析等方面相差甚微。

（2）从目前数据统计对比样品分析合格标准，理论上说明同批次 30B 并联收料容器只取一支合格 2S 样品的可行性。

附表 1　样品分析结果对比统计

	分析结果													
	^{235}U 同位素丰度/wt%		放射性核素		99Tc/μ（g/gU）	六氟化铀纯度/wt%	卤代烃总量/%（与 UF_6 摩尔比）	杂质元素含量/（μg/gU）						
			^{234}U/（μg/g ^{235}U）	^{234}U/（μg/g ^{235}U）				B	Si	P	W	Mo	V	Cr
1	测量值	4.451	8906	＜10	＜0.002	99.90	＜0.01	＜1.0	4.1	/	/	/	/	/
	测量值	4.452	8917	＜10	＜0.002	99.93	＜0.01	＜1.0	6.8	/	/	/	/	/
2	测量值	4.451	8866	＜10	＜0.002	99.90	＜0.01	＜1.0	4.3	/	/	/	/	/
	测量值	4.451	8857	＜10	＜0.002	99.89	＜0.01	＜1.0	8.2	/	/	/	/	/
3	测量值	4.402	9033	＜10	＜0.002	99.92	＜0.01	＜0.000 03	0.000 72	0.001 01	＜0.0001	＜0.0001	＜0.000 05	＜0.0002
	测量值	4.401	9008	＜10	＜0.002	99.91	＜0.01	＜0.000 03	＜0.0004	＜0.000 75	＜0.0001	＜0.0001	0.000 07	＜0.0002
4	测量值	4.401	8912	＜10	＜0.002	99.92	＜0.01	＜0.000 03	0.000 47	0.001 52	＜0.0001	＜0.0001	0.000 19	＜0.0002
	测量值	4.401	8925	＜10	＜0.002	99.94	＜0.01	＜0.000 03	0.001 24	0.0016	＜0.0001	＜0.0001	0.000 16	＜0.0002
5	测量值	4.400	8988	＜10	＜0.002	99.90	＜0.01	＜0.000 03	0.001 05	0.0017	＜0.0001	＜0.0001	0.000 13	＜0.0002
	测量值	4.400	8954	＜10	＜0.002	99.91	＜0.01	＜0.000 03	＜0.0004	0.001 24	＜0.0001	＜0.0001	0.000 17	＜0.0002
	……													
*	标准值	±0.05	＜11 000	＜250	＜0.01	＞99.5	＜0.01	＜4	＜250	/	/	/	/	/
	执行标准	GB/T 13696—2015《^{235}U 丰度低于 5%浓缩六氟化铀技术条件》和 ASTM C996-15《^{235}U 丰度低于 5%浓缩六氟化铀标准规范》												
	执行标准	田湾核电站 JNPC《^{235}U 丰度低于 5%浓缩六氟化铀产品技术规格书》和 ASTM C996-15《^{235}U 丰度低于 5%浓缩六氟化铀标准规范》												

脱附系统工艺优化研究及探讨

范学振　闫汉洋

摘要：在铀浓缩工厂的供料净化工艺中，需要去除容器内部的氟化氢气体，目前行业内，这种杂质气体的捕集方式主要是低温冷却、吸附、碱液吸收等。在真空抽取容器内部的这种杂质气体时，捕集容器中会混入微量的六氟化铀气体，捕集到的含有微量六氟化铀的氟化氢气体需要进一步处理，在处理过程中会产生一定量的废物。在采用吸附—脱附方式处理氟化氢工艺中，吸附了氟化氢的材料通过脱附可以将氟化氢以气体形式转移，最终形成钙盐存放，实现清洁解控处理，过程废水处理达标后合格排放，脱附后的材料可以再次用于捕集氟化氢气体。本文主要是对脱附系统工艺运行进行总结，选择中和反应材料，解决盐类在脱附设备内部结晶堵塞的问题，同时对提高处理效率和降低废物产生量进行分析，在如何进一步提升吸附—脱附工艺的运行技术和管理水平方面展开探讨。

关键词：脱附系统；氟化氢；吸附；铀；废物最小化

1　引言

氟化氢气体处理是铀浓缩行业废气处理的关键一环。通过研究发现，一些吸附材料可将氟化氢气体在常温状态下吸附并在高温状态下解吸，利用这一化学特性，形成了吸附—脱附工艺，有效避免了产生更多的含铀废物。但脱附系统运行过程中内部出现了氟化钠结晶问题，影响脱附系统的长时间有效运行。在此背景下，开展了脱附系统工艺优化研究，验证了可替代氢氧化钠进入到脱附系统的中和反应材料，为处理氟化氢气体和降低废物产生量提供研究思路。

2 脱附系统

2.1 吸附—脱附工艺原理简介

吸附—脱附工艺利用吸附材料的这一特性，将其制作成具有一定孔隙率的吸脱附装置，捕集铀浓缩级联系统净化过程中产生的氟化氢气体，再利用脱附系统将吸附饱和的吸脱附装置进行加热，使吸附材料中的氟化氢释放出来，经过中和反应材料的有效吸收，形成的脱附废水经废水处理岗位达标处理后合格排放。

2.2 脱附系统工艺流程

吸附材料吸收氟化氢气体达到饱和后，将吸脱附装置转运至脱附系统专用烘箱内进行脱附处理，采用规定压力的预热压缩空气将吸附材料中转移出来的氟化氢气体载带至喷淋塔，与其内部中和反应材料反应，产生的废水送至废水岗位达标处理。脱附系统工艺流程示意图见图 1。

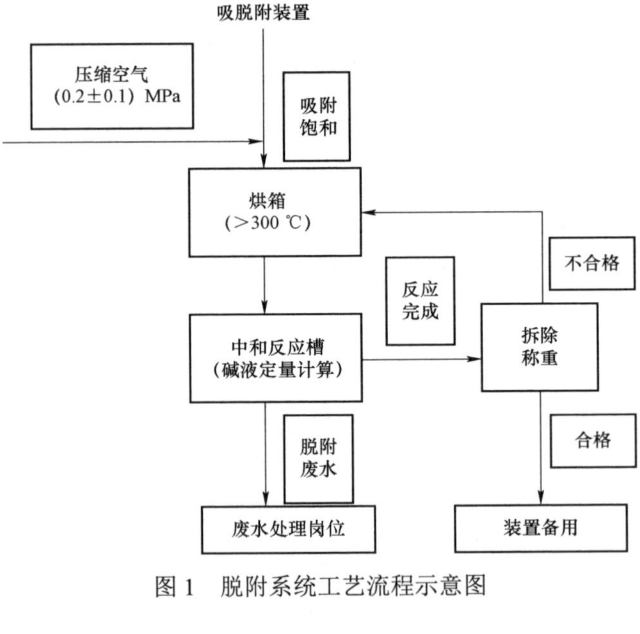

图 1 脱附系统工艺流程示意图

废水岗位处理脱附废水采用钙盐联合沉淀法，即采用钙盐与脱附系统运行过程中产生的废水进行沉淀反应，生成固体钙盐，最终实现清洁解控，废水经检测达标后合格排放。

2.3　脱附系统运行过程中产生的问题

脱附系统经过运行，证明吸附—脱附工艺是完全可行的，能实现对氟化氢气体的有效处理。但在脱附系统运行过程依然产生了两个方面的问题，影响工艺系统的运行效率，增加含铀废物的产生量。

一是中和反应材料的选择问题，在中和反应槽中对氟化氢气体进行中和吸收时，喷淋塔、中和反应槽及设施管道会产生盐类结晶物，堵塞喷淋管线造成脱氟系统无法正常运行，生成的结晶物最终也增加了废物的产生量，因此必须选择更优的中和反应材料；

二是中和反应液的更换标准，由于系统内部存在固体结晶，必须严格控制进入到中和反应槽中的氟浓度，到达规定限值就必须将液体转送至废水岗位。解决结晶问题后，脱附废水氟浓度控制值升高，已经不是转液的唯一决定要素，因此需要思考更加优化的运行方式。

如何有效避免脱附系统运行过程产生固体结晶废物，提高系统运行效率及减少废物产生量成为当前脱附系统必须要思考的关键性问题。

3　脱附系统工艺优化

3.1　中和反应材料的优化

脱附系统存在的问题是内部出现盐类固体结晶，根本原因是中和槽内采用的碱性中和液体为氢氧化钠溶液，与氟化氢气体反应后的氟化钠溶解度相对较低，较易形成难溶结晶物，因此，寻找更加符合工艺运行条件的中和反应材料是解决结晶问题的根本方法。通过研究，确定了一种物质特性与氢氧化钠接近，且生成的氟化物溶解度远远大于氟化钠的碱性物质，经查找相关资料和行业标准，引入的离子也符合综合废水排放要求，因此采用该中和反应材料代替氢氧化钠作为喷淋中和液。两者与氟化氢反应后产生的氟化物常用温度下在水中的溶解度对比表见表 1。

表 1　NaF 和 XF 溶解度对比表

温度/℃	NaF 溶解度/g	XF 溶解度/g
0	3.53	44.30
10	3.66	53.5
20	3.90	94.9
30	4.05	108

续表

温度/℃	NaF 溶解度/g	XF 溶解度/g
40	4.21	138
60	4.47	142
80	4.66	150

鉴于该碱性物质的良好特性，尝试采用其替代氢氧化钠作为中和碱液进入到脱附系统中，完成对吸附材料解析出来的氟化氢气体进行中和吸收，通过中和反应完成后的溶液及管道设施中是否有固体结晶物、系统的脱附率来验证其可行性。运行数据表分别见表 2～表 4。

表 2　第一次运行数据表

吸脱附装置	脱附量/kg	脱附时间/h	脱附率	氟含量/（g/L）	铀含量/（μg/L）
XFT－1－028	12.02	48	0.250	19.2	73.0
XFT－1－043	13.375	48	0.279	19.2	
XFT－1－044	12.15	48	0.253	19.2	

表 3　第二次运行数据表

吸脱附装置	脱附量/kg	脱附时间/h	脱附率	氟含量/（g/L）	铀含量/（μg/L）
XFT－1－007	3.445	36	0.096	36.4	191.2
XFT－1－009	2.64	36	0.073		
XFT－1－016	13.78	36	0.382		
XFT－1－035	15.99	36	0.444		

表 4　第三次运行数据表

吸脱附装置	脱附量/kg	脱附时间/h	脱附率	氟含量/（g/L）	铀含量/（μg/L）
XFT－1－027	20.58	50	0.412	76.0	390.6
XFT－1－048	11.9	50	0.238		
XFT－1－045	16.7	50	0.334		
XFT－1－001	30.07	50	0.601		

从运行数据表可以看出：通过铀含量的不断累积和对比，可监测出前端吸附工艺对铀浓度始终处于良好的控制水平；脱附系统经过中和反应材料更换后，中和反应槽中液体的氟离子浓度达到 76.0 g/L，但始终未观察出结晶物

产生，且吸附材料脱附率完全满足工艺要求，说明采用新的中和反应材料是完全可行的，可以有效解决脱附系统内部结晶堵塞问题，且减少了固体结晶废物的产生。

另一方面，始终采用单一批次废水进行中和吸收，脱附废水每年实际产生量由原有 10 000 L 降低为 4000 L，工艺变化前后脱附废水内部氟离子含量并无本质变化，但减少了过程调配环节，由此产生的石灰渣可以减少 20%。

3.2　系统控制参数的优化

脱附系统中，单一周期运行结果中铀浓度始终保持在微克级水平，但为了防止系统内部结晶物的产生，运行期间必须严格控制中和反应槽内氟浓度，到达规定限值时，停止系统运行，将槽内液体输送至废水岗位进行处理。

由于解决了系统内部结晶问题，管道设备不再出现堵塞问题，氟浓度将不再是决定系统是否转液的关键因素，提供了系统长时间有效运行的可行性。对采用新的中和反应材料的脱附系统，采取监测铀含量的运行方式，以槽内液体铀浓度到达 2 mg/L 为运行终点，保证了脱附系统在一个脱附周期内连续运行，提高了脱附效率，减少了废水和废渣的产生量。

4　脱附系统工艺运行探讨

4.1　吸附—脱附工艺中铀含量的控制

工艺中所选择的吸附材料对六氟化铀同样有吸附作用，对于氟化氢、六氟化铀的混合气体在本工艺运行条件下，选择性吸附方面无明显差异，因此，在前端吸附环节对氟化氢气体运行管理时，一定需要严格控制六氟化铀气体的混入量，否则在脱附环节，吸附材料、设备、废水、废渣处理至清洁解控水平的难度要加大，并且废物产生量会加剧膨胀，影响废物最小化的管理指标。

铀浓缩供料系统净化工程中产生的氟化氢气体会携带有少量的六氟化铀，而系统管线上增加了六氟化铀冷冻捕集装置，在吸脱氟装置吸收氟化氢气体的前端即实现对绝大多数六氟化铀的有效收集，严格控制供料端的温度和压力，即可实现对六氟化铀的有效控制，进入到脱附系统中的铀含量将变得极其微量，从前端降低了脱附系统产生的含铀废物。

脱附系统配备相应的 DCS 系统，系统的一般操作均可实现在线操作、在线监控，实时反应系统运行情况，做到实时监控、有效反馈。每运行一个周期会对槽内液体进行取样分析，监测溶液中累积的铀含量，保证脱附系统全程处于安全可控状态，从前端控制，从后端监测，实现对吸附—脱附工艺中铀含量的控制。

4.2 吸附—脱附工艺中吸附材料的优化分析

吸附—脱附工艺选用了一种特定的吸附材料，该材料能完全实现对氟化氢气体的吸收和转移，可实现循环利用，减少了过程废物的产生。需要继续研究吸附材料的能力趋势分析和吸附材料的装填布置，对工艺参数、操作进行优化分析，与此同时，吸附工艺常用的吸附材料还有沸石、硅藻土、活性炭、炭分子筛和树脂等，探索更加合适的吸附方式或选择性研究更优的吸附材料。

4.3 脱附废水处理方式探讨

4.3.1 中和沉淀法

废水处理岗位处理含铀含氟废水采用的是钙盐中和沉淀法，即采用钙盐将废水中的铀和氟以沉淀形式分离出来，使废水中的铀含量和氟含量满足废水排放标准，产生的钙盐固体废物最终实现清洁解控。脱附系统产生的高氟低铀废水，可以借鉴目前工艺成熟的钙盐中和沉淀方法，即利用一定容积的盛装容器将脱附废水分批盛放，根据铀含量定量计算加入钙盐，经过反应完全后生成钙盐固体废物，检验其放射性比活度，达到合格标准后与废水岗位产生的钙盐固体废物一同实现清洁解控，实现废物最小化。

4.3.2 蒸发浓缩法

将脱附系统产生的少量高氟低铀废水经过蒸发装置直接烘干成结晶固体，作为放射性废物直接储存，此种方法称为蒸发浓缩法。脱附系统可以采用一种与脱附系统相配套的小型蒸发浓缩装置，此装置即是通过蒸发结晶的原理，通过加热蒸发，形成含铀含氟的固体晶体废物。对于处理量较小的脱附废水而言，蒸发浓缩为物理过程，不需要添加化学试剂，减少了固体废物的膨胀，是一种非常有效的废水处理方式。但目前蒸发结晶装置小型化设备种类少、运行过程复杂、投资成本较高，形成的晶体废物难以处理，需要进行储存。蒸发浓缩法也是一个研究方向，可以为脱附废水处理提供运行思路。

5 结论

（1）通过选择氟化物溶解度高的物质，进行反应吸收氟化氢气体，可以延长中和反应液的饱和周期，减少循环液体的更换次数，经过 3 次生产运行，溶液中氟离子浓度达到 76.0 g/L 时，未在系统内部出现结晶物，系统可以在一个脱附周期内连贯性生产。后续将采用在线仪表，监测管道内氟化氢气体的浓度，确定脱附工艺中氟化氢气体的时间—变量工作曲线。

（2）相比原方法，脱附系统产生废水量可以减少 60%、废渣量可以减少 20%，不再需要处理结晶固体废物；需要在吸附环节严格限制六氟化铀的混入量，避免脱附产生的废物达不到清洁解控值，同时脱附环节只需对铀浓度进行监测即可；在脱附环节，将中和液的更换标准，从控制氟浓度，调整为监控铀浓度的运行方式，可以减少中和液的更换次数，并且通过铀含量值可以判定吸附环节的工艺控制水平。

（3）对于脱附后产生的高氟废水，目前的处理方式是石灰沉淀方法，产生的石灰渣可以达到清洁解控水平，但产生的废物量较大。研究吸附—脱附工艺运行中废物最小化的技术和管理手段，提升运行管控水平，探索其他工艺生产方法，不添加化学试剂，用物理的方法回收，从而持续减少废物的产生量。关注脱附工艺运行参数，收集吸附量、脱附量数据，分析吸附塔的周转使用状况及吸附能力变化趋势，开展其他材料的吸附—脱附试验，进行技术储备。

参考文献

［1］粟万仁，魏刚，姚守忠．铀转化工艺学［M］．北京：中国原子能出版社，2012：299．

［2］天津化工研究院．无机盐工业手册［M］．北京：化学工业出版社，1996：853－861．

［3］张雪彦，金灿，刘贵锋，等．重金属离子吸附材料的研究进展［J］．生物质化学工程，2017，51（1）：51．

残存料收集系统探讨与应用

刘振林　赵震宇　邵熙平

摘要：本文叙述了典型的残料收集系统在3B厂房的应用，分析探讨了在3B厂房构建一套残料收集系统的意义与方法，通过构建的残料收集系统达到了液化均质及容器残料收集等各项生产任务的高质量完成和降本增效的目的。

关键词：UF_6；残料收集

液化均质是铀浓缩工厂浓缩铀产品出厂前的最后一道工序，其作用是将分离后的浓缩铀产品在容器内加热液化，并保证在（93±3）℃经过12 h以上恒温，使其在容器内充分对流均质、去除轻杂质，以保证浓缩铀产品在出厂前符合GB/T 13696—2015《^{235}U丰度低于5%的浓缩UF_6技术条件》的要求。产品容器在元件厂供料结束后，以及样品容器在完成分析检测后，容器内都会剩余一定量的浓缩铀产品，当容器到达一定使用期限后，须进行清洗、重新组装、试验和复验合格后再循环使用。如果不对容器内剩余物料进行回收处理，直接进行容器清洗会造成产品流失、资源浪费以及加重含铀废水的处理负担。

1　残料收集系统概述

1.1　典型的残料收集系统

减少容器中UF_6的残存量，可通过冷阱、真空泵或其他低压UF_6系统来实现。如果在UF_6操作装置上没有这种设备，可利用空UF_6容器和UF_6蒸气压特性作为减少残存料的抽空系统。在环境温度下，由UF_6容器提供真空，此时容器中仅是气体和固体UF_6，即没有不凝性气体，如空气、氮气等。纯净的UF_6在25 ℃时，蒸气压为14.91 kPa。因此，当把一个290 kPa压力（约85 ℃）

的热容器和一个压力在 14.91 kPa 的冷容器用阀门连接在一起时，热容器中的残料就会流到冷容器中。冷容器中的气态 UF_6 将凝华为固态 UF_6，从而降低压力，热容器内的残料量不断减少。达到可接受的残存量所需的时间通常是很短的，它取决于热容器和冷容器的容积比、冷容器中的 UF_6 积累量以及无不冷凝性气体。许多个热容器的残存料在系统有效性未减弱前，可被转移至冷容器中，也可通过冷却冷容器的方法提高转移效率。在这一系列转移过程中，收料容器必须称重以保证容器没有超装，若发生超装事故可以通过低压蒸发转移至其他冷容器中。

1.2　3B 厂房残料收集系统

3B 厂房液化均质系统主要作用是对浓缩铀产品液化均质合格后，经分装或取样后将产品容器内物料出厂。在此过程中，残料收集系统的功能主要有两项。

（1）冷风箱收料系统。主要通过 −25 ℃冷风箱冷冻后的容器收取分装管线、取样管线以及经分装后液化容器内剩余的大量物料，收料容器经 −25 ℃冷风箱的持续冷冻保证其收料能力及效率。

（2）真空系统。主要由一台 50 L 容器、一台 24 L（或 20 L）凝冻器、两台吸附塔和两台真空泵组成。50 L 容器由 −80 ℃深冷箱冷冻用于收集 UF_6，24 L（或 20 L）凝冻器由 −170 ℃深冷箱冷冻，由于收集微量的 UF_6 和大多数的 HF，吸附塔用于吸附剩余的 HF 气体，真空泵为真空系统提供抽空动力。其作用是收集经冷风箱收料系统收料后剩余的 UF_6，保证管线、容器内的物料尽可能地得到收集，减少容器拆装时残余 UF_6 与空气反应的量，从而达到降本增效和保护作业人员及环境的目的。

2　残料收集系统构建的意义

在 2019 年小压热罐系统改造后，液化均质系统只有一套卸料系统，故不能利用生产空歇期在内的液化均质系统卸料系统 2 的 9 个卸料点进行带料容器剩余物料回收工作。因此，需要在液化均质主系统基础上，建立一套残料收集系统，实现带料容器抽空工作，从液化均质主系统上分离开来，减少生产环节，提高生产效率，确保各项生产任务的高质量完成。

残料收集系统的工作目标有三个：一是将带有少量产品的容器进行分类管理，减少拆装容器的次数，提高生产效率；二是提高设备利用率，合理布局将主产品液化均质和残料回收工序分离，减少系统冗余；三是优化 50 L 容器收料方式，提高容器周转效率，降本增效。

3　构建残料收集系统探讨

3.1　强化带料容器的管理，减少冗余操作流程

（1）注重带料容器的分类管理。需要进行残料回收的容器主要有两类。一是，经客户使用后返厂的装有精料的产品容器；二是，达到储存期限的用于分析、检验、仲裁的样品容器。按照用途可以将其分为三类，须清洗的带料产品容器为第一类；须清洗的带料样品容器为第二类；可继续使用的带料产品容器为第三类。

（2）根据液化均质生产规律，合理安排带料容器的抽空工作。分类管理前带料容器的抽空工作流程：将容器安装在液化均质主系统→连接管大漏检查合格→50 L 收料→抽空收料→深抽连接管→拆除→清洗/入库作为主产品收料容器暂存。经分类管理后，第一类和第二类容器的工作流程为：将容器安装在带料容器剩余产品回收效能系统→连接管大漏检查合格→50 L 收料→抽空收料→深抽连接管→拆除→清洗。第一类和第二类容器可根据容器库存数量进行集中处理，提高深冷设备和真空泵的利用效率，减少能耗损失。第三类容器的工作流程：将容器安装在液化均质主系统→连接管压力试验、真空试验合格→50 L 收料→抽空收料→作为主产品收料容器收料→出厂。第三类容器可根据液化均质生产规律，合理安排带料容器的抽空工作，保证产品容器的出厂使用。带料容器抽空前经分类管理后，省去了第三类容器的一次拆装和出、入库流程，减少了冗余操作。

3.2　强化设备有效管理，实施主产品液化均质和残料回收工序分离

（1）提高设备利用率。为保障液化均质系统主产品液化均质生产任务的顺利完成，系统设有两套真空系统，包含了 5 台真空泵，4 台 −80 ℃深冷箱和 4 台 −170 ℃深冷箱。在实际生产中深冷设备通常采用一备一用的原则，两台并联的真空泵便可保证抽空效率。因此可充分利用备用设备重新组建一套真空系统，专用于第一类和第二类容器的抽空，实现主产品液化均质和残料回收工序分离。主要做法是利用备用设备和库存材料组建一套抽空系统，用于带料容器剩余物料回收工作。容器抽空系统由一台 −80 ℃深冷箱、一台 −170 ℃深冷箱和一台真空泵串联组成，并将抽空尾气排入局排系统。产品容器抽空系统共有 4 个容器抽空点，产品容器通过金属软管与抽空系统连接，并预留一个精料样品容器蒸发点。抽空系统通过压力表 1 监测产品容器抽空

情况，压力表 2 监测 –80 ℃深冷箱内 50 L 容器入口压力。进行局排系统改造，在容器拆装点增加一个可移动式排风口。

（2）合理利用液化均质厂房辅助系统。结合容器抽空和容器拆装的特点，应充分考虑抽空尾气的处理和拆装时的有毒有害物质处理。进行容器抽空系统建设时应充分体现以下三项特点：一是，充分利用厂房的有效空间。结合厂房工艺系统布局情况，将设备和工艺管线安置在原控制室区域，待抽空的产品容器放置在容器暂存区，充分利用了容器暂存区的有效空间。二是，合理利用现有辅助系统，减小施工力度。将抽空容器产生的工艺尾气排入现有的局排系统，不需要重新建造工艺尾气处理系统，减小了施工力度。三是，优化排风口设计，减小施工投入。容器抽空系统包含 4 个产品容器抽空点位和 6 个样品容器蒸发点位。原则上须设计多个容器拆装点排风口，以保障拆装作业人员的健康，而实际操作过程中通常采用逐一拆装作业的方式进行，因此通过将排风管设计成弹簧式软管，在拆装作业时可灵活改变排风口的位置，实现了一对多式排风作业。

（3）提高建设效能管理。由于主产品液化均质生产任务紧凑，因此需及时高效地完成容器抽空系统的建设。在抽空系统设计时应充分体现以下三项特点：一是，多功能设计，使之具备样品容器蒸发与故障容器抽空、测量功能。样品容器蒸发与故障容器处理后抽空、测量也是不可忽视的一项生产任务，在进行抽空系统设计时充分考虑了功能的多样性，预留有样品容器蒸发点位。二是，实施具有及时性与高效性。当液化均质系统面临主产品液化均质与产品容器抽空生产任务不能兼顾完成时，利用备用设备和库存材料组建成一套容器抽空系统，极大程度地缩短了采购设备与材料的时间。三是，系统结构简洁，操作简单，便于日常维护。整套系统包含 3 台设备和 8 个阀门，在进行产品容器抽空时，只需通过控制一台阀门开度，保障抽空压力在可控范围内，操作简单。

（4）实现容器有序管理。将作业设备与作业容器进行分区管理，保证设备与容器拆装作业的安全进行。产品容器与样品容器分区管理，保证作业前后容器无损伤。抽空前与抽空后分区管理，保证容器及时、准确抽空，精益管理。

（5）实现一次抽空合格率 100%。容器经抽空后若残余量超过清洗限值，一方面，容器清洗阶段将会造成大量水资源浪费和巨大的含铀废水处理量；另一方面，产品的流失也会为公司造成损失。因此需在容器抽空过程中强化操作工艺流程和工艺纪律。

3.3 优化收料方式，提高系统抽空效率

（1）优化 50 L 容器收料方式改革，减少容器使用量。通常采用一台容器收取一种丰度物料。在生产过程中，由于返厂产品容器和样品容器数量多、丰度杂（十余种丰度），在同批次抽空容器中若采用同丰度产品收料的运行方式，将极大地增加 50 L 容器冷冻、解冻、拆装频次，造成巨大能源损耗和降低了抽空效率。经优化后，采用一台 50 L 容器收取混合丰度收料方式将极大地提高了抽空效率和减少容器的使用量。

（2）调整物料储存方式，提高容器周转效率。若将 50 L 容器作为物料的储存方式将极大地降低了容器周转和效率。经优化后，使用两台 50 L 容器，一台作为抽空系统收料容器，完成物料的收集功能，另一台 50 L 容器作为备用容器，利用空闲时间将其内物料倒置一台专用储存的产品容器类，当专用储存的产品容器达到一定装料量后便可作为产品进行配料、液化均质后作为产品出厂。优化后两台 50 L 容器和一台产品容器便可实现整改抽空系统的容器周转，减少了 50 L 容器使用量，提高了容器周转效率。

4 残料收集系统构建的应用

4.1 总体思路

采用一台 −80 ℃深冷箱、一台 −170 ℃深冷箱和一台真空泵串联组建一套抽空系统，并将抽空尾气排入局排系统。产品容器抽空系统共有 4 个容器抽空点，产品容器通过金属软管与抽空系统连接，并预留一个精料样品容器蒸发点。抽空系统通过 P1 压力表监测产品容器抽空情况，P2 压力表监测 −80 ℃深冷箱内 50 L 容器入口压力。进行局排系统改造，在容器拆装点增加一个可移动式排风口。残料收集系统示意图如图 1 所示，残料收集系统布局图如图 2 所示。

4.2 工艺流程

4.2.1 带残料产品容器抽空工艺流程

（1）中间容器、凝冻器连接管大漏检查，合格后投冷冻运行，抽空系统准备正常。

（2）产品容器连接管大漏检查合格。

（3）开产品容器 1 英寸阀，控制中间容器入口压力≤8 mbar。

（4）将产品容器抽空至 26 Pa 以下，恢复线路，拆除容器。

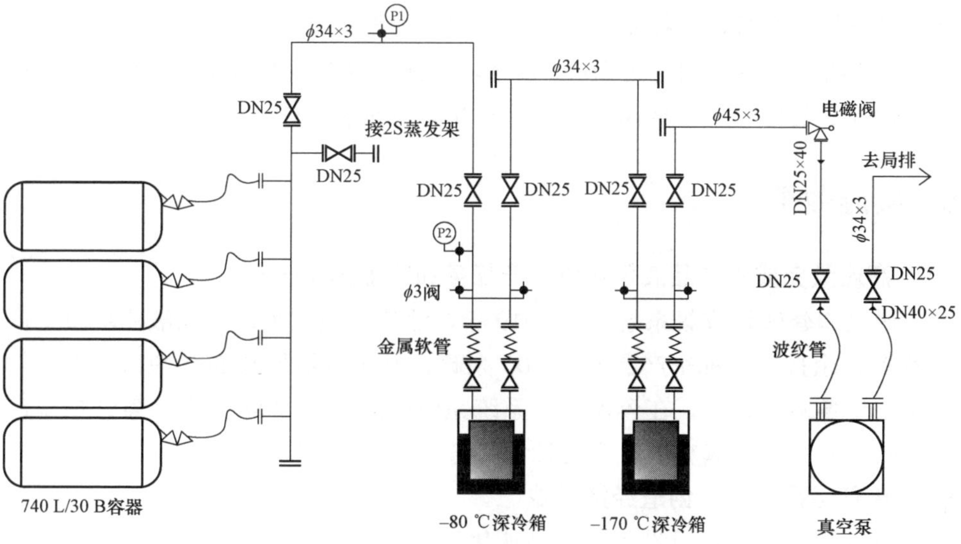

图 1　残料收集系统示意图

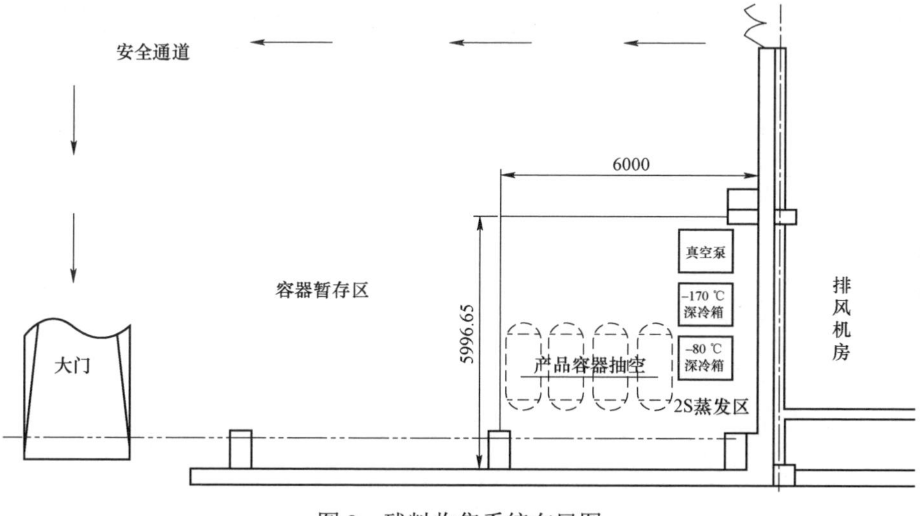

图 2　残料收集系统布局图

4.2.2　带残料样品容器蒸发工艺流程

（1）50 L 容器、凝冻器连接管大漏检查，合格后投冷冻运行，抽空系统准备正常。

（2）样品容器连接管大漏检查合格。

（3）开样品容器本身阀，控制中间容器入口压力≤8 mbar。

（4）当中间容器入口压力控制阀全开，入口压力≤8 mbar 时，投样品容器蒸发器加热运行，并控制中间容器入口压力≤8 mbar。

（5）将样品容器抽空至 26 Pa 以下，停样品容器蒸发器加热运行，恢复线路，拆除后复称，不合格需重新进行样品容器蒸发操作。

5 实施效果

5.1 高质量完成主产品液化均质生产任务和容器抽空任务

通过构建残料收集系统，在 2019 年，液化均质主系统完成液化均质生产任务 100 余批次，抽空产品容器 300 余罐，减少容器拆装 300 余次，液化均质生产任务圆满完成。在容器抽空系统完成样品容器 200 余台，累计抽空产品 600 余千克，圆满完成了容器抽空任务。

5.2 降低运行成本，创造经济效益

通过合理利用备用设备，提高液化均质辅助系统利用率，提升了全员的创新思维模式，节约了设备采购费包含真空泵、－80 ℃深冷箱、－170 ℃深冷箱在内的约 40 万元。并且该系统解决了公司处理故障容器后无法真空测量的问题。

一英寸阀门检修再利用的应用实践

范学振　李　波　王　涛

摘要：公司使用的各类 UF_6 储存大容器都有一英寸阀门这一关键部件，原有工艺是容器清洗后直接安装合格新阀门使用，新阀门使用量较大造成成本激增，因此一英寸阀门检修再利用就变得尤为重要。通过一系列工装的制作和使用，将旧阀门重新检修，使之能满足气密性试验和使用要求，提高了一英寸阀门的利用效率，每年单项成本可节约生产成本 20 万元，并提出了阀门检修的后续发展思路，对实现资源重复利用、降本增效具有非常大的促进意义。

关键词：一英寸阀门；研磨；检修工装；再利用；阀门研磨机

公司使用的各类 UF_6 大容器都有一个关键部件——一英寸阀门。随着公司生产规模的逐步扩大，容器处理量也随之增加，为了实现降本增效，更好地利用现有的旧阀门，实现公司的可持续发展，开展一英寸阀门检修再利用的应用实践，具有重要的现实意义。本文立足于容器处理生产实际，介绍了一英寸阀门检修再利用的应用实践，并为后续工作提出发展思路。

1　一英寸阀门介绍

公司使用的 UF_6 大容器 740 L、30 B、3 m^3、3 m^3 B、3 m^3 C 容器都有一个关键部件——一英寸阀门。一英寸阀门阀体、密封螺母、密封环、密封垫和螺母是铝青铜合金材料，阀杆是蒙乃尔合金，一英寸阀门的阀体和阀杆都是合金材料，硬度较高，在外力作用下不会轻易损伤（图 1）。

图 1　一英寸阀门

2　一英寸阀门的处理流程

一英寸阀门处理流程执行《阀门、零部件清洗处理操作规程》，处理流程如图 2 所示。

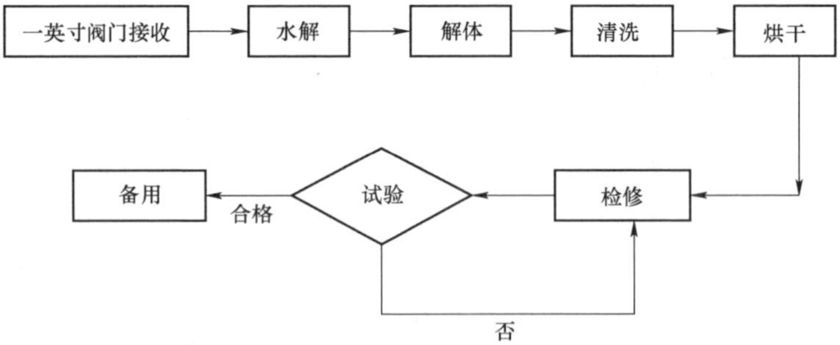

图 2　一英寸阀门处理流程图

根据流程，阀门的水解、解体、清洗、烘干几项操作步骤较为成熟，只要执行规程操作即可。如要实现一英寸阀门重复利用，检修步骤显得尤为关键，一英寸阀门检修再利用就是利用砂纸研磨将原有失效的密封面打磨掉，再经过对阀体和阀座的重新打磨，让密封接触面尽可能光滑，再利用压紧装置重新压制一条新的密封面，从而满足气密性试验要求，重新达到密封作用。检修步骤具体实施分为粗研、精研、重新压圈等步骤，每一步都关系着阀门是否检修合格，因此容器班针对阀门检修步骤成立了专门的攻关小组，制作和使用阀门检修工装，开展阀门检修再利用的工作，从而实现降本增效的目的。

3　一英寸阀门检修的攻关措施

3.1　研磨棒

由于要将原有失效的密封面打磨掉，再经过对阀体和阀座的重新打磨，让密封接触面尽可能光滑，再利用压紧装置重新压制一条新的密封面，所以自行设计制作了第一代阀体密封面研磨工具——研磨棒（图 3）。它没有设计定位装置，靠人工来控制。因此，定位准确性极差，研磨精度差，返修率较高，目前已停用。

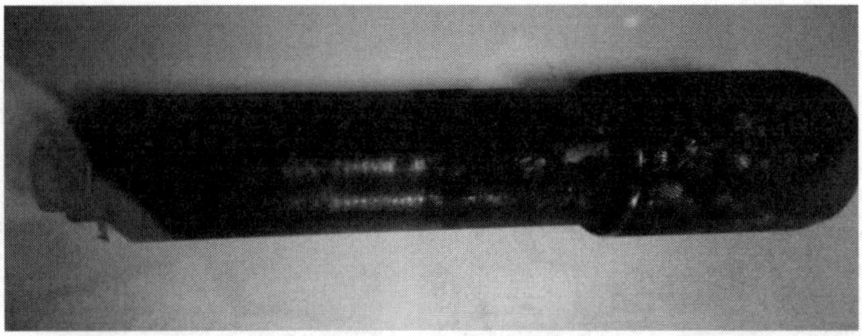

图 3　第一代研磨棒

又设计制作了第二套研磨工具——研磨摇把（图 4），目前正在使用。虽然有定位装置，但不是专做的，只是借用了阀门的密封螺母。它与阀体之间间隙大，来回移动，定位不准确。研磨精度一般。

研磨好的阀座和阀杆，在组装前都用无水乙醇进行了脱脂除尘处理，小组成员用白布对其擦拭检查验证，白布擦拭前后结果，白布表面无明显杂质，证明阀门密封面上无杂质，研磨效果良好。目前主要还是使用此种方法进行阀门检修。

图 4 第二代研磨棒

3.2 机床研磨

现场研磨采用的方法是手工研磨，用人力控制工装移动完成研磨，研磨速度力度等都是靠人工控制，凭操作人员的经验来完成，稳定性和可靠性差。

因此先利用工装进行初打磨，待表面无可见划痕后，利用 117 厂房现有的车床进行研磨操作，先拆掉研磨摇把，研磨端装上砂纸，将其固定在车床尾架上，阀体固定在车床卡盘上，对阀体密封面进行研磨，直至研磨达到要求。再将阀杆固定在卡盘上，移动回转刀架调整研磨砂纸与阀杆锥面平行，对阀杆进行研磨，直至研磨达到要求。研磨合格后用无水乙醇擦拭除尘除油，更换密封垫组装后进行真空试验，不合格重新进行检修，直至合格后备用（图 5）。

图 5 机床研磨

此种方法作为一种新的尝试，目前通过与阀门专业厂家联系沟通，准备设计加工一套专用的一英寸阀阀座研磨电动工具，增加检修效率，降低劳动强度。

4 一英寸阀门检修再利用的成果

利用手工研磨加上各种工装的尝试和探索，阀门检修再利用进入了正式操作阶段，截至 2019 年 8 月，累积检修一英寸阀门 76 台，重新使用阀门 28 台，一英寸阀门检修再利用统计如表 1 所示。

表 1 一英寸阀门检修再利用统计表

序号	阀门编号	检修合格日期	使用日期
1	932033	2019－03－12	2019－03－29
2	516078	2019－03－12	
3	515104	2019－03－12	
4	756024	2019－03－12	2019－03－29
5	120293	2019－03－12	
6	120356	2019－03－12	
7	120447	2019－03－12	
8	908121	2019－03－13	2019－07－05
9	120455	2019－04－01	
10	932043	2019－03－13	
11	1011075350	2019－04－02	
12	756095	2019－03－18	2019－04－02
13	40337	2019－03－18	
14	107396	2019－03－18	2019－04－09
15	515139	2019－04－02	
16	120436	2019－03－29	209－04－02
17	116267	2019－04－02	
18	120488	2019－04－02	
19	120315	2019－04－02	2019－04－09
20	120326	2019－04－12	
21	120421	2019－04－12	
22	120413	2019－04－12	
23	120461	2019－04－12	
24	120442	2019－04－12	
25	932028	2019－04－12	

续表

序号	阀门编号	检修合格日期	使用日期
26	120457	2019 – 04 – 16	
27	120457	2019 – 04 – 21	2019 – 04 – 24
28	932028	2019 – 04 – 21	2019 – 04 – 25
29	403337	2019 – 04 – 28	
30	116001	2019 – 04 – 28	
31	120341	2019 – 04 – 28	
32	120351	2019 – 04 – 28	
33	120440	2019 – 04 – 28	2019 – 07 – 09
34	621147	2019 – 04 – 30	2019 – 07 – 03
35	589039	2019 – 04 – 30	
36	606213	2019 – 04 – 30	
37	515158	2019 – 0510	2019 – 07 – 05
38	120345	2019 – 05 – 10	
39	74446143	2019 – 05 – 15	2019 – 07 – 12
40	605068	2019 – 05 – 15	2019 – 07 – 11
41	515068	2019 – 05 – 15	2019 – 07 – 05
42	908121	2019 – 05 – 15	
43	605043	2019 – 05 – 15	2019 – 07 – 04
44	120429	2019 – 05 – 15	2019 – 07 – 05
45	120460	2019 – 05 – 15	
46	450600	2019 – 05 – 15	
47	120410	2019 – 05 – 15	2019 – 07 – 10
48	120481	2019 – 05 – 16	2019 – 07 – 10
49	120465	2019 – 05 – 16	2019 – 07 – 03
50	515008	2019 – 05 – 16	
51	932047	2019 – 05 – 20	2019 – 06 – 18
52	559027	2019 – 05 – 20	2019 – 06 – 13
53	515180	2019 – 05 – 20	2019 – 06 – 13
54	130377	2019 – 05 – 20	2019 – 07 – 04
55	515017	2019 – 05 – 23	2019 – 07 – 09
56	4446125	2019 – 05 – 23	2019 – 06 – 18
57	932043	2019 – 05 – 27	2019 – 07 – 02

续表

序号	阀门编号	检修合格日期	使用日期
58	615098	2019－07－12	
59	120393	2019－07－12	
60	615144	2019－07－17	
61	615021	2019－07－17	
62	515093	2019－07－17	
63	598213	2019－07－17	
64	932049	2019－07－17	
65	120294	2019－07－17	
66	515046	2019－07－17	
67	655200	2019－07－17	
68	515066	2019－07－17	
69	606234	2019－07－17	
70	44472139	2019－07－29	
71	756051	2019－07－29	
72	205040	2019－07－29	
73	44447279	2019－07－29	
74	515174	2019－07－29	
75	116210	2019－07－29	
76	615046	2019－07－29	

经过不懈努力，一英寸阀门的检修再利用已能满足当前容器处理的使用要求，且已实际应用到当前使用容器上，使用效果良好，未发现故障问题，因此，本次攻关目标得以实现。

5 经济性分析

本项攻关目前支出费用为：

人工费用为：75 元×76 台＝5700 元

材料费用为：20 元×76 台＝1520 元

能源消耗为：2.25 元×76 台＝171 元

合计：5700 元＋1520 元＋171 元＝7391 元

目前该阀门市场价格为 2000 元/个，因此

当前产生经济效益＝2000 元×76 台－7391 元＝144 609 元

年经济效益估算=（2000－75－20－2.25）×120=228 330 元

因此，目前已产生经济效益 144 609 元，每年容器平均使用量按照 120 台计算，则可节省成本近 20 万/年，经济性能良好，攻关取得良好成绩。

6 后续发展思路

现场研磨采用的方法是手工研磨，用人力控制工装移动完成研磨，研磨速度力度等都是靠人工控制，凭操作人员的经验来完成，稳定性和可靠性差。

因此前往河北保定市华沃电力设备厂进行一英寸阀门阀座研磨工装调研，主要了解了 M 系列阀门研磨机和 M22BX 型阀门研磨机，通过与厂家的沟通和交流，确定了后续阀门研磨机的研制思路：

M22BX 型阀门研磨机为组合式台式结构（图 6），适用于在维修车间进行大批量阀门的维修工作。本机主传动通过支架及与阀门过流孔尺寸相匹配的定心板（砂纸压板）来保证定心，传动头上万向节配置可以使研磨盘在 10°范围内摆动，防止磨偏。

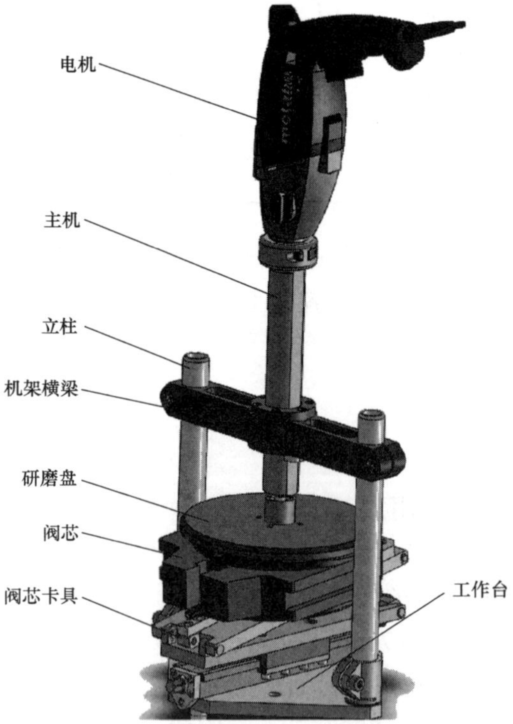

图 6 M22BX 型阀门研磨机示意图

以上两种研磨装置由于无符合 G 阀门尺寸的研磨头、定位块、阀体固定工装，所以需要进行部分改动设计加工。经与厂家协商在 M22BX 型阀门研磨机基础上进行改动，改动后研磨机部分示意图见图 7。改动后研磨机器参数为：

（1）研磨范围：$\phi 22$ 平面研磨，45° 锥面研磨

（2）输入电压：220 V

（3）最低转速：65 r/min

（4）功率：1300 W

（5）操作重量：3 kg

本机是在阀芯研磨机基础上再设计，以适合研磨需要。改动后研磨机产品主要新增功能：

（1）传动部分（图 7①）加装行星减速将转速减至最低 65 r/min。

（2）传动头部分（图 7②）加装活动定位圆柱块，研磨时放置于阀腔密封填料处，在研磨头底部增加固定式圆柱定位块，可通过上下同时定位减少研磨时研磨面与阀门密封面的平面偏差。

（3）原机阀芯卡具（图 7③）去除，换成夹持阀门专用装置，手动夹紧，可微调对中。

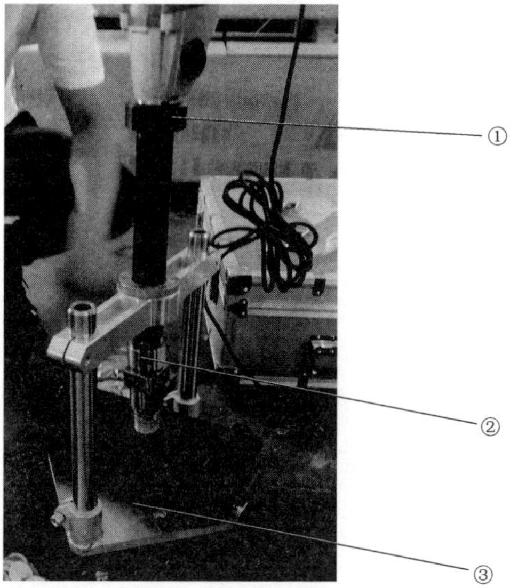

图 7　改动部分指示图

待设备采购完成投入使用方可实现技术应用，一英寸阀门检修再利用将实现更大的突破。

7 结束语

一英寸阀门检修再利用是根据容器处理过程中产生的实际问题进行的具有现实意义的技术攻关，也取得了很好的实施效果和经济效益，但技术水平还是偏向于人工，技术性能较差，以后也将会向着更加便捷和高效的方向发展，但也是解决目前容器阀门使用的良好措施，值得继续研究和推广。

新型质谱计拆源检修技术创新

曹雪芹

摘要：新型质谱计较旧型质谱计存在进样方式、进样量和样品进入游离盒的方式不同，因此按照旧型质谱计的拆源方法拆源后达不到预期效果。对新型质谱计的离子源的结构进行分析后发现，需要将新型质谱计离子源进行全部拆解才能达到预期，但难点是无法保证重新安装回质谱计时，游离盒中心位置、离子源进样窗口、类分子束进样口在同一直线上。因此根据离子源图纸，制作了专门用于新型质谱计离子源部件定位的辅助工具，保证离子源安装时位置的精确性。最终，采用新的方法拆源后，达到了预期效果。

关键词：质谱计；离子源；拆源

1 背景介绍

405－1C 在线分析系统现有俄制新型 МИ－1201АГМ－01М 质谱计两台，属长年连续运行设备，离子源易受损。

运行人员在一次运行维护过程中发现与 МИ－1201АГМ－01М 质谱计连接的工控机显示“阴极断”信息。质谱计面板阴极电流指针指向“0”，经检查判断离子源灯丝烧断，需拆源检修。

МИ－1201АГМ－01М 较 405－1A 所用的 МИ－1201АГ 质谱计有很大的升级变化，进样结构上采用了新的进样设计方式，从非分子束进样变为类分子束进样方式。技术员通过研究相关图纸发现机械结构改动非常大，多个部件咬缝连接，安装的尺寸精度要求很高（0.1 mm 量级）。由于各方面的原因从厂家获得质谱计的安装信息较少，如果贸然拆卸，组装难度与风险比较大。因此计划按照 405－1A 所用的 МИ－1201АГ 质谱计拆源方案操作，即仅对离子源进行拆卸，与之相连的高真空和类分子束进样装置保留不动。

拆源检修后，质谱计各项指标能满足在线分析要求，但样品离化效率和进样峰强较低（图 1）。

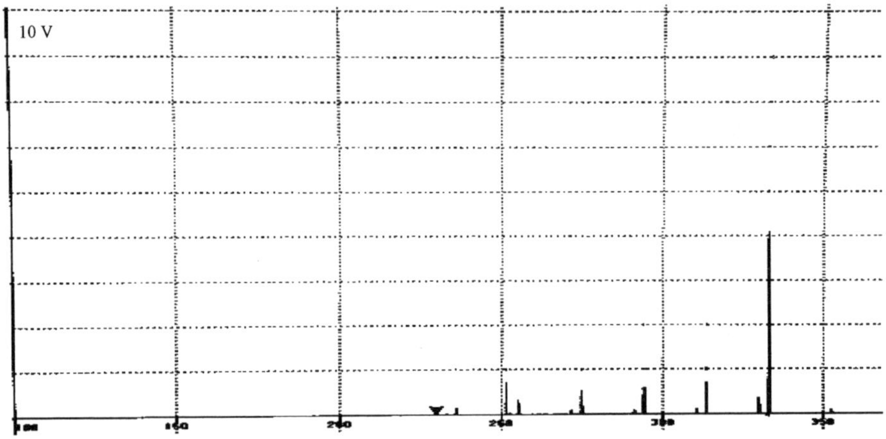

图 1　特征峰扫描记录示意图

另外一台 МИ－1201АГМ－01М 质谱计的进样灵敏度低至无法满足在线分析要求，需拆源检修。但前期拆源检修效果不理想，急需改变拆源检修技术。

2　目的及思路

为改善拆源效果，技术员充分评估拆卸与安装风险后计划扩大拆源范围，即在原有拆源基础上将质谱计高真空冷阱与类分子束进样装置同时拆下。

但扩大拆源范围风险极大。在阴极组件装配与离子源拆卸、清洗期间无法避免离子源进样窗口的位置变化，在安装时离子源进样窗口与类分子束进样口的相对位置又无法判断并做出有效调整。若装源失败，质谱计将停用。目前 405－1C 仅有两台精料质谱计互为备用，若一台停用，另一台分析任务加重，加上之前拆源后离子源离化效率低，会严重影响在线监测，不利于六氟化铀的丰度精准控制。若要解决这一问题必须制定一套针对新型质谱计的新拆源方案，弄清新型质谱计类分子束进样装置的结构，并制作能够用于离子源安装期间的辅助校准工具。

3　工作原理及工具设计

3.1　质谱计的基本组成

质谱仪器是利用电磁学原理，使离子按质荷比进行分离，从而测定物质的质量与含量的仪器。由于物理分室对 UF_6 在线测量是用 МИ-1201 质谱计来完成的，其基本构成如图 2 所示。

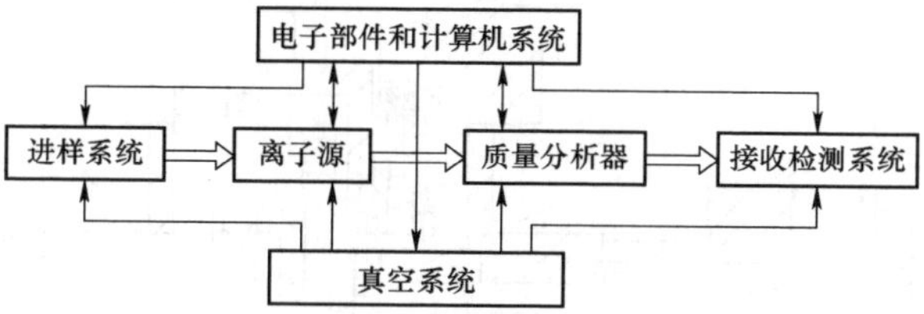

图 2 质谱计基本构成

3.2 离子源

离子源是质谱仪器的心脏部分，它的作用是将被分析的中性原子或分子电离成离子，然后拉出、聚焦、加速后，形成一定能量的均匀、稳定的离子束，通过离子源出口狭缝进入质量分析器。离子源和质谱计的灵敏度、分辨本领等主要指标有很大关系。其内部结构如图 3 所示。

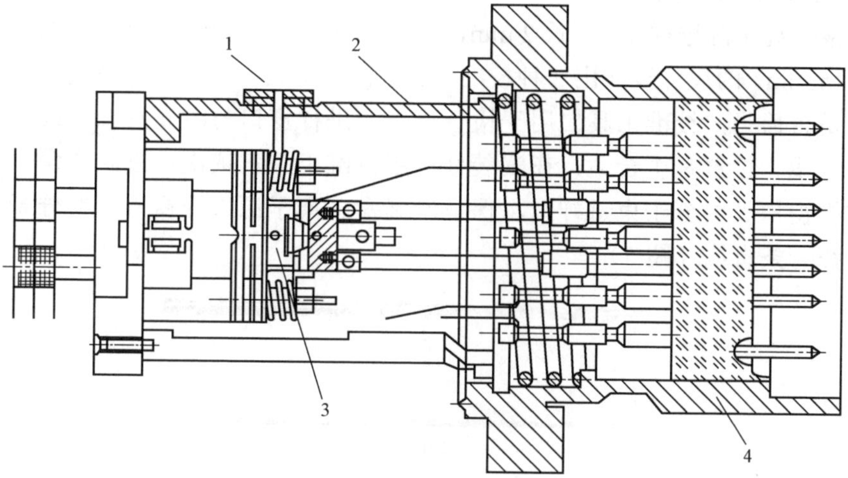

图 3 离子源结构图

1—离子源进样窗口；2—离子源进样窗口挡板；3—游离盒；4—离子源

3.3 高真空冷阱

高真空冷阱能提供一个非常低温的表面（冷指），残留在离子源中的样品在冷指上凝聚，提高离子源真空度。清洗高真空冷阱可提高吸附能力。

3.4 类分子束进样装置

样品通过类分子束进样装置后成为束状的细窄分子束缓慢进入离子源，较非类分子束进样的离化效率高且记忆效应小（图 4）。

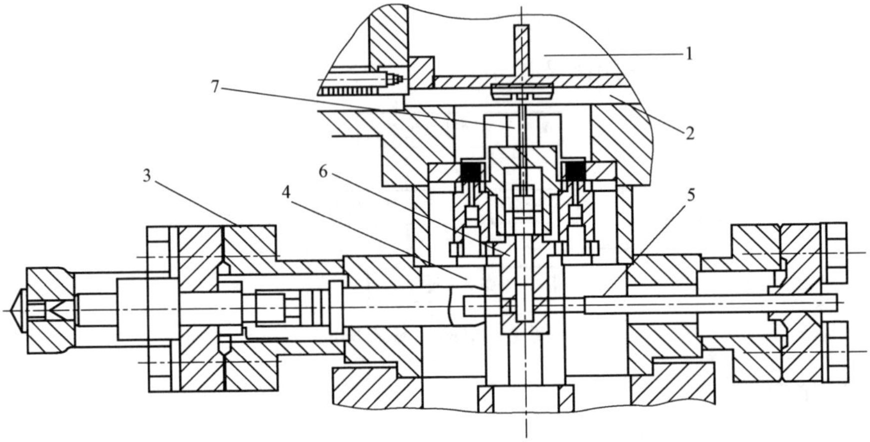

图 4　类分子束进样装置结构图示意图

1—离子源进样窗口；2—离子源进样窗口挡板；3—进样量调节阀；
4—进样量调节阀头；5—进样导管；6—“凸”形样品导入头

3.5　辅助校准工具设计

根据离子源进样窗口（长 2 mm，宽 1 mm）、类分子束进样狭口（长 2 mm，宽 0.15 mm）的尺寸设计出 3 种校准工具，校准工具一用于检查游离盒的安装位置是否恰当，校准工具二用于检查离子源进样窗口与游离盒轴心线是否在一条直线、位置是否合适，在安装好后用校准工具三依次穿过游离盒、离子源进样窗口、类分子束进样口，保证游离盒、离子源进样窗口、类分子束进样口在一条直线（图 5）。

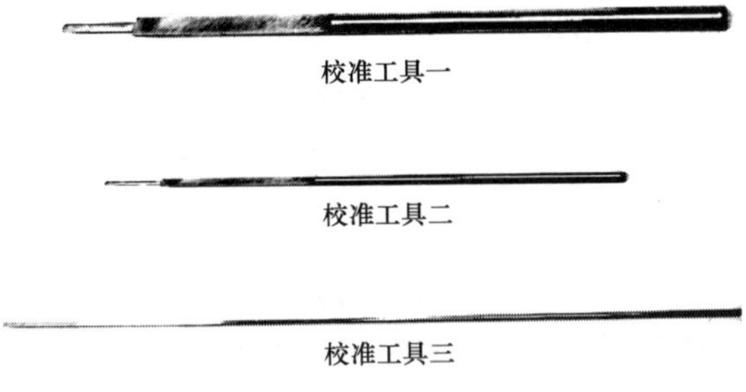

图 5　校准工具示意图

4　实施

4.1　制定方案

将检修人员分为三组，第一组负责整件拆装，第二组负责部件清洗烘干，第三组负责制作辅助校准工具和离子源部件组装。

操作过程由专人负责记录。

4.2　拆卸离子源

3 月 28 日第一组人员乘坐倒班车进入现场率先开展质谱计全面停机及拆源工器具准备工作。一切就绪后使用压缩空气加速高真空区域冷阱中剩余液氮的挥发，使用“液位尺”判断冷阱内液氮余量，直至底部剩余少许液氮为止。现场人员穿戴好安全防护用具，依次拆开双冷阱连通法兰接口，离子源右侧冷阱至钛泵管道法兰接口，拆开冷阱至离子源四通管道法兰接口，缓慢卸下，倒出剩余液氮，使用浸过清洗液的白纱布缠住冷指，放入沾污收集袋。拆开离子源法兰接口，缓慢拔出离子源，放入准备好的盛有清洗液的烧杯中，依次拆开类分子束进样装置一侧冷阱法兰接口，缓慢移出冷指，谨防碰伤旁边部件。继续拆开进样量调节阀至四通管道的法兰接口，缓慢卸下阀门，卸开进样导管至四通管道的法兰接口，卸下进样导管。缓慢拆卸类分子束进样口固定支架与“凸”形样品导入头连接的固定螺丝，取下“凸”形样品导入头。至此拆卸完毕。

4.3　装配离子源

在完成了部件清洗，烘干与阴极组件的重新装配后，需要将拆下的每一个部件重新装回质谱计。利用工具一检查游离盒的安装位置后，安装离子源进样窗口挡板，使用工具二检查离子源进样窗口（长 2 mm，宽 1 mm）与游离盒轴心线是否在一条直线，根据工具二的伸入情况调整游离盒的位置。待工具二的各个节点到达位置后，表明离子源进样窗口（长 2 mm，宽 1 mm）与游离盒轴心线在一条直线。将整个离子源安装回质谱计，用扳手将定位螺丝稍微紧固以便后续调整。

4.4　安装类分子束进样装置

接下来安装类分子束进样装置（图 4），首先安装“凸”形样品导入头（图 4 部件 6），使其与类分子束进样口（图 4 部件 7）支架对接，接口相互对准锲入，使用螺丝完成固定与密封。之后将进样导管（图 4 部件 5）从类分子束进样装置右侧法兰孔插入，使导管一端接口刚好嵌入“凸”形样品导入头的右侧孔，通过法兰接口紧固完成进样导管安装。再将进样量调节阀（图 4 部件 3）从进样导管的相对的一侧法兰口插入“凸”形样品导入头的左侧孔，并调节阀头（图 4 部件 4）使其能够嵌入“凸”形样品导入头接口，然后将阀门逆时针调至最大开度，防止紧固螺丝时造成“凸”形样品导入头应力损伤，完成定位与密封。

4.5 进样路径校准

在类分子束进样狭口（长 2 mm，宽 0.15 mm）一端使用强光手电对准狭缝照射，在另一侧观察管线强度，若光线很弱或无光线说明进样口的狭缝与离子源进样窗口的错位比较大，需要较大调整。若能明显看到光线说明错位很小，则在离子源右侧冷阱接口一端使用第三件校准工具依次穿过游离盒，离子源进样窗口直线向前直抵类分子束进样口，并根据位置继续紧固离子源定位螺丝或者微调离子源进样窗口位置后再紧固螺丝。最后完成两个冷阱的安装工作。通过三个校准工具的配合使用，基本可以对样品隔空射入离子源的整个直线路径进行校准，从而保证了样品的有效导入量。

4.6 启动、调试质谱计

经深抽、阴极除气、预加热、离子源参数调整、全面除气与全面调机后质谱计具备了进样分析能力。进标准样品找峰并调节峰形。CUP3 光笔指示的 UF_5^+离子源样品峰上涨迅速很快达到分析指标要求，如图 6 所示。

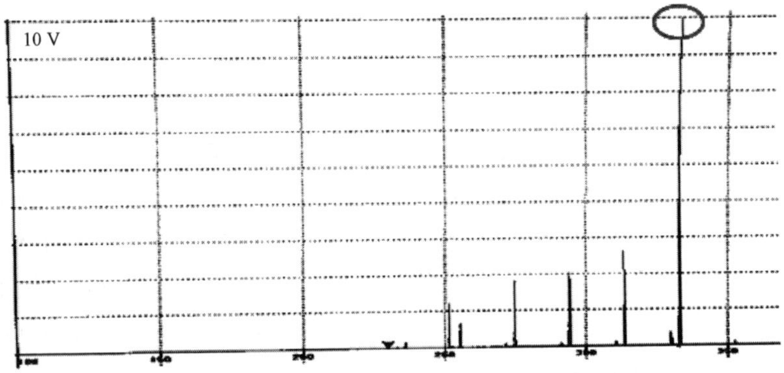

图 6　新技术拆源后特征峰扫描示意图

从图 6 可以看出，特征峰强较图 1 增强了很多，新技术拆源取得了良好的效果。

5 应用推广

离子源离化效率提高后，同样的进样量下，特征峰强增加。灵敏度为峰强与进样量的比值，即灵敏度也得到提高。在一定范围内，灵敏度与测量数据正确度呈正相关。因此，本次拆源技术创新对保证测量数据的正确性有重要意义。

公司目前有 МИ—1201АГМ—01М 质谱计两台，为保证拆源后质谱计测量的准确性，两台质谱计拆源时均可采用新技术。同时，本次技术创新的产物——校准工具一可用于校准另外 8 台质谱计离子源游离盒安装位置，提高离子源阴极组件组装效率。

第五篇　综合管理

铀浓缩工厂生产任务安排最优化建模和excel求解

黄玉权　李世豪

摘要：本文介绍了铀浓缩工厂生产任务安排的简单模型，在此基础上对数学模型进行了完善，并简单介绍了excel求解规划求解问题的方法。结合具体案例，新的数学模型可以求解简单模型和平均分配法无法求解的问题，得出了新模型适用性更强的结论，同时探讨了规划求解中部分可行解过小的问题的求解办法。

关键词：铀浓缩工厂；生产任务；最优化；excel

1　引言

铀浓缩工厂的目的是向核燃料循环链条的下一级供应合格丰度的铀产品。对于拥有多条生产线的铀浓缩工厂，不同的生产线分离能力不一致，因此可以通过采取适当安排各条生产线的生产任务的方法，在完成生产任务的同时提高铀浓缩工厂的产能，以达到提升经济效益的目的。目前国内只有文献进行了相关研究，任宁等人建立了线性规划的简单模型，通过案例计算后的结果明显优于平均分配法，但简单模型的应用存在局限性。本文对简单模型进行了完善，并用excel 2016对案例按照建立的新数学模型进行求解，并将求解结果与简单模型、平均分配法进行比较。

2　数学模型的建立思路

铀浓缩工厂的生产目标是在生产计划的限期内各种丰度产品的产量达到计划要求，因此建立生产任务安排的数学模型的约束条件是时间限期和目标产品产量。数学模型的目标函数必须满足两个条件：可以验证是否能在限期内完成各种丰度的目标产品的产量；衡量时间对于各条生产线的价值。也即是目标函数可以认为是在限定时间内，完成了既定生产任务的基础上，生产线的剩余时间价值总数最大化。各条生产线在各种工况下的分离能力不尽相同，因此本文考虑选择以利用剩余时间生产预期未来大量需求某丰度的产品的能力衡量各条生产线的时间价值。

3 数学模型

3.1 简单模型介绍

简单数学模型将各个生产任务按照限期进行排序，时间约束条件为：

$$\sum_{i=1}^{k} x_{ij} \leqslant t_k \tag{1}$$

式中 $i \in [1,m]$ 且 $i \in Z$； $j \in [1,n]$ 且 $j \in Z$； $k \in [1,m]$ 且 $k \in Z$； m 表示生产任务的个数；n 表示生产线条数；x_{ij} 表示第 j 条生产线生产第 i 个生产任务的产品所分配的时间；t_k 表示第 k 个生产任务的截止时间距与首个生产任务开始时的时间差。

简单数学模型的产量约束：

$$\sum_{j=1}^{n} f_{ij} \cdot x_{ij} \geqslant M_i \tag{2}$$

式中：M_i 表示第 i 个生产任务计划生产量；f_{ij} 表示第 j 条生产线在第 i 个生产任务下的单位时间产量。

简单数学模型的目标函数：

$$G = \text{MAX}\left(\sum_{j=1}^{n} f_j \cdot \left(t_n - \sum_{i=1}^{m} x_{ij}\right)\right) \tag{3}$$

式中：G 为完成生产任务后的各条生产线的预期剩余时间价值的最大值，f_j 为预期工况下第 j 条生产线单位时间的生产量；t_n 表示最后一个生产任务的截止时间与首个生产任务开始时的时间差。

简单数学模型存在以下局限性：

（1）没有考虑转换工况中的分离功损失；

（2）建模基于各生产任务的工况各不相同或相互独立，实际生产任务的情况要相对复杂；

（3）简单数学模型的计算结果很大程度上依赖于排序的合理性，不合理的排序可能导致数学模型无解。

3.2 新的数学模型

本文建立的数学模型将各个生产任务的时间限期分为各个时间段，假设各个时间段都有可能安排生产计划内的所有工况的生产任务。对于总计 A 个时间段，时间约束为：

$$\sum_{b=1}^{B} x_{abc} \leqslant t_a \tag{4}$$

式中：a 用于标识时间段，$a \in [1, A]$ 且 $a \in Z$；b 用于标识各种工况，B 为生产计划中工况个数，$b \in [1, B]$ 且 $b \in Z$；c 用于标识各条生产线，C 为铀浓缩工厂的生产线条数，$c \in [1, C]$ 且 $c \in Z$；x_{abc} 表示第 a 个时间段安排第 c 条生产线生产 b 工况产品的时间。t_a 表示第 a 个时间段的时间。

产量约束表达式为：

$$\sum_{k=1}^{a} f_{kbc} \cdot x_{kbc} \geqslant \sum_{k=1}^{a} M_k - M_0 \tag{5}$$

式中：M_0 表示生产任务开始前的 b 工况产品库存量；M_k 表示第 k 个时间段 b 工况产品需求；f_{kbc} 表示第 k 个时间段第 c 条生产线生产 b 工况产品的单位时间产量。

铀浓缩工厂生产线的分离能力通常用分离功来衡量，考虑转换工况过程中发生的分离功损失，目标函数可以表示为：

$$G = \mathrm{MAX}\left(\sum_{c=1}^{C} f_{bc} \cdot (t_A - \sum_{a=1,b=1}^{A,B} x_{abc}) - \sum L(D)\right) \tag{6}$$

$$L(D) = \frac{D \cdot f_{bc}}{\Delta U} \tag{7}$$

$$\Delta U = f_{bc} \cdot V(P) + f_{bc} \cdot \frac{P-F}{F-W} \cdot V(W) + f_{bc} \cdot \frac{P-W}{F-W} \cdot V(F) \tag{8}$$

其中 ΔU 表示某工况下某条生产线的分离功；F、P、W 分别为某工况下某条生产线的供、精、贫料丰度；D 表示单次转换工况造成的分离功损失；L（D）表示与分离功损失有关的量；V 表示单位质量同位素的价值函数。

若每次转换工况造成的分离功损失近似相等，则目标函数为：

$$G = \mathrm{MAX}\left(\sum_{c=1}^{C} f_{bc} \cdot (t_A - \sum_{a=1,b=1}^{A,B} x_{abc}) - z \cdot L(D)\right) \tag{9}$$

$$z = z_{tot} - z_{re} \tag{10}$$

式中：z 为总计转换工况最少的次数；z_{tot} 表示 x_{abc} 的可行解中大于零的个数；z_{re} 表示对于某个时间段的单条生产线，x_{abc} 与 $x_{(a-1)bc}$ 上期和当期的安排时间均大于零的次数，也即是相邻时间段无需转换工况的次数，t_A 表示第一个生产任务开始至最后一个生产任务计划的截止时间差。

4 数学模型的 excel 求解

Excel“规划求解”加载项可以对上述模型进行求解。首先在 excel 的工作表内确定可行解的单元格区域，输入目标函数关于可行解的数学表达式，其中相邻时间段无需转换工况的次数统计可以通过 if 函数解决。约束条件可以通过输入约束表达式的系数和 sumproduct 函数实现。在数据选项卡界面点击“规划求解”弹出求解界面，在“设置目标”框内输入目标函数单元格位置，在“可变单元格”框内输入可行解的单元格区域，点击“添加”增加约束条件，设置完毕后，单击“求解”后即可得到计算结果。

5 案例

5.1 案例描述

假设某铀浓缩工厂 2020 年年初无相关产品库存，假设每次转换工况造成的分离功损失相关的量 $L(D)$均为 20 000，2019 年年末三条生产线均生产 I 工况的产品，预期明年大量需求生产线产量为 I 工况的产品，生产任务产量、限期、各工况单位时间产量如表 1 所示。

表 1　2020 年生产任务要求和各条生产线单位时间产量

时间段	工况编号	f_{ab1}	f_{ab2}	f_{ab3}	限期	可支配时间/h	任务量
1	Ⅰ	89	120	172	2020－02－01	744	220 000
2	Ⅱ	100	176	218	2020－04－01	1440	250 000
	Ⅰ	89	120	172			640 000
3	Ⅰ	89	120	172	2020－08－01	2928	820 000
	Ⅲ	78	106	148			150 000
	Ⅳ	102	190	223			32 000

续表

时间段	工况编号	f_{ab1}	f_{ab2}	f_{ab3}	限期	可支配时间/h	任务量
4	Ⅰ	89	120	172	2020－10－01	1464	1 400 000
5	Ⅱ	100	176	218	2020－12－01	1464	380 000
	Ⅲ	78	106	148			310 000
6	Ⅴ	95	142	208	2021－01－01	744	160 000

5.2　案例建模

上述案例中时间段有 6 个，生产工况有 5 个，生产线有 3 条。根据前文建模时间约束表达式为：

$$[1\quad 1\quad 1\quad 1\quad 1]\cdot\begin{bmatrix} x_{11c} & x_{21c} & x_{31c} & x_{41c} & x_{51c} & x_{61c} \\ x_{12c} & x_{22c} & x_{32c} & x_{42c} & x_{52c} & x_{62c} \\ x_{13c} & x_{23c} & x_{33c} & x_{43c} & x_{53c} & x_{63c} \\ x_{14c} & x_{24c} & x_{34c} & x_{44c} & x_{54c} & x_{64c} \\ x_{15c} & x_{25c} & x_{35c} & x_{45c} & x_{55c} & x_{65c} \end{bmatrix} \leqslant$$

$$[744\quad 1440\quad 2928\quad 1464\quad 1464\quad 744]$$

上式中：$c=1, 2, 3$。

产量约束表达式为：

$$\begin{bmatrix} 89 & 120 & 172 \\ 100 & 176 & 218 \\ 89 & 120 & 172 \\ 89 & 120 & 172 \\ 78 & 106 & 148 \\ 102 & 190 & 223 \\ 89 & 120 & 172 \\ 100 & 176 & 218 \\ 78 & 106 & 148 \\ 95 & 142 & 208 \end{bmatrix}\cdot\begin{bmatrix} \sum_{k=1}^{a} x_{kb1} \\ \sum_{k=1}^{a} x_{kb2} \\ \sum_{k=1}^{a} x_{kb3} \end{bmatrix} \leqslant \begin{bmatrix} 220\,000 \\ 250\,000 \\ 640\,000 \\ 820\,000 \\ 150\,000 \\ 32\,000 \\ 1\,400\,000 \\ 380\,000 \\ 310\,000 \\ 160\,000 \end{bmatrix}$$

目标函数表达式为：

$$G=\mathrm{MAX}\left([89\quad 120\quad 172]\cdot\begin{bmatrix}8\,784-\sum_{a=1,b=1}^{6,5}x_{ab1}\\8\,784-\sum_{a=1,b=1}^{6,5}x_{ab2}\\8\,784-\sum_{a=1,b=1}^{6,5}x_{ab3}\end{bmatrix}-20\,000z\right)$$

5.3 求解结果

用 excel 2016 对新模型求解的结果如表 2 所示。

表 2 2020 年各时间段各条生产线的时间安排

	生产线 1					生产线 2					生产线 3				
工况	Ⅰ	Ⅱ	Ⅲ	Ⅳ	Ⅴ	Ⅰ	Ⅱ	Ⅲ	Ⅳ	Ⅴ	Ⅰ	Ⅱ	Ⅲ	Ⅳ	Ⅴ
1 月	618	0	126	0	0	520	224	0	0	0	744	0	0	0	0
2～3 月	1323	0	117	0	0	244	1196	0	0	0	1440	0	0	0	0
4～7 月	466	0	1250	0	0	1142	611	668	0	0	1142	0	0	0	0
8～9 月	895	0	0	0	0	452	48	0	168	0	1459	0	0	0	0
10～11 月	0	0	0	0	0	0	79	1061	0	0	0	0	70	0	25
12 月	0	0	0	0	0	0	0	0	0	0	0	0	0	0	744

每个时间段内的工况次序可以灵活安排，为最大限度地减少转换工况造成的分离损失，每个时间段的期末与下个时间段期初的工况应尽量安排一致。此时采用新模型求解方法，不仅能够完成生产任务，而且预期各条生产线剩余时间价值总数最大值为 922 798；期间最少需转换工况 12 次。

对该案例采用简单模型计算，规划求解结果提示“找不到有用的解”，也即是按照简单模型计算，无法完成生产任务；对该案例采用平均分配法计算，也即是按照限期排序，各条生产线时间安排一致，计算结果为无法完成生产任务。因此，新模型比简单模型和平均分配法适用性更强。

5.4 部分可行解过小的问题

由于 excel 规划求解的解收敛于一定误差范围，可能会出现部分可行解大于零但数值偏小的情况，也即是该生产线在此时间段内安排时间偏少，如果相邻时间段该生产线无需生产该工况产品，会导致生产该工况产品的时间过短，在实践中很难予以执行。这时可以采取的方法有：

（1）设置更小的可行解的求解收敛度，在转换分离功的损失较大时，一定程度上可以减少可行解过小的情况出现；

（2）可行解取 0 或大于可接受的最小阈值来将“规划求解”问题分解为多个“规划求解”问题，在存在可行解的前提下，可以找到满意的可行解；

（3）excel“规划求解”自带可行解非负的选项，因此可以考虑增加约束表达式：

$$x_{abc}^{2}-T\cdot x_{abc}\geqslant 0 \tag{11}$$

式中 T 表示可接受的最小阈值。该方法适用于在生产任务较少或计算机计算能力强的情形。在存在可行解的前提下，可以找到满意的可行解。

本文的案例采用 excel 2016 进行“规划求解”，可以增加部分该约束表达式，当对所有可行解增加该约束时，超出了 excel 2016 的计算能力，无法进行规划求解。

6　结论

本文建立了铀浓缩工厂生产任务安排的数学模型，经案例验证，相对于简单模型和平均分配法更为适用，因此可以考虑将该数学模型应用与实际生产任务安排中。规划求解的计算结果可能会存在可行解低于可接受的最小阈值的问题，是否有更合适的求解工具和方法将是以后的研究方向。

参考文献

[1] 任宁，李世豪，毛朴. 铀浓缩工厂生产任务安排的简单建模和求解[J]. 陕铀科技，2020（1）：1-4.

概率安全评价技术在铀浓缩工厂中的应用

王胜利

摘要：本文从概率安全评价技术国内外的发展历程出发探讨了其在铀浓缩工厂中的应用，介绍了铀浓缩工厂中的始发事件和顶事件，从始发事件的确定与分组出发，分析事故发生的原因、了解功能模化和系统模化，并对铀浓缩工厂中PSA开发进行了初步的探讨。

关键词：概率安全评价；铀浓缩；始发事件；放射性泄露

概率安全评价（Probabilistic Safety Assessment，简称PSA）技术是20世纪70年代以后逐渐发展起来的一种系统工程方法，它采用系统可靠性评价技术（故障树、事件树分析）与概率风险分析方法对复杂系统的各种可能事故的发生和发展过程进行全面分析，从它们的发生概率以及造成的后果综合进行考虑。这种方法最早应用于航天和航空领域，随着核电产业的不断发展以及人们对核电安全的不断重视，现在这种方法在核电领域得到了广泛的应用，它通过对核电厂各种因素进行综合的安全评价，对核电厂安全程度做出定量的估计，以此增强对电厂设计、运行特性的了解，深化对电厂的认识，找出核电厂设计、建造和运行中的薄弱环节，提出确保核电厂安全运行的改进建议。

我国的铀浓缩厂已建立较为规范的事故应急计划，但是这种事故应急仅仅针对事故本身做了探讨，制定了相应情况下的事故处理与应急，没有针对事故进行分解分析和归纳整理，没有对初始事件的判断和分类，因此现阶段的应急计划仅仅是事故状态下的行动准则。我们需要明白事故的发生往往不是单一事件造成，仅仅通过风险的总结是不能全面系统了解铀浓缩系统潜在的安全事件和事件触发机制。因此我们需要一种新的安全评价体系去审视铀浓缩的安全问题，在核电领域广为运用的PSA技术将是一种很好的选择。

1 核安全领域 PSA 技术的发展

1.1 国外 PSA 技术发展历程

1975 年美国核管会发表的《反应堆安全研究：美国核动力厂事故风险评价》被认为是核安全领域的第一份概率安全分析报告；1979 年的美国三里岛事故后，概率安全分析技术开始得到大力推广和发展；1995 年，美国核管会发布了政策声明《概率风险评价在核安全监管活动中的应用》，进一步促进了概率安全评价技术的应用并规范了核安全监管要求。国际原子能机构也在大力推动概率安全评价技术，先后出版了一、二、三级概率安全评价实施指南和审查指南以及大量的概率安全评价应用的技术文件，并在其新的安全标准中明确加入了完成概率安全评价等要求。其他诸如国际电气和电子工程师协会、欧洲经合组织等国际组织也开始制定有关概率安全评价应用的政策声明及标准。

1.2 国内 PSA 发展现状

国内的 PSA 技术最早应用在秦山核电厂的核安全评价中。2000 年国家核安全局要求秦山核电厂："在秦山核电厂开展概率安全评价（PSA）工作非常必要，……开发一级 PSA 的初步工作计划将在年底正式启动。"经过 4 年的 PSA 技术开发和 3 年的 PSA 报告评审，2007 年 5 月，国家核安全局拟定了对《秦山核电厂 PSA 主报告》的评价报告讨论稿。2008 年 2 月《秦山核电厂概率安全评价报告审评评价报告》正式颁布。目前国内的主要核电厂已经不同程度上完成了内部事件的一级概率安全评价，一些核电厂也开展了二级 PSA 和外部事件 PSA 的研究，一些新建的核动力厂也都依托设计院等开展了相关的工作。

国家核安全局作为我国的核安全监管机构一直致力于推动我国概率安全评价技术的发展和应用。我国政府在中华人民共和国《核安全公约》国家报告中明确表示："中国核行业主管部门、核安全监督部门都非常重视并努力推广概率安全评价技术在核安全领域中的应用。"

国家核安全局希望积极地并且有步骤地推动概率安全评价技术在国内核安全领域中更深层次的应用。为此，国家核安全局制定了包含《技术政策：概率安全评价技术在核安全领域中的应用》在内的相关政策法规，推动 PSA 技术在相关领域的长久发展。

2 铀浓缩工厂 PSA 分析的内容和程序

借鉴 NUREG/CR－2300《核电厂概率安全评价实施指南》中的核电厂 PSA 分析的内容和分类，铀浓缩工厂中 PSA 分析的主要内容和程序如图 1 所示。

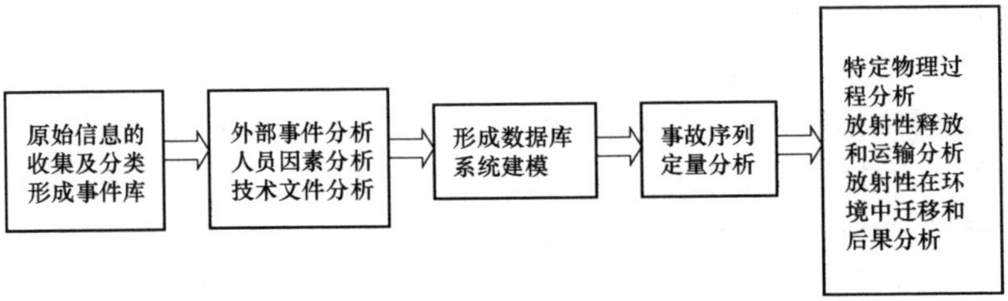

图 1　铀浓缩工厂 PSA 体系开发工作工作内容

2.1 始发事件的分类

始发事件的选取是 PSA 技术的基础。在核电厂的 PSA 中，始发事件是造成核电厂扰动并且有可能导致堆芯损坏的事件。类似的，我们将铀浓缩工厂中的始发事件概括为能导致系统运行扰动并且有可能造成系统密封性损坏的事件，将放射性物料泄漏定义为铀浓缩工厂中的顶事件。由图 1，进行正确的始发事件分类进而形成事件库将极大地有利于后续工作的开展，图 2 简要展示了铀浓缩系统的构成，这将是始发事件分组的基础。

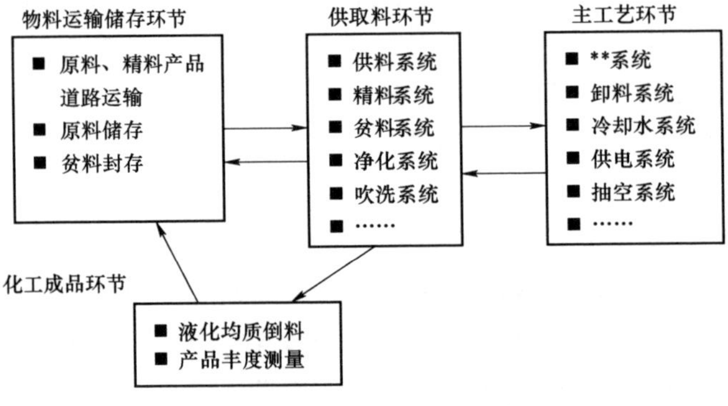

图 2　铀浓缩系统的构成示意图

铀浓缩工厂中六氟化铀的状态包含了气态、液态以及固态，在工艺管道和主机中物料为气态，供取料容器中物料为固态，且两者均为负压状态，具有一定的固有安全性；但在液化均质过程中，由于工艺需要较高的温度，六氟化铀的饱和蒸气压高达 0.33 MPa，实际生产中由于轻杂质的影响，工作压力高达 0.4 MPa 以上。

根据铀浓缩系统的构成，相关文献将铀浓缩工厂中的始发事件分为边界完整性丧失事件、物料状态/形态变化事件、冷阱丧失事件、特殊共因触发事件等，这些初始事件有最终演变为顶事件放射性泄露的危险。铀浓缩工厂中的始发事件与顶事件之间的关系如图 3 所示。

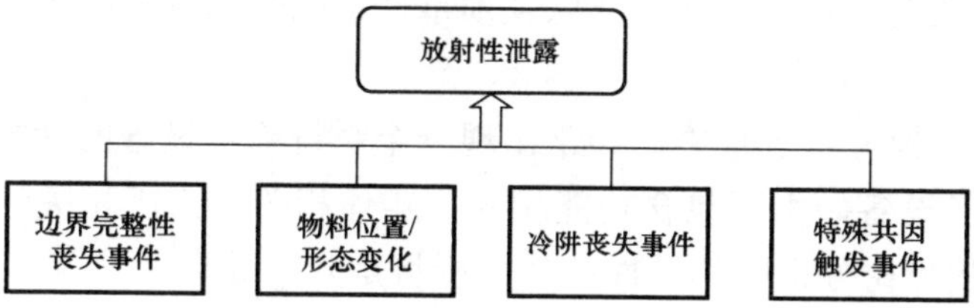

图 3 始发事件与顶事件分析图

2.2 事件树分析

根据始发事件的分类，研究确定单个始发事件或者多个始发事件发生时，系统的自动保护和安全功能发挥作用，或者人员因素的介入，以及考虑到不同系统设备之间的关联，最终所能达到的所有可能性结果，这种分析的方法就叫做事件树分析。图 4 表示了一种简单的事故树结构图。

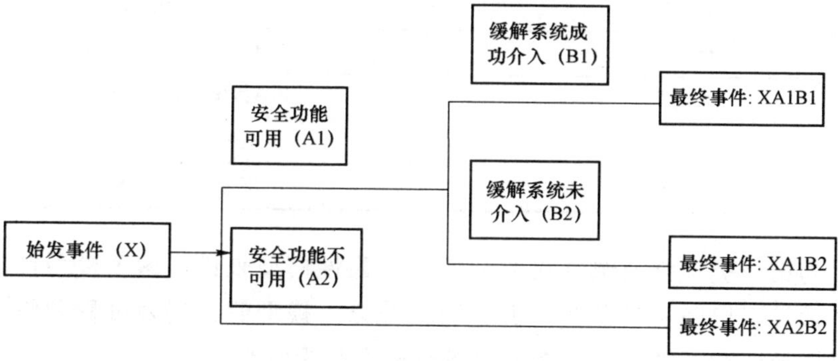

图 4 一种简单事件树结构图

值得注意的是，事故树分析应用到实际时，其往往是相当复杂的，一般会存在多个始发事件，并且各个安全功能、缓解功能介入的数量不定，发挥作用的先后时间也不定。

2.3 系统建模

该项任务包括系统故障树分析、相关性分析、人员可靠性分析和数据分析等。分析可以采用中科院合肥物质科学研究院开发的 RiskA 程序以及国外的 RS 软件等。

在进行故障树的建模中，一般把最不希望发生的状态作为系统故障的分析目标，然后寻找导致该状态发生的原因，并层层分解，追究到底。在这个过程，把这个最不希望发生的状态称为“顶事件”，把寻找发生原因过程中深究到底的事件称为“始发事件”或者“底事件”，介于两者之间的状态称为“中间事件”。将始发事件、中间事件以及顶事件按照时间顺序或者逻辑顺序连接起来就形成故障树模型。

在 PSA 建模分析过程中，经常出现一个系统或者设备的功能依赖于另外一个系统或者设备，主要包含功能相关、实体相关、人因相关性以及设备失效相关，在故障树分析中相关性故障分析将是其中难点。

每一个需要做定量分析的故障树的始发事件都用一个可靠性模型相关联，最终通过一组数学公式计算出底事件的可靠性特征量。RS 软件中将所有底事件的设备类型分为如表 1 中所包含的六类。

表 1　PSA 模型中常用的底事件设备类型分布

类别	名称
第一类	连续监测并可维修设备
第二类	定期试验设备
第三类	不可用度为常数的设备
第四类	具有固定时间任务设备
第五类	常数频率失效的设备
第六类	不可修复的设备

以为第一类连续监测并可维修设备可靠性模型来说，这个模型针对于那些设备故障可以随被检测到，并且可以修复。模型假设失效过程和修复过程都满足指数分布，设备失效率和设备维修率都为常数，可得：

在 t 时刻该设备的不可用度为：

$$Q(t)=q\cdot q\cdot \mathrm{e}^{-(\varphi+\mu)\cdot t}+\frac{\varphi}{\varphi+\mu}\cdot[1-\mathrm{e}^{-(\varphi+\mu)\cdot t}] \tag{1}$$

当系统长时间运行时，t 为一个较大的数，即系统长期稳态下该设备的不可用度为：

$$Q=\frac{\varphi}{\varphi+\mu} \tag{2}$$

我们通常更加关心的是该类设备在无条件下的失效强度：

$$W(t)=\varphi\cdot[1-Q(t)] \tag{3}$$

同样，系统稳态下的该类设备无条件下失效强度为：

$$W=\varphi\cdot[1-Q]=\varphi\cdot\left[1-\frac{\varphi}{\varphi+\mu}\right] \tag{4}$$

φ—设备失效率；μ—设备维修率；q—设备失效概率。

2.4 事故序列定量化

事故序列定量化通过联解事件树和系统故障树来完成。在定量化过程中首先将各种逻辑模型连接起来产生各种事件序列，这包括前沿系统、支持系统、序列逻辑（序列所含的成功题头和失效题头的逻辑组合）、顶逻辑（某种后果所含的序列逻辑组合）及边界条件等。事件序列定量化侧重于事件树中导致铀浓缩系统的序列，通过设定序列分析情况和后果分析情况，产生定性的最小割集（MCS），并根据始发事件的发生频率和相应系统的失效概率或人因失误概率，计算事故序列发生频率及整个铀浓缩工厂的主机损坏和放射性泄露频率，确定各种贡献因素的相对重要性。

3 总结与展望

综上所述，第一，在铀浓缩工厂 PSA 体系建立的初期可以有效评价工厂的安全水平，诊断出工厂生产线设计的薄弱环节。这将不仅有利于自身工厂的改造和安全提升，还为新铀浓缩工厂的设计建设提供了参考；第二，PSA 还将应用在铀浓缩工厂中的检修风险分析与控制，并且根据风险分析结果，制定一些控制风险的措施。

现阶段，铀浓缩工厂的检修风险分析与控制主要来源于铀浓缩生产线相关规程以及运行和检修人员的风险判断。这两方面都有一定的技术局限性，前者的目的仅仅是对工作程序贯穿一定的标准、要求和规定，而后者人员的风险判断受个人的专业能力影响较大，不同的人员可能会得到不同的结果。因此，在铀浓缩工厂建立和完善 PSA 体系并将其运用在生产实际一线，将有力提升我国现有铀浓缩工厂运营管理水平。

参考文献

[1] 赵国志，曲鹏. 铀浓缩系统事件/事故的思考与始发事件选取研究 [J]. 核安全，2018，17（1）：71－75.

[2] 王梦溪，周迪，刘新建. 核电厂概率安全目标发展概述[J]. 核安全，2016，15（3）：8－13+20.
[3] 张永发，童节娟，周羽，等. 核电厂概率安全分析中动态可靠性方法综述［J］. 原子能科学技术，2012，46（4）：472－479.
[4] 焦远征. 铀浓缩企业安全生产标准化建设研究［D］. 南华大学，2013.
[5] 肖建华. 某铀浓缩厂液化均质系统危险源辨识与安全评价［D］. 南华大学，2018.
[6] 王彦，顾志杰，李洋，等. 关于贫化 UF_6 安全处置方案的探讨［C］. 中国核学会辐射防护分会、中国环境科学学会核安全与辐射环境安全专业委员会."二十一世纪初辐射防护论坛"第十次会议：核与辐射设施退役及放射性废物治理研讨会论文集. 中国核学会辐射防护分会、中国环境科学学会核安全与辐射环境安全专业委员会，2012：12.
[7] 初永越，黄志超，依岩，等. 核电厂 PSA 数据库平台的创建与应用[J]. 核安全，2016，15（3）：21－26.
[8] 依岩，种毅敏. 高温气冷堆概率安全分析（PSA）报告审评的思考[J]. 核安全，2011（1）：31－35.
[9] 张锐平，张雪. 核电厂 PSA（概率安全分析）方法及应用［C］. 中国核学会. 中国核学会 2007 年学术年会论文摘要集，2007.
[10] 许银龙. 核电厂概率安全评价中事故序列定量分析算法研究与实现［D］. 中国科学技术大学，2016.
[11] 李秦. 我国民用核设施系统安全监督和管理研究［D］. 国防科学技术大学，2004.

综合利用信息化平台构建信息化设备全生命周期保密管理体系

穆伟兵　姚　渊　许艳宾

摘要：信息化设备全生命周期管理是第三轮保密资格认定审查的重要方面，也是军工企业信息化和保密管理水平的集中体现。本文主要介绍了公司利用自身现有的OA系统，结合自主开发的数据库+web设备台账报表等平台，实现了信息化台账管理与变更审批流程的自动化、信息化，极大提高了工作的效率，提升了管理的规范化和刚性约束力，节省了相关工作所需的时间和人力，并加强了设备生命周期过程中的保密风险管控。

关键词：信息化；设备；生命周期；保密管理

成果简介和主要创新点

中核陕铀按照新一轮保密资格认定标准实施保密归口管理后，信息化管理部门承担了公司所有信息系统、信息设备、存储设备和安全保密产品（信息化设备）的日常管理和运行维护工作。新标准中对信息化设备全生命周期管理提出了很高的要求，也成为保密资格审查认定时的重点和难点问题，往往是企业被扣分的重灾区。归口管理后信息化部门的工作职责和管理任务、责任压力均大幅增加，这在全国的保密资格单位中属于普遍情况。随着工作职责的增加，信息化部门工作任务更加繁重、工作标准更加提高，因而倒逼必须进行管理变革和创新来实现挖潜增效，以便打开工作新局面，管理状况展现新面貌，以便适应并满足相关保密标准要求。本项管理创新成果，是中核陕铀在适应保密资格认定新标准方面痛定思痛，立足于企业现有信息化平台的能力和资源，结合实际工作中遇到的难点、痛点问题，积极创新思路，综合利用信息化技术手段和管理措施，破解困局的一次成功尝试。通过有针对性地在保密和信息化上的管理创新和提升治理能力，为企业固本强基，及时补齐短板，增强客户和上级部门的信心，进一步彰显品牌力。

主要创新点：一方面充分利用信息化技术和方法，融合先进管理理念，以工作中面临的实际困难问题为导向，对公司相关的信息化平台、数据、业务流程进行一定的改造、整合、集成等，充分挖掘信息化的潜力，向信息化要效益、要解决方案，将重复、机械的工作交给计算机去做，释放人的创造性和价值；另一方面按照“三分技术、七分管理”的信息安全保密管理定律，在改进管理和日常运维工作规范化、精细化上发力，补齐管理短板，积极主动向管理信息化靠拢，将PDCA的管理模型和保密风险防控要求融入到信息化设备全生命周期“从生到死”的每个环节，将信息化运维管理从原先低效、混乱的状态实现跨越式变革；同时推动了公司信息化水平提升、助力“两化融合”落地和企业数字化转型，体现信息化对企业提质增效的价值，创新体制机制，获得了较为突出的成果效益，并且可以为类似的军工保密资格单位在日常信息化和保密归口管理以及保密资格认定、信息化深化应用等方面提供借鉴和参考。

申报企业盖章：　　　　　　　　　　企业法人代表签字：

续表

	姓名	工作部门	年龄	学历	职务与专业	职称	所起作用
成果主要创造人（不超 3 人）	穆伟兵	信息技术部	33	本科	专业工程师/信息技术	工程师	策划、协调、实施
	姚渊	信息技术部	32	本科	副科长/信息技术	工程师	策划、协调、实施
	许艳宾	信息技术部	40	本科	科长/信息技术	高工	策划、协调、实施
成果参与创造人（不超 10 人）	韩玉	助理、副总师、总监	50	本科	保密总监、CIO	高工	决策、指导、实施
	邵凤英	信息技术部	50	党专	保密管理	助理政工师	策划、实施
	李健	生产技术部	55	大专	设备管理	工程师	策划
	郭军万	保卫保密部	51	本科	处级	工程师	组织、指导
	程利平	保卫保密部	41	本科	副科长/保密管理	高工	策划
	徐斌	信息技术部	45	本科	处级	正高	组织、指导
	王念文	信息技术部	53	本科	处级	研级高工	组织、指导
	李琨	信息技术部	35	本科	信息技术	助理工程师	实施
	张宁	信息技术部	31	本科	信息技术	助理工程师	实施
	王潇	信息技术部	31	本科	信息技术	无	实施

成果创造时间，在本企业实际应用时间、范围	成果创造于 2016 年 10 月，过程中经过不断完善，2018 年 4 月开始在企业保密资格认定标准对标、信息化保密归口管理和信息化运维管理方面应用，逐步形成了比较完善的体系。
本成果何时经过何单位、何种鉴定	无
本项成果是否已在本行业或本地区推广应用，推荐单位对推广应用有何建议	1. 是否推广应用：□否，■是，范围：__________ 2. 推广应用建议：可为军工保密资格单位在保密归口管理和保密资格认定准备、信息化深化应用等方面提供借鉴和参考。 3. 本单位承诺此成果可用于行业内交流学习并将积极参加针对该成果的相关交流推广活动。

申报企业类型	国有	申报企业所处行业	制造业
申报企业规模	大企业	申报企业人数	1700
申报企业通讯地址	陕西省汉中市 241 信箱	邮政编码	723312
申报企业网址			

续表

企业负责人	姓　名	职务（部门）	电　话	传　真
	鄢　斌	董事长		
联系人	张扬安	主任（经营发展部）		
联系人手机				
推荐单位意见	推荐单位盖章：		负责人签字：	
推荐单位通讯地址			邮政编码	
推荐单位联系人	姓　名	职务（部门）	电　话	传　真

管理创新成果经济效益测算表

成果实施时间	从 2016 年 10 月至 2020 年 5 月 共计：4 年
成果实施范围	企业保密资格认定标准对标、信息化保密归口管理和信息化运维管理等方面应用，逐步形成了比较完善的体系。
成果经济效益计算方法及公式	复合因素分离计算法（CSP） $E_c=(P_1-P_0)-\left(N\pm\sum_{a=1}^{n}T_a\pm\sum_{b=1}^{m}R_b\pm\sum_{c=1}^{l}F_c\right)-\left(\sum_{d=1}^{k}C_d+I\right)$

成果效益指标测算结果

序号	指标名称	计量单位	时　间	测算结果	备注
1	申报前一年效益额	万元	2019 年	49.86	
2	实施各年累计效益额	万元	2016 年至 2019 年，共 4 年	182.96	
3	平均年度效益额	万元	2016 年至 2019 年，共 44 年	45.74	
4	申报前一年效益贡献率	%	2019 年	0.18	

本企业财务部门审核盖章 年　月　日	推荐单位审核盖章 年　月　日

申报企业主要经济指标完成情况表

序号	指标名称	计量单位	申报前一年实际（2019 年）	与申报基年相比			备注
				成果基年实际完成	增减数额	%	
1	销售（营业）收入	万元	*	*	*	49.67	
2	利润总额	万元	*	*	*	117.38	
3	净资产收益率	%	*	*	*	112.85	
4	总资产报酬率	%	*	*	*	89.78	
5	销售（营业）利润率	%	*	*	*	24.68	
6	资本保值增值率	%	*	*	*	7.63	
7	全员劳动生产率	万元/（人·年）	*	*	*	47.49	
8	流动资产周转率		*	*	*	−98.09	
9	资产负债率	%	*	*	*	−9.28	
10	万元产值能耗	吨标煤	*	*	*	−23.81	

创建单位保密办审核意见	经审查，符合保密规定，不涉及国家秘密和敏感信息。 签字： 盖章： 年 月 日

附件目录

序号	附件名称	备注

中核陕铀始建于1969年10月，是中核集团所属大型核燃料生产骨干企业。公司位于陕西省汉中市，占地面积约2.5 km^2，现有员工近1700人。1999年我国第一座离心法铀浓缩工厂在此建成，标志着我国铀浓缩技术从扩散到离心的重大跨越式突破。2018年我国国产铀浓缩离心机大型示范工程在此全面建成，达到国际先进水平，标志着我国铀浓缩技术实现了由引进、吸收、自主到提高的突破。中核陕铀先后为扩散技术应用、离心分离铀同位素设备研制、离心分离技术的研究及应用做出积极贡献，是国家重点核燃料科研生产基地。中核陕铀主营铀及铀浓缩系列产品的生产，兼营中低压容器制造、自控仪表生产、专用零部件加工、建筑安装等业务，具有武器装备科研生产、军工核安全设备制造、特种设备制造、放射卫生技术服务等资质。

1 实施背景

1.1 企业信息化管理面临适应新的保密资格认定标准转变压力，信息化归口保密管理的高要求倒逼信息化管理变革创新，需要为军工单位保密管理固本强基

信息化设备全生命周期管理是围绕信息化设备从生到死的整个生命周期中各项信息变更、调整，形成的一系列相互关联的档案资料，完整、准确地描述了每一台信息化设备整个生命周期状态变化的动态信息。2016年，国家保密局会同国家国防科技工业局、中央军委装备发展部，修订印发了新一轮《武器装备科研生产单位保密资格标准》（以下简称《保密标准》），以体系化的管理思想进一步优化提升保护国家秘密工作，其中对信息化设备的全生命周期管理提出了很高的要求。正因为信息化设备全生命周期管理的要求主要来源于保密资格认定标准，因此，其实施从根本上是为保密管理工作服务的，最终的落脚点也是为了进一步促进军工单位保密管理工作迈上新台阶，为保密管理插上信息化的翅膀，促进保密管理与业务深度融合、革新适应新时代和新形势下技术进步和社会发展的客观要求，切实加强保护国家秘密的工作需求。

中核陕铀是军工保密单位，为进一步促进保密工作与业务工作融合，公司积极对标保密资格认定新标准，在新一轮保密资格认定准备工作中实施了保密业务归口管理，公司信息化系统和设备等相关的保密管理由公司信息化部门进行归口负责。信息化部门承担了公司所有信息系统、信息设备、存储设备和安全保密产品（信息化设备）的日常管理和运行维护工作。由于信息化归口相关的内容在新一轮保密资格评价认定标准中占据约三分之二的分

值，为五大归口管理部门中占比最高，因而实施保密归口管理后，信息化部门的工作职责和管理任务、责任压力均大幅增加，这在全国的保密资格单位中属于普遍情况。随着工作职责的增加，信息化部门工作任务更加繁重、工作标准更加提高，因而倒逼对企业信息化日常管理和运维的工作质量、工作效率提出更高要求，从而也必然需要通过管理变革和创新来实现挖潜增效，以便打开工作新局面，管理状况展现新面貌，最终满足相关保密标准要求，为公司信息化设备的保密管理保驾护航，为企业发展奠定牢固基础。

1.2 响应“两化融合”目标，实现企业信息化水平评价考核目标，提升信息化治理能力，促进企业管理现代化，增强企业核心竞争力

中核集团自2014年起，根据工信部等国家有关部委要求，为实施推进“两化融合”工作，对成员单位每年进行信息化水平评价，作为年度重要考核指标，主要是为了促进企业实现信息化和工业化的融合，实现国有企业现代化、数字化转型目标，从而不断提升企业核心竞争力，向世界一流迈进。

中核陕铀借助信息化和保密管理的融合提升，通过创新信息化运维管理和应用新技术手段，促进信息化运维管理补短板、减负担、升档次，充分释放专业技术人力资源潜力，将人员从简单重复的低等工作中解放出来，做更有创造性和有价值的工作，将人员的时间和精力从运维和抢修等临时性任务解脱出来，投入到更重要的管理提升及长远谋划等工作中去，为公司信息化水平考核登高目标加速助力。

1.3 企业数字化转型进入深化阶段，企业管理流程与信息化需进一步融合，不断创新体制机制，体现信息化的价值

“两化融合”的战略初衷就是信息化要在企业深入应用与融合发展，要落地生根并成长壮大，为国家产业结构升级和占领科技高地服务。而在战术上，经过多年的经验总结，企业信息化转型在实现路径上必须与企业原有业务进行深度融合，并通过树立和推广先进典型来带动信息化在企业内部渗透扩大和发展提升。

通过综合利用信息化平台和手段提升信息化设备全生命周期保密管理，借助保密工作的渗透贯通融合作用，使企业信息化水平和保密管理工作同时实现促进和优化。既通过将传统管理业务信息化、数字化，为信息化与业务流程的融合积累经验、提供样板，展示企业传统业务转向数字化、信息化带来的成效，也能够通过生动、看得见的成功实践为企业业务管理部门进行了宣传教育，体现信息化带来的价值，调动起企业内部人员的积极性，带动企业管理层和用户对信息化转型的热情和信心，为企业进行进一步的信息化深度应用和数字化转型发展奠定良好基础。

随着近年来中核陕铀 OA 系统的更新换代、管理规范化、机构职责进一步明晰，以及信息化设备归口管理的推进，OA 审批流程、保密管理等信息化平台的不断建设完善，逐渐具备了实施信息化设备全无纸化、信息化管理的各种有利条件。通过综合利用以上信息系统平台，进行信息资源的集成与规范化整理，初步在信息化设备全生命周期管理领域形成了全信息化的管理体系。

1.4　向信息化要效益、找解决方案，破解实际工作难题，是信息化归口管理的应有之义

信息化设备全生命周期管理是公司设备管理的重要方面，也是信息化管理的重要基础。信息化设备全生命周期档案简单概括就是：以设备台账为中心，主要由审批流程、运维操作记录、信息变更记录、交接记录等组成的，围绕设备从生到死的整个生命周期中各项信息变更、调整，形成的一系列相互关联的档案资料，完整地描述了每一台信息化设备整个生命周期状态变化的动态信息。军工保密单位的信息化设备全生命周期管理的普遍现状是，没有统一的专门的全生命周期管理信息系统，它和传统的设备管理系统也存在较大区别：传统设备管理重点关注设备的维护保养和规范使用方面；而军工单位信息化设备强调全生命周期管理则是重点关注设备的信息安全保密风险控制方面，对设备的变更调整操作等需要与保密审批流程、安全策略等紧密关联。

由于信息化设备全生命周期管理涉及的管理环节较多、数据形式多样、控制要求复杂且相互关联等原因，以及这些管理要素往往分散在不同的管理业务流程和系统中，如果不采取信息化方式系统处理或人工方式处理，那么易遗漏、错误多、严谨性和规范性差等情况将不可避免，要达到保密资格认定相关标准的“账物相符、要素完整”的要求将有不可想象的困难。目前市场上也基本没有现成的适用的产品或系统能够满足直接使用，虽然各项功能所需要的技术能力和技术难度不高，但由于个性化需求情况太多，前期的数据调整清洗等工作量巨大，投入产出比较低，市场上软件厂商对此方面系统开发热情不高也不太关注，但对实际工作人员来说，这是一项特别费时、费力的细活、慢活，每次都需要耗费大量人力和时间去仔细核对每一项内容，且要对标准进行反复对照研究的专业性、规范性和标准性知识，对信息化和运维部门来说，是一项亟待解决的实际问题，也需要把人员从这种机械重复又繁重的劳动中解脱出来，去完成更加重要和创造性的、改进型的工作，更好更充分发挥人力资源作用。

鉴于以上实际困难和弊端，必须寻求改进工作方法。中核陕铀信息化管理部门作为信息化的“排头兵”，主动以信息化的思维分析问题、寻找解决方案：借助计算机软件系统和数据库、web页面制作等技术，发挥计算机处理数据转换、自动执行、统计分类、共享信息等优势，对于此类机械重复、规则比较明确的工作任务，交给计算机信息系统进行处理，是最适合、最方便的。

通过梳理公司现有的信息化系统资源和技术力量等现状，进行可行性研究，得力于公司近年来信息化建设的进步和发展，公司OA系统和保密管理等系统的功能不断完善，使公司信息化设备全生命周期保密管理转向信息化道路具备了基础条件，最终实施了综合利用现有的各个不同的信息系统平台，将数据、信息、流程处理等不同资源进行整合、改造以及简单的自主开发等的工作方案，构建了以信息化为主要手段、融合最新的管理思想和管理要求，实现了涵盖信息化设备尤其是涉密设备从生到死的完整的管理体系档案，最终形成了信息化设备全生命周期的保密管理体系框架。

2 成果内涵

中核陕铀围绕新一轮保密资格认定标准，构建基于多元化信息系统平台的信息化设备全生命周期保密管理体系，是中核陕铀立足于公司现有信息系统的功能能力，结合实际工作中遇到的难点、痛点问题，积极创新思路，破解困局的一次成功尝试。

工作的总体思路是：充分挖掘信息化平台和数据潜力，以需要解决的具体问题为导向，主动利用信息化手段、向信息化要效益和解决方案，对标保密标准，对需要解决的问题和收集的数据资料等，采取各个击破、聚少成多的方式，最终形成体系化的革新合力，使“量变积累为质变”，从而为企业保密和信息化管理工作打开了新局面，实现更深度的融合。

主要的实现路径是：一方面充分利用信息化技术和方法，融合先进管理理念，以工作中面临的实际困难问题为导向，对公司相关的信息化平台、数据、业务流程进行一定的改造、整合、集成等，充分挖掘信息化的潜力，向信息化要效益、要解决方案；另一方面按照“三分技术、七分管理”的信息安全保密管理定律，在改进管理和日常运维工作规范化、精细化上发力，补齐管理短板，将PDCA的管理模型和保密风险防控要求融入到信息化设备全生命周期从生到死的每个环节，使信息化设备和运维管理从原先低效、混乱的状态实现跨越式变革，同时推动了公司信息化水平提升、助力“两化融合”落地和企业数字化转型，体现信息化对企业的价值等，提高了工作质量和效率，获得了较为突出的成果效益。以上创新实践可以为类似的军工保密资格单位在日常信息化和保密归口管理以及保密资格认定、信息化深化应用等方面提供借鉴和参考。

建立健全信息化设备全生命周期保密管理体系，关键点是：设备台账的动态维护、管理审批业务流程的整理规范、保密管理风险点的防控等。其中台账的维护管理是所有管理的基础，是信息化设备全生命周期管理的核心，但同时也是工作的难点。

中核陕铀建立健全信息化设备全生命周期管理体系的亮点是：通过综合利用已有的信息系统和数据库，建立了设备台账的报表系统，使设备台账能够共享、显性化，管理人员可以直观实时查看信息，快速掌握管理现状，从而围绕台账建立和整合其他的信息系统，收集整理全生命周期管理所需的其他资料、数据，并将管理要求和管理措施融入设备管理、使用、运维的每个方面，逐步完善和建立起完整的一套信息化设备的全生命周期保密管理体系，并基本形成全电子化的档案资料集合。随着基础数据资料的聚集和规范化，最终使信息化设备相关管理工作取得了“量变到质变”的较大提升。同时，综合利用管理手段，规范化、制度化运维管理及制度体系等，筑牢信息化设备管理的安全保密防线，提升在信息化管理、运维和建设等过程中的保密风险防控能力。

信息化设备全生命周期管理示意图如图 1 所示。

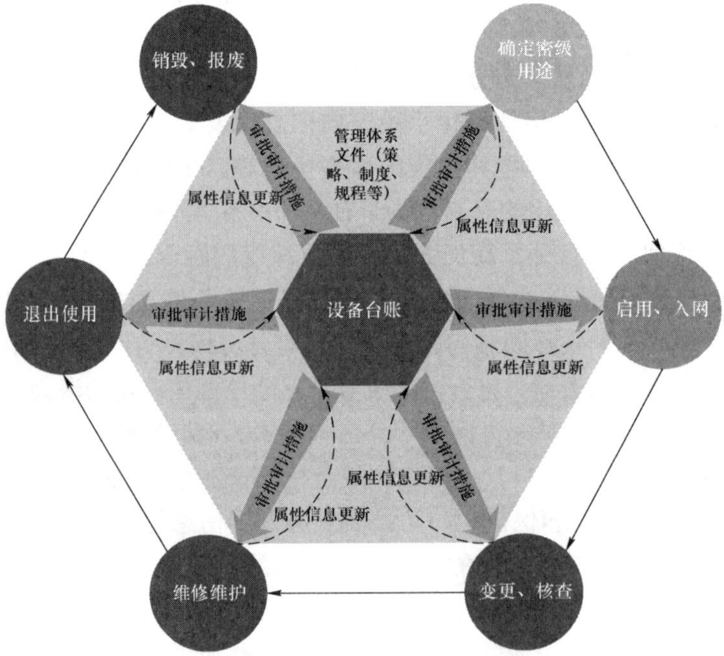

图 1　信息化设备全生命周期管理

3 主要做法

3.1 配套建立 OA 审批电子流程，全方位覆盖全生命周期动态管理

3.1.1 通过管理流程化、信息化提高规范性以及与信息化和保密管理要求的融合

通过对信息化设备全生命周期管理相关的业务流程进行全面梳理优化，充分发挥信息化系统和技术优势，对标保密资格标准等相关要求，改进和提高业务流程的规范化、严谨性、合规性、刚性控制力等方面，为信息化管理提供准确、全面、快速的基础数据档案，作为建立信息化设备全生命周期管理体系的基础。

（1）OA 系统流程模板功能介绍

OA（办公自动化）系统是一个很好的改进管理规范化、提高管理业务效率的工具。中核陕铀 OA 系统 2016 年实现了第二代更新升级，采购使用了专业公司的标准化产品，功能更加完善、设计理念更加契合现代企业管理思想，并更加便于根据企业个性化情况进行自定义和功能适配。

其中流程模板功能（协同办公）支持用户自定义业务流程，通过“表单+流程”的形式，实现公司日常业务信息化、电子化，业务办理过程中的相关数据信息通过线上流转共享，可极大提高业务办理的规范性、准确性和及时性。OA 系统流程表单制作的技术框架主要以表单、流程两大要素为核心组成。表单是面向用户收集数据、信息的，在前台呈现业务办理所需要包含和收集填写的信息项目；流程是在后台控制表单传递的方向和顺序、控制信息流向和访问修改权限等，使业务流程按照规划好的规则和职责权限去流转，保证业务顺利、准确地审批和办理（图 2）。

由于通过信息系统处理原本的纸质业务，避免了纸质表单填写、审批的诸多缺点，参考政府部门进行的传统业务线上推广效果可知，将旧的纸质业务办理过程转为信息化、电子化办理，带来了无纸化办公、节省资源、提质增效以及方便查询和统计等诸多好处。

业务流程电子化、信息化，本就是一场技术革新，由于电子审批流程可以带来的好处显而易见、众所周知，是管理创新的必然选择、大势所趋。总的来说，通过 OA 系统自定义流程制作，实现传统业务线上办理，在增强业务处理的准确性、及时性和规范性，以及提高效率、简化工作等方面，具有很大价值。

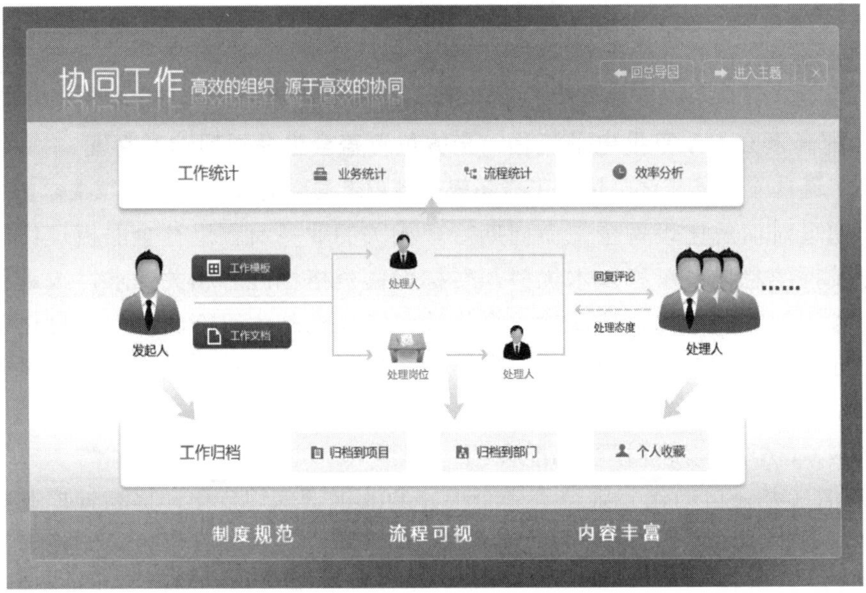

图 2　OA 协同模块功能结构图

（2）信息系统业务审批流程

信息化系统业务审批流程贯穿于信息化设备全生命周期的整个阶段，设备从录入台账数据库确定密级用途（取得出生证明）开始，之后过程的软硬件变更都需要事前经过审批，这样才能保证变更操作的合规性和管理受控。

中核陕铀现有 4000 余台各类信息化设备，这些设备的动态变化平均每周约有 30 余次，包括设备新增、退出使用以及设备责任人、用途、位置、配置等各种频繁的调整变化，以及设备维修、重装操作系统等各种运行维护操作，这对管理的能力和效率，尤其是设备台账的维护更新、保持设备台账账务相符和准确性是一项巨大的挑战。

中核陕铀之前的信息系统业务审批采用零散的不同的审批单，主要包括设备的确定密级用途、启用接入网络、用户（key）申请、责任人变更、配置变更、重装操作系统、格式化硬盘、维修维护、退出信息系统等，这些业务审批流程办理既有纸质的，也有使用各种通用审批单或者工作联系单去审批办理的，业务办理的标准不统一、规范性较差。

为此，中核陕铀 2016 年采购更新了 OA 系统后，通过研究其中流程模板的功能，结合对实际业务的梳理和优化，决定利用 OA 系统自主建立了“信息系统业务审批流程”，对日常的信息化设备各项变更审批进行统一化管理，将原来分散且可能重复的各种变更审批表格统合在一个电子审批流程中，既方便用户申请办理业务，也便于管理部门事后根据需要收集、统计信息，使管理的规范性、便利性和直观性都得到很大提高（图 3、图 4）。

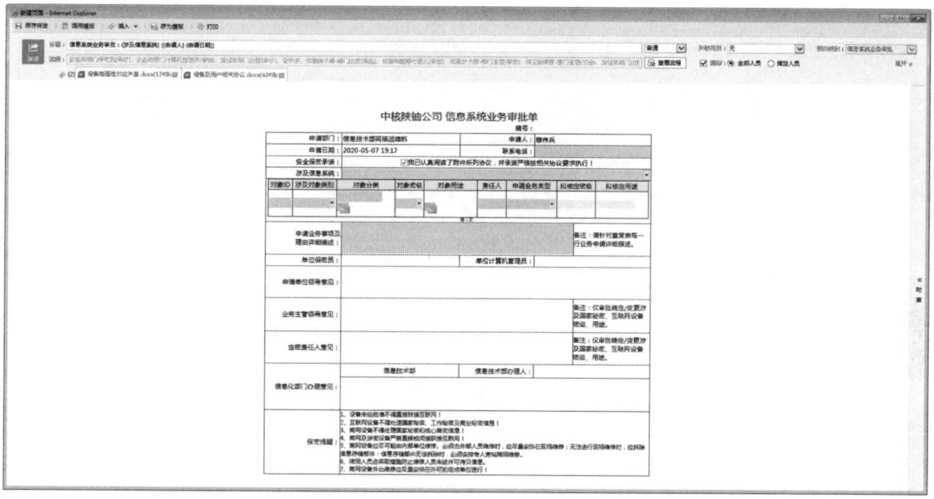

图 3　信息系统业务审批流程

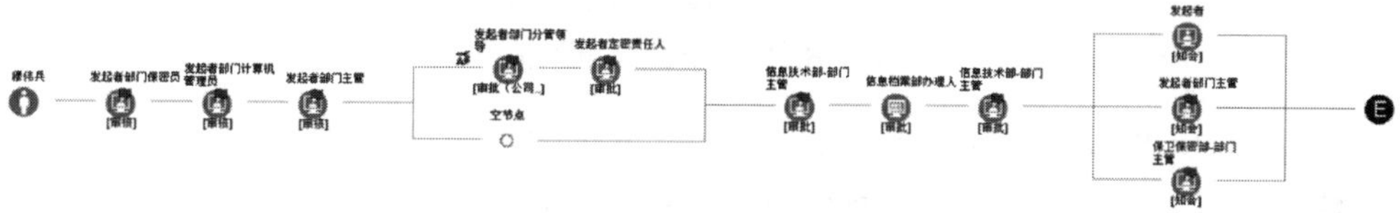

图 4　信息系统业务审批

（3）设备资产报废处置审批流程

设备资产的报废审批流程主要为了解决信息化设备全生命周期管理“最后一公里”的管控问题，完成闭环管理。做好信息化设备报废阶段的管理审批，重点是把握好对保密管理中的信息化设备（尤其是信息设备和存储设备）的最终处置方式和去向的管控，防止违规私自处理信息化设备造成的保密风险。

中核陕铀设备资产报废的主管部门是公司生产和财务管理部门，用于处理公司所有设备资产的报废审批业务，涉及的审批部门较多，流程较复杂，由于信息化设备是作为其中一部分纳入公司整体设备资产报废管理的，之前该管理流程使用纸质方式办理，因业务熟悉程度和人工处理的严谨性不高，该业务流程办理的质量参差不齐，且容易出现审批环节遗漏、档案记录资料缺失等情况。因此，中核陕铀 2018 年在 OA 系统中将原来的资产报废流程实现了流程化、电子化、信息化。通过流程条件判断和权限控制等强制规范，实现了流程办理的统一规范、高效统计和查询等；通过条件判断增加了信息化部门和保密部门对信息化设备（办公自动化设备）的前置审核审批，使信息化设备报废管理的重要关口得到控制监控（图 5）。

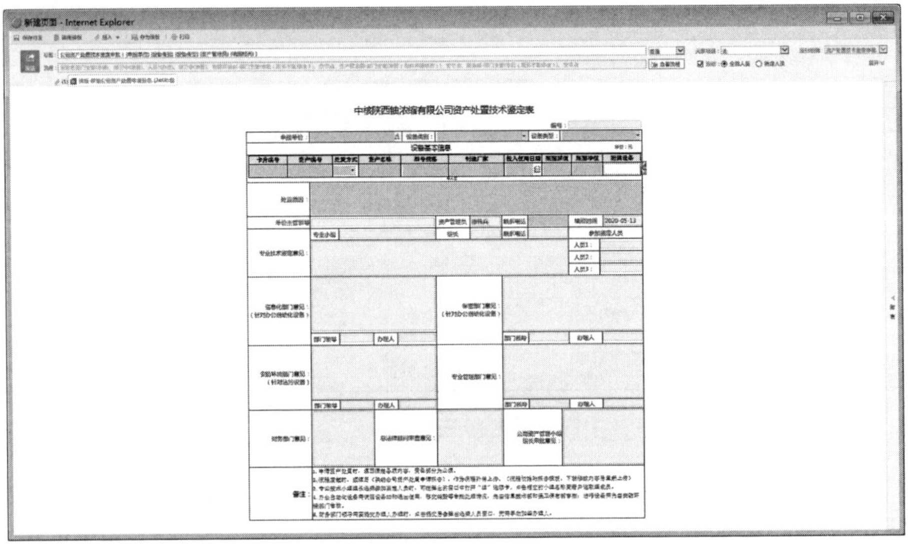

图 5　信息系统业务审批流程

信息化设备（办公自动化设备）的资产处置设置了条件判断分支（图 6），设备报废或拍卖前，强制需要信息化和保密部门前置进行审核审批。

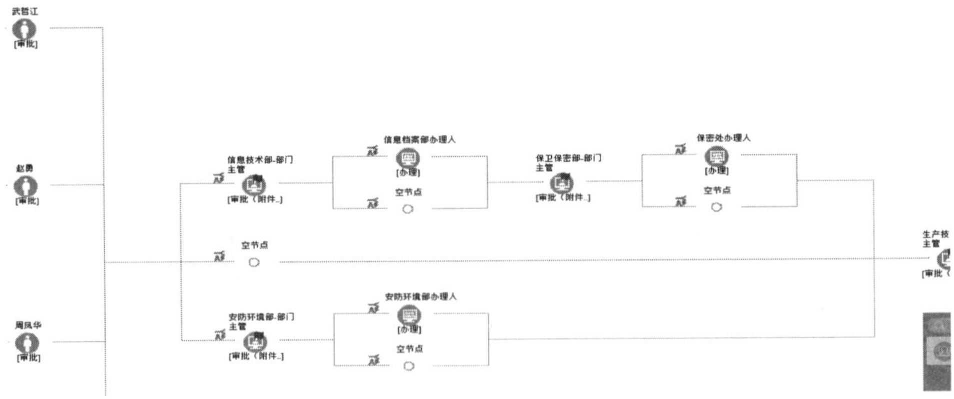

图 6　条件判断分支

3.1.2 通过变革信息化运维管理业务模式，提高管理约束力与规范性

OA 电子流程主要从技术上实现了业务流程审批办理的规范和高效，而如何用好才是保证信息化手段能够顺利落地的关键，要保证发挥流程改造的最大效果，还需要在管理要求上进行配套辅助，以强制性将信息化管理审批相关要求落实到实际运维和使用过程中去，保证管理的规范性和约束力。

中核陕铀在此过程中也对信息化运维管理进行了变革提升，将信息化运维从过去“救火队”式的服务模式，转变为规范化、流程化的清晰管理，减少了临时性、紧急性的工作任务，使运维管理的规范性、计划性、标准化得到了改进。最重要的是将设备信息维护更新、事前审批审核作为运维操作和技术支持服务的硬性前置条件，这样就迫使用户和管理人员必须重视并完成信息化设备的日常信息维护和审批流程办理，逐步形成规范管理的行为习惯。通过管理模式的变革，为信息化设备的管理规范化、信息化变革提供有力支撑，促进用户和设备所属部门参与并担负起信息化设备信息维护和日常管理的主体责任，形成多方并举、全员参与并重视的局面，破解原先信息化运维和管理工作的被动、混乱局面，做到了保密等管理业务与信息化工作的双融合、双促进。

3.2 立足现有系统，规范优化保密数据库，对标梳理台账报表，实现信息化设备台账生成信息化、自动化

信息化设备的全生命周期保密管理体系是以信息化设备台账为核心的。信息化设备台账是保密资格认定现场检查的一项重要内容，是信息化日常运维管理工作的基础材料和档案。因台账中要求的信息庞杂、收集难度大、种类繁多，很难保证做到所有信息达到较高的准确性、完整性、及时性等。以往每次该项工作都是检查时信息系统运维部门工作的难点、痛点，尽管工作人员从台账最初建立到提交前无数次地不断动态维护、核对、修改、完善、更新，但还是不可避免地会出现信息疏漏或不准确等情况。

中核陕铀 2006 年开始建设并使用的“保密管理系统”已运行使用多年，积累的信息数据库和用户使用习惯可尽量进行合理利用，数据库保密管理系统中已包含大部分所需设备信息，但须根据新一轮保密标准进行数据规范化整理。以此为基础，通过设计建立 web 页面查询报表系统，以信息化、自动化的方式生成符合保密资格认定标准的信息化设备台账，从而对信息化管理的重要基础工作做出重大的改进和提升。

根据公司计划及新一轮保密标准对标，信息化设备台账需要梳理调整，

满足新标准要求。因涉及的设备种类繁多，数量和要素等信息复杂，台账的建立和维护主要应达到两个基本要求：一是账务相符，保证台账报表与保密管理系统设备管理数据库信息及时更新同步，避免维护两套账目，重复劳动，且做到保证及时性、准确性、一致性等。需要及时动态更新信息保证与实际相符。二是要素完整，提交现场检查组的台账要做到与标准要求的规范一致，必要的信息要素完整无缺，且按照不同种类设备分别建账，各类别设备台账中包含的信息要素不尽相同，各有差异。

原先采用手工的方式，需要从保密数据库中逐项查询所需信息，然后复制粘贴至 excel 表格中，并进行格式、排列、分类的规范化，对于保密数据库中格式不符合标准规范的信息，还需另外调整格式、名称等，由于涉及的信息量庞杂，部分信息需要通过日常运维时积累、更新等，台账维护难度很大。由于人工方式工作，不仅耗时耗力，效率低下，且人工转录信息时也极易出错。

鉴于以上工作中的困难和弊端，必须寻求改进工作方法，借助计算机软件系统和数据库、web 页面制作等技术，发挥计算机处理数据转换、自动执行、统计分类、共享信息等优势，对于此类机械重复、规则比较明确的工作任务，交给计算机信息系统进行处理，是最适合、最方便的。实现台账生成信息化、自动化的主要做法如下。

3.2.1 保密数据库整理优化

公司 2006 年开始建设并使用的“保密管理系统”已运行使用多年，积累的信息数据库和用户使用习惯可尽量进行合理利用，数据库保密管理系统中已包含大部分所需设备信息，但须根据新一轮保密标准进行数据规范化整理。

保密管理系统数据库为 access 数据库，数据存储在几十张表格中，原数据结构因建立时间较早，与新标准中规范信息存在不一致，也有排列结构不够清晰、冗余废旧信息较多等问题，将通过数据库清理和重新规划一并解决，达到高效和简洁。

为使最终数据展示查询符合标准相关规定，便于后续提取信息和分类统计等，需首先对保密管理系统数据库主要进行以下几项处理。

（1）数据库结构调整：根据新一轮保密资格认定标准，设备大类类别划分为：信息系统、信息设备、存储设备、安全保密产品，数据库中分类信息需调整为与标准规范相一致；设备类型（设备名称）根据标准归类至相应大类中，梳理设备大类和设备类型（设备名称）的对应所属关系，制成表格，确保最终得到的台账要素完整、归类准确、符合要求。

（2）根据新一轮保密资格认定标准，将存储设备表中 USBkey 记录单独筛选出，建立表格。因新标准将 USBkey 作为安全保密产品，台账中没有序列号字段，但实际管理需要维护序列号信息对设备进行唯一性确认，为了合规的同时方便高效管理，在数据库中单独新建了 USBkey 表并将数据转移。

（3）研究标准，整理出每一种设备大类的台账中必需字段信息，并检查、确定与后台数据库表中的字段对应关系，收集所需的字段内容信息，保证准确、完整。

（4）整理出部分设备属性枚举项，将设备密级、用途、联网情况等属性信息设置为下拉选框方式填写，对输入信息进行限定，减少人工输入填写，以提高数据规范化和可统计查询条件。

设备部分属性信息对应关系如表 1 所示。

表 1　设备部分属性信息对应关系

设备类别 属性	信息设备、信息系统、安全保密产品	存储设备	USBkey
设备名称	信息设备：计算机、便携式计算机、打印机、传真机、复印机、扫描仪、刻录机、碎纸机、投影仪、照相机、电视机、摄像机、标签机、音视频播放设备、音视频编辑设备、磁盘阵列、磁带机、数码印刷机、视频会议终端、硬盘录像机、硬盘播出系统、音频工作站、打印控制器 信息系统：服务器、交换机、路由器、安全认证网关、VPN 设备 安全保密产品：病毒查杀工具、防火墙、网络密码机、入侵监测系统、安全审计系统、安全漏洞扫描系统、安全隔离与信息交换系统、手机信号干扰仪、手机信号屏蔽柜、多功能导入装辂、线路传导干扰器、红黑隔离电源视频信息保护机、信息消除工具、移动存储设备销毁工具、检查工具	计算机硬盘、光盘、移动硬盘、移动 U 盘、存储卡、读卡器、摄录磁带、硒鼓、记忆棒、录音笔、记录仪	身份 USBkey、软件加密 key、网银 U 盾、管理员 key
密级	机密、秘密、非密	机密、秘密、非密	涉密专用、非密专用
用途	涉密工作、涉密终端、涉密网络设备、涉密外设、保密防护、涉密外出携带、涉密中间转换、商网非密输出、互联网、内部工作、工业控制、商网移动办公	商网非密输出、系统安装（互联网）、系统安装（内部工作）、系统安装（涉密工作）、非密单向导入、涉密外出携带、互联网、内部工作、工业控制、涉密工作	涉密单机、涉密内网、涉密广域网、核应急系统涉密网、互联网、内部工作、工业控制、商网移动办公

续表

设备类别 属性	信息设备、信息系统、安全保密产品	存储设备	USBkey
联网情况	不联网、公司商网、互联网、公司商网及互联网（安装隔离网卡）、工业控制网络、集团广域网（机密级）、公司涉密网（机密级）、核应急系统涉密网（秘密级）	—	—

3.2.2　台账查询展示报表页面制作

整个台账展示查询报表系统计划采用 B/S 结构，后台为 access 数据库，前台采用 web 页面展示，通过 asp 方式制作编写网页源文件，实现数据自动化处理和交互功能，并可定制设计展示形式和查询条件等，最大优点是兼容性强、部署简便，用户只需在客户端通过浏览器打开服务端地址访问相关页面即可查看信息，同时做到高效、易用，能随着后台数据库信息变化进行动态自动更新，保持信息实时性。

页面文件主要功能性部分采用 asp 和 web 技术方式实现，由中核陕铀内部技术力量制作。各功能调试正常后，最后使用 html 语言对页面风格、字体、色彩、区域隔离划分等进行必要的设置、美化，可使用支持即时预览的网页制作软件 framework 等工具进行不断调试、修改，以达到美观、清晰、易于查看等目标。

最后将文件保存为.asp 格式后，放置在指定的路径中，在 IIS 网站工具建立链接地址，前台客户端即可通过浏览器中输入网页链接地址进行台账报表信息的访问查看。

3.2.3　前台集成展示

页面制作完成后，分类别将多个页面报表内容集成至单一网页集中呈现。共设计 10 张台账报表，包括：信息系统台账报表（涉密）、信息设备台账报表（涉密）、存储设备台报表（涉密）、安全保密产品台账报表（涉密）、信息系统台账报表（非密）、信息设备台账报表（非密）、存储设备台报表（非密）、安全保密产品台账报表（非密）以及涉密 USBkey 台账和非密 USBkey 台账。

用户点击左侧栏目的报表名称即可在右侧显示查看报表内容，同时提供查询功能，可按 ID、责任人、设备名称、用途、部门等多种方式进行综合查询，输入查询条件后点击查询按钮，即可显示相应的查询结果（图 7）。

图 7 查询界面

3.2.4 完成效果

制作台账展示查询页面，主要实现了公司信息化设备台账自动生成、展示、查询功能，该系统制作完成既节省了人员劳动成本、时间成本，实现了资源充分合理利用，在经济和成本控制上产生较高的价值，同时也大大方便了公司信息化设备台账的建立和维护工作，减轻了相关工作人员的工作难度和负担，使公司信息化管理得到了提升。

该台账查询展示页面相比于原先的人工手动方式，具有以下几方面明显优势和效益。

（1）高效。以往人工方式，每次生成台账报表，需要搜集信息、分类建立表格、复制粘贴信息、格式规范美化、调整、排版、打印等一套复杂流程，很多信息还需要根据专业经验等进行核对、完善，基本需要 1 个专业人员专门工作 2 周左右，才能形成较完备的报表提交检查，而现在通过页面报表，可以自动抓取数据库信息并展示，自动形成规范的台账报表，工作人员只需点击打开页面即可获得完善的台账报表，还可添加条件进行查询，形成更加细化的报表，基本可以做到查询得到结果后，直接打印提交检查。

（2）规范。报表根据新一轮保密资格标准进行了仔细对照梳理，报表展示方式、分类、所需的信息属性字段和名称等均能符合标准要求；页面大小等也经过不断设置调整，能保证完整美观打印，节省了以往最麻烦的调整版面难题；报表页面普通用户只查看，不能对报表格式做修改，格式固化，保证了统一化、标准化。

（3）共享。首先，报表数据与保密管理系统共用数据库，可随着保密管理系统中信息修改维护自动更新，保证了信息的动态及时性；其次，由于采用网页页面形式展示，信息通过网址链接放置公司 OA 系统主页，可自由授权至所有单位和部门相关人员，直接访问网页进行查看，实现了高效的信息共享，也增强了检查核对等工作便利性。

（4）准确。由于数据直接从数据库抓取展示，省去了以往人工复制粘贴和手工录入信息等环节，大大减小了出错的概率，再加上保密管理系统动态更新，及时维护，信息准确率大大提高。

（5）自主。该系统后台代码和数据库由公司自主开发、制作和控制，拥有完全知识产权，以后根据新要求进行系统升级、修改等均方便可控。

3.3 广泛借助和挖掘信息系统安全保密产品的能力和信息化平台功能，做好信息化设备全生命周期管理全过程监控审计和风险管控

中核陕铀在做好信息化设备本身的日常管理和检测等基础工作的基础上，为做到管理无死角、可追溯审查等管理提升效能，进一步开放思想，立足用好公司现有的可用资源和手段，通过引入和调用信息化系统平台先天具备的日志审计、运行监控等功能能力，实现了可对管理和操作行为进行事后审计和检查、核验、追溯等管理目标，丰富了管理能力和手段，创新了管理监督和制约机制，进一步完善、改进了信息化设备全生命周期保密管理体系。

（1）利用信息系统网络安全防护体系中已有的机制，通过公司信息系统中部署的现有安全审计、安全漏洞扫描、网络入侵监测、防火墙、防病毒等安全技术防护产品和措施，定期开展对系统进行综合安全审计分析，运维管理机构和人员检查系统安全审计日志，及时发现违规行为，对系统网络和设备的使用进行及时动态监测。根据风险分析结果，对包括设备变更调整、网络接入、软硬件安装卸载、信息导入导出等重点区域和可能的脆弱环节进行监控和防范，并能提供一定的自动阻断和提醒等功能。

（2）通过开展定期或不定期的专项检查核查等活动，对设备台账维护、审批流程办理和管理规范操作等执行情况进行检查，通过多平台、多角度的相互印证信息，能够更好更及时地发现日常违规行为或异常情况，并监督督促问题整改，做好管理闭环，避免小问题酿成大问题。通过事前审批和事后

审计的综合管理施策，尽可能做到全方位地防范和抵御信息化设备全生命周期过程中面临各种风险和威胁，构筑形成一套比较可靠、有效的信息化设备安全保密管理体系，最大限度堵住管理风险漏洞和隐患。

通过以上措施，完成了管理闭环，并在管理实施过程中融入了信息化管理中常见的PDCA管理模型（图8），做到对信息化设备全生命周期保密管理的持续改进，不断完善。

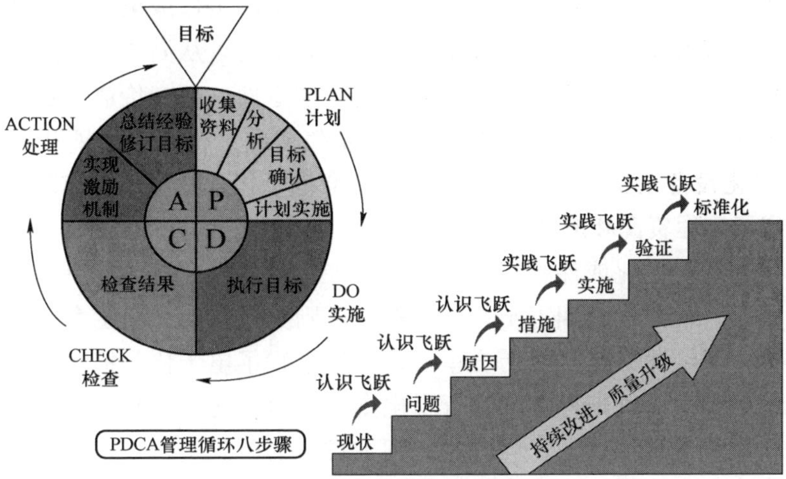

图8　PDCA管理循环

4　实施效果

4.1　公司治理能力提升、抗风险能力增强，提振客户和上级的信心，企业品牌力彰显

中核陕铀通过整合多元化的信息系统平台，瞄准保密资格认定标准要求，从技术和管理两方面综合施策，构建了信息化设备全生命周期的保密管理体系，做到了全生命周期、全方位、全覆盖的闭环管理，强化了企业抵御相关风险的能力，提升系统管理和运维水平，实现网络安全和信息安全保密事件“0”目标，企业生存和发展的基础更牢靠，增强了企业管理层和客户的信心。

4.2　助推“两化融合”落地和企业数字化转型，促进企业信息化水平评价登高目标和管理提升

该成果实施后，为中核陕铀落实“两化融合”国家战略目标、推进制造业数字化转型等战略实现带来良好示范。企业信息化水平评价稳步提升，信息化管理和运维水平等方面持续向好进步，在2018年度中核集团对成员单位

信息化水平评价考核中顺利实现达到 B 级目标。

4.3 信息化基础管理和运维工作规范化提升，管理人员工作减轻，人力资源能力得到释放

由于对系统运维、设备台账管理等工作进行了大幅度的规范化、精细化和自动化变革，改变了以往混乱、重复低效的工作状况，理顺了设备台账的日常维护、信息更新、审批管理和运维操作的管理关系，减少了重复操作和逻辑混乱，相关管理运维人员的工作量大大减少，工作成果的准确性、简便性都得到了很大优化。信息化技术技能人才人员得以从简单、重复性的工作中得到解脱，可以有精力和时间去从事更具创造性、更有价值的管理和改进方面的工作，公司人力资源的利用水平和价值得到更充分的挖掘和发挥。

4.4 信息化设备全生命周期档案实现了完全电子化，提高了工作的质量和效果，节省了管理资源和成本

以往进行信息化或保密管理检查准备工作时，需要打印信息化设备全生命周期档案，台账动辄四五十页，审批表单则更多，实现全生命周期档案资料电子化、无纸化之后，对历史审批档案也进行了电子化扫描存档，对所有涉密设备的全生命周期档案均进行了电子化、信息化，并整理归类，既防止了时间和纸张等资源浪费，同时也便利于日常的信息资料管理维护和查询统计；由于精简了大量环节，减少了人工复制粘贴和录入信息的工作，保密认定检查和系统测评时，提交检查组的信息化设备台账的生成周期由原来的大约需要 5 天缩短至 1 天，且信息准确性和格式规范性等都大大提高。迎接检查时也能及时准备好完整、准确、快速的档案信息，提供资料的质量明显得到改善，并且使企业管理的现状和能力显性化，体现公司信息化设备管理水平的明显提升，迎接检查时能够更加得心应手也更易于顺利开展。

成果创造人：穆伟兵、姚渊、许艳宾、韩玉、邵凤英、李健、郭军万、程利平、徐斌、王念文、李琨、张宁、王潇

项目管理在离心级联清洗工程中的应用

何建军　姚浩田

摘要：通过运用项目管理理论对 405－1A 级联清洗试验工作进行分析，依据项目管理过程对主机清洗试验过程中的需求分析、项目思路、项目计划、项目风险控制等内容进行了梳理和论述。

关键词：项目管理；主机清洗；应用

1　工程项目管理的一般过程

1.1　项目及项目管理的含义

项目的定义有很多种，比较具有代表性的是国际标准化组织（ISO）采用的（ISO 10006）定义：项目是在规定的时间、费用和性能参数下满足特定目标而由一个人或组织所进行的独特活动集合。由项目的定义可以看出，项目可以是建造一座大桥、在某个地区进行石油勘探，也可以是研发某项技术以开发新的制造过程、为组织采购和安装新的计算机硬件等。

传统上，项目管理的直观概念就是对项目的管理，项目管理的对象就是项目。随着项目管理的实践与管理理论体系的发展，项目管理一词的含义变得丰富起来，美国项目管理学会（PMI）将项目管理解释为：项目管理就是指把各种系统、方法和人员结合起来，在规定的时间、预算和质量目标范围内完成项目的各项工作。

由于项目具有一次性、特殊性以及不确定性的特点，项目管理必须经过不完全确定的过程，在确定的期限和预算限制内完成不完全确定的产品。项目管理具有以下几个特点。

（1）面向结果关注项目的完成，通常运用目标式的管理。

（2）基于团队注重写作与沟通。

（3）具有探索性面对挑战，存在复杂性、不确定性与风险性问题。

（4）注重知识与经验的积累，知识的挖掘与整合，注重创新。

1.2 项目管理过程

项目由一系列带来某个结果的活动组成，项目管理过程是关于描述和组织项目工作的过程。项目管理过程在大多数时候可以用于大多数的项目。美国项目管理学会（PMI）将项目管理划分为需求确定、项目选择、项目计划、项目执行、项目控制、项目评价与项目收尾 7 个过程。一般而言，项目管理过程一般可划分为 5 个阶段：

（1）项目启动

启动项目，必须了解组织内部在目前和未来主要业务发展方向，这些主要业务将使用什么技术及相应技术的使用环境。

（2）项目计划

为了实现承担项目的需要而做出一个可操作的系统计划。在计划编制的过程中，可看到后面各阶段的文件。计划的编制人员要有一定的工程经验，在计划制定出来后，项目的实施阶段将严格按照计划进行控制。

（3）项目执行

为了执行计划而协调人和其他资源。在项目执行阶段是占用大量资源的阶段，必须按照上一阶段定制的计划采取必要的活动。

（4）项目控制

通过跟踪、监测进展并在必要时采取纠正行动确保目标得到满足。

（5）项目结束

正式完成或结束项目、阶段或合同所需执行的过程。一般结束阶段会形成文件《项目总结报告》。

前两个过程主要工作是对项目进行可行性评估和计划，为项目开展做好项目准备；后三个过程是实施项目的实际工作，在项目计划执行的过程中对项目实行实时跟踪和控制。以上过程之间的关系可以如图 1 所示。

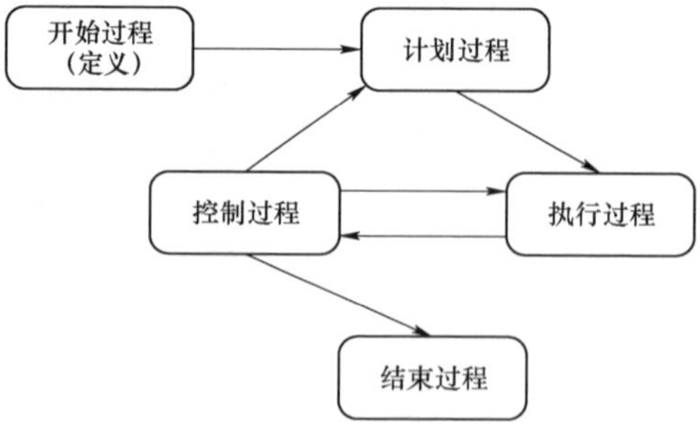

图 1　项目管理过程

1.3 项目风险管理

项目风险管理强调对项目的主动控制，对项目选择与实施过程中可能遇到的风险和干扰因素做到尽可能识别和评估，做到防患于未然，以避免和减少损失。项目风险管理作为项目管理过程中的重要环节，与项目管理的其他环节存在着重要的联系，能够保障项目目标的高效实现。项目风险管理具体包括风险管理规划、风险识别、制定对策与风险监控等内容。我国对于项目风险管理过程划分为：风险识别、预估、评价、应对和管控等环节。

2 工程项目管理在清洗中的应用

2.1 项目启动

2.1.1 需求分析

2014 年起，405－1A 工程产能逐年下降，目前较峰值产能下降约 20%。经过对系统的跟踪、统计、分析、研究表明，氟化铀酰固体粉末在主机内堆积是导致 405－1A 工程缺陷主机的数量快速增多、产能逐年下降的主要原因。为保证缺陷主机的同步运行，区段供电电压已上调至规程规定的上限，如不解决 1A 工程的粉末问题，预计 5 年左右 1A 工程将达到盈亏平衡点；此外，虽然 405－1A 工程已全面投产近 20 年，但主机总损机总数为 244 台，且年损机数小于 10 台，如果用化学法解决了粉末问题，1A 工程主机也可以运行至 35 年左右，经济性将大大提升。因此，1A 工程粉末问题迫切需要解决。

2.1.2 有利因素与不利因素

有利因素：公司和相关科研院所开展了采用化学方法清除主机粉末的研究。核工业理化工程研究院对采用三氟化溴为清洗介质对主机内粉末清洗的方法进行了深入研究，并完成了单台、装架、240 台架的主机粉末清洗试验，验证了清洗技术的可行性和安全性，掌握了主机清洗的关键参数和清洗工艺。

不利因素：主机摩擦功率高的主要原因在于粉末堵住了精料料管或孔板，在这种情况下，通入三氟化溴与氟化铀酰反应会产生氧气等轻杂质，当轻杂质无法及时排出时，会对主机的运行可能造成一定的安全风险，而核工业理化工程研究院此前所有试验的主机不具备这样的特点。

2.1.3 试验项目思路

考虑系统机组最小截断单元为截断组，因此主机清洗至少应该以截断组为单位进行，但是因截断组阀门配置，无法满足清洗的流量和压力监测要求，因此 405－1A 工程的主机清洗试验应以区段或机组为单位进行。如果采用区段为单位进行清洗，则机组内未进行清洗、处于封闭运行的另一区段必须持续进行物料循环以满足主机安全运行的要求。该区段需改造保证物料循环运行，不利于主机的安全稳定运行，而且如果要完成 1 个 2 区段机组的清洗，则需 2 次旁联机组，进行 2 个区段管道的改造和物料循环运行，工艺相对复杂，且可能影响级联产品的质量，因此清洗单位应以机组为单位进行。

26/2 区段缺陷主机数量为 596 台，已超过区段装机数的三分之一，为级联粉末堆积严重的区段，且供电电压已达运行上限 400 V，区段内加装升压变压器数量为 79 台，也是级联安装升压变压器最多的区段。通过计算机组清洗旁联时，级联分离功生产情况，26 机组清洗旁联时，级联分离功比目前的实际产量下降不大。如果堵塞严重的区段主机能够通过清洗恢复分离性能，那么其他堵塞没有其严重的区段恢复性能就不存在问题。另外，在 2018 年 5 月 1A 级联离心机摩擦功耗测量结果表明，26/3 区段属于级联中摩擦功耗基本正常的区段；鉴于 26/2 区段、26/3 区段不同的情况，在清洗试验过程中可以对 26/2 区段、26/3 区段进行对比；26/2 区段的清洗前后数据能够代表清洗对级联中摩功较高、堵塞严重的机组（或区段）的清洗效果，26/3 区段的清洗前后数据能够代表清洗对级联中摩功基本正常机组（或区段）的清洗效果。综上考虑选择对 26 机组进行清洗试验。

在供取料管线选择上，试验项目考虑了以下几点需求：

（1）功能上能够实现清洗技术要求，可以进行机组的供、精、贫料压力调整及供、精、贫料的回流量的调节；

（2）充分利用现有的工艺系统和管线，避免进行过多系统改造；

（3）能够用于其他机组的清洗，若要进行后续机组粉末清洗，无需重复施工。

405－1A 离心级联中的氟利昂管线刚好符合以上几点需求，而且每一个离心级联设计上都有氟利昂系统，其结构及与机组连接方式均基本相同，易于在行业内推广，在国内任何一个离心级联上均可用此法进行粉末清洗工作。但是由于 405－1A 离心级联中氟利昂系统管径、设备的局限，不能完全满足主机清洗的要求，需要设计主机清洗专用装置，与氟利昂系统进行对接，从而实现主机清洗的供、取料功能以及清洗介质净化、试验线路的抽空功能。主机清洗专用装置由核工业理化工程研究院进行设计，氟利昂系统管线改造由中核陕铀进行。

2.2　项目计划

试验项目范围：根据需要调研分析，考虑技术可行性和已经成功的试验经验，通过对 405－1A 级联 26 机组进行主机粉末清洗试验，希望实现以下目标：

（1）掌握离心级联工程主机清洗的关键控制工艺参数；

（2）掌握离心级联工程主机清洗的工艺流程；

（3）掌握离心级联工程主机清洗的完整操作方法；

（4）改进和完善主机清洗装置设计；

（5）形成离心级联工程主机清洗的技术规范和操作规范；

（6）形成离心级联工程主机清洗的效果评价规范；

（7）进行离心级联工程主机清洗的经济性分析。

试验项目工作的分解：针对清洗试验制定了详细的工作分解。主要是按照结果导向，将任务落实到各单位，共计分为 5 个阶段，第一阶段主要任务是确认项目设计条件、项目初步调研、初步需求确认；第二阶段主要任务是开展可行性研究，完成可行性研究报告编制，并组织专家评审；第三阶段任务是完成项目设计方案编制，并通过专家评审；第四阶段为项目实施阶段，主要任务是依据项目设计进入执行；第五阶段为项目结束，需根据设计文件等进行项目结束，该阶段完成后将标志着项目工作完成。

试验项目关键阶段进度计划：在试验开始前做好试验条件的准备工作，进行清洗试验现场各种准备工作；在试验操作卡的编制过程中，根据技术要求，标明各个工况阶段的技术指标和时间截止要求。

2.3 项目实施

顺利完成清洗试验项目，一方面需要狠抓项目执行过程，另一方面需要控制项目过程。在项目的执行中，既要注重项目质量管理，更要注重项目沟通管理。在项目的控制中，既要注重项目的进度控制，又要注重项目的风险控制。

在试验的准备过程中，中核陕铀与核工业理化工程研究院共同商议并完成了试验供取料方式的设计与线路改造；在试验过程中，双方人员共同组成了试验工作机构，加强沟通，保证试验项目的顺利完成。

经分析，26 机组主机粉末清洗试验项目存在的风险类型有：

（1）技术风险。技术风险主要表现在本项目是试验型项目，首次进行在铀浓缩生产线上开展千台级动态清洗试验，而且铀浓缩工厂的运行主机的堵塞情况和研究院的试验主机情况存在很大的差异，可能会对主机的运行造成一定的安全风险。

（2）人员素质风险。对项目任务和要求贯彻落实不彻底，执行不到位。

（3）组织风险。项目牵涉的各个单位、各种资源都比较多，存在单位协调问题，组织落实难度将加大，各单位在项目实施过程中存在不能按进度完成任务。

针对技术风险而言，在试验前，通过与核工业理化工程研究院充分讨论，确定了逐渐加载、重点监控的思路。在清洗过程中清洗介质流量及机组的供、精、贫压力都要逐渐缓慢加载，加载过程中监测主机频率和区段供电柜电功率，如果存在主机掉周或区段供电柜电功率过高的情况则及时卸载，紧急情况下停止供料，必要时进行快速紧急卸料。试验过程中每天均进行一次采用同步系统测量 26 机组全部主机摩擦功率，根据测量结果，选择多台摩擦功率高的主机作为重点监控对象，现场每 15 min 测量一次主机摩擦功率，将这些主机的摩擦功率控制在正常范围内。这些重点监测的主机代表了区段中摩擦功率最大，最容易掉周甚至损机的主机，通过监控清洗运行参数保证其安全，保证了监测主机的安全也就实现有效保证了整个试验机组的主机的运行安全。

针对人员素质风险而言，为保证试验参与人员掌握主机试验的方案、应急预案、试验操作卡等内容，掌握整个主机清洗试验的操作程序，熟悉整个主机清洗试验的过程，明确各自在主机清洗试验中的工作职责，组织开展了试验相关的各项培训工作。首先组织分两次完成了编制的全部技术文件的培训，包括清洗试验方案、应急预案等的培训。在清洗试验开始前开展主机清洗试验模拟操作，按照真实的操作步骤，每一步进行了模拟操作，使试验参与人员熟悉试验的整个操作流程，明确人员的操作分工，加强试验参与单位的试验协作。

针对组织风险而言，依靠试验项目工作分解，在试验准备阶段由主工艺运行部、自控仪表车间、辅助运行车间等单位参与完成 26 机组主机粉末清洗试验环境的搭建工作，在试验正式开始前依据进度计划对 26 机组主机粉末清洗试验环境搭建工作进行了现场检查。试验中的工作是由中核陕铀和核工业理化工程研究院共同完成，在试验进行中需要试验双方分工协作，清洗装置的相关操作由核工业理化工程研究院运行人员负责，按照《405－1A 工程 26 机组主机清洗试验操作卡》进行操作，其余操作均由中核陕铀人员负责。主机清洗试验操作由当值的值班主任统一负责指挥，试验过程中的重要决策由主机清洗试验现场指挥部讨论决定。

2.4 项目结束

冲洗阶段结束后，对 26 机组进行深抽，并对清洗机组的区段进行密封性测量，判断密封性合格。将 26 机组接入级联，恢复级联原运行方案，项目实施过程结束，进入项目结束过程。试验参与人员依据清洗效果评价方法，对 26 机组主机粉末清洗试验进行效果评价，并形成《405－1A 级联 26 机组主机粉末清洗试验总结报告》。

3　总结

本文基于项目管理理论来研究主机清洗试验过程。首先，对项目管理过程的项目理论进行梳理。然后，基于项目管理过程，结合项目管理理论对主机清洗试验过程中的需求分析、试验项目思路、试验项目计划、项目风险控制进行了梳理和论述。

参考文献

［1］刘国靖. 现代项目管理教程［M］. 北京：中国人民大学出版社，2004.

［2］李晓宇. YDXX 公司 IT 项目管理案例研究［D］. 大连：大连理工大学，2018.

［3］廖洋. 遗传算法在级联计算中的应用［J］. 第一届核燃料杯交流论文，2017.

［4］张玉春. 405－1A 工程主机清洗试验可行性研究［R］. 陕西汉中：中核陕西铀浓缩有限公司，2018.

［5］中核陕西铀浓缩有限公司. 405－1A 工程 26 机组主机清洗试验总结报告［R］. 陕西汉中：中核陕西铀浓缩有限公司，2019.

浅谈预算执行及降本增效方法、措施及实施效果

高财玲

摘要：面对日趋激烈竞争的市场环境，任何一家企业想要获得持续性的发展与盈利，必须要做好开源节流，做好成本控制，优化成本结构。本文主要讲述了主工艺运行部根据自身实际情况，从计划、生产到科研等环节，制定的适应企业降本增效的方法、措施及实际效果，以及主工艺运行部预算执行情况。

关键词：预算执行；降本增效

1　背景

2019 年是公司改革调整、承前启后关键一年，开展“财务管理提升年”活动是落实公司“三个变革”的一项重要措施，也是确保全年各项重点财务工作任务的有效手段，这就要求我们必须要进行降本增效活动。主工艺运行部根据公司“管理变革”要求，根据自身特点，从科研创新，管理创新等方面开展一系列工作，提升成本管控能力，夯实预算管理基础，真正做到降本增效，完成公司“财务提升年”的各项指标。新时代新征程的号角已经吹响，站在新的起点，面对新要求，主工艺运行部必须紧跟公司发展步伐，不断变革，不断创新，为打造“五大高地”，建设“五大陕铀”努力实现“六个一流”，加快建成具有国际竞争力的世界一流铀浓缩企业添砖加瓦。

2　降本增效的意义

企业经营的目的是以最少的成本获得最高的利益。显而易见，成本的降低也就相应增加了企业的利润，在一定程度上，企业管理就是成本管理，只有降低了成本，提高了盈利能力才能积累资金，从而降低资产负债率，使企业的发展进入良性循环。企业实施降本增效有助于进一步提高企业管理水平，提高产品竞争力，创造出更多的财富。

3 公司年度目标

以习近平新时代中国特色社会主义思想，深入贯彻学习党的十九大精神，坚决落实中核集团“管理变革”要求，提高中核陕铀国际竞争力，公司根据自身情况制定了以下降本增效目标：

（1）坚定不移地把推进还款计划，优化公司债务结构，降低资产负债率，减少利息支出 1525 万元，提高资金使用效率。

（2）积极落实国家“减税降费”政策，营造和谐的纳税环境，管控税务风险，实现公司利益最大化，力争实现效益 540 万元。

（3）制定并落实“两金”及资产负债率管控工作，减少资金占用，提升经济发展质量。

（4）规范公司产权管理，补短板，粗改进，做好压减子公司产权变更工作，提升公司产权管理工作水平。

（5）加快低效无效实物资产管理工作，以价值管理倒逼实物资产管理，全年处置低效无效资产原值 1000 万元以上，提升资产管理水平。

（6）提升主业成本管控能力，创新工作机制、思路、方法，确保全年单位***成本控制在 58 万元以内，相比去年的 63 万元，下降 7.9 个百分点。

4 主工艺部的主要措施及效果

为深入贯彻落实中核集团和中国原子能“瘦身健体、提质增效”的工作要求，进一步加强经营管理，强基固本，围绕浓缩铀产品开展节支降本增效活动，实现企业效益最大化，提高企业核心竞争力，根据公司 2019 年增收节支降本增效的要求，针对公司确定的主工艺部登高目标，结合主工艺部实际，主工艺部从人员管理、财务预算、科研创新 3 个方面制定了以下措施。

4.1 加强管理，制定有效降本增效激励方案

一个人的能力是有限的，只有把大家团结起来，使每个人都参与到降本增效的活动中来，才能达到最好的效果。职工是生产活动的主体，当每一个职工都以主人翁的思想工作时，就会更容易发现生产中的不足并提出改进意

见。主工艺运行部采取与各个科室及运行值签订《年度绩效考核责任书》的方式，将责任层层分解，落实到个人，使每个人都成为责任的主体，提高主人翁意识，主动作为，积极发挥其主观能动性，参与到降本增效的活动中来，为降本增效活动献计献策。

4.2 夯实预算，提升预算管理水平

全面预算管理作为企业内部的一项重要管理工具，是企业对未来经营计划的总体安排，有助于增强企业的竞争力，提高企业的管理水平，从而实现企业总体战略目标。一个企业只有做好全面预算管理，才能在一年的管理工作中做到心中有数，通过预算管理确定每个部门在一年里的工作目标，协调各部门的经济活动，考核各部门的工作业绩，从而实现企业总体目标。

以下是主工艺部 2019 年的预算管理及一季度的完成情况，如表 1 所示。

表 1　主工艺运行部 1 季度财务预算完成情况表

序号	预算项目	本年预算（登高目标）	一季度完成	预算执行率
一	专项消耗控制指标			
1	耗水/吨	4000	631	97.07%
2	耗电/度	17 400	43 537 870	100%
3	汽油/升	1000	64.39	64.39%
二	可控运行费用合计/元	2 029 400	58 785.15	60%
（一）	材料费	540 000	25 618.54	56.88%
（二）	其他费用	1 489 400	33 166.61	62.64%
1	办公费	16 900		0%
2	差旅费	400 000	15 924.51	88.46%
3	劳保费	1 040 000	17 242.10	86.21%
4	图纸资料费	2500		
5	日常维修及零星费用	30 000		0%

从上表我们可以看出，一季度实际总共耗电 4353.78 万度，完成年度预算指标 17 400 万度的 25.02%，完成一季度预算执行率（一季度预算分解数：4350 万度）100%。

耗水 631 t，完成年度预算指标 4000 t 的 15.77%，完成一季度预算执行率（一季度预算分解数：650 t）97.07%。可控运行费用 5.88 万元，完成年度预算指标 202.94 万元的 2.9%，完成一季度预算执行率（一季度预算分解数：9.6 万元）

60%，均控制在指标范围内，运行材料费 2.56 万元，完成年度预算指标 54 万元的 4.74%，完成一季度预算执行率（一季度预算分解数：4.5 万元）56.88%。其他费用一季度实际发生费用 3.32 万元，完成年度预算指标 148.94 万元的 2.23%，完成一季度预算执行率（一季度预算分解数：5.1 万元）62.64%，均在预算控制范围内。

通过以上分析发现，主工艺部指标管控到位，各项费用均在预算范围内，预计通过降本增效措施的不断实施，各项费用将会持续降低，确保全年预算精准率在 90%以上。

4.3 强化科研技改工作

（1）1A 系统主机清洗

405－1A 级联自 1996 年一期工程投运，运行时间已超过 20 年，2014 年以来级联分离能力出现快速下降，经研究分析可以确定，导致级联分离功下降，摩擦功率大于 18 W 主机数量增多的主要原因在于主机内部积累了较多的固体粉末，粉末的积累会逐渐导致主机摩擦功率增大、分流比减小，混合损失增大，级联分离性能下降，严重威胁到级联的安全、经济运行，同时直接影响整个级联的运行寿期。通过对主机的清洗，可以恢复主机性能，确保主机安全运行，对级联***有相当明显的提升。级联***的提升主要体现在两个方面：主机清洗后单机分离性能的恢复：清洗后主机分流比恢复，进而使级联的分离效率恢复。

经相关部门测算，对 1A 级联进行全面清洗后，相对现有能力，每年 1A 级联的***预计将提升 90T***，折合 1A 系统每年每千克***成本约降低 20%，全厂每年每千克***成本约降低 3.5%。且 1A 系统累计折旧已完成，清洗后***提升创造的是纯效益。

（2）级联结构优化

针对级联老化、分离特性变化问题，及时跟踪产品流量、级联分离能力变化等情况，结合机组样分析结果，对级联计算模型进行修正和优化，保证级联运行方案的最优化。针对低贫料丰度导致的级联效率低下和产品流量偏低的问题，通过提高贫料丰度来解决。根据实际情况，将贫料丰度上调至 0.25%，此时级联效率明显提升，以生产 4.45%产品计算：1A 级联年***为*42.312 t，级联效率为 72.657%；1C 级联年***为*14.380 t，级联效率为 95.256%；－2 级联年***为*00.619 t，级联效率为 92.920%；2A 级联年***为*99.847 t，级联效率为 95.814%。针对低丰度产品生产导致的级联效率低下问题，通过将 405－2A 级联 12 机组和 11 机组二级并联优化级联结构解决。级联结构优化后，级联效率明显提升：在生产 1.8%丰度产品时，级联年***为*20.660 t，级联效率为 87.682%；在生产 2.4%丰度产品时，级联年***为*66.142%，级联效率为 92.014%。考虑低丰度产品实际生产时间因素，优化级联结构后，2019 年级联实际***增加约 4 t。

通过级联结构优化，级联效率得到提高，使主工艺部能够生产出多种丰度的浓缩铀产品，可以满足不同公司的产品要求，提高了中核陕铀在国际上的竞争力。

（3）生产运行中其他改进措施

① 1A、1C、1D 系统 4 条生产线变频器根据工艺工况调整过激运行参数，每日管控变频器运行方式，个别机器降周及时加装升压变压器，确保节电最大化。② 持续优化系统运行方式，降低设备使用台时和能耗；优化各级联卸料系统制冷柜运行方式，开展 405－1C 级联零位系统找漏工作，在降低真空泵启动台时的同时，更保证了级联系统工况稳定等。③ 厂房照明用电关灯运行，只留巡检路线部分照明、配电室照明关灯运行。④ 对配电室空调、轴流风机运行方式进行管控，调整配电室空调模式、温度，并及时关闭门窗。⑤ 加强巡检，减少浪费，及时消除跑、冒、滴、漏，杜绝长流水现象，每月仔细观察用水通知单显示的运行部用水量，发现异常，及时查找原因并进行处理。⑥ 深度推行岗位融合、一岗多能工作，充分发挥职工的主观能动性，提高工作效率，降低人工成本。⑦ 努力压降库存，在保证正常生产的前提下，优先使用库存物资，合理使用库存物资，积极配合物资供应公司合理调配库存物资，努力降低“两金”指标，完成登高目标 0.24 万元。

通过对日常生产工作中的一些操作进行工艺优化，达到节能降耗的目标，降低了生产成本。

5 总结

降本增效，即降低成本，增高效益。在主工艺领导的带领下，在全体职工的共同努力下，主工艺运行部一季度各项费用均在财务预算范围内，预计全年财务预算精准率在 90%以上。主工艺运行部围绕全面预算管理要求，进一步加强经营管理，强基固本，使每一位职工参与到降本增效活动中来，群策群力，通过对运行方式的改进，预算执行力度的加强，从一季度的耗电量、耗水量等费用分析，可以得到主工艺运行部降本增效活动是成功的，大大降低了生产成本，达到了降本的目的。通过科技创新，1A 主机清洗、级联结构优化等活动，提高了级联效率，提高了产品数量，达到了增效的目的。总的来说，主工艺运行部围绕铀浓缩产品开展的一系列降本增效活动，真正做到了节能降耗，效益提升，所有费用较好地控制在预算范围内，成本控制措施落实到位，各项费用指标及生产任务始终在受控状态下，确保公司下达的各项任务按计划节点要求顺利完成，并且为完成主工艺部登高目标打下良好基础。

基于示范工程自控系统的科技研发管理体系构建与实施

雷兴亮　徐　斌　穆周朝

摘要：中核陕铀强化科研管理，坚持科技创新，通过推行一系列管理创新措施，充分依靠自身、调动科研人员的工作积极性和主观能动性，克服种种困难，圆满完成主机转速监测系统、4种专用分析仪表、动力柜、专用电动调节阀的研制及主工艺连锁关系研究等5项科研内容，按期将研究成果成功应用到商用示范工程，全面实现了商用示范工程自控仪表系统的国产化，大幅度提升了铀浓缩工程自控仪表系统及专用设备的技术水平和自动化程度，保证了商用示范工程的按期建成达成。

关键词：商用示范工程；自控仪表系统；铀浓缩工程

成果简介和主要创新点

为了解决大型商用示范工程自控仪表系统的配套问题，中核陕铀通过科研项目自主研制铀浓缩工程专用主机转速监测系统、分析仪表、动力柜、专用电动调节阀等专用系统及设备，并完成了铀浓缩主工艺连锁关系的整理及优化，全面实现了铀浓缩自控仪表系统的国产化，研究成果均已成功应用于商用示范工程，取得了良好的经济和社会效益。在该项目的实施过程中，中核陕铀通过强化科研管理、坚持科技创新，积极开展管理创新活动，确保了科研进度及质量，取得了很好的实施效果。该创新活动的主要创新点如下：

1. 推行项目管理模式；
2. 合理调配和利用资源；
3. 严格控制研制产品质量；
4. 严格控制科研进度；
5. 做好科研费用管控；
6. 做好研制产品的测试及在线考核；
7. 加强与设计院的技术合作；
8. 建立科研项目保障机制；
9. 加强科研资料管理，做好科研成果的产品化。

申报企业盖章：　　　　　　　　　　企业法人代表签字：

续表

<table>
<tr><td rowspan="4">成果主要创造人（不超 3 人）</td><td>姓名</td><td>工作部门</td><td>年龄</td><td>学历</td><td>职务与专业</td><td>职称</td><td>所起作用</td></tr>
<tr><td>雷兴亮</td><td>自控仪表车间</td><td>52</td><td>本科</td><td>书记/无线电</td><td>正高级工程师</td><td>科研管理</td></tr>
<tr><td>徐斌</td><td>自控仪表车间</td><td>44</td><td>本科</td><td>主任/自动化</td><td>正高级工程师</td><td>科研管理</td></tr>
<tr><td>穆周朝</td><td>技术管理部</td><td>54</td><td>本科</td><td>主任/仪表</td><td>正高级工程师</td><td>科研管理</td></tr>
<tr><td rowspan="5">成果参与创造人（不超 10 人）</td><td>严功明</td><td>自控仪表车间</td><td>53</td><td>本科</td><td>主任工程师/计算机</td><td>正高级工程师</td><td>参与</td></tr>
<tr><td>孟福海</td><td>自控仪表车间</td><td>43</td><td>本科</td><td>工段长/计算机</td><td>高级工程师</td><td>参与</td></tr>
<tr><td>刘　通</td><td>自控仪表车间</td><td>52</td><td>专科</td><td>高级主任工程师/仪表</td><td>正高级工程师</td><td>参与</td></tr>
<tr><td>翟　伟</td><td>自控仪表车间</td><td>53</td><td>本科</td><td>计算机</td><td>高级工程师</td><td>参与</td></tr>
<tr><td>刘琳秀</td><td>自控仪表车间</td><td>49</td><td>中专</td><td>电子技术</td><td>工程师</td><td>参与</td></tr>
<tr><td colspan="2">成果创造时间，在本企业实际应用多长时间、范围</td><td colspan="6">成果创造于 2015 年 1 月，在本企业实际应用 3 年时间，主要用于商用示范工程。</td></tr>
<tr><td colspan="2">本成果何时经过何单位、何种鉴定</td><td colspan="6"></td></tr>
<tr><td colspan="2">本项目成果是否已在本行业或本地区推广应用，推荐单位对推广应用有何建议</td><td colspan="6">1. 是否推广应用：■ √否，□是，范围：中核陕铀
2. 推广应用建议：在铀浓缩行业科研管理中应用。
3. 本单位承诺此成果可用于行业内交流学习并将积极参加针对该成果的相关交流推广活动。</td></tr>
<tr><td colspan="2">申报企业类型</td><td colspan="2">国有</td><td colspan="3">申报企业所处行业</td><td>制造业</td></tr>
<tr><td colspan="2">申报企业规模</td><td colspan="2">大企业</td><td colspan="3">申报企业人数</td><td>1957</td></tr>
<tr><td colspan="2">申报企业通讯地址</td><td colspan="4">陕西省汉中市 241 信箱</td><td>邮政编码</td><td>723312</td></tr>
<tr><td colspan="2">申报企业网址</td><td colspan="6"></td></tr>
<tr><td colspan="2" rowspan="2">企业负责人</td><td>姓　名</td><td colspan="2">职务（部门）</td><td colspan="2">电　话</td><td>传　真</td></tr>
<tr><td>鄢　斌</td><td colspan="2">董事长</td><td colspan="2"></td><td></td></tr>
<tr><td colspan="2">联系人</td><td>张扬安</td><td colspan="2">主任（政研企管部）</td><td colspan="2"></td><td></td></tr>
<tr><td colspan="2">联系人手机</td><td colspan="6"></td></tr>
<tr><td colspan="2">推荐单位意见</td><td colspan="6">推荐单位盖章：　　　　负责人签字：</td></tr>
<tr><td colspan="2">推荐单位通讯地址</td><td colspan="4"></td><td>邮政编码</td><td></td></tr>
<tr><td colspan="2" rowspan="2">推荐单位联系人</td><td>姓　名</td><td colspan="2">职务（部门）</td><td colspan="2">电　话</td><td>传　真</td></tr>
<tr><td></td><td colspan="2"></td><td colspan="2"></td><td></td></tr>
</table>

管理创新成果经济效益测算表

成果实施时间	从　　年　　月 至　　年　　月 共计：　　　年
成果实施范围	中核陕西铀浓缩有限公司
成果经济效益计算方法及公式	$E_p=\sum_{a=1}^{n}S_a-F-H-\left(\sum_{b=1}^{m}C_b+I\right)$　　$(a=1,2,3\ldots n;\ b=1,2,3\cdots m)$

成果效益指标测算结果

序号	指标名称	计量单位	时　间	测算结果	备注
1	申报前一年效益额	万元	年		
2	实施各年累计效益额	万元	年至　　年，共　　年		
3	平均年度效益额	万元	年至　　年，共　　年		
4	申报前一年效益贡献率	%	年		

本企业财务部门审核盖章 年　月　日	推荐单位审核盖章 年　月　日

申报企业主要经济指标完成情况表

序号	指标名称	计量单位	申报前一年实际（2018年）	与申报基年相比（2015）			备注
				成果基年实际完成	增减数额	%	
1	销售（营业）收入	万元	*	*	*	-36.20	
2	利润总额	万元	*	*	*	-47.83	
3	净资产收益率	%	*	*	*	—	
4	总资产报酬率	%	*	*	*	—	
5	销售（营业）利润率	%	*	*	*	—	
6	资本保值增值率	%	*	*	*	—	
7	全员劳动生产率	万元/（人·年）	*	*	*	57.32	
8	流动资产周转率	%	*	*	*	—	
9	资产负债率	%	*	*	*	—	
10	万元产值能耗	吨标煤	*	*	*	50.00	

创建单位保密办审核意见	经审查，符合保密规定，不涉及国家秘密和敏感信息。 签字：　　盖章： 年　　月　　日

附件目录

序号	附件名称	备注

1 前言

中核陕铀始建于 1969 年 10 月，是我国第一座离心法铀浓缩商用工厂，是中核集团、中国原子能所属大型核燃料生产骨干企业，是我国重要的核燃料科研生产基地，先后为扩散技术应用、离心分离铀同位素设备研制、离心分离技术的研究及应用作出积极贡献。公司位于陕西汉中盆地洋县境内，北依秦岭，南望巴山，占地面积约 2.5 km^2，现有员工近 1700 人。具有武器装备科研生产、军工核安全设备制造、特种设备制造、放射卫生技术服务等资质；主营铀及铀浓缩系列产品的生产，兼营中低压容器制造、自控仪表生产、专用零部件加工、建筑安装等业务。2018 年 3 月 20 日，我国铀浓缩离心机大型示范工程全面建成达产；11 月 19 日，该工程顺利通过国家国防科工局组织的竣工验收，标志着我国新一代铀浓缩离心机实现了升级换代，达到国际先进水平。同时，“示范工程通过国家竣工验收”当选国家国防科工局和中核集团 2018 年度十大新闻，中核陕铀品牌和影响力彰显。

中核陕铀始终坚持科技创新，不断加大科研投入，紧密围绕生产、检修、工程建设工作开展卓有成效的科研工作，并通过不断提升科研管理水平，有效地保证各项科研工作的圆满完成，形成了一大批在行业内处于领先水平的科研成果。其中，承担大型商用示范工程自控仪表系统国产化研制任务的自控仪表车间在科研管理方面勇于实践、大胆创新，结合承担的科研任务的实际情况，采取了一系列有效管理创新举措，顺利完成了大型商用示范工程自控仪表系统国产化研制任务，为大型商用示范工程提供了合格的专用自控仪表系统，保证了工程按期建成达产，取得了显著成效。

2 实施背景

新一代铀浓缩商用示范工程是国防科工局批准建设的具有完全自主知识产权的铀浓缩新型离心机商用示范工程，该工程建成投产后，标志着我国铀浓缩离心机成功实现升级换代，中核陕铀的生产能力和工业总产值将会迈进一个新的台阶。因此，该工程的顺利建成达产对于中核陕铀，乃至我国铀浓缩产业具有十分深远的意义。

自控仪表系统及其配套专用设备是铀浓缩工厂重要的组成部分，对于铀浓缩工厂的安全、连续、经济运行具有非常重要的作用。铀浓缩工厂专用主工艺自控仪表系统包括级联控制系统、供取料控制系统、专用仪表及其配套的控制设备。中核陕铀 405－1A、405－1C 工程离心级联的自控系统、专用仪表、动力设备均是从国外全套引进的，但进口系统的技术水平相当落后，结构非常复杂，功能也比较简单，操作维护难度较大，故障率和运行维护成本都比较高，明显已经无法满足国产铀浓缩工程的需要。从 405－2A 工程开始，中核陕铀依托自身技术力量，充分借鉴进口自控仪表系统的优点，利用当前先进的计算机技术、网络技术和测控，自主研制成功了主机转速监测系统、4 种专用气体分析仪表、阀门动力柜、泵阀控制柜等一批铀浓缩专用自控仪表系统及配套的动力柜设备，再结合通用的 DCS 系统及国内成熟控制设备，全面实现了铀浓缩主工艺自控仪表系统的国产化，并在 405－2A 工程成功应用。

由于经验不足，思想和理念不够开放，对主工艺系统的研究和理解不够深入，从 405－2A 工程自控仪表系统的运行情况来看，除 DCS 控制系统及一些成熟的控制设备外，主机转速监测系统、4 种专用气体分析仪表、阀门动力柜、泵阀控制柜等自研设备均存在一定的缺陷和不足，不能很好地满足商用示范工程生产运行的需要。必须对其进行改进及优化，进一步提高核心技术、控制思想、系统结构、主要指标及参数，才能完全满足大型商用示范工程项目的需要。为此，中核陕铀经过反复研究及论证，并根据 405－2A 工程主机转速系统、4 种专用气体分析仪表、阀门动力柜、泵阀控制柜的运行情况，结合商用示范工程的实际需要及主工艺运行人员反馈的意见，决定通过科研项目来自主研制新一代的主机转速监测系统、专用分析仪表、动力柜、专用电动调节阀等商用示范工程必须的自控系统、仪表及配套设备，同时还需要对引进系统的连锁关系进行分析、研究，结合中核陕铀长期的运行经验，形成一套适用于商用示范工程的工艺连锁关系，作为示范工程控制系统的核心控制算法。由于该项目时间紧、研究内容多、技术难度大、人力资源明显不足，要想在规定的时间内，保质保量完成预期的科研任务，为商用示范工程提供高质量的专用自控仪表系统，就必须在科研实施过程中，强化科研管理，开展管理创新，提高科研工作效率。为此，自控仪表车间成立商用示范工程专用自控仪表系统国产化研制工作领导小组，从全车间范围内抽调技术和技能水平较强的人员组成 5 个科研攻关小组，由研制工作领导小组对各个科研小组进行统一的协调及管理，开展管理创新活动，采取多种管理举措，有效利用有限的资源，确保各项科研任务顺利完成，按期为大型商用示范工程提供了合格的国产化专用自控仪表系统，打破了铀浓缩自控仪表系统依赖国外进口的被动局面，形成了多种拥有自主知识产权的新产品，解决了铀浓缩工程专用自控仪表系统的配套问题。

3 内涵和主要做法

内涵：强化科研管理，坚持科技创新，通过推行一系列管理创新措施，充分依靠自身的技术优势，合理利用有限的资源，最大限度地调动科研人员的工作积极性和主观能动性，克服时间短、研究任务重、研究人员少、资源和资金短缺等困难，在不到 3 年的时间里，圆满完成主机转速监测系统、4 种专用分析仪表、动力柜、专用电动调节阀的研制及主工艺连锁关系研究等 5 项科研内容，按期将研究成果成功应用到商用示范工程，自主解决了商用示范工程自控仪表系统及专用设备的配套问题，全面实现了商用示范工程自控仪表系统的国产化，大幅度地提升了铀浓缩工程自控仪表系统及专用设备的技术水平和自动化程度，保证了商用示范工程的按期建成达成，进一步提升了中核陕铀的科技创新能力，形成了一批具有自主知识产权、在铀浓缩行业同类产品中处于先进水平的新产品，产生了良好的经济和社会效益。

3.1 推行项目管理模式

商用示范工程专用自控仪表系统国产化研制项目的主要任务是充分依靠自身技术力量，结合之前的科研成果和多年来的运行经验，研制出性能优良、技术指标先进、适用于商用示范工程的国产化铀浓缩自控仪表系统。经过分析和研究，决定开展主机转速监测系统、专用分析仪表、动力柜、专用电动调节阀的研制以及主工艺连锁关系的研究等 5 项研究内容，其中动力柜包括阀门动力柜、补压机动力柜、泵阀柜 3 种类型。完成这 5 项研究内容后，能够全面解决商用示范工程自控仪表系统的配套问题。为了提高科研工作的效率，自控仪表车间积极推行项目管理模式，从全车间内部抽调精干的技术和技能人员，成立了主机转速监测系统研制项目组、4 种专用仪表研制项目组、阀门动力柜及泵阀控制柜研制项目组、专用铀浓缩电动调节阀研制项目组、主工艺连锁关系研究项目组等 5 个科研小组，明确了每个项目组的项目负责人和主要成员，实行项目负责人负责制，全面负责本项目的进度、经费、人员调配、物资领取等管理和技术工作，明确各项目组成员的职责和分工，强化项目组成员的团队意识和大局意识，相互配合，相互支持，提高了项目组的工作效率，简化了科研管理程序，为科研项目的顺利完成奠定了坚实的基础。

3.2 认识科研工作的目的和意义，增强科研人员的使命感

组织 5 个科研组的全体科研人员，由科研领导小组的主要领导对开展“商用示范工程专用自控仪表系统国产化研制项目”重要意义进行宣讲。商用示范工程建设对中核陕铀来说是一个新的里程碑，为商用示范工程配套最先进的国产自控仪表系统及专用设备，不仅能够提高商用示范工程整体的自动化水平，缩短工程建设周期，提高工程建设质量，节约工程建设成本，保证工程建成投产后能够安全、连续、经济运行，而且能够全面实现铀浓缩自控仪表系统的国产化，进一步提升中核陕铀在铀浓缩行业的影响力，具有十分重要的意义。通过宣讲和解读，使每个参与此项科研项目的技术人员都充分认识到商用示范工程专用自控仪表系统国产化研制项目的目的和意义，为自己能够参与此项科研工作而感到光荣和自豪，增强使命感和责任感，为全面完成科研任务而加倍努力工作，为保证科研工作的顺利完成奠定了思想基础。

3.3 深入仔细研究，明确研究内容和工作目标

各科研组成立后，认真查阅各种相关技术文献和运行记录，听取主工艺运行人员的意见，明确了各自的研究内容和工作目标，为制定完善的科研方案创造了先决条件，也为科研目标的按期实现奠定了坚实基础。

（1）主机转速监测系统研制小组应在 405－2A 工程转速监测系统的基础上，从优化系统结构、提高系统测量精度、缩短系统数据的刷新时间、增加通信网络冗余、电源冗余及数据库冗余，提高系统可靠性、缩小区段转速箱的体积、降低系统功耗、简化系统安装方式、完善系统功能等方面进行全新设计，形成具有自主知识产权的新一代铀浓缩专用主机转速监测系统，同时完成系统的产品化设计及批量生产所需全套技术资料，使其成为国内最先进的铀浓缩专用自控系统，并按期应用到商用示范工程。

（2）4 种专用气体分析仪表研制小组应深入分析第一代轻杂质事故保护传感器（RDB－101）、流向事故保护传感器（RDL－101）、绝对轻杂质测量传感器（RDJ－101）、相对轻杂质测量传感器（RDX－101）等 4 种专用气体分析仪表在 405－2A 工程安装调试及运行过程中暴露出的缺陷和不足，借鉴 405－1C 工程引进的同类仪表的优点，从优化仪表结构、延长敏感元件的寿命、提高仪表输出信号的稳定性、降低仪表生产成本等方面进行研究，研制出性能更加先进、稳定的 4 种新型专用气体分析仪表，同时完成 4 种仪表检定装置的研制，完成 4 种新型气体分析仪表的产品化设计及批量生产所需全套技术资料，确保 4 种新型气体分析仪表按期应用到商用示范工程。

（3）阀门动力柜研制小组主要负责研制全新的阀门动力柜、补压机动力

柜、大泵阀控制柜及小泵阀控制柜，主要从优化盘柜内部结构和盘柜表面指示灯的布局、简化盘柜内部接线方式、完善阀门控制单元的防差错机制、优化泵阀控制柜的连锁关系、研制配套的阀门模拟器等方面进行研究，研制新型 D101、D102、D103 系列阀门动力柜和补压机动力柜、大小泵阀控制柜，完成新型系列动力柜的产品化设计及批量生产所需全套技术资料，确保新型系列阀门动力柜按期应用到商用示范工程。

（4）电动调节阀研制小组应深入研究气动流量调节器的工作原理及特性曲线，在工艺人员的配合下，通过在线测试及试验，全面掌握气动流量调节器的特性及技术参数，利用单片机控制技术，通过 PID 算法对电动阀门的开度进行自动控制，从而实现工艺管道内气体压力的自动调节，研制电动调节阀替代气动流量调节器，并保证电动调节阀的特性曲线接近或达到气动流量调节器，完成电动调节器的产品化设计及批量制造所需的全套技术资料，确保电动调节阀按期应用到商用示范工程。

（5）主工艺连锁关系研究小组应深入研究 405－1A 工程、405－1C 工程、405－2A 工程级联控制系统的连锁关系，结合多年的运行经验及商用示范工程的特点和实际需求，充分征求主工艺运行人员的意见和建议，以提高主工艺设备的安全性、最大限度地保证主工艺生产的连续性、简化工艺人员的操作流程、缩短工艺事故的处理时间为目标，形成一套全新的离心级联连锁关系及其完整的文字资料，确保新的主工艺连锁关系能够按期应用到商用示范工程级联控制系统 DCS 组态软件中。

3.4 合理调配和利用资源

由于 5 个科研项目需要同时开展工作，人力、设备都非常紧张。为了合理调配和利用有限的资源，各科研组根据研究内容、进度计划提出对人力资源及设备、工器具的需求计划，由车间科研领导小组统一对车间现有的资源统一进行分配，每个软件编程人员、硬件设计人员、结构设计人员、调试人员都需要同时承担几个项目组的研制任务，合理安排参与各个科研组的工作时间。计算机、示波器、信号发生器等有限的重要设备由几个科研组根据工作需要进行合理分配使用。通过合理调配和利用资源，确保了各个科研小组都能够按进度计划开展研制工作，防止窝工、停工、争抢资源等影响科研工作的情况发生，有效地保证了各科研小组的研究工作按期完成。

3.5 推行绩效管理，调动科研人员的积极性

为了充分调动科研人员的工作积极性和主观创造性，进一步提高科研工作效率，自控仪表车间在该科研项目的管理中积极推行绩效管理，将科研人

员的奖金直接与科研工作完成情况挂钩，取得了明显的效果，激发了科研人员的工作热情，对各项科研任务的按期圆满完成起到了关键作用，主要做法有以下 4 个方面：

（1）科研领导小组根据各科研小组承担研制任务的工作量、技术难度、研制工作时间等情况进行综合评定，确定每个项目的奖金，按主要进度节点的完成情况分阶段发放科研奖励。每个科研小组在完成主要节点的任务后，向领导小组提出奖励申请，经领导小组检查，确认已按时或提前完成进度计划时，车间立即兑现奖励。对于未能按时完成主要节点任务的科研小组，本阶段的科研奖励将酌情进行扣减。

（2）对于车间发放的科研奖励，各科研小组负责人必须依据本小组科研人员的工作量、发挥作用的大小、承担工作的技术难度等情况全额公平发放。

（3）车间明确规定，科研人员的月度奖金不得低于其他人员月度奖金的平均数。

（4）对于在科研工作中未能积极发挥作用，影响科研工作进度或造成材料浪费的科研人员，视情况扣减当月月度奖金和科研专项奖励。

3.6　严格控制研制产品质量

为了保证各科研小组研制出的转速监测系统、专用分析仪表、动力柜、专用电动调节阀等产品满足商用示范工程启动及投产运行的需要，必须采取措施严格控制研制产品的质量。各个研制小组结合自身研制产品的特点，分别编制了相应的质量计划书，计划书中主要明确各自的质量目标和质量管控措施，具体的质量管控措施主要有以下 5 个方面：

（1）要求各科研小组认真研究并总结引进主机转速系统、专用分析仪表、动力柜、调节器的主要特性及参数，通过分析历年来的运行数据，了解其主要的优点和不足，与工艺人员进行反复沟通，了解工艺需求，通过技术调研了解和掌握研制主机转速系统、专用分析仪表、动力柜、专业电动调节阀所需的先进技术，制定出完善的研制方案，明确研究思路、技术线路、主要功能及技术指标、测试及考核方法、预期目标等。

（2）组织自控、电气、工艺专家召开评审会，对各科研小组编制的研制方案进行认真的论证、评审，对各研制方案的可行性、研制产品的功能及技术指标的先进性、研制技术线路的经济性及合理性、测试方法的正确性等进行充分论证，提出改进意见，由科研小组按照评审意见对研制方案进行修改和完善，报公司主管部门批准。

（3）编制主机转速系统、专用分析仪表、动力柜、专业电动调节阀研制的质量控制计划，制定质量控制目标和影响研制产品质量的关键环节的控制措施，报公司主管部门批准后，监督科研小组在科研实施过程中严格执行。

（4）对科研实施过程中影响研制产品性能和质量的关键环节进行严格把控。对于可能会影响研制产品质量和性能的设备、元器件、材料进行严格测试，确保其质量和技术参数符合要求，对于可能会影响研制产品质量的电路板焊接、老化试验、性能测试等主要环节进行严格把控，严格按规程和规范要求实施。

（5）对于可能会影响研制产品质量的工器具进行严格检查，确保其符合要求，使用符合要求且在有效期内的测量设备，确保研制产品性能和主要技术参数的测量结果真实有效。

3.7　定期召开专题分析会，协调解决重大问题

自控仪表车间把该科研项目作为车间最重要的一项工作任务来抓，由科研领导小组负责组织，每月定期召开专题分析会，由各科研项目负责人分别汇报本项目当月完成情况，及时掌握各项目研制工作遇到的关键技术难题、与阶段性工作目标之间的差距、需要车间协调解决的重大事项等，对各科研小组提出的问题进行分析和讨论，制定出合理可行的解决方案。遇到车间无法解决的问题，上报公司主管部门，请求公司协助解决，从而保证各科研小组的研究工作受控。对于未能按进度计划完成科研任务的小组，及时帮助分析原因，制定整改措施，力争尽快与进度计划保持一致。

3.8　严格控制科研进度

为了保证按期完成主机转速监测系统、专用分析仪表、动力柜、专用电动调节阀的研制及主工艺连锁关系研究，不影响商用示范工程的设计及建设，自控仪表车间对各项科研工作的进度进行严格控制。在研制方案通过审批后，要求各科研小组结合自己承担的研制任务的完成时间，结合资源配置情况，编制出合理的进度计划，并明确关键任务的时间节点、工作目标、责任人。在车间每月召开的科研专题会上，由科研负责人对本项目当月的完成情况进行通报，未完成当月预期工作任务的，需分析原因并制定补救措施，对于各科研的关键节点由车间科研领导组进行检查验收，符合要求后再开展下一阶段的研究工作。通过实施上述管控措施，确保了各科研小组均按期完成了研制工作。

3.9　做好科研费用管控，确保科研费用不超预算

为了确保各科研项目的研制费用均控制在计划费用以内，要求各科研小组在设计研制方案时就要考虑科研费用管控问题，尽量利用车间现有的资源，编制详细的费用预算表。在科研实施过程中，费用较大的计划必须通过领导小组集体审议通过后才可上报，不属于科研项目必须的材料及设备坚决禁止购置。对于科研项目的材料及设备加强管控，做到专项专用，杜绝浪费和跑、冒、滴、漏现象。最后，主机转速监测系统、专用分析仪表、动力柜、专用电动调节阀的研制费用均低于预算费用，确保了科研项目总费用没有超预算。

3.10 做好研制产品的测试及在线考核

研制产品的测试及在线考核是评价产品性能是否符合设计及工艺要求的关键，也是科研工作的重要环节。各科研组按领导小组的要求制定主机转速监测系统、专用分析仪表、动力柜、专用电动调节阀的测试方案及在线考核方案，测试方案中明确各研制产品的测试方法、主要测试内容、测试数据的处理方法、研制产品性能的评价标准等内容。在线考核方案中明确安装、调试方法、在线运行数据的测试方法、主要考核内容、在线考核时间、在线考核评价标准等内容。在研制产品测试及在线考核过程中，严格按照测试方案及在线考核方案执行，对于测试及考核过程中发现的不合格项，及时查明原因并进行优化改进，使研制产品的性能及各项指标满足或超过设计及工艺要求，为研制产品能够最终满足示范工程长期安全、持久运行的需要提供坚强的保证。

3.11 加强与设计院的技术合作

在主机转速监测系统、专用分析仪表、动力柜、专用电动调节阀的研制过程中，加强与核七院的技术合作，对于研制产品的技术指标、接口、安装尺寸及技术要求等及时与核七院进行技术交流与沟通，充分征求核七院设计人员的意见和建议，对不足或不符合设计规范要求的及时予以修改，确保研制产品符合设计规范的要求。同时，也使得核七院的技术人员提前掌握主机转速监测系统、专用分析仪表、动力柜、专用电动调节阀的技术资料，不影响商用示范工程的设计进度。通过加强与设计院的技术合作，既保证了研制产品符合设计规范的要求，同时又确保不影响核七院的设计进度。

3.12 建立科研项目保障机制

自控仪表车间除了承担主机转速监测系统、专用分析仪表、动力柜、专用电动调节阀的研制工作以外，还要承担大量的运行、检修及工程建设任务，人员非常紧张，各科研小组的人员也比较紧张，只配备了必要的研发人员。为了做好各科研小组的保障工作，配合各科研小组完成材料领取、样机生产制造、系统安装、系统调试、系统测试、系统在线考核等工作，车间完善科研项目保障机制，专门成立了一支兼职的科研项目保障队伍，全面配合各科研小组的科研工作，根据各科研小组的工作需要，为各科研小组研究任务的顺利完成提供了有力的保障，有效利用了有限的人力资源，即满足了科研工作的需要，同时又保证了自控仪表车间各项生产和工程建设任务的顺利完成。

3.13　加强科研资料管理，做好科研成果的产品化

加强各个科研小组的科研资料管理工作，严格按公司主管部门的要求做好各科研项目的资料编写、审核、报批、归档工作，确保科研资料具有完整的可追溯性。同时，积极做好科研成果的产品鉴定和产品化设计工作，及时完成主机转速监测系统、专用分析仪表、动力柜、专用电动调节阀的产品化设计，完善加工制造图纸及资料、工程应用技术条件、专用调试工具及测试软件设计、检验测试方法及验收标准、安装调试方法等产品化应用必备的资料。提前进行市场调研，了解关键设备及材料的供货渠道，寻求符合条件的生产制造商，为主机转速监测系统、专用分析仪表、系列动力柜、专用电动调节阀的批量制造奠定基础。对于归纳、优化、整理出的主工艺连锁关系及时组织专家进行评审，根据评审结果形成最终的书面文件。为研制产品在商用示范工程中规模化应用创造了有利的条件。

4　实施效果

通过在商用示范工程自控仪表系统国产化研制科研工作中开展管理创新活动，确保了科研项目的按期完成，取得了以下几个方面的效果：

（1）确保了主机转速监测系统、专用分析仪表、动力柜、专用电动调节阀的研制及主工艺连锁关系研究工作按期保质保量的完成，缩短了工程建设周期，从而保证了商用示范工程的建设进度，自主解决了商用示范工程自控仪表系统的配套问题，实现了商用示范工程自控仪表系统的全面国产化。

（2）主机转速监测系统、专用分析仪表、动力柜、专用电动调节阀的研制及主工艺连锁关系已成功应用于商用示范工程，直接节约工程建设成本近2000万元，后期每年可以降低运行成本不少于100万元，具体测算方法如下：

1）转速监测系统可直接节约成本不少于1000万元。比照国外进口同等规模的转速监测系统，中核陕铀自主研制转速监测系统的成本至少低1000万元。

2）转速监测系统较之前405－1A、405－1C工程的进口转速监测系统以及405－2A工程转速监测系统，施工更加方便、简单，据统计，至少缩短50%的施工时间，直接节约人工成本不少于500万元。

3）使用中核陕铀自主研制的系列动力柜产品，比从市场购买同类产品至少节约成本 300 万元。

4）4 种专用分析仪表国内市场根本就没有，如果我公司没有研制成功，就必须从国外进口，一方面从国外采购难度非常大，另一方面价格也非常高，按示范工程 200 块的用量计算，至少节约成本 200 万元。

综上 4 项，新型转速监测系统、4 种气体分析仪表、系列阀门动力柜应用到商用示范工程后，共节约建设成本不少于 2000 万元。

5）电调阀投运后，压空系统推出运行，每年至少可以节约运行维护费、电费约 50 万元。

6）中核陕铀自研转速监测系统运行稳定，故障率极低，且耗电量较进口转速监测系统至少低 30%，因此估算每年至少结约运行成本 30 万元。

7）优化后的主工艺连锁关系应用于示范工程控制系统后，主工艺系统的安全性得到较大提高，缩短了工艺事故处理时间，估算可以减少产品损失每年应该不少于 20 万元。

综上 3 项，新型转速监测系统、主工艺连锁关系、电动调节阀应用到商用示范工程后，每年可节约运行维护成本不少于 100 万元。

（3）主机转速监测系统、专用分析仪表、动力柜、专用电动调节阀的研制成功，形成了 3 项发明专利和 1 项软件著作权，进一步扩大了中核陕铀在核燃料生产领域的影响力，使中核陕铀在科技创新能力方面处于同行业的前列。

（4）商用示范工程自控仪表系统国产化研制科研项目的圆满完成，提高了中核陕铀科技人员的技术水平，培养了一支战斗力较强的科研团队，进一步激发了技术人员开展科技创新的积极性，中核陕铀的科技创新能力有了较大的提高。

（5）通过对该项科研开展管理创新，形成了一套比较合理、完善的科研管理新机制，为中核陕铀后续各项科研的圆满完成奠定了坚实基础。

成果创造人：雷兴亮、徐斌、穆周朝、严功明、孟福海、刘通、翟伟、刘琳秀

基于 Kano－QFD 模型的全面质量管理在铀浓缩企业班组建设中的应用

彭　阳　陈登峰　陈　琛

摘要：建立 Kano 模型以分析顾客需求对顾客满意度的影响为基础，对产品和服务属性以及影响指标进行分类，帮助企业了解不同层次的客户需求，识别使客户满意的重要因素，为产品或服务质量的改进提供方向。质谱综合班以此模型为基础，构建班组的顾客需求分析体系，从而不断促进班组服务质量提升。利用质量功能展开（QFD）立足于顾客需求，开展质量策划，确定设计指标体系，并采取矩阵图解法将产品生产过程中每个阶段的顾客需求转化成恰当的技术要求，不断优化技术指标，定量地实现顾客需求，进而提高顾客满意度。

关键词：Kano－QFD 模型；全面质量管理；班组建设

成果简介和主要创新点

班组是企业中最基本的作业单位，也是企业实现质量提升的落脚点，班组的质量管理水平与企业竞争力密切相关，只有建立高标准的班组全面质量管理体系，才能有效推动企业的高质量发展。因此，提高班组的质量管理水平是大势所趋、势在必行。

一、成果内涵

当今企业管理思想中的一个重点就是日益注重质量、价值和顾客满意，在 2000 版 ISO9000 标准中，也明确提出把“以顾客为中心，争取顾客满意”作为质量管理的首要原则。在管理实施中，究竟如何才能做到让顾客满意？如何准确识别顾客需求？如何在识别顾客需求的基础上构建班组建设质量体系并精准实施？是班组实施全面质量管理的关键。中核陕铀质谱综合班将 Kano（卡诺）模型与 QFD（质量功能展开）相结合建立 Kano－QFD 模型，并以此为依托围绕顾客需求与班组技术特性，采用调查问卷的方式，以数理统计为工具，构建班组分析体系，指导班组全面质量管理方向，带动班组围绕建设目标，提高管理效率，建立具有铀浓缩企业特色的班组全面质量管理模式，实现班组整体绩效的不断提升。

二、主要做法

建立 Kano 模型以分析顾客需求对顾客满意度的影响为基础，对产品和服务属性以及影响指标进行分类，帮助企业了解不同层次的客户需求，识别使客户满意的重要因素，为产品或服务质量的改进提供方向。质谱综合班以此模型为基础，构建班组的顾客需求分析体系，从而不断促进班组服务质量提升。利用质量功能展开（QFD）立足于顾客需求，开展质量策划，确定设计指标体系，并采取矩阵图解法将产品生产过程中每个阶段的顾客需求转化成恰当的技术要求，不断优化技术指标，定量实现顾客需求，进而提高顾客满意度。

续表

结合公司相关制度，班组将分析结果优化，形成了以提升安全管理质量、质量管理质量、生产管理质量、技术管理质量、设备管理质量、文化管理质量为工作目标的指导体系，为班组全面质量管理工作的开展提供指导方向。

三、取得成就

班组以 Kano－QFD 模型的全面质量管理的案例，使班组荣获 2017 年、2018 年全国“质量信得过班组”称号，2019 年荣获陕西省质量提升大赛最佳典型经验奖，正在进行 2019 年全国“质量信得过班组”的申报。班组还荣获 2019 年陕西省“工人先锋号”，并多次获得陕西省“优秀质量管理小组”等荣誉称号。

1. 增强班组核心竞争力：通过本成果的实施，质谱综合班形成合理可行的顾客信息反馈机制，建立并完善顾客管理制度《顾客意见收集及反馈办法》，与顾客建立了良好的沟通渠道，推行信息反馈闭环工作，满足顾客对产品分析数据及时掌握需求，实现分析结果报出数据准确度 100%。不断增强班组核心竞争力。

2. 经济效益：通过技术创新、科研等活动，成果实施的过程中，共计为公司节约生产费用 100 余万元。

四、主要创新点

1. 将大数据引入班组质量管理中，从大数据技术方面来看，用数据指引班组乃至企业的成长，将不再单单是一句口号。从管理角度来看，通过建立质量模型，对大数据进行相关性分析，将顾客和班组全面质量管理有机结合，使班组明确管理目标，促使班组精准施力，不断提升管理水平。

2. 对模型识别出的顾客需求进行质量优化，形成了以提升安全管理质量、质量管理质量、生产管理质量、技术管理质量、设备管理质量、文化管理质量为工作目标的指导体系，结合班组工作实际，建立具有铀浓缩行业特色的班组全面质量管理模式。具体实施中，班组充分识别，预想预防，从方法源头降低核事故风险，建立劳保用品以旧换新制度，减少核废物产出量，做好核材料管制工作，做到“毫克级”管理；梳理质量工作流程，以 QC 活动为抓手，促使全员进一步转变质量工作理念，变被动工作为主动工作，充分发挥个人主观能动性，不断提高全员质量工作积极性和创造性，提高核品分析结果的准确性；践行“以天为单位做管理”的生产管理理念，通过日计划、日准备、日协调、日攻关、日考核、日监督，塑造班组精细化管理的生产模式，让员工真正理解到“检验出效益”的工作理念；完善和拓展创新创效模式，强化“既要着眼当前任务，也要谋划未来”的创新意识，建立“启发工作思路、激发创新思想”的技术创新创效长效工作机制，让创新持续为班组内涵式发展提质增效；打破国际桎梏，实现核分析设备自主保全，为铀浓缩企业积累宝贵的质谱计检修维护经验；坚持党建引领，生产同行，为班组全面质量管理带队伍，充分发挥党员先锋模范带头作用。

申报企业盖章： 企业法人代表签字：

	姓名	工作部门	年龄	学历	职务与专业	职称	所起作用
成果主要创造人（不超 3 人）	彭　阳	中央分析室	49	本科	主任	高级工程师	运筹
	陈登峰	中央分析室	46	本科	书记	高级政工师	策划组织
	陈　琛	中央分析室	42	专科	班长	工程师	组织执笔
成果参与创造人（不超 10 人）	胡海宏	中央分析室	45	本科	副主任	高级工程师	组织协调
	马　腾	中央分析室	31	本科	分室主任	工程师	协调
	王辉勇	中央分析室	25	本科	班员	助理工程师	实施执笔
	吴海艳	中央分析室	30	硕士研究生	班员	专业工程师	实施
	程　栋	中央分析室	36	本科	班员	专业工程师	实施
	姚晓菊	中央分析室	45	专科	班员	技师	实施

续表

成果创造时间，在本企业实际应用多长时间、范围	成果创造于 2017 年 1 月，在本企业实际应用两年时间，全公司范围内。			
本成果何时经过何单位、何种鉴定				
本项目成果是否已在本行业或本地区推广应用，推荐单位对推广应用有何建议	1. 是否推广应用：■√否，□是，范围：本企业 2. 推广应用建议：值得在集团内部班组推广。 3. 本单位承诺此成果可用于行业内交流学习并将积极参加针对该成果的相关交流推广活动。			
申报企业类型	国有	申报企业所处行业		制造业
申报企业规模	大企业	申报企业人数		1957
申报企业通讯地址	陕西省汉中市 241 信箱		邮政编码	723312
申报企业网址				
企业负责人	姓　名	职务（部门）	电　话	传　真
	鄢　斌	董事长		
联系人	张扬安	主任（政研企管部）		
联系人手机				
推荐单位意见	推荐单位盖章：		负责人签字：	
推荐单位通讯地址			邮政编码	
推荐单位联系人	姓　名	职务（部门）	电　话	传　真

管理创新成果经济效益测算表

成果实施时间	从 2017 年 1 月至 2018 年 12 月 共计：2 年
成果实施范围	中核陕西铀浓缩有限公司
成果经济效益计算方法及公式	$E_p = \sum_{a=1}^{n} S_a - F - H - \left(\sum_{b=1}^{m} C_b + I\right) \qquad (a = 1,2,3\ldots n;\ b = 1,2,3\cdots m)$

成果效益指标测算结果

序号	指标名称	计量单位	时　间	测算结果	备注
1	申报前一年效益额	万元	2018 年	130	
2	实施各年累计效益额	万元	2017 年至 2018 年，共 2 年	280	
3	平均年度效益额	万元	2017 年至 2018 年，共 2 年	140	
4	申报前一年效益贡献率	%	2018 年	0.65	

本企业财务部门审核盖章 年　月　日	推荐单位审核盖章 年　月　日

申报企业主要经济指标完成情况表

序号	指标名称	计量单位	申报前一年实际（2018年）	与申报基年相比（2016）			备注
				成果基年实际完成	增减数额	%	
1	销售（营业）收入	万元	*	*	*	23.88	
2	利润总额	万元	*	*	*	−39.38	
3	净资产收益率	%	*	*	*	—	
4	总资产报酬率	%	*	*	*	—	
5	销售（营业）利润率	%	*	*	*	—	
6	资本保值增值率	%	*	*	*	—	
7	全员劳动生产率	万元/（人·年）	*	*	*	53.94	
8	流动资产周转率	%	*	*	*	—	
9	资产负债率	%	*	*	*	—	
10	万元产值能耗	吨标煤	*	*	*	−25.00	

创建单位保密办审核意见	经审查，符合保密规定，不涉及国家秘密和敏感信息。 签字：　　盖章： 年　　月　　日

附件目录

序号	附件名称	备注
1	2017年全国“质量信得过班组”荣誉证书	
2	2018年全国“质量信得过班组”荣誉证书	

1 前言

中核陕铀始建于 1969 年 10 月，是我国第一座离心法铀浓缩商用工厂，是中核集团、中国原子能所属大型核燃料生产骨干企业，是我国重要的核燃料科研生产基地，先后为扩散技术应用、离心分离铀同位素设备研制、离心分离技术的研究及应用作出积极贡献。公司位于陕西汉中盆地洋县境内，北依秦岭，南望巴山，占地面积约 2.5 km^2，现有员工近 1700 人。具有武器装备科研生产、军工核安全设备制造、特种设备制造、放射卫生技术服务等资质；主营铀及铀浓缩系列产品的生产，兼营中低压容器制造、自控仪表生产、专用零部件加工、建筑安装等业务。2018 年 3 月 20 日，我国铀浓缩离心机大型示范工程全面建成达产；11 月 19 日，该工程顺利通过国家国防科工局组织的竣工验收，标志着我国新一代铀浓缩离心机实现了升级换代，达到国际先进水平。同时，“示范工程通过国家竣工验收”当选国家国防科工局和中核集团 2018 年度十大新闻，中核陕铀品牌和影响力彰显。

质谱综合班承担中核陕铀最重要的入厂原料及出厂产品质量检验工作，也是公司关键生产程序。近年来，班组基于 Kano－QFD 模型推行全面质量管理模式，创新工作思路，着力打造一支具有铀浓缩行业特色的监督检验班组，为企业安全生产及高质量运行把好检验关，不断增强顾客满意度，达到班组质量持续提升的效果。

2 实施背景

2.1 响应国家“建设质量强国”的战略需求

党的十九大报告突出强调了质量问题，提出关于推动质量变革、增强质量优势、建设质量强国、实现高质量发展等重大命题，这是从发展理念、战略目标到具体工作部署进行的一场重大变革。班组是企业中最基本的作业单位，也是企业实现质量提升的落脚点，班组的质量管理水平与企业竞争力密切相关，只有建立高标准的班组全面质量管理体系，才能有效推动企业的高质量发展。因此，提高班组的质量管理水平是大势所趋、势在必行。

2.2 贯彻中核集团“质量创造价值、质量成就品牌”的质量理念

根据新时代的发展要求，中核集团在 2019 年工作会上提出了“建设先进的核工业体系，打造具有全球竞争力的世界一流集团，推动我国建成核工业强国”的新时代“三位一体”奋斗目标。要实现这一奋斗目标，全面贯彻中

核集团“质量创造价值、质量成就品牌”质量理念，不仅要拼产品、比成本，更要拼技术、拼质量，用中国创造成就中国品牌，用中国质量成就中国品牌。在国家推动更加开放发展的大潮下，作为铀浓缩企业的质量监督检验班组必须对标国际先进，建立自己的基于 Kano－QFD 模型的全面质量管理体系，用大数据准确识别顾客需求，精准发力，助力中核集团向市场展示中国铀浓缩产品的高标准与高质量。

2.3 落实中核陕铀“做到‘五个坚持’”的总体工作思路

中核陕铀在 2019 年度公司总体工作思路中提出，要做到“五个坚持”，其中包括“坚持高质量发展战略，坚持改革创新”等具体要求。为实现公司的质量目标，提高公司质量管理水平和核心竞争力，依据现代化班组建设的要求，必须在班组建设中带领班组成员牢固树立“保质量就是保胜利，保质量就是保安全，保质量就是保效益”质量理念，围绕公司科研、生产、技术等重要任务，创新班组全面质量管理活动模式，夯实质量基础，大胆引入先进质量管理工具，着力提高班组全员的质量意识和质量素质，营造具有铀浓缩企业监督检验班组特色的质量管理文化，为公司的发展提供质量保障。

3 成果内涵

当今企业管理思想中的一个重点就是日益注重质量、价值和顾客满意，在 2000 版 ISO9000 标准中，也明确提出把“以顾客为中心，争取顾客满意”作为质量管理的首要原则。在管理实施中，究竟如何才能做到让顾客满意、如何准确识别顾客需求、如何在识别顾客需求的基础上构建班组建设质量体系并精准实施，是班组实施全面质量管理的关键。中核陕铀质谱综合班将 Kano（卡诺）模型与 QFD（质量功能展开）相结合建立 Kano－QFD 模型，并以此为依托围绕顾客需求与班组技术特性，采用调查问卷的方式，以数理统计为工具，构建班组分析体系，指导班组全面质量管理方向，带动班组围绕建设目标，提高管理效率，建立具有铀浓缩企业特色的班组全面质量管理模式，实现班组整体绩效的不断提升。

4 主要做法

4.1 基于 Kano 模型，构建顾客需求分析体系

Kano 模型以分析顾客需求对顾客满意度的影响为基础，对产品和服务属性以及影响指标进行分类，帮助企业了解不同层次的客户需求，识别使客户

满意的重要因素，为产品或服务质量的改进提供方向。质谱综合班以此模型为基础，构建班组的顾客需求分析体系，从而不断促进班组服务质量提升。

4.1.1 统筹分析，识别班组服务对象

作为铀浓缩行业的监督检验班组，质谱综合班的工作职责是按照车间下达的生产计划，完成液化分样及铀同位素分析的分析工作，准确及时报出分析结果，为产品入库提供数据参考。质谱综合班围绕公司 SIPOC 业务流程（原料净化→浓缩加工→液化均质→产品分析→产品入库），组织开展了全班工作职责梳理工作，并以此为基础，识别班组服务对象，尽最大可能确保班组服务对象落实到位。与此同时，对班组所涉及业务逐一分解，精准分析，形成“四位一体”的班组顾客分类架构，“四位”指的是职级顾客、职能顾客、工序顾客以及相关方，“一体”指的是质谱综合班。车间领导作为职级顾客，向班组下达各项任务或提出工作要求；车间职能人员作为职能顾客，根据生产计划和管理目标，对关联工序的协调、周期、任务量进行统筹安排，同时下达具体的安全、保密、质量等任务目标；产品入库作为班组的工序顾客，主要在根据产品和容器的交接情况提出具体需求；而班组的相关方，则为液化均质、其他分析班组和班组成员。

4.1.2 建模分析，提炼顾客关键需求

（1）以顾客需求为导向，设计“两全”型顾客问卷

质谱综合班结合生产现状和服务对象，创新性地设计“两全”型顾客问卷，即力争服务对象全面覆盖，服务项目全方位覆盖。根据顾客类型，班组针对性制定 4 类顾客需求调查表（见图 1），并对全体顾客开展问卷调查工作，共发出 79 份调查问卷，（其中职级顾客 6 人，职能顾客 13 人，工序顾客 15 人，相关方 45 人），最终收集有效问卷 76 份。

（2）以数理统计为工具，实现 Kano 属性归类汇总

质谱综合班依托数理统计工具，对所收集的调查问卷，针对每项服务对象逐一分析，进而实现 46 项顾客需求的 Kano 属性归类汇总。根据“Kano 评价结果分类对照表”，将所有服务项目不同属性的频数进行归类统计，再观察每一种服务项目频数，取其最大的属性作为该项目的属性。

Kano 模型规定，顾客需求分为魅力需求（A）、期望需求（O）、基本需求（M）、反向需求（R）、无关需求（I）和问题质量需求（Q）6 类。以其中一项服务项目（沟通渠道畅通）为例进行分析，经归类统计后得到“沟通渠道畅通”Kano 评价表如表 1 所示，由表 1 可知，“沟通渠道畅通”属于期望属性。

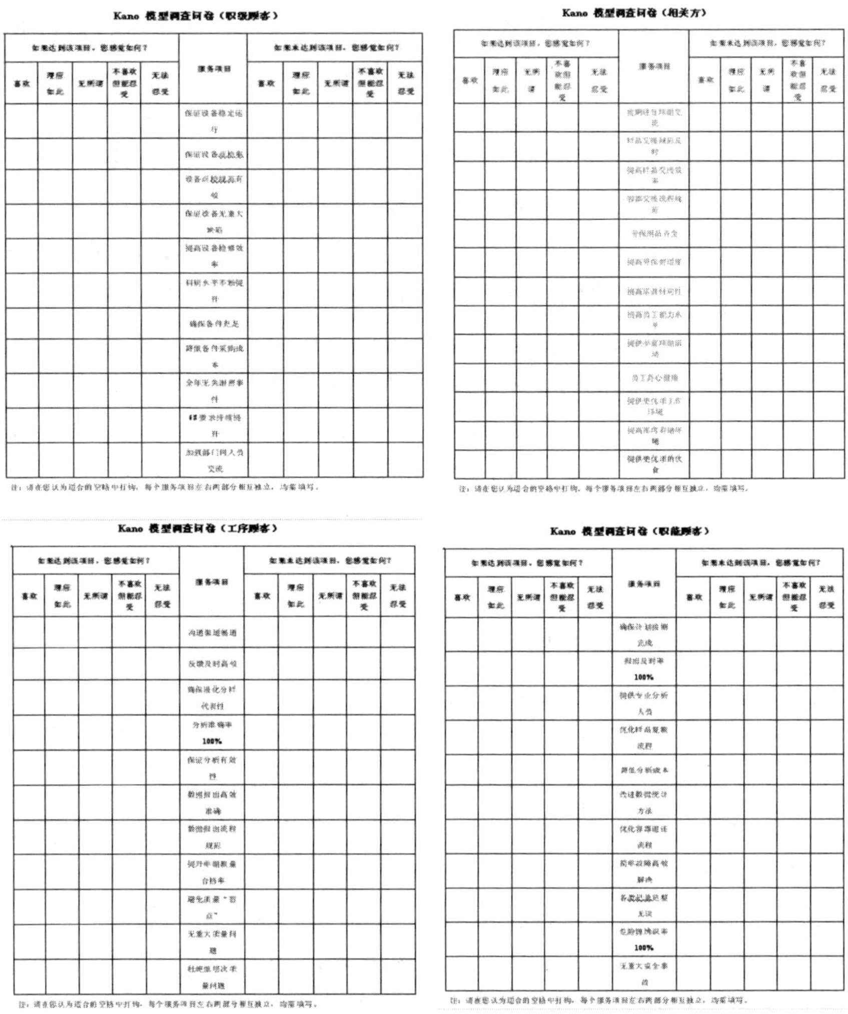

图 1　Kano 模型调查问卷示意图

表 1　“沟通渠道畅通”Kano 评价表

		未达到沟通渠道畅通					属性	频数
		喜欢	理应如此	无所谓	能忍受	无法忍受		
达到沟通渠道畅通	喜欢	Q（3）	A（2）	A（3）	A（9）	O（29）	魅力需求	14
	理应如此	R（0）	I（2）	I（4）	I（0）	M（9）	期望需求	29
	无所谓	R（0）	I（0）	I（8）	I（0）	M（1）	基本需求	10
	能忍受	R（0）	I（1）	I（1）	I（2）	M（0）	反向需求	2
	无法忍受	R（2）	R（0）	R（0）	R（0）	Q（0）	无关需求	18
							问题需求	3

根据以上方法，对每一种服务项目的属性进行分类，得到46项服务项目Kano属性分类汇总表（见表2）。

表2 Kano属性分类汇总表

序号	服务项目	魅力需求	期望需求	基本需求	反向需求	无关需求	问题质量需求	最终属性
1	分析准确率100%	36	17	7	5	7	4	魅力需求
2	反馈及时高效	29	21	11	1	9	5	魅力需求
3	保证分析有效性	36	17	7	5	7	4	魅力需求
4	数据报出高效准确	13	33	14	2	11	2	期望需求
5	沟通渠道畅通	14	29	10	2	18	3	期望需求
6	避免质量“盲点”	7	33	19	3	11	3	期望需求
7	无重大质量问题	14	21	31	6	0	4	基本需求
8	员工工作效率提升	16	18	30	3	8	1	基本需求
9	确保液化分样代表性	12	20	32	1	7	4	基本需求
10	数据报出流程规范	21	15	34	0	4	2	基本需求
11	提升单组测量合格率	9	15	11	6	31	4	无关需求
12	优化样品复测流程	31	22	17	1	5	0	魅力需求
13	降低分析成本	32	17	14	2	8	3	魅力需求
14	优化容器退还流程	27	19	9	5	12	4	魅力需求
15	提供专业分析人员	16	31	11	3	10	5	期望需求
16	报出及时率100%	22	32	4	5	11	2	期望需求
17	危险源辨识率100%	15	34	16	1	6	4	期望需求
18	各类记录完整无误	7	22	27	4	9	7	基本需求
19	确保计划按期完成	8	20	28	1	11	8	基本需求
20	简单故障高效解决	5	19	33	6	2	11	基本需求
21	无重大安全事故	9	23	26	5	9	4	基本需求
22	改进数据统计方法	11	15	10	4	33	3	无关需求
23	“6S”要求持续提升	35	10	21	0	6	4	魅力需求
24	设备点检规范高效	29	18	20	2	2	5	魅力需求
25	备件预算充分合理	24	23	19	1	8	1	魅力需求

续表

序号	服务项目	魅力需求	期望需求	基本需求	反向需求	无关需求	问题质量需求	最终属性
26	科研水平不断提升	15	31	14	1	13	2	期望需求
27	提高设备检修效率	19	36	13	3	4	1	期望需求
28	确保备件充足	15	29	19	5	4	4	期望需求
29	保证设备点检率	8	14	38	1	12	3	基本需求
30	保证设备稳定运行	16	18	29	4	5	4	基本需求
31	全年无失泄密事件	6	17	32	6	10	5	基本需求
32	保证设备无重大缺陷	11	18	37	3	16	1	基本需求
33	加强部门间人员交流	13	15	14	5	28	1	无关需求
34	提高劳保舒适度	28	14	11	5	15	3	魅力需求
35	提高样品交接效率	34	16	10	2	12	2	魅力需求
36	提高培训针对性	29	14	20	1	10	3	魅力需求
37	提供丰富班组活动	17	34	3	6	14	2	期望需求
38	提高员工能力水平	19	31	11	7	17	1	期望需求
39	员工身心健康	17	32	1	1	10	5	期望需求
40	劳保用品齐全	12	21	27	6	8	2	基本需求
41	定期进行班组交流	8	17	29	5	12	5	基本需求
42	样品交接规范及时	8	18	32	7	5	6	基本需求
43	容器交接流程规范	19	18	28	4	5	2	基本需求
44	提供更优质工作环境	12	18	11	6	21	8	无关需求
45	提高库房存储环境	13	12	15	4	26	6	无关需求
46	提供更优质的伙食	13	19	17	2	22	3	无关需求

4.1.3 深入分析，精准定位顾客需求

传统的Kano模型是以定性分析为核心，这种模型无法精准定位顾客需求，也无法满足班组精益化管理的要求。为此，在传统Kano模型的基础上，班组创新性地引入了Better–Worse系数分析，对所涉及的46项服务项目进行了精确的定量分析，以最终确定班组服务方向。根据Kano模型计算结果，计算得到各服务项目的Better–Worse系数并绘制象限图（见图2），然后将位于模型

第一象限中的 14 条顾客需求作为班组的最终服务项目，从而大幅度提高顾客满意度。

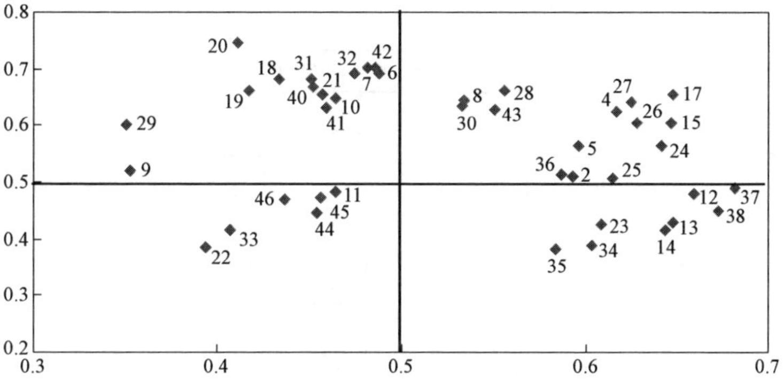

图 2　Better – Worse 系数分析

在 Better – Worse 系数分析结果基础上，质谱综合班对顾客需求达到精准定位，实现服务对象和服务项目的“两全”覆盖，最终分析确定的顾客需求如表 3 所示。

表 3　质谱综合班顾客需求表

序号	服务项目内容	序号	服务项目内容
2	反馈及时高效	25	备件预算充分合理
4	数据报出高效准确	26	科研水平不断提升
5	沟通渠道畅通	27	提高设备检修效率
8	员工工作效率提升	28	确保备件充足
15	提供专业分析人员	30	保证设备稳定运行
17	危险源辨识率 100%	36	提高培训针对性
24	设备点检规范高效	43	容器交接流程规范

4.2　基于 QFD 模型，构建技术指标分析体系

质量功能展开（QFD）立足于顾客需求，开展质量策划，确定设计指标体系，并采取矩阵图解法将产品生产过程中每个阶段的顾客需求转化成恰当的技术要求，不断优化技术指标，定量地实现顾客需求，进而提高顾客满意度。

4.2.1　采用多层视角分析，形成班组技术指标框架体系

技术指标的确定要满足针对性和全局性，其指标要针对顾客需求，且面向班组的服务整体，不能仅为某一个服务环节设计。为此，从生产任务、科

研任务、工作态度、服务能力、文化建设等多层次对班组技术指标进行分析，结合公司及车间对班组的各项要求，从不同角度汇总，建立了班组各项技术指标的框架体系，如图 3 所示。

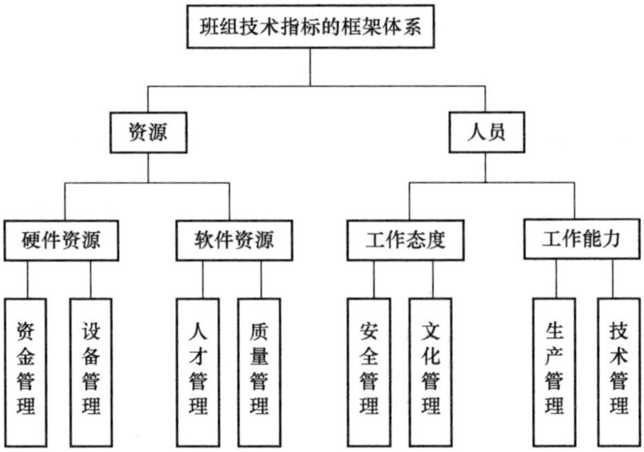

图 3　质谱综合班技术指标框架体系

4.2.2　采用矩阵图解分析，形成班组技术成本评价体系

对于 QFD 模型（图 4），引入矩阵图解分析，通过建立技术要求与顾客需求的关系矩阵图，根据数理统计结果，对班组的技术指标的重要度排序，从而根据分析结果最终指导班组的工作目标。

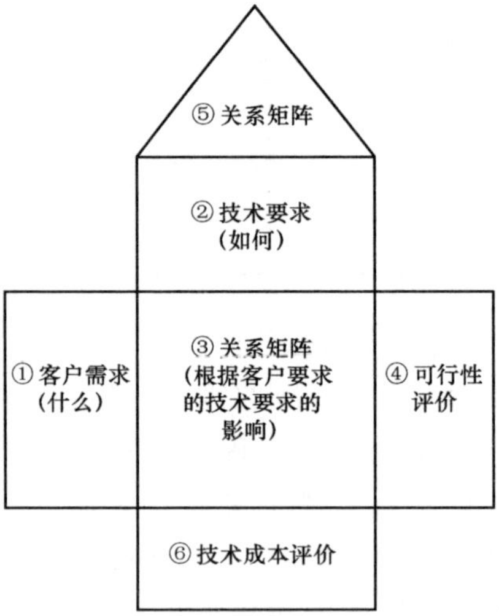

图 4　QFD 质量屋模型

QFD 模型如图 4 所示，主要由 6 部分组构成。各部分具体内容为：① 为 Kano 问卷分析结果的顾客需求 CR，② 为满足顾客需求班组需改进的各项指标 DR，③ 为顾客需求与技术要求之间的相关关系 R，④ 为依据 Kano 模型分析结果确定的各项用户需求的权重 W，⑤ 为一般研究过程中不考虑各项技术要求之间的自相关关系，忽略此部分，⑥ 为技术要求的重要度，包括绝对重要度 AI 和相对重要度 RI。

各参数之间的关系为：

$$AI_j = \sum_{i=1}^{n} W_i R_{ij} \tag{1}$$

$$RI_j = \frac{AI_j}{\sum_{i=1}^{n} AI_j} \tag{2}$$

其中：CR_i——第 i 个顾客需求；

DR_j——第 j 个技术要求；

W_i ——顾客需求 CR_i 的权重；

R_{ij} ——CR_i 和 DR_j 之间的相关系数；

AI_j ——DR_j 的绝对重要度；

R_j ——DR_j 的相对重要度；

i 为顾客需求，j 为技术要求。

将基于 Kano 模型精准定位的 14 项服务项目引入关系矩阵，使服务项目与班组技术指标相结合，并根据根系情况将两者的相关强度划分为 4 个等级，即强相关、相关、弱相关和不相关。本文通过对班组全体成员进行问卷调查，最终得到相关强度统计表如表 4 所示。

表 4　服务项目与班组技术指标相关强度统计表

技术指标 / 服务项目	文化管理	技术管理	人才管理	资金管理	生产管理	设备管理	质量管理	安全管理
2. 反馈及时高效	不相关	相关	不相关	不相关	强相关	强相关	强相关	强相关
4. 数据报出高效准确	不相关	强相关	不相关	不相关	弱相关	强相关	强相关	强相关
5. 沟通渠道畅通	弱相关	相关	不相关	不相关	强相关	强相关	强相关	强相关
8. 员工工作效率提升	不相关	强相关	不相关	不相关	强相关	相关	相关	强相关
15. 提供专业分析人员	相关	强相关	强相关	不相关	弱相关	相关	强相关	强相关
17. 危险源辨识率 100%	相关	强相关	不相关	不相关	强相关	弱相关	相关	相关
24. 设备点检规范高效	不相关	强相关	不相关	不相关	强相关	不相关	强相关	强相关
25. 备件预算充分合理	强相关	不相关	不相关	强相关	弱相关	弱相关	强相关	强相关

续表

服务项目 \ 技术指标	文化管理	技术管理	人才管理	资金管理	生产管理	设备管理	质量管理	安全管理
26. 科研水平不断提升	相关	相关	强相关	强相关	强相关	不相关	相关	强相关
27. 提高设备检修效率	强相关	强相关	强相关	不相关	相关	相关	强相关	强相关
28. 确保备件充足	强相关	不相关	强相关	强相关	强相关	强相关	不相关	弱相关
30. 保证设备稳定运行	强相关	强相关	不相关	不相关	相关	不相关	强相关	强相关
36. 提高培训针对性	不相关	强相关	相关	不相关	相关	相关	相关	相关
43. 容器交接流程规范	不相关	强相关	不相关	不相关	强相关	相关	不相关	强相关

针对服务项目与技术指标的关系矩阵，采取量化分析，服务项目按照魅力需求、期望需求、基本需求、反向需求、无关需求和问题需求划分，其对应权重设定为分值 5、4、3、2、1、0，将符合“强相关”转换成分值 3，符合“相关”转换成分值 2，符合“弱相关”转换成分值 1，无标记符号转换成分值 0，转化得出两者的关系矩阵表如表 5 所示。

表 5　服务项目与班组技术指标关系矩阵表

	DR_1	DR_2	DR_3	DR_4	DR_5	DR_6	DR_7	DR_8	W_i
CR_1	0	2	0	0	3	3	3	3	5
CR_2	0	3	0	0	1	3	3	3	4
CR_3	1	2	0	0	3	3	3	3	4
CR_4	0	3	0	0	3	2	2	3	3
CR_5	2	3	3	0	1	2	3	3	4
CR_6	2	3	0	0	3	1	2	2	4
CR_7	0	3	0	0	3	0	3	3	5
CR_8	3	0	0	3	1	1	3	3	5
CR_9	2	2	3	3	3	0	2	3	4
CR_{10}	3	3	3	0	2	2	3	3	4
CR_{11}	3	0	3	3	3	3	0	1	4
CR_{12}	3	3	0	0	2	0	3	3	3
CR_{13}	0	3	2	0	2	2	2	2	4
CR_{14}	0	3	0	0	3	2	0	3	3
AI_j	76	113	56	39	131	88	132	152	
R_j	9.7%	14.3%	7.1%	5%	16.6%	11.2%	16.8%	19.3%	

4.2.3 采用长短周期分析，形成班组工作目标指导体系

根据 QFD 模型分析结果，对班组的技术指标按期重要度（R_i）排序，结合全面管理质量的概念，确定班组的下一步工作的重点依次为：提升安全管理质量、质量管理质量、生产管理质量、技术管理质量、设备管理质量、文化管理质量、人才管理质量以及资金管理质量。

4.3 基于 Kano－QFD 模型的研究结果在铀浓缩企业班组管理中的应用

结合公司相关制度，资金管理对于班组为不可控环节，人才管理涉及各个方面，与其他管理紧密相连，因此班组将分析结果优化，形成了以提升安全管理质量、质量管理质量、生产管理质量、技术管理质量、设备管理质量、文化管理质量为工作目标的指导体系，为班组全面质量管理工作的开展提供指导方向。

4.3.1 降低核事故风险，减少核废物产出量，做好核材料管制工作，为班组全面质量管理筑基石

核安全作为典型的非传统安全，以其事故后果的严重性和极端的社会敏感性等特点成为国家安全的重要组成部分。社会公众对核工业的关注度比其他行业更高，任何核设施、核材料如果出了问题，对环境的危害、对整个行业发展的危害都是致命的。铀浓缩企业的监督检验班组，应端正核安全观，保证将核安全管理的细节落地，杜绝意外事故发生，做好核安全生产各项工作。

（1）充分识别，预想预防，降低核事故风险

质谱综合班按照“四标三体系”管理要求，结合班组实际，对班组各项管理工作、生产活动以及相关方管理等作业进行全面危险源辨识。通过危险源辨识、隐患排查、警示标示等手段消灭可能的危险点，切实提升人员和设备的安全水平。在此基础上，班组根据液化分样高温正压操作，易发生爆炸这一重大安全隐患，开展了《专料分析系统气态分样技术研究》科研项目，创造性地以气态分样代替液态分样，避免核燃料的加热环节，降低了核事故风险。此项科研的顺利实施，对于提升班组的本质安全度，具有重要意义，该项目涉及的实验方法，已申报国家发明专利。

（2）以人为本，降本增效，减少核废物产出量

质谱综合班作为铀浓缩企业的监督检验班组，全部为涉核分析项目，检验人员的工作区域为辐射防护监督区。为进一步降低实验室核辐射水平及核设备表面污染水平，班组编制了《实验室卫生清洁工作计划》，要求用对六氟化铀回收率为 99%的碱水，定期对实验室进行全面去污，并对去污用品统一

进行回收。为减少班组核废物产出量，本着“废物管理必须遵循最小化”的原则，为企业在生产源头严格控制手套、口罩等可能形成沾污固体废物的使用量，提高手套、口罩的重复利用率，班组编制《劳保用品管理、领用及使用规定》，明确班组成员劳保用品配备标准，并制定“劳保用品领用以旧换新”制度，规定班组材料员对劳保用品的领用进行严格把关，检查劳保用品是否需要更换，再进行发放。在满足职业健康和辐射防护要求的基础上，尽最大可能提高资源的利用率，助力公司合理配置劳保用品，实现铀浓缩企业社会效益与环境效益的和谐统一。

（3）精准管控，加强监督，做好核材料管制工作

铀浓缩企业的原料及产品都是核材料，核材料的管理是涉核监督检验班组生产管理工作中的重中之重。质谱综合班作为中核陕铀涉及核材料调拨的班组，兼具核材料管理职能。为保护国家和人民群众的安全，班组在公司核材料管理小组的领导下，编制《核材料管理制度》，并按照公司的具体要求建立了核材料管制体系。班组核材料管理员按月检查核材料衡算账目可追溯性、账物相符及内部交接相符情况，如核材料统计台账、原始交接记录签字手续是否齐全，核材料调入、调出、内部转移手续规范情况以及测量分析记录是否完整、有效等。班组每年按照公司核材料管制办公室的统一安排进行核材料盘点工作，确定核材料盘存方式，对库房内保存的装料容器逐一进行称重，确保账物相符，并对 MUF 值（不平衡差）进行评估。核材料管理的要求是“一克不丢、一克不少”，班组实际上做到了“一毫克不丢、一毫克不少”。

4.3.2 梳理质量工作流程，以 QC 活动为抓手，为班组全面质量管理寻突破

质量是企业赖以生存和发展的保证，产品的质量是形成顾客满意的必要因素。质谱综合班分析质量更是直接影响中核陕铀最终分析结果的准确性，影响公司对主工艺整体运行绩效作出正确判断。为此班组把质量提高到关系自身发展的角度来认识，使全面质量管理到班组、到岗位、到全员，促使全员进一步转变质量工作理念，变被动工作为主动工作，充分发挥个人主观能动性，不断提高全员质量工作积极性和创造性。

（1）梳理质量工作流程，提高分析结果的准确性

为进一步理顺操作流程，指导员工行为规范，使分析设备满足计量管理规范的要求，质谱综合班着手对班组质量管理模式进行重新构建，细化各级人员职责与权限，强化监督检查，并将质量管理与绩效考核相结合，开展相关管理流程梳理工作。主要包含三个方面的内容：一是开展对第二、第三层次文件的梳理；二是开展对各级人员质量职责的梳理；三是建立相应的质量

绩效考核制度。通过持续改进质量管理体系，使相关技术文件更具条理化，针对性、可操作性，适宜性更强；通过重新明确各级人员的质量职责，建立健全相关质量绩效考核制度，强化考核力度，保证分析结果的准确性，助推班组质量工作向精益化管理迈进，并取得显著成效。

通过对班组质量管理流程的梳理，完成程序文件修订，运行记录的整合及新增 SOP 标准操作卡的编制，并梳理班组各级人员质量职责，建立对应的绩效考核制度，打造“分析操作—技术支撑—监督检查—持续改进”的新型质量管理模式。通过不断创新，不断深入，强化制度落实，保证公司监督检验数据的准确性。

（2）以 QC 活动为抓手，提升班组质量管理水平

质谱综合班所辖分析设备价值上千万，如何适应市场，适应新技术、新设备快速更新的需要，如何满足顾客对优质服务不断提高的要求，这些困难都使我们必须在管理模式、生产技术上进行创新，而 QC 小组活动正是开展这些创新活动的最佳舞台。班组在 QC 活动中大胆创新，使之更适应现代化分析实验室的质量管理模式，紧密联系生产实际，探索出一条具有分析实验室特色的 QC 管理之路。QC 活动在班组的创新开展主要由三个方面组成：一是从管理思路上创新，实行分层分片管理，注重对技术人员的培养；二是在 QC 小组活动的过程进行创新，使之与生产、科研等专项计划紧密结合，注重用数据说话，讲求实效；三是从成果评选上进行创新，使之与绩效考核制度相结合，注重成果报告质量及成果应用推广效果。通过以上对 QC 活动的创新管理，为公司各项分析数据的准确报出奠定了基础。

通过持续有效地开展群众性 QC 活动，班组的 QC 活动由点到面，不断壮大，活动领域由最初的改进分析技术、提高分析精密度扩大到了挖潜增效，推进技术革新等领域。通过不断完善的过程控制，落实监督检查，不断提高小组活动质量，完成了 QC 小组的改革与创新，建立全新的 QC 小组运行管理模式。截至目前，QC 成果利用率 100%，成果经济效益显著。通过全员参与 QC 成果，大家的质量意识、创新意识、参与意识、个人能力和团队协作的精神都得到了提高。近年来连续被评为“陕西省质量管理先进小组”“全国质量管理先进小组”，通过小组活动，发现实际中存在的问题并解决问题，提高全员的质量素质，助推班组质量管理工作的全面提升。

4.3.3 用精细化管理的生产模式，为班组全面质量管理谋效益

班组的管理是一个系统和精密的工作，要提升班组的核心竞争力，打造一支一流的监督检验团队，要求班组在最短的时间内，把生产管理的问题控

制、解决在最小范围内，将有可能产生的负面影响降到最低。为此质谱综合班践行“以天为单位做管理”的生产管理理念，通过日计划、日准备、日协调、日攻关、日考核、日监督，塑造班组精细化管理的生产模式，自上而下督促班组成员做到每天工作有计划、生产有准备、异常有协调、难点有攻克、结果有评价、执行有监督。使班组成员养成良好的工作习惯和工作作风，班组生产管理工作忙而不乱、井然有序。具体为，日计划：坚持班前会制度，对生产任务进行分解落实，目标必须落实到每台设备、每个人、每一天；日准备：坚持班后会制度，有计划地提前做好生产材料、图纸资料、技术要求、人员协调等产前准备工作；日协调：对实际生产中出现的物料异常、质量异常、员工心态异常、设备异常等及时响应、快速处理，做到日清日毕；日攻关：对于生产过程中出现的瓶颈问题，及时组织技术人员集中优势兵力采取攻关活动，加大现场改善力度；日考核：在公平、公正、公开的基础上对班组成员的日工作情况进行评价，使班组绩效考核有据可依、有的放矢；日监督：加强班组管理的监督频次，确保日计划有效达成，培养班组成员按规定做事的习性。通过精细化管理在班组生产管理中的持续推进，大大调动了班组成员的工作积极性，让员工真正理解到“检验出效益”的工作理念。

4.3.4 坚持科技引领，坚持技术创新，为班组全面质量管理添动力

在抢占科技竞争和未来发展制高点的关键时刻，习近平指出，坚持创新是第一动力，坚持抓创新就是抓发展、谋创新就是谋未来。只有自信的国家和民族，才能在通往未来的道路上行稳致远。近年来，质谱综合班紧紧围绕公司发展战略，大力开展技术创新工作。班组始终着眼于理化分析前沿技术，聚焦国内先进，在充分消化、吸收的基础上，勇于创新，持续创新，为公司技术进步、管理提升及卓越发展作出巨大的贡献。班组各级人员锐意创新、奋发进取，取得了一批显著的科技创新成果。

为持续搞好创新创效工作，质谱综合班还进一步完善和拓展创新创效模式，强化“既要着眼当前任务，也要谋划未来”的创新意识，建立“启发工作思路、激发创新思想”的技术创新创效长效工作机制，让创新持续为班组内涵式发展提质增效。班组以创新创效为根本，衍生精益管理项目和合理化建议项目，通过对生产和管理的不断改进与提高，为班组乃至公司的卓越发展注入了原动力。

4.3.5 打破国际桎梏，实现核分析设备自主保全，为班组全面质量管理破瓶颈

核设备是中核陕铀生产经营的基础。质谱综合班的检验设备为美国热电公司生产 MAT-281 型质谱计（该设备已对华禁售）。作为核分析专用设备，

全国铀浓缩企业共有该型号质谱计 3 台，其中我班组占两台，且全部为在用设备。因 MAT－281 型质谱计为进口机型，缺乏有效的后期维修保障，备品备件采购困难（部分被禁售），为打破国际桎梏，确保公司主产品生产经营正常有序运行，班组以公司开展 TPM 设备管理为契机，紧密结合实际，以分析数据准确及时报出为中心，以设备安全稳定运行为重心，班组建立了以提高设备综合运行效率为目标，以质谱分析系统的预防检修为过程，以全员参与为基础的核分析设备自主维护、自主检修的自主保全体系，为铀浓缩企业积累宝贵的质谱计检修维护经验。

班组根据公司 TPM 设备精益管理的有关要求，紧密结合自身实际，创造性地开展质谱计自主维护与检修工作，并不断在质谱计运行管理与维护方法上进行创新，设置了主要针对质谱计管理与检修的系统负责人，在岗位上建立健全运行维护管理制度，积极利用科研技改项目进行质谱计本质安全的提升与改造，注重质谱计日常检修维护经验的积累，建立了适合质谱计电路故障检修的方法。同时合理利用绩效考核机制，逐步形成了一套有绩效考核、有绩效激励的管理办法，使质谱计使用人员、维护人员、检修人员形成“利益共同体”，有效地锻炼了队伍，促进了全员参与设备维护保养的积极性，确保了专料分析系统与在线分析系统的安全稳定运行，为公司主产品一次校验100%合格奠定了坚实基础。

4.3.6　党建引领，生产同行，为班组全面质量管理带队伍

习近平同志在全国国有企业党的建设工作会议上指出，坚持党的领导、加强党的建设，是我国国有企业的光荣传统，是国有企业的“根”和“魂”。要推动党建工作与生产经营深度融合，把党建工作成效转换为企业发展的优势。近年来，班组在如何发挥党员先锋模范性，如何实现党建工作与生产经营同频共振方面做了大量尝试。2016 年开展“我是党员我带头”活动之一——“‘6S’持续改善无止境，我是党员我承诺”。活动结合“两学一做”关键在学，重点在做的精髓，提出“做什么，怎样做”的思考题，引导班组党员积极思考：如何在工作中以实际行动起到模范带头作用，勇于担当作为。2017 年开展“我是党员我带头”活动之二——“精益管理，党员先行”。班组从精益生产管理、精益技术管理、精益设备管理、精益成本管理、精益现场管理、精益安全管理 6 个方面搭建精益管理平台，大力开展精益管理活动。2018 年开展“我是党员我带头”活动之三——“发挥党员作用、助力安全生产”。活动以“生命至上、安全发展”为主题，以强化安全红线意识、提升安全素质、落实安全责任、深化隐患整改为重点内容，通过开展深入岗位、深入现场安

全隐患排查，打破惯性思维，防事故于未然，落实安全生产主体责任，强化安全法治规范约束作用，发挥党员作用，助力安全生产。

通过持续开展党建活动，班组党员作用凸显，班组所有党员在各自岗位上，实践党的宗旨，刻苦钻研业务，争创一流工作成绩，成为本职工作的行家里手。在中国技能大赛中，班组成员一人获中核集团“技术能手”称号。

5 实施效果

5.1 提高顾客满意度，增强班组核心竞争力

通过本成果的实施，质谱综合班形成合理可行的顾客信息反馈机制，建立并完善顾客管理制度《顾客意见收集及反馈办法》，与顾客建立了良好的沟通渠道，推行信息反馈闭环工作，满足顾客对产品分析数据及时掌握需求，实现分析结果报出数据准确度100%。同时，通过收集、了解和分析顾客的意见和信息，评价班组管理运行的有效性，实现管理质量的持续提升，从而不断增强班组核心竞争力。

5.2 降低运行成本，创造经济效益

通过 Kano–QFD 模型的全面质量管理的应用，班组的科研生产工作取得了显著成绩，不仅提升了班组全员的技术创新水平，而且经济效益显著。《六氟化铀中铀同位素标准物质的研究与应用》填补了中核陕铀在此项领域的空白，每年可节约 10 万元的国家一级标准物质购置费用；《MAT–281 质谱计电子部件单元国产化研制（一）》和《MAT–281 质谱计电子部件单元国产化研制（三）》节约购买国外备件费用 70 余万元；《1CMи–1201 质谱计分析系统真空改造》和《1AMи–1201 质谱计分析系统真空改造》节约国外备件 60 余万元。

5.3 提升班组管理水平，社会效益显著

《小型深冷箱在质谱计反抽冷阱的应用》极大地降低了运行人员的劳动强度，降低了公司对外部产品的依赖性，每年可节约大量生产成本；《铀浓缩工厂丰度测量系统考核与评价》对丰度测量系统的整体情况进行了精准评价，对公司的卓越绩效提供了数据支撑。

质谱综合班以 Kano–QFD 模型的全面质量管理的案例荣获 2017 年、2018 年全国“质量信得过班组”称号，2019 年荣获陕西省质量提升大赛“最佳典型经验奖”，2019 年荣获陕西省“工人先锋号”，并多次获得陕西省“优

秀质量管理小组”等荣誉称号（见图5）。

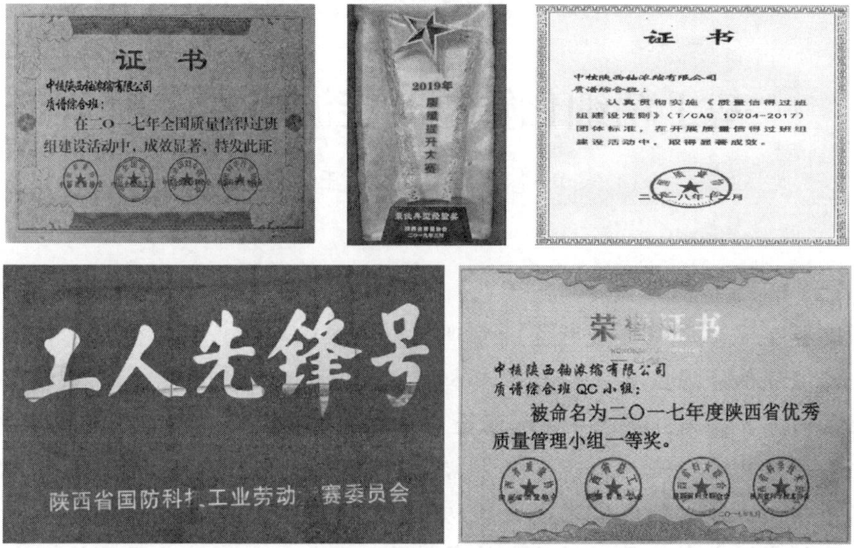

图5　荣誉证书

成果创造人：彭阳、陈登峰、陈琛、胡海宏、马腾、王辉勇、吴海艳、程栋、姚晓菊

基于精细化管控的能源成本管理

宋新亮　张胜喜　王汉生

摘要： 成本管理是现代企业管理的重要组成部分，提升企业成本管控水平、持续降低能源成本是践行“成本领先”战略的重要举措，是提高企业经济效益的重要抓手，是进一步增强企业核心竞争力和市场竞争力的重要举措。近年结合中核陕铀生产运行和电力需求侧管理现状，以坚持精细化管控能源成本为导向，通过能源需求分析、总结、查找、挖掘降低能源成本的潜力，制定降低能源成本的管理措施和技术措施，积极组织实施各项管控措施，创新降本管理工作，取得了显著的降本成效。

关键词： 精细化管控；成本管理；经济效益

成果简介和主要创新点

成本管理是现代企业管理的重要组成部分，提升企业成本管控水平、持续降低能源成本是践行“成本领先”战略的重要举措，是提高企业经济效益的重要抓手，是进一步增强企业核心竞争力和市场竞争力的重要举措。近年结合中核陕铀生产运行和电力需求侧管理现状，坚持精细化管控能源成本为导向，通过能源需求分析、总结、查找、挖掘降低能源成本的潜力，制定降低能源成本的管理措施和技术措施，积极组织实施各项管控措施，创新降本管理工作，取得了显著的降本成效。

本管理成果属财务管理成果。

本管理成果内容：工艺需求、用能特点分析评价；能源降本措施的制定；主要工作措施和方法；管理创新与取得的实效。

能源成本管理工作，坚持降低生产成本为导向，本次成果主要具备以下创新点：

1. 通过精益化管理相关手段，做好电力需求侧的精细化管理。采用对生产运行系统精益管控方法，通过对生产运行系统和电力消耗现状分析，找出能源成本管理工作中的短板，对标一流，精细化管控生产运行系统，挖掘降本潜力，制定并组织实施降本措施，强化监督指导和分析总结，保证各项降本措施精准有效。

2. 以外部政策改革为导向，精细分析能源成本构成，制定降低能源成本工作实施方案，明确了降本目标，积极实施降本措施。对于能源成本组成的电力能源，制定可行方案，多方面着手，降低能源成本。

3.以技术创新为推手，精细研究技术短板，创新相关运行技术，降低设备的能源消耗。通过多管齐下，超额完成了降本目标任务，使多项举措成为今后生产运行中的常态化降本措施，实现了降本增效的目的，促进了企业高质量可持续发展。

申报企业盖章：　　　　　　　　　　企业法人代表签字：

续表

	姓名	工作部门	年龄	学历	职务与专业	职称	所起作用
成果主要创造人（不超3人）	宋新亮	生产运行部	34	大学	专业工程师	工程师	组织实施
	张胜喜	生产运行部	35	大学	科长	工程师	组织实施
	王汉生	生产运行部	52	中专	主任工程师	工程师	策划
成果参与创造人（不超10人）	刘红俊	生产运行部	53	大学	主任	研高	策划
	杨秀花	生产运行部	48	大学	主任	工程师	组织实施
	冯 涛	生产运行部	39	大学	副主任	工程师	组织实施
	张大刚	生产运行部	48	大学	主任工程师	高工	组织实施
	牛利平	辅助运行部	45	大学	主任	高工	组织实施
	田巨云	生产运行部	40	大学	副主任	工程师	组织实施
	彭 利	生产运行部	44	大学	专业工程师	工程师	组织实施

成果创造时间，在本企业实际应用时间、范围	成果创造于2017年1月—2019年12月，已实际应用3年时间，在全公司范围内。			
本成果何时经过何单位、何种鉴定				
本项目成果是否已在本行业或本地区推广应用，推荐单位对推广应用有何建议	1. 是否推广应用：□否，■是，范围：本企业 2. 推广应用建议：本成果已在中核陕铀推广应用，取得了较好的实践效果。 3. 本单位承诺此成果可用于行业内交流学习并将积极参加针对该成果的相关交流推广活动。			
申报企业类型	国有及国有控股	申报企业所处行业	制造业	
申报企业规模	大企业	申报企业人数	1700	
申报企业通讯地址	陕西省汉中市241信箱	邮政编码	723312	
企业负责人	姓名	职务（部门）	电话	传真
	鄢 斌	董事长		
联系人	张扬安	主任（经营管理部）		
联系人手机				
推荐单位意见	推荐单位盖章：		负责人签字：	
推荐单位通讯地址	北京市西城区三里河南三巷1号	邮政编码	100045	
推荐单位联系人	姓名	职务（部门）	电话	传真
	魏恒	战略规划部		

管理创新成果经济效益测算表

成果实施时间	从 2017 年 1 月至 2019 年 12 月 共计：3 年
成果实施范围	中核陕西铀浓缩有限公司
成果经济效益计算方法及公式	1. 成果经济效益计算方法：相关因数合成计算法（PCP） 2. 成果经济效益计算公式： $E_p=\sum_{a=1}^{n}S_a-F-H-\left(\sum_{b=1}^{m}C_b+I\right)$ $(a=1,2,3\ldots n;\ b=1,2,3\cdots m)$

成果效益指标测算结果

序号	指标名称	计量单位	时　间	测算结果	备注
1	申报前一年效益额	万元	2019 年	1279	
2	实施各年累计效益额	万元	2017 年至 2019 年共 3 年	1913	
3	平均年度效益额	万元	2017 年至 2019 年共 3 年	641	
4	申报前一年效益贡献率	%	2019 年	66.86	

本企业财务部门审核盖章 年　月　日	推荐单位审核盖章 年　月　日

申报企业主要经济指标完成情况表

序号	指标名称	计量单位	申报成果截止年实际（2019）	与申报基年相比（2017）			备注
				成果基年实际完成	增减数额	%	
1	销售（营业）收入	万元	*	*	*	117.96	
2	利润总额	万元	*	*	*	39.09	
3	净资产收益率	%	*	*	*	19.12	
4	总资产报酬率	%	*	*	*	55.94	
5	销售（营业）利润率	%	*	*	*	−27.26	
6	资本保值增值率	%	*	*	*	2.61	
7	全员劳动生产率	万元/（人·年）	*	*	*	62.94	
8	流动资产周转率	%	*	*	*	158.33	
9	资产负债率	%	*	*	*	−14.85	
10	万元产值能耗	吨标煤	*	*	*	−31.22	

创建单位保密办审核意见	经审查，符合保密规定，不涉及国家秘密和敏感信息。 签字：　　盖章： 年　　月　　日

附件目录

序号	附件名称	备注
1	管理创新成果经济效益计算公式选择及计算过程表	

1 前言

中核陕铀始建于1969年10月，是中核集团所属大型核燃料生产骨干企业。公司位于陕西省汉中市，占地面积约2.5 km^2，现有员工近1700人。1999年我国第一座离心法铀浓缩工厂在此建成，标志着我国铀浓缩技术从扩散到离心的重大跨越式突破。2018年我国国产铀浓缩离心机大型示范工程在此全面建成，达到国际先进水平，标志着我国铀浓缩技术实现了由引进、吸收、自主到提高的突破。中核陕铀先后为扩散技术应用、离心分离铀同位素设备研制、离心分离技术的研究及应用作出积极贡献，是国家重点核燃料科研生产基地。中核陕铀主营铀及铀浓缩系列产品的生产，兼营中低压容器制造、自控仪表生产、专用零部件加工、建筑安装等业务，具有武器装备科研生产、军工核安全设备制造、特种设备制造、放射卫生技术服务等资质。

2 实施精细化管控的能源成本管理的背景

2.1 促进高质量发展的需要

党的十九大报告指出，我国经济“正处在转变发展方式，优化经济结构、转换增长动力的攻关期，要努力实现更高质量、更有效率、更加公平、更可持续的发展”。就中核陕铀本身而言，首先高质量发展需要着力抓好实业主业，管控好铀浓缩产品的质量和品质，同时降低单位产量的能耗成本，提高企业竞争活力。中核陕铀的生产能力和成本控制能力在国际上仍处于劣势，仍需不断加强成本的控制，提高竞争力。其次，高质量发展需要技术创新和管理创新齐头并进，针对能源成本要精细化管控、精准施策，从各个方面提升企业发展质量。中核陕铀通过各项技术创新，加大了企业制造力的升级换代，降低了能源消耗，提升生产线的自动化水平，但就能源成本管理方面，后劲不足，降本效果不够显著，是阻碍企业实现高质量发展的羁绊。

企业要做到高质量发展，也应培养适应市场经济的队伍，与市场大环境接轨，提高市场化意识，用好电力体制改革优惠政策，寻求发展动力。目前，国家能源政策持续改革，优惠力度进一步加大，而中核陕铀前期参与度不够深入，切实享受改革红利的空间还需进一步扩大。要保障企业的可持续健康发展，必须彻底消除上述降本工作中的不足，持续做好能源成本控制工作，转变能源成本控制管理理念和方法，认真分析能源成本可控因素，多管齐下，采取更多切实可行精准措施，为节能降耗、降本增效提供更好的保障。

2.2 提高企业经济效益的需要

中核陕铀 405－1A 工程自 20 世纪 90 年代建成投运以来，持续采取了多项节能技术措施以降低能源成本，主要措施包括采用新设备、积极采用通用节能技术、引进节能新技术，取得了一定的节能成果，为降本增效作出了一定贡献。“十三五”期间，公司建成了北区扩建工程，工程建设阶段在辅助工艺系统采用了成熟的通用节能技术措施，但因新建工程运行时间较短，各系统工艺有所优化改进，运行经验尚不丰富，且工作重心是保证主辅工艺系统的安全稳定运行，因此未重点关注生产系统的经济运行。近年来，随着公司生产规模的不断扩大，能源消费总量明显增长，能源成本已成为生产成本的重要组成部分，降低能源成本已成为提高经济效益的重要工作。因此，中核陕铀将精细化管控主辅工艺系统作为生产运行经济运行工作的重心，持续开展能源成本精细化管控策略研究，精准采取各项切实可行的管控措施，进一步降低能源成本。

2.3 提升成本管控能力的需要

成本管理是企业管理的一个重要组成部分，它要求系统而全面、科学与合理，对于促进企业增产节支，提高企业整体管理水平发挥着积极的作用。近年来，国内外铀浓缩市场竞争日益激烈，为增强企业市场竞争力，中核陕铀必须积极探索、运行现代化的管理办法，加强成本管控，降低成本费用，提高经济效益，以积极应对核燃料产业市场化挑战。

降本增效是中核陕铀管理工作中的一个永恒的主题，降低能源成本是我们持续追求的目标。近年中核陕铀积极采取节能技术措施，降低能源成本取得了一定的成效，总体情况较好。但是，降本管理创新相对欠缺，能源降本管理相对粗放，重视节能技术措施，轻视降本管理措施，降低能源成本缺乏后劲，致使大部分人员误认为目前的生产线运行经济、工艺先进，因而缺乏挖掘管理措施降低能源成本的动力，对生产系统精细化管控的探索研究及创新不足，对降低能源成本工作的可持续性产生一定的不良影响。为此，中核陕铀对生产经营过程中能源耗费进行全面精细准确的预测、决策、计划、核算、控制、分析，在保证产品安全和质量的前提下，对电能输配和使用过程的各个环节进行精细化的管控，力求以最少能源消耗取得最大的生产成果。

2.4 增强市场竞争力、建设国际一流企业的需要

目前，我国大力发展清洁高效的核电，为核燃料生产加工企业带来了较大的发展机遇，但是在发展的同时也面临着诸多挑战，特别是单位产品成本与国际先进相比还有较大差距。中核陕铀首条生产线是我国第一座商用铀浓缩工厂，经过多年的运行总结和持续改进，积累了一定的降本增效运行经验和技术资源，但是在运行管控、能源消耗、成本控制等多方面与国际先进企业相比尚有较大差距。从目前国际市场核燃料生产销售现状分析，中核陕铀的单位产品成本控制能力仍处于劣势，很难与国际先进企业竞争，难以为企业可持续、高质量发展提供有效的保障。如果按传统的方法管理，不仅没有起到首座铀浓缩工厂在降本管理方面的示范引领作用，而且难以完成企业的战略目标任务，对核燃料领域的发展乃至核电的发展会产生消极的影响。因此，中核陕铀践行“成本领先”战略，将精细化的运行管控作为企业降低能源成本的重要抓手，积极探索降本管理的新方法和新举措，建立适宜铀浓缩工厂的精细化的运行管控模式，进一步增强企业的核心竞争力，将中核陕铀建成国际一流企业，将铀浓缩产业在中核陕铀发展壮大。

3 基于精细化管控的能源成本管理的内涵和主要做法

3.1 基于精细化管控的能源成本管理的内涵

中核陕铀在国家电力体制改革政策的引领下，坚持目标导向和问题导向，运用精益管理的方法，持续做好电力需求侧精细化管理，持续采取精准降本管理措施和节能技术措施。坚持政策导向，用好用准电改政策，争取电改红利；强化精细管控，开辟降本新途径；加强生产需求分析，加强生产工艺精细化管控，快速、系统、全面、精准地查找降低能源成本的管理潜力；多措并举，拓宽降本增效工作面。通过以上措施，全新精准地创建了降低能源成本的管控方法，健全了企业成本管控措施，扩大了成本管控工作成效，取得了较好的经济效益和社会效益，为中核陕铀的可持续高质量发展提供了有力的保障。

3.2 基于精细化管控的能源成本管理的主要做法

3.2.1 充分运用精益管理方法，明确公司成本管理方向

中核陕铀为连续性生产企业，运用精益成本管理方法，精细划分企业成本组成要素，从源头上关注、控制成本动量和成本发生过程，将分解出的要

素进行多方面把控，系统地、全面地控制成本，全员参与降本增效，全过程控制降本措施。从精细化入手，依托新技术、新政策，推进成本管控的有效实施。对企业的能源消耗进行详细分析，特别针对占成本最高的电能，分解出基本费用、电量费用两大方面，再由八个方面入手，从计费方式转变、最大需量控制、技术创新、电力新政的采取等入手，制定详细的管控措施，形成制度，切实降低企业的成本。并对成本控制采取闭环管理工作原理，持续改进，使成本管理活动按程序进行，以保证管理活动的有效性和实现成本管理的良性循环。

3.2.2　精准分析负荷变化、选择最佳电价“套餐”

中核陕铀属于电力大用户，按照电价政策应执行两部制电价，电费由电度电费和基本电费构成。电度电费=抄录电量×电度电价，电度电价由政府部门统一定价，降低电度电费必须依靠实施节能技术措施来实现；基本电费=最大需量×基本电价，电度电价也是由政府部门统一定价，有效控制最大需量、最大可能地减小最大需量这是降低基本电费的最佳措施。

中核陕铀的基本电费占总电费的 5.5%左右，多年来中核陕铀认真研究电价政策，多次优化变更了基本电费的计费方式，先后采取了变更减容、封停备用主变、优化计费容量、变更计费方式等措施，大大减少了基本电费，降低能源成本取得了显著成效。

“三供一业”的正式分离移交前，中核陕铀的最大需量比较接近合同需量的最低值，即主变安装容量的 40%，合同需量为 35 200 kW。随着生产运行系统的逐步稳定和家属区供电业务的正式分离移交，中核陕铀的一般工商业用户和居民用户供电业务全部移交国网公司，中核陕铀 110 kV 变电站的负荷减少约 3000 kW，即最大需量降低约 3000 kW。针对上述情况，立即开展了月度负荷统计，精准分析负荷变化规律，根据基本电费的最大需量选择方式，精心测算变更最大需量计费方式可能取得的经济效益，通过对近两年用电负荷变化的分析总结，结果表明基本电价中的最大需量由合同需量变更为实际需量可以减少闲置容量，大大降低基本电费，每月可减少最大需量约 7000 kW，月降低基本电费约 20 万元，基本电费将降低了 16%左右。

3.2.3　精心策划倒闸操作，严格控制需量增加

中核陕铀高压供电系统共有四回 110 kV 线路，经单母三分段 110 kV 母线向变电站主变供电，正常运行方为两回 110 kV 线路和两台主变运行，用电总负荷约 28 000 kW，两回 110 kV 线路各接带负荷约 14 000 kW。正常运行

期间，按照供用电营销规则规定，每回 110 kV 线路的实际需量为当月出现最大负荷时刻的 15 分钟内的平均值计算，用户实际需量为当月运行线路所抄录的实际需量之和，即正常运行方式下实际需量为 28 000 kW，月基本电费= 28 000 kW×31 元/kW=86.8 万元。但当 110 kV 线路运行方式转换时，不可避免地会出现两回 110 kV 线路并列运行或三回 110 kV 线路运行，按照规定计算，实际需量曾出现超出正常实际需量 14 000 kW，导致当月基本电费大大增加。

鉴于上述情况，运行管理人员及时查阅变电站综合自动化系统历史数据，通过总结分析，发现两回 110 kV 线路电压略有差异，当两回 110 kV 线路并列运行时，系统潮流发生变化，电压较高的 110 kV 线路接带了全部负荷，且两回 110 kV 线路并列运行时间超过了 15 分钟，致使该回线路当月的实际需量达 28 000 kW，当月两回线路需量之和达 42 000 kW，远远超出正常实际需量。为此，中核陕铀积极在运行管理上想办法、找对策，优化 110 kV 倒闸操作方案，精心准备倒闸操作，将以往先在控制室远控操作、再前往现场检查确认的改为两地同时安排运行人员，控制室远控操作完成后，就地运行人员立即检查开关位置状态并汇报控制室运行人员，将两回 110 kV 线路并列运行时间严格控制在 5 分钟之内，较好地将电压较高线路的实际需量由 28 000 kW 控制在 18 700 kW［（5×28 000+10×14 000）/15］之内，较好地控制了基本电费的大幅增加。同时，中核陕铀积极与国网公司沟通，细致讲解铀浓缩工厂用电负荷比较稳定的负荷特性，耐心解释出现三回 110 kV 线路运行方式并非用电负荷增加，是因负荷重要性在某一时刻需要三回 110 kV 线路运行，请求并征得同意在三回线路运行时按两回线路的实际需量计收基本电费，较好地控制了基本电费的增加。

3.2.4 精心编制检修计划，严格控制需量增加

中核陕铀高压供电系统正常运行方式为两回 110 kV 线路接带两台主变运行，每回 110 kV 线路接带负荷约 14 000 kW，总负荷约 28 000 kW。两段 10 kV 母线分列运行向各车间变电所供电，每个车间变电所有两台配电变压器，两台配变互为备用，一台配变故障或检修，另一台配变接带车间全部负荷，正常情况下配变负载率约 40%。车间变电所配变检修时，因运行方式变化会使 110 kV 线路实际需量增大，最终导致基本电费增加，不同的检修计划会产生不同程度的影响。以图 1 为例，按几种典型案例分析不同检修计划对实际需量变化及基本电费的影响。

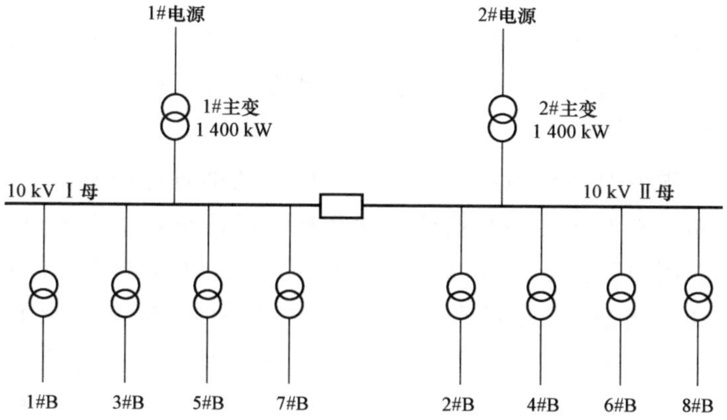

图 1 变压器典型分布

图 1 中配变容量 1600 kVA，其中 1#B、2#B 为一组互为备用，其中 3#B、4#B 为一组互为备用，5#B、6#B 为一组互为备用，7#B、8#B 为一组互为备用。根据检修任务，两个月内完成上述 8 台配变的检修，如在第一个月内同时进行 1#B、3#B、5#B、7#B 的检修，10 kV Ⅰ母原接带的 2560 kW 的负荷转接至 10 kV Ⅱ母，1#电源实际需量不变，2#电源需量将增加 2560 kW；如在第一个月内逐台进行 1#B、3#B、5#B、7#B 的检修，每次 10 kV Ⅰ母仅有 640 kW 的负荷转接至 10 kV Ⅱ母，1#电源实际需量不变，2#电源需量将增加 640 kW；如在第一个月内同时进行 10 kV Ⅰ母和 10 kV Ⅱ母各一台配变的检修，10 kV Ⅰ母和 10 kV Ⅱ母互相转接负荷 640 kW，1#、2#电源实际需量分别增加 640 kW，总的实际需量将增加 1280 kW。

从上述案例看出，不同的检修计划会导致 110 kV 线路实际需量有不同程度的增加，从而导致基本电费增加。为了进一步做好实际需量的控制，中核陕铀精细化管控设备检修，精心策划设备检修计划，明确最优检修方案，持续优化供电系统运行方案，从而将基本电费的增量控制在最小额度。为了避免设备检修跨越两个计费周期影响两个月度基本电费，为此明确规定设备检修必须在一个计费周期内完成，同时要求单台功率大于 200 kW 设备检修，严格参照配变检修要求编制检修计划。通过上述精细化的措施，较好的控制了设备检修期间基本电费的增量。

3.2.5 认真总结负荷变化规律、精准确定设备启运时段

铀浓缩工厂特点是用电负荷比较平稳，但受环境温度变化及非连续生产用电的影响，日用电负荷也不是一成不变的，每天的用电负荷仍有一定幅度

的波动。为保证生产运行系统的安全运行，辅助工艺运行系统需要定期转换运行方式，定期启停大功率设备。转换运行方式时，首先要启运备用设备，然后才能停运原运行设备，此时运行系统就多运行了一台大功率设备，致使 110 kV 线路实际需量增加，从而导致基本电费增加。

为了持续做好基本电费的管控工作，中核陕铀对各季节的日用电负荷进行了统计分析，总结了用电负荷的变化规律，准确判定了用电负荷的低谷时段，确定了在用电负荷低谷时段启运大功率设备可以有效避免 110 kV 线路实际需量的增加。例如某日负荷高峰期 110 kV 线路的实际需量为 14 000 kW，用电负荷低谷时段 110 kV 线路的实际需量为 13 000 kW，二者相差 1000 kW，低谷时段供电系统有 1000 kW 的闲置容量，此时启运一台功率为 500 kW 的设备并不会导致 110 kV 线路实际需量的增加，如果在用电负荷高峰期启运一台功率为 500 kW 的设备，则会导致 110 kV 线路实际需量增加 500 kW，从而导致基本电费增加 1.5 万元。通过对日用电负荷变化的分析总结，明确规定辅助工艺系统应错峰转化运行方式，尽量安排在当日符合低谷时段进行，且规定不同生产线、不同系统应错时转换运行方式，避免因多台大功率同时启动造成 110 kV 线路实际需量大幅增加。

3.2.6 优化系统转换周期、降低需量增加频次

供用电营销规则规定，电力大用户电费计费周期为当月 20 日至次月 20 日，计费周期内基本电费根据实际需量计收。铀浓缩工厂辅助工艺系统需定期进行运行方式的转换，按照以往管理模式每月进行一次运行方式转换，转换时间没有明确规定。如前文所述，转换运行方式启运大功率设备时，不可避免地会造成 110 kV 线路实际需量增加，即每个月都会因转换运行方式导致基本电费增加。

鉴于上述情况，为了持续做好能源成本管控，中核陕铀认真分析系统转换周期对基本电费的影响，确定了辅助系统运行方式转换时间，即第一次转换时间确定在当月 20 日前，第二次转换时间确定在次月 21 日之后，可将运行方式转换对基本电费的影响频次由 12 次/年减少到 6 次/年，同时将辅助系统运行方式转换周期由 1 次/月调整到 1 次/2 月，进一步降低了运行方式转换对基本电费的影响。通过上述两项精准措施的实施，将运行方式转换对基本电费的影响频次由 12 次/年减少到 6 次/年，更有效地控制了基本电费的增加。

3.2.7 精心编制交易方案、扩大电力交易成果

铀浓缩工厂能源消耗主要为电力消耗，电力成本占能源总成本的 96%

左右，中核陕铀将降低电力采购成本作为控制能源成本的工作重心。自参与电力直接交易以来，认真研究分析交易政策和规则，仔细辨识了交易签约许可时间短而难以按时签约、合作方资信差而未能完成交易、市场交易量有限竞争失败、交易电量预测不准而受偏差考核、签约不合规而被取消交易资格等电力交易风险，并认真分析了交易风险可能对企业生产经营造成的经济损失。

通过对上述交易风险的辨识、分析和研判，各相关部门积极制定精准有效的措施予以防范化解。为了持续做好能源成本管控工作，中核陕铀积极开展市场调研，多方咨询发电企业的发电成本，持续关注电煤价格变化，主动了解发电企业的经营现状和履约能力；积极与售电公司联系，了解售电公司的经营模式和获利模式；积极与电力交易市场大用户友好合作，增强市场竞争力和对发电企业的吸引力。同时从专业管理领域制定了严禁多方签约规定、明确了“价格优先、时间优先、电厂优先”的合作原则、开辟了交易协议绿色审批通道、积极开展交易价格前期市场调研等多项措施防范化解交易失败风险。技术部门根据用电特点和负荷特性，参照历史负荷曲线精准预测交易电量，将电力消耗预测误差严格控制在1%范围之内，有效避免了交易电量超过5%的偏差考核。通过各专业部门的精准施策，自参与电力直接交易以来，在市场竞争日益激烈的情况下，多年来未出现因违反交易政策而被取消交易资格的情况，确保证了每次交易都成功签约并完整履约，也未出现因交易电量预测不准而被偏差考核的现象。三年来共参与直接交易电量达55 743万kW·h，占总用电量的86%，远远超过了60%的平均市场份额，降低电力采购成本1397万元，在降本增效工作方面取得了显著成效，大大提高了中核陕铀的发展质量和效率（图2）。

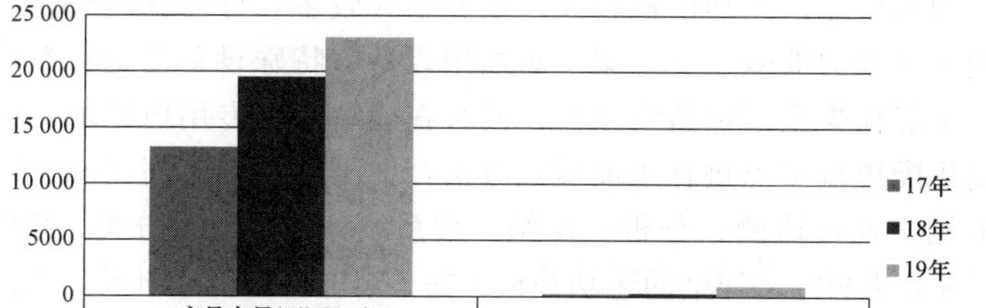

	交易电量/万kW·h	降本金额/万元
17年	13 228	206
18年	19 515	271
19年	23 000	920

图2　电量交易降本效果

3.2.8 依靠技术进步，优化能源消费结构

中核陕铀的能源消耗以电力为主。近年来在积极采取节能技术措施的同时，对标国际一流，认真分析研究能源消耗成本和能源消费结构，查找能源消费结构的短板，通过技术创新，在工艺系统精准发力开展技术改进，不仅优化了生产系统的工艺结构和技术路线，而且进一步优化了能源消费结构，促进了能源消耗成本的进一步降低。

2017 年，中核陕铀自主研制了某新型调节装置，该装置的特点之一是能源消耗由压缩空气改进为电力。该装置在生产系统应用试验阶段，精确测量了相关技术参数和电能消耗，通过认真分析、计算、比较，确认该调节装置的应用，不仅可以优化生产系统的工艺结构和技术路线，而且可以减少电能使用环节中的损失。2018 年起，在生产线大范围推广使用了该新型调节装置，退役了生产线使用多年的压缩空气系统。这一举措的实施，进一步优化了能源消费结构，简化了辅助工艺系统，而且取得了每年节约电能约 80 万度的节能成效，年降低电费成本约 40 万元，进一步提升了能源成本管控水平。

3.2.9 精准调节无功补偿，提高电能使用力率

为进一步推动能源成本管控水平，提高电能使用效率，近年来中核陕铀在持续采取节能技术措施、积极开展能效对标的同时，深入分析生产系统运行需求，全方位开展能效诊断，通过需求分析、能效监测、用电负荷监测、改进控制策略等措施，查找高低压供电系统经济运行的短板，分析总结原因，不断优化供电系统无功补偿控制策略和运行方式，降低电能在传输过程中的损失，实现了供电系统经济运行的目标。

铀浓缩工厂的用电以电力拖动类设备为主，主设备的特性决定了设备运行时力率较低，无功消耗较大，电能损失较多。针对这一现状，中核陕铀编制了详细的能效监测方案，对通用设备、特殊设备的运行参数、设备效率、电能损失全方位监测分析，同时在设备端、专用电源端、低压配电端及高压配电端多点进行电能质量分析，在不同设备不同工况下进行无功功率监测，通过监测、分析、总结，按系统分类、设备分类、配电方式、运行工况分类制定了详细的无功补偿方案，精准调节无功补偿，以提高供电系统的功率因数。通过上述措施的实施，提高了变配电设备的供电能力，减小了电能输送环节的损失，提高了电力拖动设备的效率。供电系统的力率持续保持在 0.95 以上，每年获得力率优惠电费约 80 万元，能源成本管控取得了显著成效（图 3）。

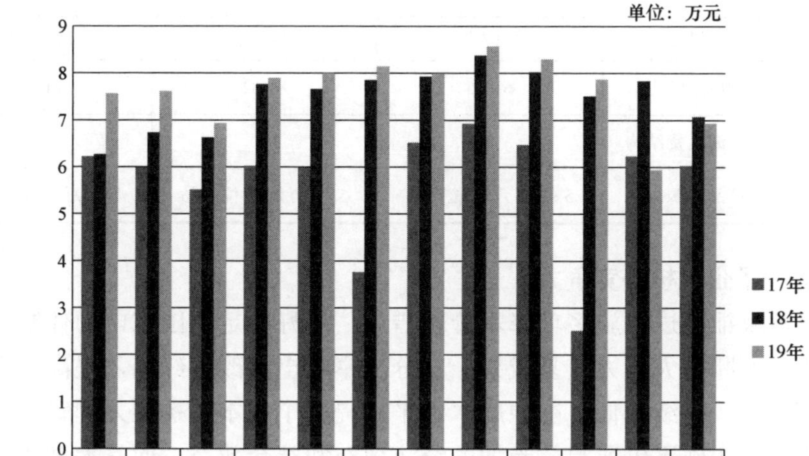

	1月	2月	3月	4月	5月	6月	7月	8月	9月	10月	11月	12月
17年	6.22	5.99	5.51	6.02	5.99	3.76	6.52	6.92	6.47	2.51	6.23	6.03
18年	6.27	6.73	6.63	7.76	7.66	7.85	7.92	8.37	8.02	7.51	7.83	7.07
19年	7.56	7.61	6.93	7.89	8.00	8.14	7.99	8.57	8.29	7.86	5.93	6.93

图 3　近三年力率调整电费变化趋势

4　精细化管控取得的降本成效

2019 年，中核陕铀积极开展以精细化管控为导向的降本工作，采取了十多项精准的管理控制措施，抓细抓实各项管理措施的落实，用足用实用好国家电改政策，超额完成年度能源成本降低 2%的目标任务，取得了显著的降本成效，为中核陕铀的高质量发展提供了有力的保障。

4.1　能耗成本持续降低，企业经营效益显著提升

2017—2019 年中核陕铀通过积极参与电力交易、精准控制主辅工艺系统尖峰负荷降低基本电费、提高供电系统力率、优化能源消费结构、防范化解电力交易风险等多项精细化的管理控制措施，取得了较好的降本成效，累计降低能源动力成本 1913 万元，为降本增效作出了突出贡献，有效提升了生产成本控制能力，为公司的可持续发展打下了坚实的基础（表 1）。

表 1　主要降本措施成果及能源成本汇总　　　　单位：万元

序号	降本措施	2017 年	2018 年	2019 年
1	电力直接交易	206	271	920
2	降低基本电费	0	0	68

续表

序号	降本措施	2017 年	2018 年	2019 年
3	提高供电系统力率	68.16	89.62	91.71
4	优化能源消费结构	0	0	40
5	单位产品能源成本	5.84 万元/单位产品	5.16 万元/单位产品	4.92 万元/单位产品

4.2 提升了企业核心竞争力

中核陕铀通过实施多项降本管理措施，用好用足了国家电力体制改革优惠政策，不断扩大电力交易成果，充分分享了电力改革红利，提高了企业市场竞争意识，持续降低了能源成本水平，提高了成本管控能力和管理水平。这些措施的实施不仅取得了当期的经济效益和社会效益，而且为铀浓缩工厂的生产运行积累了丰富的管理经验，逐步缩小了与国际先进企业的差距，有效提升了公司的核心竞争力，为持续降低产品生产成本提供了有力保障，为建设国际一流提供了有力的保障。

4.3 增强了企业成本管控能力

中核陕铀通过对生产经营精心的组织策划、精确的分析研判、精细的工艺管控、精密的监测调整、精准的实施策略为特点管控措施，创新了铀浓缩工厂的降低能源成本的管理方法，开辟了降本增效的新途径，拓宽了降低生产成本的工作面，健全了企业的成本管控体系，增强了企业成本管控能力。

4.4 促进了全社会的节能减排

中核陕铀通过采取精细、精准的管控措施，有效地控制了工厂尖峰负荷的产生，保证用电负荷的持续平稳，取得了较好的降本成效。中核陕铀虽然未直接取得节能减排成效，但为电网发用电平稳、高效、经济运行提供了保障，促进了全社会的节能减排工作，践行了绿色发展理念，履行了央企建设环境友好型、资源节约型社会的责任。

成果创造人：宋新亮、张胜喜、王汉生、刘红俊、杨秀花、冯涛、张大刚、牛利平、田巨云、彭利

管理创新成果经济效益计算公式选择及计算过程表

<table>
<tr><td colspan="2">计算公式</td><td colspan="3">经济效益计算过程</td></tr>
<tr><td colspan="2">计算公式选择（√）</td><td colspan="3">1.“MTP”（　）2.“PCP”（√）3.“CSP”（　）4.“AOF”（　）</td></tr>
<tr><td></td><td></td><td>计算因子</td><td>符号</td><td>数值</td></tr>
<tr><td rowspan="7">1</td><td rowspan="7">单项因素法（MTP 法）</td><td>成果实施前一年度的实际完成数</td><td>Q_0</td><td></td></tr>
<tr><td>成果实施年度内的实际完成数</td><td>Q_1</td><td></td></tr>
<tr><td>将价值量 Q 换算成价值量的换算系数</td><td>r</td><td></td></tr>
<tr><td>非本成果因素产生的年效益</td><td>F</td><td></td></tr>
<tr><td>n 项成果实施费之和</td><td>$\sum C_a$</td><td></td></tr>
<tr><td>实施成果损失费</td><td>I</td><td></td></tr>
<tr><td>按公式 1 计算得到的成果效益年平均测算数</td><td>$E_m/(\ )^{年}$</td><td></td></tr>
<tr><td rowspan="6">2</td><td rowspan="6">相关因素合成计算法（PCP 法）</td><td>n 项单项因素测定法计算的经济效益之和</td><td>$\sum S_a$</td><td>4486</td></tr>
<tr><td>非本成果因素产生的年效益</td><td>F</td><td>0</td></tr>
<tr><td>因素之间重复计算效益</td><td>H</td><td>0</td></tr>
<tr><td>m 项成果实施费之和</td><td>$\sum C_b$</td><td>2094</td></tr>
<tr><td>实施成果损失费</td><td>I</td><td>0</td></tr>
<tr><td>按公式 2 计算得到的成果效益年平均测算数</td><td>$E_p/(\ )^{年}$</td><td>897.2</td></tr>
<tr><td rowspan="9">3</td><td rowspan="9">复合因素分离计算法（CSP 法）</td><td>成果计算年度企业总效益</td><td>P_1</td><td></td></tr>
<tr><td>成果计算基年企业总效益</td><td>P_0</td><td></td></tr>
<tr><td>成果计算年度前三年自然增长的经济效益</td><td>N</td><td></td></tr>
<tr><td>n 项新投入固定资产而取得的效益之和</td><td>$\sum T_a$</td><td></td></tr>
<tr><td>m 项非企业生产经营活动带来的效益之和</td><td>$\sum R_b$</td><td></td></tr>
<tr><td>I 项非管理因素而获取的效益之和</td><td>$\sum F_c$</td><td></td></tr>
<tr><td>K 项成果综合性实施费用之和</td><td>$\sum C_d$</td><td></td></tr>
<tr><td>实施成果损失费</td><td>I</td><td></td></tr>
<tr><td>按公式 3 计算得到的成果效益年平均测算数</td><td>$E_c/(\ )^{年}$</td><td></td></tr>
<tr><td rowspan="4">4</td><td rowspan="4">主要经济指标年度增长率的计算（AOF 法）</td><td colspan="3">指标名称：</td></tr>
<tr><td>成果实施截止年度指标计算数</td><td>f_1</td><td></td></tr>
<tr><td>成果实施基年计算数</td><td>f_2</td><td></td></tr>
<tr><td>按公式 4 计算得到的经济指标年度增长率</td><td>AOF</td><td></td></tr>
</table>

本单位财务部门审核盖章 年　　月　　日	审计部门审核盖章 年　　月　　日

管理创新成果经济效益计算过程：

1. 成果经济效益计算方法：相关因数合成计算法（PCP）

2. 单项成果经济效益计算公式：E_m/(20**)年=（Q_0-Q_1）$r-F-$（$\sum C_a+I$）

（1）Q_0：成果实施前一年度的实际完成数

（2）Q_1：成果实施年度内的实际完成数

（3）r：将价值量 Q 换算成价值量的换算系数

（4）F：非本成果因素产生的年效益

（5）$\sum C_a$：n 项成果实施费之和

（6）I：实施成果损失费

（7）$E_m/(\ )^{年}$：按公式 1 计算得到的成果效益年平均测算数

3. 相关因素合成成果经济效益计算公式：$E_p=\sum S_a-F-H-$（$\sum C_b+I$）

（1）E_p：相关多因素合成效益

（2）$\sum S_a$：各种因数的经济效益之和

（3）F：非本成果因素效益

（4）H：因素之间重复计算的效益

（5）$\sum C_b$：单项因素计算中未包含的各种综合性实施费之和

（6）I：在单项因素价值量中未包含的综合性损失费

4. 电力直接交易成果计算：

E_m/(2017)年=（Q_0-Q_1）$r-F-$（$\sum C_a+I$）=（13 228 万 kW·h−0 万 kW·h）×0.015 7 元/kW·h=206 万元

E_m/(2018)年=（Q_0-Q_1）$r-F-$（$\sum C_a+I$）=（19 515 万 kW·h−0 万 kW·h）×0.013 9 元/kW·h=271.26 万元

E_m/(2019)年=（Q_0-Q_1）$r-F-$（$\sum C_a+I$）=（23 000 万 kW·h−0 万 kW·h）×0.04 元/kW·h=920 万元

注：根据当年交易电量和传导价差计算成果。

5. 降低基本电费成果计算：

E_m/(2019)年=（Q_0-Q_1）$r-F-$（$\sum C_a+I$）

=（76 500 kW·h−0 kW·h）×31 元/kW·h=237 万元

注：根据减少的尖峰负荷值和基本电费单价计算成果。

6. 提高供电系统力率成果计算：

E_m/(2017)年=（Q_0-Q_1）$r-F-$（$\sum C_a+I$）=68.16 万元

E_m/(2018)年=（Q_0-Q_1）$r-F-$（$\sum C_a+I$）=89.62 万元

$E_m/(2019)$年$=(Q_0-Q_1)r-F-(\sum C_a+I)=91.71$ 万元

7. 优化能源消费结构成果计算：

$E_m/(2019)$年$=(Q_0-Q_1)r-F-(\sum C_a+I)=$（80 万 kW·h−0 kW·h×10）×0.5 元/kW·h−0−10=30 万元

注：根据当年电费结算单统计成果。

8. 相关因素合成计算：

$\sum S_a=(206+68.2)_{(2017)}+(271+89.6)_{(2018)}+(920+91.7+237+30)_{(2019)}$
$=1913$ 万元

$\sum C_b=(206+68.2)_{(2017)}+(271+89.6)_{(2018)}+(920+91.7+68+40)_{(2019)}$
$=1923$ 万元

$E_p/(2019)$年$=1923/3=641$ 万元

职业技能等级认定工作双备案工作经验推广

孙 伟 谢国和 余 飞

摘要：中核陕铀建立了一套规范、严谨的管理制度支撑体系，有效的管理组织体系，科学、适用的培训教材、题库、设施设备等技术资源体系，素质优良的专家资源体系，保证技能等级认定工作规范、科学、有序地开展。公司取得开展职业技能等级认定试点的资质，标志着公司技能人才评价方式正式由政府主导向企业自主评价转变，更加有利于充分发挥公司在人才评价中的主体作用，是激发技能人才学技能、钻业务、提效益的积极性，实现企业技能队伍高质量发展的有效途径。

关键词：职业技能等级认定；企业自主评价；人力资源保障

成果简介和主要创新点

根据《人力资源社会保障部办公厅关于开展职业技能等级认定试点工作的通知》（人社厅发〔2018〕148 号）的文件精神，中国核工业集团有限公司被列为人社部中央企业首批开展职业技能等级认定的试点企业。根据《关于开展职业技能等级认定试点备案工作的通知》中核人发〔2019〕26 号文件要求，中核陕铀作为中核集团的试点单位。

中核陕铀在 2019 年 8 月初完成中核集团在天津召开的内部评审工作；并积极与陕西省人社厅职业能力建设处、陕西省职业技能鉴定指导中心开展多次沟通，上报职业技能等级认定相关申请及资料。在 2019 年 10 月 25—26 日，由陕西省人社厅职业技能鉴定指导中心领导及评审专家组，在中核陕铀汉中基地召开了核工业在陕单位职业技能等级认定试点工作评审会。省评审组给出了公司可以成为陕西省职业技能等级认定工作标杆和表率的极高评价，顺利通过了陕西省职业技能等级认定备案评审。这标志着公司技能人才评价方式正式由政府主导向企业自主评价转变，更加有利于充分发挥公司在人才评价中的主体作用，是激发技能人才学技能、钻业务、提效益的积极性，实现企业高质量发展的有效途径。

中核陕西铀浓缩有限公司职业技能等级认定工作双备案工作中的亮点：

1. 依法设立，管理规范、信用良好，建立技能人才培养、评价、使用、激励衔接机制，具有完善的人力资源管理制度和切实可行的激励约束机制；

2. 对已取得职业资格证书、职业技能等级证书且受聘于技师、高级技师等岗位的职工，比照本企业相应专业技术人员落实有关待遇；

3. 拟开展评价的职业（工种）以本企业生产一线的主体技能型职业（工种）为主，从业人员较多、技能含量较高，且与主营业务直接相关；

4. 能够足额提取并合理使用企业职工教育经费，能够为职业技能等级认定工作提供稳定的经费保障，评价活动不以营利为目的；

5. 公司设有职业技能鉴定站，专门负责职工培训考核的内设机构，具备专门的办公场所，并拥有一支稳定的专家和考评人员、质量督导人员队伍；

续表

6. 具有专门实施技能培训和技能评价的场所，具有与评价职业（工种）相适应的设施设备、仪器仪表等硬件设施和视频监控设备。

申报企业盖章：　　　　　　　　　　　企业法人代表签字：

	姓名	工作部门	年龄	学历	职务与专业	职称	所起作用
成果主要创造人（不超3人）	孙伟	教育培训部	54	党本	书记、主任	高级政工师	全面管理
	谢国和	教育培训部	43	本科	副主任	高级工程师	专项管理
	余飞	教育培训部	43	大专	部门科长	高级工程师	组织执笔
成果参与创造人（不超10人）	姜涛	人力资源部	47	大学	主任	高级经济师	组织协调
	梁卫平	办公室	41	大学	书记	政工师	组织协调
	净小宁	教育培训部	39	大学	科长	工程师	实施
	龚万福	教育培训部	54	大学	干事	工程师	实施
	陈华	教育培训部	39	大学	干事	政工师	实施
	侯军	教育培训部	54	大学	干事	政工师	实施
	李潘	教育培训部	31	大学	干事	工程师	实施

成果创造时间，在本企业实际应用时间、范围	本项工作于在2019年1月根据中核集团部署试点工作整体进度安排，在中核集团职业技能鉴定中心指导下开展。用途及范围：用于中核陕铀取得开展职业技能等级认定试点的资质，标志着公司技能人才评价方式正式由政府主导向企业自主评价转变，更加有利于充分发挥公司在人才评价中的主体作用，是实现企业技能队伍高质量发展的有效途径。
本成果何时经过何单位、何种鉴定	本项工作于2019年10月经陕西省职业技能鉴定指导中心现场评审，同意中核陕铀开展职业技能等级认定试点工作。
本项成果是否已在本行业或本地区推广应用，推荐单位对推广应用有何建议	1. 是否推广应用：□否，■是，范围：中核集团下属企业 2. 推广应用建议：在中核集团职业技能鉴定中心指导下，需要进行职业技能等级认定资质取证的单位，可参照相关成果的作业流程进行职业技能等级认定双备案工作。 3. 本单位承诺此成果可用于行业内交流学习并将积极参加针对该成果的相关交流推广活动。

申报企业类型	国有	申报企业所处行业	制造业
申报企业规模	大企业	申报企业人数	1700人
申报企业通讯地址	陕西省汉中市241信箱	邮政编码	723312
申报企业网址			

企业负责人	姓　名	职务（部门）	电　话	传　真
	鄢　斌	董事长		
联系人	张扬安	主任（经营发展部）		
联系人手机				
推荐单位意见	推荐单位盖章：　　　　　　　负责人签字：			
推荐单位通讯地址			邮政编码	
推荐单位联系人	姓　名	职务（部门）	电　话	传　真

管理创新成果经济效益测算表

成果实施时间	2019 年 1 月至 2020 年 5 月 共计：1 年
成果实施范围	
成果经济效益 计算方法及公式	

成果效益指标测算结果

序号	指标名称	计量单位	时　间	测算结果	备注
1	申报前一年效益额	万元			
2	实施各年累计效益额	万元			
3	平均年度效益额	万元			
4	申报前一年效益贡献率	%			

本企业财务部门审核盖章 年　月　日	推荐单位审核盖章 年　月　日

申报企业主要经济指标完成情况表

序号	指标名称	计量单位	申报前一年实际（2019 年）	与申报基年相比			备注
				成果基年实际完成	增减数额	%	
1	销售（营业）收入	万元	*	*	*	49.35	
2	利润总额	万元	*	*	*	112.10	
3	净资产收益率	%	*	*	*	114.08	
4	总资产报酬率	%	*	*	*	90.50	
5	销售（营业）利润率	%	*	*	*	24.53	
6	资本保值增值率	%	*	*	*	6.82	
7	全员劳动生产率	万元/（人·年）	*	*	*	49.09	
8	流动资产周转率		*	*	*	−98.08	
9	资产负债率	%	*	*	*	−9.17	
10	万元产值能耗	吨标煤	*	*	*	−20.00	

创建单位保密办审核意见	经审查，符合保密规定，不涉及国家秘密和敏感信息。 签字：　　盖章： 年　　月　　日

附件目录

序号	附件名称	备注

1 前言

中核陕铀始建于1969年10月，是中核集团所属大型核燃料生产骨干企业。公司位于陕西省汉中市，占地面积约2.5 km^2，现有员工近1700人。1999年我国第一座离心法铀浓缩工厂在此建成，标识着我国铀浓缩技术从扩散到离心的重大跨越式突破。2018年我国国产铀浓缩离心机大型示范工程在此全面建成，达到国际先进水平，标志着我国铀浓缩技术实现了由引进、吸收、自主到提高的突破。中核陕铀先后为扩散技术应用、离心分离铀同位素设备研制、离心分离技术的研究及应用作出积极贡献，是国家重点核燃料科研生产基地。中核陕铀主营铀及铀浓缩系列产品的生产，兼营中低压容器制造、自控仪表生产、专用零部件加工、建筑安装等业务，具有武器装备科研生产、军工核安全设备制造、特种设备制造、放射卫生技术服务等资质。

2 职业技能等级认定工作双备案工作经验推广的实施背景

2018年12月29日，人力资源社会保障部颁发了《人力资源社会保障部办公厅关于开展职业技能等级认定试点工作的通知》，将中核集团列为首批职业技能等级认定试点机构，充分体现了人力资源社会保障部对中核集团多年来技能人才建设工作的肯定和信任。职业技能等级认定试点是国家职业资格证书制度深化改革的重要组成部分，按照国家规定，对取得职业技能等级认定合格人员，其持有的职业技能等级证书效用等同于国家职业资格证书，持有人可对应享受同等待遇。

开展职业技能等级认定工作，是改革完善技能人才评价制度的重要内容，是加强技能人才队伍建设的重要手段，是落实国务院“放管服”改革要求的重要举措，是一次重大的制度转型。

中核陕铀一直以来认为，人才是实现民族振兴、赢得国际竞争主动的战略资源，以突出“高精尖缺”为培养导向，加快培养一批具有绝技绝活的高技能人才是中核集团战略发展的迫切需要，也是落实国家高技能人才振兴计划的重要举措。中核陕铀紧紧围绕公司核心主业发展目标和需要，通过职业技能等级评价平台培养造就一支以核特有职业为主、通用职业为辅，门类齐全、结构合理、技艺精湛、素质优良的高技能人才队伍，带动整体技能人才队伍梯次发展，逐步形成与公司经济发展相适应、比例结构合理的技能人才队伍。

3 职业技能等级认定工作双备案工作经验推广的内涵和主要做法

3.1 中核陕铀公司推动职业技能等级认定工作发展情况

3.1.1 公司技能等级评价发展阶段

（1）公司职业技能鉴定始于1999年，鉴定工种也分为通用和核特有两个部分，当时的核特有工种鉴定后，所取得的职业资格等级证书也是通过陕西省职业技能鉴定指导中心审批后颁发。

（2）2004年5月，在中核集团人力资源部和核特有工种职业技能鉴定指导中心的领导下，经原国家劳动和社会保障部审批，公司成立了“核特有工种职业技能鉴定站”，属于中核集团首批建站的单位之一。此后，核特有工种的职业技能鉴定工作就在中核集团的指导下开展，通用工种鉴定仍主要依托陕西省核工业专业工种职业技能鉴定站。

3.1.2 公司技能等级评价组织机构建设情况

公司成立有职业技能鉴定领导小组，统筹研究制定技能人才培养目标和措施，处理职业技能鉴定相关问题。每年按计划派专业技术人员参加考评员、高级考评员、督导员的培训取证，保证职业技能鉴定工作合规开展。

3.1.3 公司技能等级评价制度建设

公司发布有《职业技能鉴定管理办法》《职工培训管理规定》《技师、高级技师评聘管理办法》（图1）等规章制度，并根据需要及时进行文件的修订、换版，保证规章制度切实有效发挥作用。

图1 技能等级评价制度

等级认定机构编制有《职业技能鉴定站制度汇编》，其中包括中心岗位职责、综合管理岗位职责、考务管理岗位职责、试题管理岗位职责、财务人员岗位职责等共计 24 项内部制度。

3.1.4 教材和题库

完善内部体系——组织编制维修电工、化学检验工、辐射防护工等 12 个职业培训教材和题库，目前已完成部分职业的视频课件制作并应用于实际培训。

3.1.5 职业技能评价成果

自建站以来，公司职业技能鉴定站按年度例行开展职业技能鉴定工作，畅通技能人员晋升渠道，取得突出成绩。多年来，共有 1600 余人参加职业技能鉴定，其中通用工种 981 人，核特有工种 595 人。核特有取证人数 521 人（包括三院和四川红华委托鉴定的 73 人），鉴定技师 130 人，高级技师 40 余人（图 2）。

图 2　技能鉴定

3.2 中核陕铀技能人才队伍培养措施

（1）多元化职业培训平台，持续提升一线人员理论知识和实际操作水平，切实为公司产业发展提供人力资源保障。主要从以下 4 个方面：分级管理，过程控制；岗位培训，岗位互学；模拟实际、提升效率；差异管理、强化评价。

（2）创新人才选拔平台，调动技能人才主观能动性。主要从以下 5 个方面：科研创新，带动技能人才成长；制度创新，激励技能人才积极性；技能竞赛，促进技能人才脱颖而出；岗位练兵，提升技能人才素质；集中培训，调动技能人才积极性。

（3）创新思维，超越陈规

公司开拓工作思路，突破职业通道“瓶颈”，完善各类人才职业通道发展机制，提升各类人才尤其是一线人才的积极性、主动性和创造性。2014 年，首批聘任 5 名首席专业技师；2017 年，修订《公司系统工程师管理办法》《公司首席专业技师管理办法》和《高级系统工程师、系统工程师和首席专业技师考核管理细则》，组织完成新一届高级系统工程师、系统工程师和首席专业技师评选，聘任高级系统工程师 8 人、系统工程师 20 人，首席专业技师 23 人，分层次分类别兑现待遇，提升了技术技能人才荣誉感。

2018 年，公司出台了《专业技术职务和职业技能资格融合办法》和《管理、技术、技能三类人才职级体系管理办法》，有效畅通了各类人才职业发展通道，极大地调动了公司各类人员尤其是生产一线员工的工作积极性。现聘任高级专员 1 人，首席技师 1 人，主任工程师 11 人，专业工程师 18 人，专业技师 22 人。公司编制《人才高地建设规划》，制定目标明确的路线战略图，为公司中长期人力资源工作提供蓝本，走在了全集团前列。

3.3 中核陕铀公司高技能人才培训基地建设

3.3.1 中核陕铀职业技能等级认定工作双备案工作原则与安排

职业技能等级认定工作双备案工作由中核集团人力资源部统筹部署安排，首先完成中核集团在人力资源社会保障部的备案审核。经人力资源和社会保障部职业技能等级认定工作评审专家组评定，中核集团顺利通过备案评审。在取得人社部备案回执单后，中核陕铀正式启动陕西省人社部门备案工作。

完成双重备案后，开展技能等级认定工作，接受中核集团及陕西省人社部门的双重业务监督、管理与指导，严格评价过程的质量控制与督导。

3.3.2 中核陕铀职业技能等级认定工作双备案组织机构

中核集团对国家职业技能等级认定试点工作高度重视，为进一步做好试点工作组织管理，中核集团成立了“中核集团职业技能等级认定试点工作小组”，全面负责中核集团认定试点工作的组织、策划、协调和评价、监督、总结工作。

按中核集团要求，中核陕铀高度重视试点工作，把握国家给予的首批试点企业的机遇，依托公司职业技能鉴定站具体实施试点工作。中核陕铀试点工作组织机构如下：

孙　伟　教育培训部主任
姜　涛　人力资源部主任
徐林茂　人力资源部副主任
余　飞　教育培训部鉴定科科长
陈　华　教育培训部鉴定科干事
赵　洋　人力资源部主任助理
蔺泽煜　人力资源部人事科干事
净小宁　教育培训部管理科科长
侯　军　教育培训部管理科干事
姚会艳　教育培训部管理科干事
李　潘　教育培训部教培科干事
刘明丽　教育培训部教培科干事
王海江　财会部副主任
姚　渊　信息技术副科长

3.3.3　职业技能等级认定工作双备案具备的条件

中核陕铀依法开展试点工作，具备以下条件：

（1）依法设立，管理规范、信用良好，已建立技能人才培养、评价、使用、激励衔接机制，具有完善的人力资源管理制度和切实可行的激励约束机制；

（2）对已取得职业资格证书、职业技能等级证书且受聘于技师、高级技师等岗位的职工，比照本企业相应专业技术人员落实有关待遇；

（3）拟开展评价的职业（工种）以本企业生产一线的主体技能型职业（工种）为主，从业人员较多、技能含量较高，且与主营业务直接相关；

（4）能够足额提取并合理使用企业职工教育经费，能够为职业技能等级认定工作提供稳定的经费保障，评价活动不以营利为目的；

（5）公司职业技能等级认定中心是专门负责职工培训考核的内设机构，具备专门的办公场所，并拥有一支稳定的专家和考评人员、质量督导人员队伍；

（6）具有专门实施技能培训和技能评价的场所，具有与评价职业（工种）相适应的设施设备、仪器仪表等硬件设施和视频监控设备。同时为了加强认定试点的信息化与智能化建设，根据中核集团鉴定中心统一安排使用网络版考务综合管理系统开展认定试点工作。

3.3.4 中核陕铀评价的职业（工种）范围

拟开展评价的职业共20个职业，其中11个核特有职业，9个通用类职业，具体职业名称及等级如表1所示。

表1　评价职业范围

序号	职业代码	试点评价职业名称	等级设置
1	6-33-03-01	铀浓缩生产级联操作工	1～5级
2	6-33-03-02	铀浓缩生产供取料操作工	1～5级
3	6-33-03-03	铀浓缩生产准备工	1～5级
4	6-33-03-04	铀浓缩生产设备真空工	1～5级
5	6-33-09-01	铀浓缩设备装配试验工	1～5级
6	6-33-08-03	核辐射探测仪器生产工	1～5级
7	6-33-99-02	辐射防护工	1～4级
8	6-33-10-02	放射性废物处理工	1～5级
9	6-33-11-01	核燃料性能测试工	1～5级
10	6-33-11-02	核设备无损检测工	1～5级
11	6-33-99-06	核设施及核级设备焊接操作工	1～5级
12	6-31-01-04	仪器仪表维修工	1～5级
13	6-28-02-06	压缩机工	1～5级
14	6-11-01-04	制冷工	2～5级
15	6-29-03-04	管工	1～5级
16	6-31-01-03	电工	1～5级
17	6-20-01-01	装配钳工	1～5级
18	6-18-01-01	车工	1～5级
19	6-30-05-01	起重装卸机械操作工	1～5级
20	6-18-02-03	金属热处理工	1～5级

3.3.5 中核陕铀评价的标准

（1）开展职业技能等级认定试点的11个核特有职业，全部有国家（行业）职业标准，作为开展核特有职业技能等级认定的评价标准。

（2）开展职业技能等级认定试点的9个通用职业标准，其中8个有已颁布的《国家职业标准》，可根据《国家职业标准》开展评价活动；“仪器仪表维修工”职业，目前无国家职业标准，经与中核兰铀、四川红华专家协商，一起编制了该职业的行业标准，具备认定条件。

（3）人员初次参加评价考核，可根据《关于开展核特有工种职业技能鉴定试点工作的通知》及《中国核工业集团公司技师、高级技师评聘管理暂行办法》规定的条件直接申报相应等级。

3.3.6 中核陕铀评价方式及内容

（1）理论考试和职业技能考核都合格，才能认定通过相应等级的技能等级认定，其中一级和二级还需通过论文答辩和综合评审。采取考评结合的方式，突出生产过程和工作业绩表现等综合职业素养的评价。

（2）综合职业素养评价侧重于对职工职业道德、工作业绩和社会贡献的评价。

（3）职业能力考核重点考察执行操作规程、解决实际问题和完成工作任务的能力。

3.3.7 中核陕铀评价规范与试点任务

公司按照鉴定中心要求，多年来在开展职业技能鉴定过程中，对鉴定质量、制度规范、技能鉴定基础体系建设非常重视，按照“制度为保障、质量为根本、标准为依据、培训促提升、题库做衡量”的原则，建立了一套规范、严谨的管理制度支撑体系，有效的管理组织体系，科学、适用的培训教材、题库、设施设备等技术资源体系，素质优良的专家资源体系，保证技能等级认定工作规范、科学、有序地开展。

（1）制度保障体系

公司职业技能等级认定试点工作中管理过程、评价过程、质量控制与目前现行的职业技能鉴定工作基本相同，可继续沿用相关文件制度。

（2）管理组织体系

公司职业技能鉴定站负责执行本单位鉴定工作制度，负责公司内考评人员管理及鉴定考务管理，负责技能鉴定的人员资格审核、报名、试题准备、组织考试、成绩报送、证书制作等工作。

（3）技术体系

开展试点工作，坚持“以职业标准为导向，以职业能力为核心”的原则建立技能等级认定技术体系。

公司按照中核集团的安排，高质量地完成了集团安排的相关职业体系建设的五大基础建设工作。2017 年完成“铀浓缩设备装配试验工”职业培训教材；2016 年完成“铀浓缩生产级联操作工”“铀浓缩生产供取料操作工”“铀浓缩设备装配试验工”3 个职业国家题库建设工作，全部通过了国家人社部和中核集团终审验收。

完善内部体系建设，组织编制了维修电工、化学检验工、辐射防护工等12个职业培训教材和题库，目前已完成铀浓缩生产级联操作工、放射性废物处理工、仪器仪表维修工等12个职业的视频课件制作并应用于实际培训。

公司拥有一个国家级技能大师工作室，一个陕西省技能大师工作室，一个劳模工作室，依托实训基地、各工作室、技能大师工作室，为试点工作的培训、评价、考核提供了良好的设备、设施支撑。

（4）专家体系

在中核集团统一安排下开展《国家职业分类大典》修订、核特有职业培训教材编写、职业技能鉴定国家题库（核工业分库）建设工作中，逐步形成了一支按职业划分、结构合理、业务精湛的专家队伍，各职业专家队伍总数100余人。目前国家职业技能等级鉴定考评员资格证书有效期内的高级考评员23人，考评员29人。

3.3.8 中核陕铀职业技能等级认定工作双备案进度与安排

（1）方案筹备（2019年1—2月）

根据中核集团部署试点工作整体进度安排，在中核集团职业技能鉴定中心指导下，编制职业技能等级认定试点工作方案（初稿），整理备案材料，制定试点工作计划。

（2）技术准备（2019年3—6月）

根据职业技能等级认定的工作要求，准备对原技能鉴定工作相关制度和文件作适应性修改，准备各项备案材料，按鉴定中心要求提交相关备案材料。

（3）实施（2019年7—10月）

完成备案审核后，按要求向陕西省人社部门提交职业技能等级认定机构备案申请材料，8月30日前完成认定试点企业备案审核。按计划开展一次技能等级认定试运行工作。按照试点工作方案与考务安排，严格执行中核集团职业技能等级认定工作程序与评价规范。9月底前完成技能等级认定试运行工作，向国家证书查询系统提交数据。认定试运行工作结束后，及时向集团和陕西省人社部门上报认定试点相关数据，并收集、整理、归档全部认定试点考试、考核、评估资料。

（4）总结改进（2019年11—12月）

完成认定试点工作内容后，要认真进行认定试点工作总结，并及时向鉴定中心汇报本企业试点工作情况。

4 职业技能等级认定工作双备案工作经验推广的实施效果

经过中核陕铀教育培训部的精心筹备和陕西省核服局的协作下，2019 年 10 月 25—26 日，由陕西省人社厅职业技能鉴定指导中心领导及评审专家组，在中核陕铀汉中基地召开了核工业在陕单位职业技能等级认定试点工作评审会。由于公司所准备的培训资料完备，历年鉴定基础较好，设施设备齐全，技能人才队伍建设工作成绩突出，省评审组给出了可以成为陕西省职业技能等级认定工作标杆和表率的极高评价，顺利通过了陕西省职业技能等级认定备案评审。这标志着公司技能人才评价方式正式由政府主导向企业自主评价转变，更加有利于充分发挥公司在人才评价中的主体作用，是激发技能人才学技能、钻业务、提效益的积极性，实现企业高质量发展的有效途径。

成果创造人：孙伟、谢国和、余飞、姜涛、梁卫平、净小宁、龚万福、陈华、侯军、李潘附件：

主要社会效益

中核陕铀是中核集团在陕单位第一个按期完成职业技能等级认定工作双备案工作的企业。其社会效益主要为：

1. 成为中核集团在陕各企业示范单位，促进各单位按期按中核陕铀模式进行职业技能等级认定工作双备案工作，最终完成中核集团人力资源部统筹部署安排。

2. 中核陕铀通过职业技能等级认定工作双备案工作，使公司技能人才评价方式正式由政府主导向企业自主评价转变，更加有利于充分发挥公司在人才评价中的主体作用，同时企业对技能人才队伍的建设得到了中核集团和陕西省人社部门的认可。使中核陕铀通过“职业技能等级认定平台”能为国家和核工业系统培养更多的高技能人才；为企业攻坚克难创新技术和工艺，提高企业效率；为铀浓缩行业提供技术咨询，提升企业社会声誉；对提升我国核电国际竞争力至关重要。

后 记

科技创新是民族复兴的希望。人类的梦想总是走在科技前面，但走的再远也只是梦想，只有当梦想遇到科技，才能美梦成真，将梦想带进现实。十九大以来，中国的科技水平取得了众多举世瞩目的伟大成果，“天宫”遨游璀璨星空，让世界看到了中国高度；“复兴号”疾驰华夏大地，让世界惊叹中国速度……一项项大国重器的背后是无数科研人员夜以继日科研攻关，是他们让民族复兴有了希望。

科技创新是企业发展的基石。中核陕铀从当年一穷二白的基础建设到如今满载荣誉的示范工程，从离心的起步到如今的壮大，回首这五十年的发展历史，不难发现如果说是一代代陕铀人的汗水树立了宏伟的厂房，那在厂房下的基石便是一名名科技人员智慧的积淀。

科技创新是青年成才的阶梯。生活从不眷顾因循守旧、满足现状者，也从不等待不思进取、坐享其成者，而是将更多的机遇留给那些勇于创新的人们。陕铀青年不但是陕铀未来的接班人，更是祖国未来的希望，面对日益严峻的国际形势和前所未有的挑战，只有科技创新才能将挑战化作机遇、将阻力变为动力，这不但是陕铀腾飞的契机，更是每一位陕铀青年实现自身理想抱负的机遇。

志不求易者成，事不避难者进。科研创新没有捷径可走，只有不断用知识武装自己的头脑，用实践锤炼自己的身心。在这片自己热爱的土地上扎下根、安下心，从每一件小事做起、从一点一滴做起，将陕铀精神外化于心、内化于行，用努力践行科研创新之路，用汗水滋润青春绚丽之花。

这是我们的青春，逆流而上；这是我们的未来，不甘平凡！

经过近一年的编制工作，《核青春　核智慧》这本凝聚着陕铀青年们智慧与汗水、实践与创新的论文集与大家见面了。在本论文集的编撰过程中，得到了公司党政领导的高度重视和关心指导，得到了各有关部门的积极配合，得到了众多青年朋友的大力支持……在此，向所有帮助和参与本论文集编制工作的领导与朋友们致以最衷心的感谢！

虽然我们满怀激情，以高度的责任感从事编撰工作，但难免考虑不周、水平有限，难以尽善尽美。不足之处，敬请读者理解包容和批评指正，以便后续更正。

中核陕铀团委

2020 年